Plastomechanik der Umformung metallischer Werkstoffe

Von

H. Lippmann und O. Mahrenholtz

Erster Band

Mit 137 Abbildungen

Springer-Verlag Berlin Heidelberg GmbH

1967

Dr. rer. nat. HORST LIPPMANN
o. Professor an der Technischen Hochschule Braunschweig

Dr.-Ing. OSKAR MAHRENHOLTZ
o. Professor an der Technischen Hochschule Hannover

Ursprünglich erschienen bei Springer-Verlag Berlin Heidelberg New York 1967
Softcover reprint of the hardcover 1st edition 1967

ISBN 978-3-642-87885-5 ISBN 978-3-642-87884-8 (eBook)
DOI 10.1007/978-3-642-87884-8

Library of Congress Catalog Card Number: 66-28430

Titel-Nr. 1332

Otto Kienzle
gewidmet

Vorwort

Während das elastische Werkstoffverhalten seit rund dreihundert Jahren Gegenstand wissenschaftlich-technischer Untersuchungen ist, beschäftigt man sich mit bleibenden, also plastischen Formänderungen fester Körper erst seit der zweiten Hälfte des vorigen Jahrhunderts. Die Wiege der *Plastomechanik* stand in Frankreich (TRESCA, DE ST. VENANT, LÉVY), doch auch in Deutschland wurde man auf das neue Gebiet früh aufmerksam (FINK, BAUSCHINGER). Besonders in den ersten dreißig Jahren dieses Jahrhunderts trugen in Deutschland arbeitende Forscher und Ingenieure viel zur Plastomechanik bei (v. MISES, HENCKY, PRANDTL, REUSS, NÁDAI, SIEBEL, v. KÁRMÁN, SACHS, LUEG, PRAGER, GEIRINGER, LODE). Vor allem zwei große Anwendungsgebiete schälten sich heraus: die *Baumechanik*, die das plastische Verhalten von Tragwerken i. a. deshalb theoretisch ermittelt, um es in der Praxis vermeiden zu können, und die *Umformtechnik* (Pressen, Schmieden, Walzen, Ziehen usw.), bei welcher die Umformkräfte, -leistungen und -arbeiten zur Auslegung der Umformmaschinen interessieren, aber auch der Werkstofffluß, auf Grund dessen man Festigkeit, Homogenität und Eigenspannungszustand des fertigen Werkstückes abschätzt. Der Plastomechanik in ihren Anwendungen auf die Umformtechnik ist das vorliegende Lehrbuch gewidmet, dessen erster Band nunmehr erscheint.

Es stellt bewußt die *Theorie* in den Vordergrund. Theorie: das ist eine fundierte Modellvorstellung vom Wesen des jeweiligen Prozesses und ihre mathematische Formulierung, jedoch eben nicht diese allein. Deshalb wird auch viel Platz für die Begründung der benutzten Modelle und das Abschätzen ihrer Gültigkeit geopfert. Der Leser lernt somit, zu *verstehen* und nicht nur zu *rechnen*. Im Gegenteil: wenn auch die Formeln manchmal lang aussehen, so beinhalten sie doch in der Regel einfache Operationen, so daß wir mathematische Vorkenntnisse eigentlich nur bis einschließlich der Differential- und Integralrechnung mit einer einzigen Veränderlichen voraussetzen. Für den reinen Theoretiker, der bislang noch keine Gelegenheit hatte, technische Umformverfahren in der Praxis kennenzulernen, enthält jedes Kapitel, in dem die Theorie praktisch angewendet wird, eine kurze technologische Beschreibung des behandelten Umformprozesses.

Im Anfang wenden wir uns, nach einer allgemeinen Einleitung (Kapitel 1), dem Zug- oder Druckversuch als Grundexperiment der Plastomechanik zu (Kapitel 2) und entwickeln aus ihm die *elementare Theorie* (Kapitel 3). Sie erlaubt, mehrere Umformverfahren einheitlich und mathematisch einfach zu behandeln. Dabei lassen wir im Hinblick auf die modernen Hochgeschwindigkeits-Umformverfahren in den Grundgleichungen von vornherein Trägheitskräfte zu, die bei hohen Beschleunigungen der Werkstoffteilchen auftreten.

Der größte Teil (Kapitel 4 bis 7) des ersten Bandes ist dann den Anwendungen der elementaren Theorie vorbehalten. Der Leser findet somit eine große Zahl ausgearbeiteter spezieller Lösungen für das Schmieden und Pressen, das Walzen, Ziehen und Einstoßen, das Rundkneten und das Fließpressen sogar unter teilweisem Einschluß der *elastischen* Verformungen von Werkzeug und Werkstoff. Doch ist hiermit der Anwendungsbereich sicher nicht erschöpft. Immer wieder erscheinen neue Abwandlungen bekannter oder sogar insgesamt neue Umformverfahren. Wir hoffen, dem Leser die Fähigkeit zu vermitteln, daß er selbst entscheiden kann, ob und wieweit die elementare Theorie anwendbar ist, und daß er sich dann auch selbst die spezielle mathematische Lösung erarbeitet.

In den Kapiteln 8 und 9 leiten wir zur allgemeinen Kontinuumsmechanik über. Zunächst wird die (bis dahin vermiedene) Vektor- und Tensorrechnung begründet. Es folgen Anwendungen auf den Werkstofffluß (Formänderungskinematik; Formänderungsgeschwindigkeiten) und die Kräfte (Spannungstensor), die dynamischen Grundgleichungen in rechtwinklig-krummlinigen Koordinaten sowie die Stoffgesetze. Hierbei stellen wir elastisches, zähflüssiges sowie plastisches Stoffverhalten gegenüber und erläutern dies durch jeweilige, auf das Buchthema bezogene Anwendungsbeispiele. Dies vermittelt dem Leser zunächst Verständnis für das Werkstoffverhalten insgesamt und läßt, wie wir hoffen, keinen Raum für manchmal anzutreffende Vorstellungen, wonach vollständige Stoffgesetze allein aus z. B. mathematischen Erwägungen ohne Experimente herleitbar seien. Im übrigen bereiten die letzten beiden Kapitel auf den zweiten Band vor, in dem dann die allgemeinen (nichtelementaren) Ansätze auf technische Umformverfahren angewendet werden.

Die ersten drei Kapitel sollten zusammenhängend gelesen werden. Mit ihrer Hilfe versteht man jedes der Anwendungskapitel 4 bis 7, wobei gelegentlich Querverweise auftreten und in wenigen Fällen auf Kapitel 9 Bezug genommen wird.

Es gibt in Deutschland seit 1932 kein vom Inhalt her ähnliches Buch: damals erschien die noch heute lesenswerte Monographie von SIEBEL [*31*] über den Stand der Theorie in Anwendung auf die Umformtechnik. GELEJIS Lehrbuch [*1*] stellt das eigentliche Wesen einer Theorie, nämlich ihre Modelle, gegenüber der Rechnung zurück. Lehrbücher von PRAGER [296] bzw. von PRAGER und HODGE [297] — teils deutsch, teils in deutscher Übersetzung — wenden sich vorwiegend an Bauingenieure. Anders sieht es freilich in der englischen, amerikanischen und russischen Literatur aus. Kurz vor Beendigung unseres Manuskriptes erschien z. B. das ausgezeichnete Werk von THOMSEN, YANG und KOBAYASHI [298]. In keinem dieser Bücher wird jedoch, wie bei uns, die technisch so wichtige elementare Theorie als Ganzes hervorgehoben. Daher glauben wir, eine Lücke schließen zu helfen, und hoffen zudem, der theoretisch reizvollen Plastomechanik mehr noch als in den letzten Jahren wieder Eingang in Deutschland zu verschaffen.

Es ist den Verfassern eine angenehme Pflicht, Herrn Prof. Dr.-Ing., Dr.-Ing. E. h., Dr. techn. h. c. O. KIENZLE zu danken, der dieses Buch anregte, sowie ihrem verehrten Lehrer, Herrn Prof. Dr.-Ing. E. PESTEL, für Rat und Tat bei der Ausführung. Leider konnte Professor PESTEL wegen seiner umfangreichen fachlichen Tätigkeit auf anderen Gebieten der Mechanik nicht, wie ursprünglich vorgesehen, selbst mitwirken. Herr Dr. W. DAHL, Abteilungdirektor bei der Mannesmann Forschungsinstitut G.m.b.H., Duisburg-Huckingen, hat Abschnitt 2.5.2 entscheidend mitgestaltet. Weiter danken wir allen Fachkollegen, die bei Kolloquien der *Deutschen Forschungsgemeinschaft* (DFG), Gastvorträgen und vor allem im *Arbeitskreis für Grundlagen der bildsamen Formgebung* des *Vereins Deutscher Eisenhüttenleute* (VDEh) in ausführlichen Diskussionen zum Gelingen des Buches beigetragen haben. Unseren Mitarbeitern, den Herren K. ANDRESEN, R. BARTRAM, A. BEHRENS, D. BESDO und F. HECKER sind wir für Ratschläge, Kontrollen und das Lesen der Korrekturen verpflichtet. Frau H. OTTO schrieb große Teile des Manuskripts, und Frau I. SCHNECKENER zeichnete die meisten Bilder. Der Springer-Verlag besorgte Druck und Ausstattung in vorbildlicher Weise.

Braunschweig und Hannover, im November 1966

H. Lippmann O. Mahrenholtz

Inhaltsverzeichnis

Ergebnisse zu groß. Wir haben die Angabe k_0 daher an den entsprechenden Kurven von Bild 2.6 in Klammern gesetzt. Sie liegen tatsächlich um etwa 15 bis 40% über den zugehörigen k_f-Kurven. Deutet man die stärksten Überhöhungen als Folge der Fließbehinderung, so kann k_e etwa im Bereich

$$k_f \leq k_e \leq 1{,}2 k_f$$

liegen. Genauere Angaben über k_e sind an dieser Stelle nicht möglich und selbst anhand späterer Ergebnisse schwierig. Deshalb hat es sich eingebürgert,

$$k_e = \zeta k_f \tag{2.2/5}$$

zu setzen und den Faktor ζ als Konstante zwischen 1 und 1,2 zu wählen.

Für $|\varphi| \geq 0{,}4$ lassen sich alle Fließkurven in Bild 2.6 gut durch Geraden annähern. Diese Geraden sind strichpunktiert bis $|\varphi| = 0$ verlängert; sie haben die Gestalt

$$k_f = k_{f0}(1 + \beta|\varphi|). \tag{2.2/6}$$

Betrachtet man Formänderungen $0 \leq |\varphi| \leq 0{,}4$, so muß man ersichtlich steilere Näherungsgeraden wählen (nicht eingezeichnet). Wir bezeichnen das Verhalten (2.2/6) kurz als *lineare Verfestigung*. Es beschreibt das Werkstoffverhalten bei Kaltumformung hinreichend genau, wenn man die Koeffizienten k_{f0}, β je nach dem zu betrachtenden Umformbereich passend wählt. Tab. 2.2 enthält neben den Bild 2.6 entnommenen Koeffizienten solche für den Umformbereich $0 \leq |\varphi| \leq 0{,}4$. Der Leser zeichne die zugehörigen Näherungsgeraden selbst ein.

Tabelle 2.2 *Koeffizienten bei linearer Verfestigung*

		St 37	E-Cu	Al 99,5
$0 \leq \|\varphi\| \leq 0{,}4$	$k_{f0} / \frac{\text{kp}}{\text{mm}^2}$	30,0	13,0	5,0
	β	2,17	4,24	2,50
$0{,}4 \leq \|\varphi\|$	$k_{f0} / \frac{\text{kp}}{\text{mm}^2}$	47,5	32,0	7,6
	β	0,315	0,194	0,630

2.2.3 Warmfließkurven

Bei hohen Temperaturen wirken der Verfestigung zwei andere Phänomene entgegen. Zunächst wird das Kriechen aktiviert; andererseits neigt das Kristallgefüge dazu, durch Umordnungs- und atomare Diffusionsvorgänge in den Ausgangsgefügezustand zurückzukehren (*Rekri-*

stallisation und *Erholung*). Insgesamt sind also die Metalle leichter umformbar, die Fließkurven steigen weniger steil an und können sogar absinken. Andererseits sind Kriechen und Rekristallisation zeitabhängig, so daß jetzt ein merkbarer Einfluß der Formänderungsgeschwindigkeit zu erwarten ist.

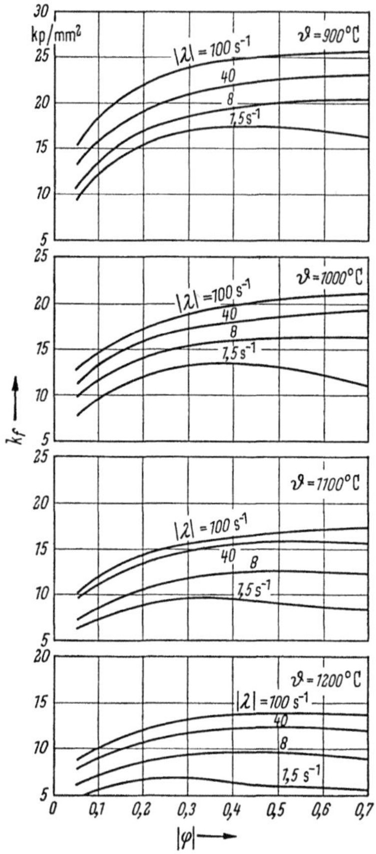

Bild 2.7 Warmfließkurven für einen unlegierten Stahl.

Von Warmumformung spricht man, unabhängig von der Temperatur, i. a. dann, wenn die oben beschriebenen Merkmale erfüllt sind. Blei wird in diesem Sinne schon bei Raumtemperatur *warm* umgeformt. Versuche bei konstanter hoher Temperatur sind schwierig durchführbar; man muß mit größeren Fehlern rechnen. Andererseits lassen sich ihre Ergebnisse nur überschlägig auf technische Warmumformprozesse anwenden, da man bei diesen den zeitlichen Temperaturverlauf nur selten kennt.

Die erzeugte Temperaturerhöhung durch Umformarbeit und die damit verbundene Festigkeitsverminderung ist i. a. gering. Um eine isotherme Fließkurve aufzunehmen, genügt es also, die richtig erwärmte Probe schnell in die Zug- oder Druckvorrichtung einzubauen und dort während des Versuches gegen Wärmeverlust zu schützen (erwärmte Werkzeuge, Isolierungen u. dgl.). Dagegen muß man die Umformgeschwindigkeit durch Einbau eines geeigneten Getriebes in die Maschine konstant halten.

Bild 2.7 zeigt auf diese Weise ermittelte Fließkurven nach Cook [*10*] für einen unlegierten Stahl gleichen Kohlenstoffgehaltes und ähnlicher Zusammensetzung wie der dem Bild 2.6 zugrunde liegende St 37. Einfache Ersatzformeln scheinen kaum möglich.

Alder und Phillips [*9*] untersuchten Proben aus handelsüblichem reinen Kupfer und Aluminium. Sie fanden

$$k_f = k_f(|\lambda|, \vartheta)$$

angenähert unabhängig von $|\varphi|$: die Fließkurven können für $|\varphi| > 0{,}1$ näherungsweise durch waagerechte Geraden entsprechend Gl. (2.2/6) mit $\beta = 0$ dargestellt werden. In Bild 2.8 ist daher k_f statt über $|\varphi|$ (Fließ-

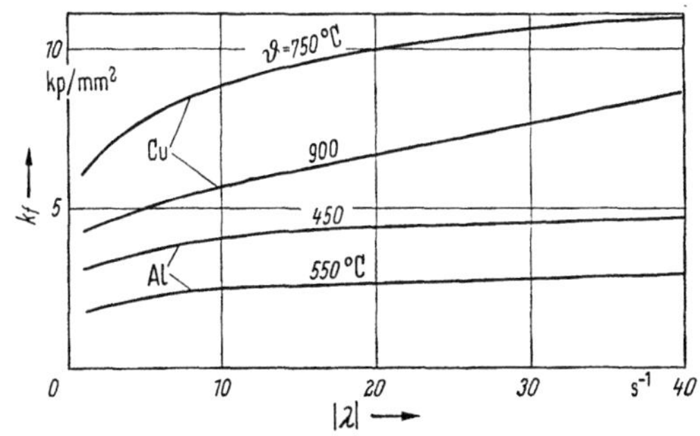

Bild 2.8 Warm-Formänderungsfestigkeit von Aluminium und Kupfer abhängig von der Formänderungsgeschwindigkeit.

kurve) als Funktion der Formänderungsgeschwindigkeit $|\lambda|$ für verschiedene Temperaturen ϑ aufgetragen. Gelingt es jetzt, während eines Umformvorganges $|\lambda|$ und ϑ auch zeitlich konstant zu halten, so hat man

$$k_f = \text{const}. \tag{2.2/7}$$

Ein Werkstoff mit dieser idealisierten Eigenschaft heißt *idealplastisch.* Man rechnet mit ihm oft auch in solchen Fällen, wo es die Fließkurven oder der Geschwindigkeitsverlauf nicht zulassen, und setzt einen gemittelten Wert für die Formänderungsfestigkeit ein.

2.3 Formänderungsarbeit

2.3.1 Definitionen

Die beim Zugversuch nach Bild 2.2 aufzuwendende Leistung beträgt $L = K\dot{l}$. Sie wird wegen der Homogenität gleichmäßig an allen Punkten des Drahtes verbraucht. Deshalb ist es sinnvoll, sie auf die Volumeinheit zu beziehen und die *Leistungsdichte* $\Lambda = L/(Fl)$ zu betrachten. Mit (2.1/1) und (2.1/5) ergibt sich wegen $|\sigma| = k_f$

$$\Lambda = k_f|\lambda|, \tag{2.3/1}$$

wobei die Betragsstriche hinzugefügt wurden, um Gl. (2.3/1) von vornherein auch auf den Stauchversuch auszudehnen. Bei ebener Formänderung gilt entsprechend

$$\Lambda = k_e|\lambda|. \tag{2.3/2}$$

Bekanntlich ergibt $\int_{t_0}^{t} L\,dt$ die im Zeitraum von t_0 bis t geleistete Arbeit A. Division durch das Volum Fl führt auf eine entsprechende Beziehung zwischen der Leistungsdichte Λ und der *Arbeitsdichte* $\Phi = A/(Fl)$:

$$\Phi = \int_{t_0}^{t} \Lambda\,dt. \tag{2.3/3}$$

Wenn man (2.3/1) einsetzt und die Abkürzung $d\varphi = \lambda\,dt$ für das Formänderungsinkrement benutzt, findet man

$$\Phi = \left|\int_0^{\varphi} k_f\,d\varphi\right| = k_{fm}|\varphi| \quad \text{bzw.} \quad \Phi = \left|\int_0^{\varphi} k_e\,d\varphi\right| = k_{em}|\varphi|, \tag{2.3/4}$$

wo k_{fm}, k_{em} Mittelwerte der Formänderungsfestigkeit zwischen $\varphi = 0$ und dem betrachteten Wert $|\varphi|$ darstellen. Für idealplastische Körper gilt $k_f = \text{const}$ bzw. $k_e = \text{const}$, und in (2.3/4) erübrigt sich die Mittelung. Ergänzt man die Gln. (2.3/4) zur Berücksichtigung von Verlusten durch einen Faktor $1/\eta$ $(0 < \eta \leq 1)$, so erhält man die FINKschen Gleichungen

$$\Phi = \frac{1}{\eta}\,k_{fm}|\varphi| \quad \text{bzw.} \quad \Phi = \frac{1}{\eta}\,k_{em}|\varphi|. \tag{2.3/5}$$

Sie erlauben eine schnelle Abschätzung von Φ, wenn man Erfahrungswerte des *Formänderungs-Wirkungsgrades* η kennt und k_{fm} bzw. k_{em} näherungsweise aus den Fließkurven bestimmt.

Um für $\eta = 1$ den Verlauf von Φ über $|\varphi|$ genauer festzulegen, muß man die Integration (2.3/4) an einer Fließkurve numerisch durchführen. Dem folgenden Berechnungsbeispiel liegt die ideale isotherme Kaltfließkurve für St 37 nach Bild 2.6 zugrunde. Wir haben sie in Bild 2.9a erneut herausgezeichnet. Die Abszisse ist gemäß Tab. 2.3 in 9 Abschnitte mit den Nummern $i = 0, 1, \ldots, 9$ eingeteilt. Diese Abschnitte brauchen nicht gleich lang zu sein. An Stellen stärkeren Anstiegs von k_f (bzw. k_e) legt man zweckmäßigerweise ein dichteres Teilungsnetz. Der Anfangswert k_f für $|\varphi| = 0$ ist nicht bekannt. Wir setzen ihn 0 und erwarten keinen nennenswerten Fehler, da numerische Integrationen unempfindlich gegen geringfügige Änderungen des Integranden sind. Φ ist wegen (2.3/4) gleich dem Flächeninhalt unter der Fließkurve zwischen den Abszissenwerten 0 und $|\varphi|$. Wir beschreiben ihn als Summe der durch die Einteilung vorgegebenen Flächenstreifen und nähern diese durch Trapeze vom Inhalt

$$d\Phi = \frac{1}{2}\left((k_f)_{i+1} + (k_f)_i\right)|d\varphi|$$

an, wo $|d\varphi| = |\varphi_{i+1} - \varphi_i|$. Zu Anfang gilt $\Phi = \Phi_0 = 0$. Ist $\Phi = \Phi_i$ an einer Stelle i bekannt, so ergibt sich der nächste Wert durch Addition des dazwischenliegenden Streifeninhaltes

$$\Phi_{i+1} \approx \Phi_i + d\Phi.$$

Die Rechnung wird anhand von Tab. 2.3 durchgeführt, das Ergebnis punktweise ebenfalls in Bild 2.9a eingetragen und dann durch eine Kurve verbunden. Φ hat wie k_f die Dimension einer Spannung. Natürlich kann man die numerische Integration bei vergrößertem Rechenaufwand genauer durchführen oder ein me-

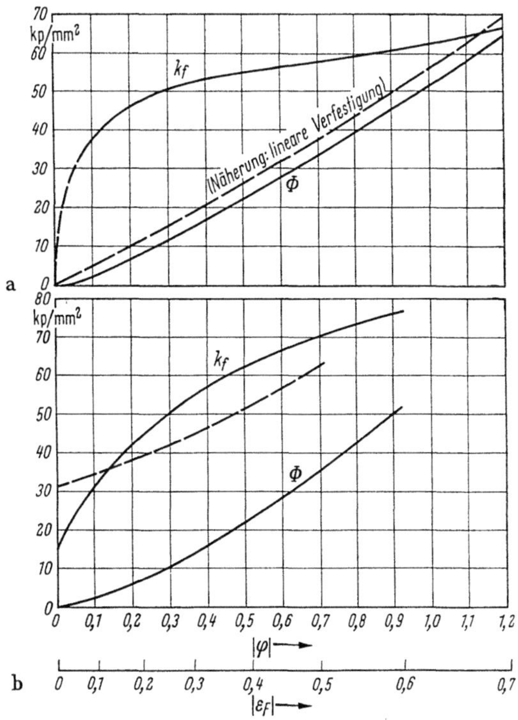

Bild 2.9a u. b Formänderungsfestigkeit und Dichte der Formänderungsarbeit für isotherme Kaltumformung.

a) Stahl St37 (nach KRAUSE).
b) Messing Ms 63 (nach LINICUS);

– – – – – nach Gl. (6.2/44) mit $k_{f_E} = 31\,\mathrm{kp/mm^2}$. Zuordnung von $|\varphi|$ und $|\varepsilon|$ gemäß (6.2/7).

Tabelle 2.3 *Berechnung der Arbeitsdichte*

i	$\lvert\varphi_i\rvert$	$\frac{(k_f)_i}{\mathrm{kp\,mm^{-2}}}$	$\frac{\frac{1}{2}\left((k_f)_{i+1}+(k_f)_i\right)}{\mathrm{kp\,mm^{-2}}}$	$\lvert d\varphi\rvert$	$\frac{d\Phi}{\mathrm{kp\,mm^{-2}}}$	$\frac{\Phi_i}{\mathrm{kp\,mm^{-2}}}$
0	0	0	14,9	0,05	0,7	0
1	0,05	29,8	33,6	0,05	1,7	0,7 (0,93)
2	0,1	37,3	41,7	0,1	4,2	2,4 (2,61)
3	0,2	46,0	48,3	0,1	4,8	6,6 (6,82)
4	0,3	50,6	52,0	0,1	5,2	11,4 (11,66)
5	0,4	53,3	54,8	0,2	11,0	16,6 (16,85)
6	0,6	56,2	57,6	0,2	11,5	27,6 (27,80)
7	0,8	59,0	60,5	0,2	12,1	39,1 (39,32)
8	1,0	62,0	64,0	0,2	12,8	51,2 (51,41)
9	1,2	65,9	—	—	—	64,0 (64,18)

chanisches Integrationsgerät (Planimeter) benutzen (vgl. [*11*]). Zum Vergleich sind die Werte Φ_i mittels der Simpson-Regel [*11*] integriert und eingeklammert in Tab. 2.3 eingetragen. Man erkennt, daß hier die ursprüngliche Rechnung im

Rahmen der Genauigkeit der Werte von k_f genügt. Bild 2.9b zeigt ein entsprechendes Kurvenpaar für Ms 63 nach LINICUS [12].

Als weiteres Beispiel integrieren wir Gl. (2.3/4) für lineare Verfestigung entsprechend Gl. (2.2/6) und erhalten

$$\Phi = k_{f0}|\varphi| \left(1 + \beta \frac{|\varphi|}{2}\right) \tag{2.3/6}$$

Mit k_{f0} und β ergibt sich nach Tab. 2.2 für St 37, $|\varphi| \geq 0{,}4$, die gestrichelte Kurve in Bild 2.9a. Obgleich die lineare Näherung für $|\varphi| < 0{,}4$ nach Bild 2.6 sehr fehlerhaft ist, verschiebt sich die zugehörige Arbeitskurve nur wenig gegenüber der wahren Kurve. Prozentual ist dieser Fehler allerdings für $|\varphi| < 0{,}4$ groß; in diesem Bereich würde man das andere, zugehörige Wertepaar k_{f0}, β nach Tab. 2.1 vorziehen.

2.3.2 Erwärmung

Der überwiegende Anteil der Umformarbeit setzt sich in Wärme um. Wir wollen ihn durch einen Faktor c beschreiben. Nach Angaben von FARREN und TAYLOR [6] liegt c für die meisten Metalle zwischen 0,8 und 1,0.

Für uns ist insbesondere die Rückwirkung dieser Erwärmung auf die Formänderungsfestigkeit interessant. Während sie bei Warmumformung gering ist (vgl. Abschn. 2.2.3), kann sie bei Kaltumformung eine Rolle spielen. Im Grenzfall unendlich großer Formänderungsgeschwindigkeit $|\lambda|$ gibt die Probe keine Wärme nach außen ab: die Umformung verläuft adiabatisch. Bei sehr geringer Geschwindigkeit strömt dagegen alle Wärme in die Umgebung. Jetzt ist die Umformung isotherm. Zwischen der isothermen und der adiabatischen Fließkurve wird die jeweils gültige Fließkurve liegen.

Wir gehen von einer gegebenen isothermen Kaltfließkurve aus. Bei der zugehörigen Umformung entsteht pro Volumeinheit die mechanisch erzeugte Wärmemenge $c\Phi$, die an die Umgebung abgeführt wird. Wir nehmen nun näherungsweise an, daß bei entsprechender adiabatischer Umformung die gleiche Wärmemenge $c\Phi$ anfällt, die jetzt die Probe um die Temperatur $\Delta\vartheta$ erwärmt. Es sei c_{sp} die auf die Gewichtseinheit bezogene spezifische Wärme und γ das spezifische Gewicht des Werkstoffes. Beide Größen ändern sich mit der Temperatur. In erster Näherung setzen wir jedoch ihre Werte bei Raumtemperatur ein. In der Gewichtseinheit wird dann die Wärmemenge $\frac{c\Phi}{\gamma}$ erzeugt. Sie erhöht die Temperatur um den gefragten Betrag $\Delta\vartheta$, ist also gleich $c_{sp} \cdot \Delta\vartheta$. Hieraus folgt

$$\Delta\vartheta = \frac{c}{\gamma c_{sp}} \Phi = c_0 \Phi \tag{2.3/7}$$

mit

$$c_0 = \frac{c}{\gamma c_{sp}}. \qquad (2.3/8)$$

Als Beispiel setzen wir die Werte für Stahl ein (vgl. etwa [*5*, S. 429, 438, 1070]) und erhalten mit $c = 0{,}9$; $\gamma = 7{,}86 \cdot 10^3 \frac{\text{kp}}{\text{m}^3}$; $c_{sp} = 0{,}114 \frac{\text{kcal}}{\text{kp}\,°\text{C}} = 48{,}6 \frac{\text{m}}{°\text{C}}$

$$c_0 = 2{,}36\,°\text{C}\,\text{mm}^2\,\text{kp}^{-1}.$$

Wird dagegen die Arbeit vollständig in Wärme umgesetzt ($c = 1$), folgt

$$c_0 = 2{,}62\,°\text{C}\,\text{mm}^2\,\text{kp}^{-1}.$$

Bild 2.10 zeigt neben der isothermen Fließkurve für St 37 nach Bild 2.6 den nach Gl. (2.3/7) ermittelten Temperaturverlauf, ausgehend von der Raumtemperatur $\vartheta_0 = 20\,°\text{C}$.

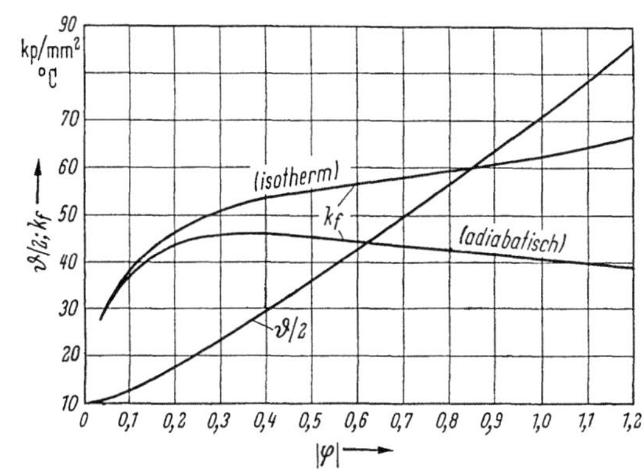

Bild 2.10 Isotherme und adiabatische Fließkurven sowie Temperaturverlauf bei Kaltumformung von St 37.

Daneben ist die nach Gl. (2.2/4) mit dem Näherungsfaktor c_ϑ (Tab. 2.1) ermittelte adiabatische Fließkurve aufgetragen. Es zeigt sich ein erheblicher Unterschied. Da die für einen Kaltumformvorgang gültige wahre Kurve zwischen der adiabatischen und der isothermen liegt, erkennt man die Größe der möglichen Fehlerschranke. Um die Überschlagsrechnung zu verbessern, müßte der Mittelwert c_ϑ durch eine Funktion von $|\varphi|$ ersetzt und die Rückwirkung des Temperatureinflusses auf Φ beachtet werden. Im Rahmen der ohnehin beschränkten Genauigkeit sind jedoch keine wesentlichen Änderungen zu erwarten (vgl. [*13*]).

2.3.3 Vergleichsformänderung

Bisher haben wir die Beträge $|\lambda|$ der Formänderungsgeschwindigkeit und $|\varphi|$ der Formänderung als die für den Verlauf von k_f, k_e maßgeblichen Parameter angesehen. $|\lambda|$ beschreibt die momentane Zustandsänderung, $|\varphi|$ als Betrag der Summe aller Formänderungsinkremente $\lambda\, dt$ die Vorgeschichte des Werkstoffes (Abschn. 2.2.1). Neben $|\lambda|$ ist aber auch die Leistungsdichte Λ ein Maß für die augenblickliche Zustandsänderung, und entsprechend kann man die Summe Φ aller $\Lambda\, dt$ [Gl. (2.3/3)] als Maß für die Vorgeschichte ansehen[1]. Λ, Φ bieten den Vorteil, daß sie im Gegensatz zu $|\lambda|$, $|\varphi|$ nicht von einer bestimmten Richtung abhängen und so ohne weiteres auch mehrachsige Umformungen beschreiben.

So vorteilhaft es also erscheinen mag, k_f bzw. k_e über Λ, Φ aufzutragen, so unbequem läßt es sich praktisch durchführen. Verhältnismäßig einfach gelingt eine Umzeichnung nur in den Grenzfällen geschwindigkeitsunabhängiger Kaltumformung oder verformungsunabhängiger, nur geschwindigkeitsabhängiger (Warm-)Umformung (vgl. Bild 2.8). Bild 2.11 zeigt als Beispiel zwei umgerechnete Kurven. Die *Arbeits-Fließkurve* in Bild 2.11a für St 37 entsteht aus Bild 2.9a bzw. Tab. 2.3, wenn man die Werte k_f über den als Abszisse gewählten Werten Φ der Arbeitskurve aufträgt. In Bild 2.11b ist die Kurve für Kupfer ($\vartheta = 900\,°C$) aus Bild 2.8 übertragen. Da nach Bild 2.8 $k_f = k_f(|\lambda|)$ unabhängig von φ ist, ergibt sich $\Lambda = k_f|\lambda| = f(|\lambda|)$ allein als Funktion von $|\lambda|$. Sie läßt sich hier eindeutig nach $|\lambda|$ auflösen: $|\lambda| = g(\Lambda)$. So ist $k_f = k_f(g(\Lambda))$ nur von Λ und nicht von Φ abhängig, braucht also in Bild 2.11b nur über Λ aufgetragen zu werden.

Für die Arbeitsfließkurve ist folgende weitere Bemerkung von Interesse. Setzen wir in der ursprünglichen Fließkurve entsprechend (2.2/6) lineare Verfestigung an, so folgt für die Arbeitsdichte bei Vernachlässigung quadratischer Glieder in (2.3/6) $\Phi \approx k_{f0}|\varphi|$, mit (2.2/6) also

$$k_f \approx k_{f0} + \beta\Phi. \tag{2.3/9}$$

Anders ausgedrückt: ersetzt man die Arbeitsfließkurve näherungsweise durch eine Gerade entsprechend (2.3/9), so hat sie annähernd denselben Anfangswert und dieselbe Steigung wie eine Näherungsgerade der ursprünglichen über $|\varphi|$ aufgetragenen Fließkurve. Wir prüfen das anhand der in Bild 2.11a gestrichelt eingezeichneten Näherungsgeraden und lesen ab

$$k_{f0} = 49\ \text{kp/mm}^2; \qquad \beta = 0{,}250.$$

[1] Kröner [*14*] führt statt dessen Maßfunktionen für die kristalline Gefügeänderung ein, die allerdings für unsere Anwendungen noch zu kompliziert sind.

Nach Tab. 2.2 gilt für den hier betrachteten Werkstoff St 37 für $|\varphi| \geq 0{,}4$

$$k_{f0} = 47{,}5\ \mathrm{kp/mm^2}; \qquad \beta = 0{,}315.$$

Der Unterschied in β ist in seiner Auswirkung jedoch bedeutungslos. Man erkennt dies anhand der zweiten (kurz gestrichelten) Geraden in Bild 2.11a, die zu dem zweiten Wertepaar gehört und k_f ebenfalls gut annähert. So hat man in der Zuordnung der Gln. (2.2/6) und (2.3/9) eine einfache Übertragungsmöglichkeit näherungsweise linearer Fließkurven.

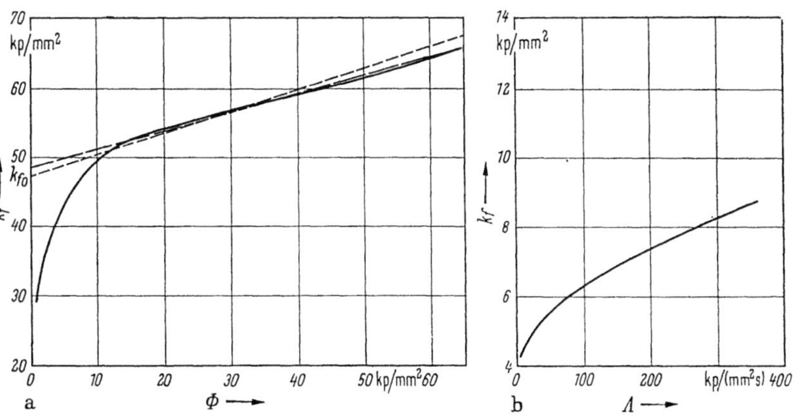

Bild 2.11a Arbeitsfließkurve für Kaltumformung von St37 mit eingezeichneten Näherungsgeraden. b Formänderungsfestigkeit von Cu ($\vartheta = 900\,°\mathrm{C}$) als Funktion der Leistungsdichte.

Die Parameter Λ, Φ sind von Haus aus für den Zug- und den Druckversuch identisch. Man braucht sie also nicht nachträglich durch Betragsstriche zu modifizieren. Ihre entscheidende Überlegenheit erkennt man aber, wenn man statt der beschriebenen einfachen Versuche jetzt kombinierte Zug-Druck-Versuche durchführt. Wir veranschaulichen das anhand eines Gedankenexperimentes für einen linear verfestigenden Kupferstab.

Phase 1: Der Stab wird auf $|\varphi| = 0{,}5$ gelängt.

Nach Gl. (2.2/6) und Tab. 2.2 (unterer Bereich) steigt k_f vom Anfangswert 32,0 kp/mm² auf 35,1 kp/mm². Entsprechend steigt die Arbeitsdichte Φ nach Gl. (2.3/6) von 0 auf 16,8 kp/mm².

Phase 2: Der Stab wird wieder auf die Ausgangslänge zurückgedrückt.

Am Ende des Versuches gilt definitionsgemäß wie zu Anfang $|\varphi| = 0$; die Formänderungsfestigkeit nach Gl. (2.2/6) wäre ebenfalls auf den Anfangswert 32,0 kp/mm² zurückgegangen. Dies widerspricht der Versuchserfahrung. Phase 2 beansprucht den Werkstoff weiter. Es wird weitere Arbeit in Wärme umgesetzt. Der Stab wird sich auch während der Phase 2 verfestigen, statt sich entsprechend Gl. (2.2/6) zu entfestigen. Er hat am Ende größere Festigkeit als zu Anfang, während $|\varphi|$ am Anfang und am Ende den gleichen Wert 0 aufweist. $|\varphi|$ eignet sich also nicht zur Beschreibung des kombinierten Zug- und Druckversuches. Anders die Arbeitsdichte Φ. Da weitere Arbeit geleistet wird, steigt Φ auch in Phase 2 an und erklärt anhand der Arbeitsfließkurve ein weiteres Ansteigen der Formänderungsfestigkeit k_f. Dies entspricht der Anschauung und der Meßerfahrung.

Nach alledem läge es nahe, unsere bisherigen Kurven auf die Parameter Φ, Λ umzuzeichnen und in der neuen Gestalt zu benutzen. Dies gelingt jedoch mit erschwinglichem Aufwand nur in den beiden oben erwähnten Sonderfällen. Ein Ausweg bietet sich wie folgt.

Zunächst kann man statt Λ wieder $|\lambda|$ verwenden, denn $|\lambda|$ wie auch Λ beziehen sich nur auf den Augenblickszustand, und eine Formänderungsumkehr läßt das Vorzeichen von $|\lambda|$ ungeändert. Also kann man beide Parameter $|\lambda|, \Lambda$ vergleichen. Man nennt $|\lambda|$ im Gegensatz zu λ *Vergleichsformänderungsgeschwindigkeit* und schreibt

$$\bar{\lambda} = |\lambda|. \tag{2.3/10}$$

Die Arbeitsdichte Φ errechnet sich aus Λ nach (2.3/3) zu

$$\Phi = \int_{t_0}^{t} \Lambda \, dt.$$

Fassen wir jetzt $\bar{\lambda}\, dt$ statt $\Lambda\, dt$ als Maß für die Augenblicksumformung auf, so liegt es nahe, die Summe

$$\bar{\varphi} = \int_{t_0}^{t} \bar{\lambda} \, dt \tag{2.3/11}$$

statt Φ als Maß für die Vorgeschichte einzuführen. $\bar{\varphi}$ heißt *Vergleichsformänderung* und hat nach (2.3/1), (2.3/3) und (2.3/10) mit Φ den Zusammenhang

$$\Phi = \int_{t_0}^{t} k_f \bar{\lambda} \, dt = k_{fm} \int_{t_0}^{t} \bar{\lambda} \, dt = k_{fm} \bar{\varphi} \quad \text{bzw.} \quad \Phi = k_{em} \bar{\varphi} \tag{2.3/12}$$

für die ebene Formänderung. Diese Gleichungen gehen beim Zug- oder Druckversuch ohne Richtungsumkehr in die Gln. (2.3/4) mit $|\varphi| = \bar{\varphi}$ über. Dies erlaubt uns, alle bisher aufgenommenen Fließkurven beizubehalten, nur müssen wir überall die Abszissenparameter

$$|\lambda|, \ |\varphi| \ \text{durch} \ \bar{\lambda}, \bar{\varphi}$$

ersetzen.

Tatsächlich und erwartungsgemäß liefert $\overline{\varphi}$ im Gegensatz zu $|\varphi|$ eine vernünftige Deutung unseres oben beschriebenen kombinierten Zug-Druck-Experimentes. In Phase 1 (Dehnung) gilt $\lambda > 0$, also $\lambda = |\lambda| = \overline{\lambda}$, und am Ende von Phase 1 nach (2.3/11) und (2.1/4) mit $\varphi_0 = 0$

$$\overline{\varphi}_1 = \int_{t_0}^{t_1} \lambda \, dt = \varphi_1 = |\varphi_1| = 0{,}5.$$

Während Phase 2 gilt aber $\lambda < 0$ (Stauchung), folglich $\overline{\lambda} = |\lambda| = -\lambda$, und nach (2.3/11)

$$\overline{\varphi}_2 = \overline{\varphi}_1 + \int_{t_1}^{t_2} (-\lambda) \, dt.$$

Dabei wird der Stab auf die Anfangslänge zurückgedrückt, d. h. $\varphi_2 = 0$, und wegen (2.1/4)

$$\varphi_2 = 0 = \varphi_1 + \int_{t_1}^{t_2} \lambda \, dt = \overline{\varphi}_1 + \int_{t_1}^{t_2} \lambda \, dt; \qquad \int_{t_1}^{t_2} (-\lambda) \, dt = \overline{\varphi}_1.$$

Dies gibt insgesamt

$$\overline{\varphi}_2 = \overline{\varphi}_1 + \overline{\varphi}_1 = 2\overline{\varphi}_1 = 1{,}0.$$

$\overline{\varphi}$ gestattet also wie Φ, die Festigkeiten im Zug-Druck-Versuch aus den Festigkeiten im einfachen Zug- bzw. einfachen Druckversuch abzulesen, d. h. die Versuche zu vergleichen.

Die bisher beschriebenen Grundversuche sollen Rückschlüsse auf kompliziertere, mehrachsige Umformvorgänge zulassen. *Leistung* und *Arbeit* sind auch dann wohldefinierte und berechenbare Größen. Dagegen gibt es für verschiedene Umformrichtungen verschiedene Wertepaare λ, φ. Damit entfällt Gl. (2.3/10) für die Vergleichsformänderungsgeschwindigkeit. Um dennoch auch im mehrachsigen Versuch $\overline{\lambda}$ einzuführen, verallgemeinert man die Beziehung (2.3/1) zu

$$\overline{\lambda} = \Lambda / k_f, \tag{2.3/13}$$

eine auch für den mehrachsigen Versuch auswertbare Gleichung. Doch erfüllt dieser Wert nur dann seinen Zweck, Rechenerleichterungen gegenüber Λ zu bringen, wenn er allein von der Kinematik des Umformvorganges abhängt. Im einachsigen Versuch ist dies wegen (2.3/10) der Fall. Bei mehrachsigen Vorgängen bedarf es besonderer Untersuchungen.

Sofern es gelingt, für mehrachsige Umformvorgänge $\overline{\lambda}$ sinnvoll zu definieren, kann man die Vergleichsformänderung $\overline{\varphi}$ leicht mittels (2.3/11) übertragen.

2.4 Bauschinger-Effekt

Wir kehren zu dem in Form eines Gedankenexperimentes durchgeführten kombinierten Zug-Druck-Versuch von Abschn. 2.3.3 zurück und denken ihn uns über $\overline{\varphi}$ aufgetragen. Dann läuft $\overline{\varphi}$ von 0 bis 1, an der Stelle $\overline{\varphi} = 0{,}5$ kehrt die Verformungsrichtung um. Von der so gezeichneten Kurve nahmen wir unserem Gedankenexperiment entsprechend an, daß sie mit der zugehörigen Fließkurve zusammenfällt.

Es sind nur ganz wenige für unsere Zwecke brauchbare kombinierte Versuche wirklich durchgeführt worden. Die meisten von ihnen beziehen sich auf minimale Gesamtformänderungen $\overline{\varphi} \leq 0{,}2$, vgl. etwa [*15, 16*], und lassen erkennen, daß der Spannungsbetrag im Moment der Geschwindigkeitsumkehr nicht sofort wieder auf seinen unmittelbar vorher angenommenen Wert steigt. Vielmehr bleibt er zunächst etwas darunter. Dies kann z. B. an der Geschwindigkeitsabhängigkeit von k_f liegen, obschon es sich um Kaltverformung handelt: bei sehr langsamen Formänderungen kommt man in den Bereich des Kriechens. Der beschriebene Entfestigungseffekt wird nach seinem Entdecker J. Bauschinger [*17*] benannt. Bauschinger selbst betrachtete allerdings nur elastische Dehnungen und notierte rein visuell, wann im Grenzfall der Meßpunkt plötzlich *schnell auszuwandern* begann. Die in diesem Augenblick gemessene Spannung nannte er Fließgrenze und notierte ihr Absinken nach Belastungsumkehr.

Für uns ist der kurze Erholungsbereich der Fließspannung uninteressant. Vielmehr fragen wir, ob die Spannung danach wieder zur Fließkurve ansteigt oder nicht. Wir erwähnten bereits, daß ein geringer Prozentsatz der Arbeit nicht als Wärme nachweisbar ist, also reversibel gespeichert wird. Dann liegt die Vermutung nahe, daß er bei Verformungsumkehr wieder frei wird, daß also nach Umkehr der Geschwindigkeit nur eine geringere Spannung aufzubringen und damit ein *Bauschinger-Effekt* nachzuweisen ist. Die Differenzenergie speichert sich während der ersten Umformphase wahrscheinlich in Form elastischer Verzerrungen, die einen elastischen *Eigenspannungszustand* aufbauen. Dessen physikalische Klärung ist außerordentlich kompliziert (vgl. Kröner [*18*]). Während die rein beschreibenden Ansätze von Brandenberger [*19*] kaum zum tieferen Verständnis der Erscheinung beitragen, hat Heyn [*20*] eine einfache Modellvorstellung entwickelt, die den neueren Erkenntnissen vom Prinzip her recht nahe kommt. Und zwar vermutet Heyn, daß durch verschiedene mikroskopische Beimengungen die einzelnen Kristallkörner einerseits verschiedene Elastizitäts- und Plastizitätseigenschaften haben, zum anderen sich mikroskopisch inhomogen verformen, so daß immer ein mit der Verformung wechselnder Anteil der Körner unterhalb, ein anderer genau an seiner Fließgrenze beansprucht wird. Bild 2.12 zeigt ein Modell aus zwei parallel geschalteten Stäben, deren einer (Stab 1) nur elastisch (Elastizitätsmodul E), der andere (Stab 2) nur plastisch (Formänderungsfestigkeit k_f^*) verformt wird. Bezieht man die Umformkraft K auf den Gesamtquerschnitt $F = F_1 + F_2$, so beträgt die Zugspannung ($\lambda > 0$)

$$\sigma_Z = \frac{K}{F} = \frac{E\varphi F_1 + k_f^*(\bar{\lambda}, \bar{\varphi}, \vartheta) F_2}{F},$$

die Druckspannung ($\lambda < 0$)

$$\sigma_D = \frac{K}{F} = \frac{E\varphi F_1 - k_f^*(\bar{\lambda}, \bar{\varphi}, \vartheta) F_2}{F}.$$

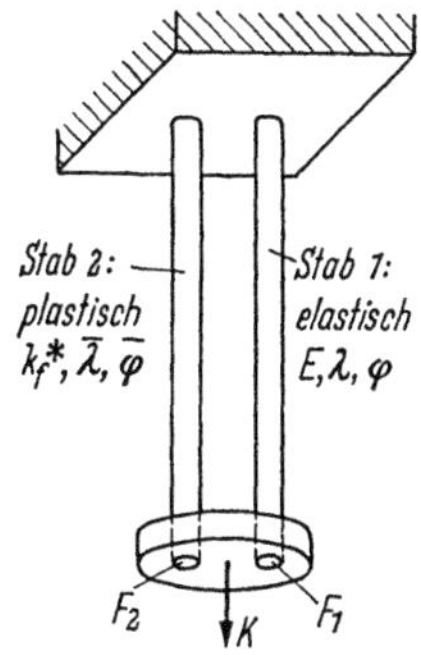

Bild 2.12 Stabpaar zur Veranschaulichung des Bauschinger-Effektes.

Ist die Kraft im elastischen Stab 1 kleiner als im plastischen Stab 2, so kommt die Verformung nach äußerer Entlastung zum Stillstand. Dann hat man für einen vorgeformten Stab ($\varphi \neq 0$) bei Zug und Druck scheinbar zwei verschiedene Formänderungsfestigkeiten. Und zwar ergibt sich mit den Abkürzungen

$$k_f(\bar{\lambda}, \bar{\varphi}, \vartheta) = \frac{F_2}{F} k_f^*(\bar{\lambda}, \bar{\varphi}, \vartheta)$$

$$B(\varphi) = \frac{F_1}{F} E\varphi \qquad (\textit{Bauschinger-Funktion})$$

$$k_{fZ} = k_f + B \qquad (\text{Zug: } \lambda > 0),$$

$$k_{fD} = k_f - B \qquad (\text{Druck: } \lambda < 0);$$

zusammen also

$$k_{fZ/D} = k_f + \frac{\lambda}{|\lambda|} B = k_f + \operatorname{sgn} \lambda \cdot B\,[1]. \qquad (2.4/1)$$

Wegen $B(-\varphi) = -B(\varphi)$ ergeben sich keine Unterschiede in k_{fZ} und k_{fD}, wenn man den reinen Zugversuch mit dem reinen Druckversuch bei gleichen Beträgen $|\varphi|$ vergleicht. Die bisherigen Fließkurven deutet man dann als k_{fZ} für $\varphi > 0$ oder k_{fD} für $\varphi < 0$. Den wirklichen plastischen Anteil k_f kann man nur sehr schwer herausschälen. Da

[1] $\operatorname{sgn} \lambda = \frac{\lambda}{|\lambda|}$ für $\lambda \neq 0$, vgl. (3.3/9).

jedoch die elastisch gespeicherte Energie und damit B klein sind, wollen wir vorerst idealisiert

$$k_{fZ} \approx k_{fD} \approx k_f$$

voraussetzen und den Bauschinger-Effekt vernachlässigen.

Streng genommen hängt die Formänderungsfestigkeit nach (2.4/1) neben $\bar{\lambda}$, $\bar{\varphi}$, ϑ noch von λ und φ ab. Allerdings wird der wahre funktionelle Zusammenhang komplizierter sein, als es die einfache Modellgleichung (2.4/1) ausdrückt. Im allgemeinen muß man mit einer nichtlinearen Bauschinger-Funktion $B(\varphi)$ rechnen.

Zur Bestätigung führen wir einen der wenigen veröffentlichten kombinierten Zug-Druck-Versuche (KÖRBER und EICHINGER [*21*]) an, der kontinuierlich ohne Zwischenbearbeitung der Proben durchgeführt wurde. Allerdings war die Formänderungsgeschwindigkeit extrem gering. Die in Bild 2.13a gezeigten Schleifen wurden (der Reihenfolge

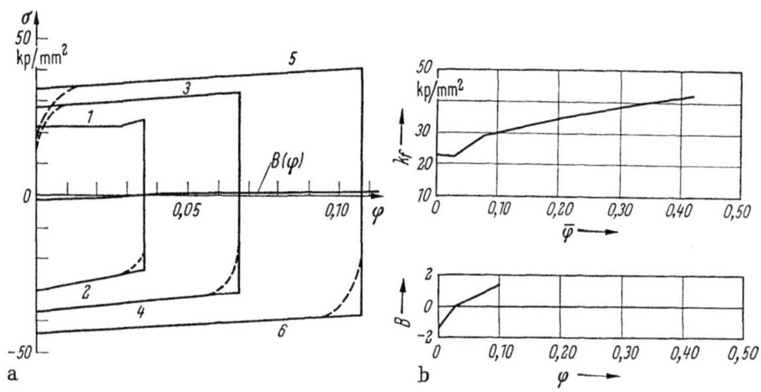

Bild 2.13a u. b Kombinierte Zug-Druck-Versuche zum Bauschinger-Effekt.

1, 2, ..., 6 entsprechend) in 5 bis 6 Stunden Gesamtzeit durchlaufen. Sie beziehen sich auf einen kohlenstoffarmen Stahl. Der elastische Anteil wurde eliminiert; ferner haben wir die kurzen Übergangszonen nach Spannungsumkehr bei der Auswertung weggelassen: Sie sind in Bild 2.13a gestrichelt.

Die Gesamtformänderung $|\varphi|$ war kleiner als 0,11; nur bis dahin konnte $B(\varphi)$ ermittelt werden. Dagegen ließ sich k_f bis $\bar{\varphi} \approx 0{,}45$ zeichnen. Bild 2.13b zeigt die Ergebnisse. Man erkennt $|B| \ll k_f$. Auffällig ist $B(0) \neq 0$.

Bei der Erläuterung des Modelles in Bild 2.12 haben wir von *elastischen* Spannungsanteilen gesprochen. Dies scheint unserer Bemerkung im Zusammenhang mit Gl. (2.2/3) zu widersprechen, wonach sich nach außen hin nur Verzerrungen, nicht aber Spannungen addieren. In Wirklichkeit bestätigt sich das auch hier, da unser Modellkörper nach außen hin überhaupt nicht elastisch ist.

2.5 Werkstoffmodelle

2.5.1 Mechanische Werkstoffmodelle

Zur Veranschaulichung des Bauschinger-Effektes hatten wir das wirkliche Werkstoffverhalten anhand eines Modells erläutert (Bild 2.12). Das Wesen jeder Theorie beruht auf experimentell fundierten Modellvorstellungen. Daher wollen wir das elastisch-plastische Umformverhalten von Metallen generell durch einfache Modellbilder darstellen. Wir übernehmen sie in der vorliegenden Form von LEHMANN [*22*]. Es ist üblich, Temperaturabhängigkeiten auszuklammern und die Werkstoffe nur im Hinblick auf ihr mechanisches Verhalten zu betrachten. Man bezeichnet sie dann als *Körper*. In Bild 2.14 wird die Spannung σ des wirklichen Zug-Druck-Versuches als Kraft K abgebildet, die an einem gegebenen mechanischen System angreift und dieses statisch[1] verschiebt. Formänderungsgeschwindigkeit λ und Formänderung φ entsprechen der Verschiebungsgeschwindigkeit v und der Verschiebung s des Kraftangriffspunktes, $\bar{\lambda}$, $\bar{\varphi}$ dem Geschwindigkeitsbetrag $\bar{v} = |v|$ bzw. dem insgesamt unabhängig von der Richtung durchlaufenen Weg $\bar{s} = \int_{t_0}^{t} \bar{v}\, dt$. Die Formänderungsfestigkeit ist als Betrag $|K|$ der Kraft zu deuten.

a) Elastischer Körper (Bild 2.14a). Er entspricht einem Metall bei Belastungen unterhalb der Fließgrenze. Die Feder ist linear, ihre Federzahl c konstant. Verallgemeinert kann nichtlinear-elastisches Verhalten wiedergegeben werden. Man muß dann $c = c(s)$ einsetzen.

b) Zäher Körper (Bild 2.14b). In einer Flüssigkeitsdämpfung — sie ist in Bild 2.14b schematisiert — gilt $K = bv$, $|K| = b\bar{v}$. Die Kraft ist also lediglich geschwindigkeitsabhängig. Für $b =$ const repräsentiert der zähe Körper eine NEWTONsche zähe Flüssigkeit. Wenn man dagegen $b = b(\bar{v})$ geeignet nichtlinear einsetzt, kann man durch das vorliegende Modell den Geschwindigkeitsverlauf von k_f beschreiben. Da jedoch erfahrungsgemäß $k_f \neq 0$ für $\bar{\lambda} = 0$, bildet der zähe Körper allein noch kein wirkliches Metall ab, obwohl er hierfür von einigen Autoren bei theoretischen Untersuchungen zugrunde gelegt wird (z. B. KNESCHKE [*23*]).

[1] d. h., es treten keine Beschleunigungen auf: die äußeren Kräfte sind für sich im Gleichgewicht.

c) *Starr-idealplastischer Körper* (Bild 2.14c). Eine Masse vorgegebenen Gewichtes G gleitet auf rauher Unterlage; der Gleitreibkoeffizient μ sei konstant und falle mit dem Haftreibkoeffizienten zusammen. Dann gilt $|K| = \mu G = \text{const}$ entsprechend Gl. (2.2/7). Idealplastische Körper nähern alle metallischen Werkstoffe in groben Grenzen an, gut i. a. nur bei Warmumformung mit konstanter Geschwindigkeit. Der Zusatz *starr* bedeutet $E = \infty$ (E = Elastizitätsmodul).

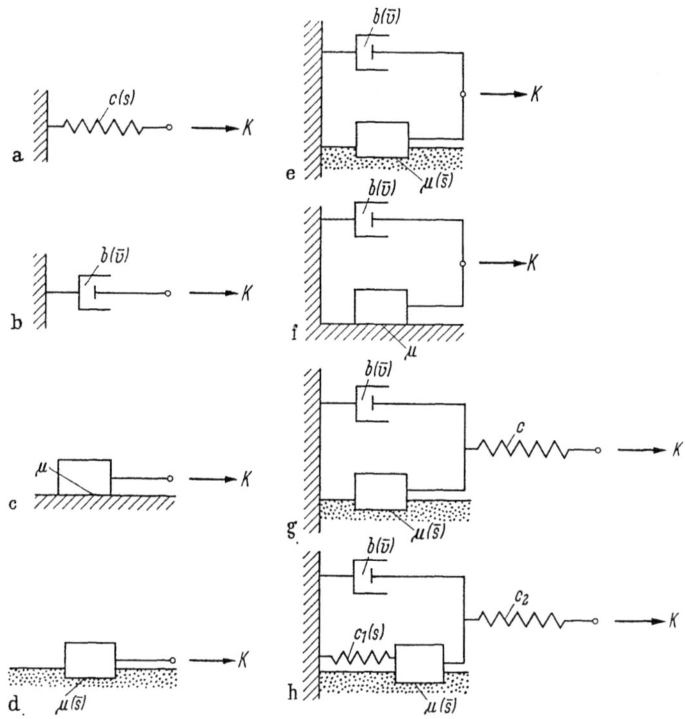

Bild 2.14a–h Einfache Werkstoffmodelle.

a) Elastischer Körper; b) zäher Körper; c) starr-idealplastischer Körper; d) starrplastischer Körper mit Kaltverfestigung; e) allgemeiner starrplastischer Körper; f) starrplastischer Körper ohne Kaltverfestigung (Bingham-Körper); g) elastisch-plastischer Körper; h) elastisch-plastischer Körper mit Bauschinger-Effekt.

d) *Starrplastischer Körper mit Kaltverfestigung* (Bild 2.14d). Die zu verschiebende Masse frißt sich abhängig vom Gesamtweg $\bar{s}$ in eine rauhe, z. B. sandige Unterlage ein. Dadurch erhöht sich der Reibkoeffizient $\mu = \mu(\bar{s})$. Wie schon der Name sagt, nähert dieses Modell das Verhalten bei Kaltumformung an.

e) *Allgemeiner starrplastischer Körper* (Bild 2.14e). Der in Bild 2.14d veranschaulichte Körper wird jetzt mit einem zähen Körper kombiniert.

Dieses Modell veranschaulicht u. a. das Warmumformverhalten von Stahl nach Bild 2.7.

f) Starrplastischer Körper ohne Kaltverfestigung (*Bingham*-Körper, Bild 2.14f). Dies ist der Spezialfall $\mu = \text{const}$ des allgemeinen starrplastischen Körpers. Durch ihn lassen sich einige Metalle bei Warmumformung beschreiben, z. B. Aluminium und Kupfer nach Bild 2.8.

g) Elastisch-plastischer Körper (Bild 2.14g). Dem allgemeinen starrplastischen Körper wird entsprechend Gl. (2.2/2) ein elastischer Anteil überlagert.

h) Elastisch-plastischer Körper mit Bauschinger-Effekt (Bild 2.14h). Abgesehen vom elastischen Anteil (Feder mit Federzahl c_2) ist hier durch eine nachgeschaltete Feder (veränderliche Federzahl $c_1(s)$ als Repräsentant der Bauschinger-Funktion $B(\varphi)$) die Gl. (2.3/14) verwirklicht.

Die letzten beiden Modelle lassen sich ihrerseits wiederum auf verschiedene Weise spezialisieren, indem man z. B. die Flüssigkeitsdämpfung wegläßt oder die Unterlage durch eine starre ersetzt. Wir gehen hierauf nicht mehr ein.

2.5.2 Physikalische Werkstoffmodelle

Die mechanischen Werkstoffmodelle geben kein Bild vom wirklichen Geschehen im Inneren der Metalle während der Umformung. Hierfür hat die Metallphysik wohlfundierte Modelle entwickelt, die im folgenden kurz besprochen werden. Zwar ist dies für die phänomenologische Plastizitätstheorie nicht erforderlich, doch sollte der Leser bei ihrer Anwendung den physikalischen Hintergrund kennen. Auch wir haben in den vorangegangenen Abschnitten gelegentlich vom Werkstoffaufbau (*Gefüge*) gesprochen.

Als Grundelement des Metallgefüges wird die Gitteranordnung der Atome angesehen. Sie geht durch Parallelverschiebung in wenigstens drei voneinander unabhängigen Raumrichtungen um gewisse Längen l_1, l_2, l_3 (*Gitterabstände*) in sich selbst über. Als Beispiel zeigt Bild 2.15a die für Kohlenstoffstähle bei Temperaturen bis 720 °C charakteristische *kubisch-raumzentrierte* Anordnung. Sie besteht bei reinem Eisen bis 906 °C. Für höhere Temperaturen (die Grenze liegt je nach Kohlenstoffgehalt zwischen 720 °C und 906 °C) hat man eine *kubisch-flächenzentrierte* Anordnung (Bild 2.15b). Sie trifft auch für Kupfer, Nickel und Aluminium zu. Es gibt daneben Metalle mit anderen Strukturen. Zum Beispiel besitzt Zink eine *hexagonale*, Zinn eine *tetragonale*, Wismut eine *trigonale* Gitteranordnung. Mit der Geometrie der Gitteranordnungen befaßt sich die *Kristallographie*; wir verweisen auf das Lehrbuch von RAAZ und TERTSCH [*24*]. Metalle enthalten im allgemeinen gezielte Beimengungen (*Legierungsbestandteile* — z. B. Kohlenstoff bei Stahl) oder unerwünschte Beimengungen (*Verunreinigungen* — z. B. Phosphor bei Stahl). Sofern sie in das Kristallgefüge eintreten (sich *lösen*), ersetzen sie dort Atome des reinen Metalles (*Substitutionsmischkristall*) oder schieben sich zwischen die Gitteratome (*interstitieller Mischkristall*), vgl. MASING [*25*].

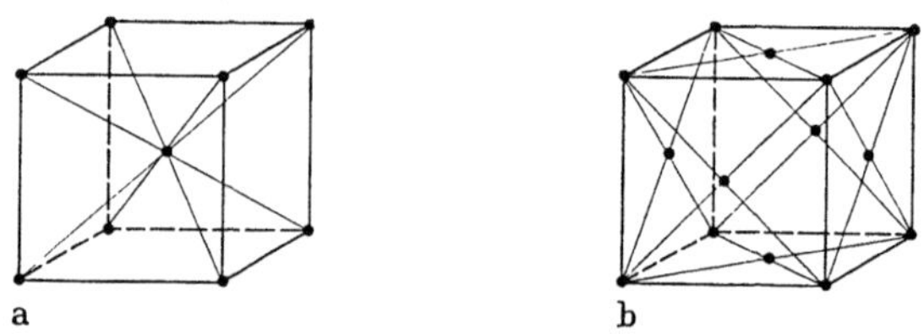

Bild 2.15a u. b Kubische Gitterform, a) raumzentriert, b) flächenzentriert.

Als *Kristall*, prägnanter: *Einkristall*, bezeichnet man einen Körper, dessen Atome zu einer einheitlichen Gitteranordnung gehören. Man spricht vom *Kristallgitter*. Eine gedachte Ebene durch den Kristall, die ihrerseits eine flächenhaft regelmäßige Gitteranordnung von Atomen herausschneidet, heißt *Gitterebene*. Je nach Schnittrichtung können Gitterebenen verschiedene, insbesondere verschieden dicht besetzte Anordnungen enthalten. Kristalle sind durch Teile von Gitterebenen begrenzt.

Die plastische Verformung von Kristallen stellt man sich im einfachsten Fall als Verschiebung zweier Kristallbereiche längs einer Gitterebene um einen oder mehrere Gitterabstände vor (*Abgleitung*). Die betroffene Gitterebene heißt *Gleitebene*, die Verschiebungsrichtung in der Ebene *Gleitrichtung*. Gleitebene und Gleitrichtung bilden das *Gleitsystem*. Nach einer Abgleitung ist der ungestörte Gitterzustand wiederhergestellt. Allerdings muß man aus energetischen Gründen annehmen, daß sich die Abgleitung nicht gleichzeitig über die ganze Gleitebene vollzieht. Vielmehr breitet sie sich schrittweise entsprechend Bild 2.16 aus. Hierbei ist die Gitterstruktur in jedem Augenblick nur in der unmittelbaren Nähe jeweils einer einzigen Gitterzelle gestört. Die Störstelle *V* nennt man *Versetzung*. Sie wandert bei Anlegen einer geeigneten Spannung (in Bild 2.16 von links nach rechts) über die Gleitebene. Bild 2.16c zeigt den Endzustand: Die Versetzung ist am freien Rand des Kristalles ausgetreten. Dadurch ist eine Abgleitung um einen Gitterabstand entstanden. Wird die Versetzung *V* in ihrer Bewegung beispielsweise durch Störstellen im Gitter gehemmt, so erzeugt sie keine Abgleitung und trägt vermutlich nicht zur makroskopischen plastischen Formänderung bei. Vielmehr dürfte sie im Zusammenhang mit Eigenspannungen stehen (vgl. KRÖNER [*18*]). Jeder — auch der natürlich gewachsene — Kristall enthält von vornherein zahlreiche Versetzungen.

Wir betrachten noch einmal Bild 2.16, das eine Gitterebene senkrecht zur Gleitebene zeigt. Die Versetzung V kann man sich als Linie senkrecht zur Zeichenebene vorstellen (*Versetzungslinie*), sie erzeugt eine Verschiebung des oberen Kristallteiles von links nach rechts. Die Versetzungslinie steht also senkrecht zur Gleitrichtung. Man spricht in diesem Fall von einer *Stufenversetzung*. Daneben gibt es andere Versetzungstypen. Wenn beispielsweise Versetzungslinien und Verschiebungsrichtung parallel sind, spricht man von einer *Schraubenversetzung*.

Kubische (flächen- oder raumzentrierte) Kristalle sind in bezug auf die plastische Umformung, aber auch in bezug auf andere physikalische Eigenschaften (Elastizität usw.) isotrop; alle anderen Kristalle sind anisotrop (NYE [*26*]).

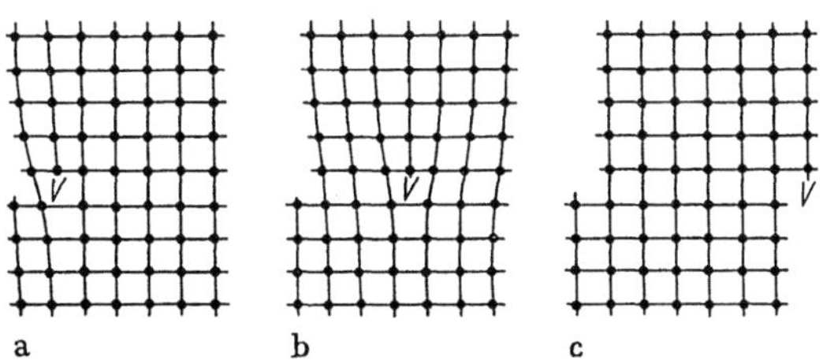

Bild 2.16a—c Abgleitung durch Fortschreiten einer Stufenversetzung V.

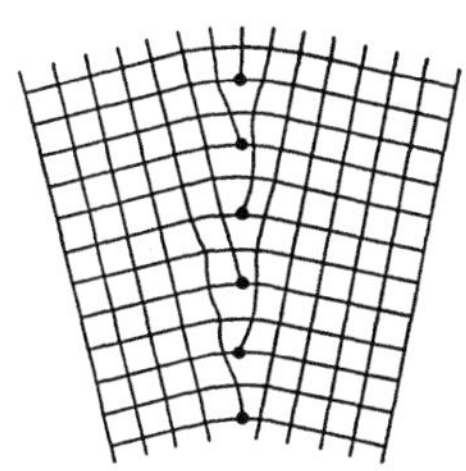

Bild 2.17 Versetzungsanordnung an einer Korngrenze.

Die in der Umformtechnik verwendeten Metalle bestehen nun nicht aus einem einzigen Kristall, sondern aus einer Vielzahl kleiner, i. a. unregelmäßig angeordneter Kristalle, die man *Kristallite* oder *Körner* nennt. Sie sind an ihren Rändern (*Korngrenzen*) miteinander verwachsen und bilden einen *Vielkristall.* Während im Einkristall die Vorgänge bei der Verformung recht gut verstanden werden, ergeben sich bei der Deutung des Verformungsverhaltens von Vielkristallen zusätzliche Probleme. Da nämlich an den Korngrenzen verschieden gerichtete Gitterebenen aufeinandertreffen, häufen sich dort Gitterstörungen. Manchmal kann man sie aus Versetzungen aufbauen (Bild 2.17). Im allgemeinen liegen jedoch teilweise regellose Bereiche vor. An den Korngrenzen reichern sich vorzugsweise solche Legierungselemente an, die im Mischkristall interstitiell gelöst sind oder große Atomradienunterschiede zum Grundmetall aufweisen. Die spätere Ausscheidung von Legierungsbestandteilen aus den Körnern an die Korngrenzen führt zu makroskopisch nachweisbaren Festigkeitsänderungen (*Alterungen*).

Die Verformung eines metallischen Vielkristalls vollzieht sich durch Abgleitungen in den Körnern und (bei höheren Temperaturen) auch durch

Verschiebung der Körner längs der Korngrenzen. Die zur Verformung benötigte Spannung ist im Vielkristall im allgemeinen größer als beim Einkristall, da bei der Verformung der Gitterzusammenhang über die Korngrenzen hinweg gewahrt bleiben muß und daher oft spannungsmäßig ungünstige Gleitsysteme betätigt werden. Sind die Körner zu Beginn der Verformung unregelmäßig angeordnet und orientiert, so heben sich mögliche Anisotropien der Einzelkristalle gegeneinander auf: der Werkstoff ist isotrop. Durch eine gerichtete Umformung bildet sich gewöhnlich eine Vorzugsorientierung der Körner aus: der Werkstoff wird anisotrop (*Verformungsanisotropie*, *Textur*).

Die Atomabstände im Kristallgitter betragen bei Eisen um $3 \cdot 10^{-7}$ mm. Die Korngröße hängt wesentlich von der Vorbehandlung ab und liegt im allgemeinen zwischen 10^{-2} mm und 1 mm.

3 Elementare Theorie ebener und axialsymmetrischer Umformvorgänge

Um das in Kap. 2 beschriebene Werkstoffverhalten beim Zug- oder Druckversuch zur Voraussage des Werkstoffverhaltens bei komplizierteren Umformvorgängen heranziehen zu können, ist ein Übertragungsmodell nötig. Nahezu gleichzeitig in den Jahren 1924/25 entwickelten Siebel [*27*] und v. Kármán [*28*] ein besonders einfaches, *elementares* Modell (*Streifenmodell*) für den Walzvorgang (Bild 3.1 a), das von Sachs [*29*] auf den Ziehvorgang (Bild 3.1 b; Umkehrung: Einstoßen) und von Siebel und Pomp [*30*] auf das Schmieden bzw. Pressen (Bild 3.1 c) übertragen wurde. Während in einer damals erschienenen Monographie von Siebel [*31*] für die einzelnen Umformverfahren getrennte Theorien (mit z. T. verschiedenen zusätzlichen Vernachlässigungen) entwickelt wurden, hat man sie heute unter dem Namen *Streifentheorie* zusammengefaßt und als *Scheibentheorie* (Ziehen/Einstoßen) bzw. *Röhrentheorie* (Schmieden/Pressen) auf axialsymmetrische Umformvorgänge übertragen. In diesem Kapitel werden zunächst die Modelle beschrieben, dann daraus (in Verallgemeinerung von [*32*, *33*]) die Grundgleichungen hergeleitet. Wir wenden sie in den Kap. 4 bis 7 auf die einzelnen Umformverfahren an.

Ein neueres Lehrbuch, welches der elementaren Theorie breiteren Raum gibt, stammt von Gubkin [*34*].

3.1 Elementare Modelle

3.1.1 Streifenmodell

Wir setzen ebene Umformung im gleichen Sinne wie in Abschn. 2.1 voraus. Dann bewegen sich alle Werkstoffteilchen stets in parallelen Ebenen. Werkstoffteilchen, die auf einer gemeinsamen Normalen zu diesen *Fließebenen* liegen, haben gleiche Geschwindigkeiten. Daher genügt es, eine einzige Fließebene E zu betrachten, wie dies in den Bildern 3.1a, b, c für einige Umformverfahren geschehen ist. Ebene Umformung verlangt naturgemäß Werkzeuge, die in allen Fließebenen gleiche Schnittbilder haben.

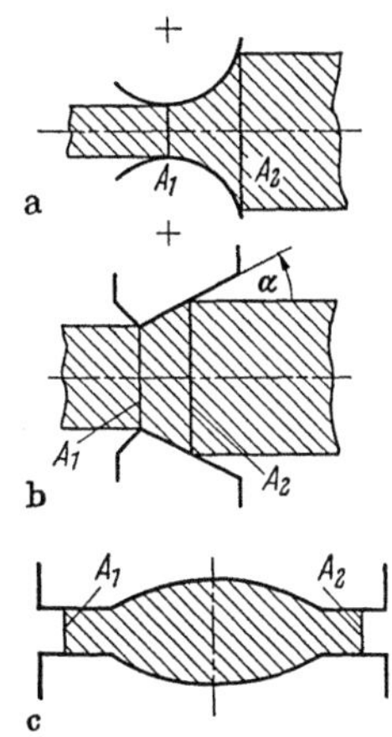

Bild 3.1a–c Anwendungsbeispiele zur elementaren Theorie.
a) Walzen; b) Ziehen/Einstoßen; c) Stauchen/Pressen.

Gemeinsam ist den in Bild 3.1 abgebildeten Verfahren, daß der Werkstofffluß durch ein Paar von *Bahnen* (Werkzeugoberflächen, z. B. Gravuren u. dgl.) festgelegt wird. Verschieden ist die Form der Bahnen. Sie können raumfest oder bewegt, starr oder nicht starr (elastische Werkzeugverformung) sein. Doch müssen wir ihre Form und Bewegung jederzeit kennen.

Die Bahnen dürfen Ecken haben; z. B. liegen solche an der Stelle des Gratansatzes beim Gesenkschmieden (Bild 3.1c). Diesen Ecken gleichzusetzen sind Knickstellen der (oberen und unteren) Werkstoffbegrenzung beim Eintritt in die oder beim Austritt aus den Bahnen (Ziehen, Bild 3.1b; Walzen, Bild 3.1a.)

Wir fassen zusammen:

I. *Der Werkstoff fließt eben und wird zwischen einem Paar von Bahnen geführt.*

Man legt nun die Werkstoffbewegung von vornherein und für das Streifenmodell charakteristisch fest. Dies war der entscheidende Gedanke SIEBELS.

Wir orientieren uns am einfachen Zug- oder Druckversuch für ebene Umformung und betrachten hierzu Bild 2.4. Das gezeichnete Werkstoffrechteck bleibt während der Umformung rechteckig (Reibungsfreiheit). Allgemeiner: jeder sich in der Fließebene als vertikale Linie abbildende Werkstoffquerschnitt A bleibt während der Umformung ein ebener Querschnitt (gerade Linie) und zu sich parallel. Dieses Umformverhalten wird ungeändert in die elementare Theorie übernommen:

II. *Ebene, zur Fließebene E senkrechte Werkstoffquerschnitte A, die jene Fließebene parallel zu einer bestimmten festen Richtung schneiden, verschieben sich parallel.*

Voraussetzung II ist bei keinem technischen Umformvorgang streng erfüllt und gilt bestenfalls angenähert. Zum Beispiel tritt beim Walzvorgang mit Walzen sehr unterschiedlichen Durchmessers das Walzgut gekrümmt aus.

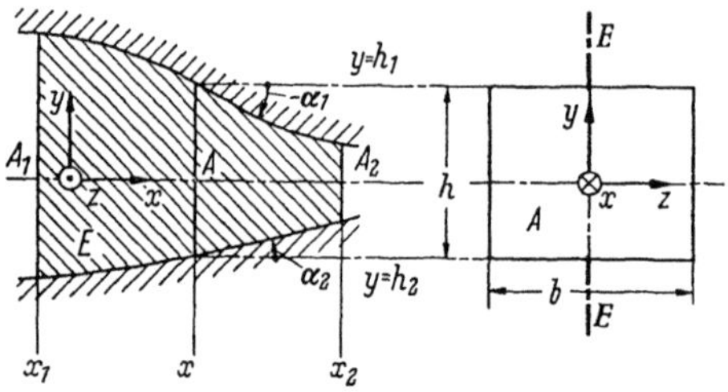

Bild 3.2 Umformzone, Koordinaten, Querschnitt.

Wir wollen jetzt ein kartesisches x, y, z- Koordinatensystem einführen (Kap. 1; Bild 1.1). Hierzu wählen wir die z-Achse senkrecht zu E, die y-Achse in der nach Voraussetzung II ausgezeichneten Raumrichtung, und die x-Achse senkrecht zu beiden (Bild 3.2).

Die Lage des Koordinatenursprunges geben wir dem jeweiligen Problem angepaßt vor. Er habe die Geschwindigkeiten

$$u_0 \text{ (in } x\text{-Richtung)}, \qquad v_0 \text{ (in } y\text{-Richtung)}$$

und die Beschleunigungen

$$b_{0x} \text{ (in } x\text{-Richtung)}, \qquad b_{0y} \text{ (in } y\text{-Richtung)}.$$

$$y = h_1(x, t); \qquad y = h_2(x, t)$$

seien die Gleichungen der Bahnen. Die erste stelle die (nach Wahl der y-Richtung) obere, die zweite die untere Bahn dar, d. h.

$$h_1 > h_2 .$$

Das Vorzeichen von h_1, h_2 hängt von der Lage des Koordinatenursprunges ab. In Bild 3.2 gilt z. B. $h_1 > 0$, $h_2 < 0$. Die Gesamthöhe

$$h = h_1 - h_2 \tag{3.1/1}$$

eines Querschnittes A ist stets positiv, die Breite b für alle Querschnitte gleich und zeitlich konstant. Außer an *Knickstellen* sind die Bahnneigungswinkel α_1 (*oben*) und α_2 (*unten*) eindeutig definiert. Sie erfüllen nach Bild 3.2

$$\tan \alpha_1 = \frac{\partial h_1(x, t)}{\partial x}\,; \quad \tan \alpha_2 = \frac{\partial h_2(x, t)}{\partial x}\,; \quad \tan \alpha_1 - \tan \alpha_2 = \frac{\partial h(x, t)}{\partial x}. \tag{3.1/2}$$

In Bild 3.2 gilt beispielsweise an der gezeichneten Stelle x: $\alpha_1 < 0$, $\alpha_2 > 0$. Dort schließen beide Bahnen den bei Bahnverengung negativ, bei Bahnerweiterung positiv gezählten Winkel

$$2\alpha = \alpha_1 - \alpha_2 \qquad (3.1/3)$$

ein.

Den oben genannten Knickstellen ordnen wir jetzt Abszissenwerte $x_1, x_2, \ldots, x_n$ (zugehörige Querschnitte $A_1, A_2, \ldots, A_n$) zu. Sie seien so numeriert, daß $x_3, \ldots, x_n$ ($A_3, \ldots, A_n$) in irgendeiner Reihenfolge die eigentlichen Bahnecken innerhalb des Umformbereiches beschreiben. x_1, x_2 (A_1, A_2) in der Reihenfolge $x_1 < x_2$ gehören zu den beidseitigen Begrenzungen des Umformbereiches. Diese befinden sich entweder am Werkstoffein- bzw. -austritt (vgl. Bilder 3.1a, b) oder am freien Werkstoffrand (Bild 3.1c). Im letzten Fall, oder z. B. beim Werkstoffaustritt aus den Walzen, liegt keine eigentliche Knickstelle vor.

Als Knickstelle $x_3, \ldots, x_n$ zählt jeder Querschnitt, an dem die obere oder die untere Bahn knickt. Dann ändert sich der jeweilige Neigungswinkel α_1, α_2, etwa bei $x = x_i$, sprunghaft um

$$\Delta\alpha_{1i} \text{ (oben)} \qquad \text{bzw.} \qquad \Delta\alpha_{2i} \text{ (unten)};$$

es kann $\Delta\alpha_{1i} = 0$ oder $\Delta\alpha_{2i} = 0$, für $i = 1, 2$ sogar beides gelten.

Wir fragen jetzt, wann Querschnitte entsprechend Voraussetzung II eben bleiben. Gegenüber dem Zug- oder Druckversuch werden wandernde Streifen durch zweierlei Einflüsse vom Rand her behindert: durch die Bahnneigung (Bahnverengung) und die Reibung. Beide Einflüsse muß man also gering halten. Zunächst fordern wir, daß die Bahnneigungswinkel α_1, α_2 betragsmäßig nicht zu groß werden dürfen. Ferner setzen wir an den Bahnen Gleitreibung, also nach Coulomb

$$\text{Reibkraft} = \mu \times \text{Druckkraft}$$

an und fordern, daß die Reibwerte μ_1, μ_2 (für die obere bzw. untere Bahn) hinreichend klein seien.

Daneben suchen wir nach Zonen, in denen der Werkstoff an den Bahnen haften darf. Wenn z. B. in einem Schmiedeprozeß (Bild 3.1c) der Werkstoff an der linken Seite nach links, an der rechten nach rechts austritt, so muß er irgendwo dazwischen gegenüber den Bahnen (Gesenken) in Ruhe sein. Dies kann im Rahmen des Modells höchstens an einzelnen Punkten $x_{s1}, \ldots, x_{sm}$ (*Fließscheiden*) geschehen. Andernfalls würde entweder ein ausgedehntes Werkstoffvolum überhaupt nicht umgeformt, oder der Werkstoff müßte stark ausbeulen: Querschnitte bleiben nicht mehr eben. Elementare Ansätze mit Haftreibung sind deshalb problematisch. Dennoch finden sie sich gelegentlich in der Literatur, vgl. z. B. [*35*], und führen zu brauchbaren Resultaten. Wir kommen hierauf in Abschn. 3.3.2 zurück.

In den Anwendungen benutzt man oft konstante, an beiden Bahnen gleiche Reibwerte $\mu = \mu_1 = \mu_2$. Tatsächlich sind μ_1, μ_2 von vielen Gegebenheiten (Oberflächenbeschaffenheit, Schmierung, Geschwindigkeit, sogar dem Druck) abhängig. Neben μ_1, μ_2 betrachten wir Reibwinkel ν_1, ν_2, die wie üblich formal durch

$$\mu_1 = \tan \nu_1; \qquad \mu_2 = \tan \nu_2 \tag{3.1/4}$$

definiert werden.

In den Voraussetzungen I, II haben wir die Umformkinematik festgelegt. Wir müssen uns jetzt mit den Umformkräften beschäftigen. Hierbei wird der Name *Streifenmodell* verständlich.

Bild 3.3a zeigt einen *Streifen*, d. h. einen durch zwei dicht benachbarte Querschnitte A, $\bar{A}$ $(x < \bar{x})$ begrenzten Teil der Umformzone, in dessen Bereich keine Knickstelle fällt. Für hinreichend kleine dx dürfen die obere und untere Begrenzung durch Geradenstücke ersetzt und der Streifen als Trapez angesehen werden. Er soll im Hinblick auf die Umformkräfte mit einem Rechteckstreifen gleicher Dicke $dx = \bar{x} - x$ und gleicher mittlerer Höhe $\tilde{h}$ (Bild 3.3b) verglichen werden.

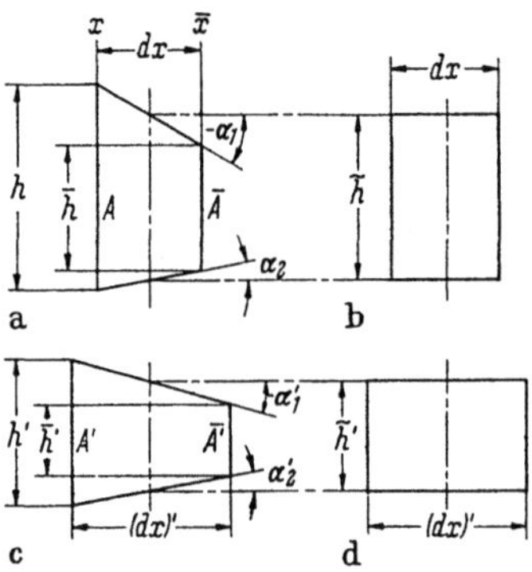

Bild 3.3a–d Streifenumformung.

Innerhalb eines gewissen Umformabschnittes wandelt sich der in Bild 3.3a gezeichnete Streifen in ein anderes Trapez um (Bild 3.3c). Wir vergleichen zunächst diese Formänderung mit der des daneben gezeichneten Rechteckstreifens (Bild 3.3b nach Bild 3.3d). Die Formänderung des Rechteckstreifens entspricht ihrerseits der Umformung des Blechstreifens im Grundversuch nach Bild 2.3. Von diesem wissen wir, daß die Umformkraft z. B. im Zugversuch den Wert $F \cdot k_f$ hat, wo $F = bs$ die belastete Fläche ist.

Nun läßt sich eine bestimmte Umformung keineswegs nur durch ein und dieselbe Belastung hervorrufen. Die gleiche Längung des Blechstreifens von l_0 auf l ergibt sich z. B., wenn man ihn nicht wie in Bild 2.3 längs durch Zug, sondern quer durch Druck belastet. Wegen $b = \text{const}$ und $F = bs$ folgt nämlich aus den Gln. (2.1/6) und (2.1/8)

$$\frac{\dot{s}}{s} = -\lambda = -\frac{\dot{l}}{l}\,; \quad \ln\frac{s}{s_0} = -\varphi = -\ln\frac{l}{l_0}.$$

$\frac{\dot{s}}{s}$ und $\ln \frac{s}{s_0}$ sind die Formänderungsgeschwindigkeit λ_s bzw. die Formänderung φ_s beim Druckversuch, in welchem das Blech quer von s_0 auf s gedrückt wird. In beiden Fällen sind die Formänderungsfestigkeiten

$$k_e(|\lambda_s|, |\varphi_s|, \vartheta) = k_e(|\lambda|, |\varphi|, \vartheta)$$

gleich, da die Formänderungen $|\varphi_s| = |\varphi|$ und die Formänderungsgeschwindigkeiten $|\lambda_s| = |\lambda|$ übereinstimmen. Dann erfüllen auch die Umformleistungen

$$\Lambda_s = \Lambda,$$

weil nach (2.3/2)

$$\Lambda_s = |\lambda_s| \cdot k_e(|\lambda_s|, |\varphi_s|, \vartheta),$$

$$\Lambda = |\lambda| \cdot k_e(|\lambda|, |\varphi|, \vartheta).$$

Wir haben bisher die durch λ, φ bzw. λ_s, φ_s eindeutig bestimmte Umformung des Bleches durch zwei verschiedene Belastungsarten erzeugt, nämlich einerseits durch Längszug, andererseits durch Querdruck. In beiden Fällen war die Umformleistung gleich, so daß wir sie hier als charakteristisch für den gegebenen Umformzustand λ, φ ansehen können. Nun sind darüber hinaus aus den beiden beschriebenen Belastungsarten zusammengesetzte Belastungen denkbar, die ebenfalls den gleichen Umformzustand λ, φ hervorrufen. Es liegt nahe, auch jetzt die Umformleistung als charakteristisch anzusehen und zu postulieren, daß sie unabhängig von der Art der Belastung nur vom Umformzustand λ, φ abhängt.

Diese Überlegung gilt unmittelbar auch für die Umformung des Rechteckstreifens von Bild 3.3 b nach Bild 3.3 d. Hierbei entspricht die Streifendicke dx der Blechdicke s, die Streifenlänge $\tilde{h}$ der Blechlänge l.

Wir kommen jetzt zu dem eigentlichen Vergleich zwischen dem Trapezstreifen (Bilder 3.3 a, c) mit dem Rechteckstreifen (Bilder 3.3 b, d). Wählt man bei beiden die Streifendicke dx sehr klein gegen die mittlere Streifenhöhe $\tilde{h}$, so kann man sich vorstellen, daß die oberen und unteren Schrägungen die Umformleistung nicht beeinflussen. Wir setzen somit voraus, daß die Dichten Λ der Umformleistungen bei den in Bild 3.3 miteinander verglichenen hinreichend schmalen Trapezen und Rechtecken einander gleich sind.

Eine Konsequenz unserer Modellvorstellung ist, daß die Formänderungsfestigkeit k_e im Trapezstreifen wie im Rechteckstreifen nicht von der Höhenkoordinate y abhängt, also über jeden Werkstoffquerschnitt A konstant ist.

Wir fassen unsere Überlegungen in Form einer neuen Voraussetzung zusammen:

III. *Dünne Trapezstreifen benötigen zu ihrer Umformung die gleiche Leistung wie Rechteckstreifen gleicher Höhe und gleichen Volums*[1].

Wir wollen abschließend den vernachlässigten Einfluß der Schräge des Trapezstreifens genauer untersuchen und nehmen dazu an, daß er Teil eines sich verformenden Rechteckstreifens gleicher Dicke, doch größerer Höhe wäre. Unserer Modellvorstellung entsprechend hat dieser dann dieselbe Formänderungsgeschwindigkeit λ und Formänderung φ wie der eingebettete Trapezstreifen. Legen wir den Ursprung des x, y-Koordinatensystems z. B. in eine Ecke des größeren Rechteckstreifens, so gilt mit (2.1/3) für die Oberkante des Trapezes $\dot{h}_1 = \lambda h_1$, und aus (3.1/2) folgt[2]

$$\frac{\partial \tan \alpha_1}{\partial t} = \frac{\partial}{\partial t} \frac{\partial h_1}{\partial x} = \frac{\partial}{\partial x} \frac{\partial h_1}{\partial t} = \frac{\partial}{\partial x} \dot{h}_1 = \frac{\partial}{\partial x} (\lambda h_1).$$

Die Formänderungsgeschwindigkeit λ ist im Streifen konstant. So ergibt sich mit (3.1/2)

$$(\dot{\tan} \alpha_1) = \lambda \tan \alpha_1; \quad \text{entsprechend} \quad (\dot{\tan} \alpha_2) = \lambda \tan \alpha_2. \qquad (3.1/5)$$

Diese Gleichungen ergeben integriert

$$\ln \frac{\tan \alpha_1}{\tan \alpha_{10}} = \ln \frac{\tan \alpha_2}{\tan \alpha_{20}} = \varphi, \qquad (3.1/6)$$

wobei α_{10} bzw. α_{20} die Neigungswinkel der oberen und unteren Streifenbegrenzungen zu Beginn der Umformung sind. Bei der Behandlung technischer Umformprobleme werden jene Gleichungen im allgemeinen verletzt. Die Erfahrung muß zeigen, wieweit das zulässig ist. Die Gln. (3.1/5), (3.1/6) schließen insbesondere Knickstellen aus. Wir kommen hierauf in Abschn. 3.3.1 zurück.

3.1.2 Scheibenmodell

Bild 3.1b kann man auch als Längsschnitt des axialsymmetrischen Zieh- oder Einstoßprozesses auffassen. Die x-Achse des Koordinatensystems (Bild 3.2) legt man zweckmäßig in die Symmetrieachse; die y-Koordinate ersetzt man durch den Radius r. z wird überflüssig; alle Querschnitte A haben Kreisform. Wir wollen den Zieh- oder Einstoß-

---

[1] Gleiches Volum bedeutet hier wegen der ebenen Umformung natürlich gleiche Dicke.

[2] Mitwanderndes Koordinatensystem, d. h. $u = 0$ und $\frac{\partial}{\partial t} = \frac{d}{dt}$.

vorgang auf den Fall des Rohrziehens verallgemeinern und einen Kern (Dorn) zulassen (Bild 3.4).

Die Mantellinien der Düse können gekrümmt sein. Man beschreibt sie (statt wie vorn durch h_1, h_2) durch

$$r = R_1(x, t); \qquad r = R_2(x, t)$$

mit den Winkeln α_1, α_2 entsprechend

$$\tan \alpha_1 = \frac{\partial R_1(x, t)}{\partial x}; \qquad \tan \alpha_2 = \frac{\partial R_2(x, t)}{\partial x}. \tag{3.1/7}$$

Dem Koordinatenursprung schreiben wir nur eine horizontale Geschwindigkeit u_0 bzw. Beschleunigung b_{0x} zu und fordern wie in Abschn. 3.1.1, daß die Neigungswinkel der Bahnen genügend klein seien. Knickstellen erfordern Sonderbetrachtungen (Abschn. 3.3.1).

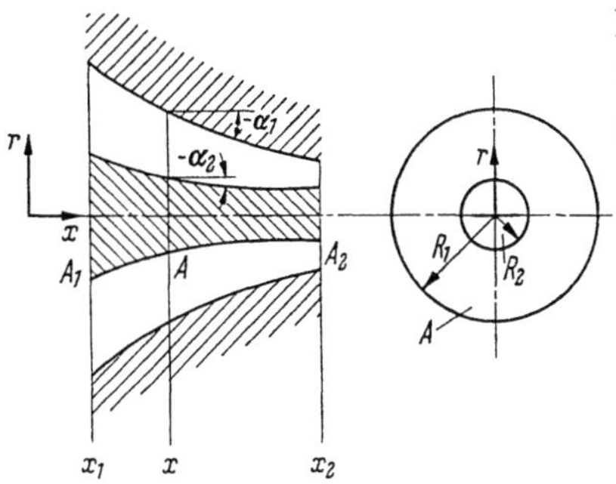

Bild 3.4 Koordinaten und Bezeichnungen zur Scheibentheorie.

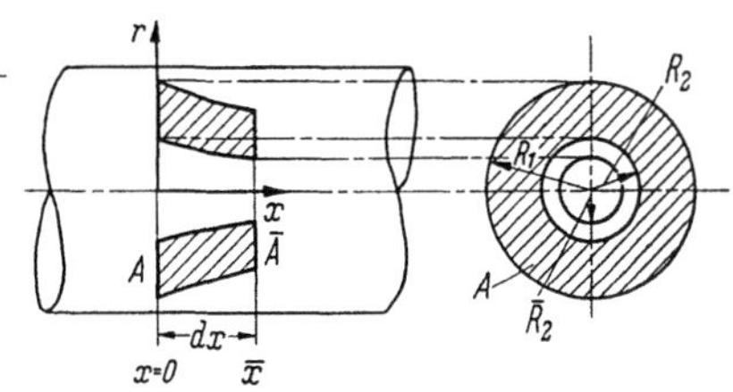

Bild 3.5 In einen Zylinder eingebettete Scheibe.

Voraussetzungen I und II (Abschn. 3.1.1) kann man jetzt sinngemäß übernehmen, wenn die Reibwerte μ_1, μ_2 bzw. die Reibwinkel ν_1, ν_2 hinreichend klein sind. Um Voraussetzung III zu übertragen, betrachten wir in Bild 3.5 zwei dicht benachbarte Querschnitte A, $\bar{A}$. Sie schließen entgegen Bild 3.3 keinen ebenen Streifen ein, sondern eine *Scheibe*. Wir denken sie aus einem Zylinder herausgeschnitten (Bild 3.5) und fragen, unter welchen Bedingungen ihre Umformung mit der des Zylinders im Zug- oder Druckversuch verträglich ist. Hierzu legen wir das x, r-System so in den gedachten Zylinder, daß der Scheibenquerschnitt A die Abszisse 0 hat. $F_2 = \pi R_2^2$ ist die Fläche des Kernes. Aus (2.1/6) und der Inkompressibilitätsbedingung (2.1/8) folgt

$$\frac{dF_2}{dt} \,/\, F_2 = -\lambda, \quad \text{aus} \quad \frac{dF_2}{dt} = 2\pi R_2 \frac{dR_2}{dt} \quad \text{also}$$

$$\frac{dR_2}{dt} \,/\, R_2 = -\frac{\lambda}{2}. \tag{3.1/8}$$

Betrachten wir jetzt die Scheibe in ihrem ursprünglichen Zustand, also zwischen den Bahnen (Bild 3.4) wandernd, so hat ihr linker Rand

$$x = X(t)$$

die Geschwindigkeit

$$u = \dot{X}(t).$$

Wir haben dann nach (1/3)

$$\frac{d}{dt} R_2(X(t), t) = \frac{\partial R_2}{\partial x} u + \frac{\partial R_2}{\partial t} = u \tan \alpha_2 + \frac{\partial R_2}{\partial t}. \tag{3.1/9}$$

Das letzte Glied, differenziert bei festgehaltenem Ort x, beschreibt also eine Veränderung der Bahnen und verschwindet bei starren raumfesten Bahnen. Setzen wir die beiden Ausdrücke (3.1/8) und (3.1/9) für $\frac{dR_2}{dt}$ gleich und stellen die entsprechende Beziehung für R_1 auf, so haben wir

$$\left.\begin{aligned} u \tan \alpha_2 + \frac{\partial R_2}{\partial t} &= -\frac{\lambda}{2} R_2, \\ u \tan \alpha_1 + \frac{\partial R_1}{\partial t} &= -\frac{\lambda}{2} R_1. \end{aligned}\right\} \tag{3.1/10}$$

Wenn wir die zunächst unbekannte Geschwindigkeit u eliminieren, finden wir

$$\frac{\tan \alpha_2}{\tan \alpha_1} = \frac{R_2 + \frac{2}{\lambda}\frac{\partial R_2}{\partial t}}{R_1 + \frac{2}{\lambda}\frac{\partial R_1}{\partial t}}.$$

Diese Bedingung ist für $R_2 \equiv 0$ exakt erfüllt. Bei starren raumfesten Bahnen ist

$$\frac{\tan \alpha_2}{R_2} = \frac{\tan \alpha_1}{R_1}$$

zu fordern, wegen (3.1/7) also

$$R_2/R_1 = \text{const}. \tag{3.1/11}$$

Daneben ergibt sich analog (3.1/5) nach Bild 3.5[1] und (3.1/8)

$$(\tan \alpha_2)^{\cdot} = \frac{\partial}{\partial t}\frac{\partial R_2}{\partial x} = \frac{\partial}{\partial x}\frac{\partial R_2}{\partial t} = -\frac{\lambda}{2} \tan \alpha_2,$$

---

[1] Mitwanderndes Koordinatensystem, d. h. $u = 0$ und $\frac{\partial}{\partial t} = \frac{d}{dt}$. Ferner hängt λ in Bild 3.5 nicht von x ab.

also

$$\left.\begin{aligned} \dot{(\tan\alpha_2)} &= -\frac{\lambda}{2}\tan\alpha_2, \\ \dot{(\tan\alpha_1)} &= -\frac{\lambda}{2}\tan\alpha_1, \end{aligned}\right\} \qquad (3.1/12)$$

woraus

$$\ln\frac{\tan\alpha_2}{\tan\alpha_{20}} = \ln\frac{\tan\alpha_1}{\tan\alpha_{10}} = -\frac{\varphi}{2} \qquad (3.1/13)$$

folgt [vgl. auch (3.1/5), (3.1/6)]. Die Gln. (3.1/12), (3.1/13) werden bei technischen Umformproblemen im allgemeinen verletzt.

Nachdem so der Gültigkeitsbereich des Scheibenmodelles abgegrenzt ist, übertragen wir die Voraussetzungen des Streifenmodelles auf das Scheibenmodell.

I. *Der Werkstoff fließt axialsymmetrisch und wird durch eine oder zwei röhrenförmig ausgebildete, axialsymmetrische Bahnen geführt.*

II. *Ebene Werkstoffquerschnitte A senkrecht zur Achse verschieben sich parallel.*

III. *Dünne Scheiben benötigen zu ihrer Umformung die gleiche Leistung wie Zylinderscheiben gleicher Dicke und gleichen Volums.*

3.1.3 Röhrenmodell

Nimmt man an, daß Bild 3.1c einen axialsymmetrischen Schmiedevorgang darstellt, so sind die Werkzeugbahnen (Gravuren) jetzt ein Paar um die Achse symmetrischer, von dieser durchstoßener Schalen. Es werden nur Vollproben betrachtet, da der Werkstofffluß bei Hohlproben nicht mit demjenigen des Grundversuchs (Zylinderstauchversuch) verglichen werden kann. Zeichnet man in einen Axialschnitt Streifen ein, so repräsentieren diese nunmehr *Röhren* um die Achse (Bild 3.6). In dieser befestigen wir ein r, y-Koordinatensystem, dessen Ursprung jetzt nur eine vertikale Geschwindigkeit v_0 bzw. Beschleunigung b_{0y} hat.

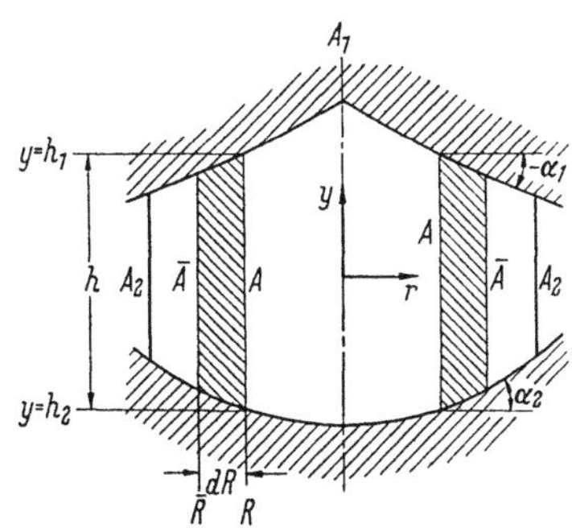

Bild 3.6 Axialsymmetrische Umformung: Röhrenmodell.

Vertikale Geraden in Bild 3.6 repräsentieren keine Querschnitte, sondern Kreiszylinder $r = \text{const}$. Die Bahnen werden wie beim Streifenmodell durch Funktionen h_1, h_2 beschrieben. Nur ist jetzt das Argument x durch r zu ersetzen.

Die Neigung der Bahnen sowie die Reibwerte μ_1, μ_2 bzw. die Reibwinkel ν_1, ν_2 seien überall genügend klein. Dann lassen sich die Voraussetzungen I, II, III des Streifenmodelles (Abschn. 3.1.1) sinngemäß übertragen [*33*]:

I. *Der Werkstoff fließt axialsymmetrisch und wird durch ein Paar schalenförmiger, axialsymmetrischer Bahnen geführt.*

II. *Um die Achse zylindrische Werkstoffschnitte A behalten ihre Zylinderform und verschieben sich konzentrisch.*

III. *Dünne Röhren benötigen zu ihrer Umformung die gleiche Leistung wie Zylinderröhren gleicher Höhe und gleichen Volums.*

3.2 Gleichungen des Fließzustandes

3.2.1 Streifenmodell

Wir betrachten zunächst die Kinematik, d. h. die Werkstoffbewegung. Wenn an einer bestimmten Stelle $x = x_s$ der Werkstoff relativ zu den Bahnen ruht, heißt x_s bzw. der zugehörige Querschnitt A_s *Fließscheide* (s. Abschn. 3.1.1). Bewegt sich der Querschnitt statt dessen relativ zu den Werkzeugbahnen in positiver x-Richtung, so nennen wir die Bewegung an der Stelle x *positiv. Negative* Bewegung liegt vor, wenn die Geschwindigkeit des Querschnittes relativ zu den Bahnen in negative x-Richtung weist.

Da beide Bahnen auch horizontal gegeneinander bewegt sein dürfen, müssen wir genauer Fließscheiden sowie positive und negative Bewegung auf die obere oder die untere Bahn beziehen. Schon jetzt erkennt man, daß dann die Reibkräfte oben und unten verschiedene Richtung haben können und so ein Drehmoment erzeugen: der Querschnitt wird sich, entgegen Voraussetzung II (Abschn. 3.1.1) zu drehen versuchen. Man muß im Einzelfall prüfen, wieweit dies zu vernachlässigen ist.

Für Untersuchungen, bei denen nach x zu differenzieren ist, beschränken wir uns auf den *regulären Bereich* der Umformzone, der die Ausnahmestellen $x_1, \ldots, x_n$ und die Fließscheiden $x_{s1}, \ldots, x_{sm}$ ausschließt. Streifen sollen jeweils ganz im regulären Bereich liegen.

Es sei an einer Stelle $x = x^*$ die horizontale Werkstoffgeschwindigkeit u^* vorgegeben. Dann wollen wir die Horizontalgeschwindigkeit u an einer anderen Stelle x ausrechnen und beachten, daß $u = u(x, t)$ nicht von y abhängen darf (Voraussetzung II, Abschn. 3.1.1). Andernfalls würden sich ebene Querschnitte drehen oder verbiegen. Das zwischen den Querschnitten A^* (an der Stelle x^*) und A (an der Stelle x) eingeschlossene Volum

$$V = b \int_{x^*}^{x} h(x, t)\, dx = b \int_{x_0^*}^{x_0} h(x, t_0)\, dx \tag{3.2/1}$$

muß konstant bleiben, wenn man die Querschnitte A^*, A mit dem Werkstoff wandern läßt, also durch Funktionen $x^* = X^*(t)$, $x = X(t)$ mit den Anfangswerten $X^*(t_0) = x_0^*$, $X(t_0) = x_0$ beschreibt. Wegen $\dot{X} = u$, $\dot{X}^* = u^*$ folgt aus der Bedingung $\dot{V} = 0$ durch Differentiation entsprechend (1/4)

$$0 = \int_{x^*}^{x} \frac{\partial h(x, t)}{\partial t}\, dx + h u - h^* u^*,$$

wobei $h^* = h(x^*, t)$ gesetzt wurde. Also kann man

$$u = \frac{1}{h}\left[h^* u^* - \int_{x^*}^{x} \frac{\partial h}{\partial t}\, dx\right] \tag{3.2/2}$$

aus bekannten Daten berechnen. u, u^* sind die gegen das x,y-Koordinatensystem gemessenen Horizontalgeschwindigkeiten. Ihre Werte gegen den festen Raum erhält man, wenn man die Horizontalgeschwindigkeit u_0 des Koordinatensystems addiert.

(3.2/1) ist eine implizite Gleichung für den momentanen Ort $x = X(t)$ eines wandernden Querschnittes, der sich anfänglich bei $x = x_0 = X(t_0)$ befand.

Wendet man Gl. (1/3) auf die Streifenhöhen h_1, h_2, h an, so erhält man mit (3.1/2)

$$\left.\begin{aligned} \frac{dh_1}{dt} &= \frac{\partial h_1}{\partial t} + \frac{\partial h_1}{\partial x} u = \frac{\partial h_1}{\partial t} + u \tan \alpha_1, \\ \frac{dh_2}{dt} &= \frac{\partial h_2}{\partial t} + \frac{\partial h_2}{\partial x} u = \frac{\partial h_2}{\partial t} + u \tan \alpha_2, \\ \frac{dh}{dt} &= \frac{\partial h}{\partial t} + \frac{\partial h}{\partial x} u = \frac{\partial h}{\partial t} + u[\tan \alpha_1 - \tan \alpha_2]. \end{aligned}\right\} \tag{3.2/3}$$

Partielle Differentiation von (3.2/2) nach x ergibt auf Grund der Produktregel

$$\frac{\partial u}{\partial x} = -\frac{1}{h^2}\frac{\partial h}{\partial x}\left[h^* u^* - \int\limits_{x^*}^{x} \frac{\partial h}{\partial t}\,dx\right] - \frac{1}{h}\frac{\partial h}{\partial t},$$

mit (3.2/2) und (3.2/3) also

$$\frac{\partial u}{\partial x} = -\frac{1}{h}\left(u\frac{\partial h}{\partial x} + \frac{\partial h}{\partial t}\right) = -\frac{1}{h}\frac{dh}{dt}.$$

Nach Gl. (2.1/3) folgt hieraus die Formänderungsgeschwindigkeit λ eines Werkstoffstreifens an der Stelle x (Bild 3.3) zu

$$\lambda = \frac{1}{h}\frac{dh}{dt} = -\frac{\partial u}{\partial x}. \tag{3.2/4}$$

Mit u gemäß (3.2/2) kennt man λ nach (3.2/4) an jeder Stelle x zu jeder Zeit t, also nach (2.3/10) auch die Vergleichsformänderungsgeschwindigkeit $\bar{\lambda} = |\lambda|$, und nach Gl. (2.3/11) die Vergleichsformänderung $\bar{\varphi}$. Nur muß man bei der Integration in (2.3/11) einen wandernden Querschnitt betrachten, $\bar{\lambda}$ also als Funktion von $x = X(t)$ einsetzen[1]. Bei bekannter Temperatur ϑ ist es nun möglich, zu einem gegebenen Zeitpunkt t für alle x die (ebene) Formänderungsfestigkeit $k_e = k_e(\bar{\lambda}(x), \bar{\varphi}(x), \vartheta)$ abzulesen, also

$$k_e = k_e(x)$$

zur Zeit t als Funktion der Abszisse x hinzuschreiben oder aufzuzeichnen. Damit sehen wir die Verteilung der Formänderungsfestigkeit k_e zu jedem Zeitpunkt t über x als gegeben an.

Wir beschäftigen uns vorerst weiter mit der Kinematik und beachten, daß jeder Teil des Werkstoffstreifens die gleiche Formänderungsgeschwindigkeit λ wie der Gesamtstreifen hat. Ist v die vertikale Werkstoffgeschwindigkeit (als Funktion des Ortes x, y und der Zeit t), so betrachten wir den durch die untere Bahn

$$y = h_2 \qquad \text{und einen Wert} \qquad y > h_2$$

begrenzten Streifen der Höhe $y - h_2$. Sie ändert sich mit der Geschwindigkeit $v - \frac{dh_2}{dt}$. Es folgt $\lambda = \left(v - \frac{dh_2}{dt}\right) / (y - h_2)$,

[1] Im Falle $\bar{\varphi} = |\varphi|$ wende man einfacher z. B. Gl. (2.1/4) an.

und

$$v = \frac{dh_2}{dt} + \lambda (y - h_2) \tag{3.2/5}$$

hängt linear von der Ordinate y ab. Wir setzen $\lambda = \left(\frac{dh_1}{dt} - \frac{dh_2}{dt}\right) / (h_1 - h_2)$ ein und haben mit (3.1/1)

$$\left.\begin{aligned} v &= \frac{1}{h} [(h_1 v_2 - h_2 v_1) + y (v_1 - v_2)], \\ v_1 &= \frac{dh_1}{dt}, \qquad v_2 = \frac{dh_2}{dt} \end{aligned}\right\} \tag{3.2/6}$$

wo

nach (3.2/3) berechnet werden können und die Vertikalgeschwindigkeiten für $y = h_1$ bzw. $y = h_2$ darstellen (Bild 3.2).

u, v, v_1, v_2 sind Geschwindigkeiten relativ zu unserem Koordinatensystem. Die entsprechenden Geschwindigkeiten gegenüber dem ruhenden Raum erhält man, wenn man die Geschwindigkeiten u_0, v_0 des Koordinatenanfangspunktes addiert. Dagegen sollen die Beschleunigungen b_x, b_y bzw. die Vertikalbeschleunigungen b_1, b_2 der Querschnittsendpunkte (an den Bahnen) von vornherein auf den ruhenden Raum bezogen sein, also die Beschleunigungen b_{0x}, b_{0y} des Koordinatenursprunges beinhalten. Coriolisbeschleunigungen treten nicht auf, da sich die Querschnitte nach Voraussetzung nicht drehen.

Die Horizontalbeschleunigung b_x ergibt sich dann durch Differentiation von (3.2/2) für einen wandernden Querschnitt $x = X(t)$ mit $\dot{X} = u$ und Addition von b_{0x}. Wir setzen voraus, daß am Querschnitt A^* (Abszisse x^*) neben der Relativgeschwindigkeit u^* die Absolutbeschleunigung b_x^* gegeben sei. Dann folgt aus

$$\frac{du^*}{dt} = b_x^* - b_{0x}, \text{ (3.2/2), (3.2/3) und (1/4)}$$

$$b_x = \left(1 - \frac{h^*}{h}\right) b_{0x} + \frac{h^*}{h} b_x^* +$$

$$+ \frac{1}{h} \left[2u^* \frac{\partial h^*}{\partial t} + u^{*2} \frac{\partial h^*}{\partial x^*} - 2u \frac{\partial h}{\partial t} - u^2 \frac{\partial h}{\partial x} - \int_{x^*}^{x} \frac{\partial^2 h}{\partial t^2} \, dx\right]. \tag{3.2/7}$$

Man kann entsprechend (3.1/1) und (3.1/2)

$$\frac{\partial h}{\partial x} = \tan \alpha_1 - \tan \alpha_2; \qquad \frac{\partial h^*}{\partial x^*} = \tan \alpha_1^* - \tan \alpha_2^*$$

einsetzen.

Im Gegensatz zur Horizontalbeschleunigung b_x hängt die Vertikalbeschleunigung b_y sowohl von x als auch von y ab. Um

$$b_y = b_{0y} + \frac{dv}{dt}$$

zu bestimmen, differenzieren wir (3.2/6) für variables $y = Y(t)$ und setzen dann $v = \dot{Y}(t)$ nach (3.2/6) ein:

$$b_y = \frac{1}{h} \left[(h_1 b_2 - h_2 b_1) + y(b_1 - b_2)\right], \tag{3.2/8}$$

wo die Vertikalbeschleunigungen b_1, b_2 an den Bahnen noch zu bestimmen sind. Hierzu führen wir die Krümmungen

$$c_1(x, t); \qquad c_2(x, t)$$

der oberen bzw. unteren Bahn ein und zählen sie positiv, wenn der zugehörige Winkel α_1, α_2 mit x wächst (positive Krümmung *nach oben*). Die zugehörigen Krümmungsradien sind $1/c_1$, $1/c_2$. An Knickstellen ist die Krümmung nicht definiert.

Wir betrachten als Beispiel die obere Bahn. Bekanntlich gilt $c_1 = \partial\alpha_1/\partial s_1$, wo s_1 die Bogenlänge beim Durchlauf in x-Richtung darstellt. Deutet man dx als Streifendicke und ds_1 als Länge der oberen Streifenschrägkante (vgl. Bild 3.7a), so hat man

$$\frac{\partial s_1}{\partial x} = \frac{1}{\cos\alpha_1},$$

also

$$\frac{\partial \alpha_1}{\partial x} = \frac{\partial \alpha_1}{\partial s_1} \cdot \frac{\partial s_1}{\partial x} = \frac{c_1}{\cos\alpha_1}.$$

Andererseits gilt nach (3.2/3) und (1/3)

$$b_1 - b_{0y} = \frac{dv_1}{dt} = \frac{d^2 h_1(X(t), t)}{dt^2} = \frac{d}{dt}\left(u \tan\alpha_1 + \frac{\partial h_1}{\partial t}\right) =$$

$$= (b_x - b_{0x}) \tan\alpha_1 + u \frac{d \tan\alpha_1}{dt} + \frac{d}{dt}\frac{\partial h_1}{\partial t} =$$

$$= (b_x - b_{0x}) \tan\alpha_1 + u \left(\frac{\partial \tan\alpha_1}{\partial t} + u \frac{\partial \tan\alpha_1}{\partial x}\right) + \frac{\partial^2 h_1}{\partial t^2} + u \frac{\partial}{\partial t}\frac{\partial h_1}{\partial x}.$$

Mit

$$\frac{\partial \tan \alpha_1}{\partial t} = (1 + \tan^2 \alpha_1) \frac{\partial \alpha_1}{\partial t},$$

$$\frac{\partial \tan \alpha_1}{\partial x} = (1 + \tan^2 \alpha_1) \frac{\partial \alpha_1}{\partial x} = (1 + \tan^2 \alpha_1) \frac{c_1}{\cos \alpha_1}$$

und (3.1/2) erhält man

$$\left.\begin{aligned} b_1 &= b_{0y} + \frac{\partial^2 h_1}{\partial t^2} + (b_x - b_{0x}) \tan \alpha_1 + (1 + \tan^2 \alpha_1) \left(2 \frac{\partial \alpha_1}{\partial t} + \frac{u}{\cos \alpha_1} c_1\right) u . \\ b_2 &= b_{0y} + \frac{\partial^2 h_2}{\partial t^2} + (b_x - b_{0x}) \tan \alpha_2 + (1 + \tan^2 \alpha_2) \left(2 \frac{\partial \alpha_2}{\partial t} + \frac{u}{\cos \alpha_2} c_2\right) u \end{aligned}\right\} \tag{3.2/9}$$

folgt entsprechend.

Wir wenden uns jetzt den Kräften am Streifen zu. Sie bilden zusammen mit den Trägheitskräften ein Gleichgewichtssystem und können

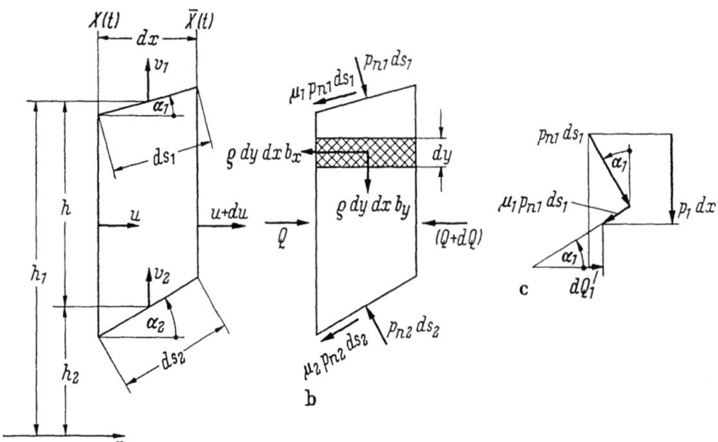

Bild 3.7a–c Kräfte und Geschwindigkeiten bei positiver Bewegung des Streifens.

daher nach dem Prinzip der virtuellen Arbeiten berechnet werden. Hierzu überlagern wir dem wahren Geschwindigkeitszustand einen virtuellen Geschwindigkeitszustand, der die Querschnitte parallel verschiebt und mit der Volumkonstanz verträglich ist. Er ist vom wahren Geschwindigkeitszustand unabhängig und wird durch ′ bezeichnet. Entsprechend ist hier Λ' als virtuelle Leistungsdichte aufzufassen.

Die weiteren Ausführungen dieses Abschnittes beziehen sich naturgemäß auf einen festen Zeitpunkt t. Daher dürfen wir statt der partiellen Ableitung $\partial/\partial x$ jetzt den gewöhnlichen Differentialquotienten d/dx verwenden.

Virtuelle Streifenbewegung und -verformung sind durch v_1', v_2', u' vollständig bestimmt. Die Dickenänderung ergibt sich aus der kinematischen Bedingung (3.2/4) der Volumkonstanz zu

$$du' = \frac{du'}{dx}\,dx = -\,\lambda'\,dx. \tag{3.2/10}$$

(3.2/10) gilt von erster Ordnung in dx. Da wir letztlich den Grenzfall $dx \to 0$ untersuchen, beschränken wir uns auf eine Analysis 1. Ordnung und vernachlässigen Produkte von Differentialen.

Bild 3.7 b zeigt die am Streifen angreifenden Kräfte. Hier bedeuten p_{n1}, p_{n2} die von der oberen bzw. unteren Bahn auf den Werkstoff ausgeübten *Normaldrücke*. Q ist die auf die Werkstoffbreite 1 bezogene resultierende Normaldruckkraft auf einen Begrenzungsquerschnitt des Streifens. Die zugehörige mittlere Druckspannung bezeichnen wir mit

$$q = \frac{Q}{h}. \tag{3.2/11}$$

In Bild 3.7 b sind nur solche Oberflächenkräfte eingezeichnet, die eine virtuelle Arbeit leisten. Momente fallen weg, da der Streifen nicht gedreht wird. Ferner vernachlässigen wir vertikale Kräfte an den Querschnitten. Sie leisten höchstens dann Arbeit, wenn sich die beiden Begrenzungsquerschnitte eines Streifens vertikal gegeneinander verschieben. Dies bedeutet zwar eine Änderung der Winkel α_1, α_2, aber keine Änderung der mittleren Höhe h, nach Voraussetzung III (Abschn. 3.1.1) also ebenfalls keine Leistung.

Wir müssen den in Bild 3.7 b gezeichneten Oberflächenkräften die Trägheitskräfte hinzufügen. Hierzu betrachten wir einen Streifen der Breite 1 und schraffieren ein Streifenelement des Volums $dy\,dx$. Es hat die Masse $\varrho\,dy\,dx$, wo ϱ die Dichte des Werkstoffes darstellt. Dann ergeben sich die Trägheitskräfte zu $\varrho\,dy\,dx\,b_x$ bzw. $\varrho\,dy\,dx\,b_y$ in der in Bild 3.7 b gezeichneten Richtung. Sie führen zu den Leistungsanteilen

$$L_x' = -\varrho b_x\,dx\,u' \int_{h_2}^{h_1} dy = -\varrho h\,dx\,b_x u'$$

bzw.

$$L_y' = -\,\varrho\,dx \int_{h_2}^{h_1} b_y v'\,dy\,,$$

die negativ angesetzt werden müssen, weil Kraft- und Geschwindigkeitspfeile gegeneinander weisen. Wir wollen L_y' ausrechnen und beachten

(3.2/6) und (3.2/8). Dann erhalten wir

$$L'_y = -\frac{\varrho\, dx}{h}\Big\{(h_1 v'_2 - h_2 v'_1)(h_1 b_2 - h_2 b_1) +$$
$$+ \frac{1}{2}(h_1 + h_2)\,[(h_1 v'_2 - h_2 v'_1)(b_1 - b_2) + (h_1 b_2 - h_2 b_1)(v'_1 - v'_2)] +$$
$$+ \frac{1}{3}(h_1^2 + h_1 h_2 + h_2^2)(v'_1 - v'_2)(b_1 - b_2)\Big\}.$$

Es empfiehlt sich, Ordinate, vertikale Geschwindigkeit und vertikale Beschleunigung des Streifenschwerpunktes S einzuführen:

$$Y_s = \frac{1}{2}(h_1 + h_2); \quad v_s = \frac{1}{2}(v_1 + v_2); \quad b_s = \frac{1}{2}(b_1 + b_2). \quad (3.2/12)$$

Daneben gilt nach (3.1/1), (3.2/4), (3.2/6)

$$h = h_1 - h_2; \qquad h\lambda = v_1 - v_2.$$

Wir vervollständigen dies durch eine *Formänderungsbeschleunigung* χ, die wir entsprechend der Formänderungsgeschwindigkeit gemäß

$$h\chi = b_1 - b_2 \quad (3.2/13)$$

definieren. Dann finden wir

$$\left.\begin{aligned} h_1 &= Y_s + \frac{h}{2}; \quad v_1 = v_s + \frac{h}{2}\lambda; \quad b_1 = b_s + \frac{h}{2}\chi \\ h_2 &= Y_s - \frac{h}{2}; \quad v_2 = v_s - \frac{h}{2}\lambda; \quad b_2 = b_s - \frac{h}{2}\chi. \end{aligned}\right\} \quad (3.2/14)$$

Diese Beziehungen setzen wir in L'_y ein und erhalten

$$L'_y = -\varrho h\, dx\left\{b_s \cdot v'_s + \frac{1}{12} h^2 \chi \lambda'\right\}.$$

Ehe wir die Leistungsanteile der Oberflächenkräfte am Streifen bestimmen, zerlegen wir die an der oberen Schrägkante wirkenden Kräfte entsprechend Bild 3.7c in einen Horizontalanteil dQ_1 und einen Vertikalanteil $p_1\, dx$. p_1 nennen wir *oberen Vertikaldruck*; entsprechend haben wir einen *unteren Vertikaldruck* p_2 und einen unteren Horizontalanteil dQ_2. Aus Bild 3.7c folgt

$$p_1\, dx = p_{n1}\, ds_1 (\cos\alpha_1 + \mu_1 \sin\alpha_1)$$
$$dQ_1 = p_{n1}\, ds_1 (\sin\alpha_1 - \mu_1 \cos\alpha_1).$$

Schreibt man daneben die entsprechenden Gleichungen für die Unterkante hin, so erhält man wegen

$$ds_1 \cos \alpha_1 = dx; \qquad ds_2 \cos \alpha_2 = dx$$

$$\left.\begin{aligned} p_1 &= p_{n1}(1 + \mu_1 \tan \alpha_1), \\ p_2 &= p_{n2}(1 - \mu_2 \tan \alpha_2). \end{aligned}\right\} \tag{3.2/15}$$

Hieraus rechnet man p_{n1}, p_{n2} aus, setzt sie in die Ausdrücke für dQ_1, dQ_2 ein, berücksichtigt (3.1/4) und erhält

$$\left.\begin{aligned} dQ_1 &= -p_1\, dx \tan(\nu_1 - \alpha_1), \\ dQ_2 &= -p_2\, dx \tan(\nu_2 + \alpha_2). \end{aligned}\right\} \tag{3.2/16}$$

Die Leistung der Oberflächenkräfte beträgt nunmehr nach Bild 3.7a, b, c mit (3.2/10) und (3.2/11)

$$L' = Q \cdot u' - (Q + dQ)(u' + du') + (dQ_1 + dQ_2) \cdot u' - v_1' p_1\, dx +$$
$$+ v_2' p_2\, dx = -h\, dx \left\{ -\lambda' q + \frac{u'}{h} \left(\frac{dQ}{dx} - \frac{dQ_1}{dx} - \frac{dQ_2}{dx} \right) + \frac{v_1'}{h} p_1 - \frac{v_2'}{h} p_2 \right\}.$$

Wir setzen v_1', v_2' nach (3.2/14) ein, bilden $L_x' + L_y' + L'$, dividieren durch das Streifenvolum $h\, dx$ und erhalten so mit (3.2/16) die Leistungsdichte

$$\begin{aligned} \Lambda' = -\Bigg\{ &\lambda' \left[\frac{p_1 + p_2}{2} - q + \frac{\varrho}{12} h^2 \chi \right] + \\ &+ \frac{u'}{h} \left[\frac{dQ}{dx} + p_1 \tan(\nu_1 - \alpha_1) + p_2 \tan(\nu_2 + \alpha_2) + \varrho h b_x \right] + \\ &+ \frac{v_s'}{h} [p_1 - p_2 + \varrho h b_s] \Bigg\}. \end{aligned} \tag{3.2/17}$$

Wir betrachten zunächst nur den Regelfall, daß der Streifen bei seiner Wanderung zwischen den Bahnen gestaucht wird. Dann gilt $\lambda' < 0$. Nach Voraussetzung III (Abschn. 3.1.1) muß die Leistungsdichte Λ' gleich der eines gestauchten Rechteckstreifens sein, wegen Gl. (2.3/1) also

$$\Lambda' = -k_e \lambda'. \tag{3.2/18}$$

Definieren wir noch

$$p = \frac{1}{2}(p_1 + p_2) \quad \text{(mittlerer Vertikaldruck)},$$

$$\Delta p = p_1 - p_2 \quad \text{(Differenz der Vertikaldrücke)},$$

so folgen

$$p_1 = p + \frac{1}{2}\Delta p, \qquad p_2 = p - \frac{1}{2}\Delta p, \tag{3.2/19}$$

und der Vergleich von (3.2/17) mit (3.2/18) liefert

$$0 = \lambda'\left[p - q + \frac{\varrho}{12}h^2\chi - k_e\right] +$$
$$+ \frac{u'}{h}\left[\frac{dQ}{dx} + p\left(\tan(\nu_1 - \alpha_1) + \tan(\nu_2 + \alpha_2)\right) +\right.$$
$$\left. + \frac{1}{2}\Delta p\left(\tan(\nu_1 - \alpha_1) - \tan(\nu_2 + \alpha_2)\right) + \varrho h b_x\right] + \frac{v_s'}{h}\left[\Delta p + \varrho h b_s\right].$$

λ', $\frac{u'}{h}$, $\frac{v_s'}{h}$ sind drei voneinander unabhängige virtuelle Geschwindigkeiten. Ihre Koeffizienten müssen verschwinden. So erhalten wir die *Grundgleichungen für die Druckverteilung im regulären Teil der Umformzone* unter den Voraussetzungen

Positive Bewegung, Stauchung der Streifen:

$$p - q = k_e - \frac{\varrho}{12}h^2\chi \quad (\textit{Fließkriterium}), \tag{3.2/20a}$$

$$\Delta p = -\varrho h b_s, \tag{3.2/20b}$$

$$\frac{dQ}{dx} + p\left[\tan(\nu_1 - \alpha_1) + \tan(\nu_2 + \alpha_2)\right] + \frac{1}{2}\Delta p\left[\tan(\nu_1 - \alpha_1) - \right.$$
$$\left. - \tan(\nu_2 + \alpha_2)\right] = -\varrho h b_x. \tag{3.2/20c}$$

Man kann diese Grundgleichungen sofort auf negative Bewegungen übertragen und muß hierzu in Bild 3.7b die Reibkräfte umkehren oder, was formal auf dasselbe hinauskommt, die Vorzeichen der Reibwerte ändern.

Negative Bewegung an der oberen (bzw. unteren) Bahn:

ersetze μ_1 *durch* $-\mu_1$; ν_1 *durch* $-\nu_1$
(*bzw.* μ_2 *durch* $-\mu_2$; ν_2 *durch* $-\nu_2$).

Im Falle zu dehnender Streifen gilt $\Lambda' = k_e \lambda'$ statt $\Lambda' = -k_e \lambda'$; formal kehrt sich das Vorzeichen von k_e um.

Streifendehnung: Ersetze k_e durch $-k_e$.

So hat man stets drei Gleichungen für drei Unbekannte p, Δp, q, die sich bei gegebenen Randbedingungen integrieren lassen. Die Bahnnormaldrücke p_{n1}, p_{n2} kann man dann nach (3.2/15), (3.2/19) ermitteln.

Gl. (3.2/20a) heißt *Fließkriterium*. Wir können diesen Namen erst in Abschn. 9.3 erläutern, wenn wir die Plastizitätstheorie unter allgemeineren Gesichtspunkten aufbauen.

Für praktische Rechnungen lassen sich leicht zwei Variable aus dem System (3.2/20) eliminieren. Wir setzen Δp aus (3.2/20b), p aus (3.2/20a) in (3.2/20c) ein und beachten (3.2/11). Dann erhalten wir

$$\begin{aligned}\frac{dQ}{dx} &+ \frac{1}{h}\left[\tan(\nu_1 - \alpha_1) + \tan(\nu_2 + \alpha_2)\right] Q = \\ &= \varrho h \left\{\frac{1}{2} b_s \left[\tan(\nu_1 - \alpha_1) - \tan(\nu_2 + \alpha_2)\right] - b_x\right\} - \\ &- \left(k_e - \frac{\varrho}{12} h^2 \chi\right)\left[\tan(\nu_1 - \alpha_1) + \tan(\nu_2 + \alpha_2)\right]. \qquad (3.2/21)\end{aligned}$$

Diese Gleichung ergibt mittels (3.2/11) eine solche für q, wenn man

$$\frac{dQ}{dx} = h\frac{dq}{dx} + q\frac{dh}{dx} = h\frac{dq}{dx} + q\left[\tan\alpha_1 - \tan\alpha_2\right]$$

einsetzt:

$$\begin{aligned}\frac{dq}{dx} &+ \frac{1}{h}\left[\tan(\nu_1 - \alpha_1) + \tan(\nu_2 + \alpha_2) + \tan\alpha_1 - \tan\alpha_2\right] q = \\ &= \varrho \left\{\frac{1}{2} b_s \left[\tan(\nu_1 - \alpha_1) - \tan(\nu_2 + \alpha_2)\right] - b_x\right\} - \\ &- \frac{1}{h}\left[\tan(\nu_1 - \alpha_1) + \tan(\nu_2 + \alpha_2)\right]\cdot\left(k_e - \frac{\varrho}{12} h^2 \chi\right). \qquad (3.2/22)\end{aligned}$$

Hieraus gewinnt man über das Fließkriterium (3.2/20a) eine Gleichung in p. Wir wollen sie nicht hinschreiben, da sie für praktische Rechnungen im allgemeinen ungeeignet ist: es treten Ableitungen von k_e auf.

Die Gln. (3.2/21), (3.2/22) sind lineare gewöhnliche Differentialgleichungen von der Form

$$\frac{d\zeta}{d\xi} + f(\xi)\zeta = g(\xi). \qquad (3.2/23)$$

Hier ist ξ die unabhängige, ζ die gesuchte abhängige Variable, und $f(\xi)$, $g(\xi)$ sind bekannte stetige Funktionen von ξ. Für solche Gleichungen gibt es eine fertige Lösungsformel. Ist als Anfangswert an einer Stelle $\xi = \hat{\xi}$ der Wert $\zeta = \hat{\zeta}$ vorgegeben, so gilt (vgl. etwa [36])

$$\zeta = e^{-\int\limits_{\hat{\xi}}^{\xi} f\,d\xi} \left\{ \hat{\zeta} + \int\limits_{\hat{\xi}}^{\xi} g e^{\int\limits_{\hat{\xi}}^{\xi} f\,d\xi} d\xi \right\}. \tag{3.2/24}$$

Diese Formel werden wir zur Lösung der Gln. (3.2/21), (3.2/22) stets dann anwenden, wenn sich die Integrale geschlossen auswerten lassen. Ist dies nicht der Fall, ziehen wir numerische Integrationsmethoden vor. Statt aber die Integrale in (3.2/24) numerisch zu ermitteln, gehen wir dann direkt von der Differentialgleichung (3.2/23) [bzw. speziell (3.2/21), (3.2/22)] aus und integrieren diese nach bekannten numerischen Verfahren — z. B. dem Runge-Kutta-Verfahren (vgl. [*11*, *36*]), oder, einfacher, dem Differenzenverfahren. Hierfür faßt man $d\xi$, $d\zeta$ in Gl. (3.2/23) als kleine Differenzen auf. Kennt man dann $\hat{\xi}$, $\hat{\zeta}$, so gilt für einen benachbarten Punkt ξ nach (3.2/23) näherungsweise

$$\zeta = \hat{\zeta} + d\zeta = \hat{\zeta} + [g(\xi) - f(\xi)\hat{\zeta}]\,d\xi, \tag{3.2/25}$$

wo $d\xi = \xi - \hat{\xi}$. Hat man so ein neues Wertepaar ξ, ζ bestimmt, kann man es wiederum als Ausgangswertepaar $\hat{\xi}$, $\hat{\zeta}$ ansehen, nach Gl. (3.2/25) einen weiteren Rechenschritt anschließen usw.

3.2.2 Scheibenmodell

Wir untersuchen wiederum zunächst die Kinematik und definieren die Begriffe *positive*, *negative* Bewegung und *Fließscheide* ebenso wie in der Streifentheorie. *Stauchung* bzw. *Dehnung* des Streifens ist jetzt zu übersetzen in *Dickenzunahme* bzw. *Dickenabnahme* der Scheibe. Im übrigen gelten die Bezeichnungen von Abschn. 3.1.2 (Bild 3.4).

Es sei an der Stelle $x = x^*$ die Axialgeschwindigkeit $u = u^*$ vorgegeben. Betrachten wir den zugehörigen wandernden Querschnitt $X^*(t)$ und daneben einen anderen $x = X(t)$, so gilt $\dot{X}^* = u^*$, $\dot{X} = u$, und das eingeschlossene Volum

$$V = \int\limits_{X^*(t)}^{X(t)} F(x, t)\,dx = \int\limits_{X^*(t_0)}^{X(t_0)} F(x, t_0)\,dx \tag{3.2/26}$$

bleibt konstant, wobei

$$F(x, t) = \pi\,[R_1(x, t)^2 - R_2(x, t)^2] \tag{3.2/27}$$

die Fläche des Querschnittes A an der Stelle x zur Zeit t beschreibt. $\dot{V} = 0$ liefert mit (1/4)

$$u = \frac{1}{F}\left\{u^* F^* - \int_{x^*}^{x} \frac{\partial F}{\partial t}\, dx\right\} \tag{3.2/28}$$

(Abkürzung: $F^* = F(x^*, t)$).

Wir rechnen nun nach (3.2/28) die Axialbeschleunigung aus, setzen dazu $x = X(t)$, $x^* = X^*(t)$ wieder als wandernde Querschnitte ein und beachten (1/3):

$$\left.\begin{aligned}
\frac{dR_1}{dt} &= \frac{\partial R_1}{\partial t} + \frac{\partial R_1}{\partial x} \cdot u = \frac{\partial R_1}{\partial t} + \tan\alpha_1 \cdot u,\\
\frac{dR_2}{dt} &= \frac{\partial R_2}{\partial t} + \frac{\partial R_2}{\partial x} \cdot u = \frac{\partial R_2}{\partial t} + \tan\alpha_2 \cdot u,\\
\frac{dF}{dt} &= \frac{\partial F}{\partial t} + \frac{\partial F}{\partial x} \cdot u = \frac{\partial F}{\partial t} + 2\pi[R_1 \tan\alpha_1 - R_2 \tan\alpha_2] \cdot u.
\end{aligned}\right\} \tag{3.2/29}$$

Dann folgt bei gegebener Beschleunigung $b_x(x^*) = b_x^*$

$$b_x = \left(1 - \frac{F^*}{F}\right) b_{0x} + \frac{F^*}{F} b_x^* +$$

$$+ \frac{1}{F}\left\{2u^* \frac{\partial F^*}{\partial t} + u^{*2} \frac{\partial F^*}{\partial x^*} - 2u \frac{\partial F}{\partial t} - u^2 \frac{\partial F}{\partial x} - \int_{x^*}^{x} \frac{\partial^2 F}{\partial t^2}\, dx\right\} \tag{3.2/30}$$

entsprechend (3.2/7). Um schließlich den Weg eines Querschnittes A, d. h. die Funktion $X(t)$ zu ermitteln, benutzt man Gl. (3.2/26). Als Dickenänderungsgeschwindigkeit einer Scheibe wählt man nach Gl. (2.1/7) die Größe $\lambda = -\lambda_F$, also mit (3.2/29)

$$\lambda = -\frac{1}{F}\frac{dF}{dt} = -\frac{1}{F}\left(\frac{\partial F}{\partial t} + \frac{\partial F}{\partial x}\, u\right). \tag{3.2/31}$$

Hieraus folgt mit (3.2/28)

$$\lambda = \frac{\partial u}{\partial x}. \tag{3.2/32}$$

Man kann nun λ, $\bar{\lambda}$ und durch Integration nach (2.3/11) mit $x = X(t)$ auch $\bar{\varphi}$ als Funktion von x festlegen[1]. Wählt man die zum Werkstoff ge-

[1] Im Falle $\bar{\varphi} = |\varphi|$ wende man einfacher z. B. Gl. (2.1/6) in Verbindung mit (2.1/8) an.

hörige, je nach den Umformverhältnissen adiabatische oder isotherme Fließkurve, so kennt man für den betrachteten Zeitpunkt t die Formänderungsfestigkeit

$$k_f = k_f(x)$$

als Funktion von x.

$v(x, r) = \dfrac{dR}{dt}$ sei die Radialgeschwindigkeit eines wandernden Teilchens $(x = X(t),\ r = R(t))$, F_R die durch den Radius R und den inneren Radius R_2 begrenzte Fläche. Es gilt

$$F_R = \pi(R^2 - R_2^2);$$

$$\frac{dF_R}{dt} = 2\pi\left(R\frac{dR}{dt} - R_2\frac{dR_2}{dt}\right) = 2\pi(Rv - R_2 v_2).$$

$$\left.\begin{aligned} v_2 &= \frac{dR_2}{dt}, \\ v_1 &= \frac{dR_1}{dt} \end{aligned}\right\} \tag{3.2/33}$$

sind die nach (3.2/29) berechenbaren Radialgeschwindigkeiten der an den Bahnen gleitenden Werkstoffteilchen.

Für die Formänderungsgeschwindigkeit der durch den Innenradius $R_2(t)$ und den Radius $r = R(t)$ begrenzten Teilscheibe gilt entsprechend (3.2/31)

$$\lambda_R = -\frac{dF_R}{dt} \Big/ F_R = -\frac{2(rv - R_2 v_2)}{r^2 - R_2^2},$$

für $r = R_1(t)$ also

$$\lambda = -\frac{2(R_1 v_1 - R_2 v_2)}{R_1^2 - R_2^2}. \tag{3.2/34}$$

Das Modell der Scheibenumformung verlangt $\lambda = \lambda_R$, woraus

$$rv = R_2 v_2 \frac{R_1^2 - r^2}{R_1^2 - R_2^2} + R_1 v_1 \frac{r^2 - R_2^2}{R_1^2 - R_2^2} \tag{3.2/35}$$

folgt. Mit der Abkürzung

$$w = \frac{R_1 R_2}{R_1^2 - R_2^2}(R_1 v_2 - R_2 v_1) \tag{3.2/36}$$

führen die Gln. (3.2/34) und (3.2/35) schließlich auf

$$r\left(v + \frac{\lambda}{2} r\right) = w. \tag{3.2/37}$$

Nach (3.2/36) wird $w \equiv 0$ für $R_2 \equiv 0$, also auch $\frac{dw}{dt} \equiv 0$.

Es soll jetzt die Radialbeschleunigung b_r berechnet werden. Um auch für diese die Axialsymmetrie zu wahren, muß man voraussetzen, daß die Achse $r = 0$ raumfest ist. Das Koordinatensystem kann dann gegen den festen Raum nur in Richtung der x-Achse beschleunigt sein.

Die Radialbeschleunigung der Werkstoffteilchen ergibt sich durch Differentiation von (3.2/37) für $r = R(t)$ aus

$$r b_r + v^2 + \lambda r v + r^2 \frac{\chi_r}{2} = \frac{dw}{dt}, \qquad (3.2/38)$$

wo $\chi_r = \frac{d\lambda}{dt}$ als Formänderungsbeschleunigung [in anderem Sinne als nach (3.2/13)] eingeführt wurde.

Mit (3.2/34) erhält man

$$\chi_r = \lambda^2 - \frac{2(R_1 b_1 - R_2 b_2 + v_1^2 - v_2^2)}{R_1^2 - R_2^2}. \qquad (3.2/39)$$

b_1, b_2 sind die Radialbeschleunigungen der Werkstoffteilchen an der äußeren bzw. inneren Bahn. Ferner ergibt sich nach (3.2/36)

$$\frac{dw}{dt} = \frac{1}{R_1^2 - R_2^2} \left\{ R_1 R_2 [R_1 b_2 - R_2 b_1] + \frac{R_1^2 + R_2^2}{R_1^2 - R_2^2} [R_1 v_2 - R_2 v_1]^2 \right\}. \qquad (3.2/40)$$

Hier müssen die Beschleunigungen $b_1 = \frac{dv_1}{dt}$, $b_2 = \frac{dv_2}{dt}$ eingesetzt werden. Man erhält sie entsprechend (3.2/9) aus den Bahnkrümmungen c_1, c_2 zu

$$\left.\begin{aligned} b_1 &= \frac{\partial^2 R_1}{\partial t^2} + (b_x - b_{0x}) \tan \alpha_1 + (1 + \tan^2 \alpha_1) \left(2 \frac{\partial \alpha_1}{\partial t} + \frac{u}{\cos \alpha_1} c_1\right) u, \\ b_2 &= \frac{\partial^2 R_2}{\partial t^2} + (b_x - b_{0x}) \tan \alpha_2 + (1 + \tan^2 \alpha_2) \left(2 \frac{\partial \alpha_2}{\partial t} + \frac{u}{\cos \alpha_2} c_2\right) u. \end{aligned}\right\} \qquad (3.2/41)$$

Wir lösen jetzt die Gln. (3.2/37) und (3.2/38) nach den interessierenden Größen v, b_r auf und finden

$$v = \frac{w}{r} - \frac{\lambda}{2} r, \quad b_r = -\frac{w^2}{r^3} + \frac{1}{r} \frac{dw}{dt} + \left(\frac{\lambda^2}{4} - \frac{\chi_r}{2}\right) r, \qquad (3.2/42)$$

wo $w \equiv 0 \equiv \frac{dw}{dt}$ für $R_2 \equiv 0$ zu setzen ist.

Um jetzt das Prinzip der virtuellen Leistungen anzuwenden, kennzeichnen wir die virtuellen Größen wiederum durch einen Strich. Wir deuten den Streifen in Bild 3.7 als Axialschnitt durch eine Scheibe, ersetzen also y durch r. An die Stelle der Breite 1 tritt der Umfang $2\pi r$. Dann hat das schraffierte Element (Bild 3.7b) die Masse $\varrho \cdot 2\pi r \cdot dr \cdot dx$; die Radialgeschwindigkeit v' ergibt also mit der radialen Trägheitskraft die Leistung

$$L'_r = -2\pi\varrho\, dx \int_{R_2}^{R_1} r v' b_r\, dr .$$

Die mit der axialen Trägheitskraft verknüpfte virtuelle Leistung L'_x ist

$$L'_x = -\varrho F\, dx\, b_x u' .$$

In den Integranden von L'_r müssen wir Ausdrücke für rv' und b_r nach (3.2/42) einsetzen und erhalten mit (3.2/34), (3.2/36), (3.2/39), (3.2/40)

$$\begin{aligned} L'_r = &-2\pi\varrho\, dx \cdot w' \left\{\frac{dw}{dt}\ln\frac{R_1}{R_2} + \frac{1}{2}(R_1 b_1 - R_2 b_2) - \frac{(R_1 v_2 - R_2 v_1)^2}{R_1^2 - R_2^2}\right\} - \\ &-2\pi\varrho\, dx \cdot \frac{\lambda'}{2}\left\{w^2 \ln\frac{R_1}{R_2} - \frac{1}{4}(R_1^2 - R_2^2)(R_1 b_1 + R_2 b_2) - \right. \\ &\left. - \frac{1}{4}\,\frac{R_1^2 + R_2^2}{R_1^2 - R_2^2}(R_1 v_2 - R_2 v_1)^2\right\}, \end{aligned}$$

wovon für $R_2 \equiv 0$, d. h. $w \equiv 0 \equiv \frac{dw}{dt}$, nur $L'_r = dx\,\frac{\pi}{4}\,\varrho\,\lambda' R_1^3 b_1$ übrig bleibt.

Wir verfahren wie im vorangegangenen Abschn. 3.2.1 und orientieren uns an Bild 3.7. μ_1, μ_2 bzw. ν_1, ν_2 seien die Reibwerte bzw. -winkel, Q die im Gegensatz zu Abschn. 3.2.1 auf den Gesamtquerschnitt wirkende horizontale Druckkraft und $q = Q/F$ der mittlere Horizontaldruck. Die Gln. (3.2/15) verknüpfen jetzt die Bahnnormaldrücke p_{n1}, p_{n2} mit den Radialdrücken p_1, p_2.

Zur Berechnung von dQ_1, dQ_2 (jetzt als Gesamtkräfte über den Scheibenumfang) nach Bild 3.7c müssen wir beachten, daß p_{n1} auf die Umfangfläche $2\pi R_1\, ds_1$, p_{n2} auf $2\pi R_2\, ds_2$ wirkt. So ergibt sich statt (3.2/16)

$$dQ_1 = 2\pi R_1\, ds_1\, p_{n1}(\sin\alpha_1 - \mu_1 \cos\alpha_1);$$

also

$$\left.\begin{aligned} dQ_1 &= -2\pi R_1\, dx\, p_1 \tan(\nu_1 - \alpha_1), \\ dQ_2 &= -2\pi R_2\, dx\, p_2 \tan(\nu_2 + \alpha_2). \end{aligned}\right\} \qquad (3.2/43)$$

Dann erhalten wir für die auf das Scheibenvolum $F\,dx$ bezogene Gesamtleistungsdichte ähnlich dem vorangegangenen Abschnitt[1]

$$\Lambda' = \frac{L'_x}{F\,dx} + \frac{L'_r}{F\,dx} + \frac{2\pi}{F}\,(-\,R_1 v'_1 p_1 + R_2 v'_2 p_2) + \\ + \left(\frac{dQ_1}{dx} + \frac{dQ_2}{dx}\right)\frac{u'}{F} - \frac{u'}{F}\,\frac{dQ}{dx} - \frac{Q}{F}\,\lambda',$$

wobei (3.2/32) berücksichtigt wurde. Da Gl. (3.2/42) auch für $r = R_1$; $r = R_2$ gilt, erhalten wir

$$v'_1 = \frac{w'}{R_1} - \frac{\lambda'}{2}\,R_1,$$

$$v'_2 = \frac{w'}{R_2} - \frac{\lambda'}{2}\,R_2.$$

Wir setzen dies in den vorstehenden Ausdruck ein und führen die Abkürzungen

$$\left.\begin{aligned} B_1 &= -\,\frac{1}{2}\left\{\frac{dw}{dt}\ln\frac{R_1}{R_2} + \frac{1}{2}\,(R_1 b_1 - R_2 b_2) - \frac{(R_1 v_2 - R_2 v_1)^2}{R_1^2 - R_2^2}\right\}, \\ B_2 &= -\left\{\left[\frac{1}{2}\,\frac{dw}{dt}\,\frac{R_1^2 + R_2^2}{R_1^2 - R_2^2} + \frac{\pi w^2}{F}\right]\ln\frac{R_1}{R_2} + \frac{1}{2}\,\frac{R_2 R_1}{R_1^2 - R_2^2}\,(R_2 b_1 - R_1 b_2) - \right. \\ &\qquad \left. -\,\frac{3}{4}\,\frac{R_1^2 + R_2^2}{(R_1^2 - R_2^2)^2}\,(R_2 v_1 - R_1 v_2)^2\right\} \end{aligned}\right\} \tag{3.2/44}$$

ein, wo wieder $w \equiv 0 \equiv \frac{dw}{dt}$, insbesondere $B_2 \equiv 0$ für $R_2 \equiv 0$ zu setzen ist. Mit (3.2/43) erhalten wir

$$\Lambda' = 2\pi\,\frac{w'}{F}\,(2\varrho B_1 - p_1 + p_2) - \lambda'\left(\frac{Q}{F} - \frac{\pi}{F}\,[R_1^2 p_1 - R_2^2 p_2] - \right. \\ \left. -\,\varrho\left[B_2 - \frac{R_1^2 + R_2^2}{R_1^2 - R_2^2}\,B_1\right]\right) - \frac{u'}{F}\left(\frac{dQ}{dx} + 2\pi[R_1 p_1 \tan(\nu_1 - \alpha_1) + \right. \\ \left. +\,R_2 p_2 \tan(\nu_2 + \alpha_2)] + \varrho F b_x\right).$$

---

[1] Wie dort $\frac{d}{dx}$ statt $\frac{\partial}{\partial x}$, weil im folgenden ein fester Zeitpunkt t betrachtet wird.

Nach Voraussetzung III in Abschn. 3.1.2 gilt andererseits für zunehmende Scheibendicke ($\lambda' > 0$)

$$\Lambda' = k_f \lambda'.$$

Da die Koeffizienten von u', λ' und w' (zunächst für $R_2 \neq 0$, dann aber auch im Grenzfall $R_2 = 0$) verschwinden müssen, folgt

$$p - q + \frac{1}{2} \Delta p \frac{R_1^2 + R_2^2}{R_1^2 - R_2^2} + \varrho \left[B_2 - \frac{R_1^2 + R_2^2}{R_1^2 - R_2^2} B_1 \right] = k_f, \quad (3.2/45\text{a})$$

$$\Delta p = 2 \varrho B_1, \quad (3.2/45\text{b})$$

$$\frac{dQ}{dx} + 2\pi [R_1 p_1 \tan(\nu_1 - \alpha_1) + R_2 p_2 \tan(\nu_2 + \alpha_2)] + \varrho F b_x = 0, \quad (3.2/45\text{c})$$

wobei gemäß (3.2/19) der mittlere Radialdruck p und die Differenz Δp der Radialdrücke eingeführt wurden.

(3.2/45) sind die Gleichungen des Fließzustandes für zunehmende Scheibendicke bei positiver Bewegung. Für negative Bewegung ist wiederum das Vorzeichen der Reibwerte, im Falle abnehmender Scheibendicke das Vorzeichen von k_f umzukehren. Setzt man Gl. (3.2/45b) in Gl. (3.2/45a) ein, so erhält man das *Fließkriterium*

$$p - q = k_f - \varrho B_2. \quad (3.2/46)$$

Eliminiert man hiermit und mit Gl. (3.2/45b) p und Δp aus Gl. (3.2/45c), so ergeben sich die folgenden linearen gewöhnlichen Differentialgleichungen erster Ordnung in Q bzw. q:

$$\begin{aligned} &\frac{dQ}{dx} + \frac{2\pi}{F} [R_1 \tan(\nu_1 - \alpha_1) + R_2 \tan(\nu_2 + \alpha_2)] Q = \\ &\quad = 2\pi(\varrho B_2 - k_f) [R_1 \tan(\nu_1 - \alpha_1) + R_2 \tan(\nu_2 + \alpha_2)] - \\ &\quad - 2\pi \varrho B_1 [R_1 \tan(\nu_1 - \alpha_1) - R_2 \tan(\nu_2 + \alpha_2)] - \varrho F b_x \qquad (3.2/47) \end{aligned}$$

bzw. wegen $Q = qF$ und $\dfrac{dQ}{dx} = F \dfrac{dq}{dx} + q \dfrac{dF}{dx}$

$$\begin{aligned} &\frac{dq}{dx} + \frac{2\pi}{F} [R_1 \tan(\nu_1 - \alpha_1) + R_2 \tan(\nu_2 + \alpha_2) + R_1 \tan\alpha_1 - R_2 \tan\alpha_2]\, q = \\ &\quad = \frac{2\pi}{F} (\varrho B_2 - k_f) [R_1 \tan(\nu_1 - \alpha_1) + R_2 \tan(\nu_2 + \alpha_2)] - \\ &\quad - \frac{2\pi}{F} \varrho B_1 [R_1 \tan(\nu_1 - \alpha_1) - R_2 \tan(\nu_2 + \alpha_2)] - \varrho b_x. \qquad (3.2/48) \end{aligned}$$

Beide Gleichungen sind vom Typ (3.2/23) und können nach (3.2/24) oder, wie im vorigen Abschnitt beschrieben, numerisch aus gegebenen Anfangswerten integriert werden.

3.2.3 Röhrenmodell

Wir übernehmen die Bezeichnungen von Abschn. 3.1.3 (Bild 3.6). Sie unterscheiden sich von denen aus Abschn. 3.1.1 im wesentlichen dadurch, daß die Abszisse x durch r ersetzt wird. Die Begriffe *positive*, *negative* Bewegung, *Fließscheide* sowie die Definitionen der Drücke $p_{n1}, p_{n2}, p_1, p_2, p, q$ entsprechen denen in Abschn. 3.2.1. Die Zylindermantelfläche vom Radius r bezeichnen wir durch F_M; es gilt

$$F_M = 2\pi r \cdot h(r, t). \tag{3.2/49}$$

Die Radialgeschwindigkeit und Radialbeschleunigung des *Nullzylinders* (Achse $r = 0$) verschwindet aus Symmetriegründen. Daher muß das Volum

$$V = 2\pi \int_0^{R(t)} r \cdot h(r, t)\, dr = 2\pi \int_0^{R_0 = R(t_0)} r h(r, t_0)\, dr \tag{3.2/50}$$

innerhalb des wandernden Zylindermantels A vom Radius $r = R(t)$ konstant sein: $\frac{dV}{dt} = 0$ führt mit (1/4) zur Radialgeschwindigkeit

$$u = -\frac{1}{rh} \int_0^r r \frac{\partial h}{\partial t}\, dr. \tag{3.2/51}$$

Für die Vertikalgeschwindigkeit v gelten die Gln. (3.2/6). Wir nehmen an, daß die Symmetrieachse raumfest ist. Dann wird die Bewegung des Koordinatensystems also lediglich durch die Vertikalgeschwindigkeit v_{0y} bzw. die Vertikalbeschleunigung b_{0y} beschrieben.

Beschleunigungen beziehen wir wie bisher auf den ruhenden Raum und errechnen die Horizontalbeschleunigung b_r (radial) durch Differentiation von (3.2/51), wobei wir $r = R(t)$ einsetzen und $u = \frac{dR}{dt}$ sowie (3.2/3) (sinngemäß mit r statt x) berücksichtigen, zu

$$b_r = -\left\{\frac{u^2}{r} + \frac{u^2}{h}\frac{\partial h}{\partial r} + 2\frac{u}{h}\frac{\partial h}{\partial t} + \frac{1}{rh}\int_0^r r \frac{\partial^2 h}{\partial t^2}\, dr\right\}. \tag{3.2/52}$$

Die Vertikalbeschleunigung b_y ergibt sich wie in Abschn. 3.2.1 aus den Gln. (3.2/8), (3.2/9). Schließlich definieren wir die Formänderungsgeschwindigkeit $\lambda = \frac{1}{h}\frac{dh}{dt}$ nach Gl. (2.1/3), die Formänderungsbeschleunigung χ nach (3.2/13) und finden mit (3.2/51)

$$\frac{\partial(ur)}{\partial r} = -\frac{1}{h}\frac{\partial h}{\partial r}ur - \frac{r}{h}\frac{\partial h}{\partial t},$$

wegen (3.2/3) also

$$r\lambda = \frac{r}{h}\frac{dh}{dt} = -\frac{\partial(ur)}{\partial r}. \qquad (3.2/53)$$

Wir führen jetzt die Spannungen p, q, Δp, p_1, p_2, p_{n1}, p_{n2} und die Kraft $Q = qh$ wie in Abschn. 3.2.1 ein und setzen das Prinzip der virtuellen Arbeiten an. Sämtliche Leistungen sind dann statt auf den Streifen der Breite 1 auf eine Röhre vom Umfang $2\pi r$ zu beziehen. Den Faktor $2\pi r$ verbinden wir mit den Geschwindigkeiten zu $2\pi ur$, $2\pi vr$ und setzen diese Produkte anstelle von u, v in die Ausdrücke für L'_x, L'_y, L' (Abschn. 3.2.1) ein. So gehen auch die Gln. (3.2/4), (3.2/53) ineinander über, wenn man λ durch $2\pi r\lambda$ ersetzt. Schließlich dividieren wir die Leistungen durch das Streifenvolum $2\pi rh\,dr$: dann kürzen sich die Faktoren $2\pi r$, und man erhält ohne weitere Änderungen die Gln. (3.2/20), (3.2/21), (3.2/22). Natürlich muß man k_e durch k_f ersetzen. b_s ist gemäß (3.2/14) definiert; der Differentiation nach x entspricht jetzt die Differentiation nach r. u, b_r errechnet man nach (3.2/51), (3.2/52); b_1, b_2 nach (3.2/9).

Der Ort $r = R(t)$ eines wandernden Querschnittes ergibt sich aus (3.2/50). Man kann dann durch Integration der Vergleichsformänderungsgeschwindigkeit $\bar{\lambda} = |\lambda|$ nach (2.3/11) die Vergleichsformänderung $\bar{\varphi}$ errechnen[1]. Bei gegebener Temperatur ϑ kennt man so auch die Verteilung $k_f = k_f(x)$ der Formänderungsfestigkeit.

3.3 Erweiterte Modelle

3.3.1 Eckenkorrekturen

Bild 3.8 zeigt eine Bahnknickstelle. Wir fassen sie als Grenzfall sehr starker Bahnkrümmung auf. Die Bahnwinkel α_1, α_2 ändern sich längs der kurzen Strecke dx von Werten α_{1V}, α_{2V} unmittelbar vor der Knickstelle auf Werte α_{1H}, α_{2H} unmittelbar dahinter. Wenigstens eine der Differenzen

$$\Delta\alpha_1 = \alpha_{1H} - \alpha_{1V}, \qquad \Delta\alpha_2 = \alpha_{2H} - \alpha_{2V}$$

[1] Im Falle $\bar{\varphi} = |\varphi|$ wende man einfacher z. B. Gl. (2.1/4) an.

sei von Null verschieden (vgl. Abschn. 3.1.1). Dann sind auch Singularitäten in der Spannungsverteilung, also Sprünge

$$\Delta Q = h\,\Delta q \quad \text{(Streifen- und Röhrenmodell)}$$

bzw.

$$\Delta Q = F\,\Delta q \quad \text{(Scheibenmodell)}$$

zu erwarten.

Zunächst treten im Grenzfall unendlich große Beschleunigungen auf. Dies führt zu Trägheitskräften und damit zu Sprüngen $\Delta_T Q$ bzw. $\Delta_T q$. Ferner wurde auf Grund unserer Modelle beim Ansatz der virtuellen Leistungen A' der mit Winkeländerungen zusammenhängende Anteil vernachlässigt. Seine Berücksichtigung an Knickstellen führt zu weiteren Sprunganteilen $\Delta_W Q$ bzw. $\Delta_W q$ (W deutet auf *Winkeländerung*). Insgesamt ergibt sich

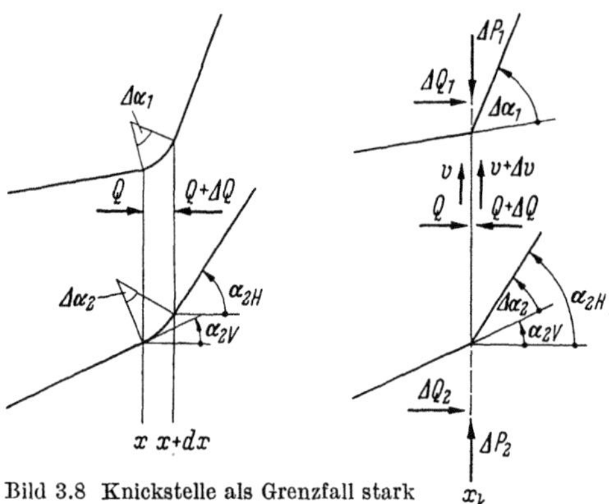

Bild 3.8 Knickstelle als Grenzfall stark gekrümmter Bahnen.

$$\left.\begin{aligned} \Delta Q &= \Delta_T Q + \Delta_W Q \\ \text{bzw.} \qquad \Delta q &= \Delta_T q + \Delta_W q. \end{aligned}\right\} \tag{3.3/1}$$

Die Kraft ΔQ muß durch eine entgegengesetzt gleiche horizontale Reaktionskraft von den Bahnen her im Gleichgewicht gehalten werden, die sich gemäß

$$\Delta Q = \Delta Q_1 + \Delta Q_2$$

aufteilt (Bild 3.8). Entsprechend hat man mit vertikalen Reaktionen ΔP_1, ΔP_2 zu rechnen. Sie sind wie Q im Streifen- und Röhrenmodell auf die Breite bzw. die Umfangslänge 1, dagegen im Scheibenmodell auf die wirklichen Umfänge des Knickstellenquerschnittes bezogen: es wirken hier je Längeneinheit

$$\frac{\Delta Q_1}{2\pi R_1}, \quad \frac{\Delta P_1}{2\pi R_1}, \quad \frac{\Delta Q_2}{2\pi R_2}, \quad \frac{\Delta P_2}{2\pi R_2}.$$

Wir wenden uns jetzt dem Sprunganteil der Trägheitskräfte beim Streifenmodell zu und integrieren Gl. (3.2/22) von x bis $x + dx$ im Hinblick darauf, daß anschließend dx gegen 0 streben soll. Deshalb werden alle Glieder vernachlässigt, die bei diesem Grenzübergang endlich bleiben: ihr Integralwert strebt gegen Null. Wir müssen also lediglich $\frac{dq}{dx}$ sowie die Glieder b_s und χ ins Auge fassen und haben

$$\Delta_T q \approx \frac{\varrho}{2} \int\limits_x^{x+dx} dx \left\{ b_s [\tan(\nu_1 - \alpha_1) - \tan(\nu_2 + \alpha_2)] + \right.$$

$$\left. + \frac{1}{6} h\chi \, [\tan(\nu_1 - \alpha_1) + \tan(\nu_2 + \alpha_2)] \right\}.$$

b_s und $h\chi$ ersetzen wir mittels (3.2/12), (3.2/13) durch b_1, b_2 und betrachten (3.2/9). Bisher war der Ursprung unseres Koordinatensystems völlig frei. Jetzt verbinden wir das Koordinatensystem zweckmäßig mit der Bahnknickstelle selbst. Dann bleiben in (3.2/9) alle Glieder bis auf die Krümmungen c_1, c_2 endlich und dürfen weggelassen werden. Für die Geschwindigkeit u schreiben wir u_k (Relativgeschwindigkeit gegen die Bahnknickstelle). Bei der Herleitung von (3.2/9) fanden wir $\frac{c_1}{\cos\alpha_1} = \frac{\partial\alpha_1}{\partial x}$. Dann folgt aus (3.2/9) $b_1 \approx u_k^2 (1 + \tan^2\alpha_1) \frac{\partial\alpha_1}{\partial x} = u_k^2 \frac{\partial \tan\alpha_1}{\partial x}$ und entsprechend $b_2 \approx u_k^2 \frac{\partial \tan\alpha_2}{\partial x}$. Da u_k^2 von erster Näherung im betrachteten Intervall konstant bleibt, folgern wir

$$\Delta_T q \approx \frac{\varrho u_k^2}{6} \int\limits_x^{x+dx} dx \left\{ [2\tan(\nu_1 - \alpha_1) - \tan(\nu_2 + \alpha_2)] \frac{\partial \tan\alpha_1}{\partial x} + \right.$$

$$\left. + [\tan(\nu_1 - \alpha_1) - 2\tan(\nu_2 + \alpha_2)] \frac{\partial \tan\alpha_2}{\partial x} \right\}.$$

Nach dem Mittelwertsatz der Integralrechnung können wir die eckigen Klammern vor das Integral ziehen, wenn wir vorher Mittelwerte $\bar{\alpha}_1$, $\bar{\alpha}_2$ einsetzen — welche, hängt von der Art der Bahnkurven ab, durch die wir die Ecken ersetzt haben (Bild 3.8). Selbst innerhalb des Modelles haben wir somit nur eine erste Näherung, wenn wir z. B.

$$\bar{\alpha}_1 = \frac{\alpha_{1V} + \alpha_{1H}}{2}, \qquad \bar{\alpha}_2 = \frac{\alpha_{2V} + \alpha_{2H}}{2}$$

wählen. Oft werden Knickstellen gleichzeitig Sprungstellen der Reibwerte bzw. Reibwinkel sein. Sind ν_{1V}, ν_{2V} ihre Werte vor, ν_{1H}, ν_{2H} ihre Werte hinter der Sprungstelle, so setzen wir im gleichen Sinne

$$\bar{\nu}_1 = \frac{\nu_{1V} + \nu_{1H}}{2}, \qquad \bar{\nu}_2 = \frac{\nu_{2V} + \nu_{2H}}{2}$$

und haben dann

$$\Delta_T q = \frac{\varrho u_k^2}{6} \left\{ [2 \tan(\bar{\nu}_1 - \bar{\alpha}_1) - \tan(\bar{\nu}_2 + \bar{\alpha}_2)] \int_x^{x+dx} \frac{\partial \tan \alpha_1}{\partial x} \, dx + \right.$$

$$\left. + [\tan(\bar{\nu}_1 - \bar{\alpha}_1) - 2 \tan(\bar{\nu}_2 + \bar{\alpha}_2)] \int_x^{x+dx} \frac{\partial \tan \alpha_2}{\partial x} \, dx \right\},$$

also

$$\Delta_T q = \frac{\varrho u_k^2}{6} \{ [2 \tan(\bar{\nu}_1 - \bar{\alpha}_1) - \tan(\bar{\nu}_2 + \bar{\alpha}_2)] \, \Delta \tan \alpha_1 +$$

$$+ [\tan(\bar{\nu}_1 - \bar{\alpha}_1) - 2 \tan(\bar{\nu}_2 + \bar{\alpha}_2)] \Delta \tan \alpha_2 \}, \qquad (3.3/2)$$

wo

$$\left. \begin{aligned} \Delta \tan \alpha_1 &= \tan \alpha_{1H} - \tan \alpha_{1V}, \\ \Delta \tan \alpha_2 &= \tan \alpha_{2H} - \tan \alpha_{2V}. \end{aligned} \right\} \qquad (3.3/3)$$

Gl. (3.3/2) ist eine Näherungsgleichung für den Drucksprung an einer Knickstelle. Sie bezieht sich auf positive Bewegung und berücksichtigt neben der Trägheitskraft die indirekte Wirkung der Reibung. So spielt auch die (positive oder negative) Bewegungsrichtung eine Rolle. Ohne Bedeutung ist es, ob die Streifen gestaucht oder gedehnt werden.

Auf entsprechende Weise erhält man den Drucksprung im Scheibenmodell. Mit (3.2/41) gilt näherungsweise

$$b_1 \approx u_k^2 \frac{\partial \tan \alpha_1}{\partial x}, \qquad b_2 \approx u_k^2 \frac{\partial \tan \alpha_2}{\partial x}.$$

Gl. (3.2/40) liefert dann

$$\frac{dw}{dt} \approx u_k^2 \frac{R_1 R_2}{R_1^2 - R_2^2} \left[R_1 \frac{\partial \tan \alpha_2}{\partial x} - R_2 \frac{\partial \tan \alpha_1}{\partial x} \right].$$

Nach (3.2/44) ergibt sich

$$B_1 \approx -\frac{u_k^2}{2}\left\{\frac{R_1 R_2}{R_1^2 - R_2^2} \ln \frac{R_1}{R_2}\left[R_1 \frac{\partial \tan \alpha_2}{\partial x} - R_2 \frac{\partial \tan \alpha_1}{\partial x}\right] + \right.$$

$$\left. + \frac{1}{2}\left[R_1 \frac{\partial \tan \alpha_1}{\partial x} - R_2 \frac{\partial \tan \alpha_2}{\partial x}\right]\right\},$$

$$B_2 \approx -\frac{u_k^2}{2} \frac{R_1 R_2}{R_1^2 - R_2^2}\left[R_1 \frac{\partial \tan \alpha_2}{\partial x} - R_2 \frac{\partial \tan \alpha_1}{\partial x}\right] \cdot \left[\frac{R_1^2 + R_2^2}{R_1^2 - R_2^2} \ln \frac{R_1}{R_2} - 1\right],$$

wo die meisten Glieder für $R_2 = 0$ verschwinden.

Die Integration von (3.2/48) liefert dann bei geeigneter Anwendung des Mittelwertsatzes

$$\Delta_T q = \frac{\pi \varrho u_k^2}{F}\left\{\left\langle [R_1 \tan(\bar{\nu}_1 - \bar{\alpha}_1) - R_2 \tan(\bar{\nu}_2 + \bar{\alpha}_2)] \cdot \left[\frac{R_1^2}{R_1^2 - R_2^2} \ln \frac{R_1}{R_2} - \frac{1}{2}\right] + \right.\right.$$

$$+ [R_1 \tan(\bar{\nu}_1 - \bar{\alpha}_1) + R_2 \tan(\bar{\nu}_2 + \bar{\alpha}_2)] \frac{R_1^2}{R_1^2 - R_2^2} \times$$

$$\left. \times \left[1 - \frac{R_1^2 + R_2^2}{R_1^2 - R_2^2} \ln \frac{R_1}{R_2}\right]\right\rangle R_2 \Delta \tan \alpha_2 +$$

$$+ \left\langle [R_1 \tan(\bar{\nu}_1 - \bar{\alpha}_1) - R_2 \tan(\bar{\nu}_2 + \bar{\alpha}_2)] \cdot \left[\frac{1}{2} - \frac{R_2^2}{R_1^2 - R_2^2} \ln \frac{R_1}{R_2}\right] + \right.$$

$$+ [R_1 \tan(\bar{\nu}_1 - \bar{\alpha}_1) + R_2 \tan(\bar{\nu}_2 + \bar{\alpha}_2)] \frac{R_2^2}{R_1^2 - R_2^2} \times$$

$$\left.\left. \times \left[\frac{R_1^2 + R_2^2}{R_1^2 - R_2^2} \ln \frac{R_1}{R_2} - 1\right]\right\rangle R_1 \Delta \tan \alpha_1\right\}. \qquad (3.3/4)$$

Für $R_2 = 0$ und damit $F = \pi R_1^2$ nimmt diese Formel die einfache Gestalt

$$\Delta_T q = \frac{\varrho}{2} u_k^2 \tan(\bar{\nu}_1 - \bar{\alpha}_1) \Delta \tan \alpha_1 \qquad (3.3/5)$$

an.

Schließlich wenden wir uns dem Röhrenmodell zu. Ersetzt man x durch r und bestimmt u_k und b_x nach den für das Röhrenmodell gültigen Beziehungen, so erhält man ungeändert Gl. (3.3/2).

Der bisherige Drucksprunganteil $\Delta_T q$ enthält zwar die Beschleunigungen und die Reibung, nicht aber k_f oder k_e. Diese Größen gehen in $\Delta_W q$ ein. Zur Bestimmung von $\Delta_W q$ müssen wir vorerst ein geeignetes Modell für die Umformung an Knickstellen suchen. Dort ändert der Streifen, wie in Bild 3.8 gezeigt, lediglich seinen Winkel. Die Winkeländerung kennzeichnen wir durch ihre Geschwindigkeit $\dot{\alpha}$ (Bild 3.9a), mit der sich die obere Streifenkante gegen die seitliche Begrenzung dreht, und prüfen, ob man eine solche Winkelverformung (ohne Längenänderung) auch im einachsigen ebenen Zugversuch (Bild 2.3) finden kann. Wir dürfen dann das rechteckige Probeelement nicht seitenparallel

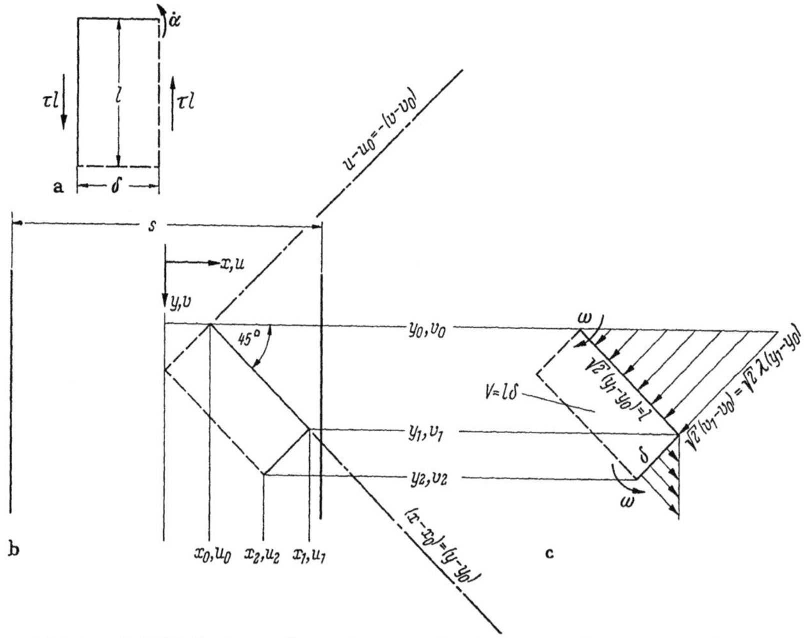

Bild 3.9a–c Winkeländerung eines unter 45° aus der ebenen Zugprobe herausgeschnittenen Streifens der Breite 1.

herausschneiden, sondern müssen es schräg legen. In der Tat wird sich ergeben, daß bei einer Schräglage von 45° reine Winkelverformung auftritt (Bild 3.9b). Man erkennt dies wie folgt:

Nach (3.2/4) und (3.2/5) gilt

$$\frac{\partial u}{\partial x} = -\lambda = -\frac{\partial v}{\partial y}.$$

Sind u_i, v_i die Geschwindigkeitskoordinaten an der Stelle x_i, y_i ($i = 0, 1, 2$; Bild 3.9b), so folgt durch Integration z. B. mit den Anfangswerten u_0, v_0 bei x_0, y_0

$$u - u_0 = -\lambda(x - x_0),$$

$$v - v_0 = \lambda(y - y_0).$$

Wir betrachten die in Bild 3.9b gezeichnete, um 45° geneigte Gerade durch x_0, y_0. Auf ihr liegen die Punkte mit den Koordinaten $x - x_0 = y - y_0$. Folglich gilt

$$u - u_0 = -(v - v_0) = -\lambda(x - x_0).$$

Die Differenzgeschwindigkeit $u - u_0, v - v_0$ steht also auf der betrachteten Strecke $x - x_0 = y - y_0$ senkrecht und steigt linear an (Bild 3.9c). Dies entspricht einer reinen Drehung mit der Winkelgeschwindigkeit $\omega = \dfrac{\lambda\sqrt{2}\,(y_1 - y_0)}{\sqrt{2}\,(y_1 - y_0)} = \lambda$ (Bild 3.9c). Entsprechend findet man, daß sich auch die zweite, senkrecht angesetzte Seite mit $\omega = \lambda$, jedoch anders herum dreht (Bild 3.9c). Ein Vergleich mit Bild 3.9a zeigt $\dot{\alpha} = 2\lambda$. Jedes entsprechend Bild 3.9b unter 45° herausgeschnittene Rechteck erfährt somit eine reine Winkelverformung. Es liegt nahe anzunehmen, daß sie durch eine an der seitlichen Streifenbegrenzung angreifende vertikale Spannung τ hervorgerufen wird (Bild 3.9a). Man nennt τ eine *Schubspannung*.

Der Werkstoffstreifen habe wiederum die Breite 1 senkrecht zur Zeichenebene. Dann erzeugt τ das Moment $M = \tau l \delta = \tau V$ (Volum $V = 1\, l\delta$); die Leistungsdichte ist

$$\Lambda = \frac{M\dot{\alpha}}{V} = 2\lambda\tau.$$

Andererseits beträgt die Leistungsdichte nach (2.3/2) $\Lambda = k_e\lambda$ $(\lambda > 0)$, also

$$\tau = \frac{k_e}{2}. \tag{3.3/6}$$

Analog setzen wir die entsprechende Schubspannung beim axialsymmetrischen Zugversuch zu

$$\tau = \frac{k_f}{2} \tag{3.3/7}$$

an. Wir lassen jetzt den Rechteckstreifen (Bild 3.9a) auf eine vertikale Strecke zusammenschrumpfen $(\delta \to 0)$. Dann ändert sich die Vertikalgeschwindigkeit sprunghaft um Δv (Bild 3.8). Dabei wird an einem Element dF der Querschnittsfläche F die Leistung $|\tau\,\Delta v|\,dF$ benötigt, für den ganzen Querschnitt an der Knickstelle also

$$\int^F |\tau\,\Delta v|\,dF = \tau \int^F |\Delta v|\,dF.$$

Diese Leistung muß von den Schnittkräften und den äußeren Kräften aufgebracht werden. Für den mit dem Knickstellenquerschnitt x_k verbundenen Beobachter leisten $\Delta_W Q_1$, $\Delta_W Q_2$ (Bild 3.8) keine Arbeit. Die Schnittkraft $-\Delta_W Q$ bewegt sich mit der Werkstoffgeschwindigkeit u_k, und die Reaktionen $\Delta_W P_1$, $\Delta_W P_2$ haben die Vertikalgeschwindigkeiten der Bahnen

$$v_{k1} = \begin{cases} \partial h_1/\partial t \\ \partial R_1/\partial t \end{cases}; \qquad v_{k2} = \begin{cases} \partial h_2/\partial t \\ \partial R_2/\partial t \end{cases} \tag{3.3/8a}$$

$$\text{im} \begin{cases} \text{Streifen-(Röhren-)modell,} \\ \text{Scheibenmodell.} \end{cases}$$

Dann liefert die Leistungsbilanz[1]

$$-u_k F\,\Delta_W q - v_{k1}\,\Delta_W P_1 + v_{k2}\,\Delta_W P_2 = \tau \int^F |\Delta v|\,dF$$

oder

$$\Delta_W q = \Delta_{0W} q + \frac{v_{k2}}{u_k}\,\frac{\Delta_W P_2}{F} - \frac{v_{k1}}{u_k}\,\frac{\Delta_W P_1}{F} \tag{3.3/8b}$$

mit

$$\Delta_{0W} q = \frac{-\tau}{u_k F} \int^F |\Delta v|\,dF\,. \tag{3.3/8c}$$

Bei raumfesten Bahnen ($\Delta_W q = \Delta_{0W} q$) erzeugt die *Scherung* also einen Druckabfall in Richtung der Relativgeschwindigkeit u_k. Dies geht im wesentlichen auf Körber und Eichinger [37] zurück.

In der Streifentheorie gilt nach (3.2/6) und (3.2/3), wenn man das Koordinatensystem mit der Knickstelle verbindet und dann $\partial h_i/\partial t$ stetig voraussetzt ($i = 1, 2$):

$$\Delta v_1 = u_k\,\Delta \tan \alpha_1; \qquad \Delta v_2 = u_k\,\Delta \tan \alpha_2;$$

$$\Delta v = \frac{u_k}{h} \left\{ (h_1\,\Delta \tan \alpha_2 - h_2\,\Delta \tan \alpha_1) + y\,(\Delta \tan \alpha_1 - \Delta \tan \alpha_2) \right\}.$$

Über den Betrag von Δv wird in (3.3/8c) integriert. Wir untersuchen zunächst den Fall, daß $\Delta \tan \alpha_1$, $\Delta \tan \alpha_2$ verschiedene Vorzeichen haben. Dann gibt es eine Nullstelle von Δv für

$$y^* = \frac{h_1\,\Delta \tan \alpha_2 \quad h_2\,\Delta \tan \alpha_1}{\Delta \tan \alpha_2 - \Delta \tan \alpha_1},$$

[1] Diese und die Gln. (3.3/8b, c) beziehen sich auf die Scheibentheorie. Für das Streifen- und Röhrenmodell ist überall F durch h zu ersetzen.

und mit (3.3/6) folgt aus (3.3/8c)

$$- \Delta_{0W} q = \frac{k_e}{2 u_k h} \left| \int_{h_2}^{y^*} \Delta v \, dy - \int_{y^*}^{h_1} \Delta v \, dy \right| =$$

$$= \frac{k_e \cdot \operatorname{sgn} u_k}{2 h^2} \Big| (h_1 \cdot \Delta \tan \alpha_2 - h_2 \cdot \Delta \tan \alpha_1)(2 y^* - h_1 - h_2) +$$

$$+ \frac{1}{2} (\Delta \tan \alpha_1 - \Delta \tan \alpha_2)(2 y^{*2} - h_1^2 - h_2^2) \Big| .$$

Hier bedeutet

$$\operatorname{sgn} u_k = \begin{Bmatrix} 1 & \text{für} & u_k > 0, \\ 0 & \text{für} & u_k = 0, \\ -1 & \text{für} & u_k < 0. \end{Bmatrix} \qquad (3.3/9)$$

Setzt man die Formel für y^* ein, so erhält man nach algebraischer Umformung

$$\Delta_{0W} q = - \frac{k_e}{4} \operatorname{sgn} u_k \frac{(\Delta \tan \alpha_1)^2 + (\Delta \tan \alpha_2)^2}{|\Delta \tan \alpha_1 - \Delta \tan \alpha_2|}, \qquad (3.3/10)$$

wobei $(\Delta \tan \alpha_1) \cdot (\Delta \tan \alpha_2) \leq 0$. Haben $\Delta \tan \alpha_1$, $\Delta \tan \alpha_2$ dagegen gleiches Vorzeichen, so ändert Δv das Vorzeichen nicht. Die Betragsstriche können in (3.3/8c) vor das Integral gezogen werden:

$$\Delta_{0W} q = \frac{- k_e \cdot \operatorname{sgn} u_k}{2 h^2} \left| \int_{h_2}^{h_1} \frac{h}{u_k} \Delta v \, dy \right|,$$

$$\Delta_{0W} q = - \frac{k_e}{4} \operatorname{sgn} u_k \, |\Delta \tan \alpha_1 + \Delta \tan \alpha_2|, \qquad (3.3/11)$$

wobei $(\Delta \tan \alpha_1) \cdot (\Delta \tan \alpha_2) \geq 0$. Beide Gln. (3.3/10), (3.3/11) gehen für $\Delta \tan \alpha_1 = 0$ oder $\Delta \tan \alpha_2 = 0$ ineinander über.

Wir wenden jetzt Gl. (3.3/8c) auf die Scheibentheorie an und übernehmen die Bezeichnungen von Abschn. 3.2.2. Es gilt (vgl. Bild 4.3b) $dF = 2 \pi r \, dr$, $F = \pi (R_1^2 - R_2^2)$ und wiederum $\Delta v_1 = u_k \Delta \tan \alpha_1$, $\Delta v_2 = u_k \Delta \tan \alpha_2$. Gl. (3.2/42) liefert

$$\Delta v = \frac{\Delta w}{r} - \frac{\Delta \lambda}{2} r,$$

wo nach (3.2/34)

$$\frac{\Delta \lambda}{2} = \frac{u_k}{R_1^2 - R_2^2} (R_2 \Delta \tan \alpha_2 - R_1 \Delta \tan \alpha_1),$$

nach (3.2/36)

$$\Delta w = u_k \frac{R_1 R_2}{R_1^2 - R_2^2} (R_1 \Delta \tan \alpha_2 - R_2 \Delta \tan \alpha_1).$$

Zunächst untersuchen wir wiederum den Fall $(\Delta \tan \alpha_2) \cdot (\Delta \tan \alpha_1) \leq 0$. Δv hat dann die Nullstelle

$$r^* = \sqrt{\frac{2 \Delta w}{\Delta \lambda}} = \sqrt{R_1 R_2 \frac{R_1 \cdot \Delta \tan \alpha_2 - R_2 \cdot \Delta \tan \alpha_1}{R_2 \cdot \Delta \tan \alpha_2 - R_1 \cdot \Delta \tan \alpha_1}}, \quad (3.3/12)$$

und nach (3.3/8c)

$$\Delta_{0W} q = - \frac{k_f \operatorname{sgn} u_k}{R_1^2 - R_2^2} \left| \int_{R_2}^{r^*} \frac{r \cdot \Delta v}{u_k} \, dr - \int_{r^*}^{R_1} \frac{r \cdot \Delta v}{u_k} \, dr \right|,$$

also

$$\Delta_{0W} q = - \frac{k_f \operatorname{sgn} u_k}{(R_1^2 - R_2^2)^2} \Big| R_1 R_2 (R_1 \Delta \tan \alpha_2 - R_2 \Delta \tan \alpha_1)(2 r^* - R_2 - R_1) +$$

$$+ \frac{1}{3} (R_1 \Delta \tan \alpha_1 - R_2 \Delta \tan \alpha_2)(2 r^{*3} - R_2^3 - R_1^3) \Big|, \quad (3.3/13)$$

wo $(\Delta \tan \alpha_2) \cdot (\Delta \tan \alpha_1) \leq 0$ und r^* nach (3.3/12) eingesetzt werden muß. Gl. (3.3/13) läßt sich nicht wesentlich vereinfachen.

Wenn $\Delta \tan \alpha_1$, $\Delta \tan \alpha_2$ gleiches Vorzeichen besitzen, können die Betragsstriche in (3.3/8c) vor das Integral gezogen werden. Man erhält

$$\Delta_{0W} q = - \frac{k_f \cdot \operatorname{sgn} u_k}{R_1^2 - R_2^2} \left| \int_{R_2}^{R_1} \frac{r \cdot \Delta v}{u_k} \, dr \right|,$$

also

$$\Delta_{0W} q = - \frac{k_f \cdot \operatorname{sgn} u_k}{3 (R_1 + R_2)^2} \big| (2 R_1 + R_2) R_2 \Delta \tan \alpha_2 +$$

$$+ (2 R_2 + R_1) R_1 \Delta \tan \alpha_1 \big| \quad (3.3/14)$$

für $(\Delta \tan \alpha_2) \cdot (\Delta \tan \alpha_1) \geq 0$. Hiervon interessiert speziell der Sonderfall $R_2 = 0$:

$$\Delta_{0W} q = - \frac{k_f}{3} \cdot \operatorname{sgn} u_k \cdot |\Delta \tan \alpha_1|, \quad (3.3/15)$$

der im übrigen auch für $R_2 = r^* = 0$ aus (3.3/13) folgt.

Für das Röhrenmodell ergeben sich schließlich die gleichen Formeln wie für das Scheibenmodell. In den Gln. (3.3/10), (3.3/11) muß man lediglich k_e durch k_f ersetzen.

Die Gln. (3.3/10) bis (3.3/15) gelten für idealplastischen Werkstoff $k_f = \text{const}$ bzw. $k_e = \text{const}$. Für andere Werkstoffe ist zu beachten, daß die Formänderungsfestigkeit

$$k_{fH} = k_f(\bar{\lambda}_H, \bar{\varphi}_H, \vartheta_H)$$

bzw.

$$k_{eH} = k_e(\bar{\lambda}_H, \bar{\varphi}_H, \vartheta_H)$$

unmittelbar hinter der Knickstelle von der Formänderungsfestigkeit

$$k_{fV} = k_f(\bar{\lambda}_V, \bar{\varphi}_V, \vartheta_V)$$

bzw.

$$k_{eV} = k_e(\bar{\lambda}_V, \bar{\varphi}_V, \vartheta_V)$$

vor der Knickstelle verschieden sein kann.

Die Formänderungsgeschwindigkeiten $\bar{\lambda}_H$, $\bar{\lambda}_V$ entnimmt man unmittelbar (3.2/4) bzw. (3.2/32). Zur Berechnung des Sprunges $\Delta\bar{\varphi} = \bar{\varphi}_{H'} - \bar{\varphi}_V$ der Vergleichsformänderung betrachten wir einen Streifen (Scheibe, Röhre) der Dicke dx, der durch den Knickstellenquerschnitt wandert. Im Zeitintervall dt dissipiert in ihm die Scherarbeit $dt \cdot \tau \cdot \int^F |\Delta v| \, dF$. Mit $dx = u_k \, dt$ erhält man nach Division durch das Streifenvolum $F dx$ über (3.3/8c) die Arbeitsdichte $\Delta\Phi = -\Delta_{0W} q$. Sie ist nach (2.3/12) gleich $k_{em} \Delta\bar{\varphi}$ bzw. $k_{fm} \Delta\bar{\varphi}$, woraus

$$\left.\begin{aligned} \Delta\bar{\varphi} &= \bar{\varphi}_H - \bar{\varphi}_V = -\frac{\Delta_{0W} q}{k_{em}} \\ \text{bzw.} \qquad \Delta\bar{\varphi} &= \bar{\varphi}_H - \bar{\varphi}_V = -\frac{\Delta_{0W} q}{k_{fm}} \end{aligned}\right\} \tag{3.3/16}$$

folgt. Da man zur Ermittlung von $\Delta_{0W} q$ nach (3.3/10) bis (3.3/15) ohnehin Mittelwerte der Formänderungsfestigkeiten k_e bzw. k_f einsetzen muß, kürzt man diese gegen k_{em}, k_{fm}. Damit sind die rechten Seiten von (3.3/16) rein kinematische Größen.

Der Temperatursprung $\Delta\vartheta = \vartheta_H - \vartheta_V$ gehorcht nach (2.3/7)

$$\Delta\vartheta = c_0 \cdot \Delta\Phi = -c_0 \cdot \Delta_{0W} q. \tag{3.3/17}$$

3.3.2 Haftzonen und Sprunglinien

Bild 3.10a stellt einen Schnitt durch eine gedachte Umformzone bei ebener Umformung dar. Der Werkstoff bewegt sich gegenüber der oberen Bahn in vorgegebener (positiver oder negativer) Richtung. An jener wirkt der Normaldruck p_{n1}, also auf Grund des COULOMBschen Reibgesetzes die Reibspannung

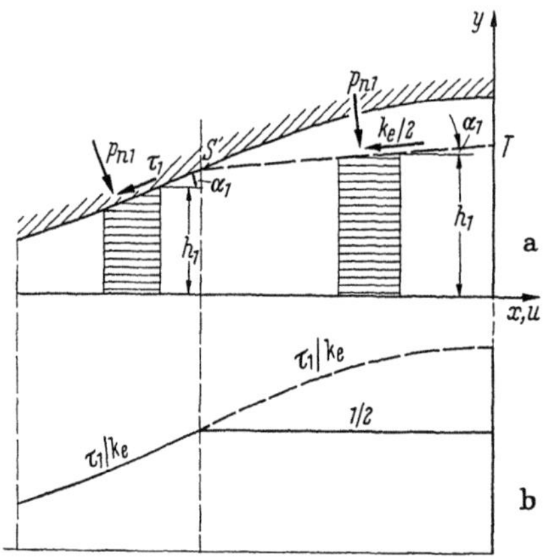

Bild 3.10a u. b Streifen im Gleit- und Haftgebiet (ebene Umformung, positive Bewegung). a) Schnitt durch die Umformzone; b) Schubspannungsverlauf.

$$\tau_1 = \mu_1 p_{n1}. \qquad (3.3/18)$$

τ_1 kann man im Sinne des vorangegangenen Abschnittes als *Schubspannung* auf die obere Werkstoffbegrenzung bezeichnen. Bild 3.10b zeigt den (angenommenen) Verlauf für τ_1.

Rechnerisch kann τ_1 beliebig groß werden. Allerdings hatten wir in Abschn. 3.1 bei der Begründung der elementaren Modelle vermerkt, daß diese bei zu großen Behinderungen vom Rande her, also bei zu großen Reibwerten bzw. Randschubspannungen τ_1, nicht mehr anwendbar sind, weil dann die Streifen (Scheiben, Röhren) möglicherweise ausbauchen.

Auf Grund der Betrachtungen über Knickstellen im letzten Abschnitt ergibt sich nun eine ganz konkrete Beschränkung für τ_1. Wir erkannten dort, daß sich für $\tau_1 = k_e/2$ bzw. $\tau_1 = k_f/2$ [Gln. (3.3/6), (3.3/7)] eine reine Scher- oder Winkelverformung ergibt. Man kann sich vorstellen, daß bei einer weiteren Erhöhung von τ_1 der Werkstoff längs der Scherfläche zerreißt. Dann aber kann der in Bild 3.10 gezeichnete Verlauf von τ_1 rechts vom Punkte S nicht mehr richtig sein; denn in S wird $\tau_1 = k_e/2$ erreicht und überschritten. Rechts von S darf im Rahmen des Modells keine Gleitreibung mehr bestehen. Die Alternative ist Haftreibung.

Will man die elementare Theorie auf diesen Fall verallgemeinern, also weiterhin annehmen, daß Streifen (Scheiben, Röhren) in ebensolche umgeformt werden, so dürfen sie sich nicht mehr bis an die Bahnen erstrecken. Vielmehr bildet sich dort eine starre Zwischenschicht (*Tote Zone*) aus, die vom Umformbereich durch eine Linie $S-T$ der Fließebene getrennt ist und längs welcher der Werkstoff abschert (Bild 3.10a).

Längs $S-T$ ändert sich die Geschwindigkeit sprunghaft. Wir nennen $S-T$ daher eine *Sprunglinie* (bzw. räumlich gesehen *Sprungfläche*). Sie ist den Knickstellenquerschnitten (Abschn. 3.3.1) vergleichbar, so daß wir längs $S-T$ statt τ_1 die Schubspannung $k_e/2$ bzw. $k_f/2$ ansetzen, den Verlauf von τ_1/k_e in Bild 3.10b also rechts von S durch eine Horizontale ersetzen.

Ob die hier beschriebene Modifikation der elementaren Theorie zulässig ist, muß im Einzelfall und anhand von Erfahrungen entschieden werden. Auch die Größe des starren Werkstoffbereiches, d. h. die Lage der Sprunglinie, muß man in Übereinstimmung mit der Erfahrung festlegen. Im Grenzfall kann $S-T$ mit der Bahn zusammenfallen. Dann scheint der Werkstoff längs der Bahn zu gleiten. Doch gilt das COULOMBsche Reibgesetz nicht mehr, weil man sich eine dünne Zwischenschicht als tote Zone vorzustellen hat.

Für die mathematische Behandlung betrachtet man in der Haftzone statt der Bahn die Sprunglinie; h_1, α_1, p_{n1} usw. haben dann die in Bild 3.10 gezeigte Bedeutung. Schließlich trägt man in Bild 3.7b, c statt $\mu_1 p_{n1}$, $\mu_2 p_{n2}$

$$\tau_1 = \tau_2 = k_e/2 \qquad \text{bzw.} \qquad \tau_1 = \tau_2 = k_f/2$$

ein und erhält nach Bild 3.7c

$$\left.\begin{aligned} p_{n1} &= p_1 \mp \frac{1}{2} k_e \tan \alpha_1, \\ p_{n2} &= p_2 \pm \frac{1}{2} k_e \tan \alpha_2, \end{aligned}\right\} \qquad (3.3/19)$$

wo das obere Vorzeichen bei positiver, das untere Vorzeichen bei negativer Bewegung gilt. Für das Scheiben- und Röhrenmodell ist jeweils k_e durch k_f zu ersetzen.

Wendet man das NEWTONsche Bewegungsgesetz (Kraft = Masse mal Beschleunigung) auf den Streifen nach Bild 3.7b an, so folgt für die horizontale Richtung

$$dQ_1 + dQ_2 - dQ = (\varrho h \, dx) b_x .$$

dQ_1, dQ_2 ergeben sich aus Bild 3.7c mit $dx = ds_1 \cos \alpha_1 = ds_2 \cos \alpha_2$ zu

$$dQ_1 = \left(p_{n1} \tan \alpha_1 \mp \frac{k_e}{2}\right) dx,$$

$$dQ_2 = \left(-p_{n2} \tan \alpha_2 \mp \frac{k_e}{2}\right) dx.$$

Führt man schließlich mittels (3.2/19) die Größen p, Δp ein und berücksichtigt (3.3/19), so erhält man anstelle der Gl. (3.2/20c)

$$\frac{dQ}{dx} + p[\tan\alpha_2 - \tan\alpha_1] - \frac{1}{2}\Delta p[\tan\alpha_2 + \tan\alpha_1] =$$

$$= -\varrho h b_x + \frac{k_e}{2}[\mp(1+\tan^2\alpha_1) \mp (1+\tan^2\alpha_2)].$$

Entsprechend ergibt sich beim Scheibenmodell statt (3.2/45c)

$$\frac{dQ}{dx} + 2\pi p[R_2\tan\alpha_2 - R_1\tan\alpha_1] - \pi\,\Delta p[R_2\tan\alpha_2 + R_1\tan\alpha_1] =$$

$$= -\varrho F b_x + \frac{k_f}{2}[\mp R_1(1+\tan^2\alpha_1) \mp R_2(1+\tan^2\alpha_2)].$$

Eliminiert man oben mittels der Gln. (3.2/20a, b) und unten mittels der Gln. (3.2/45b), (3.2/46) die Größen p, Δp, so findet man anstelle der Gl. (3.2/22)

$$\frac{dq}{dx} = -\varrho\left\{\frac{1}{2}b_s[\tan\alpha_1 + \tan\alpha_2] + b_x\right\} + \frac{k_e}{2h}\left\{\mp(1+\tan^2\alpha_1) \mp\right.$$

$$\left.\mp(1+\tan^2\alpha_2)\right\} + \frac{1}{h}[\tan\alpha_2 - \tan\alpha_1]\left(\frac{\varrho}{12}h^2\chi - k_e\right) \quad (3.3/20)$$

für die Streifen- bzw. Röhrentheorie (im letzten Fall ersetze man x durch r und k_e durch k_f) und anstelle der Gl. (3.2/48)

$$\frac{dq}{dx} = \frac{2\pi}{F}\varrho B_1[R_1\tan\alpha_1 + R_2\tan\alpha_2] - \varrho b_x + \frac{k_f}{2F}\left\{\mp R_1(1+\tan^2\alpha_1) \mp\right.$$

$$\left.\mp R_2(1+\tan^2\alpha_2)\right\} + \frac{2\pi}{F}[R_2\tan\alpha_2 - R_1\tan\alpha_1](\varrho B_2 - k_f) \qquad (3.3/21)$$

für die Scheibentheorie. Das obere Vorzeichen gilt jeweils bei positiver, das untere bei negativer Bewegung. Gl. (3.3/20) bezieht sich auf abnehmende Streifen-(Röhren-)höhe, Gl. (3.3/21) auf zunehmende Scheibendicke. Bei zunehmender Streifen-(Röhren-)höhe bzw. abnehmender Scheibendicke müssen wie im Fließkriterium (3.2/20a) bzw. (3.2/46) k_e, k_f durch $-k_e$, $-k_f$ ersetzt werden. Das geschieht in den Gln. (3.3/20), (3.3/21) jedoch *nur im jeweils letzten Glied* der rechten Seite! k_e, k_f im vorletzten Glied rühren von der Sprunglinie her.

Die Gln. (3.3/20) und (3.3/21) sind von der besonders einfachen Gestalt

$$\frac{d\zeta}{d\xi} = g(\xi)$$

und lassen sich wesentlich einfacher als (3.2/23) integrieren:

$$\zeta = \hat{\zeta} + \int_{\hat{\xi}}^{\xi} g(\xi)\, d\xi \tag{3.3/22}$$

(Anfangswert $\hat{\zeta}$ an der Stelle $\hat{\xi}$).

Auf Gleichungen vom Typ (3.2/23) stößt man jedoch sofort wieder bei gemischten Reibbedingungen; etwa Gleitreibung an der oberen, Haftreibung an der unteren Bahn. In der Streifen- bzw. Röhrentheorie entspricht dann die Funktion f der in (3.2/22), wenn man dort die Glieder mit dem Index 2 streicht. Die Funktion g gewinnt man aus der rechten Seite von (3.2/22), wenn man die Glieder $\tan(\nu_2 + \alpha_2)$ wegläßt und stattdessen die Glieder $\tan \alpha_2$; $1 + \tan^2 \alpha_2$ der rechten Seite von (3.3/20) hinschreibt. Entsprechend verfährt man, wenn oben Haft- und unten Gleitreibung vorliegt. Die Grundgleichungen (3.2/48), (3.3/21) der Scheibentheorie lassen sich in gleicher Weise anpassen.

Ein Drucksprung $\Delta_W q$ an einer Knickstelle im Haftbereich kann nach (3.3/10) bis (3.3/15) berechnet werden, weil er nicht von den Reibbedingungen abhängt. Bei $\Delta_T q$ muß man beachten, daß von der durch $k_e/2$, $k_f/2$ beschränkten Schubspannung an der Sprunglinie kein Reibstoß übertragen werden kann. Formal setzt man in (3.3/2) bzw. (3.3/4), (3.3/5) die entsprechenden Reibwinkel Null.

4 Schmieden und Pressen

4.1 Einleitung

Als *Schmiede-* und *Preßverfahren* bezeichnen wir solche, bei denen ein Werkstoffvolum zwischen zwei starren, nicht durchbrochenen Formhälften (Werkzeugen, *Gesenken*) umgeformt wird, die sich ohne Drehung aufeinander zubewegen. Wir schließen also *Steigvorgänge* (*Steigen im Gesenk*) aus, bei denen der Werkstoff durch Anbohrungen oder Aussparungen der Werkzeuge vorwiegend in oder entgegen deren Bewegungsrichtung fließt. Sie gehören zum *Fließpressen* (Abschn. 7.2).

Die Werkzeuge bewegen sich gegeneinander mit einer Relativgeschwindigkeit vom Betrage U. Dann spricht man bei langsamer Umformung

$$U \leq 1\ \mathrm{ms}^{-1},$$

die im allgemeinen auch mit nur geringen Werkzeugbeschleunigungen auskommt, speziell vom *Pressen* (präziser: *Schmiedepressen*), bei schneller

Umformung

$$U \geq 5 \text{ ms}^{-1}$$

(und gegebenenfalls hoher Werkzeugbeschleunigung oder -verzögerung) speziell vom *Schmieden*. Die zugehörigen Umformmaschinen sind *Pressen* (mit mechanischem oder hydraulischem Antrieb — nur die letzten halten U während der Umformung nahezu konstant) oder *Hämmer*: vertikal oder horizontal (*Schmiedemaschinen*), freifallend oder druckluft- bzw. dampfgetrieben. Konventionelle *Fallhämmer* erreichen Geschwindigkeiten bis zu 7 ms^{-1}. Neuerdings konstruiert man *Hochgeschwindigkeitshämmer* bis zu $U = 60$ ms^{-1}. U sinkt im Verlauf der Umformung kontinuierlich auf 0 ab.

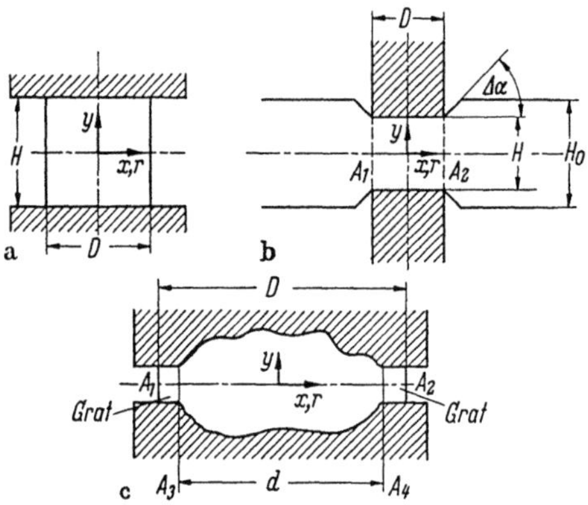

Bild 4.1a—c Umformbeispiele.
a) Stauchen; b) Flachstauchen, Prägen, Reckschmieden; c) Gesenkpressen, Gesenkschmieden.

Weitere technische Angaben, zusammen mit Werkstoffbetrachtungen, Wirtschaftlichkeitsfragen und einigen rechnerischen Grundlagen, finden sich in einem Buch von LANGE [*38*]. Daneben liegen Übersetzungen ausführlicher russischer Werke vor (vgl. [*39*]).

In Bild 4.1 sind einige Fließebenen und Werkzeugschnitte bei ebener bzw. axialsymmetrischer Umformung dargestellt.

Bild 4.1a zeigt einen einfachen ebenen oder axialsymmetrischen *Stauchvorgang*, der dem Druckversuch (Bild 2.4), jedoch mit Reibung, entspricht. Beide Werkzeuge sind ebene Platten (*Preßflächen*) $y = \pm \frac{1}{2} H$; sie sind die Werkzeugbahnen der elementaren Theorie.

Sofern die Umformung nach Bild 4.1b eben ist, liegen die Verhältnisse des Flachstauchens (vgl. Bild 2.5) vor. Bei axialsymmetrischer Umformung spricht man von einem *Prägevorgang*, besonders wenn die Bahnen gewisse Konturen (*Gravuren*) aufweisen, die sich im Werkstoff abdrücken. Beim Prägen nach Bild 4.1b ist der radiale Werkstofffluß durch den äußeren Werkstoff behindert. Auch dieser muß notwendig zum Teil plastisch fließen. Hierbei versagt die elementare Theorie. Die Werkzeuge beim Flachstauchen und Prägen nennt man *Stempel*.

Wiederholt man Flachstauchungen von H_0 auf H in rascher Folge und verschiebt dabei den Werkstoff fortlaufend, so wird er auf der ganzen überstrichenen Länge gestaucht und gleichzeitig seitlich verlängert (*gereckt*): man spricht vom *Reckschmieden*.

Schmiedevorgänge nach Bild 4.1a und b nennt man *Freiformschmieden.*

Der eigentliche *Gesenkpreß-* oder, bei hohen Geschwindigkeiten, *Gesenkschmiedevorgang* ist in Bild 4.1c dargestellt. Hier wird das zu bearbeitende Werkstoffvolum (*Rohling*) gezwungen, sich vollständig der in die Werkzeuge eingearbeiteten Kontur (Gravur) anzupassen und so deren Form anzunehmen. Dabei fließt überschüssiges Material seitlich in eigens freigelassene Spalte (*Gratspalte*) und bildet dort den *Grat.* Er wird nachträglich mittels sog. *Abgratpressen* vom eigentlichen Fertigteil getrennt. Beim Gesenkschmieden unter dem Fallhammer sind die Gesenke an große Massen montiert: das Obergesenk am herabfallenden, seitlich geführten *Bär*, das Untergesenk auf der den Stoß abfangenden *Schabotte.*

Ersichtlich muß bei Gesenkschmiedevorgängen von den Werkzeugen eine hohe Druckkraft übertragen und aufgenommen werden. Das setzt eine hohe Festigkeit der Werkzeuge im Vergleich zum Werkstoff voraus. Stahl kann daher kaum kalt umgeformt werden, weil die Gesenke selbst aus (allerdings sehr festem) Stahl bestehen: man hat es vorwiegend mit Warmumformung zu tun. Der Abkühlung durch Wärmeleitung steht die Erwärmung während der Umformung entgegen. Rechnungen beziehen sich im allgemeinen auf eine konstante mittlere Umformtemperatur. Korrekturen entsprechend Abschn. 2.3.2 sind möglich.

Schmieden und Pressen ist im Gegensatz zu anderen Umformverfahren instationär: das geometrische Bild der Umformzone ändert sich im Verlauf der Umformung. Außerdem erschwert die Vielzahl der Formen die Anwendbarkeit der Theorie.

Es seien einige Angaben über Reibwerte vorangestellt. Sie wurden unter Drücken ermittelt, die beim Schmieden auftreten. VAN ROOYEN und BACKOFEN [*40*] haben bei extrem niedrigen Geschwindigkeiten und Raumtemperatur Reibkräfte gegen stählerne Preßplatten gemessen. Die Ergebnisse sind für Aluminium von KOBAYASHI, HERZOG, LAPSLEY und THOMSEN [*41*] bestätigt worden, die darüber hinaus Bleiproben untersuchten. Tab. 4.1 gibt einen Überblick. Große Streubreiten deuten auf prinzipielle Ungenauigkeiten[1].

Bei steigenden Geschwindigkeiten rechnet man im allgemeinen zunächst mit einem geringen Abfall, später mit einem Wiederanstieg von μ. Für Warmumformung von Stahl erwartet man Reibwerte zwischen 0,3 und 0,5.

Wir betrachten vorwiegend ebene oder axialsymmetrische Umformung und wenden die Streifen- bzw. Röhrentheorie (Abschn. 3.2.1

[1] Ein Teil der Ergebnisse bezieht sich wahrscheinlich auf Haftzonen (vgl. Abschn. 3.3.2).

Tabelle 4.1

Reibwerte verschiedener Werkstoffe gegen Stahlplatten bei Raumtemperatur und extrem niedrigen Geschwindigkeiten nach [40, 41]

Probenmaterial	Reibwert (ohne Schmierung)	Reibwert (mit verschiedenen Schmierungen)
Al	0,20...0,50	0,01...0,15
Cu	0,29...0,36	0,20...0,25
Fe	0,22...0,26	0,10...0,20
Pb	0,21	0,04...0,08

und 3.2.3) an. Im Falle des Pressens von schlanken Proben sind die Beschleunigungen vernachlässigbar. Dies wollen wir anfangs voraussetzen, also statische Vorgänge behandeln. Auf dynamische Vorgänge kommen wir in Abschn. 4.6 zurück. Dort werden wir auch die Grenzen der statischen Theorie abschätzen. Die Trägheitskräfte bilden zu Anfang einen zusätzlichen Widerstand, wogegen sie in der letzten Phase die Formänderung unterstützen.

Es ist üblich, beim Gesenkpressen lediglich die letzte Phase des Umformvorganges zu betrachten. Man geht davon aus, daß hier die größte Kraft aufzubringen sei, und fragt nur nach dieser: sie ist für die Auslegung der Presse maßgeblich. Jene Annahme kann jedoch falsch sein. Bei Warmumformung wächst nämlich die Formänderungsfestigkeit mit der Geschwindigkeit, und diese sinkt in der Endphase auf Null. Man wird also eine mittlere Formänderungsgeschwindigkeit einsetzen oder alle Zwischenphasen verfolgen.

4.2 Statisches Stauchen

Wir behandeln als Beispiel die ebene Umformung eines Quaders der senkrecht zur Zeichenebene gemessenen Breite b (Bild 4.1a) und legen das Koordinatensystem x, y wie gezeichnet in die Probenmitte. Begrenzungsquerschnitte liegen bei

$$x_1 = -\frac{D}{2}; \quad x_2 = \frac{D}{2}.$$

Aus Symmetriegründen ergibt sich die Fließscheide zu

$$x_s = 0;$$

dort ist ebenfalls der Anfangswert

$$u = u^* = 0 \quad \text{für} \quad x = x^* = 0$$

vorgegeben.

Die Bahnen

$$h_1(x, t) = \frac{H}{2}; \qquad h_2(x, t) = -\frac{H}{2};$$

$$h(x, t) = h_1 - h_2 = H$$

sind unabhängig von x; ihre Vertikalbewegung wird durch

$$\frac{\partial h_1}{\partial t} = -\frac{U}{2}; \qquad \frac{\partial h_2}{\partial t} = \frac{U}{2}; \qquad \frac{\partial h}{\partial t} = -U\,.$$

beschrieben. Die Bahnneigungswinkel $\alpha_1, \alpha_2, \alpha$ verschwinden nach (3.1/2), (3.1/3). Knickstellen treten nicht auf. $\mu = \mu_1 = \mu_2$ sei der beidseitig gleiche Reibwert; $\nu = \nu_1 = \nu_2$ der zugehörige Reibwinkel. Die Kinematik ist nach (3.2/2), (3.2/4) durch

$$u = \frac{U}{H}\,x; \qquad \lambda = -\frac{U}{H} \tag{4.2/1}$$

gegeben. Da schließlich keine Richtungsumkehr der Formänderung auftritt, haben wir $\bar{\lambda} = |\lambda|$, $\bar{\varphi} = |\varphi|$, also nach (4.2/1), (2.1/4)

$$\bar{\lambda} = \frac{U}{H}; \qquad \bar{\varphi} = \ln\frac{H_0}{H}$$

mit H_0 als Rohlingshöhe. $\bar{\lambda}$, $\bar{\varphi}$ sind für alle Streifen gleich (da unabhängig von x). Dasselbe gilt folglich für k_e: der Werkstoff bleibt homogen. Man liest k_e aus den Fließkurven ab.

In der Grundgleichung (3.2/22) streichen wir zunächst die Beschleunigungsglieder b_s, b_x, χ und haben wegen $\mu = \tan\nu$

$$\frac{dq}{dx} + \frac{2\mu}{H}\,q = -\frac{2\mu}{H}\,k_e\,. \tag{4.2/2}$$

Diese Gleichung ist für positive Bewegung, also die rechte Probenhälfte $x > 0$, unter der Bedingung $\hat{q} = 0$ für $\hat{x} = \frac{D}{2}$ (freier Rand) zu lösen. Wegen (3.2/23) und (3.2/24) schreibt man sofort

$$q = e^{-\frac{2\mu}{H}\left(x - \frac{D}{2}\right)} \left\{ 0 - \frac{2\mu}{H}\,k_e \int\limits_{D/2}^{x} e^{\frac{2\mu}{H}\left(x - \frac{D}{2}\right)}\,dx \right\}$$

hin und erhält für $|x| = x > 0$:

$$q = k_e \left\{ e^{\frac{2\mu}{H}\left(\frac{D}{2} - |x|\right)} - 1 \right\}. \tag{4.2/3}$$

Aus Symmetriegründen gilt ein spiegelbildlicher Verlauf für $x < 0$. Beide Verläufe sind in (4.2/3) dadurch zusammengefaßt, daß $|x|$ statt x geschrieben wurde. Schließlich folgt aus dem Fließkriterium (3.2/20a) mit $\chi = 0$ und aus Gl. (3.2/20b)

$$p = k_e e^{\frac{\mu D}{H}\left(1 - \frac{|x|}{D/2}\right)}; \quad \Delta p = 0. \tag{4.2/4}$$

p und q sind für $\frac{H}{D} = 0{,}3$; $\mu = 0{,}3$ in Bild 4.2 gezeichnet.

Die Gln. (4.2/3), (4.2/4) wurden, Ansätzen von SIEBEL und POMP [*30*] folgend, von KÖRBER und EICHINGER [*37*] bzw. EICHINGER und POMP [*42*] hergeleitet, die auch erkannten, daß jene Gleichungen nur längs

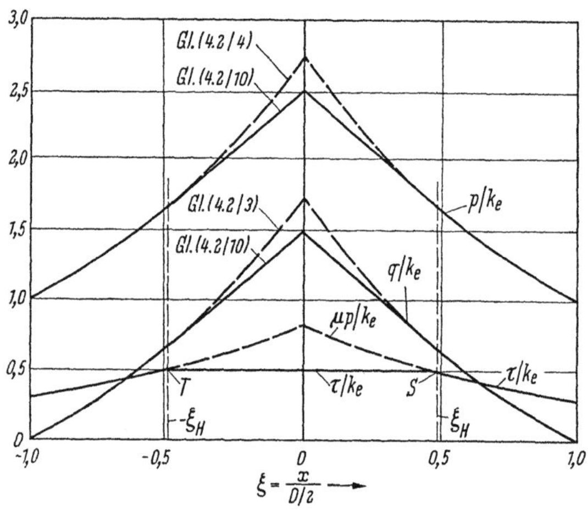

Bild 4.2 Spannungs- und Druckverläufe beim statischen Stauchen. $\frac{H}{D} = 0{,}3$; $\mu = 0{,}3$.

der Gleitzone (Gleitreibung) gelten und daß eine Haftzone (Haftreibung; vgl. Abschn. 3.3.2) vorhanden sein kann. Sie beschreiben diese dann allerdings durch ein völlig anderes Modell, nämlich das einer zähen Flüssigkeit (vgl. Ziffer 9.2.2.1). Einen Haftreibungsansatz im Rahmen der elementaren Theorie gaben UNKSOW 1948 (vgl. [*35*]) und, nur wenig später, SCHROEDER und WEBSTER [*43*]. Andere, jedoch ähnliche Haftreibungs-Ansätze werden von Unksow selbst und von Geleji [1] benutzt. Weitere Untersuchungen zur ebenen Umformung stammen von Hill [44] und Bishop [45].

Zeichnen wir in unserem Beispiel (Bild 4.2) entsprechend Gl. (3.3/18) mit $p = p_{n1} = p_{n2}$ den Randschubspannungsverlauf $\tau = \tau_1 = \tau_2$ ein, so erkennen wir tatsächlich, daß er beidseits der Fließscheide an den Stellen S, T die Grenze $k_e/2$ überschreitet. Dort muß er gemäß Abschnitt 3.3.2 (Bild 3.10) durch die Horizontale $\tau = k_e/2$ ersetzt werden. Die Sprunglinie nimmt man dabei am einfachsten geradlinig und mit der Bahn zusammenfallend an (vgl. S. 74/75). Experimente werden zeigen, daß diese Erweiterung der elementaren Theorie hier zulässig ist.

Vorerst wollen wir anhand von Gl. (4.2/4) untersuchen, ob und wann Haftzonen auftreten. $x = \pm x_H$ bestimme die Grenzpunkte S, T zwischen Haft- und Gleitgebiet.

p und damit $\mu p/k_e$ wachsen vom Rand her zur Mitte an (Bild 4.2). x_H ist dann nach Gln. (3.3/6), (3.3/18) durch

$$\frac{\mu p}{k_e} = \frac{1}{2} \qquad (4.2/5)$$

bestimmt. Mit (4.2/4) folgt hieraus

$$e^{\frac{\mu D}{H}\left(1 - \frac{x_H}{D/2}\right)} = \frac{1}{2\mu} \qquad (4.2/6)$$

oder

$$\frac{x_H}{D/2} = 1 - \frac{H}{\mu D} \ln \frac{1}{2\mu}. \qquad (4.2/7)$$

Dies ist natürlich nur für $0 < x_H < \frac{D}{2}$ sinnvoll. Ergibt sich formal $x_H \leq 0$, so haftet der Werkstoff nirgends, und wir müssen statt (4.2/7) $x_H = 0$ einsetzen. Ein formaler Wert $x_H \geq \frac{D}{2}$ in (4.2/7) bedeutet, daß keine Gleitzone, also nur eine Haftzone existiert. Statt (4.2/7) muß man $x_H = D/2$ wählen. Führen wir dimensionslose Koordinaten

$$\xi = \frac{x}{D/2}; \qquad \xi_H = \frac{x_H}{D/2} \qquad (4.2/8\,a)$$

bzw. später bei axialsymmetrischem Stauchen

$$\xi = \frac{r}{D/2}; \qquad \xi_H = \frac{r_H}{D/2} \qquad (4.2/8\,b)$$

ein, so folgt

$$\xi_H = \left\{ \begin{array}{ll} 1 & \text{für } \frac{H}{\mu D} \ln \frac{1}{2\mu} \leq 0, \text{ d.h. } \mu \geq \frac{1}{2} \\ 1 - \frac{H}{\mu D} \ln \frac{1}{2\mu} & \text{für } 0 < \frac{H}{\mu D} \ln \frac{1}{2\mu} < 1 \\ 0 & \text{für } 1 \leq \frac{H}{\mu D} \ln \frac{1}{2\mu} \end{array} \right\}. \quad (4.2/9)$$

Dann liegen alle Querschnitte mit $|x| > \frac{D}{2} \xi_H$ in der Gleitzone, alle Querschnitte mit $|x| \leq \frac{D}{2} \xi_H$ in der Haftzone. Während im ersten Fall die Druckverteilung (4.2/3), (4.2/4) gilt, finden wir im zweiten nach Gl. (3.3/20) für die rechte Probenhälfte (positive Bewegung)

$$\frac{dq}{dx} = -\frac{k_e}{H},$$

also bei vorgegebenen Zwischenwerten $q = q_H$, $p = p_H$ an der Stelle $x_H = \frac{D}{2} \cdot \xi_H$

$$q = q_H + \frac{k_e}{H} \left(\frac{D}{2} \xi_H - x \right),$$

und nach dem Fließkriterium (3.2/20a)

$$p = p_H + \frac{D}{2H} k_e \left(\xi_H - \frac{x}{D/2} \right).$$

Wegen des spiegelbildlichen Verlaufes für $x < 0$ ersetzt man x wieder durch $|x|$. p_H ergibt sich aus (4.2/4) für $x = \frac{D}{2} \xi_H$. Dann folgt mit (4.2/8)

$$p = k_e \left\{ e^{\frac{\mu D}{H}(1-\xi_H)} + \frac{D}{2H} (\xi_H - |\xi|) \right\} \quad (4.2/10)$$

als lineare Funktion von $|x|$ bzw. $|\xi|$ längs der Haftzone. Bild 4.2 zeigt die entsprechend korrigierten Verläufe von p und q.

Für axialsymmetrisches Stauchen ändert sich die Kinematik. Dies hat zwar auf Gl. (4.2/1), jedoch nicht auf $\bar{\lambda}$, $\bar{\varphi}$ Einfluß. So brauchen wir in den Formeln (4.2/2) bis (4.2/10) nur

$$x \text{ durch } r; \qquad k_e \text{ durch } k_f$$

zu ersetzen und können sie dann ungeändert übernehmen. SCHRÖDER und WEBSTER [*43*] sowie andere Autoren, die deren Gleichungen benutzen [*41, 46, 47*], führen auf Grund von Überlegungen, die der elementaren Theorie fremd sind, einen Korrekturfaktor ein, den BISHOP [*45*] wieder verbannt. Danach oder nach einer (ebenfalls nicht-elementaren) Lösung von PRANDTL [*48*] werden statt $\mu \geq \frac{1}{2}$ andere Bedingungen $\mu \geq 0{,}577$ bzw. $\mu \geq 0{,}39$ dafür angegeben, daß keine Gleitzone auftritt.

Wir wollen jetzt die Gesamtpreßkraft

$$K = \int^{F} p\, dF \tag{4.2/11}$$

ausrechnen, wo F die *gedrückte Fläche* darstellt. Sie ist die Projektion der plastischen Zone auf eine Ebene senkrecht zur y-Achse. Man hat dann mit Bild 4.3

$$K = \int_{-D/2}^{D/2} p\, b\, dx = 2b \int_{0}^{D/2} p\, dx \tag{4.2/12a}$$

im ebenen bzw.

$$K = \int_{0}^{D/2} p\, 2\pi r\, dr = 2\pi \int_{0}^{D/2} r p\, dr \tag{4.2/12b}$$

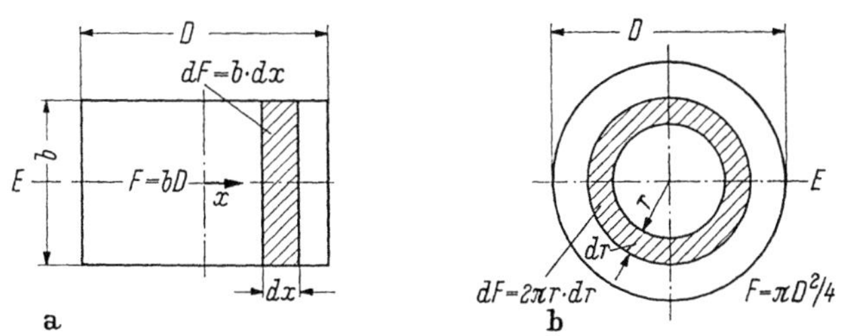

Bild 4.3a u. b Gedrückte Flächen und Flächenelemente beim a) ebenen und b) axialsymmetrischen Stauchen.

im axialsymmetrischen Fall. Mit (4.2/8a) und $F = bD$ liefert (4.2/12a)

$$K = F \left\{ \int_{0}^{\xi_H} p\, d\xi + \int_{\xi_H}^{1} p\, d\xi \right\}, \tag{4.2/13}$$

wo im ersten Integral (Haftzone) p nach (4.2/10), im zweiten (Gleitzone) p nach (4.2/4) einzusetzen ist. Man definiert nun einen mittleren Vertikaldruck p_m (auch *Formänderungswiderstand* k_W genannt) durch

$$p_m = k_W = \frac{K}{F}. \tag{4.2/14}$$

Wir beziehen ihn auf die Formänderungsfestigkeit und erhalten die dimensionslosen mittleren Drücke

$$\varkappa_e = \frac{k_W}{k_e}; \qquad \varkappa_f = \frac{k_W}{k_f}. \tag{4.2/15}$$

Zur weiteren Vereinfachung fassen wir die Probenabmessungen in

$$\delta = \frac{D}{H} \tag{4.2/16}$$

zusammen und haben nach (4.2/13)

$$\varkappa_e = \xi_H \left\{ e^{\mu\delta(1-\xi_H)} + \frac{\delta}{4}\,\xi_H \right\} + \frac{1}{\mu\delta}\left\{ e^{\mu\delta(1-\xi_H)} - 1 \right\}. \tag{4.2/17a}$$

Die entsprechende Rechnung für den axialsymmetrischen Fall gibt mit (4.2/12b) und $F = \frac{\pi}{4}\,D^2$

$$\varkappa_f = \xi_H \left\{ \left[\xi_H + \frac{2}{\mu\delta} \right] e^{\mu\delta(1-\xi_H)} + \frac{\delta}{6}\,\xi_H^2 \right\} +$$

$$+ \frac{2}{\mu\delta}\left\{ \frac{1}{\mu\delta}\left[e^{\mu\delta(1-\xi_H)} - 1 \right] - 1 \right\}. \tag{4.2/17b}$$

Die Formeln (4.2/17a, b) sind in Bild 4.4 ausgewertet. Für $0 < \xi_H < 1$ lassen sie sich mittels (4.2/6) vereinfachen.

Kobayashi, McDonald und Thomsen [47] haben sie mit Versuchsergebnissen an axialsymmetrischen Bleiproben verglichen und gute Übereinstimmung festgestellt. Eine entsprechend gute Übereinstimmung fand Bishop [45] für ebene Umformung idealplastischer Proben mit Ergebnissen der höheren Plastizitätstheorie, und zwar nur, wenn wie in diesem Abschnitt Gleit- und Haftgebiete unterschieden werden. Damit sind die Ansätze im Falle des langsamen Stauchens gerechtfertigt. Wir wenden sie auch auf allgemeinere Fälle des Schmiedens bzw. Schmiedepressens an.

Vorerst schreiben wir einige Sonderfälle der Gln. (4.2/17) hin. Für $\mu \geq \frac{1}{2}$ gilt $\xi_H = 1$ (reines Haften) und damit

$$\varkappa_e = 1 + \frac{\delta}{4} \tag{4.2/18a}$$

bzw.

$$\varkappa_f = 1 + \frac{\delta}{6}. \qquad (4.2/18\,b)$$

Diese Beziehungen geben gleichzeitig obere Schranken für die Umformkräfte (Bild 4.4). Ein weiterer Sonderfall liegt für $\mu < \frac{1}{2}$ und kleine $\mu\delta$ vor. Nach (4.2/9) existiert wegen $\xi_H = 0$ nur die Gleitzone: in den

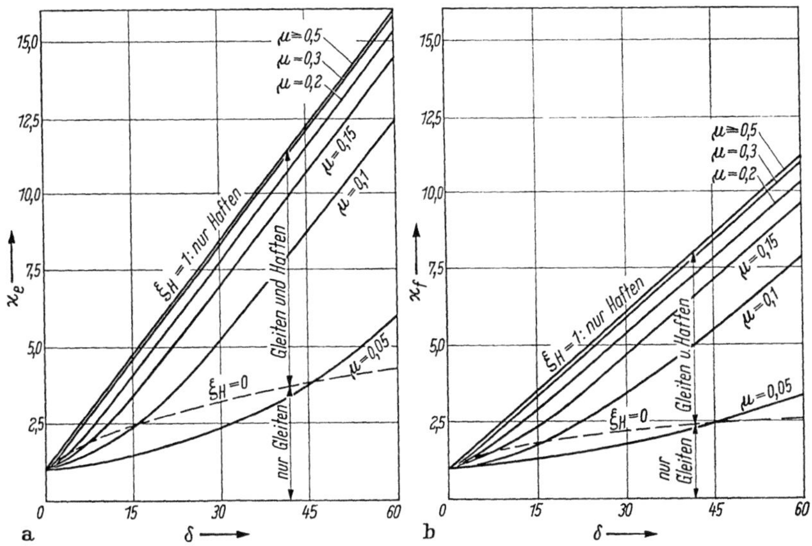

Bild 4.4a u. b Bezogene mittlere Preßdrücke $\varkappa_e$, $\varkappa_f$ beim statischen Stauchen nach Gl. (4.2/17a, b)
a) Ebene Umformung; b) axialsymmetrische Umformung.

Gln. (4.2/17) bleiben allein die zweiten Summanden stehen. Durch Entwickeln der Exponentialfunktion

$$e^z = 1 + z + \frac{z^2}{2} + \frac{z^3}{6} + \cdots$$

(vgl. [5, S. 79]) findet man mit $z = \mu\delta$

$$\varkappa_e = 1 + \frac{1}{2}\mu\delta + \cdots \qquad (4.2/19\,a)$$

bzw.

$$\varkappa_f = 1 + \frac{1}{3}\mu\delta + \cdots. \qquad (4.2/19\,b)$$

Gl. (4.2/19b) ist die bekannte SIEBELsche Schmiedeformel [30].

Schließlich finden wir als asymptotische Näherung für große δ und

$$\mu < \frac{1}{2} \text{ wegen (4.2/6) und } \xi_H = 1 - \frac{1}{\mu\delta} \ln \frac{1}{2\mu},$$

$$\varkappa_e = \frac{1}{2\mu}\left(1 - \ln \frac{1}{2\mu}\right) + \frac{\delta}{4}, \tag{4.2/20a}$$

$$\varkappa_f = \frac{1}{2\mu}\left(1 - \ln \frac{1}{2\mu}\right) + \frac{\delta}{6}. \tag{4.2/20b}$$

(4.2/19) und (4.2/20) liefern zusammen schon eine vernünftige Abschätzung des Formänderungswiderstandes. Allerdings können sich bei großen δ verstärkt Beschleunigungseinflüsse überlagern (Abschn. 4.6.3).

4.3 Statisches Flachstauchen

Der Flachstauchvorgang nach Bild 4.1b ist dem einfachen Stauchvorgang bei ebener Umformung (Bild 4.1a) völlig gleichwertig bis auf eine einzige, von Bishop [45] übersehene Tatsache: die Begrenzungsquerschnitte A_1, A_2 repräsentieren Knickstellen im Sinne von Abschn. 3.3.1. Dann werden entsprechend Bild 3.8 von den Stempelkanten horizontale Einzelkräfte $\Delta Q_1 = \Delta Q_2$ sowie vertikale Einzelkräfte $\Delta P = \Delta P_1 = \Delta P_2$ auf den Werkstoff übertragen. Nun sind aber die Randschubspannungen τ nach Abschn. 3.3.2 durch $k_e/2$ beschränkt und können nicht ins Unendliche wachsen:

$$\Delta Q_1 = \Delta Q_2 = 0$$

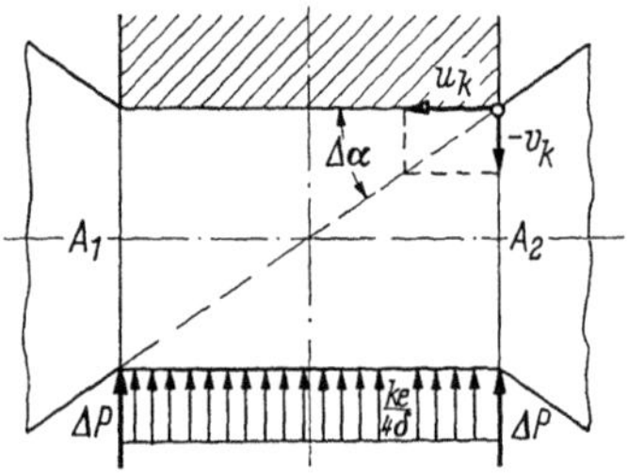

Bild 4.5 Scherzonen A_1, A_2, zugehörige Vertikalkräfte ΔP und daraus abgeleitete mittlere Druckerhöhung $\frac{k_e}{4\delta}$ beim Flachstauchen. u_k, $-v_k$ Geschwindigkeit der Stempelkante vom austretenden starren Werkstoff her gesehen.

(Bild 4.5). Dadurch bildet sich auch kein Drucksprung Δq aus; die Randbedingungen für q und damit die Spannungsverläufe p, q, τ gleichen denen des ebenen Stauchens (Bild 4.2)[1].

[1] Scherverfestigung über (3.3/16) betrifft nur den seitlich austretenden Werkstoff außerhalb der Umformzone.

Hingegen ist ΔP zu berechnen. Bei Vernachlässigung des Trägheitseinflusses folgt wegen $\Delta q = 0$, $v_{k1} = -v_{k2} = -U/2$ sowie $u_k = \frac{U}{H} \cdot \frac{D}{2}$ [vgl. (4.2/1)] aus (3.3/8b)

$$\Delta P = -\frac{D}{2} \Delta_{0W} q \qquad (4.3/1)$$

pro Breite 1. Um $\Delta_{0W} q$ zu bestimmen, ermitteln wir zunächst den Knickwinkel $\Delta\alpha = \Delta\alpha_1 = -\Delta\alpha_2$ nach Bild 4.1b und beobachten dazu den eindringenden Stempel vom seitlich starr austretenden Werkstoff her. Dann bewegt sich beispielsweise die rechte obere Stempelecke mit den Geschwindigkeiten $-v_{k1} = U/2$ nach unten und $u_k = (u)_{x=D/2}$ nach links[1], also nach Bild 4.5

$$\Delta \tan \alpha = -\frac{v_{k1}}{u_k} = \frac{H}{D}. \qquad (4.3/2)$$

(3.3/10) liefert

$$-\Delta_{0W} q = \frac{k_e}{4} \cdot \frac{H}{D}. \qquad (4.3/3)$$

Hier setzen wir k_e vereinfacht gleich der in der Umformzone gültigen Formänderungsfestigkeit.

Die beiden Kräfte ΔP bringen nun über (4.2/14), (4.2/15) einen Zuwachs des dimensionslosen mittleren Stauchdruckes um

$$\Delta \varkappa_e = \frac{2\Delta P}{k_e D};$$

also wegen (4.3/1), (4.3/3)

$$\Delta \varkappa_e = \frac{1}{4\delta}. \qquad (4.3/4)$$

Dies macht sich anteilmäßig nur für kleine δ bemerkbar.

4.4 Statisches Gesenkpressen

Die bisher abgeleiteten einfachen, nur auf das Stauchen bezogenen Gleichungen reichen im allgemeinen bereits aus, auch den Gesenk-

[1] Wenn in Bild 4.1b z. B. der untere Stempel eine ebene Platte wäre, hätten wir $v_{k1} = -U$, $v_{k2} = 0$: es ergäbe sich ein anderer Wert $\Delta_{0W} q$.

preßvorgang zu behandeln. Wir betrachten hierzu Bild 4.6. H stelle die Grathöhe, D die Abmessung des Werkstückes einschließlich Grat, d die Abmessung ohne Grat dar. Der Grat verhält sich wie der Außenbereich einer einfachen Stauchprobe (Bild 4.1a). Wenn wir davon absehen, daß sich die Formänderungsfestigkeit längs des Grates ändern kann, steigen also die Drücke p, q vom Rande her zunächst gemäß (4.2/3), (4.2/4) bzw. Bild 4.2 an und erreichen möglicherweise dort schon einen für das Haften kritischen Wert — stets dann nämlich, wenn entsprechend (4.2/9)

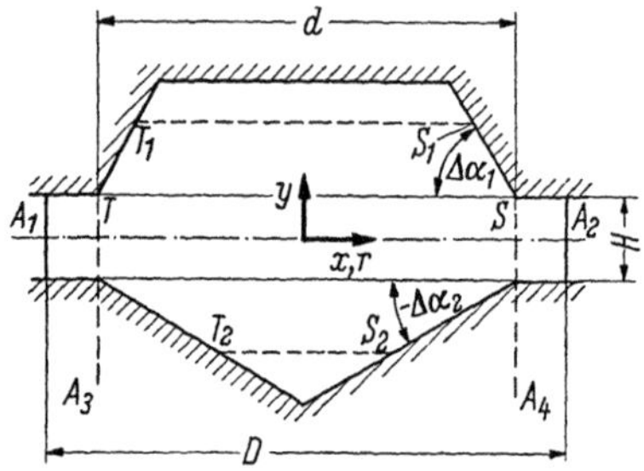

Bild 4.6 Gesenkpressen.

$$\xi_H \geq \frac{d}{D}. \tag{4.4/1}$$

Wählen wir als Beispiel $\mu = 0{,}3$ und $\dfrac{d}{D} = 0{,}9$, so ist jene Ungleichung nach (4.2/9) bereits für $\delta = \dfrac{D}{H} \geq 17{,}1$ erfüllt, also z. B. bei einem Werkstückdurchmesser $D = 60$ mm und einer Gratdicke $H = 3$ mm.

Aber selbst wenn (4.4/1) verletzt, im Grat also noch kein Haftgebiet vorhanden ist, wird wenigstens bei steilen Gravuren die Haftgrenze am Gratansatz liegen. Denn beispielsweise über den Knickquerschnitt A_4 steigen bei großen Gratansatz-Winkeln $\Delta\alpha_1$, $-\Delta\alpha_2$ die Drücke p, q sprunghaft gemäß (3.3/8b), (3.3/10) an. Wir betrachten zunächst die obere Bahn und vernachlässigen im Gegensatz zum Flachstauchen (Abschn. 4.3) hier die vertikalen Einzelkräfte ΔP, weil sich ein steiler Gratansatz anschauungsgemäß vorwiegend als seitliche Fließbehinderung auswirkt. Wenn der aus p nach (3.2/15) resultierende Bahnnormaldruck p_{n1} (beachte $\tan\alpha_1 = -\Delta\tan\alpha_1 < 0$) mit (3.3/18) die Beziehungen (3.3/6) bzw. (3.3/7) erfüllt oder gar größer wird, kann sich die Gleitzone des Grates nicht ins Werkstoffinnere fortsetzen. Jene Bedingung lautet

$$e^{\mu\delta\left(1-\frac{d}{D}\right)} + \frac{1}{4}\,\frac{(\Delta\tan\alpha_1)^2 + (\Delta\tan\alpha_2)^2}{|\Delta\tan\alpha_1| + |\Delta\tan\alpha_2|} \geq \frac{1}{2\mu}\,(1 - \mu\,\Delta\tan\alpha_1), \tag{4.4/2}$$

sie geht durch die Substitution $\alpha_1 \to -\alpha_2$ in eine entsprechende Bedingung für die untere Bahn über. (4.4/2) lautet im Sonderfall $\Delta\alpha_1 = -\Delta\alpha_2 = \Delta\alpha$

$$e^{\mu\delta\left(1-\frac{d}{D}\right)} + \frac{3}{4}\,\Delta\tan\alpha \geq \frac{1}{2\mu}. \tag{4.4/3}$$

Diese Beziehung ist wegen $e^{\mu\delta\left(1-\frac{d}{D}\right)} \geq 1$ immer dann erfüllt, wenn

$$\Delta \tan \alpha \geq \frac{4}{3}\left(\frac{1}{2\mu} - 1\right),$$

bei $\mu = 0{,}3$ also schon für $\Delta\alpha \geq 42°$.

Im Haftbereich muß man nach Abschn. 3.3.2 Sprunglinien einführen. Wenn jener spätestens am Gratansatz beginnt, liegt es nahe, Sprunglinien ST entsprechend Bild 4.6 zu wählen und anzunehmen, daß sich der Werkstoff nur zwischen diesen und im Grat umformt. Das darüber bzw. darunter liegende Volum bleibt starr (*tote Zone*)[1]. Tatsächlich kann man dies experimentell deutlich an Schnitten von Schmiedeproben erkennen, in die vor der Umformung Gitternetze eingeritzt wurden. GELEJI [*1*, *50*] baut darauf eine abweichende Theorie auf. Der hier dargebotene elementare Ansatz einschließlich waagerechter Sprunglinien stammt von KOBAYASHI, HERZOG, LAPSLEY und THOMSEN [*41*, *46*]. Von ihnen berechnete Preßkräfte stimmen gut mit ihren Messungen überein.

Man kann nunmehr unmittelbar die Gln. (4.2/17) bis (4.2/20) anwenden; nur muß man

$$\xi_H = \begin{cases} \xi_H \text{ nach (4.2/9), sofern (4.4/1) erfüllt ist} \\ \dfrac{d}{H}, \text{ sofern (4.4/1) nicht erfüllt ist} \end{cases} \tag{4.4/4}$$

einsetzen. Die augenblickliche Geschwindigkeitsverteilung in der Umformzone entspricht der eines einfachen Stauchversuches mit den Probenabmessungen H, D. Sofern k_e, k_f nur von der Umformgeschwindigkeit abhängen (Warmumformung), sind ihre Werte in der Umformzone konstant. Dagegen muß man im Falle der Verfestigung (Kaltumformung) einen Mittelwert schätzen; denn die Streifen im Gesenk sind weniger gestaucht als im Grat.

Wesentlich kompliziertere Verhältnisse liegen bei flacheren Gravuren vor, wenn der Gleitbereich über den Grat ins Werkstückinnere reicht. Dann ergeben sich anders verlaufende Sprunglinien; z. B. S_1T_1, S_2T_2 (Bild 4.6). Jedoch ist die Umformzone mit ihrer Kinematik und damit die Verteilung von k_e bzw. k_f nicht mehr von vornherein bekannt.

Wir wollen anhand eines möglichst einfachen Beispieles das numerische Vorgehen erläutern. Ein rechteckiger prismatischer Aluminium-Rohling mit $H_0 = 30$ mm; $D_0 = 20$ mm (Bild 4.7a) soll zu einem Rhombus kaltgepreßt werden (ebene Umformung). In Bild 4.7b sind nur drei Quadranten gezeichnet. Wir

[1] Vgl. tote Zone beim Strangpressen, Abschn. 7.2.2 oder [*49*].

betrachten nur den rechten oberen. Die Fließscheide liegt bei $x = x_s = 0$, und es gelte

$$-\alpha_1 = \alpha_2 = -\varkappa = 30°;\ \mu = 0{,}1$$

(vgl. Tab. 4.1), d. h. $\nu = 5° 40'$.

Schließlich seien die Werkstückabmessungen $d = 40$ mm (ohne Grat) und $H = 3$ mm (Grathöhe) gegeben.

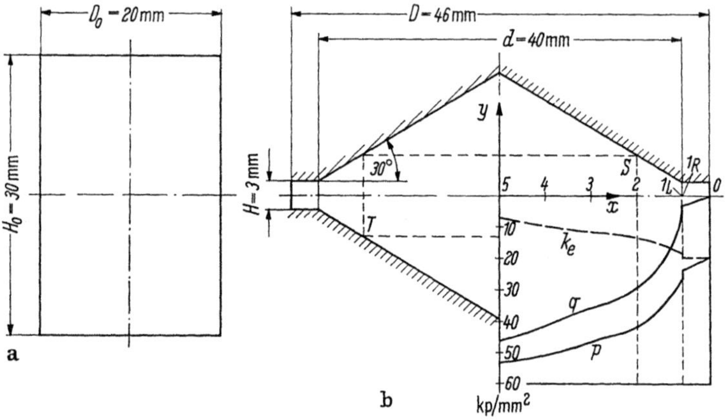

Bild 4.7a u. b Druckverteilung bei einem statischen Gesenkpreßvorgang.

Die Gesamtabmessung (mit Grat) D errechnet sich aus der Volum-, d. h. Flächengleichheit eines Quadranten im Anfangs- und Endzustand:

$$\frac{H_0 D_0}{4} = \frac{HD}{4} + \frac{1}{2}\left(\frac{d}{2}\right)^2 |\tan \varkappa|; \qquad D = 46 \text{ mm}.$$

Beziehung (4.4/3) ist verletzt; das vereinfachte Modell mit Sprunglinien von Grat zu Grat kann nicht verwendet werden.

Zur numerischen Integration entsprechend Gl. (3.2/25) teilen wir jetzt den Bereich $0 \leq x \leq 23$ mm in Teilabschnitte, und zwar (um die Rechnung durchsichtig zu gestalten, weil es hier im Beispiel auf Genauigkeit weniger ankommt) in nur 5 Abschnitte mit den Begrenzungspunkten $i = 0, 1, 2, 3, 4, 5$. Punkt 1 beschreibt den Gratansatzquerschnitt; wir unterscheiden 1_L unmittelbar links und 1_R unmittelbar rechts davon. Die Rechnung erfolgt anhand von Tab. 4.2. Sie kann natürlich in gleicher Weise (zweckmäßig mit mehr Teilpunkten) für einen elektronischen Digitalrechner oder — wie es bei der Untersuchung von Walzvorgängen geschehen ist [62] — für einen Analogrechner programmiert werden.

Auf Grund der gegebenen Geometrie werden zunächst die ersten Spalten x_i[1], $dx_i = x_{i+1} - x_i < 0$ und h_B ausgefüllt. h_B stellt den Bahnabstand dar, fällt also in der Gleitzone mit h zusammen, während h auf Grund der Vereinbarungen in Abschn. 3.3.2 längs der (hier zunächst noch unbekannten) Haftzone lediglich den Sprunglinienabstand als Höhe der Umformzone beschreibt.

[1] Die Bezeichnung x_i für die Stützstellen kollidiert mit der gleichlautenden Bezeichnung für die End- und Knickstellenquerschnitte (Abschn. 3.1.1). Verwechslungen sind ausgeschlossen.

Betrachten wir das Anfangsstadium der Umformung, so setzen die Gravurflächen zuerst auf den Rohlingskanten (Bild 4.7) auf. Zwei plastische Zonen entstehen, die durch hohen Druck eine plastische Zone in der Mitte erzeugen können. Dort wird der Werkstoff nach oben und unten steigen, wobei sich die Streifen längen. Da sie später gestaucht werden, können Streifen nahe der Mitte $x = 0$ eine Formänderungsumkehr hinter sich haben. Wir vernachlässigen dies und setzen angenähert $\bar{\varphi} = |\varphi|$ (Abschn. 2.3.3). Andererseits kann die Anfangshöhe h_0 eines Streifens der Höhe h kleiner als H_0 gewesen sein, wenn schon von Anfang an tote Werkstoffzonen bestanden haben. Wir müßten also $\bar{\varphi} = \ln \frac{h_0}{h}$ bilden. Zur Rechenvereinfachung setzen wir angenähert $h_0/h = H_0/h_B$ und können so in Tab. 4.2 auch die Spalte 4

$$\bar{\varphi} = \ln \frac{H_0}{h_B}$$

ausfüllen. Dies gilt jedoch nur für Zeile 1_L und folgende: Streifen im Grat haben die Knickstelle des Gratansatzes passiert und dort eine plötzliche Formänderungszunahme entsprechend Gln. (3.3/16); (3.3/10) erfahren. Für sie erhält man also

$$\bar{\varphi} = \ln \frac{H_0}{h_B} + \frac{1}{4} |\tan \alpha| .$$

Hiernach liest man aus der Fließkurve (Bild 2.6) für Aluminium (Annahme: $k_f = k_e$) die Formänderungsfestigkeit (Spalte 5) ab; für Werte $\bar{\varphi}$ außerhalb des in Bild 2.6 aufgetragenen Bereiches extrapoliert man mittels Gl. (2.2/6) und Tab. 2.2. Schließlich stellt $(\bar{k}_e)_i = \frac{1}{2} [(k_e)_{i+1} + (k_e)_i]$ (Spalte 6) Mittelwerte zwischen je zwei aufeinanderfolgenden k_e-Werten dar.

Weiter füllen wir Tab. 4.2 zeilenweise aus. Zeile 0 beschreibt einen Punkt des Gleitbereiches; $h = h_B = H$ und $\alpha = 0$ stimmen mit der Bahngeometrie überein. $\hat{q} = 0$ ist Anfangswert; das Fließkriterium

$$p = q + k_e$$

liefert p, und $2\mu p_n$ (Spalte 17) erhält man wegen Gl. (3.2/15) mit $\alpha = \alpha_1 < 0$ durch Multiplikation der Zahlen in Spalte 10 und 16. Das Ergebnis ist (wie im Gleitbereich erforderlich) kleiner als k_e.

Die Funktionswerte f, g errechnet man nach den Gln. (3.2/22), (3.2/23) im Gleitbereich als Mittelwerte für das Intervall 1 — 2 zu

$$f = \frac{2}{h} [\tan (\nu - \alpha) + \tan \alpha]; \qquad g = -\frac{2}{h} \bar{k}_e \tan (\nu - \alpha)$$

aus Werten, die in Zeile 0 bereits ausgefüllt sind[1]. Entsprechend bildet man nach (3.2/23)

$$dq = -dx(fq - g),$$

und $q + dq$ gibt den nächstfolgenden, in Zeile 1_R einzusetzenden Wert für q.

---

[1] Der Mittelwert $\bar{h}$ fällt zunächst mit h zusammen; α, ν sind längs der Intervalle ohnehin konstant.

Tabelle 4.2 *Berechnung des statischen*

	1	2	3	4	5	6	7	8	9	10
Nr.	$\frac{x}{\text{mm}}$	$\frac{-dx}{\text{mm}}$	$\frac{h}{\text{mm}}$	φ	$\frac{k_e}{\text{kp/mm}^2}$	$\frac{\bar{k}_e}{\text{kp/mm}^2}$	$\frac{h}{\text{mm}}$	$-\tan\alpha$	$\tan(\nu-\alpha)$	$\frac{2\mu}{1+\mu\tan\alpha}$
0	23	3	3	2,447	19,7	19,7	3	0	0,1	0,2
1_R	20	0	3	2,447	19,7	19,1	3	0	0,1	0,2
1_L	20	5	3	2,303	18,6	16,0	3	0,577	0,717	0,212
2	15	5	8,76	1,230	13,5	12,3	8,76	0,577	0,717	0,212
3	10	5	14,54	0,728	11,2	10,4	8,76	—	—	—
4	5	5	20,30	0,392	9,5	8,3	9,76	—	—	—
5	0	—	26,08	0,143	7,0	—	8,76	—	—	—

In Zeile 1_R rechnet man zunächst wie oben[1] p und $2\mu p_n$ aus; der Vergleich mit k_e zeigt, daß man sich immer noch im Gleitbereich befindet. Da aber nunmehr bis Zeile 1_L kein Intervall, sondern lediglich eine Knickstelle anschließt, sind f, fq, g uninteressant. Vielmehr erhält man $q_{1_L} - q_{1_R} = -\Delta_W q$ bei Vernachlässigung der vertikalen Einzelkräfte ΔP unmittelbar aus Gl. (3.3/10) zu

$$q_{1_L} - q_{1_R} = \frac{1}{4}\,\bar{k}_e\,|\tan\alpha|$$

und trägt diesen Wert in Spalte 13 als $(dq)_{1_R}$ ein: $q_{1_R} + (dq)_{1_R} = q_{1_L}$. Zeile 1_L: man ist noch im Gleitbereich und erhält dq wie in Zeile 0. Jedoch setzt man in f, g jetzt $\bar{h} = \frac{1}{2}\,[(h_B)_2 + h_{1_L}]$ ein. Es folgt $q_{1_L} + (dq)_{1_L} = q_2$ in Zeile 2 und wie oben $2\mu p_n < k_e$. Allerdings ist die Differenz nicht groß; der nächste Schritt würde ein sehr starkes Anwachsen von p_n bringen, so daß in Zeile 3 $2\mu p_n > k_e$ zu erwarten ist. Zwischen beiden Zeilen liegt die Grenze des Haftgebietes. Der Einfachheit halber suchen wir sie nicht durch feinere Unterteilung, sondern nehmen

$$x_H = x_2$$

an. Damit bleibt hier und im folgenden $h = 8{,}76$ mm konstant; $\alpha = 0$. Mit (3.3/20) haben wir einfach[2]

$$f = 0; \qquad g = -\frac{\bar{k}_e}{h}$$

und brauchen die Spalten 8, 9, 10, 12, 15, 17 nicht weiter auszufüllen. Im übrigen verläuft die Integration wie oben.

---

[1] Nach Gl. (4.2/4) erhält man $p = 24{,}1$ kp/mm^2; die Näherung führt zu einem Fehler von nur 1%.

[2] Wegen der nunmehr ohnehin beschränkten Genauigkeit wird x_H nicht als Knickstelle angesehen.

Gesenkpreßvorganges nach Bild 4.7

11	12	13	14	15	16	17	18
$\frac{-g}{\text{kp/mm}^3}$	$\frac{f \cdot q}{\text{kp/mm}^3}$	$\frac{dq}{\text{kp/mm}^2}$	$\frac{q}{\text{kp/mm}^2}$	$\frac{f}{\text{mm}^{-1}}$	$\frac{p}{\text{kp/mm}^2}$	$\frac{2\mu p_n}{\text{kp/mm}^2}$	$\frac{-\overline{p}\,dx}{\text{kp/mm}^2}$
1,316	0	3,94	0	0,0667	19,7	3,94	65
—	—	2,75	3,94	—	23,6	4,72	0
3,90	0,66	22,8	6,69	0,0933	25,3	5,37	168
1,41	—	7,0	29,5	—	41,8	8,90	224
1,19	—	5,9	36,5	—	47,7	—	249
0,95	—	4,8	42,4	—	51,9	—	265
—	—	—	47,2	—	54,2	—	—
					$\frac{1}{2}\,\frac{K/b}{\text{kp/mm}} = 971$		

Zum Schluß füllen wir Spalte 18 aus und multiplizieren hierzu Mittelwerte von p aus zwei aufeinanderfolgenden Zeilen mit dx nach Spalte 2. Die doppelte Summe nähert das Integral (4.2/12a) an:

$$K/b = 1942 \text{ kp/mm}$$

ist die Gesamtpreßkraft pro Breite. Sie hängt stark von der Haftabszisse x_H ab, so daß eine genauere Korrekturrechnung für den Bereich zwischen den Punkten 2 und 3 notwendig wäre.

In Bild 4.7 sind die Verläufe von k_e, p, q entsprechend Tab. 4.2 eingezeichnet.

Beziehen wir K auf die gedrückte Fläche $F = b \cdot D = 46b$ mm und eine nach dem Verlauf in Bild 4.7 geschätzte mittlere Formänderungsfestigkeit $k_{em} = 13$ kp/mm², so erhalten wir mit (4.2/14)

$$\frac{k_W}{k_{em}} = 3{,}25.$$

Die Vergleichsrechnung nach (4.2/17a) mit $\xi_H = \frac{d}{D} = 0{,}869$ liefert statt dessen den um 30% zu hohen Wert $k_W/k_e = 4{,}3$.

4.5 Proben mit rechteckigen und allgemeineren Grundrißflächen

Während bisher nur ebene und axialsymmetrische Preßvorgänge behandelt wurden, soll jetzt eine ebenfalls auf der elementaren Theorie aufbauende Methode beschrieben werden, die eine grobe Abschätzung der bei allgemeineren Preßvorgängen zu erwartenden Kräfte erlaubt.

Als Beispiel betrachten wir einen Stauchvorgang mit rechteckigem Grundriß, Seitenlängen D', D, wo $D' > D$. Er werde entsprechend Bild 4.8 in vier *Fließzonen I* bis *IV* eingeteilt, die sich anschaulich durch ihre Kinematik unterscheiden: in den Zonen *I* und *III* fließt der Werkstoff vorwiegend nach links bzw. nach rechts, in den Zonen *II* und *IV* vorwiegend senkrecht dazu. Exakt gelten diese Bewegungen auf den Symmetrielinien, und es liegt nach Bishop [*45*] nahe, für diese den Druckverlauf p entsprechend der Streifentheorie auszurechnen und auf die zugehörige Fließzone zu übertragen. Insbesondere kann sich ein Haftgebiet ausbilden; eine mögliche Haftgrenze ist in Bild 4.8 als Teilrechteck gestrichelt eingezeichnet.

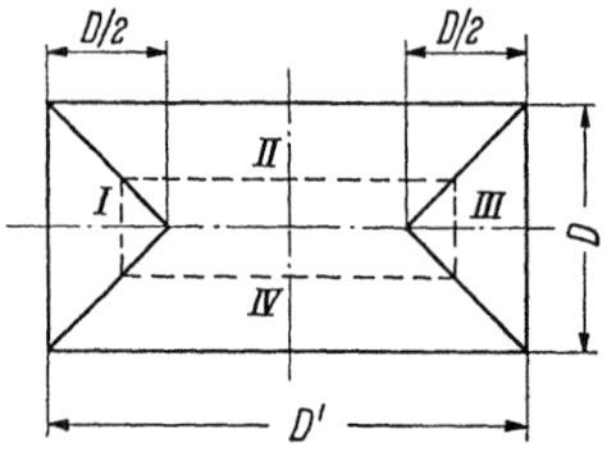

Bild 4.8 Fließzonen bei rechteckigem Grundriß.

Die Grenzlinien zwischen den Fließzonen nennt man verallgemeinert *Fließscheiden*. Auf die Zonen selbst wenden wir die Gln. (4.2/17a), (4.2/9) an. So ergibt sich für jede Zone der gleiche, folglich für die Gesamtprobe gültige bezogene mittlere Druck $\varkappa_e$ entsprechend (4.2/17a) oder Bild 4.4a. Bei Gesenkpreßvorgängen mit steilen Gravuren, deren Gratansätze ebenfalls rechteckigen Grundriß haben, wählt man ξ_H nach (4.4/4) statt (4.2/9).

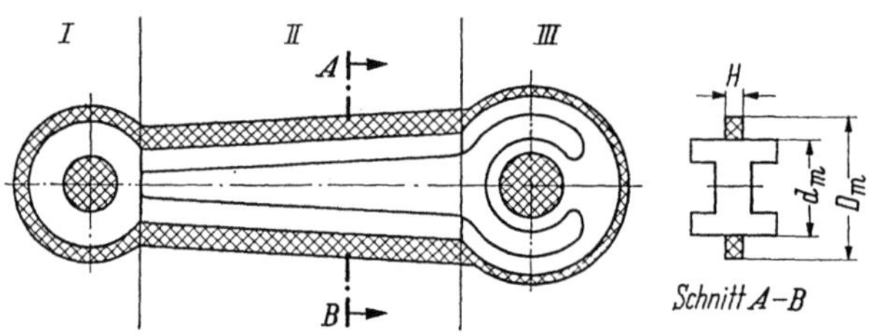

Bild 4.9 Pleuelstange mit Grat.

Für allgemeinere Grundrißflächen kann man von Fall zu Fall versuchen, eine der jeweiligen Form angepaßte Fließzoneneinteilung zu finden, welche das anschaulich abzuschätzende Fließen widerspiegelt, und auf die man fertige Formeln der vorangegangenen Abschnitte anwendet. Bild 4.9 zeigt den Grundriß einer Pleuelstange der Grathöhe H; Grat und Werkstoffzonen von Grathöhe sind gekreuzt schraffiert. Die Gratbreite schätzt man aus den Rohlingsabmessungen ab. Ebenso schätzt man k_f, k_e und erhält k_{WI}, k_{WIII} für die Fließzonen *I, III* über Gl. (4.2/17b), k_{WII} für *II* über Gl. (4.2/17a) sowie (4.2/9) bzw. (4.4/4). Für Zone *II* sind mittlere Abmessungen D_m, d_m einzusetzen. Die Gesamtstauchkraft beträgt dann grob genähert

$$K = k_{WI} F_I + k_{WII} F_{II} + k_{WIII} F_{III};$$

F_I, F_{II}, F_{III} sind die gedrückten Flächen der Bereiche *I, II, III*.

4.6 Dynamische Preß- und Schmiedevorgänge

4.6.1 Abschätzung des Trägheitseinflusses

Sofern die Verteilung der Formänderungsfestigkeit, die Werkzeuggeschwindigkeit und die Werkzeugbeschleunigung bekannt sind, ist natürlich eine (numerische) Integration der Grundgleichungen (3.2/22), (3.3/20) möglich. Hier wollen wir statt dessen in Anlehnung an [*51*] allgemeine Einblicke erarbeiten und beschränken uns auf den geometrisch einfachen Stauchvorgang, der nach Abschn. 4.4 in vielen Fällen annähernd auch Gesenkpreßvorgänge beschreibt. Zunächst versuchen wir, die Größenordnung der dynamischen Glieder in den Grundgleichungen für ebene Umformung abzuschätzen.

Im betrachteten Zeitpunkt seien die Werkzeugrelativgeschwindigkeit $U > 0$ und die Werkzeugbeschleunigung $\dot{U}$ gegeben. H, D beschreiben wie zuvor (Bild 4.1a) die Werkstückabmessungen, k_e bzw. k_f die Formänderungsfestigkeiten und μ den Reibwert. Wir betrachten lediglich den Fall eines raumfesten Untergesenkes. Andere Werkzeugbewegungen (Gegenschlaghammer, Schmiedemaschinen) lassen sich ähnlich behandeln.

Unser Koordinatensystem nach Bild 4.1a sei mit dem Werkstück fest verbunden. Dann ist es selbst gegen den Raum bewegt und hat die Beschleunigungen

$$b_{0x} = 0, \qquad b_{0y} = -\frac{\dot{U}}{2}. \tag{4.6/1}$$

Die Vertikalbeschleunigung b_s der Streifenschwerpunkte fällt in (3.2/22), (3.3/20) wegen $\alpha_1 = \alpha_2 = 0$; $\nu_1 = \nu_2$ völlig heraus, hat also auf p, q keinen Einfluß und erzeugt lediglich den Druckunterschied Δp beider Bahnen.

Mit

$$b_1 = -\dot{U}; \qquad b_2 = 0 \tag{4.6/2}$$

folgt aus (3.2/12) und (3.2/13)

$$h\chi = -\dot{U}; \qquad b_s = -\frac{\dot{U}}{2}. \tag{4.6/3}$$

Wir interessieren uns jetzt für die in den Gln. (3.2/20a, b) auftretenden, von χ und b_s abhängigen Glieder und beziehen sie, da sie die

Dimension einer Spannung haben, auf k_e (bzw. k_f):

$$\left.\begin{aligned} \varkappa_1 &= \frac{\varrho}{12} H^2 \chi / k_e = -\frac{\varrho}{12} H \dot{U} / k_e ; \\ \varkappa_2 &= \varrho H b_s / k_e = -\frac{\varrho}{2} H \dot{U} / k_e . \end{aligned}\right\} \tag{4.6/4}$$

Im Augenblick des Umformbeginns, bei Aufsetzen des Werkzeuges, tritt kurzzeitig eine hohe Beschleunigung $\dot{U}$ auf. Wir behandeln sie anschließend. Vorerst beziehen wir uns auf den weiteren Schmiedevorgang, der dann verzögert ist. Während eines Schlages werde die Probe (Anfangsabmessungen H_0, D_0) um $\Delta H = H - H_0 < 0$ gestaucht. Setzen wir überschlägig konstante Stauchkraft, also konstante Verzögerung $-\dot{U}$ voraus, so gilt bekanntlich

$$U_0 = \sqrt{2 \dot{U} \cdot \Delta H}, \qquad \text{oder} \qquad \dot{U} = U_0^2 / (2 \Delta H) . \tag{4.6/5}$$

Führt man also entsprechend Gl. (2.1/9) den *Stauchgrad*

$$\varepsilon = \frac{\Delta H}{H_0}$$

ein, so erhält man aus (4.6/4) mit $H \approx H_0$

$$\varkappa_1 \approx \frac{\varrho U_0^2}{24 k_e |\varepsilon|} ; \quad \varkappa_2 \approx \frac{\varrho U_0^2}{4 k_e |\varepsilon|} . \tag{4.6/6}$$

Beim Schmieden und Pressen rechnet man mit $|\varepsilon| \geq 0{,}2$ ([*38*]; der Minimalwert tritt beim Reckschmieden auf). Rechnen wir also wie beim normalen Hammer mit

$$U_0 \leq 7 \text{ m/s}$$

und für warmzuformenden Stahl mit einer minimalen Formänderungsfestigkeit (Bild 2.7; $\vartheta = 1200\,°\text{C}$; $|\lambda| = 1{,}5 \text{ s}^{-1}$)

$$k_e = 5 \text{ kp/mm}^2,$$

so folgt nach Einsetzen der Dichte $\varrho \approx 800 \text{ kp} \cdot \text{s}^2 \cdot \text{m}^{-4}$ wegen (4.6/6)

$$\varkappa_1 \leq \frac{10^{-2}}{6} ; \qquad \varkappa_2 \leq 10^{-2} .$$

Die Trägheitsglieder χ, b_s machen also weniger als 1% der Formänderungsfestigkeit aus und können vernachlässigt werden. Dagegen folgt für Hochgeschwindigkeitshämmer mit $U_0 \leq 60$ m/s

$$\varkappa_1 \leq \frac{1}{7}; \qquad \varkappa_2 < 1.$$

Die vertikalen Trägheitskräfte lassen sich nicht mehr in jedem Fall vernachlässigen.

Nunmehr wenden wir uns dem Glied b_x in Gl. (3.2/22) bzw. Gl. (3.3/20) zu und finden nach (3.2/7) mit (4.6/1), (3.1/1), $\frac{\partial h}{\partial x} = x^* = u^* = b_x^* = 0$ sowie $\frac{\partial h}{\partial t} = -U$, $\frac{\partial^2 h}{\partial t^2} = -\dot{U}$

$$b_x = \frac{1}{H}\,[2uU + \dot{U}x]. \tag{4.6/7}$$

Setzt man u nach (4.2/1) ein und benutzt die dimensionslosen Parameter δ nach (4.2/16) sowie

$$\varkappa_3 = \frac{\varrho}{k_e}\left(U^2 + \frac{1}{2}H\dot{U}\right), \tag{4.6/8a}$$

dann erhält man mit (4.2/8a) das in Gl. (3.2/22) maßgebende Beschleunigungsglied, bezogen auf die Formänderungsfestigkeit:

$$\frac{\varrho H b_x}{k_e} = \delta \varkappa_3 \xi. \tag{4.6/9a}$$

Bei axialsymmetrischer Umformung ändert sich die Kinematik. Aus (3.2/51) folgt $u = \frac{U}{2H}r$, aus (3.2/52) $b_r = -\frac{u^2}{r} + 2\frac{uU}{H} + \frac{\dot{U}r}{2H}$. Zusammen mit (4.2/16) und

$$\varkappa_3 = \frac{\varrho}{2k_f}\left(\frac{3}{4}U^2 + \frac{1}{2}H\dot{U}\right) \tag{4.6/8b}$$

erhalten wir den der Gl. (4.6/9a) formal gleichen Ausdruck

$$\frac{\varrho H b_r}{k_f} = \delta \varkappa_3 \xi. \tag{4.6/9b}$$

Die Formeln (4.6/9) liefern am Probenrande $\xi = 1$ maximale Werte. Wir untersuchen sie für den idealisierten Fall $\dot{U} = 0$, $U = 7\,\mathrm{ms}^{-1}$ und erhalten mit sonst gleichen Daten wie vorher

$$\varkappa_3 \leq 6 \cdot 10^{-3} \quad \text{bzw.} \quad \varkappa_3 \leq 2{,}5 \cdot 10^{-3}.$$

Für flache Proben, etwa $\delta = 30$, hat man also am Rande $\xi = 1$ nach (4.6/9) eine merkliche Veränderung des Druckgefälles zu erwarten. Sie hängt quadratisch von der Werkzeuggeschwindigkeit ab und kann bei Hochgeschwindigkeitshämmern sehr groß werden.

4.6.2 Der Aufsetzstoß

Wir wenden uns jetzt dem zu Beginn der Formänderung beim *Aufsetzen* des Werkzeuges hervorgerufenen *Stoß* zu, der während einer Zeit dt stattfindet und im Grenzfall $dt \to 0$ unendlich große Kräfte K_s bedingt. Hingegen sind die Reibspannungen durch $k_e/2$ bzw. $k_f/2$ (Abschn. 3.3.2) beschränkt und können nicht ins Unendliche wachsen: die Reibkräfte sind gegen K_s zu vernachlässigen. Für $dt \to 0$ wird auch noch keine Umformarbeit verbraucht. Dann setzt sich die vom Bär abgegebene Stoßenergie E_s in kinetische Energie der Probe um.

$U = U_0$ bezeichne die Vertikalgeschwindigkeit der oberen Probenstirnfläche nach vollendetem Aufsetzstoß, jedoch vor Beginn der eigentlichen Umformung. Mit (4.2/1) und (3.2/6) besteht im ebenen Fall die Geschwindigkeitsverteilung

$$u = \frac{U_0}{H} x; \quad v = -\frac{U_0}{H}\left(y + \frac{H}{2}\right).$$

Hieraus folgt die kinetische Energie des in Bild 3.7b schraffierten Quaderelementes der Masse $dm = \varrho b\, dx\, dy$ zu $\frac{dm}{2}(u^2 + v^2)$, also die der Gesamtprobe nach Bild 4.1a zu

$$E_s = \frac{\varrho b}{2}\left(\frac{U_0}{H}\right)^2 \int\limits_{x=-D/2}^{D/2} dx \int\limits_{y=-H/2}^{H/2} dy \left[x^2 + \left(y + \frac{H}{2}\right)^2\right] = \frac{m}{6} U_0^2 \left(1 + \frac{\delta^2}{4}\right),$$

wo $m = \varrho b D H$ die Probenmasse darstellt. Wir beziehen E_s auf diejenige kinetische Energie

$$E_s' = \frac{m}{2} U_0^2, \tag{4.6/10}$$

welche ein Starrkörper der Masse m hätte, wenn er vom Bär mit der Geschwindigkeit U_0 vorwärtsgestoßen würde, und finden

$$\frac{E_s}{E_s'} = \frac{1}{3}\left(1 + \frac{\delta^2}{4}\right). \tag{4.6/11 a}$$

Entsprechend findet man für axialsymmetrische Proben (Röhrenmodell) aus (3.2/51), (3.2/6) $u = \frac{1}{2}\frac{U_0}{H} r,\ v = -\frac{U_0}{H}\left(y + \frac{H}{2}\right)$. Für die durch den schraffierten Bereich in Bild 3.7b repräsentierte Kreisringmasse folgt nach Vergleich mit Bild 4.3b $dm = \varrho\, dy\, dF = 2\pi\varrho r\, dr\, dy$, also $m = \varrho \frac{\pi}{4} D^2 H$ und

$$E_s = \pi \left(\frac{U_0}{H}\right)^2 \int\limits_{r=0}^{D/2} r\, dr \int\limits_{y=-H/2}^{H/2} dy \left[\frac{r^2}{4} + \left(y + \frac{H}{2}\right)^2\right] = \frac{m}{6} U_0^2 \left(1 + \frac{3}{32}\delta^2\right),$$

$$\frac{E_s}{E_s'} = \frac{1}{3}\left(1 + \frac{3}{32}\delta^2\right). \tag{4.6/11 b}$$

Die Stoßenergie E_s kann jetzt als kinetische Energie eines mit U_0 bewegten Starrkörpers der Masse

$$m^* = \frac{E_s}{E_s'} m \tag{4.6/12}$$

gedeutet werden. Man findet aus (4.6/11a, b) $m^* = m$ für $\delta = 2{,}83$ bzw. $\delta = 4{,}62$; für $\delta = 30$ gilt bereits $m^*/m = 75$ bzw. $m^*/m = 28{,}5$.

Während des Stoßvorganges wird zusätzlich Energie auf das Fundament übertragen, die sich im Rahmen unseres Modelles nicht berechnen läßt. Insbesondere bleibt die Geschwindigkeitsabnahme des Bärs offen.

4.6.3 Druckverteilung und Stauchkraft

Wir wollen abschließend das ebene und axialsymmetrische Stauchen entsprechend Abschn. 4.2 noch einmal, jetzt unter Einschluß des Trägheitseinflusses von b_x (nicht von b_s und χ) behandeln. Die Ergebnisse sind für das Schmieden unter konventionellen Hämmern, jedoch nur mit Vorbehalt für Hochgeschwindigkeitshämmer gültig und können durch eine geeignet angepaßte Haftgrenze entsprechend Abschn. 4.4 auf Gesenkschmiedevorgänge mit steilen Gravuren übertragen werden.

Für die Gleitzone schreiben wir Gl. (3.2/22) hin und haben im ebenen Fall mit (4.2/8), (4.2/16) und (4.6/8)

$$\frac{dq}{d\xi} + \mu\delta q = -\frac{1}{2} k_e \delta\, [2\mu + \varkappa_3 \delta \xi].$$

Die nach (3.2/24) ($\hat{q} = 0$ für $\hat{\xi} = 1$) gebildete Lösung ergibt mit (3.2/20a)

$$2\mu \frac{p}{k_e} = \left[2\mu + \varkappa_3 \left(\delta - \frac{1}{\mu}\right)\right] e^{\mu\delta(1-\xi)} + \varkappa_3 \left(\frac{1}{\mu} - \delta\xi\right). \quad (4.6/13)$$

Die Haftbedingung (3.3/6) mit (3.3/18) dient als Bestimmungsgleichung für einen Wert $\xi = \xi_0$. Für die Haftgrenze ξ_H gilt dann ähnlich (4.2/9)

$$\xi_H = \left\{\begin{array}{lll} 1 & \text{für} & \xi_0 \geq 1 \\ \xi_0 & \text{für} & 0 < \xi_0 < 1 \\ 0 & \text{für} & \xi_0 \leq 0 \end{array}\right\}, \quad (4.6/14)$$

wo

$$\left[2\mu + \varkappa_3\left(\delta - \frac{1}{\mu}\right)\right] e^{\mu\delta(1-\xi_0)} + \varkappa_3 \left(\frac{1}{\mu} - \delta\xi_0\right) = 1. \quad (4.6/15)$$

Sofern eine Haftzone existiert, d. h. $\xi_H > 0$, interessiert der Wert p_H von p an der Haftgrenze ξ_H. Wegen (4.6/13) bis (4.6/15) hat man

$$\varkappa_H = \frac{p_H}{k_e} = \left\{\begin{array}{ll} 1 & \text{für } \xi_H = 1 \\ \dfrac{1}{2\mu} & \text{für } 0 < \xi_H < 1 \end{array}\right\}. \quad (4.6/16)$$

Für die Haftzone gilt dann nach (3.3/20), (3.2/20a)

$$\frac{dp}{d\xi} = -\frac{k_e}{2}\delta(1 + \delta\varkappa_3\xi).$$

Mit der Randbedingung $\hat{p}/k_e = \varkappa_H$ für $\hat{\xi} = \xi_H$ folgt die Lösung

$$\frac{p}{k_e} = \varkappa_H + \frac{\delta}{2}\left(\xi_H - \xi\right)\left[1 + \frac{\delta}{2}\varkappa_3\left(\xi_H + \xi\right)\right]. \quad (4.6/17)$$

Die Gln. (4.6/13) bis (4.6/17) gelten nach Substitution von k_e durch k_f für axialsymmetrische Umformung. Über (4.2/12), (4.2/14), (4.2/15) findet man mit (4.6/13), (4.6/17)

$$\varkappa_e = \xi_H\left(\varkappa_H + \frac{\delta}{4}\xi_H + \frac{\delta^2}{6}\varkappa_3\xi_H^2\right) + \left[1 + \frac{\varkappa_3}{2\mu}\left(\delta - \frac{1}{\mu}\right)\right]\frac{1}{\mu\delta}\left[e^{\mu\delta(1-\xi_H)} - 1\right] +$$

$$+ \frac{\varkappa_3}{4\mu^2}\left(1 - \xi_H\right)\left[2 - \mu\delta(1 + \xi_H)\right], \quad (4.6/18\text{a})$$

$$\varkappa_f = \xi_H^2\left(\varkappa_H + \frac{\delta}{6}\xi_H + \frac{\delta^2\varkappa_3}{8}\xi_H^2\right) + \left[1 + \frac{\varkappa_3}{2\mu}\left(\delta - \frac{1}{\mu}\right)\right]\frac{2}{\mu\delta}\left[\xi_H e^{\mu\delta(1-\xi_H)} - 1 + \right.$$

$$\left. + \frac{1}{\mu\delta}\left(e^{\mu\delta(1-\xi_H)} - 1\right)\right] + \frac{\varkappa_3}{2\mu^2}\left(1 - \xi_H\right)\left[1 + \xi_H - \frac{2}{3}\mu\delta\left(1 + \xi_H + \xi_H^2\right)\right]. \tag{4.6/18b}$$

Wir wollen entsprechend dem Vorbild von Abschn. 4.2 einige Sonder- und Grenzfälle dieser Gleichungen hinschreiben.

Zunächst erkennt man, daß (4.6/15) für $2\mu = 1$ die Lösung $\xi_0 = 1$ hat. Da dies mit dem früheren statischen Ergebnis ($\varkappa_3 = 0$) übereinstimmt, übernehmen wir von dort allgemein, daß für

$$\mu \geq \frac{1}{2}$$

nur eine Haftzone vorliegt. Aus (4.6/14), (4.6/16) und (4.6/18) folgt dann

$$\left.\begin{aligned} \varkappa_e &= 1 + \frac{1}{4}\delta + \frac{\varkappa_3}{6}\delta^2 = 1 + \frac{\delta}{4}\left(1 + \frac{2}{3}\varkappa_3\delta\right), \\ \varkappa_f &= 1 + \frac{1}{6}\delta + \frac{\varkappa_3}{8}\delta^2 = 1 + \frac{\delta}{6}\left(1 + \frac{3}{4}\varkappa_3\delta\right); \end{aligned}\right\} \tag{4.6/19}$$

der lineare Verlauf nach Bild 4.4 bzw. nach den Gln. (4.2/18) wird durch einen quadratischen ergänzt. Theoretisch können $\varkappa_e$, $\varkappa_f$ bei verzögerter Umformung sogar negativ werden: dann genügt allein die in der Probe gespeicherte kinetische Energie, um sie weiter umzuformen. Negative Drücke p sind in unseren Gln. (4.6/18), (4.6/19) jedoch nicht zulässig.

Im folgenden setzen wir $0 < \mu < \frac{1}{2}$ voraus und untersuchen zunächst sehr schlanke Proben $\delta \to 0$. Dann darf $\delta\xi_0$ nicht gegen 0 streben, weil sonst (4.6/15) in $\mu = \frac{1}{2}$ überginge. Es folgt $\xi_0 \to +\infty$ oder $\xi_0 \to -\infty$, also nach (4.6/14) $\xi_H = 1$ (nur Haftzone) oder $\xi_H = 0$ (nur Gleitzone). Beim statischen Stauchen gilt nach (4.2/9) für $\delta \to 0$ lediglich $\xi_H = 0$. Dies übernehmen wir auch für das dynamische Stauchen und finden aus (4.6/18) nach Reihenentwicklung der Exponentialfunktion (vgl. [*5*, S. 79]), daß wie im statischen Fall die Gln. (4.2/19) gelten: horizontale Trägheitskräfte haben auf schlanke Proben keinen Einfluß.

Der Grenzfall großer Werte δ wird bei statischer Umformung ($\varkappa_3 = 0$) durch die Gln. (4.2/20) repräsentiert. Für $\varkappa_3 \neq 0$ betrachten wir (4.6/15) und erkennen zunächst, daß $\delta \to \infty$ mit $\xi_0 \to 1$ verbunden ist. Wir setzen dann ξ_0 als Potenzreihe in $\frac{1}{\delta}$ an,

$$\xi_0 = 1 + \frac{a}{\delta} + \frac{b}{\delta^2} + \cdots, \tag{4.6/20}$$

und finden

$$e^{\mu\delta(1-\xi_0)} = e^{-\mu\left(a+\frac{b}{\delta}\right)} = e^{-\mu a}\, e^{-\mu\frac{b}{\delta}} = e^{-\mu a}\left(1 - \frac{\mu b}{\delta} + \cdots\right). \tag{4.6/21}$$

(4.6/15) hat dann die Gestalt

$$\delta\varkappa_3\,[e^{-\mu a} - 1] + \left[e^{-\mu a}\left(2\mu - \frac{\varkappa_3}{\mu} - \mu b\varkappa_3\right) + \varkappa_3\left(\frac{1}{\mu} - a\right)\right] + \frac{1}{\delta}[\cdots] = 1.$$

Die erste eckige Klammer als Koeffizient von δ muß verschwinden:

$$a = 0.$$

Die zweite eckige Klammer ergibt 1:

$$b = -\frac{1-2\mu}{\mu\varkappa_3}.$$

(4.6/20), (4.6/21) liefern

$$\left.\begin{aligned} \xi_0 &= 1 - \frac{1-2\mu}{\mu\varkappa_3\delta^2} + \cdots \\ e^{\mu\delta(1-\xi_0)} &= 1 + \frac{1-2\mu}{\varkappa_3\delta} + \cdots \end{aligned}\right\} \tag{4.6/22}$$

Da $0 < \mu < \frac{1}{2}$ vorausgesetzt wurde, folgt aus (4.6/14)

$$\xi_H = 1 \qquad \text{für} \quad \varkappa_3 < 0,$$

$$\xi_H = \xi_0 < 1 \quad \text{für} \quad \varkappa_3 > 0.$$

Im ersten Fall, also bei starker Werkzeugverzögerung am Ende der Umformung, liegt wie bei $\mu \geq \frac{1}{2}$ lediglich eine Haftzone vor. Sofern keine negativen Drücke auftreten, gelten die Gln. (4.6/19). Im zweiten

Fall setzen wir (4.6/22) sowie nach (4.6/16) $\varkappa_H = \frac{1}{2\mu}$ in (4.6/18) ein und erhalten bei Vernachlässigung aller Glieder $\frac{1}{\delta}, \frac{1}{\delta^2}, \ldots$ ebenfalls (4.6/19). Diese Beziehungen gelten also nicht nur im Falle des alleinigen Haftens, sondern asymptotisch auch bei sehr flachen Proben.

4.7 Ergänzungen

Bei hohen Schmiede- und Preßkräften muß man mit elastischen Verformungen des Werkzeuges insbesondere dann rechnen, wenn es reich an Konturen ist. Gefährdet sind Gesenkgravuren mit ausgeprägten Kanten oder Vertiefungen. Im Rahmen der Plastizitätstheorie wäre die durch elastische Werkzeugdeformationen bedingte Formabweichung des Werkstückes von Interesse. Leider führen die zugehörigen Ansätze der Elastizitätstheorie im allgemeinen auf Gleichungssysteme, die man nur in wenigen speziellen Fällen näherungsweise, ggf. numerisch, auswerten kann (vgl. Abschn. 5.3.1, Abschn. 9.1 und Ziff. 6.2.8.2). Hier notieren wir lediglich, daß sich Werkzeugdeformationen durch möglichst geringe Drücke, also gute Schmierung, verringern lassen (*Genaugesenkschmieden*). Fortlaufende Beanspruchung der Werkzeuge ergibt einen Gesenkverschleiß. Über ihn liegen nur Erfahrungswerte vor [*38*, *52*].

Sehr kompliziert ist auch eine genaue Berechnung der elastischen Verformung der Probe bzw. des zu schmiedenden (bzw. geschmiedeten) Werkstückes — selbst bei einfacher geometrischer Gestalt [*53*]. Allerdings lassen sich hier für unsere Belange hinreichende (insgesamt allerdings grobe) Näherungen sofort dann angeben, wenn die Probe zylindrisch oder prismatisch (entsprechend Bild 4.1a) ist bzw. wenn der Umformbereich diese Gestalt hat (Gesenkschmiedeansatz nach KOBAYASHI u. a., vgl. Abschn. 4.4). Ist nämlich H die Höhe des Umformbereiches, so schreiben wir entsprechend Gl. (2.2/1) unter Vernachlässigung des Scheranteiles einfach

$$|\varphi^E| = \frac{k_W}{E}, \tag{4.7/1}$$

mit (2.1/9) und (4.2/14) also annähernd

$$|\Delta^E H| = \frac{H}{E} k_W = \frac{H}{FE} K, \tag{4.7/2}$$

wo E den Elastizitätsmodul und $\Delta^E H < 0$ die elastische Änderung der Probenhöhe darstellen.

Fassen wir die Probe in ihrer Endphase als Werkstoffmodell entsprechend Bild 2.14g auf, so ist nach (4.7/2)

$$c = \frac{FE}{H} \tag{4.7/3}$$

als Federkonstante einzusetzen.

Um die Größe von $|\varphi^E|$ abzuschätzen, gehen wir von Gl. (4.6/19) aus (beim Haften ist k_W maximal), legen $\delta = \frac{D}{H} = 30$, $\varkappa_3 = 6 \cdot 10^{-3}$ (ungünstige Verhältnisse beim konventionellen Hammer; vgl. Abschätzungen in Abschn. 4.6.1) zugrunde und erhalten $\varkappa_e = k_W/k_e \approx 10$. Wählen wir k_e möglichst hoch — für warmzuformenden Stahl nach Bild 2.7 etwa $k_e \approx k_f = 25\ \mathrm{kp/mm^2}$, so hätten wir $k_W < 250\ \mathrm{kp/mm^2}$. Andererseits kann der Elastizitätsmodul für warmzuformenden Stahl auf $E = 6 \cdot 10^3\ \mathrm{kp/mm^2}$ (vgl. Tab. 9.1) absinken:

$$|\varphi^E| < 4 \cdot 10^{-2}.$$

Zum Abschluß betrachten wir noch einmal die Umformmaschinen. Im wesentlichen sind zwei Arten zu unterscheiden:

1. solche, bei denen vermittels des Antriebsmechanismus die Umformgeschwindigkeit vorgegeben ist (hydraulische Pressen und Kniehebelpressen). Sie sind (in Grenzen) imstande, jeweils soviel Kraft aufzubringen, daß die Umformung mit vorgegebener Werkzeuggeschwindigkeit verläuft;

2. solche, bei denen zu Beginn der Umformung eine Energie (im allgemeinen als kinetische Energie der bewegten Maschinenteile) vorgegeben ist, die im Laufe der Umformung aufgebraucht wird (Spindelpressen; Hämmer). Hierzu berechnen wir als Beispiel die Umformarbeit A für das statische Stauchen einer axialsymmetrischen Probe mit den Anfangsabmessungen H_0, D_0 (Bild 4.1a) auf die Endabmessungen H_1, D_1. $V = \frac{\pi}{4} H_0 D_0^2 = \frac{\pi}{4} H_1 D_1^2$ ist ihr Volum. Eine grobe Überschlagsrechnung auf Grund der FINKschen Gleichungen (2.3/5),

$$A = \frac{1}{\eta} \cdot k_{fm} \cdot V \cdot \ln \frac{H_0}{H_1}, \tag{4.7/4}$$

ist insofern ungenau, als man die mittlere Formänderungsfestigkeit k_{fm} und den (alle Reibverluste einschließenden) Wirkungsgrad η schätzen muß. Für eine genauere Rechnung schafft man sich zunächst ein Kraft–Weg-Schaubild. Hierzu findet man aus $V = \frac{\pi}{4} H_0 D_0^2 = \frac{\pi}{4} H\, D^2$ die gedrückte Fläche F und das Verhältnis $\delta = D/H$ gemäß

$$\left.\begin{aligned} F &= \frac{V}{H} = \frac{\pi}{4}\frac{H_0}{H} D_0^2, \\ \delta &= \frac{D}{H} = \frac{\sqrt{D_0^2 H_0}}{(\sqrt{H})^3} \end{aligned}\right\} \qquad (4.7/5)$$

als Funktionen von H. k_f hängt von

$$|\varphi| = \ln \frac{H_0}{H}, \qquad |\lambda| = \frac{U}{H} \qquad (4.7/6)$$

ab. Hierin ist der Verlauf von U unbekannt. Man kann überschlägig linear

$$U = \frac{H - H_1}{H_0 - H_1} U_0 \qquad (4.7/7)$$

ansetzen oder, indem man wie in Abschn. 4.6.1 konstante Werkzeugverzögerung $\dot{U}$ annimmt und nach (4.6/5) $\dot{U} = U_0^2/[2(H_0 - H_1)]$ einsetzt,

$$U = U_0 \sqrt{\frac{H - H_1}{H_0 - H_1}}. \qquad (4.7/8)$$

Unter der Annahme isothermer Umformung ($\vartheta = 1000\,°C$) einer axialsymmetrischen Stahlprobe (k_f nach Bild 2.7) werde als Beispiel die statische Stauchung von $H_0 = 50$ mm auf $H_1 = 40$ mm behandelt. $D_0 = 80$ mm, $\mu = 0{,}3$ seien gegeben. Tab. 4.3 zeigt in der ersten Spalte eine Einteilung des Stauchweges, beschrieben durch die Probenhöhe H, in 5 Abschnitte. In den folgenden 8 Spalten sind die Gln. (4.7/5), (4.7/6), (4.7/8) sowie die Bilder 2.7 und 4.4b ausgewertet. Schließlich wird in den letzten beiden Spalten das Integral

$$A = \int_H^{H_0} K\, dH \qquad (4.7/9)$$

nach der Trapezregel ausgerechnet, so, wie bereits in Abschn. 2.3.1 (Tab. 2.3; Bild 2.9a) die Arbeitsdichte Φ ermittelt wurde. Bild 4.10 zeigt A, k_f und die Stauchkraft $K = F k_W$ als Funktion der Probenhöhe H. Es ergibt sich eine Gesamtstaucharbeit von

$$A = 948\ \text{kp} \cdot \text{m}.$$

Der Fallhammer oder die Spindelpresse müssen bei Umformbeginn eine kinetische Energie A_0 gespeichert haben, die größer als A ist, weil ein Teil der Energie zunächst in elastische Schwingungen von Probe, Maschinengestell und Fundament umgesetzt wird [54]. Sie läßt den Bär nach beendetem Schmie-

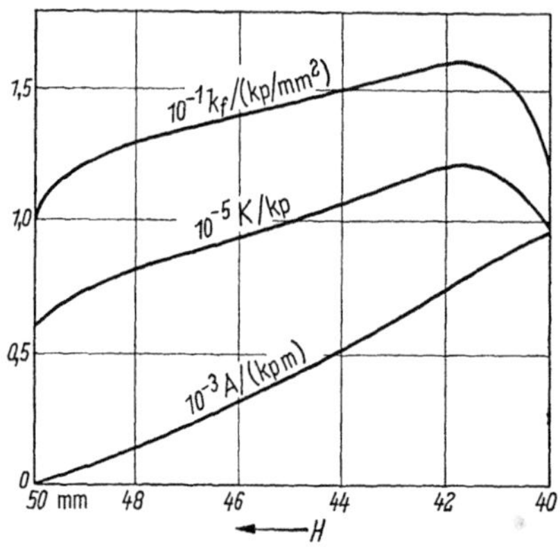

Bild 4.10 Formänderungsfestigkeit k_f, statische Stauchkraft K und Umformarbeit A abhängig von der Probenhöhe H.
Axialsymmetrische isotherme Umformung.
Werkstoff: Stahl (Bild 2.7). Daten: $\vartheta = 1000\,°\mathrm{C}$; $H_0 = 50$ mm; $H_1 = 40$ mm; $D_0 = 80$ mm; $\mu = 0{,}3$.

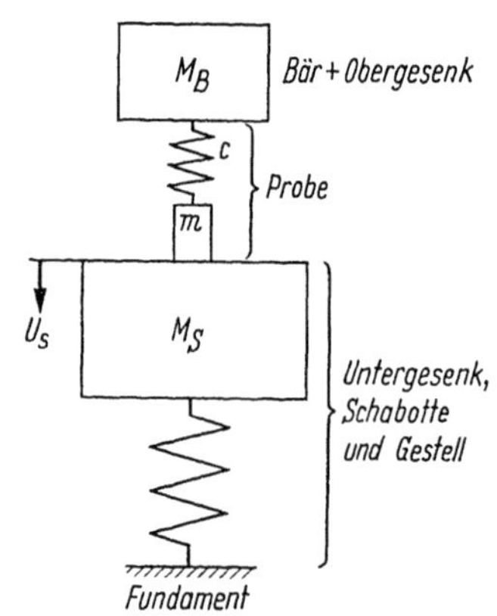

Bild 4.11 Modell eines Schabottehammers.

devorgang wieder um einen geringen Betrag hochspringen und wird im übrigen durch Reibung und Dämpfung verzehrt. So liegt der Maschinenwirkungsgrad

$$\eta_M = \frac{A}{A_0} < 1 \qquad (4.7/10)$$

Tabelle 4.3 *Berechnung der Staucharbeit für das Beispiel nach Bild 4.10*

Lfd. Nr. i	$\frac{H}{\mathrm{mm}}$	$\frac{U}{\mathrm{ms^{-1}}}$	$\frac{\lvert\lambda\rvert}{\mathrm{s^{-1}}}$	$\lvert\varphi\rvert$	$\frac{k_f}{\mathrm{kp\,mm^{-2}}}$	$\delta = D/H$	$\varkappa_f = k_w/k_f$	$\frac{10^{-3} F}{\mathrm{mm^2}}$	$\frac{10^{-4} K}{\mathrm{kp}}$	$\frac{\frac{\Delta H}{2}(K_i + K_{i+1})}{\mathrm{kp \cdot m}}$	$\frac{A}{\mathrm{kp \cdot m}}$
1	50	5	100	0	10	1,60	1,18	5,02	5,92	140	0
2	48	4,47	93	0,041	13	1,70	1,19	5,23	8,09	173	140
3	46	3,87	84	0,083	14	1,82	1,21	5,46	9,24	197	313
4	44	3,16	72	0,128	15	1,94	1,23	5,71	10,54	224	510
5	42	2,24	53	0,175	16	2,08	1,24	5,97	11,85	214	734
6	40	0	0	0,223	12	2,24	1,27	6,27	9,56	—	948

nach LANGE [38] für Freiformschmiedevorgänge zwischen 0,8 und 0,9, für Gesenkschmiedevorgänge zwischen 0,3 und 0,6: hier ist K sehr groß; der letzte Schlag verformt fast ausschließlich elastisch.

Für Hämmer mit großer Gestell- und Schabottemasse M_s, deren Gesamtelastizität modellmäßig durch eine Feder symbolisiert werde (Bild 4.11)[1], hat man die Gesetze des Stoßvorganges zur Berechnung von η_M herangezogen [1, 32, 38]. Hier werde nur der einfachste Fall skizziert: die Umformarbeit A (wie oben, ggf. unter Einschluß des Aufsetzstoßes und der Trägheitskräfte) sowie die Endstauchkraft K seien berechnet und bekannt.

Die Probe werde durch ihre Masse m und die Federkonstante c (bezogen auf die Endphase) charakterisiert, Bär und Obergesenk durch die Masse M_B. Ferner sei die Eigenschwingzeit des Systems Gestell–Schabotte (Bild 4.11) groß gegen die Umformzeit. Dann ist zu deren Ende kaum potentielle Energie in der Schabottefeder gespeichert; alle beteiligten Massen haben eine gemeinsame Geschwindigkeit U_s nach unten. Der Impulssatz liefert

$$(M_B + M_s + m)\, U_s = M_B U_0'$$

(U_0' = Bärgeschwindigkeit unmittelbar vor dem Aufprall); der Energiesatz[2]

$$A_0 = \frac{1}{2} M_B U_0'^2 = A + \frac{1}{2}\frac{K^2}{c} + \frac{1}{2}(M_B + M_s + m)\, U_s^2;$$

zusammen also mit (4.7/10)

$$\eta_M = \frac{1 - \dfrac{M_B}{M_B + M_s + m}}{1 + \dfrac{1}{2}\dfrac{K^2}{cA}}, \tag{4.7/11}$$

wobei

$$\frac{M_B}{M_B + M_s + m} \ll 1$$

das Verhältnis Bärmasse zu Gesamtmasse darstellt.

---

[1] M_s als Modellmasse ist nicht unbedingt gleich der Summe von Gestellmasse und Schabottemasse, sondern muß als Maschinenkenngröße experimentell ermittelt werden.

[2] Das zweite Glied der rechten Seite beschreibt die in der Probe gespeicherte elastische Energie.

5 Walzen

5.1 Einleitung

Beim Walzvorgang — kurz: beim Walzen — wird das zu verarbeitende *Walzgut* zwischen Paaren[1] von parallel angeordneten, sich gegenläufig drehenden Rotationskörpern als Werkzeugen, den *Walzen*, von einem Eintrittsquerschnitt der Größe F_E in einen Austrittsquerschnitt der Größe $F_A < F_E$ plastisch umgeformt. F_E, F_A gehören zu

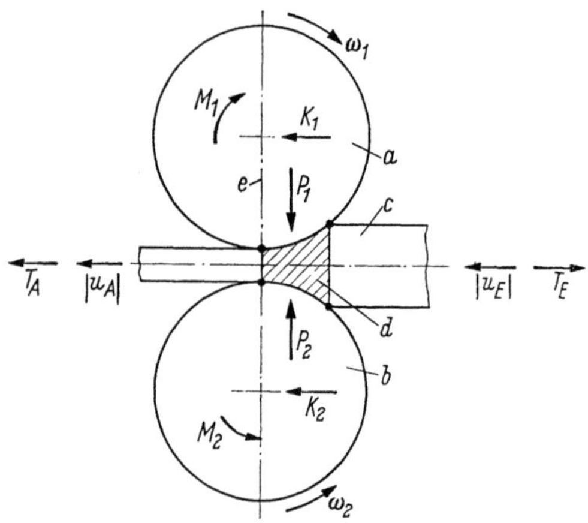

Bild 5.1 Schema des Walzvorganges.

a Oberwalze *1*; *b* Unterwalze *2*; *c* Walzgut; *d* schraffierter Bereich = Walzspalt; *e* Walzebene = Ebene durch die beiden Walzenachsen.

M_1 Antriebsmoment an der Oberwalze; M_2 Antriebsmoment an der Unterwalze; ω_1 Winkelgeschwindigkeit der Oberwalze; ω_2 Winkelgeschwindigkeit der Unterwalze; $|u_E|$ Eintrittsgeschwindigkeit des Walzgutes; $|u_A|$ Austrittsgeschwindigkeit des Walzgutes; T_E äußere Zugkraft an der Eintrittsseite = Bremszug; T_A äußere Zugkraft an der Austrittsseite = Haspelzug; P_1, P_2 Walzkräfte; K_1, K_2 horizontale Lagerreaktionen.

den Querschnitten A_2, A_1 von Bild 3.1a. Eine mehr ins einzelne gehende Darstellung des Walzvorganges zeigt Bild 5.1, dem man auch weitere Bezeichnungen entnimmt. Nach den Annahmen der elementaren Theorie entspricht die Umformzone dem schraffierten Walzspalt, den das Walzgut in *Walzrichtung* (hier von rechts nach links) durchläuft. Dabei wird es zwischen den Walzen gestaucht und in Walzrichtung gestreckt. Die Resultierenden P_1, P_2 aller von den Walzen auf das Walzgut ausgeübten Kräfte senkrecht zur Walzrichtung sind aus Gleichgewichtsgründen — abgesehen von zu vernachlässigenden Gewichtseinflüssen — gleich. Wir nennen ihren gemeinsamen Wert

$$P_1 = P_2 = P \tag{5.1/1}$$

[1] In hier nicht behandelten Sonderfällen z. B. auch zwischen Tripeln.

die *Walzkraft*. Statt dessen findet man auch die Ausdrücke Walzenkraft, Walzenbelastung oder Walzdruck. Unter *Walzdruck* verstehen wir jedoch in Übereinstimmung mit Kap. 3 die normal zur Oberfläche auf das Walzgut bzw. die Walzen wirkenden Druckspannungen p_{n_1}, p_{n_2}.

Die *Antriebsleistung*[1] L_a wird durch die *Antriebsmomente* M_1, M_2 von *Ober-* und *Unterwalze* sowie durch äußere, auf das Walzgut ausgeübte Zugkräfte (*Bandzüge*) $T_A =$ *Haspelzug*, $T_E =$ *Bremszug*[2] aufgebracht, denen die Walzen durch horizontale Walzkraftkomponenten K_1, K_2 das Gleichgewicht halten. Für den Walzvorgang von Bild 5.1 ergibt sich z. B. eine Antriebsleistung

$$L_a = M_1\omega_1 + M_2\omega_2 + T_A|u_A| - T_E|u_E|. \qquad (5.1/2)$$

Die beiden an der Umformung beteiligten Walzen (*Arbeitswalzen*) werden entweder gemeinsam über ein Getriebe (*Kammwalzenantrieb*) oder mit je einem Motor (*Zwillingsantrieb*) angetrieben. Mehrere solche aufeinanderfolgende Walzgerüste faßt man häufig zu einer *Walzenstraße* zusammen. *Walzwerk* ist ein Oberbegriff, der sowohl für einzelne als auch mehrere Gerüste oder Straßen gebraucht wird.

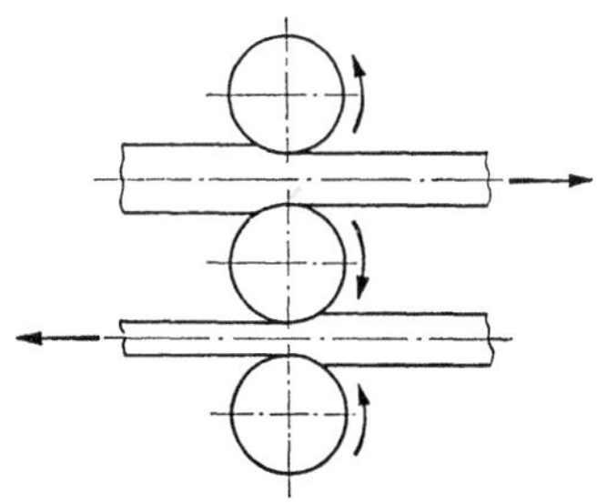

Bild 5.2 Schema eines Triogerüstes im Umkehrbetrieb.

Walzwerke oder Walzgerüste unterscheidet man nach ihrer Bauart und der Querschnittsform des Walzproduktes. Das aus zwei Walzen bestehende Walzgerüst nach Bild 5.1 heißt *Duogerüst.* Daneben gibt es das *Triogerüst,* bei dem drei Walzen übereinander angeordnet sind; dadurch ergeben sich zwei Walzspalte, die vom Walzgut nacheinander mit Richtungsumkehr durchlaufen werden: *Umkehr-Trio* (Bild 5.2). Solch ein Reversierbetrieb läßt sich auch beim Duogerüst, allerdings nur durch Umsteuerung des Antriebes durchführen: *Reversier-* oder *Umkehr-Duo.*

Bei starker Walzenbelastung stützt man die Arbeitswalzen durch zwei stärkere *Stützwalzen* ab und kommt so vom Duogerüst zum *Quartogerüst* (Bild 5.22). Außerdem gibt es noch Sonderformen, von denen wir das *Universalgerüst* erwähnen. Es ist mit horizontalen Arbeitswalzen und vertikalen *Stehwalzen,* die das Walzgut seitlich stauchen, ausgerüstet. Einen interessanten Überblick über die Entwicklung der Walzwerke findet der Leser bei PUPPE [*55*]. Da das Walzgut während der einzelnen

[1] In ihr sind die Verluste des Antriebes und der Lager nicht enthalten.

[2] Wir verwenden die Namen unabhängig davon, wie diese Kräfte technisch aufgebracht werden.

Durchläufe — beim Walzen spricht man auch von *Stichen* — jeweils zwischen Walzenpaaren umgeformt wird, genügt es, im folgenden ein Duogerüst nach Bild 5.1 zu betrachten.

Die *Walzquerschnitte* oder *Kaliber*, das sind die geometrischen Formen des Walzgut-Austrittsquerschnittes A (in der *Walzebene*), können in zwei große Gruppen eingeteilt werden, nämlich in *Flach-* und *Profilquerschnitte*. Flachquerschnitte werden durch zylindrische Walzen gebildet (Bild 5.3a), Profile durch nichtzylindrische (*profilierte*) Walzen. Die Bilder 5.3b und 5.3c zeigen zwei Beispiele.

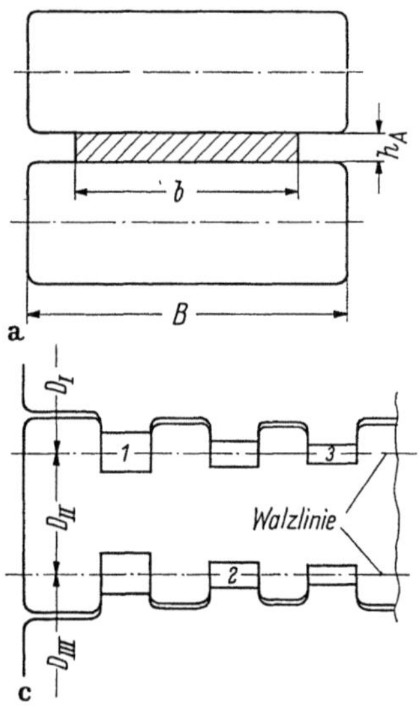

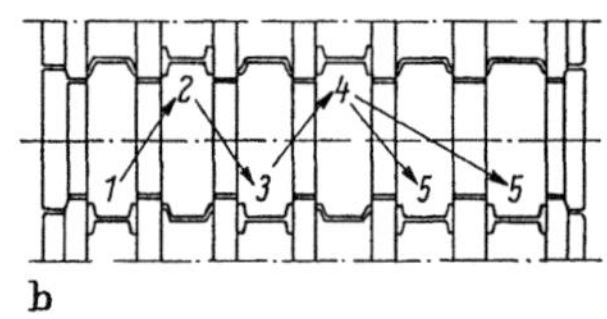

Bild 5.3a–c Kaliber beim Walzen, Schnitt in Walzebene.

a) Duogerüst für Breitband (Flachquerschnitt). B *Ballenlänge* = Walzenlänge; b Walzgutbreite; h_A Austrittshöhe. — b) Anordnung der Kaliber für eine I-Stahlwalzung auf einem Triogerüst (nach MATTHAEI [56]). Die Ziffern geben die Stichfolge an. — c) Kastenkaliber an einem Triogerüst (nach SCHNEIDER [57]). Die Ziffern geben die Stichfolge an.

Im Zusammenhang mit der Kalibrierung erwähnen wir die Begriffe *neutrale Linie*, *Walzlinie*, *Ober-* und *Unterdruck*, um sie gegen ähnlich lautende, in Kap. 3 schon eingeführte Begriffe der Theorie abzugrenzen, mit denen sie sachlich nichts zu tun haben. Unter neutraler Linie versteht man hier die durch den Schwerpunkt eines Kalibers gehende, zu den Walzenachsen parallele Gerade.

Man stellt sich Ober- und Unterwalzen vereinfacht als zylindrische Walzen des fiktiven Durchmessers D_I bzw. D_{II} vor derart, daß beide beim Walzvorgang aufeinander abrollen. Ihre Berührungsgerade (d. h. ihre gegenseitige *Momentanachse* im Sinne der Kinematik) bezeichnet man als Walzlinie. Man läßt sie meist mit der neutralen Linie zusammenfallen.

Die Differenz der fiktiven Durchmesser von Oberwalze und Unterwalze heißt Oberdruck, deren negativer Wert Unterdruck. Man benutzt nur denjenigen dieser beiden Begriffe, der für den jeweils betrachteten Fall zu einem positiven Wert führt. Im Beispiel von Bild 5.3c ($D_I = 340$ mm, $D_{II} = 350$ mm, $D_{III} = 340$ mm) sagt man also, das obere Duo besitze $D_{II} - D_I = 10$ mm Unterdruck und keinen Oberdruck, hingegen das untere $D_{II} - D_{III} = 10$ mm Oberdruck und keinen Unterdruck. Natürlich haben diese Begriffe Oberdruck und Unterdruck nichts mit Druckspannungen oder Kräften, also nichts mit dem Wort Walzdruck (= Walzkraft) und erst recht nichts mit den Normaldrücken p_{n1}, p_{n2} auf Ober- und Unterwalze zu tun.

Profile werden im allgemeinen warm — d. h. oberhalb ihrer Rekristallisationstemperatur — gewalzt, Flachquerschnitte sowohl warm als kalt. Zu diesen zählt man *Bänder* und *Bleche*, deren Breite b (Bild 5.3a) groß gegen ihre Austrittshöhe h_A, d. h. gegen die *Blechstärke* ist. Bleche werden nach ihrer Blechstärke in *Grob-* (> 10 mm), *Mittel-* (10...2 mm) und *Feinbleche* (< 2 mm) unterteilt, während man bei Bändern je nach ihrer Breite von *Schmal-* (< 100 mm), *Mittel-* (100...600 mm) und *Breitband* (> 600 mm) spricht [*56*].

Bei der Anwendung der elementaren Theorie beschränken wir uns auf das Flachwalzen speziell von Bändern und Blechen. Wegen deren großer Breite b dürfen wir ebene Umformung voraussetzen und kommen so zum Streifenmodell. Tatsächlich wurde die Grundvoraussetzung II des Streifenmodelles (Abschn. 3.1.1) für das Flachwalzen experimentell gerechtfertigt [*58*]. Darüber hinaus kann man die Erkenntnisse, die wir beim Flachwalzen gewinnen werden, immerhin qualitativ auf das Profilwalzen übertragen und durch empirische Methoden ergänzen [*1*].

5.2 Idealisiertes symmetrisches Kalt-Bandwalzen

Hierunter verstehen wir das ebene, also *breitungsfreie Kaltwalzen* von Flachquerschnitten (Bändern, Blechen) zwischen starren zylindrischen Walzen in einem Duogerüst. Die Ballenlänge B wird dabei größer als die konstante Walzgutbreite b angesetzt, d. h. die Walzen überdecken das Walzgut (vgl. Bild 5.3a). Ober- und Unterwalze haben gleiche Durchmesser, gleiche Winkelgeschwindigkeit und gleiche Reibwerte bzw. -winkel, die man durch Schmierung im allgemeinen so klein halten kann, daß keine Haftreibung auftritt. Insbesondere werden die Walzen mit gleichen Drehmomenten angetrieben. Die Kaltfließkurve des Walzgutes, also die Formänderungsfestigkeit k_e, hängt nach den Abschn. 2.2.2 und 2.3.3 praktisch nur von der Vergleichsformänderung $\overline{\varphi}$, nicht von der Formänderungsgeschwindigkeit ab. Beim Walzen werden die Streifen gestaucht, also $\overline{\varphi} = |\varphi|$, und $k_e = k_e(|\varphi|)$. Auf die durch den Walzvorgang hervorgerufene elastische Deformation der Walzzylinder im

Walzspalt kommen wir erst in Abschn. 5.3.1 zurück. Auch bleiben zunächst Trägheitskräfte ausgeschlossen. Der Walzvorgang wird somit als statisch angesehen. Wir diskutieren dies ausführlich in Abschn. 5.3.5.

5.2.1 Grundgleichung

Es gilt die Grundgleichung (3.2/22) des Fließzustandes für das Streifenmodell. Sie ist hinsichtlich der Bahngeometrie und der Randbedingungen dem Walzvorgang anzupassen.

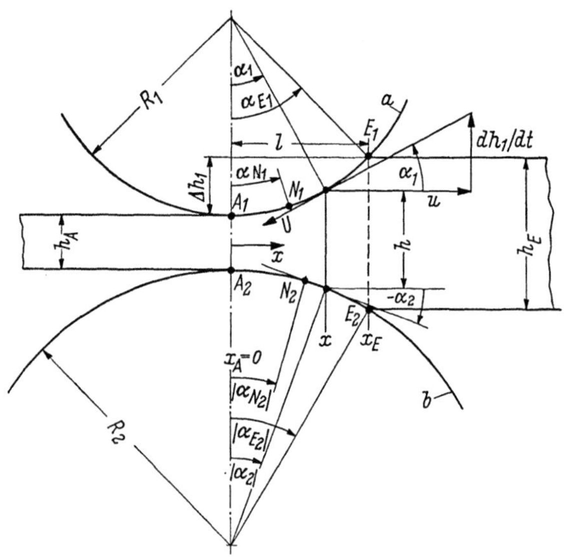

Bild 5.4 Geometrie und Kinematik von Walzen und Walzgut. *a* Oberwalze 1; *b* Unterwalze 2.

Mit den Bezeichnungen von Bild 5.4 und unter Beachtung der Symmetrie

$$R_1 = R_2 = R, \tag{5.2/1}$$

also nach (3.1/3)

$$\alpha_1 = -\alpha_2 = \alpha, \tag{5.2/2}$$

und

$$\nu_1 = \nu_2 = \nu, \tag{5.2/3}$$

folgt dann aus Gl. (3.2/22) für $b_x = b_s = \chi = 0$

$$\frac{dq}{dx} + \frac{2}{h}\left\{[\tan(\nu_{12} - \alpha) + \tan\alpha]\, q + k_e \tan(\nu_{12} - \alpha)\right\} = 0, \qquad (5.2/4)$$

wo aus später ersichtlichen Gründen ν_{12} statt ν geschrieben wurde. Gl. (5.2/4) gilt für Streifenstauchung, positive Bewegung der Streifen und den regulären Teil der Umformzone. Streifenstauchung liegt ohnehin vor, und die Umformzone ist bis auf eine noch zu erwähnende Fließscheide und die Knickstelle am Eintritt $x = x_E$ regulär. Es soll jetzt die Relativbewegung der Streifen gegenüber den Walzen geklärt werden.

Hierzu greifen wir auf Gl. (3.2/20c) zurück, die entsprechend (5.2/4)

$$\frac{dQ}{dx} = 2p \tan(\alpha - \nu_{12}) \qquad (5.2/5)$$

lautet. Integration über die Walzspaltlänge (*gedrückte Länge*) $x_E = l$ gibt mit Bild 5.1

$$T_A - T_E = 2b \int_0^l p \tan(\alpha - \nu_{12})\, dx. \qquad (5.2/6)$$

Für das Walzen ohne Brems- und Haspelzug muß das Integral verschwinden, also $\tan(\alpha - \nu_{12})$ im Walzspalt das Vorzeichen wechseln. Wenn der *Walzwinkel* α_E (Bild 5.4) kleiner als der Reibwinkel ν ist, darf folglich nicht durchweg $\nu_{12} = \nu$ gelten. Gl. (3.2/20c) läßt daneben $\nu_{12} = -\nu$ (negative Bewegung) zu. Auch dies ist nicht im ganzen Walzspalt möglich. Folglich wechselt ν_{12} und damit die Reibspannung auf dem *Berührungsbogen* $\widehat{AE}$ das Vorzeichen. Dort liegt definitionsgemäß eine Fließscheide, die wir hier mit N bezeichnen und in welcher Walze und Walzgut gleiche Oberflächengeschwindigkeit haben. Zu N gehören die Abszisse x_N (statt x_S wie in Abschn. 3.2.1) und der Winkel α_N. N wird auch *neutraler Punkt* (*neutrale Linie*) genannt[1].

Da das Band in Walzrichtung gelängt wird, vergrößert sich seine Geschwindigkeit: es überholt die Walze in N, bleibt also längs des Teil-Berührungsbogens $\widehat{NE}$ hinter ihr zurück (*Nacheil-* oder *Rückstauzone* $\widehat{NE}$, Bild 5.4) und eilt längs des Teil-Berührungsbogens $\widehat{AN}$ vor (*Voreilzone* $\widehat{AN}$, Bild 5.4). In der Nacheilzone $x_N < x \leq x_E$ verschiebt sich der Werkstoff gegen die Walzen in positiver x-Richtung: dort herrscht positive Bewegung. Hierauf also bezieht sich (5.2/4) mit $\nu_{12} = \nu$. Da-

[1] Hiermit ist nicht die durch den Kaliberschwerpunkt gehende neutrale Linie zu verwechseln (vgl. S. 112).

gegen haben wir in der Voreilzone $0 \leq x < x_N$ negative Bewegung und setzen in (5.2/4) $v_{12} = -v$:

$$\left.\begin{array}{llll} v_{12} = -v & \text{für} & 0 \leq x < x_N & \\ & \text{bzw.} & 0 \leq \alpha < \alpha_N & \text{(Voreilzone)}, \\ v_{12} = v & \text{für} & x_N < x \leq x_E & \text{(Nacheilzone,} \\ & \text{bzw.} & \alpha_N < \alpha \leq \alpha_E & \text{Rückstauzone)} \end{array}\right\} \quad (5.2/7)$$

Da im Innern des Walzspaltes keine Bahnknickstellen liegen, muß dort der Längsdruck q stetig sein. Die Bedingung

$$\underset{\text{Voreilzone}}{q(x_N)} = \underset{\text{Nacheilzone}}{q(x_N)} = q_N \quad (5.2/8)$$

legt dann die Fließscheide $x = x_N$ bzw. $\alpha = \alpha_N$ fest. Daneben sind die Werte von q am Austritt und Eintritt vorgegeben:

$$q(x = 0) = q_A = \frac{-T_A}{b h_A} \qquad (T_A = \text{Haspelzug}) \quad (5.2/9)$$

und

$$q(x = x_E) = \frac{-T_E}{b h_E} \qquad (T_E = \text{Bremszug}).$$

Während $\hat{q} = q_A$ an der Stelle $\hat{x} = x_A = 0$ unmittelbar als Anfangswert für die Integration von (5.2/4) angewendet werden kann, muß am Eintritt $\hat{x} = x_E$ noch der durch die Knickstelle bedingte Drucksprung Δq_E berücksichtigt werden. Wir beachten hierzu Abschn. 3.3.1 und entnehmen den Gln. (3.3/8b), (3.3/10) mit $\Delta \tan \alpha_1 = -\Delta \tan \alpha_2 = -\tan \alpha_E$ sowie $\operatorname{sgn} u_k = -1$

$$\Delta_W q(x = x_E) = \frac{k_{eE}}{4} \tan \alpha_E$$

mit $k_{eE} = k_e(x = x_E)$. Da wir Trägheitskräfte nicht berücksichtigen, ist $\Delta_W q_E$ gleichzeitig Δq_E, und durch diesen Drucksprung erhalten wir am Eintritt $\hat{x} = x_E$ die Randbedingung

$$q_E = -\frac{T_E}{b h_E} - \frac{k_{eE}}{4} \tan \alpha_E . \quad (5.2/10)$$

Der Drucksprung wirkt sich also im Sinne eines zusätzlichen Bremszuges aus.

5.2.2 Geometrie und Kinematik

Grundlage für das Folgende ist Bild 5.4 mit $R_1 = R_2 = R$ und $\alpha_1 = |\alpha_2| = \alpha$. Zwischen den Koordinaten x und α gilt

$$x = R \sin \alpha, \tag{5.2/11}$$

also

$$dx = R \cos \alpha \, d\alpha. \tag{5.2/12}$$

Die Walzspalthöhe ist

$$h(\alpha) = h_A + 2R(1 - \cos \alpha), \tag{5.2/13}$$

wofür Reihenentwicklung von $\cos \alpha$ (vgl. [5, S. 80])

$$h(\alpha) = h_A + R\left(\alpha^2 - \frac{\alpha^4}{12} \pm \cdots\right)$$

liefert. Die Walzspalthöhe wird also durch

$$h(\alpha) = h_A + R\alpha^2 \tag{5.2/14}$$

bis einschließlich α^3 genau wiedergegeben, wobei der kreisförmige Berührungsbogen durch eine Parabel ersetzt ist.

Die Höhenabnahme

$$\Delta h = h_E - h_A \tag{5.2/15}$$

bezeichnet man als (absolute) *Stichabnahme*,

$$|\varepsilon_A| = \frac{\Delta h}{h_E} = \frac{h_E - h_A}{h_E} \tag{5.2/16}$$

als bezogene Stichabnahme oder *Stauchgrad* [vgl. (2.1/9)]. Dieser ist bei ebener Formänderung gleich der (positiv gezählten) bezogenen Querschnittsabnahme

$$\frac{F_E - F_A}{F_E} = \frac{h_E - h_A}{h_E}.$$

Mit (5.2/14) gilt näherungsweise

$$|\varepsilon_A| = \frac{\alpha_E^2}{\frac{h_A}{R} + \alpha_E^2}, \tag{5.2/17}$$

woraus die Beziehungen

$$\frac{h_A}{R} = \alpha_E^2 \frac{1 - |\varepsilon_A|}{|\varepsilon_A|}, \qquad \frac{h_E}{R} = \frac{h_E}{h_A} \cdot \frac{h_A}{R} = \frac{\alpha_E^2}{|\varepsilon_A|} \tag{5.2/18}$$

folgen. Für ein Zwischenstadium der Umformung setzt man entsprechend (5.2/16) bzw. (2.1/9)

$$|\varepsilon| = \frac{h_E - h}{h_E} = |\varepsilon_A| \, (1 - \beta^2); \tag{5.2/19}$$

die rechte Seite dieser Formel leitet man mit

$$\beta = \frac{\alpha}{\alpha_E} \tag{5.2/20}$$

als bezogenem Winkel aus (5.2/14) und (5.2/18) her.

Für die gedrückte Länge l gilt nach Bild 5.4

$$l = x_E = R \sin \alpha_E .$$

Wir wollen sie durch Walzenradius und Stichabnahme ausdrücken und entnehmen Bild 5.4 mit $\Delta h_1 = \dfrac{\Delta h}{2}$

$$\left(R - \frac{\Delta h}{2}\right)^2 + l^2 = R^2,$$

woraus

$$l = \sqrt{R\,\Delta h\left(1 - \frac{\Delta h}{4R}\right)} \approx \sqrt{R\,\Delta h}\left(1 - \frac{\Delta h}{8R}\right) \tag{5.2/21}$$

folgt — die letzte Näherung durch Potenzreihenentwicklung der Wurzel bis zum zweiten Glied (vgl. [5, S. 79]). Vernachlässigt man auch dieses, so ergibt sich die geläufige Formel

$$l = \sqrt{R\,\Delta h}\,. \tag{5.2/22}$$

Wir kommen jetzt zur Kinematik. An Ober- und Unterbahn ist

$$U_1 = U_2 = U = R\omega \tag{5.2/23}$$

die Walzenumfangsgeschwindigkeit,

$$\omega_1 = \omega_2 = \omega = 2\pi n \tag{5.2/24}$$

die Winkelgeschwindigkeit und n die Drehzahl der Walzen. n und damit ω, U werden als konstant vorausgesetzt. Ein Werkstoffstreifen der momentanen Lage $X(t)$ hat die Geschwindigkeit $u = \frac{dX}{dt}$. Von der Werkzeuggeschwindigkeit U fällt die Komponente $-U \cos \alpha$ in die positive x-Richtung (Bild 5.4). Daraus folgt als Walzgutgeschwindigkeit relativ zu den Walzen in x-Richtung

$$u_{\text{rel}}(\alpha) = u(\alpha) - (-U \cos \alpha) = u + U \cos \alpha. \qquad (5.2/25)$$

Für die Fließscheide $\alpha = \alpha_N$ gilt die Haftbedingung

$$u_{\text{rel}}(\alpha_N) = u(\alpha_N) + U \cos \alpha_N = 0,$$

also

$$u(\alpha_N) = u_N = -U \cos \alpha_N. \qquad (5.2/26)$$

Das negative Vorzeichen ergibt sich, weil das Walzgut in negativer x-Richtung läuft, ist also eine (unbequeme) Folge der Koordinatenfestlegung. Für einen raumfesten Beobachter ($x = \text{const}$) ändert sich die Walzspalthöhe h nicht. Setzt man also in (3.2/2)

$$\partial h / \partial t = 0, \qquad (5.2/27)$$

so erhält man

$$u h = u_A h_A = u_E h_E = u_N h_N. \qquad (5.2/28)$$

Hieraus folgt wegen (5.2/26), (5.2/13) für die Bandgeschwindigkeit

$$u(\alpha) = u_N \frac{h_N}{h} = -U \cos \alpha_N \frac{h_A/R + 2(1 - \cos \alpha_N)}{h_A/R + 2(1 - \cos \alpha)}, \qquad (5.2/29\text{a})$$

woraus näherungsweise nach Entwicklung des Cosinus in eine Potenzreihe (vgl. [5, S. 80])

$$u(\alpha) = -U \frac{h_A/R + \left(1 - \frac{h_A}{2R}\right) \alpha_N^2}{h_A/R + \alpha^2} \qquad (5.2/29\text{b})$$

wird. Hier sind in Zähler und Nenner alle Glieder bis einschließlich dritter Ordnung von α, α_N berücksichtigt. Für den Eintrittsquerschnitt gilt

$$u(\alpha_E) = u_E = -U \cos \alpha_N \frac{h_A/R + 2(1 - \cos \alpha_N)}{h_E/R} \qquad (5.2/30\text{a})$$

oder näherungsweise

$$u_E = -U \frac{h_A/R + \left(1 - \frac{h_A}{2R}\right) \alpha_N^2}{h_E/R}, \tag{5.2/30b}$$

für den Austrittsquerschnitt entsprechend

$$u(0) = u_A = -U \cos \alpha_N \left[1 + 2 \frac{R}{h_A} (1 - \cos \alpha_N)\right] \tag{5.2/31a}$$

oder angenähert

$$u_A = -U \left[1 + \left(\frac{R}{h_A} - \frac{1}{2}\right) \alpha_N^2\right]. \tag{5.2/31b}$$

Die Gln. (5.2/30), (5.2/31) gestatten es, aus Messungen von Band- und Walzengeschwindigkeit die Lage der sich entsprechend (5.2/8) allein durch das Kräftespiel einstellenden Fließscheide $\alpha = \alpha_N$ zu bestimmen. Näherungsweise gilt mit (5.2/30b) wegen $u_E < 0$, also $u_E = -|u_E|$

$$\alpha_N = \sqrt{\frac{(|u_E|/U) h_E - h_A}{R - h_A/2}}, \tag{5.2/32}$$

desgleichen mit (5.2/31b)

$$\alpha_N = \sqrt{\frac{(|u_A|/U) - 1}{\frac{R}{h_A} - \frac{1}{2}}} = \sqrt{\frac{f_A}{\frac{R}{h_A} - \frac{1}{2}}}. \tag{5.2/33}$$

Hier bedeutet f_A die *Voreilung*, d. h. den Betrag der auf die Horizontalkomponente $-U \cos \alpha$ der Walzenumfangsgeschwindigkeit U bezogenen Relativgeschwindigkeit u_{rel} am Walzenaustritt

$$f_A = \frac{|u_A| - U}{U}. \tag{5.2/34}$$

Entsprechend definiert man am Walzeneintritt die *Nacheilung* (*Rückstau*)

$$f_E = \frac{U \cos \alpha_E - |u_E|}{U \cos \alpha_E}. \tag{5.2/35}$$

Wir werden ferner gelegentlich den Verlauf der Formänderungsgeschwindigkeit λ im Walzspalt benötigen. Gemäß Gl. (3.2/4) gilt hier

$$\lambda = \frac{dh/dt}{h},$$

und wenn man den Zähler[1] unter Beachtung von (5.2/2), (5.2/27) durch die dritte Gl. (3.2/3), den Nenner durch (5.2/13) ersetzt,

$$\lambda = \frac{2u \tan\alpha}{h_A + 2R(1 - \cos\alpha)} \tag{5.2/36a}$$

oder näherungsweise mit (5.2/16) und $\tan\alpha = \alpha + \frac{\alpha^3}{3} + \cdots$ (vgl. [5, S. 80])

$$\lambda = \frac{2u\alpha}{h_A + R\alpha^2}, \tag{5.2/36b}$$

wo jetzt Zähler und Nenner bis einschließlich der zweiten Potenz von α richtig sind. Wegen $u < 0$ gilt $\lambda < 0$: die Streifen werden gestaucht und das Walzgut in Walzrichtung gelängt. Die Formänderung im Walzspalt wird nach (2.1/4) und (5.2/13) durch

$$\varphi = \ln\frac{h}{h_E} = -\ln\frac{h_A + 2R(1 - \cos\alpha_E)}{h_A + 2R(1 - \cos\alpha)} \tag{5.2/37}$$

beschrieben, was auch durch Integration von (5.2/36a) folgt.

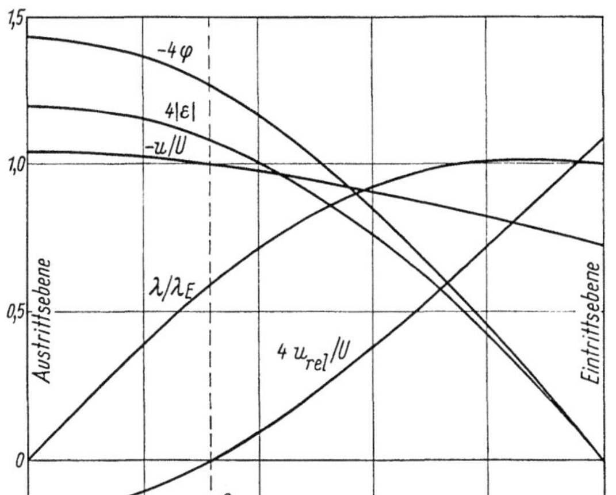

Bild 5.5 Bezogene Walzgutgeschwindigkeit u/U, bezogene Relativgeschwindigkeit u_{rel}/U, bezogene Formänderungsgeschwindigkeit λ/λ_E, Formänderung φ und Stauchgrad $|\varepsilon|$ in Abhängigkeit vom bezogenen Winkel $\beta = \frac{\alpha}{\alpha_E}$ für $R/h_E = 100$, $|\varepsilon_A| = 0{,}30$ und $\beta_N = 0{,}317$.

Anhand eines charakteristischen Beispiels wollen wir die Formeln dieses Abschnittes numerisch auswerten. Dem Beispiel liegen die Daten $h_E = 5{,}0$ mm;

---

[1] Die Beziehung $\frac{dh}{dt} = 2u \tan\alpha$ liest man auch sofort aus Bild 5.4 ab.

$h_A = 3{,}5$ mm; $R = 500$ mm; $U = 5{,}0$ m/s und $|u_E| = 3{,}65$ m/s ($u_E = -3{,}65$ m/s) zugrunde. Wir ermitteln daraus:

1. Stichabnahme nach (5.2/15) $\Delta h = 1{,}5$ mm.
2. Bezogene Stichabnahme nach (5.2/16) $|\varepsilon_A| = 0{,}30$.
3. Gedrückte Länge nach (5.2/21) $l = 27{,}4$ mm.
4. Walzwinkel α_E nach Näherung (5.2/14) $\alpha_E = 0{,}0548 = 3{,}14°$.
5. Winkelgeschwindigkeit der Walzen nach (5.2/23) $\omega = 10/\mathrm{s}$. Walzendrehzahl nach (5.2/24) $n = 1{,}59/\mathrm{s} = 95{,}4/\mathrm{min}$.
6. Bandaustrittsgeschwindigkeit nach (5.2/28) $|u_A| = 5{,}214$ m/s; $u_A = -5{,}214$ m/s.
7. Voreilung nach (5.2/34) $f_A = 0{,}0428$.
8. Nacheilung nach (5.2/35) $f_E = 0{,}269$.
9. Lage der Fließscheide nach (5.2/32) $\alpha_N = 0{,}01736 = 0{,}995°$.
10. Bezogene Lage der Fließscheide nach (5.2/20)

$$\beta_N = \frac{\alpha_N}{\alpha_E} = 0{,}317.$$

Der Verlauf von $u, u_{\mathrm{rel}}, \lambda, \varphi$ sowie $|\varepsilon| = \dfrac{h_E - h}{h_E}$ ist in Bild 5.5 als Funktion des bezogenen Walzwinkels β wiedergegeben. Obschon Bild 5.5 die Verhältnisse nur für die dort angegebenen Daten $R/h_E = 100$, $|\varepsilon_A| = 0{,}30$ und $\beta_N = 0{,}317$ numerisch festlegt, gelten die Kurven qualitativ für die Mehrzahl aller Walzstiche. Wir entnehmen Bild 5.5, daß der Werkstoff hauptsächlich im Eintrittsbereich umgeformt wird. $u_{\mathrm{rel}} = 0$ legt definitionsgemäß die Fließscheide fest.

5.2.3 Druckverteilung im Walzspalt

Wir gehen vom Längsdruck q (Druck in Walzrichtung) aus und schreiben die Grundgleichung (5.2/4) mittels (5.2/12) in eine Differentialgleichung nach α um:

$$\frac{dq}{d\alpha} + \frac{2R\cos\alpha}{h}\left\{[\tan(\nu_{12} - \alpha) + \tan\alpha]\, q + k_e \tan(\nu_{12} - \alpha)\right\} = 0; \qquad (5.2/38)$$

$h = h(\alpha)$ gehorcht Gl. (5.2/13), $\nu_{12} = \nu_{12}(\alpha)$ Gl. (5.2/7). Es existiert dann jedoch selbst für idealplastischen Werkstoff $k_e = \mathrm{const}$ keine geschlossene Lösungsformel $q = q(\alpha)$, die man etwa gemäß der in (3.2/24) angeführten allgemeinen Lösung finden könnte. Vielmehr ist man auf Näherungsmethoden angewiesen. Je nach deren Art werden dann in der Literatur *Walztheorien* unterschieden, obwohl ihnen letztlich das gleiche physikalische Modell zugrunde liegt: wir sprechen besser von Rechenverfahren.

5.2.3.1 Lösung durch Potenzreihenansatz. Eine Näherungslösung, an der zugleich verschiedene, für den Walzvorgang wichtige Fragen erörtert werden können, erhält man durch einen Potenzreihenansatz

$$q(\alpha) = q(\hat{\alpha}) + \sum_{i=1}^{r} a_i (\alpha - \hat{\alpha})^i, \qquad (5.2/39)$$

wo $\alpha = \hat{\alpha}$ einen festen Querschnitt im Walzspalt kennzeichnet. Setzt man (5.2/39) in (5.2/38) ein und entwickelt dort auch die anderen auftretenden Funktionen in Potenzreihen um $\alpha = \hat{\alpha}$, so erhält man algebraische Rekursionsformeln für die noch unbekannten Faktoren a_i. Mit ihnen liefert (5.2/39) für $r \to \infty$ im allgemeinen die wahre Lösung, für endliches r je nach dem Grad der hier im Lösungsbereich $0 \leq \alpha \leq \alpha_E$[1] gegebenen Konvergenz eine Näherungslösung. Man wird sich oft mit einem quadratischen Ansatz ($r = 2$), ja in vielen Fällen sogar mit einem linearen Ansatz ($r = 1$) begnügen. Wir zeigen die Vorgehensweise (vgl. z. B. [*36*]) für die Voreilzone und entwickeln hier um $\hat{\alpha} = \alpha_A = 0$:

Der Ansatz (5.2/39) liefert für $r = 2$ und $\hat{\alpha} = 0$

$$q(\alpha) = q_A + a_1 \alpha + a_2 \alpha^2, \qquad (5.2/40)$$

also

$$\frac{dq}{d\alpha} = a_1 + 2 a_2 \alpha. \qquad (5.2/41)$$

Damit werden im ersten Glied von Gl. (5.2/38) nur die in α linearen Anteile berücksichtigt, so daß man insgesamt auf alle höheren Anteile verzichten kann. Es genügt dann

$$k_e = k_{eA} \qquad (5.2/42)$$

konstant gleich der Festigkeit am Austritt zu setzen. Faßt man nämlich k_e als Funktion von $|\varepsilon|$ auf und entwickelt

$$k_e = k_{eA} \cdot [1 + k_1 (|\varepsilon| - |\varepsilon_A|) + \cdots],$$

so folgt wegen (5.2/19) und (5.2/20) bereits

$$k_e = k_{eA} \left[1 - k_1 \, |\varepsilon_A| \, \frac{\alpha^2}{\alpha_E^2} + \cdots \right].$$

---

[1] Vgl. [*36*]. Für dünne Bleche, d. h. kleine Werte h_A/R, ist der Konvergenzbereich zu klein und das Verfahren problematisch.

Beachtet man schließlich $\mu = \tan \nu$, nach (5.2/7) $\nu_{12} = -\nu$ sowie (vgl. [*5*, S. 79/80 und S. 87])

$$\tan(\nu + \alpha) = \tan \nu + \alpha(1 + \tan^2 \nu) + \cdots;$$

$$\tan \alpha = \alpha + \cdots; \qquad \cos \alpha = 1 - \frac{\alpha^2}{2} + \cdots,$$

so erhält man aus (5.2/38) die Gleichung

$$\frac{dq}{d\alpha} = \frac{2R}{h_A}\left\{(\mu + \mu^2\alpha)\, q + k_{eA}[\mu + \alpha(1 + \mu^2)]\right\} + \alpha^2 \cdots. \qquad (5.2/43)$$

Wir substituieren nun den Ansatz (5.2/40) für q auf der rechten Seite von (5.2/43) und setzen dann die Koeffizienten von α^0, α^1 gleich den entsprechenden Koeffizienten in Gl. (5.2/41)

$$a_1 = \frac{2R}{h_A}\mu q_A + \frac{2R}{h_A}\mu k_{eA} = \frac{2\mu R}{h_A}(q_A + k_{eA}),$$

$$2a_2 = \frac{2R}{h_A}\mu^2 q_A + \frac{2R}{h_A}\mu a_1 + \frac{2R}{h_A}k_{eA}(1 + \mu^2) =$$

$$= \frac{2R}{h_A}\left\{q_A \mu^2\left(1 + \frac{2R}{h_A}\right) + k_{eA}\left[1 + \mu^2\left(1 + \frac{2R}{h_A}\right)\right]\right\}.$$

Als Lösung für die Voreilzone ergibt sich somit

$$q(\alpha) = q_A\left[1 + \frac{2R}{h_A}\mu\alpha + \frac{R}{h_A}\mu^2\left(1 + \frac{2R}{h_A}\right)\alpha^2\right] +$$

$$+ k_{eA}\frac{R}{h_A}\left\{2\mu\alpha + \left[1 + \mu^2\left(1 + \frac{2R}{h_A}\right)\right]\alpha^2\right\}, \quad 0 \leq \alpha \leq \alpha_N. \qquad (5.2/44)$$

Im Eintrittsbereich (Nacheilzone) verfahren wir entsprechend, beachten jedoch wegen (5.2/7) $\nu_{12} = \nu$. Mit $r = 2$, $\hat{\alpha} = \alpha_E$ folgt als Lösungsansatz nach (5.2/39)

$$q(\alpha) = q_E + a_1(\alpha - \alpha_E) + a_2(\alpha - \alpha_E)^2, \qquad (5.2/45)$$

somit

$$\frac{dq}{d\alpha} = a_1 + 2a_2(\alpha - \alpha_E). \qquad (5.2/46)$$

Hier müssen einige Worte über den Gültigkeitsbereich beider Formeln (5.2/40) und (5.2/45) eingeschoben werden. Gl. (5.2/38) erfüllt man durch die Reihenansätze jeweils nur bis zum linearen Glied in α. Hierdurch wird insbesondere die geometrische Walzenkontur durch ihre Tangenten in den Punkten $\hat{\alpha} = 0$, $\hat{\alpha} = \alpha_E$ ersetzt. Sie schneiden einander in M (Bild 5.6); der zu M gehörige Winkel $\alpha_M = \frac{\alpha_E}{2}$ stellt eine natürliche Grenze zwischen beiden Ansätzen (5.2/40), (5.2/45) dar. Andererseits beziehen sie sich auf die Voreil- und Nacheilzone, gehen also nicht über

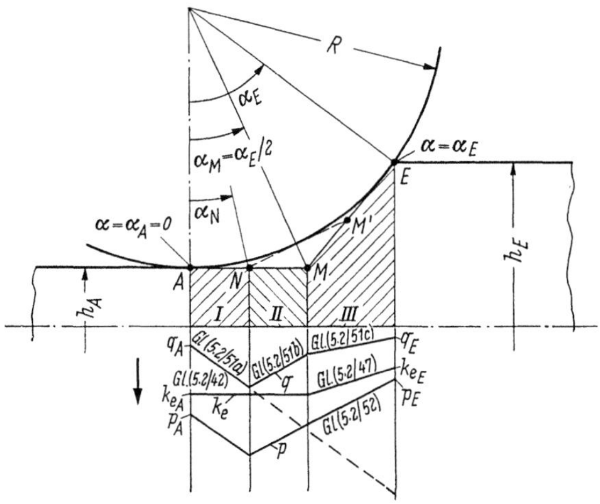

Bild 5.6 Ersatz der Walzenbahn durch ebene Teilflächen. Idealisierte Druckverteilung und Formänderungsfestigkeit im Walzspalt.

die Fließscheide N hinaus. Wir greifen den Ergebnissen vor und stellen fest, daß N (außer bei starkem Haspelzug) näher am Austritt A liegt. Dann liefert Bild 5.6 drei Bereiche:

$$\text{I.}\quad 0 \leq \alpha < \alpha_N;$$

$$\text{II.}\quad \alpha_N < \alpha \leq \alpha_E/2;$$

$$\text{III.}\quad \alpha_E/2 \leq \alpha \leq \alpha_E.$$

In den Bereichen I, II der Näherungskontur bleibt die Streifenhöhe h[1], also auch die Formänderung $|\varphi|$ konstant: es gilt (5.2/42).

Für den Bereich III genügt ein linearer Ansatz

$$k_e(\alpha) = k_{eE} + \frac{k_{eA} - k_{eE}}{\alpha_E/2}(\alpha_E - \alpha), \tag{5.2/47}$$

[1] Genauer wäre die durch den Polygonzug $ANM'E$ ersetzte Walzbahn, die jedoch wegen des zunächst noch offenen neutralen Punktes N, der seinerseits M' festlegt, zu große rechnerische Schwierigkeiten bereitet.

der im Punkte $\alpha_M = \frac{\alpha_E}{2}$ seinen Endwert k_{eA} erreicht und damit stetig an k_e im Bereich II anschließt.

Zur Lösung von Gl. (5.2/38) werden jetzt deren Koeffizienten nach der für beliebige Funktionen $f(\alpha)$ gültigen TAYLORschen Formel (vgl. [5, S. 87])

$$f(\alpha) = f(\hat{\alpha}) + (\alpha - \hat{\alpha}) \left(\frac{df}{d\alpha}\right)_{\alpha=\hat{\alpha}} + \cdots \tag{5.2/48}$$

entwickelt und geben mit (5.2/13) sowie $\nu_{12} = \nu$, $\hat{\alpha} = \alpha_E$

$$\frac{2R \cos\alpha\,[\tan(\nu - \alpha) + \tan\alpha]}{h(\alpha)} = \frac{\cos\alpha_E\,[\tan(\nu - \alpha_E) + \tan\alpha_E]}{h_E/(2R)} \times$$
$$\times \left\{1 - (\alpha - \alpha_E)\left[\tan(\nu - \alpha_E) + \frac{2R}{h_E}\sin\alpha_E\right]\right\},$$

$$\frac{2R\cos\alpha\tan(\nu - \alpha)}{h(\alpha)} = \frac{\cos\alpha_E\tan(\nu - \alpha_E)}{h_E/(2R)} - \frac{(\alpha - \alpha_E)}{h_E/(2R)} \times$$
$$\times \left[\left(1 + \frac{2R}{h_E}\cos\alpha_E\right)\sin\alpha_E\tan(\nu - \alpha_E) + \left(1 + \tan^2(\nu - \alpha_E)\right)\cdot\cos\alpha_E\right].$$

Dann folgt aus (5.2/38) mit (5.2/45), (5.2/46), (5.2/47) durch Vergleich der Koeffizienten von $(\alpha - \alpha_E)^0$, $(\alpha - \alpha_E)^1$

$$q(\alpha) = q_E \left\langle 1 + \frac{2R}{h_E}\cos\alpha_E\left(\tan(\nu - \alpha_E) + \tan\alpha_E\right) \times \right.$$
$$\times \left\{(\alpha_E - \alpha) + \frac{1}{2}\left[\left(1 + \frac{2R}{h_E}\cos\alpha_E\right)\tan(\nu - \alpha_E) + \frac{4R}{h_E}\sin\alpha_E\right] \times \right.$$
$$\left.\left. \times (\alpha_E - \alpha)^2\right\}\right\rangle + k_{eE}\frac{R}{h_E}\cos\alpha_E \left\langle 2\tan(\nu - \alpha_E)(\alpha_E - \alpha) + \right.$$
$$+ \left\{1 + \tan(\nu - \alpha_E)\cdot\left[\left(\tan(\nu - \alpha_E) + \tan\alpha_E\right)\left(1 + \frac{2R}{h_E}\cos\alpha_E\right) + \right.\right.$$
$$\left.\left.\left. + \frac{2R}{h_E}\sin\alpha_E + \frac{2}{\alpha_E}\left(\frac{k_{eA}}{k_{eE}} - 1\right)\right]\right\}(\alpha_E - \alpha)^2\right\rangle, \tag{5.2/49}$$
$$\frac{\alpha_E}{2} \leq \alpha \leq \alpha_E.$$

Zu untersuchen ist jetzt noch der Lösungsbereich II von Bild 5.6, der sich von $\alpha = \alpha_N$ bis $\alpha = \alpha_M = \frac{\alpha_E}{2}$ erstreckt. Hier gilt die Geometrie und Kinematik von Bereich I (Bild 5.6), jedoch wie im Bereich III $\nu_{12} = \nu$, d. h. Gl. (5.2/43) mit umgekehrten Vorzeichen von μ. Als Randwert haben wir $q\left(\alpha_M = \frac{\alpha_E}{2}\right) = q_M$ aus Gl. (5.2/49), setzen (5.2/39) mit $\hat{\alpha} = \alpha_M$ in die modifizierte Gl. (5.2/43) ein und finden wie zuvor

$$q(\alpha) = \left\langle 1 + \frac{R}{h_A}\left\{\mu(2 - \mu\alpha_E)\left(\frac{\alpha_E}{2} - \alpha\right) + \mu^2\left[1 + \frac{2R}{h_A}\left(1 - \frac{\mu\alpha_E}{2}\right)^2\right] \times \right.\right.$$
$$\left.\left. \times \left(\frac{\alpha_E}{2} - \alpha\right)^2\right\}\right\rangle q_M + \frac{R}{h_A}\left\langle\left\{2\mu - \alpha_E(1 + \mu^2)\right\}\left(\frac{\alpha_E}{2} - \alpha\right) + \right.$$
$$\left. + \left\{1 + \mu^2 + \frac{R}{h_A}\mu(2 - \mu\alpha_E)\left[\mu - \frac{\alpha_E}{2}(1 + \mu^2)\right]\right\} \cdot \left(\frac{\alpha_E}{2} - \alpha\right)^2\right\rangle k_{eA},$$
$$\alpha_N \leq \alpha \leq \frac{\alpha_E}{2}. \qquad (5.2/50)$$

Die Gln. (5.2/44), (5.2/49), (5.2/50) beschreiben näherungsweise den Längsdruck q unter der Voraussetzung, daß der neutrale Punkt N zwischen A und M liegt (Bild 5.6).

Da μ und α_E klein sind, kann man μ^2 und α_E^2 gegen 1 vernachlässigen. Das bedeutet

$$\sin\alpha_E = \tan\alpha_E = \alpha_E, \quad \tan(\nu - \alpha_E) = \mu - \alpha_E, \quad \cos\alpha_E = 1.$$

Berücksichtigt man ferner (5.2/18) und (5.2/20), so erhält man

$$q(\beta) = q_A\left[1 + \frac{2|\varepsilon_A|}{1 - |\varepsilon_A|}\frac{\mu}{\alpha_E}\beta + \frac{2\varepsilon_A^2}{(1 - |\varepsilon_A|)^2}\left(\frac{\mu}{\alpha_E}\right)^2\beta^2\right] +$$
$$+ k_{eA}\frac{|\varepsilon_A|}{1 - |\varepsilon_A|}\left\{2\frac{\mu}{\alpha_E}\beta + \left[1 + \frac{2|\varepsilon_A|}{1 - |\varepsilon_A|}\left(\frac{\mu}{\alpha_E}\right)^2\right]\beta^2\right\},$$
$$0 \leq \beta \leq \beta_N, \qquad (5.2/51\,\text{a})$$

$$q(\beta) = q_M\left[1 + \frac{2|\varepsilon_A|}{1 - |\varepsilon_A|}\frac{\mu}{\alpha_E}\left(\frac{1}{2} - \beta\right) + \frac{2\varepsilon_A^2}{(1 - |\varepsilon_A|)^2}\left(\frac{\mu}{\alpha_E}\right)^2\left(\frac{1}{2} - \beta\right)^2\right] +$$
$$+ k_{eA}\frac{|\varepsilon_A|}{1 - |\varepsilon_A|}\left\{2\left(\frac{\mu}{\alpha_E} - \frac{1}{2}\right)\left(\frac{1}{2} - \beta\right) + \left[1 + \frac{2|\varepsilon_A|}{1 - |\varepsilon_A|}\frac{\mu}{\alpha_E} \times \right.\right.$$
$$\left.\left. \times \left(\frac{\mu}{\alpha_E} - \frac{1}{2}\right)\right]\left(\frac{1}{2} - \beta\right)^2\right\}, \qquad \beta_N \leq \beta \leq \frac{1}{2}, \qquad (5.2/51\,\text{b})$$

$$q(\beta) = q_E\left[1 + 2|\varepsilon_A|\frac{\mu}{\alpha_E}(1 - \beta) + 2\varepsilon_A^2\frac{\mu}{\alpha_E}\left(\frac{\mu}{\alpha_E} + 1\right)(1 - \beta)^2\right] +$$
$$+ k_{eE}|\varepsilon_A|\left\{2\left(\frac{\mu}{\alpha_E} - 1\right)(1 - \beta) + \left[1 + 2\left(\frac{\mu}{\alpha_E} - 1\right)\left(\frac{k_{eA}}{k_{eE}} - 1\right) + \right.\right.$$
$$\left.\left. + 2|\varepsilon_A|\left(\left(\frac{\mu}{\alpha_E}\right)^2 - 1\right)\right](1 - \beta)^2\right\}, \qquad \frac{1}{2} \leq \beta \leq 1. \qquad (5.2/51\,\text{c})$$

Der *Querdruck* $p = p(\alpha)$ folgt mit dem Fließkriterium (3.2/20a) zu

$$p(\alpha) = q(\alpha) + k_e(\alpha), \tag{5.2/52}$$

wobei die Formänderungsbeschleunigung vernachlässigt worden ist. Als Normal- oder Walzdruck erhalten wir dann über (3.2/15)

$$\left.\begin{aligned} p_n &= \frac{p}{1-\mu\tan\alpha}, & 0 \leq \alpha < \alpha_N, \\ p_n &= \frac{p}{1+\mu\tan\alpha}, & \alpha_N < \alpha \leq \alpha_E. \end{aligned}\right\} \tag{5.2/53}$$

In Bild 5.6 ist eine idealisierte Druckverteilung über den Walzspalt entsprechend den Gln. (5.2/51), (5.2/52) gezeichnet. Beginnend mit q_A am Austritt findet man den Kurvenzug $q(\beta)$ entsprechend (5.2/51a), den man, da die Lage β_N der Fließscheide noch unbekannt ist, zunächst über den ganzen Walzspalt auszudehnen hat. Nunmehr beginnt man mit q_E und (5.2/51c) am Eintritt $\beta = 1$, erstreckt die Kurve bis $\beta = \beta_M = \frac{1}{2}$ und setzt sie von da entsprechend (5.2/51b) fort. Dieser Verlauf schneidet den anfangs aufgetragenen (5.2/51a) in der Fließscheide β_N und legt diese damit entsprechend (5.2/8) fest. $k_e(\beta)$ wird gemäß (5.2/42), (5.2/47) ergänzt, und p folgt aus (5.2/52).

5.2.3.2 Rechenverfahren von Bland und Ford. Eine vielfach angewendete Näherungslösung der Grundgleichung (5.2/38) stammt von Bland und Ford [*59*]. Zur Herleitung gehen wir von (5.2/5) aus und erhalten mit (5.2/12)

$$\frac{dQ}{d\alpha} = 2R\cos\alpha\tan(\alpha - \nu_{12})\,p. \tag{5.2/54}$$

Da nach (3.2/11) und (3.2/20a)

$$Q = hq = h(p - k_e) = h k_e\left(\frac{p}{k_e} - 1\right),$$

folgt

$$\frac{dQ}{d\alpha} = h k_e \frac{d}{d\alpha}\left(\frac{p}{k_e}\right) + \frac{q}{k_e}\frac{d}{d\alpha}(h k_e).$$

Bland und Ford postulieren

$$\left|\frac{q}{k_e}\frac{d}{d\alpha}(h k_e)\right| \ll \left|h k_e \frac{d}{d\alpha}\left(\frac{p}{k_e}\right)\right|, \tag{5.2/55}$$

so daß mit

$$\frac{dQ}{d\alpha} = h k_e \frac{d}{d\alpha}\left(\frac{p}{k_e}\right)$$

die Grundgleichung in

$$h k_e \frac{d}{d\alpha}\left(\frac{p}{k_e}\right) = 2R \cos\alpha \tan(\alpha - \nu_{12}) p$$

übergeht. Diese Beziehung führt mit (5.2/14) und $\cos\alpha \approx 1$, $\tan(\alpha - \nu_{12}) \approx \alpha \pm \mu$ auf die Ausgangsgleichung von Bland und Ford

$$\frac{\frac{d}{d\alpha}\left(\frac{p}{k_e}\right)}{\left(\frac{p}{k_e}\right)} = \frac{2R(\alpha \pm \mu)}{h_A + R\alpha^2}, \tag{5.2/56}$$

die sich geschlossen integrieren läßt. Hierin gilt wegen (5.2/7) $+\mu$ für die Voreilzone, $-\mu$ für die Nacheilzone. Das an die Randbedingungen (5.2/9) und (5.2/10) angepaßte Integral von (5.2/56) lautet[1]

$$p(\alpha) = \left(1 + \frac{q_A}{k_{eA}}\right)\frac{k_e h}{h_A} \exp\left[2\mu \sqrt{\frac{R}{h_A}} \arctan\left(\sqrt{\frac{R}{h_A}}\,\alpha\right)\right], \qquad 0 \leq \alpha \leq \alpha_N, \tag{5.2/57a}$$

$$p(\alpha) = \left(1 + \frac{q_E}{k_{eE}}\right)\frac{k_e h}{h_E} \exp\left[2\mu \sqrt{\frac{R}{h_A}} \left(\arctan\left(\sqrt{\frac{R}{h_A}}\,\alpha_E\right) - \right.\right.$$
$$\left.\left. - \arctan\left(\sqrt{\frac{R}{h_A}}\,\alpha\right)\right)\right], \qquad \alpha_N \leq \alpha \leq \alpha_E. \tag{5.2/57b}$$

(5.2/57) liefert die Verteilung des Querdruckes p im Walzspalt bei veränderlicher Formänderungsfestigkeit $k_e = k_e(\alpha)$ und entspricht so den Gln. (5.2/51) zusammen mit (5.2/52).

Die Bedingung (5.2/55) verlangt $h k_e \approx \text{const}$ im Walzspalt, also mit (5.2/19)

$$k_e \approx \frac{h_E k_{eE}}{h} = \frac{k_{eE}}{1 - |\varepsilon|}. \tag{5.2/58}$$

In der Voreilzone sind h, k_e tatsächlich in erster Näherung konstant [Bild 5.6; vgl. auch (5.2/14), (5.2/42)]. Die Ungleichung (5.2/55) ist also vor allem in der Nacheilzone verletzt, wo sich h, k_e stärker ändern. Die Nacheilzone wird durch Bremszug vergrößert (vgl. Ziff. 5.2.7.1). In der

---

[1] Zur Platzersparnis wird $\exp z$ statt e^z geschrieben.

Tat stellten u. a. HESSENBERG und SIMS [*60*] durch Vergleich berechneter und gemessener Werte von Walzkraft und Drehmoment fest, daß das Verfahren von BLAND und FORD außer bei starkem Bremszug gute Resultate zeitigt. Um auch jenen zu erfassen, haben BLAND und SIMS [*61*] die Gln. (5.2/57) wie folgt modifiziert:

Schreibt man Gl. (5.2/38) in erster Näherung für kleine ν, α hin und ersetzt q mittels (5.2/52) durch p, so hat man wegen (5.2/7) [Vorzeichenregelung entsprechend Gl. (5.2/56)]

$$h\,\frac{dp}{d\alpha} - h\,\frac{dk_e}{d\alpha} - 2k_e R\alpha = \pm 2R\mu p\,.$$

Von dieser in p linearen DGl. sei für die Randbedingungen $q_A = 0 = q_E$ die Lösung $p(\alpha) = p_0(\alpha)$ bekannt, d. h.

$$h\,\frac{dp_0}{d\alpha} - h\,\frac{dk_e}{d\alpha} - 2k_e R\alpha = \pm 2R\mu p_0\,.$$

Die Differenz beider Gleichungen ergibt

$$h\,\frac{d(p_0 - p)}{d\alpha} = \pm 2R\mu(p_0 - p)$$

oder

$$\frac{d(p_0 - p)}{(p_0 - p)} = \pm\,\frac{2R\mu}{h_A + R\alpha^2}\,d\alpha\,,$$

woraus durch Integration, zunächst mit einer unbekannten Konstanten C,

$$p_0 - p = C\exp\left[\pm\,2\mu\sqrt{\frac{R}{h_A}}\,\text{arc tan}\left(\sqrt{\frac{R}{h_A}}\,\alpha\right)\right] \qquad (5.2/59)$$

folgt. BLAND und SIMS führen als p_0 die Lösung von BLAND und FORD (5.2/57) für $q_A = 0 = q_E$ ein und berücksichtigen die wirklichen Randbedingungen $p_A = k_{eA} + q_A$, $p_E = k_{eE} + q_E$ dann durch geeignete Wahl der Konstanten C in (5.2/59). Dies gibt mit (5.2/57)

$$p(\alpha) = \left(\frac{k_e h}{h_A} + q_A\right)\exp\left[2\mu\sqrt{\frac{R}{h_A}}\,\text{arc tan}\left(\sqrt{\frac{R}{h_A}}\,\alpha\right)\right], \qquad 0 \le \alpha \le \alpha_N, \qquad (5.2/60\,\text{a})$$

$$p(\alpha) = \left(\frac{k_e h}{h_E} + q_E\right)\exp\left[2\mu\sqrt{\frac{R}{h_A}}\left(\text{arc tan}\left(\sqrt{\frac{R}{h_A}}\,\alpha_E\right) - \text{arc tan}\left(\sqrt{\frac{R}{h_A}}\,\alpha\right)\right)\right], \qquad \alpha_N \le \alpha \le \alpha_E. \qquad (5.2/60\,\text{b})$$

Beide Lösungen (5.2/60) und (5.2/57) sind sehr ähnlich: geändert ist nur der jeweils zweite Summand in der ersten Klammer, nämlich

(BLAND und FORD)		(BLAND und SIMS)
$q_A \left(\frac{k_e}{k_{eA}}\right)\left(\frac{h}{h_A}\right)$	$\rightarrow$	q_A,
$q_E \left(\frac{k_e}{k_{eE}}\right)\left(\frac{h}{h_E}\right)$	$\rightarrow$	q_E.

Da in der Voreilzone $k_e \approx k_{eA}$, $h \approx h_A$, erkennt man, daß vornehmlich die Nacheilzone von der Änderung betroffen ist. BLAND und SIMS haben die Gln. (5.2/60) für starken Bremszug anhand von Versuchsdaten geprüft [*61*] und gute Übereinstimmung festgestellt.

5.2.3.3 Weitere Ansätze und Verfahren, geschichtlicher Abriß, Vergleich mit Messungen. Die Grundgleichung (5.2/38) läßt sich natürlich ohne jede Vernachlässigung und für beliebige Verteilung von Formänderungsfestigkeit, Reibwert und Walzguthöhe (Walzenabplattung, vgl. Abschn. 5.3.1) numerisch integrieren, wofür heute vorzugsweise elektronische Digitalrechner oder Analogrechner eingesetzt werden. Wir verweisen hierzu beispielsweise auf [*13*, *62*, *63*].

Der erste erfolgreiche Versuch, die beim Walzen auftretenden Kräfte rechnerisch zu erfassen, stammt von FINK [*64*] (1874), der in diesem Zusammenhang die nach ihm benannte Gl. (2.3/5) aufstellte. Die Arbeit von FINK enthält praktisch alle wesentlichen Gesichtspunkte der elementaren Theorie des breitungsfreien Walzens, wenngleich das Fließkriterium (Temperatur- und Umformeinfluß vermutet!) und andere Größen im heutigen Sinne unscharf formuliert sind. FINK erkennt und berechnet bereits die Fließscheide $\left(\alpha_N \approx \frac{\alpha_E}{4} \div \frac{\alpha_E}{3} \text{ in seinem Beispiel}\right)$, schätzt den Beschleunigungseinfluß ab und teilt die zur Umformung erforderliche Arbeit in die *eigentliche Umformarbeit* und die durch das Verfahren bedingte äußere *Reibarbeit* ein.

Der nächste, im Sinne der elementaren Theorie entscheidende Schritt kommt 1923, also 50 Jahre später, von SIEBEL [*27*], der vom Kräftegleichgewicht am Werkstoffstreifen ausgeht. Dies führt im Prinzip auf die Gln. (3.2/20). SIEBEL gibt jedoch nur eine grobe Näherungslösung an: er setzt zunächst $p \approx k_e$ und bestimmt daraus q. Diese mehr mathematische Schwierigkeit behebt v. KÁRMÁN durch Aufstellen der Differentialgleichung für $q(\alpha)$ [*28*] — es ist dies unsere Grundgleichung (5.2/38) mit $\tan \alpha \approx \alpha$ — und Angabe der Lösungsformel, woraus dann numerisch $q(\alpha)$ bestimmt werden kann.

Von der v. KÁRMÁNschen Grundgleichung ausgehend, wurden die verschiedensten Näherungsverfahren entwickelt. Neben der hier angegebenen Methode von BLAND und FORD [59] erwähnen wir Verfahren von TRINKS (1937) [65] und TROOST (1962) [66]. TRINKS ersetzt wie BLAND und FORD die Walzenform durch eine Parabel, während TROOST eine Lösung (ähnlich der von Ziff. 5.2.3.1) durch Potenzreihenansatz angibt. Da teilweise schon die lineare Näherung brauchbare Resultate liefert, spricht TROOST auch von *quasilinearer Methode.*

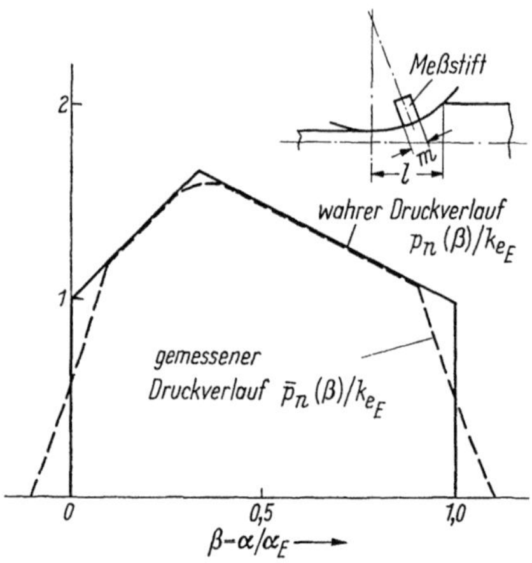

Bild 5.7 Verzerrung der Druckkurve durch den Meßstift für $\frac{m}{l} = 0{,}2$ und einen fiktiven Druckverlauf p_n. Der Druckaufnehmer mißt den Mittelwert $\frac{\bar p_n}{k_{e_E}} = \frac{l}{m}\int\limits_{\beta-m/(2l)}^{\beta+m/(2l)} \frac{p_n}{k_{e_E}}(\beta)\,d\beta$.

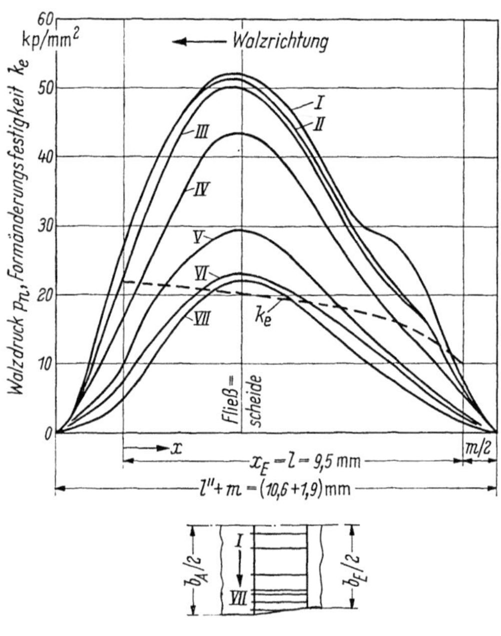

Bild 5.8 Druckverteilung beim Walzen von Aluminium (glatte Walzenoberfläche) nach LUEG [69]. $I-VII$ Lage der Meßstellen.

l Rechnerische gedrückte Länge;
l'' wirkliche gedrückte Länge einschließlich der elastischen Zonen des Bandes (vgl. Bild 5.25);
m Meßstiftabmessung nach Bild 5.7.

Anfangsquerschnitt 2×30 mm²;
Endquerschnitt $1 \times 30{,}8$ mm²;
Eintrittsbreite $b_E = 30{,}0$ mm;
Austrittsbreite $b_A = 30{,}8$ mm.
$|\varepsilon_A| = 50\%$;
$R = 90$ mm ($\alpha_E = 6{,}05°$).

Während die Walzkraft für die verschiedensten Walzbedingungen und Werkstoffe gemessen wurde — wir erwähnen hier die grundlegenden Messungen von PUPPE [67, 68] aus den Jahren um 1910 —, liegen über die Druckverteilung im Walzspalt wegen der ungleich schwierigeren

Meßbedingungen nur wenige Angaben vor. Dabei liefert naturgemäß die Druckverteilung im Walzspalt eine erheblich genauere Aussage über die Güte einer Walztheorie als die (integrale) Angabe der Walzkraft.

Die erste erfolgreiche Messung des Walzdrucks wurde nach Anregungen SIEBELS von LUEG (1932) durchgeführt [*69*]. Er hatte in einen Walzballen einen Meßstift von Rechteckquerschnitt als Element der Oberfläche eingebaut, der sich auf eine Quarzscheibe als Meßdose im Walzeninnern abstützte. Bereits LUEG selbst wies auf prinzipielle Meßfehler hin, die mit der von Null verschiedenen Meßstiftfläche zusammenhängen. Weitere Fehler können durch Reibkräfte in der Führung des Meßstiftes sowie durch seine gegenüber der Umgebung geänderte Feder-

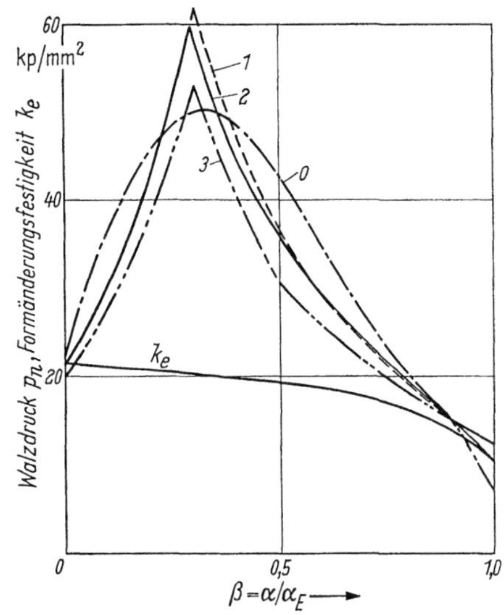

Bild 5.9 Vergleich berechneter Walzdruckverteilungen mit Messungen von LUEG (Meßstelle *III* von Bild 5.8).

0 Von LUEG gemessene Kurve;
1 numerisch integrierte Grundgleichung (5.2/38);
2 Näherungslösung nach BLAND und FORD (5.2/57);
3 Näherungslösung durch Potenzreihenansatz (5.2/51).

Der Vergleichsrechnung sind der Reibwert $\mu = 0{,}18$ und die Formänderungsfestigkeit k_e nach LUEG [*69*] zugrunde gelegt.

wirkung entstehen, die erfahrungsgemäß den Stift herausragen lassen [*70*, *71*]. Bild 5.7 zeigt zur Illustration einen einfachen angenommenen Druckverlauf und daneben den Druckverlauf, den ein Druckaufnehmer messen würde.

Bild 5.8 gibt einige Meßwerte von LUEG [*69*] an sieben über die Ballenbreite verteilten Meßstellen wieder. An den Walzguträndern (Meßstellen V—VII) erkennt man eine erhebliche Druckabnahme (Randeinfluß), die jedoch um so weniger ins Gewicht fällt, je breiter das Band ist. Zwischen den Meßstellen I bis IV scheint ebene Formänderung gewährleistet zu sein. Deshalb werden die Ergebnisse von Meßstelle III mit theoretisch ermittelten Kurven verglichen (Bild 5.9). Der Reibwert $\mu = 0{,}18$ wurde so festgelegt, daß Meßkurve *0* und numerische Lösung *1* möglichst gut zusammenfallen. Auf Fragen der Reibung kommen wir in Abschn. 5.3.3 zurück. Mit $\mu = 0{,}18$ stimmen alle gezeichneten Kurven in Form und Fließscheidenlage gut überein. Berücksichtigt man in den theoretischen Kurven *1*, *2* zusätzlich den Einfluß des Meßstiftes entsprechend Bild 5.7, so wird die Übereinstimmung noch besser (Bild 5.10). Weitere Messungen und Vergleiche zwischen Theorien und Experimenten findet man in [*70*–*75*]. Wir schließen insgesamt, daß die elementare Plastizitätstheorie das Kalt-Bandwalzen in einer praktischen Zwecken genügenden Genauigkeit beschreibt.

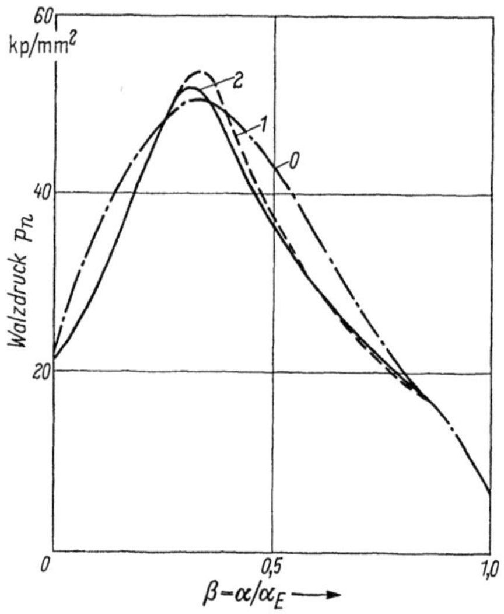

Bild 5.10 Wie Bild 5.9, jedoch Wiedergabe der berechneten Kurven *1* und *2* so, wie der Druckaufnehmer zu *0* sie gemessen hätte.

5.2.3.4 Greifbedingung, Fließscheidenlage, Durchziehbedingung. In der Fließscheide treffen sich die Lösungen $q(\alpha)$ von Voreil- und Nacheilzone und haben dort den entsprechend (5.2/8) gemeinsamen Wert $q(\alpha_N) = q_N$. Die rechnerische Lage der Fließscheide wird also durch die Art der mathematischen Näherung beim Lösen der Grundgleichung (5.2/38) mit beeinflußt. Wir beschränken uns hier auf das Walzen ohne Brems- und Haspelzug ($q_E = 0 = q_A$)[1]. Dann gilt nach BLAND und FORD mit (5.2/57), (5.2/8) und (5.2/52)

$$\alpha_N = \sqrt{\frac{h_A}{R}} \tan\left[\frac{1}{2} \operatorname{arc\,tan}\left(\sqrt{\frac{R}{h_A}}\,\alpha_E\right) - \frac{\sqrt{\frac{h_A}{R}}}{4\mu} \ln \frac{h_E}{h_A}\right] \qquad (5.2/61)$$

bzw. mit (5.2/18), (5.2/20)

$$\beta_N = \sqrt{\frac{1-|\varepsilon_A|}{|\varepsilon_A|}} \tan\left[\frac{1}{2} \operatorname{arc\,tan} \sqrt{\frac{|\varepsilon_A|}{1-|\varepsilon_A|}} - \frac{\sqrt{\frac{1-|\varepsilon_A|}{|\varepsilon_A|}}}{4(\mu/\alpha_E)} \ln \frac{1}{1-|\varepsilon_A|}\right]. \qquad (5.2/62)$$

[1] Von dem Drucksprung $\Delta q_E = \dfrac{k_{eE} \tan \alpha_E}{4}$ gemäß (5.2/10) sehen wir im Rahmen der rechnerischen Näherungen ab.

Die in Ziff. 5.2.3.1 durch Potenzreihenansatz gewonnene Lösung führt näherungsweise, nämlich über (5.2/51) unter Vernachlässigung aller derjenigen in β, $(1-\beta)$ und $\left(\frac{1}{2}-\beta\right)$ quadratischen Glieder, die zudem noch einen Faktor $|\varepsilon_A|$ enthalten, auf

$$\beta_N = \frac{\frac{\mu}{\alpha_E} - \frac{1}{4} + \frac{1}{2}\frac{k_{eE}}{k_{eA}}(1-|\varepsilon_A|)\left[\frac{1}{2} + \left(\frac{\mu}{\alpha_E} - 1\right)\left(\frac{k_{eA}}{k_{eE}} + 1\right)\right]\left[1 + \frac{|\varepsilon_A|}{1-|\varepsilon_A|}\frac{\mu}{\alpha_E}\right]}{4\frac{\mu}{\alpha_E} + \frac{k_{eE}}{k_{eA}}|\varepsilon_A|\frac{\mu}{\alpha_E}\left\{\frac{1}{2} + \left(\frac{\mu}{\alpha_E} - 1\right)\left(\frac{k_{eA}}{k_{eE}} + 1\right)\right\}}. \tag{5.2/63}$$

Wir verschaffen uns einen Überblick über den Verlauf von β_N, indem wir die Funktionen $\beta_N = \beta_N\left(\frac{\mu}{\alpha_E}, |\varepsilon_A|\right)$ nach (5.2/62) bzw. (5.2/63) über $\frac{\mu}{\alpha_E}$ mit $|\varepsilon_A|$ als Parameter in Bild 5.11 auftragen. Zum Genauigkeitsvergleich dienen entsprechende, auf dem Analogrechner für St 37

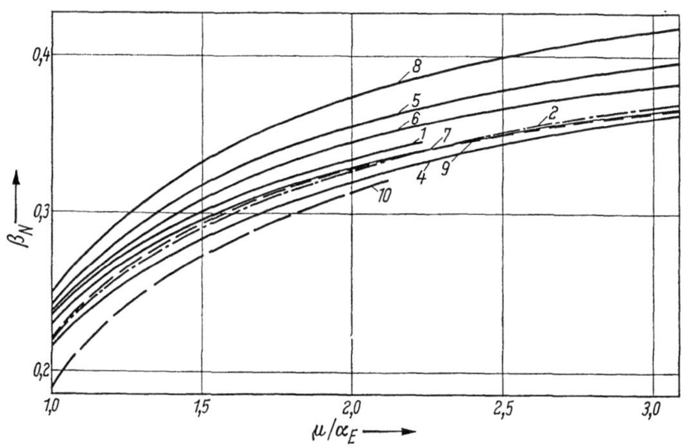

Bild 5.11 Bezogene Lagen β_N der Fließscheide als Funktionen von $\frac{\mu}{\alpha_E}$ und $|\varepsilon_A|$ (für St 37).
1 nach [62] für $|\varepsilon_A| = 0{,}2$; 0,3; 0,4 (sowie $\alpha_E = 4{,}5°$, 9°).
2 $|\varepsilon_A| = 0{,}2$, *3* $|\varepsilon_A| = 0{,}3$ (Kurve *3* liegt zwischen *2* und *4*), *4* $|\varepsilon_A| = 0{,}4$ nach Gl. (5.2/63).
5 $|\varepsilon_A| = 0{,}2$, *6* $|\varepsilon_A| = 0{,}3$, *7* $|\varepsilon_A| = 0{,}4$ nach Gl. (5.2/62).
8 $|\varepsilon_A| = 0$ nach Gl. (5.2/63) bzw. (5.2/62); *9* $|\varepsilon_A| = 0{,}2$ nach Gl. (5.2/51); *10* $|\varepsilon_A| = 0{,}2$ nach Gl. (5.2/51), zusätzlich Δq_E für $\alpha_E = 9°$ berücksichtigt.

als Walzgut gewonnene Werte nach [*62*], die in Bild 5.11 durch die Kurven *1* wiedergegeben sind. *1* gilt für $|\varepsilon_A| = 0{,}2; 0{,}3; 0{,}4$ sowie die Walzwinkel $\alpha_E = 4{,}5°; 9°$; diese Größen haben hier keinen darstellbaren Einfluß auf den Kurvenverlauf. Die Kurven *2*; *3*; *4* sind nach (5.2/63), diejenigen *5*; *6*; *7* nach (5.2/62) berechnet. *8* gibt sowohl (5.2/63) als auch (5.2/62) für $|\varepsilon_A| = 0$ wieder. Wir stellen fest, daß alle Kurven *2* bis *7* die genaue Lösung *1* recht gut approximieren, wobei der Grad der Übereinstimmung bei *5*; *6*; *7* am besten ist. Dies rührt daher, daß hier die bei dieser Lösung vorausgesetzte Beziehung (5.2/58) nur geringfügig verletzt wird. Kurve *9* wurde für $|\varepsilon_A| = 0{,}2$ unmittelbar, d. h. ohne weitere Vernachlässigungen, aus (5.2/51) gewonnen, so daß der Vergleich von *2* mit *9* einen Eindruck von dem Fehler vermittelt, den man beim Übergang von Gl. (5.2/51) nach Gl. (5.2/63) macht. Schließlich schätzen wir durch Kurve *10* den Einfluß des Drucksprunges Δq_E am Walzeneintritt nach Gl. (5.2/10) für den extrem großen Walzwinkel $\alpha_E = 9°$ ab: die Fließscheide verlagert sich etwas zum Austritt, da die Scherung am Eintritt wie äußerer Bremszug wirkt.

Wir erkennen zusammenfassend:

a) Die exakte (numerische) Lösungskurve *1* ist insofern *einfacher* als die *vereinfachten* Näherungslösungen *2* bis *9*, als sie überhaupt nicht vom Stauchgrad $|\varepsilon_A|$ abhängt.

b) Bei genauer Rechnung und großen Walzwinkeln α_E muß der Schereinfluß Δq_E am Eintritt berücksichtigt werden.

Wir kommen jetzt zu zwei Bedingungen, die für die Durchführbarkeit von technischen Walzprozessen wichtig sind.

Die *Greifbedingung* gewährleistet, daß ein frei eingeführtes Band ($q_A = 0 = q_E$) von den Walzen am Eintritt selbsttätig in den Walzspalt eingezogen wird, daß die Walzen also sofort *greifen*. Dies setzt die Ausbildung einer vollständigen Druckverteilung $q(\alpha)$ entsprechend Bild 5.6 bereits für ein beliebig kurzes, vom Eintritt in den Walzspalt reichendes Bandstück voraus, dessen Ende also nicht bei $\alpha_A = 0$, sondern bei irgendeinem anderen Winkel $\alpha_A < \alpha_E$ liegt. Insbesondere muß eine Fließscheide existieren. Identifiziert man die Gln. (5.2/38) und (3.2/23), setzt also $\xi = \alpha$, $\zeta = q$ und für die Voreilzone nach (5.2/7)

$$g = 2\,\frac{R}{h}\cos\alpha\; k_e \tan(\nu + \alpha) > 0,$$

so liefert dort (3.2/24) wegen $\hat{\zeta} = q_A = 0$ ersichtlich $q > 0$: in der Voreilzone baut sich Druck auf. Damit an der Fließscheide Gl. (5.2/8) erfüllt wird, muß also auch in der Nacheilzone $q > 0$ gelten. Dies ist nach (3.2/24) mit $\hat{\zeta} = q_E = 0$ bei kurzen Bandstücken wegen $\alpha = \xi < \hat{\xi} = \alpha_E$ nur für $g < 0$ möglich. Mit (5.2/38), (5.2/7) folgt

$$g = \frac{2R\cos\alpha}{h_E}\, k_{eE} \tan(\alpha - \nu),$$

im Grenzfall $\alpha_A \to \alpha_E$ die Greifbedingung

$$\alpha_E < \nu. \tag{5.2/64}$$

Hier wurde der Drucksprung $\Delta q_E = \frac{k_{eE} \tan \alpha_E}{4}$ entsprechend (5.2/10) am Eintritt nicht berücksichtigt, da sich die Scherzone beim Greifen gerade erst ausbilden will. Zudem wäre ihr Einfluß gering; unter Berücksichtigung von (5.2/10) folgt nämlich für $T_E = 0$ anstelle von (5.2/64) näherungsweise aus (5.2/38)

$$\nu > \alpha_E \left(1 + \frac{\alpha_E}{4}\right).$$

Wenn man das Band nicht nur an die Walzen heran-, sondern von außen vollständig in den Walzspalt einführt, kann es möglicherweise selbst dann weitergewalzt (*durchgezogen*) werden, wenn die Greifbedingung verletzt ist. Hierzu muß eine schwächere, die *Durchziehbedingung* erfüllt sein. Wir leiten auch sie nur für $q_A = 0 = q_E$ (vernachlässigter Drucksprung Δq_E) her und betrachten den Grenzfall, bei welchem gerade noch eine vollständige Druckverteilung im Walzspalt entsprechend Bild 5.6 möglich ist, also eine Fließscheide existiert. Diese wandert dann ersichtlich zum Austritt $\alpha_A = 0$, so daß wegen $\beta_N = 0$ aus (5.2/62)

$$\alpha_E = 2\mu \frac{\sqrt{\frac{|\varepsilon_A|}{1 - |\varepsilon_A|}} \arctan \sqrt{\frac{|\varepsilon_A|}{1 - |\varepsilon_A|}}}{-\ln(1 - |\varepsilon_A|)}$$

bzw. für kleine $|\varepsilon_A|$ [vgl. (5.2/48)]

$$\alpha_E = 2\mu(1 + |\varepsilon_A|) \tag{5.2/65a}$$

folgt. Umständlicher ist die Auflösung von (5.2/63) für $\beta_N = 0$. Wir setzen vereinfacht gleich von vornherein $\frac{\mu}{\alpha_E} = a(1 + b\,|\varepsilon_A|) + \cdots$, $k_{eE}/k_{eA} = 1 - k_1\,|\varepsilon_A| + \cdots$ an, bestimmen a, b durch Nullsetzen der Koeffizienten von $|\varepsilon_A|^0$, $|\varepsilon_A|^1$ und erhalten

$$\alpha_E = \frac{\mu}{a} \frac{1}{1 + b\,|\varepsilon_A| + \cdots} \approx \frac{\mu}{a}(1 - b\,|\varepsilon_A|) = 2\mu\left(1 + \frac{|\varepsilon_A|}{8}\right). \tag{5.2/65b}$$

Bild 5.12 zeigt als Beispiel eine Grenzdruckverteilung, bei der die Voraussetzung der Gln. (5.2/65), nämlich Fließscheidenlage am Austritt, erfüllt ist. Dann stellt sich im Walzspalt reine Zugspannung ein. Die Rechnung wurde auf Grund der Gln. (5.2/51) und Bild 2.6 ohne weitere Vernachlässigungen durchgeführt. Man findet für die in Bild 5.12 angegebenen Daten $\mu/\alpha_E = 0{,}5094$, $|\varepsilon_A| = 0{,}2$ in Anlehnung an (5.2/65a, b)

$$\alpha_E = 2\mu(1 - 0{,}095\,|\varepsilon_A|). \quad (5.2/65\text{c})$$

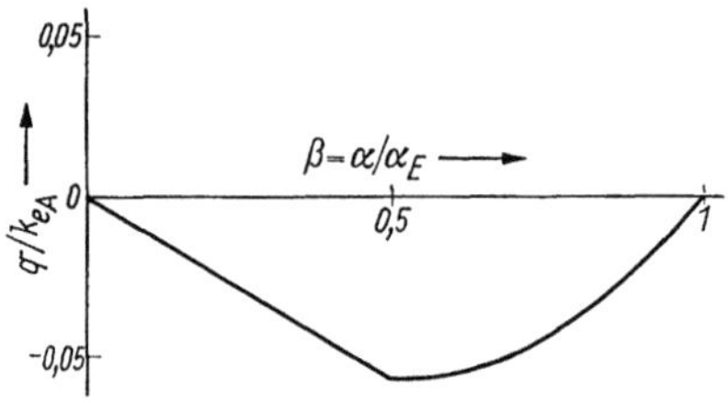

Bild 5.12 Verteilung des Längsdruckes q im Walzspalt bei Fließscheidenlage am Austritt ($\beta_N = 0$) nach Gl. (5.2/51). $\frac{\mu}{\alpha_E} = 0{,}5094$; Walzgut St 37; $|\varepsilon_A| = 0{,}2$.

Da sich die Gln. (5.2/65a, b, c) ohnehin in den Koeffizienten von $|\varepsilon_A|$ unterscheiden, hat es keinen Sinn, über die Näherung

$$\alpha_E \approx 2\mu \quad (5.2/65\text{d})$$

hinauszugehen.

Die Gln. (5.2/65) beschreiben den Grenzfall, bei dem Walzen gerade noch möglich ist. Entsprechend (5.2/64) liegen günstigere Verhältnisse für kleinere Walzwinkel α_E vor, so daß

$$\alpha_E < 2\mu \quad (5.2/66)$$

eine Näherung für die gesuchte Durchziehbedingung darstellt. Wenn die Walzen sogar greifen, also Ungleichung (5.2/64) erfüllt ist, ziehen sie wegen (5.2/66) erst recht durch.

5.2.4 Walzkraft

Die Walzkraft P als resultierende Kraft senkrecht zur Walzrichtung ergibt sich mit b als (konstanter) Walzgutbreite zu[1]

$$P = \int^{F} p\,dF = b\int_0^{x_E = l} p(x)\,dx \quad (5.2/67)$$

(vgl. Bild 4.3a mit $D = x_E = l$), oder entsprechend (5.2/12)

$$P = bR\int_0^{\alpha_E} p(\alpha)\cos\alpha\,d\alpha. \quad (5.2/68)$$

[1] Die Scherzone am Eintritt bedingt gemäß Bild 3.8b zusätzliche Einzelkräfte, die wir vernachlässigen.

Für die numerische Lösung begnügt man sich zumeist mit einer mittleren Formänderungsfestigkeit k_{eP} und definiert ähnlich (5.2/68) ($\cos\alpha \approx 1$)

$$k_{eP} = \frac{1}{\alpha_E}\int_0^{\alpha_E} k_e(\alpha)\, d\alpha = \int_0^1 k_e\, d\beta. \qquad (5.2/69)$$

Verschiedene Autoren haben die Walzkraft numerisch aus den Grundgleichungen berechnet und in Schaubildern dargestellt. Wir führen die Lösungskurven von Ford, Ellis und Bland [76] an. Sie wurden durch numerische Integration aus der Walzdruckverteilung nach Bland und Ford[1] [Gl. (5.2/57)] für $k_e = k_{eP} =$ const berechnet, in Bild 5.13a...f dargestellt und haben in vielen praktischen Fällen ihre Brauchbarkeit gezeigt. Nach [76] gilt für die Walzkraft

$$P = b\, k_{eP}\left(1 + \frac{q_E}{k_{eP}}\right)\sqrt{R\, \Delta h}\; f_P, \qquad (5.2/70)$$

wobei die in Bild 5.13 dargestellte Hilfsfunktion f_P ihrerseits von den drei dimensionslosen Parametern $|\varepsilon_A|$,

$$a = \mu\sqrt{\frac{R}{h_A}} \approx \frac{\mu}{\alpha_E}\sqrt{\frac{|\varepsilon_A|}{1 - |\varepsilon_A|}} \qquad (5.2/71)$$

[Umrechnung nach (5.2/18)] und

$$B_P = \ln\frac{1 + q_A/k_{eP}}{1 + q_E/k_{eP}} \qquad (5.2/72)$$

abhängt, welche Stauchgrad, Reibung, Geometrie sowie Brems- und Haspelzug berücksichtigen. Die Grenzen der Parameterzuordnung sind durch die (Grenz-)Fließscheidenlagen $\alpha_N = 0$ (vgl. Ziff. 5.2.3.4, Bild 5.12) bzw. $\alpha_N = \alpha_E$ (nur bei starkem Haspelzug möglich) gegeben. Die Hilfsfunktion f_P nach Bild 5.13 überdeckt einen weiten Walzbereich, erfaßt jedoch nicht mehr das Walzen sehr dünner Bänder.

Einen besseren Überblick über die Abhängigkeit der Walzkraft von den sie beeinflussenden Parametern, als ihn Gl. (5.2/70) mit Bild 5.13 zu geben vermag, liefert die in Bild 5.14 gewählte Auftragung, die für das Bandwalzen von St 37 ohne äußeren Bandzug gilt und [62] entnommen ist (Rechnung unter genauer Berücksichtigung der Fließkurve). Danach steigt die auf die gedrückte Fläche $bR\sin\alpha_E \approx bR\alpha_E$ bezogene

[1] Starker Bremszug wird also schlecht berücksichtigt, vgl. Ziff. 5.2.3.2 und die Modifikation von Bland und Sims in Gl. (5.2/60).

Walzkraft $\frac{P}{b\,R\,\alpha_E}$ — also der mittlere Druck oder der Formänderungswiderstand $k_W = p_m$ — mit dem Stauchgrad $|\varepsilon_A|$ sowie $\frac{\mu}{\alpha_E}$ an. Der unmittelbare Einfluß des Reibwertes μ leuchtet ein, hinsichtlich α_E und $|\varepsilon_A|$ nehmen wir Bild 5.15 zu Hilfe: dort wird jeweils der Einfluß eines der

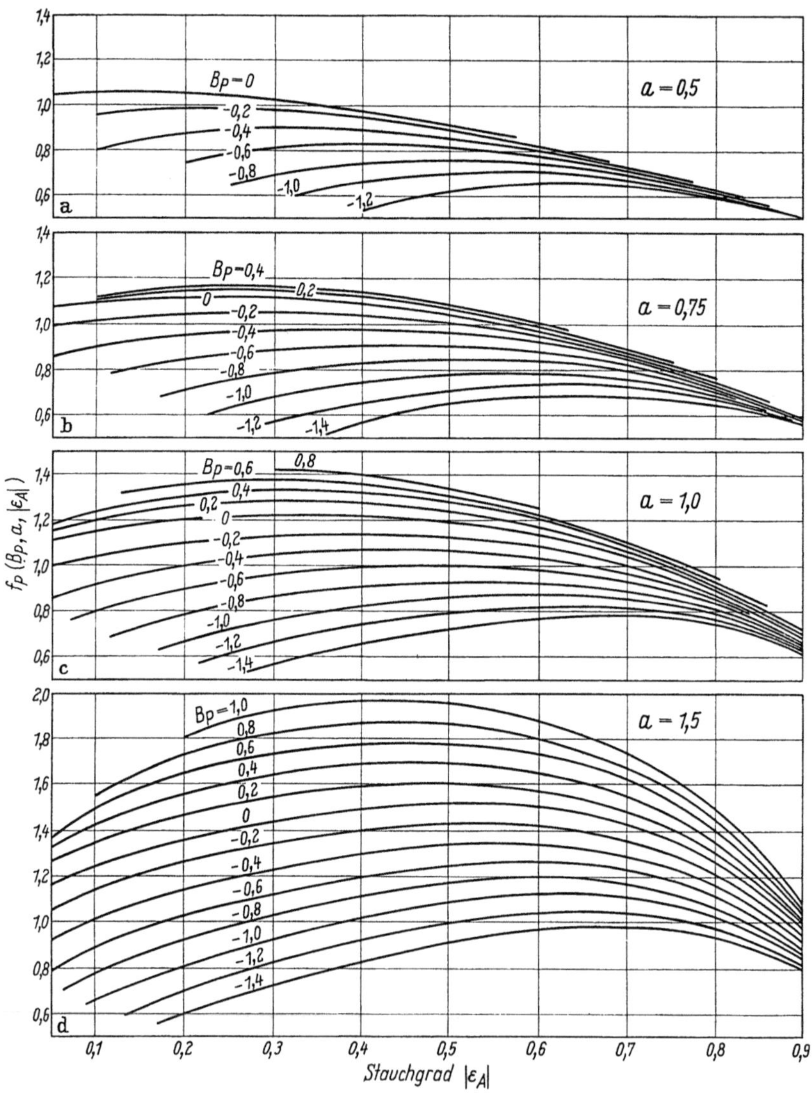

Bild 5.13 a – f Hilfsfunktion f_P zur Ermittlung der Walzkraft P.

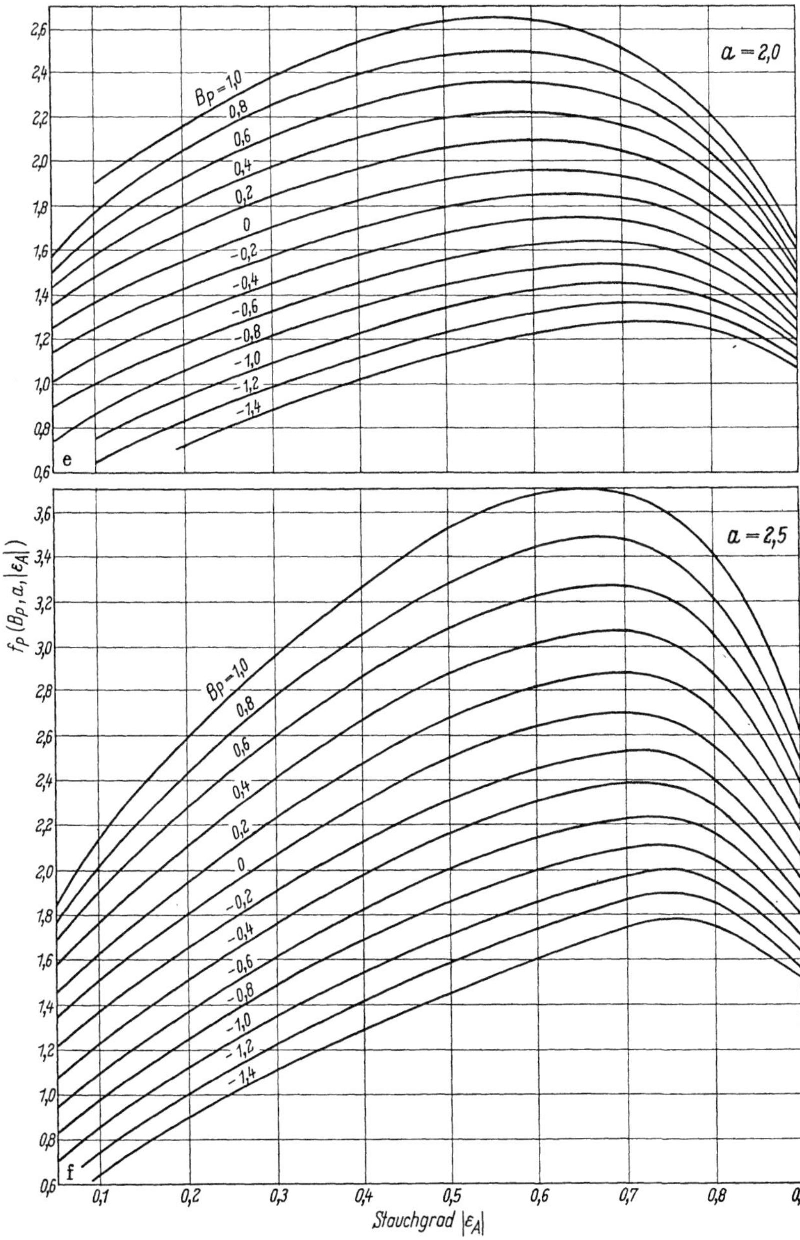
a = 2,0
e
a = 2,5
f
Bp = 1,0
0,8
0,6
0,4
0,2
0
−0,2
−0,4
−0,6
−0,8
−1,0
−1,2
−1,4
fp (Bp, a, |εA|)
Stauchgrad |εA|

Bild 5.13 e u. f

drei Parameter $R, h_A, |\varepsilon_A|$ diskutiert, während die anderen beiden konstant bleiben; man erkennt die Zunahme des (mittleren) Längsdruckes und der Walzkraft mit abnehmendem Walzwinkel α_E bzw. zunehmendem Stauchgrad $|\varepsilon_A|$.

Eine vielfach gebräuchliche Auftragung ist $P = P\left(\frac{h_A}{R}\right)$ bei $|\varepsilon_A| = \text{const}$. Als Beispiel entnehmen wir hierzu Bild 5.14 für $|\varepsilon_A| = 0{,}4$ die quadratische Beziehung

$$\frac{P}{b R \alpha_E} \approx \left[32 + 20{,}7 \left(\frac{\mu}{\alpha_E}\right) + 0{,}35 \left(\frac{\mu}{\alpha_E}\right)^2\right] \text{kp/mm}^2,$$

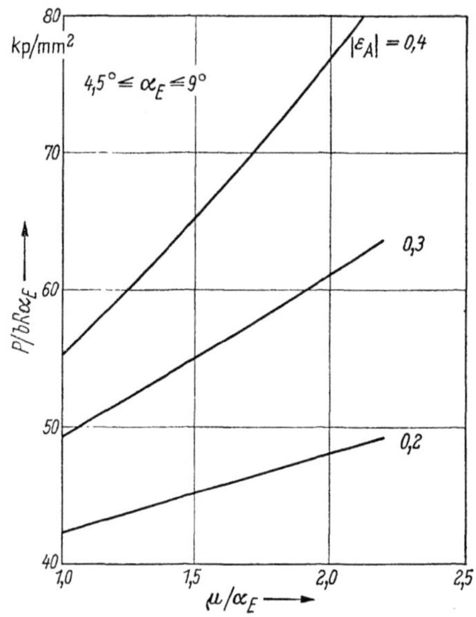

Bild 5.14 Bezogene Walzkraft $\frac{P}{b R \alpha_E}$ beim Walzen von St 37 als Funktion von $\frac{\mu}{\alpha_E}$ und $|\varepsilon_A|$ nach [62].

die mit (5.2/18)

$$\alpha_E \approx \sqrt{\frac{h_A}{R}} \sqrt{\frac{|\varepsilon_A|}{1 - |\varepsilon_A|}} = 0{,}816 \sqrt{\frac{h_A}{R}}$$

in

$$\frac{P}{bR} = \left[26{,}1 \sqrt{\frac{h_A}{R}} + 20{,}7\mu + \frac{0{,}43\,\mu^2}{\sqrt{\frac{h_A}{R}}}\right] \text{kp/mm}^2$$

übergeht. Diese Beziehung ist in Bild 5.16 aufgetragen. Nach ihr steigt die Walzkraft für wachsende Banddicke h_A, aber auch für sinkende (sehr kleine) Banddicken h_A an. Dieser dem Walzwerker bekannte Effekt wird also von der elementaren Theorie qualitativ durchaus wiedergegeben. Quantitativ überlagern sich jetzt allerdings weitere Einflüsse (Walzenabplattung usw., vgl. Abschn. 5.3.1).

Abschließend ein numerisches Beispiel: Walzgut St 37 gemäß Bild 2.6 (1. Stich); $R = 350$ mm; $h_E = 3{,}0$ mm; $b = 800$ mm; $\mu = 0{,}1$; kein Bandzug. Stichabnahme 0,9 mm $\triangleq$ 30%. Gesucht ist die Walzkraft P.

Wir rechnen zunächst nach Ford, Ellis und Bland, also mit Gl. (5.2/70), wozu k_{eP} gemäß (5.2/69) benötigt wird. Die Formänderungsfestigkeit k_e [1] ist in

[1] Entsprechend [62] wird hier mit $k_e = k_f$ gerechnet.

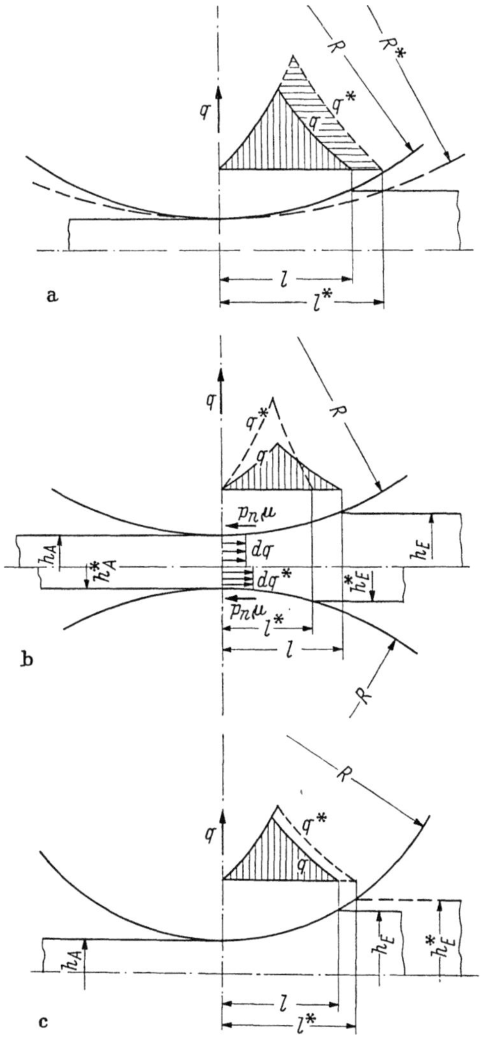

Bild 5.15 a – c Einfluß der Geometrie des Walzspaltes auf den Längsdruck und damit den Walzdruck (schematisch). Nach (5.2/18).

$$\alpha_E \approx \sqrt{\frac{h_A}{R}}\sqrt{\frac{|\varepsilon_A|}{1-|\varepsilon_A|}}\,;\; l \approx R\alpha_E \approx \sqrt{Rh_A\,\frac{|\varepsilon_A|}{1-|\varepsilon_A|}}\,.$$

a) $\alpha_E^* < \alpha_E$ für $R^* > R$: die gedrückte Länge nimmt zu $\left(l^* = l\sqrt{\frac{R^*}{R}} > l\right)$;

b) $\alpha_E^* < \alpha_E$ für $h_A^* < h_A$: $l^* = l\sqrt{\frac{h_A^*}{h_A}} < l$, jedoch nach (5.2/38) $|l^*\,dq^*| \approx |dq|\,\frac{h_A}{h_A^*}\,l^* \approx$

$\approx \sqrt{\frac{h_A}{h_A^*}}\,l\,|dq| > |l\cdot dq|$;

c) $|\varepsilon_A^*| > |\varepsilon_A|$: die gedrückte Länge nimmt zu $\left(l^* = l\sqrt{\frac{|\varepsilon_A^*|}{|\varepsilon_A|}} > l\right)$.

Bild 2.6 abhängig von der Formänderung $|\varphi|$ aufgetragen. Wir rechnen auf $k_e = k_e(\beta)$ um (Tab. 5.1). k_e hat einen glatten Verlauf, so daß die Trapezregel (ähnlich Abschn. 2.3.1, Tab. 2.3) zur Integration ausreicht. Dann folgt für das Beispiel mit Tab. 5.1

$$k_{eP} = \frac{1}{n}\left(\sum_{i=1}^{n-1}(k_e)_i + \frac{(k_e)_0 + (k_e)_n}{2}\right) = \frac{1}{10}\left(416{,}0 + \frac{76{,}0}{2}\right)\,\text{kp/mm}^2 =$$
$$= 45{,}4\ \text{kp/mm}^2.\,[1]$$

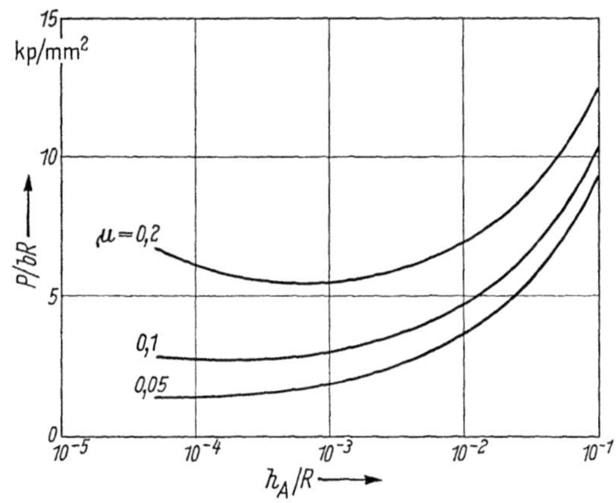

Bild 5.16 Walzkraft in Abhängigkeit von der bezogenen Banddicke für $|\varepsilon_A| = 0{,}4$ und verschiedene Reibwerte μ nach Bild 5.14.

Tabelle 5.1 *Umrechnung der Fließkurve $k_e(|\varphi|)$ auf $k_e(\beta)$ für $|\varepsilon_A| = 0{,}3$*

Wegen (2.1/9) und (5.2/19) $|\varphi| = |\ln(1+\varepsilon)| =$

$$= -\ln(1 - |\varepsilon|) = \ln\frac{1}{1-|\varepsilon|} = \ln\frac{1}{1-|\varepsilon_A|(1-\beta^2)}$$

i	β_i	$1-\beta_i^2$	$\lvert\varepsilon_A\rvert(1-\beta_i^2)$	$\frac{1}{1-\lvert\varepsilon_A\rvert(1-\beta_i^2)}$	$\lvert\varphi_i\rvert$	$\frac{(k_e)_i}{\text{kp/mm}^2}$	$\frac{(k_e)_i\beta_i}{\text{kp/mm}^2}$
10	0	1	0,3	1,430	0,358	52,5	0
9	0,1	0,99	0,297	1,420	0,350	52,3	5,23
8	0,2	0,96	0,288	1,405	0,340	52,0	10,40
7	0,3	0,91	0,273	1,376	0,320	51,2	15,36
6	0,4	0,84	0,252	1,337	0,290	50,5	20,20
5	0,5	0,75	0,225	1,290	0,254	49,0	24,50
4	0,6	0,64	0,192	1,237	0,212	47,0	28,20
3	0,7	0,51	0,153	1,181	0,166	44,0	30,80
2	0,8	0,36	0,108	1,121	0,114	38,5	30,80
1	0,9	0,19	0,057	1,060	0,058	31,5	28,35
0	1,0	0	0	1	0	(23,5)	(23,5)

[1] Zum Vergleich: $\frac{1}{|\varphi_{\max}|}\int_0^{|\varphi_{\max}|} k_e(|\varphi|)\,d|\varphi| \approx 42{,}2\ \text{kp/mm}^2$.

Wir bestimmen jetzt die Hilfsfunktion f_P und benötigen dazu die drei Parameter $|\varepsilon_A| = 0{,}3$,

$$a = \mu \sqrt{\frac{R}{h_A}} = 1{,}29 \qquad \text{[Gl. (5.2/71)]}$$

sowie

$$B_P = \ln \frac{1 + q_A/k_{eP}}{1 + q_E/k_{eP}} = 0 \qquad \text{[Gl. (5.2/72)]}.$$

Bild 5.13c, d liefert $f_P = 1{,}35$ (lineare Interpolation). Aus (5.2/70) folgt nun die Walzkraft

$$P = 870\,\text{Mp}.$$

Zum Vergleich entnehmen wir P aus der für denselben Werkstoff geltenden genauen Analogrechnerlösung [62] und erhalten mit

$$\alpha_E \approx \sqrt{\frac{h_E - h_A}{R}} = 0{,}0507 = 2{,}91°; \qquad \frac{\mu}{\alpha_E} = 1{,}97$$

$$\text{aus Bild 5.14} \qquad \frac{P}{b\,R\,\alpha_E} = 60{,}9\,\text{kp/mm}^2,$$

also

$$P = 864\,\text{Mp}.$$

Die Übereinstimmung mit dem nach FORD, ELLIS und BLAND errechneten Wert ist gut. Es sei betont, daß sich dieser Vergleich nur auf zwei (verschieden genaue) Lösungen ein und derselben Grundgleichung bezieht.

5.2.5 Antriebsmoment

Das Antriebsmoment an Ober- oder Unterwalze erhält man durch Summation der Anteile, die von den Reibkräften $\pm\mu p_n\,dF$ (dF = Walzenflächenelement $= b\,R\,d\alpha$) erzeugt werden, am Hebelarm R angreifen und an der Fließscheide ihre Angriffsrichtung ändern:

$$M_1 = M_2 = M = b \int_0^{\alpha_N} R(-\mu p_n) R\,d\alpha + b \int_{\alpha_N}^{\alpha_E} R(\mu p_n) R\,d\alpha. \qquad (5.2/73)$$

Wenn man nach (5.2/53) anstelle des Normaldruckes p_n den Querdruck p einsetzt, findet man

$$M = \mu b R^2 \left[-\int_0^{\alpha_N} \frac{p}{1 - \mu \tan \alpha}\,d\alpha + \int_{\alpha_N}^{\alpha_E} \frac{p}{1 + \mu \tan \alpha}\,d\alpha \right]. \qquad (5.2/74)$$

Das Antriebsmoment hängt empfindlich von der Lage der Fließscheide ab, und eine numerische Integration muß in deren Umgebung sehr genau durchgeführt werden.

Gl. (5.2/74) wird man für die Integration auf Rechenautomaten heranziehen, wenn der wahre Verlauf $k_e = k_e(|\varphi|)$ der Formänderungsfestigkeit berücksichtigt wird. Rechnet man dagegen genähert mit einer mittleren Formänderungsfestigkeit, so genügt es im allgemeinen, $p_n \approx p$ zu setzen. Gl. (5.2/73) geht dann in die Näherungsform

$$M = \mu b R^2 \left(- \int_0^{\alpha_N} p \, d\alpha + \int_{\alpha_N}^{\alpha_E} p \, d\alpha \right) \qquad (5.2/75)$$

über. Eine andere Näherung für M, in der die Fließscheidenlage nicht mehr explizit auftritt, entnimmt man Bild 5.17. Dort werden die Momente $pb\,dx \cdot x$ der Vertikalkräfte summiert und durch die Momente $\frac{1}{2} T_E R$, $\frac{1}{2} T_A R$ der Bandzüge[1] ergänzt:

$$M = R \frac{T_E - T_A}{2} + \int_0^l b p x \, dx = R \frac{T_E - T_A}{2} + x_M P, \qquad (5.2/76)$$

wo

$$x_M = \frac{b}{P} \int_0^l p x \, dx \approx \frac{b R^2}{P} \int_0^{\alpha_E} p \alpha \, d\alpha \qquad (5.2/77)$$

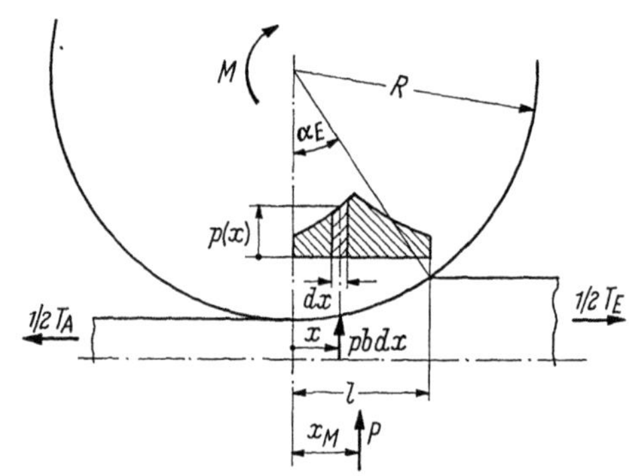

Bild 5.17 Kräfte und Antriebsmoment an der Oberwalze.

die Wirkungslinie der Walzkraft (Schwerpunkt der gezeichneten Druckfläche) angibt. Statt x_M betrachtet man häufig den *Hebelarmbeiwert*

$$\varkappa_M = \frac{x_M}{l}, \qquad (5.2/78)$$

vgl. z. B. [*77, 78, 79*].

Wie für die Walzkraft, wurden auch für das Antriebsmoment verschiedene unter der Voraussetzung $k_e = \text{const}$ numerisch gewonnene Lösungsfelder veröffentlicht. Sinnvoll wählt man statt (5.2/69) hier eine entsprechend (5.2/77) gebildete mittlere Formänderungsfestigkeit[2] k_{eM},

[1] Der genaue Hebelarm von $T_A/2$, $T_E/2$ unterscheidet sich von R höchstens um die halbe Banddicke.

[2] Die Bildung zweier verschiedener Mittelwerte k_{eP} und k_{eM} geht auf Hill [*80*, Ch. VII. 6] und Sims [*81*] zurück.

die auf Grund einer Umrechnung mit (5.2/18), (5.2/19) wegen $d\left(\frac{\alpha^2}{2}\right) = \alpha\, d\alpha$ zu

$$k_{eM} = \frac{2}{\alpha_E^2} \int_0^{\alpha_E} k_e(\alpha)\,\alpha\, d\alpha = 2 \int_0^1 k_e \beta\, d\beta = \frac{1}{|\varepsilon_A|} \int_0^{|\varepsilon_A|} k_e\, |d\varepsilon| \qquad (5.2/79)$$

führt [vgl. ähnliche Mittelung in Gl. (2.3/4)]. Wir folgen wie bei der Walzkraft wiederum der Darstellung von FORD, ELLIS und BLAND [*76*] und übernehmen die Formel

$$M = b\,k_{eM}\left(1 + \frac{q_E}{k_{eM}}\right) R\,(h_E - h_A)\,f_M + R\,\frac{T_E - T_A}{2}, \qquad (5.2/80)$$

die auf der Walzdruckverteilung nach BLAND und FORD [Gl. (5.2/57), vgl. auch Fußnote S. 139] und der Drehmomentgleichung (5.2/76) beruht. Die Hilfsfunktion f_M hängt wie die Hilfsfunktion f_P von den Parametern $|\varepsilon_A|$, a gemäß (5.2/71) sowie

$$B_M = \ln \frac{1 + q_A/k_{eM}}{1 + q_E/k_{eM}}, \qquad (5.2/81)$$

[vgl. (5.2/72)] ab. Sie ist in Bild 5.18 für den auch in Bild 5.13 bei f_P gewählten Parameterbereich aufgetragen.

Daneben greifen wir auch hier auf die Lösung für das Walzen von St 37 nach [*62*] zurück, von der in Bild 5.19 die bezogenen Antriebsmomente aufgetragen sind. Es zeigt sich eine ähnliche Abhängigkeit wie bei der Walzkraft (Bild 5.14), doch hat jetzt auch der Walzwinkel α_E einen merklichen Einfluß, der von $p_n \neq p$, also $\frac{1}{1 \mp \mu \tan\alpha} \neq 1$ in (5.2/74) herrührt: Gl. (5.2/80) kann diesen Einfluß prinzipiell nicht wiedergeben.

Wir berechnen das Antriebsmoment M zum numerischen Beispiel in Abschnitt 5.2.4. Für die Rechnung nach Gl. (5.2/80) benötigen wir die mittlere Formänderungsfestigkeit in bezug auf das Antriebsmoment gemäß Gl. (5.2/79). Integration mittels der Trapezregel liefert

$$k_{eM} = \frac{2}{n}\left(\sum_{i=1}^{n-1} (k_e)_i \beta_i + \frac{(k_e)_0}{2}\right) = \frac{2}{10}\left(193{,}8 + \frac{23{,}5}{2}\right) \text{kp/mm}^2 = 41{,}1 \text{ kp/mm}^2,$$

wobei die letzte Spalte von Tab. 5.1 zur Berechnung herangezogen wurde. k_{eM} liegt hier um 10% unter k_{eP}. Die Hilfsfunktion $f_M = f_M(|\varepsilon_A| = 0{,}3;\ a = 1{,}29;\ B_M = 0)$ folgt über Bild 5.18c, d zu $f_M = 0{,}65$, so daß sich als Antriebsmoment aus (5.2/80)

$$M = 6{,}73 \text{ m Mp}$$

ergibt.

Die zugehörige genaue Lösung entnehmen wir Bild 5.19 für $|\varepsilon_A| = 0{,}3$, $\alpha_E = 0{,}0507 = 2{,}91°$ sowie $\dfrac{\mu}{\alpha_E} = 1{,}97$ zu

$$\frac{M}{b\,R^2\,\alpha_E^2} = 26{,}5\ \mathrm{kp/mm^2}, \quad \text{also } M = 6{,}67\ \mathrm{m\,Mp}.$$

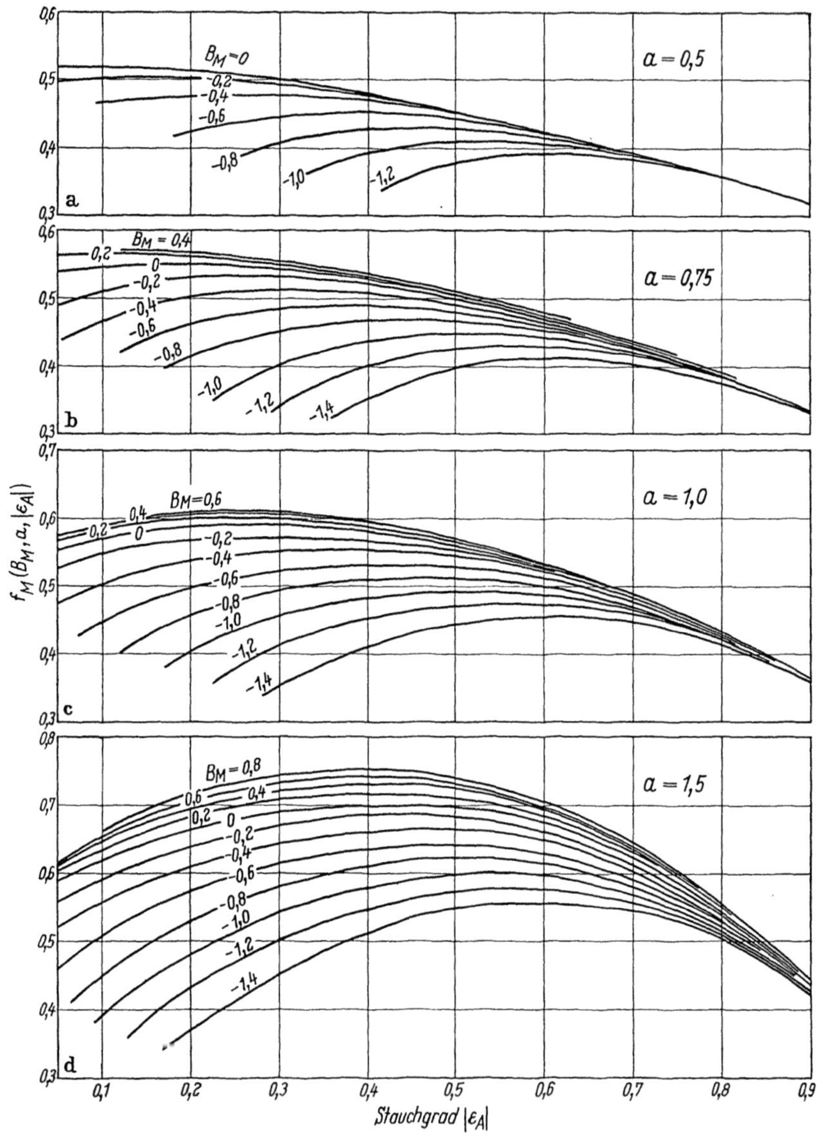

Bild 5.18a–f Hilfsfunktion f_M zur Ermittlung des Antriebsmomentes M.

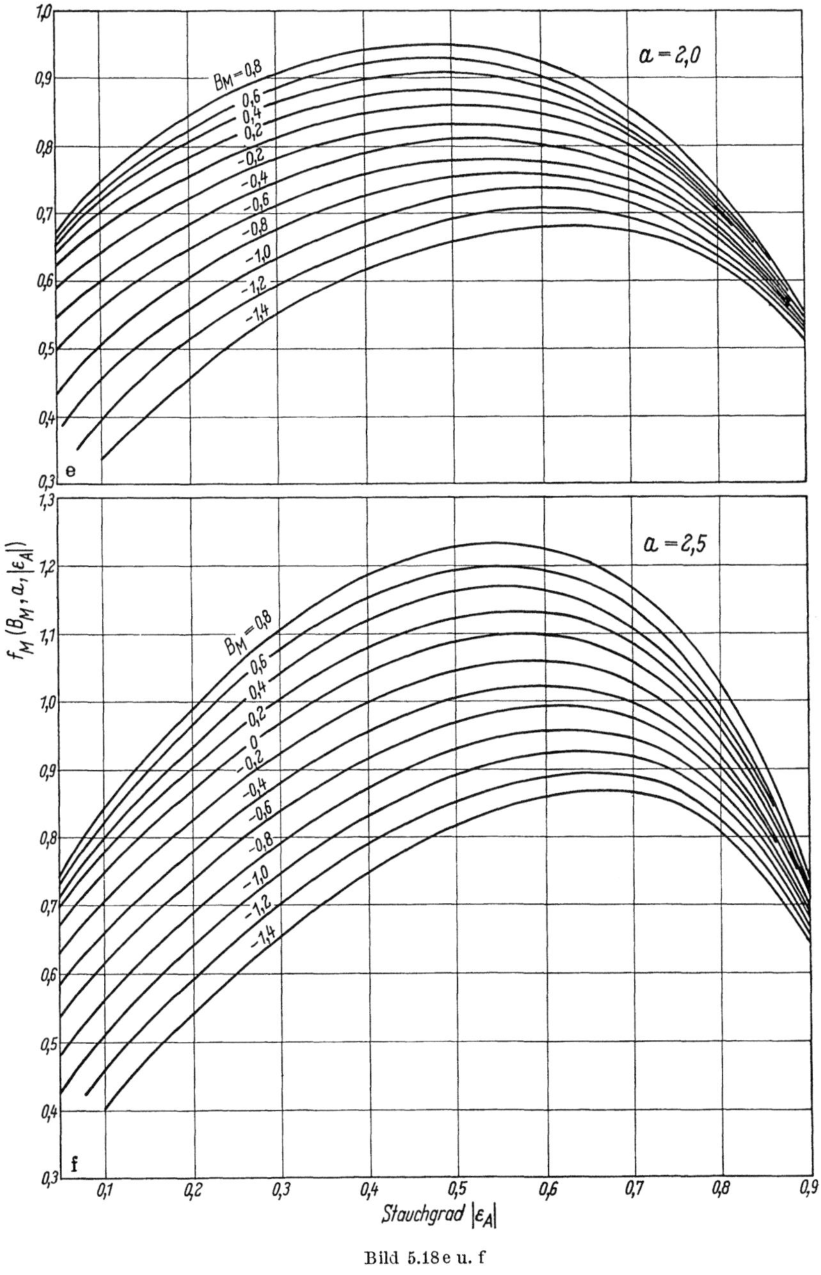

a = 2,0
B_M = 0,8
0,6
0,4
0,2
−0,2
−0,4
−0,6
−0,8
−1,0
−1,2
−1,4
e
a = 2,5
B_M = 0,8
0,6
0,4
0,2
0
−0,2
−0,4
−0,6
−0,8
−1,0
−1,2
−1,4
f
$f_M(B_M, a, |\varepsilon_A|)$
Stauchgrad $|\varepsilon_A|$

Bild 5.18 e u. f

Der Einfluß des Walzwinkels ist dabei durch quadratische Interpolation gemäß

$$M = (M)_{\alpha_E = 0} \cdot (1 - \text{const} \cdot \alpha_E^2)$$

berücksichtigt [vgl. folgende Gl. (5.2/82)].

Die Rechnung nach (5.2/80) liefert einen zufriedenstellenden Wert. Wie Bild 5.19 zeigt, nimmt jedoch bei steigendem Walzwinkel die Übereinstimmung mit der genauen Lösung ab. (5.2/80) kann man nämlich wegen der darin enthaltenen Vernachlässigung $\mu \tan \alpha \ll 1$ eigentlich nur als Lösung M^* für den Grenzfall $\alpha_E = 0$ ansprechen.

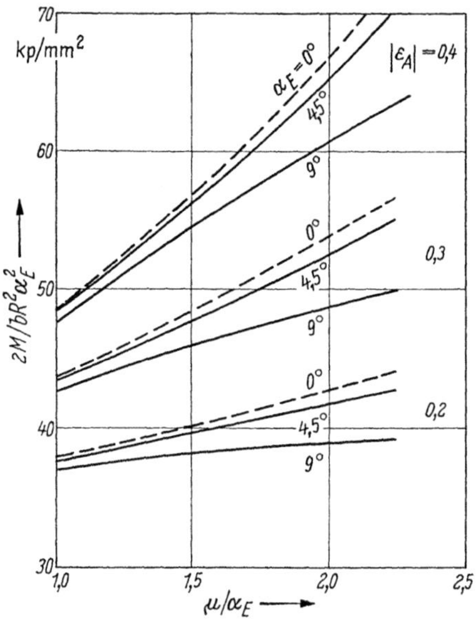

Bild 5.19 Bezogenes Gesamtantriebsmoment $\frac{2M}{b R^2 \alpha_E^2}$ beim Walzen von St 37 als Funktion von $\frac{\mu}{\alpha_E}$, $|\varepsilon_A|$ und α_E nach [62]. Die gestrichelt eingetragenen Kurven gelten für den Grenzfall $\alpha_E = 0$ und sind nachträglich entsprechend Gl. (5.2/82) aus den Kurven für $\alpha_E = 4{,}5°$; 9° berechnet worden.

Nach Bild 5.14 hat der Walzwinkel α_E keinen erkennbaren Einfluß auf die bezogene Walzkraft. Die dann naheliegende Vermutung, daß α_E auch den Druckverlauf p nicht nennenswert beeinflußt, wird durch [62] bestätigt. Damit läßt sich die Abhängigkeit des Antriebsmomentes M vom Walzwinkel wie folgt darstellen [82]:

Wegen $\frac{1}{1 \pm \mu \tan \alpha} \approx 1 \mp \mu \alpha$ folgt aus (5.2/74) und (5.2/20)

$$M = M^* (1 - \varkappa), \tag{5.2/82a}$$

wo

$$\varkappa = \frac{\mu \alpha_E \int\limits_0^1 p \beta \, d\beta}{\left(-\int\limits_0^{\beta_N} p \, d\beta + \int\limits_{\beta_N}^1 p \, d\beta\right)} = \left(\frac{\mu}{\alpha_E}\right) \alpha_E^2 \, \frac{1 - \frac{\int\limits_0^1 r \, d\beta}{r(1)}}{1 - 2 \frac{r(\beta_N)}{r(1)}} \tag{5.2/82b}$$

und

$$r(\beta) = \int\limits_0^\beta p \, d\beta \, . \tag{5.2/82c}$$

Eine grobe Abschätzung mit $p = \text{const}$ liefert

$$\varkappa = \frac{\mu}{\alpha_E}\,\alpha_E^2\,\frac{1}{2(1-2\beta_N)}. \qquad (5.2/82\,\text{d})$$

Damit ist die zuvor benutzte quadratische Abhängigkeit des Antriebsmomentes M vom Walzwinkel α_E für $\mu/\alpha_E = \text{const}$ nachgewiesen.

5.2.6 Antriebsleistung, Umformarbeit

Unter Antriebsleistung L_a wollen wir die für die Umformung nutzbare Leistung verstehen, wie sie in (5.1/2) definiert ist. Für die Bandgeschwindigkeit $|u_A|$ ergibt sich mittels (5.2/23) und der Gleichung für die Voreilung (5.2/34)

$$|u_A| = \omega R(1 + f_A). \qquad (5.2/83\,\text{a})$$

Hieraus findet man über (5.2/28)

$$|u_E| = \omega R(1 + f_A)\,\frac{h_A}{h_E}, \qquad (5.2/83\,\text{b})$$

so daß mit $M_1 = M_2 = M$, $\omega_1 = \omega_2 = \omega$ die Leistungsgleichung (5.1/2) in der Form

$$L_a = \omega R\left[\frac{2M}{R} + T_A(1+f_A) - T_E(1+f_A)\,\frac{h_A}{h_E}\right] \qquad (5.2/84)$$

folgt. Da im vorliegenden Kapitel Kaltverfestigung $k_e = k_e(|\varphi|)$ vorausgesetzt wurde, geht die Walzgeschwindigkeit nicht in M und f_A, sondern nur in ω ein. (5.2/84) läßt sich mit (5.2/83b) und (5.2/28) in die Gestalt

$$L_a = |u_A|\left[\frac{2M}{(1+f_A)R} + T_A - T_E\,\frac{h_A}{h_E}\right] \qquad (5.2/85)$$

bringen (vgl. [*80*, S. 205]).

Wir schließen an das Zahlenbeispiel von 5.2.4, 5.2.5 an und suchen die Antriebsleistung für $|u_A| = 6$ m/s. Hierzu wird f_A aus (5.2/33) mit (5.2/20) berechnet:

$$f_A = (\beta_N\,\alpha_E)^2\left(\frac{R}{h_A} - \frac{1}{2}\right) = 0{,}051\,.$$

Sodann liefert (5.2/85) mit $M = 6{,}68$ m Mp (aus 5.2.5)

$$L_a = 218\cdot 10^3\,\frac{\text{m kp}}{\text{s}} = 2140\,\text{kW}.$$

Die *Antriebsarbeit* erhalten wir wegen $L_a = \text{const}$ zu

$$\int_{t_1}^{t_2} L_a\,dt = L_a(t_2 - t_1).$$

Wichtiger ist die *Antriebs-Arbeitsdichte* Φ_a [1], das ist die auf die Volumeinheit bezogene Antriebsarbeit. Je Zeitintervall $t_2 - t_1$ wird das Volum $|u_A|(t_2 - t_1)bh_A$ umgeformt, so daß aus (5.2/85)

$$\Phi_a = \frac{L_a(t_2 - t_1)}{|u_A|\,bh_A(t_2 - t_1)} = \frac{2M}{(1 + f_A)Rbh_A} + \frac{T_A}{bh_A} - \frac{T_E}{bh_E} \qquad (5.2/86)$$

folgt.

Unser oben behandeltes Zahlenbeispiel ergibt eine Antriebs-Arbeitsdichte

$$\Phi_a = 21{,}6\ \text{kp/mm}^2.$$

Es ist natürlich ein möglichst kleiner Wert Φ_a anzustreben. Dementsprechend wären die Φ_a beeinflussenden Größen $k_e(|\varphi|)$, R, h_E, $|\varepsilon_A|$, μ sowie T_A, T_E geeignet aufeinander abzustimmen. Davon liegt $k_e(|\varphi|)$ als Werkstoffkenngröße fest. Der Reibwert μ kann z. B. durch Schmierung verringert werden, doch müssen Greif- bzw. Durchziehbedingung erfüllt sein. T_A, T_E werden sich in Ziff. 5.2.7.3 von nur geringem Einfluß erweisen. $|\varepsilon_A|$ ist vorwiegend auf Grund technologischer Forderungen festgelegt. So bleiben lediglich R und h_E, die als Quotient $R/h_E \approx \frac{|\varepsilon_A|}{\alpha_E^2}$ [vgl. (5.2/18)] in die Walzgleichungen eingehen. Ein Blick auf Bild 5.19 [2] zeigt dann, daß bei gegebenen $|\varepsilon_A|$ und μ der Walzwinkel α_E groß und damit R/h_E möglichst klein zu halten ist.

5.2.7 Einfluß von Brems- und Haspelzug

Bremszug T_E und Haspelzug T_A beeinflussen die Druckverteilung $p(\beta)$ und damit vor allem Walzkraft und Drehmoment. Von Fall zu Fall können wir diesen Einfluß z. B. über die Gln. (5.2/70) und (5.2/80) bestimmen, doch sind Formeln wünschenswert. Wir werden sie im folgenden näherungsweise herausschälen.

---

[1] Φ_a enthält die Dichte Φ der eigentlichen Umformarbeit einschließlich der Scherarbeit sowie die auf das umgeformte Volum bezogene Reibarbeit, jedoch nicht die Verluste des Antriebes und der Lager (vgl. S. 111).

[2] $\frac{M}{R^2\alpha_E^2} \approx \frac{1 - |\varepsilon_A|}{|\varepsilon_A|} \cdot \frac{M}{Rh_A}$ bestimmt nach (5.2/86) für $f_A \ll 1$ die Größe von Φ_a.

5.2.7.1 Einfluß auf die Walzkraft. Nach Gl. (5.2/51) wird der Längsdruck $q = q(\beta)$ in der Voreilzone von nullter Ordnung näherungsweise um $q_A = -\dfrac{T_A}{b h_A}$, in der Nacheilzone um $q_E = -\dfrac{T_E}{b h_E}$ verschoben. Auf Grund des Fließkriteriums $p = q + k_e$ gilt das Gleiche für p. Wir schreiben

$$p \approx p_0 + q_A = p_0 - \frac{T_A}{b h_A}, \qquad 0 \leq \beta \leq \beta_N, \tag{5.2/87a}$$

$$p \approx p_0 + q_E = p_0 - \frac{T_E}{b h_E}, \qquad \beta_N \leq \beta \leq 1, \tag{5.2/87b}$$

wobei $p_0(\beta)$ die mit $q_A = 0$ und $q_E = 0$ errechneten Lösungsäste charakterisiert. Die durch die Bandzüge geänderte Lage β_N der Fließscheide ist unbekannt. Bild 5.20 zeigt die numerische Auswertung der Gl. (5.2/87) für das Beispiel von Bild 5.9 und 40% Haspelzug sowie 40% Bremszug, d. h. $q_A = -0{,}4\, k_{eP} = q_E$. Zum Vergleich sind die genaueren Kurven nach (5.2/60) eingetragen, die (mit $q_E = 0 = q_A$) auch $p_0(\beta)$ zugrunde liegen. Gl. (5.2/57) (gestrichelte Kurve) erweist sich, wie schon in Ziff. 5.2.3.2 angedeutet, bei starkem Bremszug als weniger zuverlässig. Brems- und Haspelzug bauen die Druckspitze ab, schonen also die Walzen, wobei der Bremszug wirksamer als der Haspelzug ist. Die Fließscheide wird durch Bremszug zum Austritt und durch Haspelzug zum Eintritt hin verschoben.

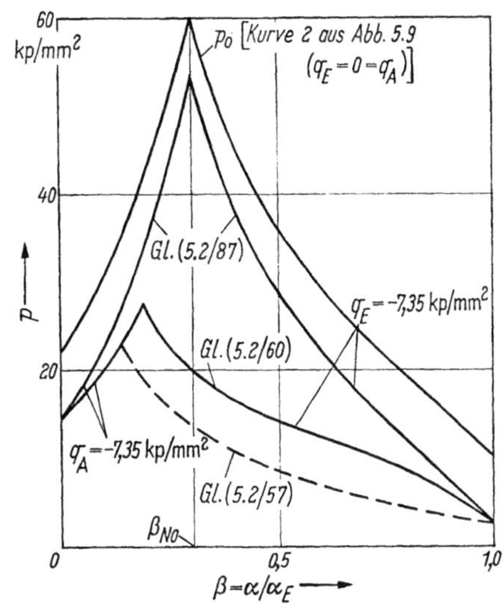

Bild 5.20 Einfluß des Bandzuges auf den Querdruck. $k_{eP} = 18{,}4$ kp/mm²; β_{N0} Fließscheide zur Druckverteilung p_0.

Die folgende Rechnung [*83*, *80*] beruht auf der sehr groben Näherung (5.2/87) mit $\beta_N = \beta_{N0}$ und führt nur zu überschlägigen Ergebnissen. Zunächst hat man über (5.2/68) die Walzkraft

$$P \approx b R \alpha_E \int_0^1 p_0 \, d\beta + b R \alpha_E \left[\int_0^{\beta_{N0}} q_A \, d\beta + \int_{\beta_{N0}}^1 q_E \, d\beta \right],$$

also

$$P \approx P_0 + bR\alpha_E[q_A\beta_{N0} + q_E(1-\beta_{N0})] =$$

$$= P_0 - R\alpha_E\left[\frac{T_A}{h_A}\beta_{N0} + \frac{T_E}{h_E}(1-\beta_{N0})\right], \qquad (5.2/88)$$

wobei der Index $_0$ wiederum auf $T_A = 0 = T_E$ hinweist: Bandzug senkt die Walzkraft, und zwar wegen $\beta_N < 0{,}5$ (vgl. Bild 5.20) Bremszug stärker als Haspelzug.

5.2.7.2 Einfluß auf das Antriebsmoment. Wir greifen auf (5.2/76), (5.2/77) zurück und haben

$$M_0 = bR^2\int_0^{\alpha_E} p_0\alpha\, d\alpha,$$

entsprechend mit (5.2/87) sowie $\beta_N = \beta_{N0}$

$$M \approx M_0 - R^2\alpha_E^2\left[\int_0^{\beta_{N0}}\frac{T_A}{h_A}\beta\, d\beta + \int_{\beta_{N0}}^{1}\frac{T_E}{h_E}\beta\, d\beta\right] + \frac{1}{2}R(T_E - T_A).$$

Die eckige Klammer liefert

$$\left[\dots\right] = \frac{1}{2}\frac{T_E}{h_E} + \frac{1}{2}\beta_N^2\left(\frac{T_A}{h_A} - \frac{T_E}{h_E}\right) \approx \frac{1}{2}\frac{T_E}{h_E},$$

womit nach (5.2/14)

$$M \approx M_0 + \frac{1}{2}Rh_A\left(\frac{T_E}{h_E} - \frac{T_A}{h_A}\right) = M_0 - \frac{1}{2}bRh_A\,(q_E - q_A) \qquad (5.2/89)$$

folgt.

5.2.7.3 Einfluß auf die Antriebsarbeit. Mit (5.2/86) gelte

$$\Phi_{a0} = \frac{2M_0}{(1+f_{A0})Rbh_A}.$$

Dann ergeben (5.2/86) und (5.2/89) nach einfacher Umformung

$$\Phi_a \approx \Phi_{a0}\frac{1+f_{A0}}{1+f_A} - (q_A - q_E)\frac{f_A}{1+f_A}. \qquad (5.2/90)$$

Für $f_A \ll 1$, $f_{A0} \ll 1$ [1] kann im Rahmen der ohnehin gegebenen Näherungen Φ_a ungefähr Φ_{a0} gesetzt werden. Umgekehrt ist es möglich,

[1] Vgl. hierzu z. B. das Zahlenbeispiel nach Bild 5.5 und (5.2/34).

Gl. (5.2/89) aus der Annahme $\Phi_a = \Phi_{a0}$ herzuleiten. Diesen Weg gingen HESSENBERG und SIMS [*84*], die ihre Annahme $\Phi_a = \Phi_{a0}$ durch Messungen praktisch bestätigten.

Die mit dem Bandzug zusammenhängenden Fragen wurden schon früh z. B. von KELLER in [*65*] diskutiert. Eine erste zusammenfassende Darstellung stammt von HILL [*83*], der auch Gln. (5.2/88), (5.2/89) experimentell überprüfte.

5.3 Technisches Kalt-Bandwalzen

Beim Kalt-Bandwalzen tritt das Walzgut mit Raumtemperatur in die Walzgerüste ein, seine Erwärmung hält sich in Grenzen (Abschn. 2.3.2 und [*13*]). Das Werkstoffverhalten wird damit wie beim idealisierten Kalt-Bandwalzen durch die jeweilige Kaltfließkurve $k_e = k_e(|\varphi|)$ entsprechend 2.2.2 beschrieben. Im übrigen wollen wir nur solche Punkte besprechen, die über das im vorangegangenen Abschn. 5.2 Gesagte hinausgehen.

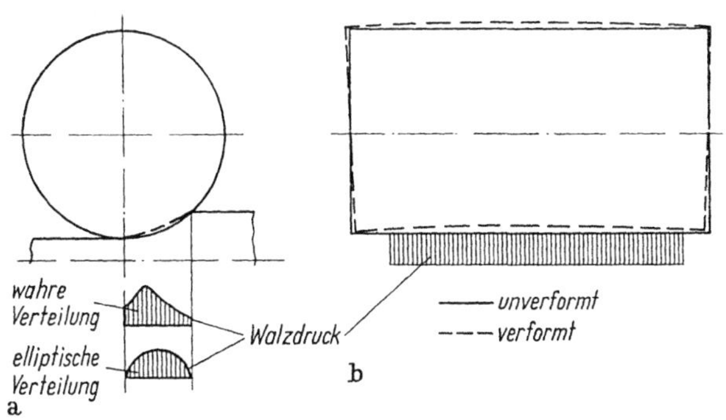

Bild 5.21a u. b Kräfte und elastische Verformungen der Walzen beim Bandwalzen. a) Abplattung; b) Durchbiegung.

5.3.1 Elastische Verformung von Walzen und Walzgerüst

Die Walzenkörper bestehen im allgemeinen aus Gußstahl und sind elastischen Deformationen unterworfen. Bild 5.21 zeigt die Kräfte und ihre Wirkungen schematisch; man unterscheidet gemäß a) und b) *Abplattung* und *Durchbiegung*.

Obwohl rechnerische Ansätze (z. B. [*85—88, 294*]) bestehen, wird die Walzendurchbiegung fast ausschließlich empirisch ermittelt. Man gleicht sie dadurch aus, daß man die Walzenkörper abweichend von der zylindrischen Form zur Walzgutmitte hin dicker oder, wie man sagt, ballig schleift. Dünne Walzen baut man in ein Quartogerüst ein (Bild 5.22) und verringert so die Durchbiegung der Arbeitswalzen durch dickere Stützwalzen [*55*]. Zusätzlich muß man beachten, daß die Walzenlager abhängig von der Drehzahl infolge ihrer hydrodynamischen Schmierung (vgl. z. B. [*89*]) *aufschwimmen* und so den Walzenabstand (*Anstellung*) verändern. Schließlich verformt sich das Walzgerüst elastisch unter Einwirkung der Walzkraft. Diese Einflüsse müssen als experimentell ermittelte Eigenschaften des jeweiligen Walzwerkes (*Gerüstkennfeld*) für die Kalibrierung bekannt sein.

Bei gegebener Druckverteilung kann die Walzenabplattung numerisch bestimmt werden (HERTZsche Pressung; vgl. [*90, 91*]). Als sehr brauchbar hat sich eine Näherungslösung von HITCHCOCK [*92*] herausgestellt, die auf einer Darstellung von PRESCOTT [*93*] aufbaut. Hierbei wird die wahre Druckverteilung durch eine elliptische ersetzt (Bild 5.21). Sie verformt, wie in Ziff. 9.1.2.2 gezeigt wird, den belasteten Walzensektor vom ursprünglichen Radius R in einen neuen Zylindersektor vom Radius $R' > R$. Wir kennzeichnen die Symbole

$$R,\ l,\ \Delta h,\ P,\ M,$$

$$a,\ B_P,\ B_M,\ f_P,\ f_M,$$

sowie die Punkte E, A, N, 0,

soweit sie sich auf den elastisch verformten Zustand beziehen, durch einen hochgestellten Strich. Dann gilt

$$R' = R\left(1 + c\,\frac{P'}{b\Delta h'}\right) \tag{5.3/1a}$$

mit

$$c = \frac{16(1 - \nu^2)}{\pi E}, \tag{5.3/1b}$$

worin hier ν die elastische *Querzahl*[1] und E der Elastizitätsmodul des Walzenkörpers sind. Für Stahlwalzen gilt $c = 2{,}20 \cdot 10^{-4}\ \mathrm{mm^2/kp}$.

Die angenommene symmetrische Druckverteilung führt zu einer ebenfalls symmetrischen neuen Walzenkontur mit der Mittelsenkrechten zu $\overline{A'E'}$ als Symmetrielinie. Auf dieser liegen dann die Walzenachse O und der Mittelpunkt O' des verformten Kreissektors (Bild 5.23). Die symmetrische Druckverteilung p_n hat also um die Walzenachse O kein Moment[2]. Das neue Antriebsmoment M' wird vielmehr allein durch die

[1] Nicht zu verwechseln mit dem Reibwinkel ν.

[2] Die wirkliche Druckverteilung führt zu einem Zusatzmoment [*80, 83*]. Doch muß dies als nicht modellgerecht außer Betracht bleiben.

Reibkräfte erzeugt, deren Hebelarm um die Achse O nach wie vor (annähernd) R ist. Damit geht der neue Radius R' nur über den geänderten Berührungsbogen $\widehat{A'E'}$ (gedrückte Länge l') in die Gleichungen für Walzkraft P' und Antriebsmoment M' ein.

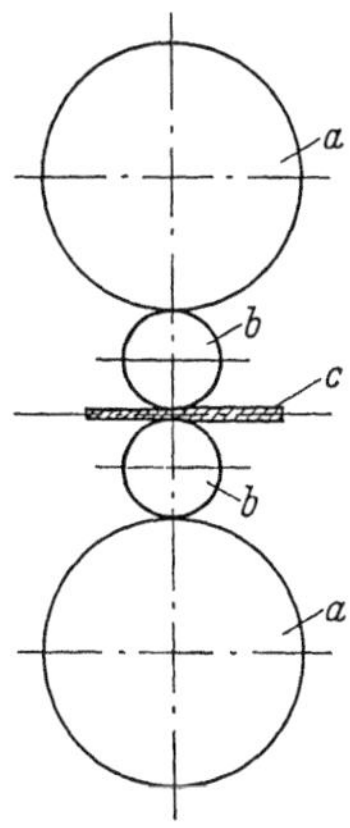

Bild 5.22 Quartogerüst, schematisch. *a* Stützwalzen; *b* Arbeitswalzen; *c* Walzgut (Band).

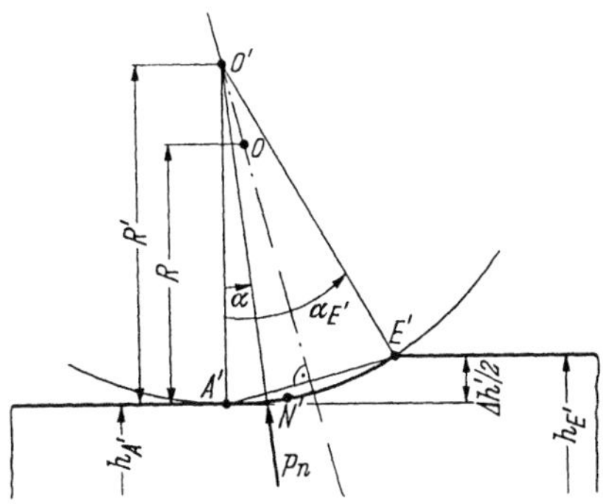

Bild 5.23 Geometrie der abgeplatteten Walze unter einer elliptisch verteilten Last (vgl. Bild 5.21a) nach HITCHCOCK [92].

Die gedrückte Länge l' ergibt sich gemäß (5.2/22) annähernd zu

$$l' \approx \sqrt{R' \, \Delta h'}\,, \tag{5.3/2}$$

woraus der Walzwinkel

$$\alpha_{E'} \approx \frac{l'}{R'} \approx \sqrt{\frac{\Delta h'}{R'}} \tag{5.3/3}$$

folgt. Die HITCHCOCKsche Formel ist so lange brauchbar, wie die wirkliche Walzdruckverteilung durch eine elliptische sinnvoll wiedergegeben wird. BLAND [94] berechnet die Abplattung bei beliebiger Walzdruckverteilung und berücksichtigt insbesondere die Wirkung der Druckspitze in der Umgebung des neutralen Punktes, wo die Walze besonders stark abgeplattet wird (vgl. Bild 5.24b). Danach arbeitet Gl. (5.3/1) außer bei sehr dünnen oder harten Bändern, d. i. außer in Fällen, die der kleinsten walzbaren Banddicke (Abschn. 5.3.2) nahekommen, zufriedenstellend (vgl. auch [95]).

Die Walzenabplattung ist verschiedentlich näherungsweise[1] gemessen worden, so von OROWAN [75]. Er setzte das Gerüst während des

[1] Nämlich bis auf Auffederung und Kriechen des Walzgutes (Bandes).

Stichs still, hob die obere Walze ab und nahm sofort den Walzenabdruck auf dem gewalzten Band auf. Bild 5.24 zeigt zwei seiner Messungen, dazu die von Troost et al. [*96*] gemäß (5.2/22)

$$R' = R\left(\frac{l'}{l}\right)^2$$

zugeordneten Radien der abgeplatteten Walze, welche die Meßwerte im Rahmen der Meßgenauigkeit wiedergeben. Danach ist die Hitchcock-Formel (5.3/1) für $l'/l < 2$ zuverlässig. Eine zusammenfassende Darstellung der Walzenabplattung findet man z. B. in [*96*, *295*].

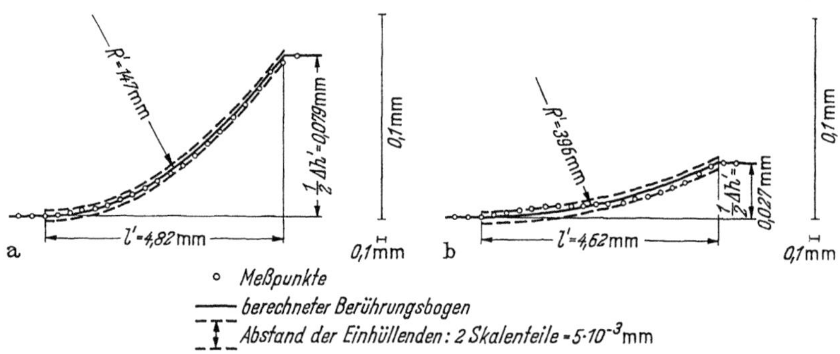

Bild 5.24a u. b Vergleich zwischen gemessenem [*75*] und berechnetem [*92*] Berührungsbogen für das Walzen von Bandstahl (nach [*96*]).
a) $h'_E = 1{,}454$ mm; $h'_A = 1{,}296$ mm; $|\varepsilon'_A| = 10{,}9\%$; $\alpha'_E = 0{,}033 = 1{,}9°$; $l'/l = 1{,}2$.
b) $h'_E = 0{,}312$ mm; $h'_A = 0{,}258$ mm; $|\varepsilon'_A| = 17{,}3\%$; $\alpha'_E = 0{,}012 = 0{,}7°$; $l'/l = 2{,}0$.
Walzenradius $R = 102$ mm; Skalenteilung der Meßuhr $= 2{,}5 \cdot 10^{-3}$ mm.

Durch die Walzenabplattung wird gemäß (5.3/1) und (5.3/2) bei vorgegebener Stichabnahme $\Delta h'$ der Berührungsbogen vergrößert: $l' > l$. Nach wie vor gelten die Gleichungen von Abschn. 5.2, wobei die Geometrie im Walzspalt nun durch die gestrichenen Größen beschrieben wird.

Wir wollen P' sowie das Antriebsmoment M' näherungsweise ermitteln und das Verfahren numerisch erläutern, indem wir nachträglich bei dem Beispiel von Abschn. 5.2.4/5 die Abplattung berücksichtigen.

Dort waren u. a. die Daten $R = 350$ mm; $h_E = 3{,}0$ mm; $b = 800$ mm; $\mu = 0{,}1$; $T_E = T_A = 0$; $\Delta h = 0{,}9$ mm und St 37 nach Bild 2.6 (Tab. 5.1) als Walzgut vorgegeben. Wir übernehmen $h_{E'} = h_E$, $\Delta h' = \Delta h$ und $T_{E'} = T_{A'} = 0$.

Bei der Walzkraft P' gehen wir von Gl. (5.2/70) aus und passen sie dem zunächst noch unbekannten Radius R' der abgeplatteten Walze an:

$$P' = b k_{eP}\left(1 + \frac{q_{E'}}{k_{eP}}\right) f'_P \sqrt{R' \Delta h'} \qquad (5.3/4\,\text{a})$$

mit der nach Bild 5.13 zugeordneten Hilfsfunktion

$$f'_P = f_P\left(|\varepsilon_{A'}|;\ a' = \mu\sqrt{\frac{R'}{h_{A'}}};\ B'_P\right). \tag{5.3/4b}$$

Gl. (5.3/1) in Gl. (5.3/4a) gibt

$$P' = b\,k_{eP}\left(1 + \frac{q_{E'}}{k_{eP}}\right) f'_P \sqrt{R\,\Delta h'}\ \sqrt{1 + \frac{c}{\Delta h'}\,\frac{P'}{b}}\,;$$

diese Gleichung läßt sich für $f'_P \approx f_P$ mit

$$\sqrt{1 + \frac{c}{\Delta h'}\,\frac{P'}{b}} \approx 1 + \frac{1}{2}\,\frac{c}{\Delta h'}\,\frac{P'}{b}$$

(vgl. [5, S. 79]) auflösen:

$$P' \approx b\,\frac{k_{eP}\left(1 + \dfrac{q_{E'}}{k_{eP}}\right) f_P \sqrt{R\,\Delta h'}}{1 - \dfrac{1}{2}\,k_{eP}\left(1 + \dfrac{q_{E'}}{k_{eP}}\right) f_P\, c\sqrt{\dfrac{R}{\Delta h'}}}. \tag{5.3/5}$$

Das Zahlenbeispiel liefert (c für Stahlwalzen)

$$P' \approx 980\ \text{Mp}.$$

Bei kleinen Abplattungen ($R' < 1{,}2\,R$) erweist sich der so bestimmte Näherungswert für praktische Zwecke genau genug. Sonst kann man ihn beispielsweise iterativ verbessern, indem man zunächst nach Gl. (5.3/1) den korrigierten Radius

$$R' = R\left(1 + \frac{c}{\Delta h'}\,\frac{P'}{b}\right) = R \cdot 1{,}30 = 455\ \text{mm}$$

ausrechnet und hieraus gemäß (5.3/4b) und Bild 5.13

$$f'_P = f_P\left(|\varepsilon_{A'}| = 0{,}3;\ a' = \mu\sqrt{\frac{R'}{h_{A'}}} = 1{,}47;\ B'_P = 0\right) = 1{,}43$$

ermittelt. Mit diesen Werten R', f'_P liefert (5.3/4a) die verbesserte Walzkraft

$$P' = 1030\ \text{Mp}.$$

Der zweite und jeder weitere Iterationsschritt läuft entsprechend ab. Zu $P' = 1030$ Mp gehört $R' = 460$ mm, dazu wiederum $f'_P = 1{,}43$. Diesen Werten R', f'_P entspricht nach (5.3/4a) die Walzkraft

$$P' = 1036\ \text{Mp},$$

mit der $R' = 460$ mm korrespondiert: die Iteration ist hier nach dem zweiten Schritt im Rahmen der durch Bild 5.13 gegebenen Genauigkeit beendet. Zum Vergleich: $P = 852$ Mp bei starren Walzen. Die Walzkraft steigt durch die Walzenabplattung an. Dies erklärt sich aus der schon erwähnten Vergrößerung der gedrückten Länge.

Das Antriebsmoment M' berechnen wir über (5.2/80) aus[1]

$$M' = b\,k_{e_M}\left(1 + \frac{q_{E'}}{k_{e_M}}\right) R\,\Delta h'\,f'_M + R\,\frac{T_{E'} - T_{A'}}{2} \qquad (5.3/6\,\mathrm{a})$$

mit der Hilfsfunktion

$$f'_M = f_M(|\varepsilon_{A'}|, a', B'_M) \qquad (5.3/6\,\mathrm{b})$$

(Bild 5.18), die dem Radius R' der abgeplatteten Walze angepaßt ist. Der durch die Walzenachse O festgelegte Hebelarm R der Reibkräfte bleibt in (5.3/6a) unverändert. Lediglich in die gedrückte Länge, also über f'_M, geht der verbesserte Radius R' ein. Er wird wie oben durch die Walzkraft P' festgelegt.

Unser Zahlenbeispiel führt auf $f'_M = 0{,}68$ und damit $M' = 7{,}04$ m Mp im Vergleich zu 6,73 m Mp bei starren Walzen, also auch auf einen Anstieg des Antriebsmomentes. Allerdings wird die Walzkraft durch die Abplattung stärker erhöht.

Nomogramme zur Berechnung von Walzkraft und Antriebsmoment unter Einschluß der Walzenabplattung wurden von Sims [*97*] (ausgehend von [*59*], ohne Bandzug) und Lianis und Ford [*98*] [ausgehend von [*76*], mit Bandzug und Bandelastizität (vgl. hierzu folgenden Abschn. 5.3.2)] angegeben.

5.3.2 Elastische Verformung des Walzgutes

Wir beziehen uns auf Bild 5.25. Bei kleinen Stauchgraden $|\varepsilon_A|$ spielt die elastische Verformung des Walzgutes eine Rolle. Und zwar wird das in den Walzspalt eintretende Band auf dem Bogen $\widehat{E''E'}$ zunächst von seiner Anfangsdicke h_E [2] auf die Dicke $h_{E'}$ (Bild 5.25) um

$$\Delta h_E = h_E - h_{E'}$$

---

[1] Dies ist $M' = M'^*$, vgl. Abschn. 5.2.5. Der Einfluß des Walzwinkels $\alpha_{E'}$ wäre gemäß (5.2/82) zu berücksichtigen.

[2] Bandzüge verringern elastisch durch Querkontraktion die Dicken des ein- und austretenden Bandes. Unter h_E, h'_A sind hier die bereits verminderten Werte zu verstehen. Sie unterscheiden sich i. a. kaum von den Werten h^*_E, h^*_A des entlasteten Bandes:

$$h^*_{E(A)} - h_{E(A)} = \frac{\nu(1+\nu)}{E}\,\frac{T_{E(A)}}{b}$$

[ν = Querzahl, E = Elastizitätsmodul des Bandes; Herleitung Abschn. 9.1.1; Gl. (9.1/21)].

elastisch vorgespannt (*Vorspannzone*), bis in E' das Fließkriterium erfüllt ist. Im eigentlichen plastischen Bereich $\widehat{E'A'}$ gelten die Gleichungen der vorangegangenen Abschnitte. Dabei ist der plastischen Formänderung entsprechend Gl. (2.2/2) stets eine elastische überlagert zu

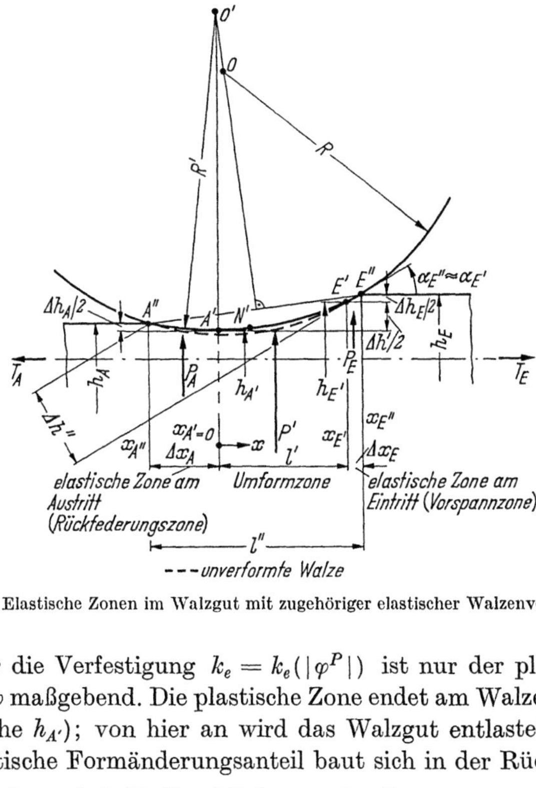

Bild 5.25 Elastische Zonen im Walzgut mit zugehöriger elastischer Walzenverformung.

denken; für die Verfestigung $k_e = k_e(|\varphi^P|)$ ist nur der plastische Anteil φ^P von φ maßgebend. Die plastische Zone endet am Walzenscheitel A' (Walzguthöhe $h_{A'}$); von hier an wird das Walzgut entlastet. Der überlagerte elastische Formänderungsanteil baut sich in der Rückfederungszone $\widehat{A'A''}$ ab, so daß die Banddicke um den Betrag

$$\Delta h_A = h_A - h_{A'}$$

auf ihren Austrittswert h_A wächst. Die Höhenabnahme

$$\Delta h' = h_{E'} - h_{A'}$$

in der plastischen Zone übertrifft i. a. die Gesamthöhenänderung

$$\Delta h = h_E - h_A\,.$$

Wir wollen hier den elastischen Einfluß des Walzgutes nur näherungsweise ermitteln. Eine eingehendere Darstellung findet man bei Bland und FORD [99]. Als Ausgangspunkt dient das HOOKEsche Gesetz (2.2/1) der elastischen Verformung, in welchem wir näherungsweise φ^E durch den variablen, jetzt nur elastisch zu verstehenden Stauchgrad $|\varepsilon^E| = |\varepsilon|$ ersetzen [Gln. (2.1/10), (2.1/11)]. Schließlich nehmen wir ein Ergebnis von Abschn. 9.1.1 [Gl. (9.13a)] vorweg, wonach bei ebener elastischer Umformung der Elastizitätsmodul E durch

$$E^* = E/(1 - \nu^2) \tag{5.3/7}$$

zu ersetzen ist. Hier bedeutet ν die Querzahl. E^*, E und ν beziehen sich auf das Walzgut [bei Gl. (5.3/1b) gehörten sie zu den Walzen]. Dann lautet das HOOKEsche Gesetz

$$E^* |\varepsilon| = p. \tag{5.3/8}$$

Wir wollen zunächst annehmen, daß der Horizontaldruck q in den elastischen Zonen konstant, also gleich den Bandzügen

$$q_E = -\frac{T_E}{h_E b} \quad \text{bzw.} \quad q_A = -\frac{T_A}{h_A b}$$

ist.

In der Vorspannzone steigt p vom Werte 0 solange an, bis das Fließkriterium (5.2/52) erfüllt ist:

$$p_{E'} = q_E + k_{e_E} = k_{e_E} - \frac{T_E}{h_E b}.$$

Setzt man den Bogen $\widehat{E'E''}$ annähernd geradlinig[1] mit dem Neigungswinkel $\alpha_{E'}$ an, so ändern sich h', also nach (2.1/9) $|\varepsilon|$ und wegen (5.3/8) p linear. Folglich gilt

$$p = \frac{x_{E''} - x}{x_{E''} - x_{E'}} \left(k_{e_E} - \frac{T_E}{h_E b}\right),$$

und

$$P_E = b \int_{x_{E'}}^{x_{E''}} p \, dx = \frac{1}{2} \Delta x_E \left(k_{e_E} - \frac{T_E}{h_E b}\right) b$$

stellt den Walzkraftanteil dar, der vom elastisch verformten Walzgut der Vorspannzone aufgebracht wird. Entsprechend Bild 5.25 wurde

$$\Delta x_E = x_{E''} - x_{E'}$$

[1] Falls $\alpha_{E'}/\alpha_{E''} \approx 1$ verletzt wird, ist eine parabolische Annäherung erforderlich [100].

gesetzt. Aus (5.3/8) und (2.1/9) folgt

$$\frac{\Delta h_E}{h_E} = \frac{p_{E'}}{E^*} = \frac{1}{E^*}\left(k_{e_E} - \frac{T_E}{h_E b}\right), \tag{5.3/9}$$

andererseits nach Bild 5.25

$$\Delta h_E = 2\,\Delta x_E \tan \alpha_{E'} \approx 2\alpha_{E'} \cdot \Delta x_E,$$

also

$$\Delta x_E = \frac{h_E}{2E^*\alpha_{E'}}\left(k_{e_E} - \frac{T_E}{h_E b}\right), \tag{5.3/10}$$

$$P_E = \frac{1}{4}\,\frac{h_E b}{E^*\alpha_{E'}}\left(k_{e_E} - \frac{T_E}{h_E b}\right)^2. \tag{5.3/11}$$

Ähnlich ermittelt man Δh_A, Δx_A und den Kraftanteil P_A in der Rückfederungszone. Nur darf man hier den Berührungsbogen $\widehat{A'A''}$ nicht durch eine Gerade ersetzen.

Der Druck am Rand A' der plastischen Zone beträgt auf Grund des Fließkriteriums (5.2/52)

$$p_{A'} = q_A + k_{eA} = k_{e_A} - \frac{T_A}{h_A b}.$$

Nach (5.3/8) und (2.1/9) folgt

$$\frac{\Delta h_A}{h_A} = \frac{p_{A'}}{E^*} = \frac{1}{E^*}\left(k_{e_A} - \frac{T_A}{h_A b}\right), \tag{5.3/12}$$

also, wenn man Δx_A als (elastische) gedrückte Länge entsprechend l aus (5.2/22) ermittelt,

$$\Delta x_A = \sqrt{R'\,\Delta h_A} = \sqrt{\frac{R'}{E^*}\left(k_{e_A} - \frac{T_A}{h_A b}\right) h_A}\,, \tag{5.3/13}$$

wobei die Walzenabplattung in Gestalt des modifizierten Radius R' anstelle R berücksichtigt wurde. Schließlich ändert sich p in der Rückfederungszone entsprechend (5.2/14) wegen (5.3/8) quadratisch mit α oder x und hat am Austritt A'' den Wert 0, bei A' den Wert $p_{A'}$:

$$p = \left(1 - \left[\frac{x}{\Delta x_A}\right]^2\right) p_{A'}.$$

Integration ergibt

$$P_A = b\int_{-\Delta x_A}^{0} p\,dx = \frac{2}{3}\,b\,p_{A'}\,\Delta x_A = \frac{2}{3}\,b\,\sqrt{\frac{R' h_A}{E^*}}\,\sqrt{\left(k_{e_A} - \frac{T_A}{h_A b}\right)^3}. \tag{5.3/14}$$

Bis jetzt wurde die Änderung des Bandzuges in den elastischen Zonen vernachlässigt. Tatsächlich gehören zu P_E, P_A Reibkräfte der (überschlägigen) Größe $\mu P_E, \mu P_A$ [1], und P_E hat eine Horizontalkomponente $P_E \cdot \tan \alpha_{E'} \approx P_E \cdot \alpha_{E'}$. Für die Berechnung der Druckverteilung, der Walzkraft P' und des Drehmomentes M' in der plastischen Zone $\widehat{E'A'}$ sind demnach modifizierte Randbedingungen

$$q_{E'} = \frac{1}{bh_{E'}} [-T_E + P_E \cdot 2(\mu - \alpha_{E'})], \quad q_{A'} = \frac{1}{bh_{A'}} [-T_A + 2\mu P_A] \tag{5.3/15}$$

einzusetzen, die ggf. noch um den Scheranteil am Eintritt entsprechend Gl. (5.2/10) erweitert werden müssen. Gesamtkraft P_{ges} und Gesamtmoment M_{ges} einer Walze folgen dann zu

$$P_{\text{ges}} = P_E + P' + P_A, \tag{5.3/16}$$

$$M_{\text{ges}} = \mu R (P_E - P_A) + M'. \tag{5.3/17}$$

M' ist nach Gl. (5.3/6a) einzusetzen. Hierbei sind $T_{A'}, T_{E'}$ die Schnittkräfte der (Band-)Querschnitte bei A', E':

$$T_{A'} = T_A - 2\mu P_A,$$

$$T_{E'} = T_E - 2(\mu - \alpha_{E'}) P_E.$$

Setzt man sie in (5.3/17) ein, so erhält man mit (5.3/6a)

$$M_{\text{ges}} = b k_{e_M} \left(1 + \frac{q_{E'}}{k_{e_M}}\right) R \, \Delta h' f'_M + R \frac{T_E - T_A}{2} + R \alpha_{E'} P_E. \tag{5.3/18}$$

Der durch Abplattung vergrößerte Walzenradius R' ergibt sich nach (5.3/1a), wobei man P_{ges} statt P' und die gesamte, an der Walze gemessene Höhenänderung $\Delta h''$ einsetzt (Bild 5.25). Da die Projektion des vollständigen Berührungsbogens $\widehat{A''E''}$ auf die Tangente in E'' ungefähr der Länge $\Delta x_A + l' + \Delta x_E$ entspricht, kann man diese in (5.2/22) einsetzen und daraus

$$\Delta h'' = l''^2/R' = (\Delta x_A + l' + \Delta x_E)^2/R' \tag{5.3/19}$$

ermitteln.

---

[1] Voraussetzung: die Fließscheide liegt im plastischen Bereich, und es gibt in der Rückfederungszone keine zweite Fließscheide. Dies bedeutet $|\widehat{A'N'}| > |\widehat{A'A''}|$ (vgl. Bild 5.25).

Die vorstehenden Gleichungen werden für das Zahlenbeispiel von Abschn. 5.2.4/5 numerisch ausgewertet. Wir stellen zunächst die Daten zusammen:

$\Delta h = 0{,}9$ mm,
$h_A = 2{,}1$ mm,
$h_E = 3{,}0$ mm,
$b = 800$ mm,
$R = 350$ mm,
$\mu = 0{,}1$,

$k_{e_A} = 52{,}5$ kp/mm² (Tab. 5.1),
$k_{e_E} = 33{,}5$ kp/mm² (Tab. 5.1),
$T_A = 0 = T_E$,
$E = 2{,}1 \cdot 10^4$ kp/mm² (Elastizitätsmodul des Walzgutes),
$\nu = 0{,}3$ (Querzahl des Walzgutes).

Ohne Berücksichtigung der Bandelastizität ergab sich $R' = 460$ mm (S. 159). Aus (5.3/12), (5.3/13) folgen dann

$$\Delta h_A = 4{,}8 \cdot 10^{-3}\ \text{mm}$$

sowie

$$\Delta x_A = 1{,}48\ \text{mm},$$

und (5.3/14) liefert

$$\frac{P_A}{b} = 52{,}0\ \text{kp/mm}.$$

Um die Vorspannzone zu erfassen, ermitteln wir zunächst $\alpha_{E'}$ aus (5.3/3) [1]:

$$\alpha_{E'} = 4{,}4 \cdot 10^{-2}.$$

Damit ergeben (5.3/9) bis (5.3/11)

$$\Delta h_E = 3{,}1 \cdot 10^{-3}\ \text{mm},$$

$$\Delta x_E = 0{,}035\ \text{mm},$$

$$\frac{P_E}{b} = 0{,}41\ \text{kp/mm}.$$

Die Randbedingungen (5.3/15) für die plastische Zone $\widehat{E'A'}$ sind also

$$q_{E'} = 0{,}02\ \text{kp/mm}^2,$$

$$q_{A'} = 4{,}96\ \text{kp/mm}^2,$$

wobei

$$h_{E'} = h_E - \Delta h_E = 2{,}997\ \text{mm}$$

und

$$h_{A'} = h_A - \Delta h_A = 2{,}095\ \text{mm}$$

berücksichtigt wurden. Gl. (5.2/72) liefert mit

$$k_{e_P} = 44{,}5\ \text{kp/mm}^2 \quad \text{(Tab. 5.1)},$$

$$B'_P = 0{,}106,$$

[1] Genau müßte dort $\Delta h'$ eingesetzt werden, jedoch $\Delta h' \approx \Delta h$.

und über (5.3/4b), $\Delta h' = \Delta h + (\Delta h_A - \Delta h_E) = 0{,}902$ mm, sowie Bild 5.13 haben wir

$$f'_P = f_P \left(|\varepsilon_{A'}| = \frac{\Delta h'}{h_{E'}} = 0{,}301\,; \; a' = 1{,}48\,; \; B'_P = 0{,}106 \right) = 1{,}49,$$

womit aus (5.3/4a) — dort sind anstelle von Δh die Stichabnahme $\Delta h'$ und anstelle von q_E die modifizierte Randbedingung $q_{E'}$ einzusetzen —

$$\frac{P'}{b} = 1350 \text{ kp/mm}$$

folgt. Gemäß (5.3/16) gilt also

$$\frac{P_{\text{ges}}}{b} = 1400 \text{ kp/mm},$$

wozu nach (5.3/19) ($\Delta h_{A''} = 1{,}04$ mm mit $x_{E'} = \sqrt{R' \, \Delta h'} = 20{,}4$ mm) und (5.3/1a) der Abplattungsradius

$$R' = R \left(1 + c \frac{P_{\text{ges}}}{b \, \Delta h''}\right) = 1{,}296\, R = 454 \text{ mm}$$

gehört; angenommen war $R' = 460$ mm. Wir wiederholen die Rechnung mit dem neuen Wert $R' = 454$ mm und finden die Lösung $R' = 453$ mm. Mit diesem R' ergibt (5.3/18)

$$M_{\text{ges}} = 7{,}15 \text{ m Mp}.$$

Wir stellen die Resultate zusammen und vergleichen sie mit den nur die Walzenabplattung berücksichtigenden Werten von Abschn. 5.3.1:

Walzen- und Bandverformung	Nur Walzenverformung
$R' = 453$ mm,	$R' = 460$ mm,
$P_{\text{ges}} = 1110$ Mp,	$P_{\text{ges}} = P' = 1036$ Mp,
$M_{\text{ges}} = 7{,}15$ m Mp,	$M_{\text{ges}} = M' = 7{,}04$ m Mp.

Die Abplattung nimmt geringfügig ab, da sich der Anstieg der Walzkraft weniger auswirkt als die Zunahme der gedrückten Länge l'' gemäß (5.3/19). Der Einfluß der Vorspannzone ist gegenüber demjenigen der Rückfederungszone sehr gering, und beide ändern hier (bei $|\varepsilon_A| = 0{,}3$) das Ergebnis nicht stark. Mit abnehmendem Stauchgrad verstärkt sich jedoch der von der Bandelastizität stammende Anteil an P_{ges}, M_{ges}. Verringert man nämlich bei gegebenem Walzendurchmesser $2R$ und gegebener Höhe (Dicke) h_E des einlaufenden Bandes die erwünschte Stichabnahme

$$\Delta h = (\Delta h_E - \Delta h_A) + \Delta h'$$

(vgl. Bild 5.25), so gewinnen Rückfederungszone und Vorspannzone gegenüber der Umformzone immer mehr an Bedeutung. Bei $\Delta h \to 0$ ($|\varepsilon_A| \to 0$) verschwindet zwar die Umformzone ($\Delta h' \to 0$), hingegen bleiben Vorspann- und Rückfederungszone erhalten ($\Delta h_E = \Delta h_A > 0$). Man sollte für $|\varepsilon_A| < 0{,}2$ die Rückfederungszone und für $|\varepsilon_A| < 0{,}03$ auch die Vorspannzone in die Rechnung einbeziehen. FORD und ELLIS [*101*] fanden unter Berücksichtigung der Bandelastizität (nach [*99*]) bessere Übereinstimmung von Theorie und Versuch als bei der Rechnung mit starrplastischem Werkstoffverhalten.

Wir diskutieren eine weitere Auswirkung der Walzen- und Bandelastizität. Wertet man Gl. (5.3/16) für feste Werte R, $|\varepsilon_A|$, μ, T_E, T_A und eine vorgegebene Fließkurve k_e über einen weiten Bereich von h_E aus, so ergibt sich der in Bild 5.26 qualitativ dargestellte Zusammenhang:

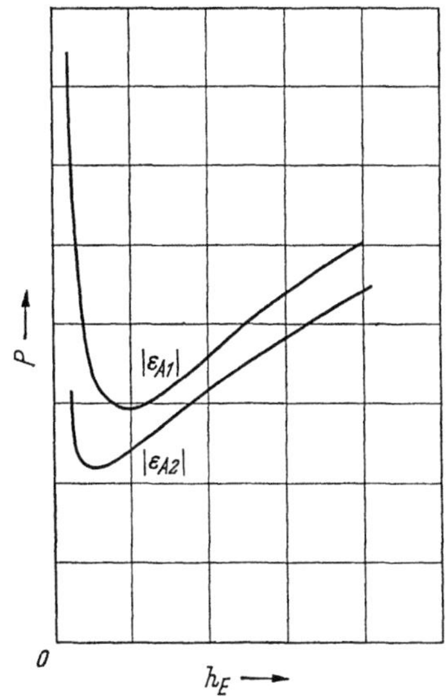

Bild 5.26 Walzkraft P abhängig von der Walzguthöhe h_E am Eintritt für zwei Werte $|\varepsilon_{A1}| > |\varepsilon_{A2}|$ und sonst feste Daten (qualitativ).

Die Walzkraft P sinkt zunächst für abnehmende Werte h_E bis zu einem ausgeprägten Minimum von P, steigt dann steil an und wird für $h_E = h_{E\,\text{Min}}$ unendlich groß: kurz zuvor bringt weiteres Erhöhen der Walzkraft (durch Verringern der Anstellung) fast nur noch eine zusätzliche Abplattung, jedoch keine zusätzliche Umformung mit sich, wie auch experimentell gesichert ist (vgl. z. B. [*102*]). $h_{E\,\text{Min}}$ heißt *kleinste walzbare Banddicke* und hängt vornehmlich von μ und $|\varepsilon_A|$ ab. Wir verzichten auf ihre umständliche Berechnung[1] und verweisen auf Spezialliteratur. Nach ersten Hinweisen von LUEG [*69*] findet man zahlreiche weitere Arbeiten [*103*...*112*]. Eine abweichende Auffassung wird in [*113*] vertreten.

5.3.3 Reibwert

Ein Weg, den Reibwert μ aus Walzversuchen zu ermitteln, ist es, Meßwerte der Walzkraft und des Antriebsmomentes oder der Fließscheidenlage (Voreilung) mit den entsprechenden theoretischen Daten durch geeignete Wahl von μ in Einklang zu bringen. Wir haben diesen Weg bei der Nachrechnung des Walzdruckes gemäß den Bildern 5.9 und 5.10 beschritten.

---

[1] Sie kann auf Grund der vorstehenden Formeln stets numerisch durchgeführt werden.

Ein zweiter Weg geht von gezielten Experimenten aus [*59*, *83*]: man erhöht beim Walzen den Bremszug so lange, bis die Fließscheide an den Austritt wandert ($\alpha_N \to 0$) und registriert dann Walzkraft und Antriebsmoment. Die Reibkräfte wechseln jetzt ihr Vorzeichen nicht mehr, so daß aus (5.2/75)

$$M = \mu b R^2 \int_{\alpha_N=0}^{\alpha_E} p\, d\alpha \approx \mu b R \int_0^l p\, dx$$

folgt. Zusammen mit (5.2/67)

$$P = b \int_0^l p\, dx$$

erhalten wir

$$\mu \approx \left(\frac{M}{PR}\right)_{\alpha_N=0}. \tag{5.3/20}$$

(5.3/20) gilt gleichermaßen bei abgeplatteten Walzen, nur ist M', P' anstelle von M, P zu schreiben.

Eine weitere Meßmethode [*70*], die für Kalt- und Warmwalzen auch in [*73*] und bei anderen Umformverfahren z. B. in [*40*] angewendet wurde, beruht auf schräg angeordneten Meßstiften, mit denen Rand-

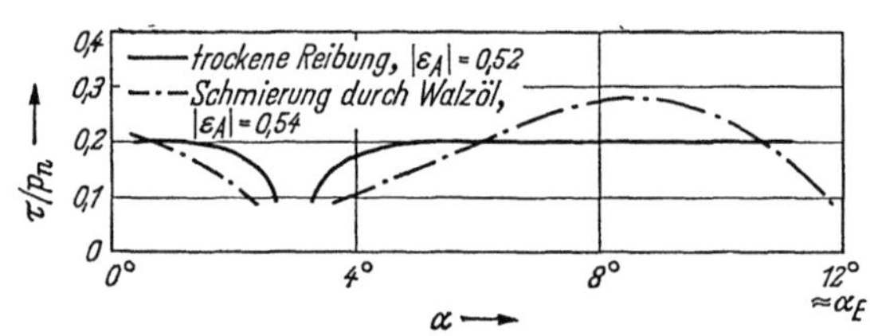

Bild 5.27 Verhältnis Wandschubspannung/Normaldruck beim Walzen von Aluminium mit glatten Walzen [*70*].
$R \approx 76$ mm; $h_E \approx 6{,}4$ mm; $U \approx 7{,}5$ m/min.

schubspannung τ und Normaldruck p_n gemeinsam erfaßt werden. Im Gleitbereich gilt nach (3.3/18) $\tau/p_n = \mu$. Die Methode ist unsicher (worauf die Autoren selbst hinweisen), und der erste Versuch, die Verteilung von μ über Meßstifte zu bestimmen [*72*], mißlang. Besonders problematisch sind naturgemäß Messungen in der Umgebung der Fließscheide. Immerhin zeigt Bild 5.27, daß man in erster Näherung $\mu = \text{const}$ annehmen kann.

Der Reibwert μ hängt vornehmlich von der Oberflächenrauheit der Walzen, vom Schmiermittel und der Walzenumfangsgeschwindigkeit U [genauer von der mit dieser gemäß Gl. (5.2/25)ff. gekoppelten Relativgeschwindigkeit] ab. Man rechnet für $U < 15$ m/min im Mittel mit $\mu = 0{,}08 \ldots 0{,}10$, bei steigendem U fällt μ auf $0{,}05 \ldots 0{,}03$ [*97*]. Eine kleine Zusammenstellung von Reibwerten findet man in [*114*]. Whitton [*115*] ermittelte in umfangreichen Laborversuchen mit Stahl, Kupfer, Messing und Aluminium über Gl. (5.3/20) Reibwerte zwischen 0,05 (Messing, geschmiert) und 0,1 (Stahl, trocken).

Nádai [*116*] nahm u. a. einen geschwindigkeitsproportionalen Reibwert

$$\mu = \text{const} \cdot |u_{\text{rel}}| \qquad (5.3/21)$$

[u_{rel} gemäß (5.2/25)] an und könnte so die von Lueg [*69*] gemessenen Walzdruckkurven (vgl. Bild 5.8) besser wiedergeben, als uns dies in den Bildern 5.9 und 5.10 möglich war: (5.3/21) in Verbindung mit (5.2/38) und (5.2/7) führt, wie man sofort sieht, zu einer in der Umgebung der Fließscheide bauchigen Druckverteilung. Allerdings liegt diese *Newtonsche Reibung* (*Flüssigkeitsreibung*) in Wirklichkeit nicht vor, wie Messungen von μ längs des Berührungsbogens [*70*] gezeigt haben (vgl. Bild 5.27 in Verbindung mit Bild 5.5).

Wir schließen jetzt den allgemeinen Fall des symmetrischen Kalt-Bandwalzens ab. Zusammenfassende Darstellungen des einschlägigen Schrifttums findet man z. B. in [*117*, *109*, *114*]. [*114*, *118*] enthalten Nomogramme mit Rechenbeispielen. Wir verweisen ferner auf einen vollständigen Ansatz für das Kalt-Bandwalzen unter Einschluß der Verformungen von Walzen und Walzgut in [*95*].

5.3.4 Sonderfälle des Kalt-Bandwalzens

5.3.4.1 Schleppwalzen. Beim *Schleppwalzen* wird nur eine der beiden Walzen des Duogerüstes angetrieben (*Antriebswalze*) und die zweite durch das Walzgut mitgeschleppt. An dieser *Schleppwalze* verschwindet also — abgesehen von der Lagerreibung — das Antriebsmoment. Daher muß man bezüglich der Reibkräfte zwischen den Bahnen 1 und 2 unterscheiden: an Ober- und Unterwalze bilden sich unterschiedliche Fließscheiden α_{N_1}, $|\alpha_{N_2}|$ aus (Bild 5.4). Gl. (5.2/4) beschreibt dieses Problem nicht mehr. Stattdessen kommt man auf dem dort angegebenen Wege [wiederum mit gleichen Walzendurchmessern, also Gln. (5.2/1), (5.2/2), und zunächst für positive Werkstoffbewegung gegen beide Walzen, d. h. $\alpha > \alpha_{N_1}$, $\alpha > |\alpha_{N_2}|$] mit $\nu_{11} = \nu_1$, $\nu_{22} = \nu_2$ über Gl. (3.2/22) zu

$$\frac{dq}{dx} + \frac{1}{h}\Big\{[\tan(\nu_{11} - \alpha) + \tan(\nu_{22} - \alpha) + 2\tan\alpha]\,q + \\ + [\tan(\nu_{11} - \alpha) + \tan(\nu_{22} - \alpha)]\,k_e\Big\} = 0\,.$$

Hieraus entsteht nach (5.2/12), (5.2/13) die neue Ausgangsgleichung

$$\frac{dq}{d\alpha} + \frac{R\cos\alpha}{h_A + 2R(1-\cos\alpha)}\Big\{[\tan(\nu_{11}-\alpha) + \tan(\nu_{22}-\alpha) + 2\tan\alpha]q + \\ + [\tan(\nu_{11}-\alpha) + \tan(\nu_{22}-\alpha)]k_e\Big\} = 0 \qquad (5.3/22)$$

[vgl. Gl. (5.2/38) für den symmetrischen Fall]. Sie gilt im ganzen Walzspalt, wenn man die Nebenbedingungen (5.2/7) zu

$$\left.\begin{aligned} \nu_{ii} &= -\nu_i \quad \text{für} \quad 0 \leq \alpha < |\alpha_{N_i}| \quad (\textit{Voreilzone} \text{ gegen Walze } i) \\ \nu_{ii} &= \nu_i \quad \text{für} \quad |\alpha_{N_i}| < \alpha \leq \alpha_E \quad (\textit{Nacheilzone} \text{ gegen Walze } i) \\ & i = 1, 2 \end{aligned}\right\} \quad (5.3/23)$$

modifiziert. Die Randbedingungen (5.2/9), (5.2/10) sind durch eine dritte

$$M_2 = 0 \qquad (5.3/24)$$

zu ergänzen, wenn wir die Schleppwalze als Walze 2 bezeichnen. Der Querdruck p folgt nach (5.2/52), die Walzkraft P nach (5.2/68), und die Antriebsmomente M_i $(i = 1, 2)$ sind mit $|\alpha_N| = |\alpha_{N_i}|$ durch (5.2/74) definiert.

Da die Antriebsleistung allein über das Antriebsmoment M_1 aufgebracht wird, gilt $M_1 > 0$, also mit (5.2/74) und der Näherung $\mu \tan\alpha \approx 0$

$$0 < -\int_0^{\alpha_{N1}} p\, d\alpha + \int_{\alpha_{N1}}^{\alpha_E} p\, d\alpha .$$

Falls nun $|\alpha_{N_2}| \leq \alpha_{N_1}$ gelten würde, wäre wegen $p > 0$ auch $2\int_{|\alpha_{N2}|}^{\alpha_{N1}} p\, d\alpha$ positiv; dies kann zur letzten Ungleichung addiert werden und gibt

$$0 < -\int_0^{|\alpha_{N2}|} p\, d\alpha + \int_{|\alpha_{N2}|}^{\alpha_E} p\, d\alpha ,$$

d. h. wegen (5.2/74) $M_2 > 0$ im Widerspruch zu (5.3/24). Also war die Voraussetzung $|\alpha_{N_2}| \leq \alpha_{N_1}$ falsch; es gilt

$$\alpha_{N_1} < |\alpha_{N_2}|:$$

die zur Antriebswalze gehörige Fließscheide liegt näher dem Austritt als die zur Schleppwalze gehörige.

Siebel [*119*] löste das Problem vereinfacht; auch Sachs und Klingler [*120*] haben sich damit befaßt. Experimentelle Untersuchungen führten Lueg und Treptow [*121*] durch. Ein unmittelbarer Vergleich mit dem symmetrischen Kalt-Bandwalzen zeigt, daß hier die Walzkraft P und die Summe der Drehmomente $M_1 + M_2 = 2M_1 = 2M_2$ um weniges über den entsprechenden Werten P bzw. $M_1 + M_2 = M_1$ des Schleppwalzens liegen [*62*]. In Bild 5.28 findet man eine typische (rechnerische) Druckverteilung, in Bild 5.29 für einen Stauchgrad $|\varepsilon_A| = 0{,}3$ den Verlauf der Fließscheidenlagen abhängig von μ/α_E.

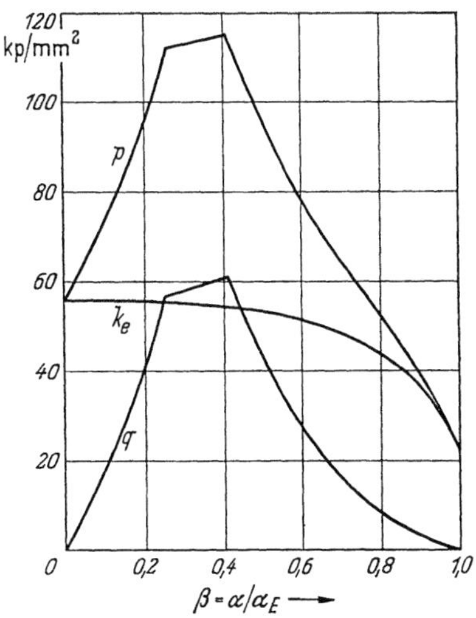

Bild 5.28 Vertikaldruck p, Horizontaldruck q, Formänderungsfestigkeit k_e als Funktion des bezogenen Winkels β (nach [62]). $|\varepsilon_A| = 0{,}4$; $\mu = 0{,}16$; $\alpha_E = 4{,}5°$ $\left(\frac{\mu}{\alpha_E} = 2{,}04\right)$.

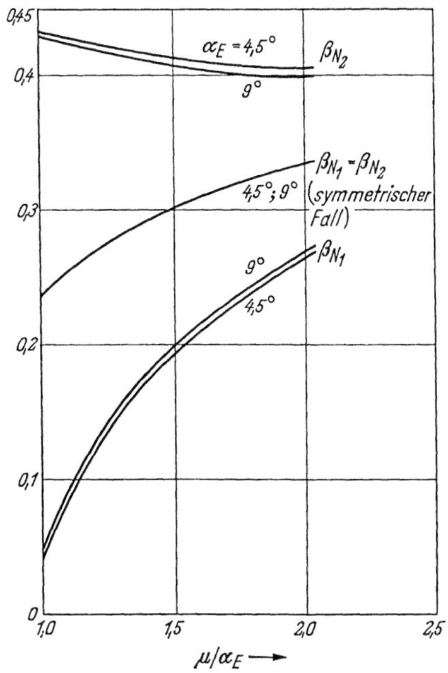

Bild 5.29 Bezogene Lagen β_{Ni} der Fließscheiden als Funktionen von $\frac{\mu}{\alpha_E}$ für $|\varepsilon_A| = 0{,}3$.

Das Streifenmodell der plastischen Umformung ist jedoch auf das Schleppwalzen nur mit Vorbehalt anwendbar, da in der Umformzone zwischen den Fließscheiden

$$\alpha_{N_1} < \alpha < |\alpha_{N_2}|$$

durch die dort einander entgegengesetzt gerichteten Reibkräfte Biegemomente auf das Walzgut ausgeübt werden, die im Streifenmodell vernachlässigt sind.

5.3.4.2 Einfluß verschiedener Durchmesser von Ober- und Unterwalze. Beim Walzen mit verschiedenen Durchmessern von Ober- und Unterwalze greifen wir auf Gl. (3.2/22) in ihrer — bis auf die Beschleunigungsglieder — vollständigen Form zurück und indizieren den Reibwinkel entsprechend (5.3/23) doppelt:

$$\frac{dq}{dx} + \frac{1}{h}\{[\tan(\nu_{11} - \alpha_1) + \tan(\nu_{22} + \alpha_2) + \tan\alpha_1 - \tan\alpha_2]\, q + $$
$$+ [\tan(\nu_{11} - \alpha_1) + \tan(\nu_{22} + \alpha_2)]\, k_e\} = 0. \quad (5.3/25)$$

Die Geometrie im Walzspalt wird nach Bild 5.4 gemäß (5.2/11) bis (5.2/14) durch

$$x = R_1 \sin\alpha_1 = R_2 \sin(-\alpha_2) \approx R_1\alpha_1 \approx -R_2\alpha_2, \quad (5.3/26)$$

$$h(\alpha) = h_A + R_1(1 - \cos\alpha_1) + R_2(1 - \cos|\alpha_2|) \approx h_A + \frac{R_1}{2}\alpha_1^2 + \frac{R_2}{2}\alpha_2^2 \quad (5.3/27)$$

beschrieben.

Wie beim Schleppwalzen treten zwei Fließscheiden und dazwischen Biegemomente auf: das Streifenmodell ist wie beim Schleppwalzen nur mit Vorbehalt anzuwenden.

Die Randbedingung (5.2/9) bleibt erhalten, während (5.2/10) entsprechend (3.3/10) genauer durch

$$q_E = -\frac{T_E}{b h_E} - \frac{k_e}{4}\,\frac{\tan^2\alpha_{E_1} + \tan^2|\alpha_{E_2}|}{\tan\alpha_{E_1} + \tan|\alpha_{E_2}|} \quad (5.3/28)$$

zu ersetzen ist. Der Querdruck p wird gemäß (5.2/52) durch

$$p(x) = q(x) + k_e(x) \quad (5.3/29)$$

beschrieben, und für die Walzkraft P ist (5.2/67) heranzuziehen. Die beiden Antriebsmomente M_1, M_2 errechnen sich gemäß (5.2/73) zu

$$M_1 = bR_1\left[\int_0^{\alpha_{N1}} (-\mu p_{n_1}) R_1\, d\alpha_1 + \int_{\alpha_{N1}}^{\alpha_{E1}} (\mu p_{n_1}) R_1\, d\alpha_1\right], \quad (5.3/30\,a)$$

$$M_2 = bR_2\left[\int_0^{|\alpha_{N2}|} (-\mu p_{n_2}) R_2\, d|\alpha_2| + \int_{|\alpha_{N2}|}^{|\alpha_{E2}|} (\mu p_{n_2}) R_2\, d|\alpha_2|\right], \quad (5.3/30\,b)$$

wofür man nach (5.3/26) mit $p_{n_1} \approx p_{n_2} \approx p$ angenähert

$$M_1 \approx \mu b R_1 \left[-\int_0^{x_{N1}} p\,dx + \int_{x_{N1}}^{x_E} p\,dx \right], \qquad (5.3/31\,\mathrm{a})$$

$$M_2 \approx \mu b R_2 \left[-\int_0^{x_{N2}} p\,dx + \int_{x_{N2}}^{x_E} p\,dx \right] \qquad (5.3/31\,\mathrm{b})$$

setzen kann.

Eine weitere Randbedingung wird durch die Art des Antriebes vorgeschrieben. Häufig liegt Kammwalzenantrieb mit der Übersetzung 1:1, also gleichen Drehzahlen $n_1 = n_2 = n$ vor. Unterschiede im Walzendurchmesser haben dann entsprechend (5.2/23), (5.2/24) unterschiedliche Walzenumfangsgeschwindigkeiten (Werkzeuggeschwindigkeiten)

$$U_2 = U_1 \frac{R_2}{R_1} \qquad (5.3/32)$$

zur Folge. Dadurch und durch das Streifenmodell sind die Fließscheiden x_{N_1}, x_{N_2} kinematisch gekoppelt. Wir greifen auf (5.2/28) zurück und erhalten daraus mit (5.3/26), (5.3/27)

$$u(x) = u_{N_i} \frac{h_{N_i}}{h} \approx u_{N_i} \frac{h_A + \dfrac{1}{2} \dfrac{R_1 + R_2}{R_1 \cdot R_2} x_{N_i}^2}{h_A + \dfrac{1}{2} \dfrac{R_1 + R_2}{R_1 \cdot R_2} x^2}, \quad i = 1, 2, \qquad (5.3/33)$$

also insbesondere

$$u_{N_1} \left(h_A + \frac{1}{2} \frac{R_1 + R_2}{R_1 R_2} x_{N_1}^2 \right) = u_{N_2} \left(h_A + \frac{1}{2} \frac{R_1 + R_2}{R_1 R_2} x_{N_2}^2 \right). \qquad (5.3/34)$$

Nach (5.2/26) gilt für die Walzgutgeschwindigkeiten in den Fließscheiden

$$u_{N_i} = -U_i \cos \alpha_{N_i}, \qquad i = 1, 2,$$

also in Verbindung mit (5.3/32) als erste Näherung

$$\frac{u_{N_1}}{u_{N_2}} \approx \frac{U_1}{U_2} = \frac{R_1}{R_2}.$$

Über (5.3/34) sind dann die Fließscheiden x_{N_1}, x_{N_2} näherungsweise durch

$$\frac{1}{2} \frac{R_1}{R_2} \frac{R_1 + R_2}{R_1 R_2} x_{N_1}^2 = h_A \frac{R_2 - R_1}{R_2} + \frac{1}{2} \frac{R_1 + R_2}{R_1 R_2} x_{N_2}^2$$

verknüpft. Diesen etwas unübersichtlichen Ausdruck formen wir um und entnehmen dazu den Gln. (5.3/26), (5.3/27)

$$\Delta h = h_E - h_A = \frac{1}{2} \frac{R_1 + R_2}{R_1 R_2} x_E^2, \tag{5.3/35}$$

beachten (5.2/16) und erhalten so

$$\frac{R_1}{R_2} \left(\frac{x_{N_1}}{x_E}\right)^2 - \left(\frac{x_{N_2}}{x_E}\right)^2 = \frac{R_2 - R_1}{R_2} \frac{1 - |\varepsilon_A|}{|\varepsilon_A|}. \tag{5.3/36}$$

Gl. (5.3/36) ist natürlich nur sinnvoll, solange die (rechnerischen) Fließscheiden im Walzspalt liegen:

$$0 < \frac{x_{N_i}}{x_E} < 1, \qquad i = 1, 2.$$

Für $R_1 = R_2$ gilt erwartungsgemäß $x_{N_1} = x_{N_2}$. Offensichtlich ruft ein Radienunterschied $R_1 - R_2 \neq 0$ einen um so größeren Unterschied der Fließscheidenlagen x_{N_1}, x_{N_2} hervor, je kleiner der Stauchgrad $|\varepsilon_A|$ ist, wobei das Antriebsmoment nach (5.3/31) sehr schnell von der größeren Walze übernommen wird.

Als Beispiel betrachten wir den Fall $M_2 = 0$. Er entspricht dem Schleppwalzen. Daher entnehmen wir die Fließscheidenlagen $\beta_{N_i} = \frac{\alpha_{N_i}}{\alpha_E} \approx \frac{x_{N_i}}{x_E}$ Bild 5.29 und finden für $|\varepsilon_A| = 0{,}3$, $\mu/\alpha_E = 2$, $\alpha_E = 4{,}5°$

$$\frac{x_{N_1}}{x_E} \approx 0{,}27; \quad \frac{x_{N_2}}{x_E} \approx 0{,}41;$$

also aus (5.3/36)

$$R_1/R_2 \approx 1{,}04.$$

Macht man die Oberwalze noch größer, so wird M_2 negativ: die kleinere Walze bremst das Walzgut und treibt dadurch das Kammwalzengerüst.

Eine vereinfachte Lösung des vorstehenden Problems stammt von Siebel [*119*], dessen Schlußfolgerungen durch (Warmwalz-)Versuche von Juretzek [*122*] bestätigt wurden. Auch Hoff und Dahl bemerkten den starken Einfluß verschiedener Durchmesser von Ober- und Unterwalze [*123*].

Haben die Walzen Einzelantrieb, so sind in die Rechnung zusätzlich die Drehmoment-Kennlinien

$$M_1 = f_1\left(\omega_1 = \frac{U_1}{R_1}\right), \quad M_2 = f_2\left(\omega_2 = \frac{U_2}{R_2}\right)$$

der Motoren einzubeziehen.

5.3.4.3 Steckelwalzen. Beim *Steckelwalzen* wird nur der Haspel angetrieben, beide Arbeitswalzen laufen als Schleppwalzen mit:

$$M_1 = M_2 = 0. \tag{5.3/37}$$

Für $R_1 = R_2 = R$, $\mu_1 = \mu_2 = \mu$ (symmetrischer Fall) gelten die Gleichungen von Abschn. 5.2 mit der Zusatzbedingung (5.3/37). Man berechnet dann Walzkraft P und Haspelzug T_A.

5.3.4.4 Gerüste in Tandemanordnung. Unter *Tandemgerüsten* versteht man im übertragenen Sinne mehrere — im allgemeinen symmetrische — hintereinandergeschaltete Duogerüste, die vom Walzgut zusammenhängend durchlaufen werden. Dann gelten aus Gleichgewichtsgründen die Zwischenbedingungen, daß der Haspelzug jedes Duos gleich dem Bremszug des folgenden ist.

Jedes einzelne Duogerüst berechnet man wie zuvor (Abschn. 5.2, 5.3.1/2). Es ergeben sich zahlreiche interessante Probleme, vor allem Regelungsprobleme (z. B. [*124*]). Wir gehen hierauf nicht näher ein.

5.3.5 Einfluß von Trägheitskräften

Das Walzgut hat je Volumeinheit am Eintritt die kinetische Energie

$$\frac{\varrho}{2} u_E^2,$$

am Austritt eine solche

$$\frac{\varrho}{2} u_A^2$$

(ϱ = Dichte des Walzgutes). Je Volumeinheit wird also die Beschleunigungsarbeit

$$\Phi_b = \frac{\varrho}{2} (u_A^2 - u_E^2)$$

investiert, die man mit (5.2/28), (5.2/16) durch

$$\Phi_b = \frac{\varrho}{2} u_A^2 \left[1 - (1 - |\varepsilon_A|)^2\right] \tag{5.3/38}$$

ausdrücken kann. Ein Vergleich von Φ_b mit der bezogenen Antriebsarbeit Φ_a gemäß (5.2/86) führt zu einer ersten Abschätzung des Beschleunigungseinflusses. So liefert das dortige Zahlenbeispiel mit

$\varrho = 800\ \mathrm{kp\,s^2/m^4}$ (Stahlband)

$$\Phi_b = 0{,}0074\ \mathrm{kp/mm^2}$$

im Vergleich zu

$$\Phi_a = 21{,}6\ \mathrm{kp/mm^2}.$$

Selbst in einem extremen Fall $|u_A| = 35\ \mathrm{m/s}$, $|\varepsilon_A| = 0{,}5$ haben wir (bei Stahlband) nur

$$\Phi_b = 0{,}37\ \mathrm{kp/mm^2}.$$

Wir betrachten jetzt den Werkstofffluß im Walzspalt. Die Beschleunigungseinflüsse schlagen sich in den Beschleunigungstermen b_s, b_x, χ der Gl. (3.2/22) nieder. Wir werten sie für den symmetrischen Fall ($R_1 = R_2 = R$, $\alpha_1 = -\alpha_2 = \alpha$) aus. Zunächst ergibt (3.2/12)

$$b_s = \frac{1}{2}(b_1 + b_2) = \frac{1}{2}(b_1 - b_1) = 0:$$

der Streifenschwerpunkt bleibt stets auf der Symmetrielinie des Walzgutes. b_x finden wir aus (3.2/7), von $b_x^* = b_x(x^* = 0) = 0$ und (3.1/2) ausgehend, zu

$$b_x = -\frac{2u^2 \tan\alpha}{h}. \tag{5.3/39}$$

Schließlich gilt nach (3.2/13)

$$\chi = \frac{b_1 - b_2}{h} = \frac{\ddot{h}}{h}, \tag{5.3/40}$$

wobei $\ddot{h} = 2b_1$ mit (5.3/39) aus (3.2/9) folgt (beachte $\frac{\partial h}{\partial t} = 0$ und $c_1 = 1/R$):

$$\ddot{h} = \frac{2u^2}{R}\left[-\frac{2R}{h}\tan^2\alpha + (1 + \tan^2\alpha)\frac{1}{\cos\alpha}\right]. \tag{5.3/41}$$

Wir schätzen zunächst den Einfluß der Formänderungsbeschleunigung χ ab, die nach (3.2/22) bzw. (3.2/20a) zusammen mit k_e in der Form

$$\left(k_e - \frac{\varrho}{12}h^2\chi\right) = \tilde{k}_e$$

auftritt, und betrachten den unter normalen Walzbedingungen größten Wert $\chi = \chi_A$ am Austritt $\alpha_A = 0$.

Hier gilt

$$\tilde{k}_e = \left(k_e - \frac{\varrho u_A^2}{6} \frac{h_A}{R}\right);$$

die Formänderungsbeschleunigung wirkt sich in einer scheinbar verringerten Formänderungsfestigkeit aus. Für Stahlband und die extremen Walzbedingungen $|u_A| = 35$ m/s, $R/h_A = 10$ ergibt sich nur

$$\frac{\varrho u_A^2}{6} \frac{h_A}{R} = 0{,}02 \text{ kp/mm}^2,$$

ein im Vergleich zu k_e vernachlässigbarer Wert:

$$k_e \approx \tilde{k}_e.$$

Es bleibt noch der Einfluß von b_x zu untersuchen. Wir vereinfachen hierzu (3.2/22), indem wir die Tangensfunktion durch ihr Argument ersetzen, beachten neben $\alpha_2 = -\alpha_1$ die Gln. (5.2/7), (5.2/12), (5.2/20), (5.3/39) und haben so mit $\cos\alpha \approx 1$

$$\frac{dq}{d\beta} = \frac{2\alpha_E^2 R}{h} \left\{ \left[\pm \frac{\nu}{\alpha_E} q - \left(\frac{\mp \nu}{\alpha_E} - \beta \right) k_e \right] + \varrho u^2 \beta \right\} \qquad (5.3/42)$$

(oberes Vorzeichen Voreilzone, unteres Vorzeichen Nacheilzone). Da

$$\varrho u^2 \ll k_e$$

(zu Stahlband und $|u| = 35$ m/s gehört erst $\varrho u^2 = 1{,}0$ kp/mm²), spielen die Trägheitskräfte nur für $\nu \approx \alpha_E$ [vgl. Greifbedingung (5.2/64)] nahe dem Eintritt $\beta = 1$ eine Rolle. Doch auch dann verliert sich ihr Einfluß im Walzspaltinnern[1]. Eine Abschätzung findet man auch bei Troost [*125*].

Die Trägheitskräfte bewirken ferner in der Knickstelle bei E nach (3.3/2) einen — ebenfalls geringfügigen — Drucksprung

$$\Delta_T q = -\frac{\varrho u_E^2}{3} \tan\left(\nu - \frac{\alpha_E}{2}\right) \cdot \tan\alpha_E. \qquad (5.3/43)$$

Wir halten fest: Trägheitskräfte beeinflussen den Walzvorgang praktisch nicht.

---

[1] Diese Überlegungen gelten nicht nur für das Kaltwalzen, sondern auch für das Warmwalzen von Stahl und ferner für das Walzen anderer Metalle.

5.4 Warm-Bandwalzen

Beim *Warmwalzen* bestimmt neben der Temperatur ϑ jetzt vornehmlich die Umformgeschwindigkeit $|\lambda|$ die Formänderungsfestigkeit; die Formänderung $|\varphi|$ ist hingegen im allgemeinen nur von untergeordneter Bedeutung. Wir setzen nach Abschn. 2.2

$$k_e = k_e(|\varphi|, |\lambda|, \vartheta) \tag{5.4/1}$$

und erkennen, daß gegenüber dem Kaltwalzen die Walzenumfangsgeschwindigkeit U über (5.2/36), (5.2/29) als zusätzlicher Parameter eingeht.

Der Reibwert μ liegt beim Warmwalzen erfahrungsgemäß erheblich höher als beim Kaltwalzen. Man kann vergleichsweise mit $\mu \approx 0{,}4$ rechnen [*126*], weshalb im Walzspaltinnern bald der Fall

$$\mu p_n = \tau \geq k_e/2$$

eintritt: nach den Modellvorstellungen von Abschn. 3.2.5 haftet der Werkstoff an den Walzen. Es bilden sich die dort beschriebenen Sprungflächen aus, in denen gemäß (3.3/6)

$$\tau = k_e/2$$

gesetzt wird, und die man am einfachsten mit der Walzenkontur zusammenfallen läßt. Soll das Walzgut bereits am Eintritt E und noch am Austritt A haften, so muß man beim Walzen ohne Bandzug ($q_E = 0 = q_A$, $p_E = k_e = p_A$)

$$\mu \geq 0{,}5$$

voraussetzen. Anderenfalls bilden sich an Eintritt und Austritt (kurze) Gleitzonen aus, die im Walzspaltinneren durch die Haftzone abgelöst werden. Übergangskriterium vom Gleit- zum Haftbereich ist nach (3.3/6) mit (3.3/18)

$$\mu p_n = k_e/2 .$$

Man rechnet normalerweise beim Warmwalzen mit Haftreibung [*75*, *127*]. Dies führt bei $\mu \geq 0{,}4$ zu keinem nennenswerten Fehler [*128*]. Bei geringeren Reibwerten sind hingegen Gleit- und Haftbereich zu unterscheiden.

Beim Warmwalzen liegen die Walzdrücke wegen der relativ zum Kaltwalzen geringen Formänderungsfestigkeit des Walzgutes niedrig.

Daher brauchen wir die Walzenabplattung beim Warmwalzen im allgemeinen nicht in Betracht zu ziehen. Gleiches gilt für die elastische Verformung des Walzgutes. In Grenzfällen verfährt man entsprechend den Abschn. 5.3.1/2. Eine kurze zusammenfassende Darstellung der Theorie des Warmwalzens gibt [*117*].

5.4.1 Grundgleichung

Wir betrachten nur symmetrisches Walzen

$$\alpha_1 = -\alpha_2 = \alpha$$

und können dann Geometrie und Kinematik im Walzspalt aus Abschn. 5.2.2 entnehmen. Für den unsymmetrischen Fall gelten sinngemäß die Überlegungen von Ziffer 5.3.4.1/2. Trägheitskräfte bleiben im Hinblick auf Abschn. 5.3.5 außer Betracht.

Grundsätzlich sind, wie eingangs erwähnt, eine Haft- und zwei Gleitzonen zu unterscheiden, die wir durch

$$\left.\begin{array}{ll} \alpha_{EH} < \alpha \leq \alpha_E & \text{(Gleitzone am Eintritt)} \\ \alpha_{AH} \leq \alpha \leq \alpha_{EH} & \text{(Haftzone)} \\ \alpha_A = 0 \leq \alpha < \alpha_{AH} & \text{(Gleitzone am Austritt)} \end{array}\right\} \qquad (5.4/2)$$

definieren. Für die Gleitzonen gilt natürlich wieder die Grundgleichung des Kaltwalzens (5.2/38) mit den Randbedingungen (5.2/9), (5.2/10). Die Haftzone wird nach (3.3/20) für $b_x = b_s = \chi = 0$ zusammen mit (5.2/12) durch

$$\frac{dq}{d\alpha} + \frac{R\cos\alpha}{h}\left[\mp(1 + \tan^2\alpha) - 2\tan\alpha\right]k_e = 0 \qquad (5.4/3)$$

beschrieben, wobei das obere Vorzeichen für die Voreilzone (negative Bewegung), das untere Vorzeichen für die Nacheilzone (positive Bewegung) gilt. $h = h(\alpha)$ gehorcht (5.2/13). Die Fließscheide α_N liegt — von extremen Verteilungen der Formänderungsfestigkeit im Walzspalt abgesehen — stets in der Haftzone. Sie bildet sich jetzt gegen die Sprungflächen aus.

Die Zwischenbedingungen für den Längsdruck q am Rande der Haftzone ergeben sich aus der Stetigkeit von q im Walzspalt.

Den Querdruck $p(\alpha)$ findet man mit dem Fließkriterium (5.2/52), und für den Normaldruck p_n in den Gleitzonen gilt (5.2/53), wobei die Grenzen sinngemäß entsprechend (5.4/2) zu ersetzen sind.

$$\mu p_n = \frac{1}{2} k_e$$

legt entsprechend (3.3/6), (3.3/18) die Abszissen α_{EH}; α_{AH} (Übergänge vom Gleit- zum Haftbereich) fest. Für die Walzkraft gilt nach wie vor Gl. (5.2/68), für das Antriebsmoment folgt aus (5.2/76) mit (5.2/77)

$$M = bR^2 \left[-\mu \int_0^{\alpha_{A_H}} \frac{p}{1 - \mu \tan \alpha} \, d\alpha - \frac{1}{2} \int_{\alpha_{A_H}}^{\alpha_N} k_e \, d\alpha + \frac{1}{2} \int_{\alpha_N}^{\alpha_{E_H}} k_e \, d\alpha + \right.$$
$$\left. + \mu \int_{\alpha_{E_H}}^{\alpha_E} \frac{p}{1 + \mu \tan \alpha} \, d\alpha \right].$$

5.4.2 Vereinfachter Ansatz

5.4.2.1 Druckverteilung im Walzspalt. Das nachstehend beschriebene vereinfachte Rechenverfahren entspricht einem Ansatz von Sims [*81*] aus dem Jahre 1954 (vgl. auch [*129, 130*]). Wir gehen vom Fall reinen Haftens aus ($\mu \geq 0{,}5$), erstrecken also die Sprungfläche längs der Walzenkontur von A bis E:

$$\alpha_{EH} = \alpha_E; \qquad \alpha_{AH} = \alpha_A = 0.$$

Die Geometrie wird wie beim Kaltwalzen vereinfacht:

$$\tan \alpha \approx \alpha; \quad \tan^2 \alpha \ll 1; \quad \cos \alpha \approx 1; \quad h = h_A + R\alpha^2.$$

Sodann setzen wir $k_e = \text{const}$ im Walzspalt, fordern also beispielsweise, daß Abkühlung und Abnahme der Formänderungsgeschwindigkeit während des Stichs sich in ihrer Auswirkung auf die Formänderungsfestigkeit des Walzgutes gerade kompensieren. Tatsächlich wird man für k_e Mittelwerte, z. B. die nach (5.2/69), (5.2/79) gebildeten k_{e_P}, k_{e_M} einsetzen. Um sie zu bilden, benötigt man zunächst die wahre Verteilung von k_e über dem Walzspalt, insbesondere also die Verteilung der Formänderungsgeschwindigkeit λ. Wir entnehmen sie (5.2/36b) und haben mit (5.2/29 b), (5.2/18)

$$\lambda = -\frac{2U}{R} \cdot \frac{h_A}{R} \cdot \frac{1 + \frac{|\varepsilon_A|}{1-|\varepsilon_A|}\left(1 - \frac{h_A}{2R}\right)\beta_N^2}{\left(\sqrt{\frac{h_A}{R}}\sqrt{\frac{|\varepsilon_A|}{1-|\varepsilon_A|}}\right)^3} \cdot \frac{\beta}{\left(\frac{1-|\varepsilon_A|}{|\varepsilon_A|} + \beta^2\right)^2}, \qquad (5.4/4)$$

wo der bezogene Winkel β statt α nach (5.2/20) eingeführt wurde. Für Überschlagsrechnungen genügt es, eine gemittelte Formänderungsgeschwindigkeit λ_m in (5.4/1) einzusetzen, die man mit der Näherung $|u| \approx U$ und (5.2/36 b) analog k_{e_p} nach (5.2/69) über (5.2/18) bilden kann (vgl. [*81*]):

$$\lambda_m = \frac{1}{\alpha_E}\int_0^{\alpha_E} \lambda \, d\alpha \approx -\frac{1}{\alpha_E}\int_0^{\alpha_E} \frac{2U\alpha\, d\alpha}{h_A + R\alpha^2} = \frac{U}{R}\sqrt{\frac{R}{h_A} \cdot \frac{1-|\varepsilon_A|}{|\varepsilon_A|}} \ln(1 - |\varepsilon_A|). \qquad (5.4/5)$$

Für konstante Formänderungsfestigkeit k_e geht die Grundgleichung (5.4/3) in

$$\frac{d}{d\alpha}\left(\frac{q}{k_e}\right) = \frac{R}{h_A + R\alpha^2}[\operatorname{sgn}(\alpha_N - \alpha) + 2\alpha] \qquad (5.4/6)$$

über und läßt sich sofort integrieren. Wir finden mit den Randbedingungen (5.2/9), (5.2/10) und dem Fließkriterium (5.2/52) den bezogenen Querdruck $\frac{p}{k_e}$:

$$\frac{p}{k_e} = \frac{q_A}{k_e} + 1 + \ln\frac{h}{h_A} + \sqrt{\frac{R}{h_A}} \arctan\left(\sqrt{\frac{R}{h_A}}\,\alpha\right), \quad 0 \leq \alpha \leq \alpha_N \qquad (5.4/7\text{a})$$

$$\frac{p}{k_e} = \frac{q_E}{k_e} + 1 + \ln\frac{h}{h_E} + \sqrt{\frac{R}{h_A}}\left[\arctan\left(\sqrt{\frac{R}{h_A}}\,\alpha_E\right) - \arctan\left(\sqrt{\frac{R}{h_A}}\,\alpha\right)\right],$$
$$\alpha_N \leq \alpha \leq \alpha_E. \qquad (5.4/7\text{b})$$

Die Fließscheide α_N folgt analog (5.2/8) aus

$$\underset{\text{Voreilzone}}{p(\alpha_N)} = \underset{\text{Nacheilzone}}{p(\alpha_N)},$$

also

$$\frac{q_E - q_A}{k_e} + \ln\frac{h_A}{h_E} = \sqrt{\frac{R}{h_A}}\left[2\arctan\left(\sqrt{\frac{R}{h_A}}\,\alpha_N\right) - \arctan\left(\sqrt{\frac{R}{h_A}}\,\alpha_E\right)\right], \qquad (5.4/8)$$

oder mit (5.2/16), (5.2/18) und (5.2/20)

$$\beta_N = \sqrt{\frac{1 - |\varepsilon_A|}{|\varepsilon_A|}} \tan \left\{ \frac{1}{2} \sqrt{\frac{h_A}{R}} \left[\frac{q_E - q_A}{k_e} + \ln (1 - |\varepsilon_A|) \right] + \right.$$

$$\left. + \frac{1}{2} \operatorname{arc\,tan} \sqrt{\frac{|\varepsilon_A|}{1 - |\varepsilon_A|}} \right\} \qquad (5.4/9)$$

(vgl. auch [*130*]).

Während der Druck beim Kaltwalzen zur Fließscheide hin nahezu exponentiell ansteigt [vgl. (5.2/57)], haben wir nach (5.4/7) beim Warmwalzen einen annähernd linearen Druckverlauf beiderseits der Fließscheide. Messungen der Druckverteilung im Walzspalt von LUEG [*69*] (Kaltwalzen von Aluminium mit aufgerauhten Walzen ($\mu \approx 0{,}4$), Vergleichsrechnung von OROWAN [*75*]) sowie GROSVALD und SVEDE-ŠVEC [*73*] (Warmwalzen von Armcoeisen bei 950 °C) bestätigen Gl. (5.4/7), wenn auch der Druckhügel vor allem an der Spitze, also der Fließscheide, stark abgerundet ist.

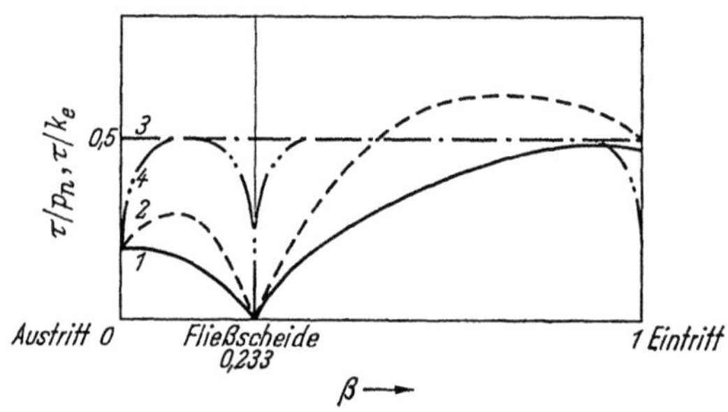

Bild 5.30 Bezogene Wandschubspannungen τ/p_n, τ/k_e im Walzspalt. Walzgut: Armcoeisen von 950 °C.
$h_E = 20$ mm; $b = 30$ mm; $|\varepsilon_A| = 0{,}36$; $l = 29{,}6$ mm; $R = 119$ mm; $U \approx 0{,}4$ m/s.
1 τ/p_n [*73*]; *2* τ/k_e (aus den Werten von [*73*] berechnet; Annahmen: $\frac{\partial k_e}{\partial \beta} = \text{const}$; $k_{e_E} = p_E$; $k_{e_A} = p_A$); *3* $\frac{\tau}{k_e} = 0{,}5$ (der Theorie zugrunde liegender Verlauf); *4* $\frac{\tau}{k_e}$ (Wiedergabe von *3* durch Druckaufnehmer, qualitativ nach Bild 5.7).

GROSVALD und SVEDE-ŠVEC [*73*] haben darüberhinaus auch die Randschubspannung zwischen Walzgut und Walzen ermittelt. Bild 5.30 zeigt ein charakteristisches Beispiel. Der schräg eingebaute Meßstift hat in der Umgebung der Fließscheide, wo die Reibspannungen ihr Vorzeichen ändern, erhebliche Abweichungen vom wirklichen Verlauf (Meßstifteinfluß vgl. Bild 5.7) zur Folge.

Der Ansatz mit Haftreibung führt zu einer kleinsten walzbaren Banddicke, die sich rechnerisch dadurch ergibt, daß der Berührungsbogen l'

ebenso wie die Walzkraft P über alle Grenzen wächst. Man muß dann natürlich Walzenabplattung nach (5.3/1) zulassen und findet

$$\frac{R}{h_{\min}} \approx \frac{4}{c\,k_e}$$

(vgl. [111]). Zahlenmäßig führt diese Bedingung z. B. für Stahlwalzen und $k_e = 10\,\text{kp/mm}^2$ auf $\dfrac{R}{h_{\min}} = 2000$.

5.4.2.2 Walzkraft. Nach (5.2/68) und mit $\cos\alpha \approx 1$ gilt

$$P = b\,R \int_0^{\alpha_E} p(\alpha)\,d\alpha,$$

also nach Einsetzen von p gemäß (5.4/7)

$$P = b\,R\,k_e \left\{ \int_0^{\alpha_N} \left[\frac{q_A}{k_e} + 1 + \ln\frac{h}{h_A} + \sqrt{\frac{R}{h_A}} \arctan\left(\sqrt{\frac{R}{h_A}}\,\alpha\right)\right] d\alpha + \right.$$

$$+ \int_{\alpha_N}^{\alpha_E} \left[\frac{q_E}{k_e} + 1 + \ln\frac{h}{h_E} + \sqrt{\frac{R}{h_A}} \arctan\left(\sqrt{\frac{R}{h_A}}\,\alpha_E\right) - \right.$$

$$\left.\left. - \sqrt{\frac{R}{h_A}} \arctan\left(\sqrt{\frac{R}{h_A}}\,\alpha\right)\right] d\alpha \right\}.$$

Die Fließscheide α_N gehorcht (5.4/8). Integration führt mit (5.2/14) auf

$$P = b\,R\,k_e \left[\frac{q_E}{k_e}\,\alpha_E + 2\sqrt{\frac{h_A}{R}} \arctan\left(\sqrt{\frac{R}{h_A}}\,\alpha_E\right) - \alpha_E + \frac{1}{2}\ln\frac{h_E\,h_A}{h_N^2}\right]. \tag{5.4/10}$$

Wir bauen jetzt die Walzkraftgleichung ähnlich der Form (5.2/70) für das Kaltwalzen auf,

$$P = b\,k_{e_P} \sqrt{R\,\Delta h} \cdot f_P, \tag{5.4/11a}$$

und finden über die Gln. (5.2/14) bis (5.2/19)

$$f_P\left(\frac{q_E}{k_{e_P}}, \frac{q_A}{k_{e_P}}, \frac{R}{h_A}, |\varepsilon_A|\right) = \frac{q_E}{k_{e_P}} + 2\sqrt{\frac{1-|\varepsilon_A|}{|\varepsilon_A|}} \arctan\sqrt{\frac{|\varepsilon_A|}{1-|\varepsilon_A|}} -$$

$$- 1 + \sqrt{\frac{R}{h_A}}\sqrt{\frac{1-|\varepsilon_A|}{|\varepsilon_A|}} \ln\frac{\sqrt{1-|\varepsilon_A|}}{1-|\varepsilon_A|\,(1-\beta_N^2)} \tag{5.4/11b}$$

(Bild 5.31). Bei der Auftragung haben wir uns auf den üblichen Fall $T_A = 0 = T_E$ beschränkt und bemerken dazu, daß Bandzug die Bedingungen des Haftens an Ein- und Austritt ohnehin problematisch erscheinen läßt.

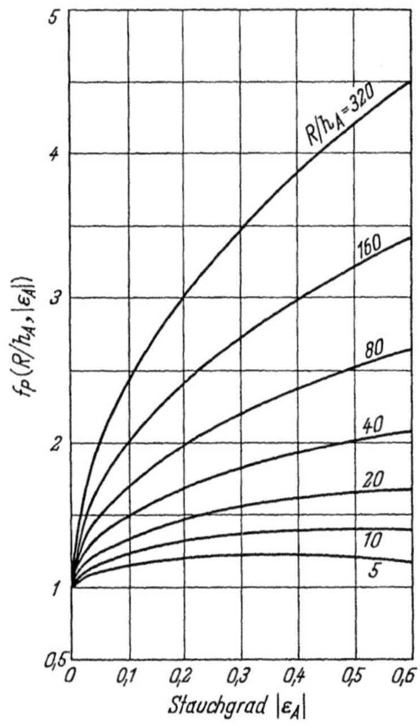

Bild 5.31 Hilfsfunktion f_P zur Ermittlung der Walzkraft beim Warm-Bandwalzen.

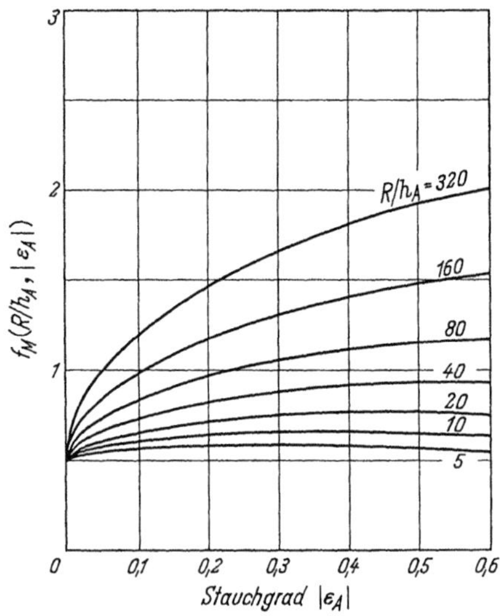

Bild 5.32 Hilfsfunktion f_M zur Ermittlung des Antriebsmomentes M beim Warm-Bandwalzen.

$b\sqrt{R\,\Delta h} \approx b\,l$ ist nach (5.2/22) annähernd die gedrückte Fläche; also stellt $k_{e_P} \cdot f_P$ den mittleren Walzdruck p_m, d. h. den Formänderungswiderstand $k_W = p_m$ dar (vgl. Abschn. 5.2.4).

5.4.2.3 Antriebsmoment. Gl. (5.2/73) liefert mit $\frac{1}{2}\,k_{e_M}$ statt $\mu\,p_n$

$$M = b\,R^2 k_{e_M}\left(\frac{\alpha_E}{2} - \alpha_N\right) = b\,R^2 k_{e_M}\,\alpha_E\left(\frac{1}{2} - \beta_N\right), \qquad (5.4/12)$$

was für die Druckverteilung (5.4/7) auch aus (5.2/76), (5.2/77) errechnet werden kann. Brems- und Haspelzug schlagen sich nur in der Fließscheidenlage β_N entsprechend Gl. (5.4/9) nieder.

Das Antriebsmoment M nach (5.4/12) muß von jeder der beiden Walzen aufgebracht werden. Wir gleichen (5.4/12) im Aufbau der Antriebsmomentgleichung (5.2/80) des Kaltwalzens an[1],

$$M = b\,k_{e_M} R\,\Delta h \cdot f_M\,, \tag{5.4/13a}$$

und erhalten mit (5.2/16), (5.2/18), (5.2/20)

$$f_M\left(\frac{q_E - q_A}{k_{eM}},\ \frac{R}{h_A},\ |\varepsilon_A|\right) = \sqrt{\frac{R}{h_A}}\sqrt{\frac{1-|\varepsilon_A|}{|\varepsilon_A|}}\left(\frac{1}{2} - \beta_N\right). \tag{5.4/13b}$$

f_M ist für $q_A = 0 = q_E$ in Bild 5.32 dargestellt. Wie beim Kaltwalzen kann man über (5.2/76), (5.2/78) den Hebelarmbeiwert $\varkappa_M$ einführen.

5.4.3 Messungen zum Warm-Bandwalzen

Warmwalzversuche bringen erhebliche versuchs- und meßtechnische Schwierigkeiten mit sich. Besonders die Walzguttemperatur vor und nach dem Stich kann man nur ungenau bestimmen, von der Temperaturverteilung im Walzgut während des Stichs ganz abzusehen. Daher sind die Werte aus Theorie und Experiment nur bedingt vergleichbar.

Sims hat seine Rechenmethode [*81*] anhand von Versuchsergebnissen geprüft. Sehr umfangreiche Versuche beim Warmwalzen von Stahl unter praktisch auftretenden Fertigungsbedingungen führte Stewartson durch [*131*]. Weber [*132*] hat Walzkräfte und Antriebsmomente an einem Versuchswalzwerk gemessen und zum Vergleich mit dem Simsschen Verfahren herangezogen. Neuere Messungen unter Betriebsbedingungen findet man bei [*63*, *133*].

Zur Kontrolle seiner Formeln hat Sims auch eigene Versuche [*81*] mit reinem Blei durchgeführt und fand ebenso wie Stewartson und Weber, daß seine Formeln brauchbare Ergebnisse liefern.

---

[1] Beachte: Bandzug tritt hier nicht wie in Gl. (5.2/80) in der Form $R\,\frac{T_E - T_A}{2}$ explizit auf, sondern ist implizit über die Fließscheidenlage in f_M enthalten. Die unserer Funktion f_M entsprechende Größe Q_G ist in [*81*] ungenau errechnet und durchweg zu groß.

5.4.4 Numerisches Beispiel

Wir wählen als Beispiel das Bandwalzen von Stahl nach Bild 2.7 bei $\vartheta = 1000\,^\circ\mathrm{C}$ und setzen hier der Einfachheit halber $k_e = k_f$. An Daten sind

$$R = 200\ \mathrm{mm},$$
$$h_E = 10\ \mathrm{mm},$$
$$b = 300\ \mathrm{mm},$$
$$|\varepsilon_A| = 0{,}30,$$
$$U = 5\ \mathrm{m/s},$$
$$T_E = 0 = T_A \quad (\text{also } q_A = 0 \approx q_E)$$

vorgegeben. Wir ermitteln zunächst

$$\Delta h = 3{,}0\ \mathrm{mm} \qquad (5.2/16),$$
$$h_A = 7{,}0\ \mathrm{mm} \qquad (5.2/15),$$
$$\frac{R}{h_A} = 28{,}6,$$
$$\alpha_E = 0{,}122 = 7{,}0^\circ \qquad (5.2/18),$$
$$\beta_N = 0{,}401 \qquad (5.4/9),$$

ferner aus (5.4/11 b) bzw. Bild 5.31

$$f_P = 1{,}70$$

und aus (5.4/13 b) bzw. Bild 5.32

$$f_M = 0{,}81.$$

Die Gln. (5.4/11 a) und (5.4/13 a) liefern dann

$$\frac{P}{k_{e_P}} = 1{,}25 \cdot 10^4\ \mathrm{mm}^2,$$
$$\frac{M}{k_{e_M}} = 14{,}6 \cdot 10^4\ \mathrm{mm}^3.$$

Jetzt sind die Mittelwerte k_{e_P}, k_{e_M} der Formänderungsfestigkeit während des Stichs nach (5.2/69), (5.2/79) zu bestimmen, wobei $k_e = k_e(\vartheta = 1000\,^\circ\mathrm{C}, |\lambda|, |\varphi|)$ Bild 2.7 entnommen wird. Die Rechnung folgt dem Zahlenbeispiel der Abschn. 5.2.4 und 5.2.5 (Tab. 5.1); die benötigten Werte sind in Tab. 5.2 zusammengestellt. Wir erhalten

$$k_{e_P} = \frac{1}{10}\left(150 + \frac{22}{2}\right)\ \mathrm{kp/mm^2} = 16{,}1\ \mathrm{kp/mm^2}$$

und

$$k_{e_M} = \frac{2}{10}\left(72{,}5 + \frac{10}{2}\right)\ \mathrm{kp/mm^2} = 15{,}5\ \mathrm{kp/mm^2},$$

womit sich die Walzkraft[1]

$$P = 201 \text{ Mp}$$

und das Antriebsmoment

$$M = 2{,}26 \text{ m Mp}$$

ergeben. Die mittlere Formänderungsgeschwindigkeit beträgt nach (5.4/5)

$$\lambda_m = -73/\text{s}.$$

Tabelle 5.2 *Umrechnung der Fließkurve*

$k_e(\vartheta, |\lambda|, |\varphi|)$ auf $k_e(\beta)$ nach (5.4/4) für $\vartheta = 1000\,°\text{C}$ und $|\varepsilon_A| = 0{,}3$; $\beta_N = 0{,}401$; $\dfrac{R}{h_A} = 28{,}6$; $R = 0{,}2$ m; $U = 5$ m/s; $|\varphi|$ nach Tab. 5.1.

i	β_i	β_i^2	$\dfrac{1-\|\varepsilon_A\|}{\|\varepsilon_A\|} + \beta_i^2$	$\beta_i \Big/ \left(\dfrac{1-\|\varepsilon_A\|}{\|\varepsilon_A\|} + \beta_i^2\right)^2$	$\dfrac{\|\lambda_i\|}{\text{s}^{-1}}$	$\|\varphi_i\|$ aus Tab. 5.1	$\dfrac{(k_e)_i}{\text{kp/mm}^2}$	$\dfrac{(k_e)_i \cdot \beta_i}{\text{kp/mm}^2}$
10	0	0	2,33	0	0	0,358	(12)	0
9	0,1	0,01	2,34	0,0183	18,5	0,350	17	1,7
8	0,2	0,04	2,37	0,0356	36,0	0,340	17	3,4
7	0,3	0,09	2,42	0,0513	51,9	0,320	18	5,4
6	0,4	0,16	2,49	0,0645	65,3	0,290	18	7,2
5	0,5	0,25	2,58	0,0752	76,1	0,254	18	9,0
4	0,6	0,36	2,69	0,0830	84,0	0,212	17	10,2
3	0,7	0,49	2,82	0,0880	89,0	0,166	17	11,9
2	0,8	0,64	2,97	0,0908	91,9	0,114	15	12,0
1	0,9	0,81	3,14	0,0912	92,3	0,058	13	11,7
0	1,0	1,0	3,33	0,0900	91,1	0	(10)	(10)

6 Ziehen

6.1 Einleitung

Ziehen nennt man einen Umformvorgang, bei dem ein prismatischer Werkstoffstab (insbesondere Draht) durch eine *Ziehdüse* (auch *Ziehstein* oder *Ziehring*) läuft und dabei eine Querschnittsabnahme erfährt. Die feststehende oder bewegte Ziehdüse ist hier das Umformwerkzeug; ihre Öffnung wird *Ziehhol* genannt.

Die vorstehende Definition nimmt keinen Bezug auf die Art der Krafteinwirkung. Wir fassen den Begriff des Ziehens also sehr allgemein und verstehen darunter neben dem mit Zugkräften verbundenen Ziehen von Runddraht, Stäben, Rohren oder anderen Profilen auch das mit Druckkräften verbundene *Einstoßen*.

[1] Mit (5.3/1) liefert dies einen Abplattungsradius $R' = R \cdot 1{,}05 \approx R$.

Das Ziehen von Runddraht (*Drahtziehen*) ist neben dem Prägen das älteste mechanisierte Umformverfahren. Wir finden es schematisch in Bild 3.1b dargestellt, wo ein Draht von der Querschnittsfläche A_2 auf die Querschnittsfläche $A_1 < A_2$ umgeformt wird[1]. Früher zog man den Draht ausschließlich mit Zangen durch das Ziehhol (Bild 6.1). Für die Herstellung dünner Drähte bürgerte sich ein bis heute gebräuchliches Verfahren ein, bei dem die *Ziehkraft* durch eine *Scheibe* (*Trommel*) aufgebracht wird, über welche der Draht in einer oder mehreren Win-

Bild 6.1 Ziehen von dickem Draht mittels Wasserkraft (aus *Pirotechnia* von VANNOCCIO BIRINGUCCIO, entnommen [*134*]).

dungen läuft und sich dann auf einem *Haspel* aufwickelt. Weil er dabei gebogen wird, ist das Verfahren vorzugsweise auf kleine Durchmesser (8 mm und darunter) beschränkt. Dickere Drähte und Stäbe zieht man biegungsfrei auf *Ziehbänken*. Einen guten Überblick über alle mit dem Drahtziehen zusammenhängenden Probleme findet man bei POMP [*135*].

Wir wenden uns in den folgenden Abschnitten den Einzelproblemen zu.

6.2 Drahtziehen

Runddraht (kurz Draht) wird durch eine feststehende Düse gezogen. Drahtziehen ist überwiegend ein Kalt-Umformverfahren; hierfür legen wir nach Abschn. 2.2.2 eine Fließkurve

$$k_f \approx k_f(|\varphi|) \tag{6.2/1}$$

zugrunde. In geringerem Maße wird auch warm gezogen. Dann ist nach Abschn. 2.2.3 mit

$$k_f = k_f(|\varphi|, |\lambda|, \vartheta) \tag{6.2/2}$$

zu rechnen.

---

[1] Diese Flächen heißen später F_A, F_E.

6.2.1 Düsenformen, Geometrie und Kinematik

Wir werden zwei Düsenformen betrachten: die konische und eine ballige Ziehdüse. Dem Ziehen von Rundquerschnitten ist das Scheibenmodell gemäß Abschn. 3.1.2, 3.2.2 zugeordnet.

6.2.1.1 Konische Ziehdüse. Bild 6.2 zeigt eine konische Düse im Längsschnitt, deren Mantellinien gegen die Kegelachse (Symmetrielinie) um den *Düsenwinkel* α geneigt sind. Der Düsenöffnungswinkel ist also 2α. Dann gehorcht der (Draht-)Durchmesser ersichtlich

$$D(x) = D_A + 2x \tan \alpha . \quad (6.2/3)$$

$$F = \frac{D^2\pi}{4} \quad (6.2/4)$$

gibt die Querschnittsfläche.

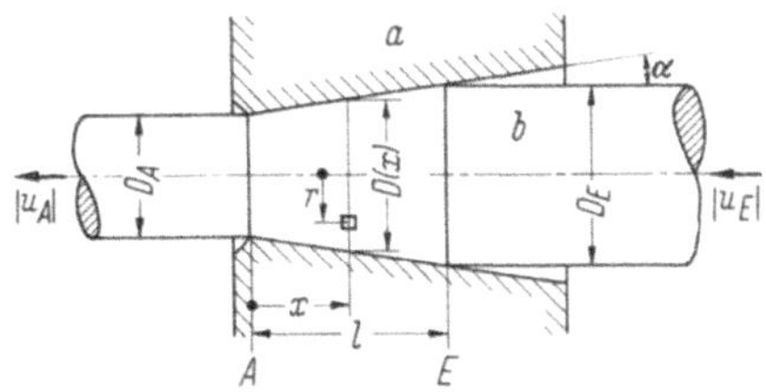

Bild 6.2
Längsschnitt durch eine konische Ziehdüse.
a Ziehdüse; *b* Draht; *E* Eintritt; *A* Austritt;
$|u_E|$ Eintrittsgeschwindigkeit des Drahtes;
$|u_A|$ Austrittsgeschwindigkeit des Drahtes.

Die bezogene Querschnittsabnahme definiert man entsprechend (2.1/10)

$$|\varepsilon_A| = \frac{F_E - F_A}{F_E} = 1 - \frac{F_A}{F_E} = \frac{D_E^2 - D_A^2}{D_E^2} = 1 - \left(\frac{D_A}{D_E}\right)^2, \quad (6.2/5)$$

und für einen Zwischenquerschnitt[1]

$$|\varepsilon| = \frac{F_E - F}{F_E} = 1 - \frac{F}{F_E} = 1 - \left(\frac{D}{D_E}\right)^2. \quad (6.2/6)$$

Die zugehörige Formänderung lautet mit (2.1/10) und (6.2/6)

$$\varphi = \ln(1 + \varepsilon) = \ln(1 - |\varepsilon|) = 2 \ln \frac{D}{D_E} < 0,$$

also

$$|\varphi| = \ln \frac{1}{1 - |\varepsilon|} = \ln \frac{F_E}{F} = 2 \ln \frac{D_E}{D}. \quad (6.2/7)$$

Wir wenden uns jetzt der Kinematik zu und verfolgen eine Werkstoffscheibe der momentanen Lage $x = X(t)$. Diese hat in Richtung x die Geschwindigkeit $u = \frac{dX}{dt}$, und (3.2/28) liefert

$$uF = u_E F_E = u_A F_A, \quad (6.2/8)$$

---

[1] Hier vereinfacht ε statt ε_F. Da $\varepsilon = \frac{F - F_E}{F_E} < 0$, insbesondere $\varepsilon_A < 0$, verwenden wir $|\varepsilon|$, $|\varepsilon_A|$.

also mit Bild 6.2 und (6.2/4)

$$u = -|u_E|\frac{F_E}{F} = -|u_E|\left(\frac{D_E}{D}\right)^2 = -|u_A|\left(\frac{D_A}{D}\right)^2. \qquad (6.2/9)$$

Das negative Vorzeichen tritt auf, da der Draht entgegen der positiven x-Richtung läuft.

Die Formänderungsgeschwindigkeit (hier auch: Dickenänderungsgeschwindigkeit einer Scheibe) hat mit (3.2/32), (6.2/3), (6.2/4) und (6.2/9) den Verlauf

$$\lambda = 4|u_A|\tan\alpha\frac{D_A^2}{D^3} = 2\sqrt{\pi}\,|u_A|\tan\alpha\frac{F_A}{F^{3/2}}; \qquad (6.2/10)$$

es gilt $\lambda > 0$, d. h. die Scheibendicke nimmt zu (der Draht wird länger).

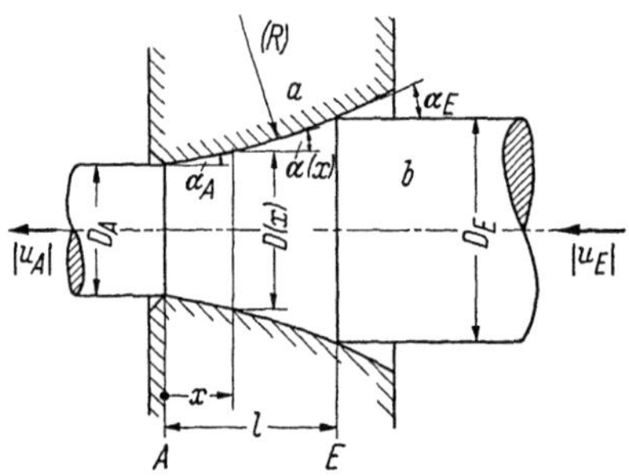

Bild 6.3
Längsschnitt durch eine ballige Ziehdüse.
a Ziehdüse; *b* Draht; *E* Eintritt; *A* Austritt; $|u_E|$ Eintrittsgeschwindigkeit des Drahtes; $|u_A|$ Austrittsgeschwindigkeit des Drahtes; (*R* Ersatz-Krümmungsradius).

6.2.1.2 Ballige Ziehdüse. Unter einer balligen Ziehdüse verstehen wir eine Ziehdüse, deren Wandneigung $\alpha = \alpha(x)$ gegen die Düsenachse (Symmetrielinie) von $\alpha = \alpha_A$ am Austritt monoton auf den Wert $\alpha = \alpha_E$ am Eintritt wächst (Bild 6.3), wobei $\alpha_A \geq 0$. Solche Düsenkonturen lassen sich für praktische Belange durch Parabeln annähern:

$$D(x) = D_A + a_1 x + a_2 x^2. \qquad (6.2/11\,\text{a})$$

Mit Bild 6.3 und (3.1/7) finden wir hierfür auch

$$D(x) = D_A + 2x\tan\alpha_A + \frac{\tan\alpha_E - \tan\alpha_A}{l}x^2, \qquad (6.2/11\,\text{b})$$

wobei l die Länge der Umformzone darstellt. Beschränkt man sich auf kleine Bahnneigungen, also $\alpha_E^2 \ll 1$, so läßt sich der Faktor a_2 von Gl. (6.2/11a) bekanntlich als Krümmung $\frac{1}{R}$ mit R als Krümmungsradius[1] deuten:

$$D(x) = D_A + 2x\tan\alpha_A + \frac{x^2}{R}. \qquad (6.2/11\,\text{c})$$

---

[1] Hier nicht zu verwechseln mit den Querschnittsradien R_1, R_2 von Abschnitt 3.2.2; bezüglich der Krümmung vgl. Gl. (9.1/66).

Für den Grenzfall $\alpha_A = 0$ geht (6.2/11 c) mit

$$x = R \sin \alpha \approx R\alpha \tag{6.2/12}$$

in

$$D(\alpha) \approx D_A + R\alpha^2 \tag{6.2/13}$$

über. Diese Düsenkontur entspricht der Begrenzung des Walzspaltes beim (ebenen) Walzvorgang gemäß Gl. (5.2/14) (vgl. auch [*120*]). Der Grenzfall $a_2 = 0$ $\left(\text{bzw. } \frac{1}{R} = 0\right)$ führt zur konischen Ziehdüse nach Gl. (6.2/3), die somit als Sonderfall der balligen Ziehdüse anzusprechen ist. Je nach Wahl von a_1, a_2 (bzw. α_A, R) kann durch (6.2/11) eine Vielzahl balliger Düsenformen dargestellt werden.

Im weiteren folgen wir Ziff. 6.2.1.1 und übernehmen von dort die Gln. (6.2/4) bis (6.2/10), die in gleicher Weise auch für ballige Düsen gelten.

6.2.2 Kräfte

6.2.2.1 Kräfte an der Ziehdüse. Die Umfangskraft $\frac{S}{2}$ im Ziehwerkzeug wird durch einen Längsschnitt (Bild 6.4a) freigelegt. Sie wirkt dann als *Stützkraft* S auf beide Hälften der Ziehdüse (Bild 6.4b) und hält diese gemeinsam mit einer horizontalen, äußeren *Haltekraft* P, dem Normaldruck $p_n = p_n(x)$ und der in Ziehrichtung angreifenden Randschubspannung $\tau = \tau(x)$ sowie den gemäß Bild 3.8b durch die Scherzonen bei E und A eingeleiteten Einzelkräften ΔP_E, ΔP_A, ΔQ_E, ΔQ_A im Gleichgewicht (Bild 6.4c). Diese müssen hier notwendig eine zur Werkzeugbahn senkrechte Resultierende haben, da die Randschubspannung durch $k_f/2$ beschränkt ist. Also gilt

$$\Delta Q_{E(A)} = P_{E(A)} \tan \alpha_{E(A)},$$

und mit (3.3/8b), (3.3/15) folgt (feste Bahnen, negative Bewegung)

$$\Delta P_{E(A)} = \frac{1}{3} k_{fE(A)} F_{E(A)}.$$

Man erkennt dann aus Bild 6.4 nach Bild 3.7c und Gl. (3.2/43)

$$P = \int\limits_{x=0}^{x=l} - dQ + \frac{1}{3} (k_{fE} F_E \tan \alpha_E + k_{fA} F_A \tan \alpha_A) =$$

$$= \int\limits_0^l D(x) \pi p(x) \tan [\nu + \alpha(x)]\, dx + \frac{1}{3} (k_{fE} F_E \tan \alpha_E + k_{fA} F_A \tan \alpha_A), \tag{6.2/14}$$

wo p der Radialdruck und ν der Reibwinkel sind. Die Stützkraft S ergibt sich mit Bild 6.4a unter Berücksichtigung von Bild 6.4c zu

$$S = \int_{\psi=0}^{\psi=\pi} dS^* \sin\psi = \int_0^{\pi} \left[\int_0^{l} D(x)\, p(x)\, dx + \frac{1}{3} \left(\frac{k_{fE} F_E D_E}{D_E \pi} + \frac{k_{fA} F_A D_A}{D_A \pi} \right) \right] \times$$

$$\times \frac{1}{2} \sin\psi\, d\psi,$$

$$S = \int_0^{l} D(x)\, p(x)\, dx + \frac{1}{3} \left(\frac{k_{fE} F_E}{\pi} + \frac{k_{fA} F_A}{\pi} \right). \qquad (6.2/15)$$

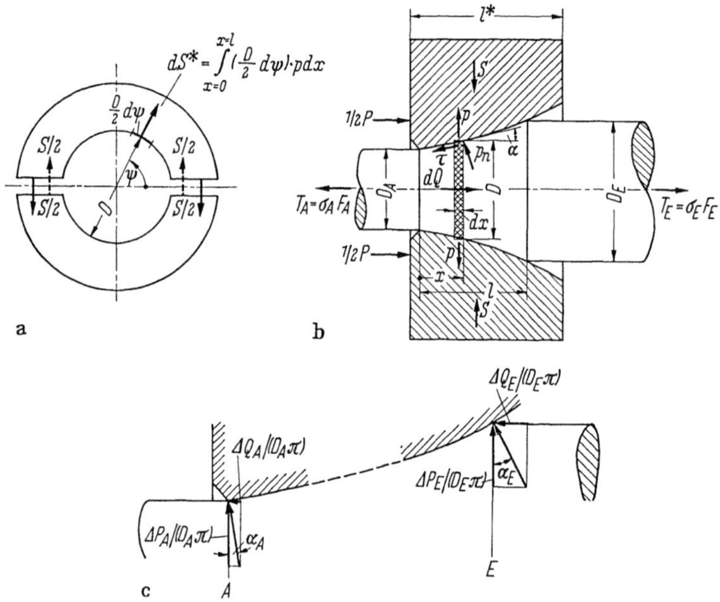

Bild 6.4a—c Kräfte an Ziehdüse und Draht.

a) Querschnitt; b) Längsschnitt; c) Einzelkräfte pro Umfangseinheit gemäß Bild 3.8b am Eintritt E und am Austritt A vom Werkstoff auf die Düse.

T_A Ziehkraft (Draht); σ_A Ziehspannung; T_E Gegenzug (Draht); σ_E Gegenzugspannung; P Haltekraft (Düse); S Stützkraft.

Andererseits besteht ebenfalls Gleichgewicht zwischen der Haltekraft P an der Düse und der am Draht angreifenden Ziehkraft T_A sowie dem Gegenzug T_E:

$$T_A - T_E = P; \qquad (6.2/16)$$

die durch p_n und τ gebildeten Wandkräfte treten hier als innere Kräfte nicht in Erscheinung.

6.2.2.2 Statische Grundgleichung, Randbedingung. Die statische Grundgleichung für den Längsdruck q entnehmen wir Gl. (3.2/48) und beachten neben $R_2 = 0$, $2R_1 = D$ und $\alpha_1 = \alpha$ vornehmlich, daß ν_1 durch $-\nu_1 = -\nu$ zu ersetzen ist (negative Werkstoffbewegung, vgl. Bilder 6.2 und 6.3):

$$\frac{dq}{dx} - \frac{\pi}{F(x)}\left[D(x)\tan\left(\nu + \alpha(x)\right) - D(x)\tan\alpha(x)\right] q = \frac{\pi}{F(x)} k_f(x)\, D(x) \times$$
$$\times \tan\left(\nu + \alpha(x)\right). \qquad (6.2/17\,\mathrm{a})$$

Von Trägheitskräften ist dabei abgesehen; wir werden sie gesondert betrachten. Mit (6.2/4) folgt aus (6.2/17 a)

$$\frac{dq}{dx} - \frac{4}{D}\left[\tan(\nu + \alpha) - \tan\alpha\right] q = \frac{4}{D} k_f \tan(\nu + \alpha). \qquad (6.2/17\,\mathrm{b})$$

Gl. (6.2/17) beschreibt den Umformvorgang für den hier vorliegenden Fall zunehmender Scheibendicke und den regulären Teil $0 < x < l$ der Umformzone, die sich modellgemäß von $x = 0$ bis $x = l$ erstreckt. Für die Ecken in der Werkstoffkontur am Eintritt E bei $x = l$ und am Austritt A bei $x = 0$ sind Eckenkorrekturen nach Abschn. 3.3.1 anzubringen. Auch hier bleiben Trägheitseinflüsse außer Betracht. Dann liefern (3.3/8 b), (3.3/15) in Verbindung mit Bild 6.3 die Drucksprünge

$$\Delta q_E = \Delta_W q_E = \frac{1}{3} k_{fE} \tan\alpha_E \qquad (6.2/18\,\mathrm{a})$$

bei $x = l$ und

$$\Delta q_A = \Delta_W q_A = \frac{1}{3} k_{fA} \tan\alpha_A \qquad (6.2/18\,\mathrm{b})$$

bei $x = 0$. Sie sind vereinbarungsgemäß in x-Richtung zu zählen. Gl. (6.2/18) geht davon aus, daß sich die Formänderungsfestigkeit k_f an den Knickstellen wegen $\Delta_W q \ll k_f$ nur wenig ändert.

Bei einer Formänderung der Größe $|\varphi_A| = \ln \frac{F_E}{F_A}$ und einem (fiktiven) Düsenwinkel $\alpha \equiv 0$ wäre mit (6.2/1)

$$(k_{fA})_{\alpha=0} = k_f(|\varphi_A|) \qquad (6.2/19\,\mathrm{a})$$

die Formänderungsfestigkeit des gezogenen Drahtes. Berücksichtigt man nach (3.3/15), (3.3/16) die den Winkeln α_E, α_A zugeordneten Scheranteile, so ist jetzt die Festigkeit des austretenden Stranges

$$k_{fA} = k_f\left(|\varphi_A| + \frac{1}{3}\left[\tan\alpha_A + \tan\alpha_E\right]\right). \qquad (6.2/19\,\mathrm{b})$$

LINICUS [12] hat den Einfluß des Düsenwinkels auf k_{fA} für konische Düsen ($\alpha_A = \alpha_E = \alpha$) bei Ziehversuchen an Messingdraht experimentell ermittelt (Bild 6.5). Die Kurve $\alpha = 0$ entspricht dann der Fließkurve von Bild 2.9b.

Gl. (6.2/19b) gibt in Bild 6.5 den Einfluß kleiner Düsenwinkel (hier $\alpha = 4°, 8°$) zufriedenstellend wieder, übertreibt dagegen den Einfluß großer Winkel (hier $\alpha = 16°, 32°$) erheblich.

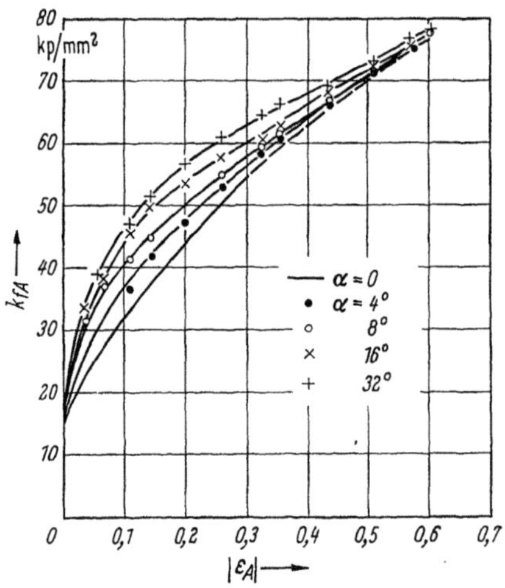

Bild 6.5 Formänderungsfestigkeit gezogener Drähte aus Ms 63 in Abhängigkeit von der bezogenen Querschnittsabnahme $|\varepsilon_A|$ (nach LINICUS [12]).

Die Gl. (6.2/17) ist von erster Ordnung in q; wir können also eine der Randbedingungen vorschreiben, entweder

$$\hat{q} = q_E \quad \text{an der Stelle} \quad \hat{x} = x_E = l$$

oder

$$\hat{q} = q_A \quad \text{an der Stelle} \quad \hat{x} = x_A = 0.$$

Mit Bild 6.4 und (6.2/18) gilt

$$q_E = -\frac{T_E}{F_E} - \frac{1}{3} k_{fE} \tan \alpha_E = -\sigma_E - \frac{1}{3} k_{fE} \tan \alpha_E \qquad (6.2/20\text{a})$$

(der Drucksprung vergrößert den Gegenzug) oder

$$q_A = -\frac{T_A}{F_A} + \frac{1}{3} k_{fA} \tan \alpha_A = -\sigma_A + \frac{1}{3} k_{fA} \tan \alpha_A. \qquad (6.2/20\text{b})$$

Über (6.2/17) und (6.2/20) läßt sich entweder bei gegebenem Gegenzug T_E die Ziehkraft T_A berechnen oder aus vorgeschriebener Ziehkraft T_A der erforderliche Gegenzug T_E. Schließlich empfiehlt es sich, statt x die veränderliche Querschnittsfläche $F(x)$ als unabhängige Variable einzuführen. Nach (6.2/4), (3.1/7) hat man $dF = \frac{\pi}{2} D\, dD = \pi D \tan \alpha\, dx$, also über (6.2/17a)

$$\frac{dq}{dF} - \frac{1}{F} \left[\frac{\tan(\nu + \alpha)}{\tan \alpha} - 1 \right] q = \frac{1}{F} k_f \frac{\tan(\nu + \alpha)}{\tan \alpha}. \qquad (6.2/21)$$

Im allgemeinen läßt sich (6.2/21) nur numerisch integrieren, wobei k_f der Fließkurve des Werkstoffes zu entnehmen und über (6.2/7) sowie gegebenenfalls (6.2/10) der Fläche F zuzuordnen ist. Doch gibt es für einige Fälle geschlossene Lösungen.

6.2.3 Geschlossene Lösung für linear verfestigenden Werkstoff und konische Düsen

Bei in $|\varphi|$ linearer Verfestigung entsprechend Gl. (2.2/6), die wir hier mit (6.2/7) und $k_{f0} = k_{fE}$ in der Form

$$k_f(F) = k_{fE}\left(1 + \beta \ln \frac{F_E}{F}\right) \tag{6.2/22}$$

schreiben, liefert (6.2/21) für konische Düsen ($\alpha = \alpha_E = \alpha_A$) nach (3.2/23), (3.2/24) den Längsdruck q gemäß

$$\frac{q(F)}{k_{fE}} = \frac{q_E}{k_{fE}}\left(\frac{F}{F_E}\right)^{\varkappa} - \frac{\varkappa+1}{\varkappa}\left\{\beta \ln\left(\frac{F_E}{F}\right) + \left(1 - \frac{\beta}{\varkappa}\right)\left[1 - \left(\frac{F}{F_E}\right)^{\varkappa}\right]\right\}, \tag{6.2/23}$$

wobei

$$\varkappa = \frac{\tan(\nu + \alpha)}{\tan \alpha} - 1 \geq 0. \tag{6.2/24}$$

Da wegen (6.2/20a) $q_E \leq 0$, folgt für $\beta \geq 0$ aus (6.2/23)[1] stets $q \leq 0$: im Draht bildet sich eine Längszugspannung aus, die am Austritt $F = F_A$ in die Ziehspannung σ_A (Bild 6.4b) übergeht. Mit σ_E als Gegenzugspannung (Bild 6.4b) erhält man über (6.2/5)

$$\sigma_A = \frac{1}{3}\tan\alpha\,[k_{fA} + k_{fE}(1 - |\varepsilon_A|)^{\varkappa}] + k_{fE}\,\frac{\varkappa+1}{\varkappa}\left\{\beta \ln \frac{1}{1 - |\varepsilon_A|} + \right.$$
$$\left. + \left(1 - \frac{\beta}{\varkappa}\right)\cdot[1 - (1 - |\varepsilon_A|)^{\varkappa}]\right\} + \sigma_E(1 - |\varepsilon_A|)^{\varkappa}. \tag{6.2/25}$$

Zur Auswertung dieser Gleichung bediene man sich ggf. der in Bild 6.6 angegebenen Hilfsfunktionen $\ln \frac{1}{1 - |\varepsilon_A|}$ und $(1 - |\varepsilon_A|)^{\varkappa}$.

Das Verhältnis aus Ziehspannung σ_A und Formänderungsfestigkeit k_{fA}

$$s_A = \sigma_A / k_{fA}$$

---

[1] Die geschweifte Klammer besitzt als Funktion von $\frac{F}{F_E}$ für $0 \leq \frac{F}{F_E} \leq 1$ eine negative Ableitung, hat also ihr Minimum bei $F/F_E = 1$ und dort den Wert 0.

nennt man *Anstrengungsgrad* oder einfach *Anstrengung* des austretenden Werkstoffes. Man wird

$$s_A = \sigma_A / k_{fA} < 1 \qquad (6.2/26)$$

einhalten, da der Draht sonst einachsig fließen würde. Er könnte natürlich bis zur Bruchfestigkeit belastet werden (*Ziehgrenze*).

Der Verlauf des Längsdruckes q ist durch (6.2/23) gegeben. Den Querdruck p ermittelt man dann aus dem Fließkriterium

$$p - q = k_f \qquad (6.2/27)$$

[Gl. (3.2/46)], und der Wanddruck p_n gehorcht (3.2/15)

$$p_n = \frac{p}{1 - \mu \tan \alpha}. \qquad (6.2/28)$$

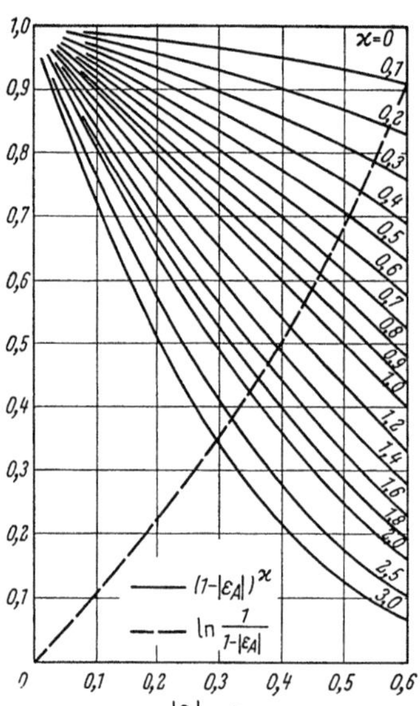

Bild 6.6 Hilfsfunktionen.

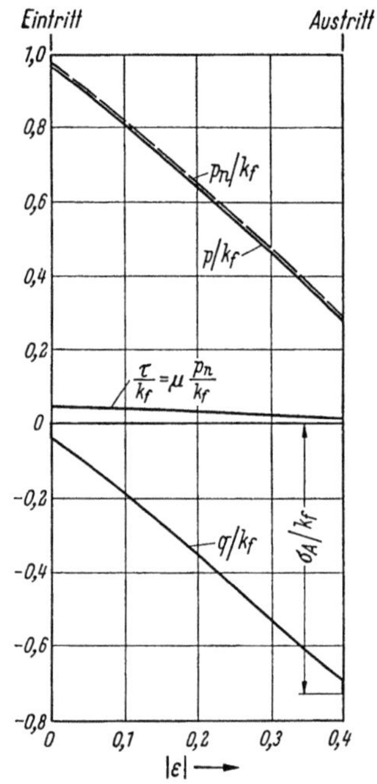

Bild 6.7 Spannungsverläufe beim Drahtziehen durch konische Düsen für k_f = const; $\alpha = 6°$; $\mu = 0{,}05$; $|\varepsilon_A| = 0{,}4$; $\sigma_E = 0$.

Wir verschaffen uns eine Vorstellung des allgemein zu erwartenden Spannungsverlaufes, indem wir diesen für das Beispiel

$$k_f = \text{const}; \; \alpha = 6°; \; \mu = 0{,}05; \; |\varepsilon_A| = 0{,}4; \; \sigma_E = 0$$

nach den Gln. (6.2/6), (6.2/25), (6.2/27), (6.2/28) und (6.2/23) — dort $k_{fE} = k_f$, $\beta = 0$ — zahlenmäßig berechnen. Das Ergebnis ist in Bild 6.7 niedergelegt. Wir halten als wesentlich fest, daß der Wanddruck p_n vom Eintritt zum Austritt hin sinkt, während der negative Längsdruck (die Längsspannung) $-q$ ansteigt und am Austritt den Wert σ_A annimmt.

Für den reibungsfreien Fall

$$\nu = \mu = 0,$$

also nach (6.2/24)

$$\varkappa = 0,$$

können die Gln. (6.2/23), (6.2/25) nicht ohne weiteres ausgewertet werden, weil Ausdrücke der Gestalt $\frac{0}{0}$ auftreten. Mit

$$a^{\varkappa} = 1 + \varkappa \ln a + \frac{\varkappa^2}{2} (\ln a)^2 + \frac{\varkappa^3}{6} (\ln a)^3 + \cdots$$

(vgl. [5, S. 80]) gehen (6.2/23), (6.2/25) in

$$\frac{q(F)}{k_{fE}} = \frac{q_E}{k_{fE}} + \ln \frac{F}{F_E} - \frac{\beta}{2} \left(\ln \frac{F}{F_E}\right)^2 + \\ + \varkappa \ln \frac{F}{F_E} \left[\frac{q_E}{k_{fE}} + 1 + \frac{1-\beta}{2} \ln \frac{F}{F_E} - \frac{\beta}{6} \left(\ln \frac{F}{F_E}\right)^2\right] + \cdots, \qquad (6.2/29)$$

$$\sigma_A = \frac{1}{3} \tan \alpha [k_{fA} + k_{fE}] + k_{fE} \left[\ln \frac{1}{1-|\varepsilon_A|} + \frac{\beta}{2} \left(\ln \frac{1}{1-|\varepsilon_A|}\right)^2\right] + \\ + k_{fE} \varkappa \ln \frac{1}{1-|\varepsilon_A|} \left[-\frac{1}{3} \tan \alpha + 1 - \frac{1-\beta}{2} \ln \frac{1}{1-|\varepsilon_A|} - \\ - \frac{\beta}{6} \left(\ln \frac{1}{1-|\varepsilon_A|}\right)^2\right] + \sigma_E \left(1 - \varkappa \ln \frac{1}{1-|\varepsilon_A|}\right) + \cdots \qquad (6.2/30)$$

über, woraus für $\varkappa = 0$ die Ziehspannung

$$(\sigma_A)_{\mu=0} = \frac{1}{3} \tan \alpha [k_{fA} + k_{fE}] + k_{fE} \left[\ln \frac{1}{1-|\varepsilon_A|} + \frac{\beta}{2} \left(\ln \frac{1}{1-|\varepsilon_A|}\right)^2\right] + \sigma_E \qquad (6.2/31)$$

folgt. Die Gln. (6.2/29), (6.2/30) gelten näherungsweise für kleine Werte $\varkappa$.

6.2.4 Numerisches Beispiel und Vergleich mit Versuchsergebnissen

Zur Veranschaulichung der Ergebnisse von Abschn. 6.2.3 werten wir Gl. (6.2/25) für die Parameter $\mu = 0{,}06$; $\alpha = 4°, 8°, 16°, 32°$; $\sigma_E = 0$ sowie den Bereich $|\varepsilon_A| \leq 0{,}6$ aus und legen dabei den Messingwerkstoff Ms 63 von Bild 2.9b zugrunde, der in Verbindung mit Gl. (2.2/6) [vgl. auch (6.2/22)] auf die Daten von Tab. 6.1a führt. Der den Wertepaaren α, μ nach (6.2/24) zugeordnete Beiwert $\varkappa$ ist in Tab. 6.1b aufgeführt. Die hiermit berechneten Ziehspannungen σ_A sind in Bild 6.8 über der bezogenen Querschnittsabnahme $|\varepsilon_A|$ aufgetragen.

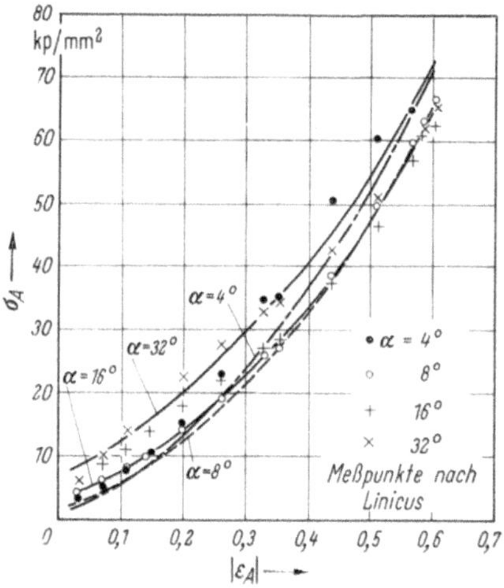

Bild 6.8 Berechnete Ziehspannung σ_A beim Ziehen von Ms 63 im Vergleich mit Messungen von LINICUS [*12*].

Tabelle 6.1 *Daten zur Berechnung der Ziehspannung σ_A nach Gl. (6.2/25)*

Bei der Berechnung des Scheranteils sind die Werte k_{fE}, k_{fA} aus der wahren Fließkurve eingesetzt.

$\lvert\varepsilon_A\rvert$	Linearisierte Fließkurve		Wahre Fließkurve	
	k_{fE} kp/mm²	β	k_{fE} kp/mm²	k_{fA} kp/mm²
0,1	16	10,1	15	32,5
0,2	17	7,7	15	44
0,3	19	5,8	15	54,5
0,4	20	4,6	15	63
0,5	21,5	3,7	15	70
0,6	23	3,0	15	76

a)

α	μ	$\varkappa$
4°	0,06	0,870
8°	0,06	0,440
16°	0,06	0,230
32°	0,06	0,140

b)

Wir haben der Rechnung solche Daten zugrunde gelegt, die einen unmittelbaren Vergleich mit ebenfalls in Bild 6.8 eingetragenen Meßergebnissen aus sehr sorgfältig durchgeführten Versuchen von LINICUS [*12*] erlauben. Sie wurden an einer Zerreißmaschine bei entsprechend geringen Geschwindigkeiten (hier 0,09 m/min) erzielt. Geschwindigkeitseinflüsse sind nicht untersucht, auch braucht der Reibwert nicht repräsentativ zu sein. Hingegen erstrecken sich die Messungen über unseren ganzen Winkelbereich α. Durch eine geeignete Vorrichtung (die Ziehdüse wurde gedreht und dadurch die Wandreibung in Umfangsrichtung abgelenkt) konnte die Wandreibung in Ziehrichtung näherungsweise beseitigt werden. LINICUS kam so durch Vergleich mit der Theorie zu einem Reibwert $\mu = 0{,}06$, den auch wir übernommen haben und der zu einer zufriedenstellenden Übereinstimmung zwischen Experiment und Rechnung führt (Bild 6.8).

Bild 6.9 Durch Ätzung sichtbar gemachte Umformzone beim Ziehen (nach WISTREICH [*138*]). Werkstoff: Flußstahl; $2\alpha = 16°$; $|\varepsilon_A| = 0{,}25$.

Man findet übrigens kaum Angaben über den vollständigen Druckverlauf, etwa $p_n = p_n(F)$, hingegen zahlreiche weitere Messungen der Ziehkraft bzw. Ziehspannung.

Bild 6.8 zeigt ferner: es gibt zu jedem $|\varepsilon_A|$ bei festem Reibwert μ (hier $\mu = 0{,}06$) offenbar einen günstigsten, mit geringstem Kraftbedarf verbundenen Winkel α, der durch das Zusammenspiel von Geometrie und Reibung bedingt ist. Wir kommen darauf in Abschn. 6.2.7 zurück.

Man führe sich vor Augen, daß unser Umformmodell nur für schlanke, lange Düsen und sehr geringe Wandreibung einigermaßen zutrifft. In Wirklichkeit ist die Umformzone in Drahtmitte eingeschnürt, wie die Ätzung in Bild 6.9 sichtbar macht. Auch bleiben die Querschnitte nicht eben [*136*, *137*]: die Kernzone eilt vor, so daß sich die Randzonen in anderem Maße an der Umformung beteiligen als der Drahtkern und entsprechend anders verfestigen. Dadurch mitbedingt bildet sich im fertigen Draht ein Restspannungszustand (*Eigenspannungszustand*) mit Zugspannungen am Rand und Druckspannungen im Kern aus. Hierüber gibt es ausgehend von Sachs [*139*] zahlreiche meist empirische Arbeiten.

6.2.5 Historisches

Der wohl älteste theoretische Ansatz zum Drahtziehen geht auf den Amerikaner Lewis (1915; vgl. [*140*]) zurück, der ohne den Begriff des Fließkriteriums auskam. Lewis erhält aus dem statischen Gleichgewicht die Ziehkraft.

$$T_A = (F_E - F_A)\,(1 + \mu/\tan\alpha)\,\sigma_B \qquad (6.2/32)$$

mit σ_B als anfänglicher Bruchspannung des Drahtes. Wir finden (6.2/32) aus (6.2/14) und (6.2/16) sowie den Gln. (6.2/3), (6.2/4) mit $T_E = 0$, $p = \sigma_B$ und $\tan(\nu + \alpha) = \mu + \tan\alpha$. Weitere Untersuchungen hierzu gehen vor allem auf den völlig willkürlichen Wert $\sigma_B (= p)$ ein [*140*].

Zu einem in unserem Sinne praktisch vollständigen Ansatz kommt Sachs [*29*] in Anlehnung an die Walztheorie v. Kármáns [*28*]. Seine Gleichung für die Ziehspannung lautet bei $k_f = k_{fm} = \mathrm{const}$

$$\sigma_A = k_{fm}\left(1 + \frac{\tan\alpha}{\mu}\right)\left[1 - (1 - |\varepsilon_A|)^{\mu/\tan\alpha}\right]; \qquad (6.2/33)$$

wir finden sie mit $k_{fE} = k_{fm}$, $\beta = 0$, $\varkappa = \dfrac{\mu}{\tan\alpha}$ und $\sigma_E = 0$ aus (6.2/25). Den Schereinfluß berücksichtigen Sachs ebenso wie nach ihm Davis und Dokos [*141*] nicht. Davis und Dokos arbeiten mit linearer Verfestigung entsprechend (6.2/22) und haben so

$$\frac{\sigma_A}{k_{fE}} = \left(1 + \frac{\tan\alpha}{\mu}\right)\left\{\beta \ln\frac{1}{1 - |\varepsilon_A|} + \left(1 - \frac{\beta\tan\alpha}{\mu}\right)\left[1 - (1 - |\varepsilon_A|)^{\mu/\tan\alpha}\right]\right\}. \qquad (6.2/34)$$

Diese Gleichung fällt für $\varkappa = \mu/\tan\alpha$ und $\sigma_E = 0$ bis auf den Schereinfluß mit (6.2/25) zusammen. Eine Formel für den Schereinfluß findet man erstmals bei Körber und Eichinger [*37*] im Zusammenhang mit dem Bandziehen (vgl. Abschn. 6.3.1). Sie wurde durch Siebel [*142*] auf das Drahtziehen übertragen und liefert dort eine Zusatzspannung

$$\frac{1}{3}\,(k_{fA} + k_{fE})\,.$$

Die einfache, viel verwendete SIEBELsche Gleichung für die Ziehspannung lautet dann mit $k_f = k_{fm} = \text{const}$ [*142*]

$$\sigma_A = k_{fm}\left[\ln\frac{1}{1-|\varepsilon_A|} + \frac{\mu}{\alpha}\ln\frac{1}{1-|\varepsilon_A|} + \frac{2}{3}\alpha\right]. \qquad (6.2/35)$$

Sie geht durch ersichtliche Vernachlässigungen aus (6.2/30) hervor und basiert auf einer Arbeit SIEBELS [*143*] aus dem Jahre 1926. Er deutet seine Gleichung als Bilanz der Arbeitsdichten: das erste Glied in (6.2/35) repräsentiere die eigentliche Umformung entsprechend dem Scheibenmodell, das zweite die äußere Reibung und das dritte die zusätzliche Scherung. Zusammen ergeben die drei Anteile die beim Ziehen auftretende Antriebs-Arbeitsdichte Φ_a, welche der einfachen Relation

$$\Phi_a = \frac{\text{Kraft} \times \text{Ziehweg}}{\text{umgeformtes Volum}} = \frac{\sigma_A F_A \times s}{F_A s} = \sigma_A \qquad (6.2/36)$$

genügt (s = Ziehweg). SIEBEL definiert dann einen Formänderungswirkungsgrad aus (6.2/35) zu

$$\eta = \frac{1}{1 + \frac{\mu}{\alpha} - \frac{2\alpha}{3\ln(1-|\varepsilon_A|)}}. \qquad (6.2/37)$$

Wir folgen seiner Interpretation nur bedingt; denn auch im Rahmen des Scheibenmodells läßt sich die Scherung am Ein- und Austritt nicht vermeiden und müßte mit in den Zähler von (6.2/37) aufgenommen werden.

Die Gln. (6.2/33), (6.2/35) enthalten eine mittlere Formänderungsfestigkeit k_{fm}, die etwa gemäß (2.3/4) gewählt werden kann. Mit der Näherung

$$\varphi \approx \varepsilon$$

erhält man

$$k_{fm} = \frac{1}{|\varepsilon_A|}\int_0^{|\varepsilon_A|} k_f(|\varepsilon|)\, d|\varepsilon|. \qquad (6.2/38)$$

Wir begegnen diesem Mittelwert auch in (5.2/79). Dort ist ein Zahlenbeispiel behandelt.

Neben den bisher erwähnten Ansätzen gibt es zahlreiche andere, im Vergleich mit (6.2/33), (6.2/34) vereinfachte, von denen wir diejenigen von BECKER [*144*], WEISS [*145*] und BERNHARD [*146*] erwähnen. Einen interessanten, vom elastischen Werkstoffverhalten ausgehenden Beitrag lieferte Pöschl [*147*, *148*]. Jedoch benutzt er ein für den plastischen Bereich unzulängliches sogenanntes *finites Stoffgesetz* (vgl. Abschn. 9.3.1 sowie die Zuschrift Siebels [*149*]).

Empirische Ergänzungen der elementaren Theorie des Drahtziehens findet man in [*150*, *151*]. [*151*] bringt auch einen kritischen Vergleich der gängigen Ansätze. Weiterführende Untersuchungen lösen sich seit Hill und Tupper [*152*] von der elementaren Theorie. Wir behandeln sie in Band II.

Erste systematische Messungen zum Drahtziehen haben Eicken und Heidenhain [*153*] durchgeführt. Umfangreiche Versuche von Giraud [*154*] schlossen sich an. Seitdem werden in Verbindung mit theoretischen Ansätzen gezielte Versuchsreihen durchgeführt. Wir erwähnen als Beispiel die Arbeiten [*155*, *156*, *157*, *158*, *159*] und natürlich die in Abschn. 6.2.4 zum Vergleich herangezogenen Messungen [*12*].

6.2.6 Ziehen durch ballige Düsen

Wir greifen auf die unter Ziff. 6.2.1.2 beschriebene Ziehdüse zurück und legen ihre Kontur durch (6.2/11 c) fest. Sie entspricht nach Bild 6.3 ungefähr einem Kreis vom Radius R mit einer Tangente der Neigung α_A am Austritt A bei $x = 0$. Der Winkelverlauf $\alpha = \alpha(x)$ folgt aus (6.2/11 c) zu

$$\tan \alpha(x) = \frac{1}{2} \frac{dD}{dx} = \tan \alpha_A + \frac{x}{R}$$

oder

$$\alpha(x) = \text{arc tan} \left[\tan \alpha_A + \frac{x}{R} \right]. \qquad (6.2/39)$$

Zusammen mit der Grundgleichung (6.2/17 b), dem Festigkeitsverlauf (6.2/1) bzw. (6.2/2) und den Randbedingungen (6.2/20) kann nunmehr der Druck q ausgerechnet werden.

Bei $\alpha_A > 0$ findet man jedoch selbst für $k_f = k_{fm} = \text{const}$ keine geschlossene Lösung. Statt dessen integriert man die Differentialgleichung von Fall zu Fall numerisch. Wir verweisen auf Gl. (3.2/25) sowie das Beispiel von Abschn. 4.4. Auch läßt sich ein Analogrechner einsetzen (vgl. [*160*]).

Für die ballige Düse mit horizontaler Tangente $\alpha_A = 0$ kann man in Anlehnung an Rechnungen zum Walzvorgang eine geschlossene Näherungslösung angeben. Wir beschränken uns auf kleine Winkel α_E.

Dann wird die Geometrie (Bild 6.3) durch die Gln. (6.2/12) und (6.2/13) beschrieben: die Düsenkontur entspricht dem (ebenen) Walzspalt von Bild 5.1. Analog (5.2/21), (5.2/22) folgt die Länge l der Umformzone zu

$$l = R \sin \alpha_E = \sqrt{R(D_E - D_A) \cdot \left(1 - \frac{D_E - D_A}{4R}\right)} \approx \sqrt{R(D_E - D_A)}\,. \tag{6.2/40}$$

Gl. (3.2/45c) ergibt nun mit $x = R \cdot \sin \alpha$

$$\frac{dQ}{d\alpha} = \pi R D \cos \alpha \cdot \tan (\alpha + \nu) \cdot p \tag{6.2/41}$$

entsprechend (5.2/54). Berücksichtigt man $Q = q \cdot F = F k_f \left(\frac{p}{k_f} - 1\right)$, so führt die von der Theorie des Kaltwalzens (Ziff. 5.2.3.2) her bekannte Näherung von BLAND und FORD [*59*] wegen (6.2/4), (6.2/13) hier auf

$$p(\alpha) = \left(1 + \frac{q_E}{k_{fE}}\right) k_f \frac{F}{F_E} \cdot \exp \left\{4\mu \sqrt{\frac{R}{D_A}} \left[\operatorname{arc\,tan} \left(\sqrt{\frac{R}{D_A}}\, \alpha\right) - \right.\right.$$
$$\left.\left. - \operatorname{arc\,tan} \left(\sqrt{\frac{R}{D_A}}\, \alpha_E\right)\right]\right\}. \tag{6.2/42}$$

q ergibt sich aus dem Fließkriterium (6.2/27), und die Ziehspannung folgt gemäß (6.2/20b) zu

$$\sigma_A = -q_A\,. \tag{6.2/43}$$

Wie in Ziff. 5.2.3.2 ausgeführt, ist (6.2/42) für die Festigkeitsverteilung

$$k_f = \frac{F_E k_{fE}}{F}\,,$$

also mit (6.2/6) für ein Verfestigungsgesetz

$$k_f = k_{fE} \frac{1}{1 - |\varepsilon|} \tag{6.2/44}$$

die exakte Lösung zu (6.2/41), wenn man dort $\cos \alpha \approx 1$ und $\tan (\nu + \alpha) \approx \mu + \alpha$ setzt.

Nach (6.2/27) gilt für den Längsdruck

$$q = p - k_f\,,$$

so daß mit der aus (6.2/12), (6.2/40), (6.2/5) hergeleiteten Näherung

$$\sqrt{\frac{R}{D_A}}\,\alpha_E \approx \left(\sqrt{\frac{1}{1-|\varepsilon_A|}}-1\right)^{1/2} \tag{6.2/45}$$

sowie (6.2/43), (6.2/20a), (6.2/5) die Ziehspannung σ_A aus (6.2/42) zu

$$\sigma_A = k_{fA}\left\{1-\left(1-\frac{\sigma_E}{k_{fE}}-\frac{1}{3}\tan\alpha_E\right)\cdot(1-|\varepsilon_A|)\times\right.$$
$$\left.\times\exp\left[-4\mu\sqrt{\frac{R}{D_A}}\,\mathrm{arc\,tan}\left(\sqrt{\frac{1}{1-|\varepsilon_A|}}-1\right)^{1/2}\right]\right\} \tag{6.2/46}$$

folgt.

Hinweise auf ballige Ziehholformen findet man u. a. auch in [*161* bis *164*].

6.2.7 Optimaler Düsenwinkel; Vergleich zwischen konischen und balligen Düsen

Die Ziehkraft beim Ziehen durch konische Ziehhole hängt unter anderem vom Zusammenspiel zwischen Reibung und Düsenwinkel ab. Ein schlankes Ziehhol hat eine große Reiblänge, lenkt dafür den Werkstoff in den Scherzonen am Ein- und Austritt wenig um und ist daher günstig für Ziehen bei geringer Reibung. Umgekehrt muß bei starker Wandreibung die Reiblänge kurz gehalten werden, um die Ziehkraft nicht zu stark ansteigen zu lassen. Man erkennt dies auch an Gl. (6.2/25). Sie liefert im Grenzfall $\alpha \to 0$, d. h. nach (6.2/24) $\varkappa \to \infty$, die Ziehspannung

$$\sigma_A = k_{fE}\left(1+\beta\ln\frac{1}{1-|\varepsilon_A|}\right) = k_{fA}$$

[beachte (6.2/22)], und für $\alpha \to \pi/2$ folgt $\sigma_A \to \infty$. Beide Werte sind mit (6.2/26) größer als wirkliche, zu Zwischenwerten $0 < \alpha < \pi/2$ gehörige Ziehspannungen. Diese durchlaufen also ein Tal. So gibt es einen bei sonst gleichen Verhältnissen optimalen Neigungswinkel $\alpha = \alpha_{\mathrm{opt}}$, der mit einer minimalen Ziehspannung $\sigma_{A\,\mathrm{opt}}$ verbunden ist (Bild 6.10; vgl. auch [*158*, *161*, *162*, *165*]). Wir finden ihn über

$$\left(\frac{\partial\sigma_A}{\partial\alpha}\right)_{\alpha=\alpha_{\mathrm{opt}}} = 0 \quad \text{bzw.} \quad \left(\frac{\partial\sigma_A}{\partial\tan\alpha}\right)_{\alpha=\alpha_{\mathrm{opt}}} = 0\,.$$

Die zugehörige Gleichung ist jedoch unhandlich. Hingegen führt die einfache SIEBELsche Näherung (6.2/35) zu der Gleichung

$$\alpha_{\text{opt}} = \sqrt{\frac{3}{2}\,\mu \ln \frac{1}{1-|\varepsilon_A|}}. \tag{6.2/47}$$

Bild 6.10 zeigt als Zahlenbeispiel das Ziehen von Messingdraht nach Bild 2.9b für $|\varepsilon_A| = 0{,}3$; $\mu = 0{,}06$ und $\sigma_E = 0$ (vgl. Tab. 6.1).

Die obere Kurve wurde mit Gl. (6.2/25) berechnet. Wir lesen $\alpha_{\text{opt}} \approx 10°$ ab. Aus (6.2/47) folgt der optimale Winkel zu $\alpha_{\text{opt}} = 0{,}177 = 10{,}15°$. Man erkennt aus Bild 6.10, daß Abweichungen vom optimalen Winkel weniger ins Gewicht fallen, wenn $\alpha > \alpha_{\text{opt}}$. Zu kleine Winkel α können einen empfindlichen Anstieg der Ziehspannung zur Folge haben.

Zum Vergleich sind in Bild 6.10 noch (interpolierte) Meßwerte nach LINICUS [*12*] eingetragen.

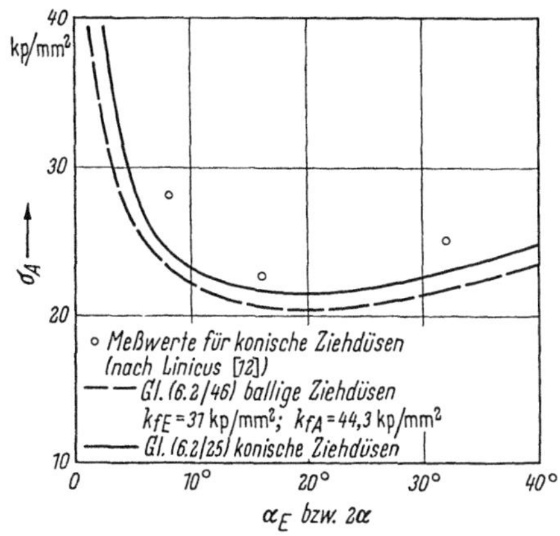

Bild 6.10 Ziehspannung σ_A abhängig vom Eintrittswinkel α_E bei balligen und vom Öffnungswinkel 2α bei konischen Ziehdüsen.
Werkstoff: Ms nach Bild 2.9b; $|\varepsilon_A| = 0{,}3$; $\mu = 0{,}06$; $\sigma_E = 0$.

Bei balligen Ziehdüsen betrachten wir entsprechend Abschn. 6.2.6 nur den Fall $\alpha_A = 0$. An die Stelle des Düsenwinkels α tritt jetzt in Gl. (6.2/46) der Parameter $\sqrt{R/D_A}$, mit dem über (6.2/45) der Eintrittswinkel α_E gekoppelt ist. Dessen Optimalwert ergibt sich nach der gleichen Schlußweise wie oben aus

$$\frac{\partial \sigma_A}{\partial \sqrt{\dfrac{R}{D_A}}} = 0.$$

Wir finden so mit

$$\arctan\left(\sqrt{\frac{1}{1-|\varepsilon_A|}} - 1\right)^{1/2} \approx \left(\sqrt{\frac{1}{1-|\varepsilon_A|}} - 1\right)^{1/2} \quad \text{und} \quad \tan \alpha_E \approx \alpha_E$$

$$\sigma_A = \sigma_{A\,\text{opt}} \quad \text{für} \quad \frac{R}{D_A} \approx \frac{1}{12\mu\left(1 - \dfrac{1}{3}\,\alpha_E - \dfrac{\sigma_E}{k_{fE}}\right)}, \tag{6.2/48}$$

wobei α_E über (6.2/45) noch von $\sqrt{\dfrac{R}{D_A}}$ abhängt.

Zum Vergleich mit dem Ziehen durch konische Düsen wählt man als sinnvolle Basis einen mittleren Winkel α_M der balligen Düse, am einfachsten $\alpha_M = \alpha_E/2$, und setzt ihn gleich dem Düsenwinkel α der konischen Düse [*166*]:

$$\alpha_E = 2\alpha.$$

Dementsprechend ergänzen wir Bild 6.10. Die Formänderungsfestigkeit wurde dort dem theoretisch zugrunde gelegten Verlauf (6.2/44) so angepaßt, daß sich bei $|\varepsilon_A| = 0{,}3$ nach (6.2/38) der gleiche Mittelwert k_{fm} für die wirkliche wie für die Ersatzkurve (in Bild 2.9b gestrichelt) ergibt. Man findet so $k_{fE} = 31$ kp/mm²; $k_{fA} = 44{,}3$ kp/mm². Dann liefert (6.2/46) zusammen mit (6.2/45) in Bild 6.10 die gestrichelte Kurve $\sigma_A = \sigma_A(\alpha_E)$ mit einem flachen Minimum bei $\alpha_E = 20°$. Formel (6.2/48) führt hier auf genau denselben Wert.

Die (rechnerische) Ziehspannung für ballige Düsen liegt nunmehr bei gleicher Kurventendenz geringfügig unter derjenigen bei konischer Düse. Der von THOMPSON [*163*] vertretenen Ansicht, ballige Ziehdüsen hätten einen höheren Kraftbedarf als konische, können wir uns aus der Sicht der elementaren Theorie nicht anschließen.

6.2.8 Elastische Verformungen von Draht und Ziehdüse

6.2.8.1 Elastische Verformungen des Drahtes. Da das elastische Werkstoffverhalten zusammenfassend erst in Abschn. 9.1 behandelt werden soll, müssen wir im folgenden Abschnitt wiederholt vorgreifen. ν bezeichnet jetzt in keinem Falle einen Reibwinkel, sondern stets die sogenannte *Querzahl* (POISSONsche Konstante) der Elastizitätstheorie, ferner E den HOOKEschen Elastizitätsmodul [vgl. (2.2/1)].

Der in die Ziehdüse einlaufende Draht hat den Durchmesser D_E. Er ergibt sich bei einem Gegenzug $T_E = \sigma_E F_E$ aus dem Durchmesser D_E^* des unbelasteten Drahtes zu

$$D_E = D_E^* \left(1 - \frac{\nu}{E}\,\sigma_E\right) \qquad (6.2/49)$$

(ν = Querzahl, E = Elastizitätsmodul des Drahtes). Diese Beziehung entnehmen wir im Vorgriff aus den Gln. (9.1/1), (9.1/2) über (2.1/10), wobei wir die relative Flächenänderung entsprechend

$$\frac{\Delta F}{F_E^*} = \frac{\Delta (D_E^2)}{D_E^{*2}} = \frac{2 D_E^* \,\Delta D_E}{D_E^{*2}} = 2\,\frac{D_E - D_E^*}{D_E^*}$$

einsetzen.

Beim Eintritt E'' in die Düse (Bild 6.11) wird der Draht zunächst elastisch vorgespannt, bis er in E' zu fließen beginnt. Dabei steigt der Querdruck p vom Wert 0 in E'' auf

$$p_{E'} = q_{E'} + k_{fE} \qquad (6.2/50)$$

an; denn am Beginn der Umformzone bei E' ist das Fließkriterium (6.2/27) erfüllt. Wir berechnen hieraus die Länge Δx_E der Vorspannzone und setzen dabei nach Bild 6.11 $\alpha = \alpha_E$ über Δx_E. Die elastische Durchmesseränderung einer unendlich langen Stange unter Außendruck entnimmt man für ebene Formänderung Gl. (9.1/74) in Ziff. 9.1.2.3. Wir haben es hier jedoch in der Vorspannzone mit einer dünnen Scheibe, also eher mit ebenem Spannungszustand zu tun. Dann führt die Umrechnung (9.1/25a) zusammen mit (6.2/3) und Bild 6.11 auf

$$\frac{D_E - D_{E'}}{D_E} = \frac{2\,\Delta x_E \tan\alpha_E}{D_E} = \frac{(1-\nu)\,p_{E'}}{E},$$

also

$$\Delta x_E = \frac{(1-\nu)\,p_{E'}}{E}\,\frac{D_E}{2\tan\alpha_E}: \qquad (6.2/51)$$

je schlanker die Ziehdüse, um so länger die Vorspannzone.

Die Vorspannzone bedingt zusätzliche Reibung und ändert damit die Randbedingung der plastischen Zone um $\Delta_r q$ von $q_{E''} = q_E$ auf $q_{E'}$:

$$q_{E'} = q_E - \Delta_r q, \qquad (6.2/52)$$

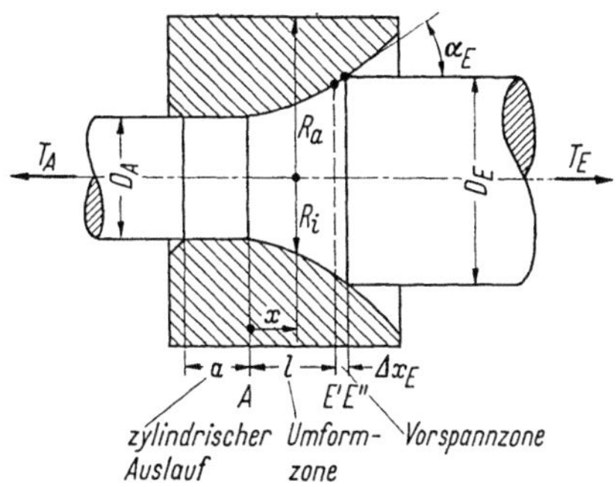

Bild 6.11 Zylindrischer Auslauf der Ziehdüse. Elastische Zone im Draht.

wo q_E nach (6.2/20a) einzusetzen ist[1]. Man läßt jetzt einen mittleren Querdruck $\frac{0 + p_{E'}}{2} = \frac{p_{E'}}{2}$ auf die Mantelfläche der elastischen Scheibe $E''E'$ wirken. Er erzeugt die Axialkomponente $\Delta Q_1 = \Delta_r q \frac{\pi}{4} D_E^2$. Hieraus folgt mit (3.2/43) (negative Bewegung) sowie $\varkappa_E = (\varkappa)_{x=x_E}$ gemäß (6.2/24) und Δx_E nach (6.2/51)

$$\Delta_r q = (1 + \varkappa_E)\,p_{E'}^2\,\frac{(1-\nu)}{E}. \qquad (6.2/53)$$

Diese Korrektur ist im allgemeinen gering. Wir schätzen sie bei extremen Bedingungen ab: $\mu = 0{,}15$; $\alpha_E = 2^\circ$; $p_{E'} = k_{fE}$; $\frac{k_{fE}}{E} = \frac{1}{200}$; $\nu = \frac{1}{3}$; dann

$$\Delta_r q = -0{,}02\,k_{fE}.$$

[1] Wir fassen also die elastische Verformung als Ergänzung des Umformmodells auf, ohne dieses zu ändern. Die elastische Vorspannzone verhindert in Wirklichkeit die plastische Scherzone. Dafür wird die Scherung am Austritt verstärkt.

Die elastische Verformung überlagert sich nach (2.2/2) der plastischen Formänderung und geht bei Entlastung zurück: der Draht federt auf. Entfernen wir zunächst nur den am Düsenende wirkenden Querdruck p_A, indem wir am Außenradius $-p_A$ überlagern, lassen aber den Längszug σ_A bestehen, so weitet sich die Stange unmittelbar hinter dem Austritt entsprechend (9.1/74), (9.1/25a) auf den Durchmesser

$$D_{A'} = D_A \left[1 + \frac{(1-\nu)}{E} p_A\right].$$

Der vollständig entlastete Draht federt dann noch weiter auf und gewinnt analog (6.2/49) den Enddurchmesser

$$D_A^* = \frac{D_{A'}}{1 - \frac{\nu}{E}\sigma_A} \approx D_{A'}\left(1 + \frac{\nu}{E}\sigma_A\right) = D_{A'}\left(1 + \frac{\nu}{E}\frac{T_A}{F_A}\right). \qquad (6.2/54)$$

6.2.8.2 Elastische Aufweitung des Ziehhols. Das Ziehhol erfährt nach Bild 6.4 den Wanddruck p_n und die Randschubspannung $\tau = \mu p_n$, wodurch es sich elastisch aufweitet. Man kann τ vernachlässigen und p_n durch den ebenfalls eingetragenen Querdruck p ersetzen. Der Ziehring (Bild 6.4) ist in eine Halterung eingepaßt, die ihn abstützt. Um das elastische Verhalten dieses Systems roh abzuschätzen, kann man es näherungsweise als Hohlzylinder mit unendlich großem Außendurchmesser unter konstantem Innendruck p_m auffassen [*167*]. Für diesen setzt man einen geeigneten Mittelwert des wahren Druckes p über der Mantelfläche ein, den man sinnvoll auf die ganze Ziehringlänge l^* bezieht (Bild 6.4; vgl. [*168*]). So ergibt sich aus (6.2/15) für $p = p_m = \text{const}$

$$p_m = \frac{S}{l^* D_M},$$

wobei S die nach (6.2/15) im Einzelfall aus der wahren Druckverteilung p zu ermittelnde Stützkraft und D_M ein mittlerer Ziehholdurchmesser sind. Wir wenden nun die Gleichungen des elastischen Rohres nach Ziff. 9.1.2.3 an. Speziell Gl. (9.1/74) liefert uns für $R_a \to \infty$ die über der Düsenlänge konstante Aufweitung $\varDelta = 2\varDelta_i$ zu[1]

$$\varDelta = \frac{(1+\nu) D_M}{E} p_m = \frac{1+\nu}{E}\frac{S}{l^*}. \qquad (6.2/55)$$

Natürlich beziehen sich hier ν und E auf den Düsenwerkstoff und den Werkstoff der Halterung.

[1] Diese Beziehung gilt übrigens nach (9.1/25a, b) sowohl für ebenen Formänderungs- wie für ebenen Spannungszustand.

Nach LUEG und POMP [*167*] rechnet man zur Auffederung des Ziehgutes im erweiterten Sinne auch die elastische Aufweitung des Ziehhols. Jene Auffederung ΔD ist dann durch

$$\Delta D = \Delta + (D_A^* - D_A) \tag{6.2/56}$$

definiert und umfaßt den Durchmesserunterschied zwischen dem gezogenen, entlasteten Draht und dem Austrittsdurchmesser des entlasteten Ziehhols. Hinzu tritt gegebenenfalls die Durchmesseränderung durch Erwärmung.

6.2.9 Düse mit zylindrischem Auslauf

Häufig schließt sich an den konischen oder balligen Teil des Ziehhols noch ein *zylindrischer Auslauf* an (Bild 6.11), der die Maßhaltigkeit der Düse länger bewahren soll. Die Drahtoberfläche reibt an der Zylinderwand, wodurch sich die Ziehkraft gegenüber dem Ziehen ohne zylindrischen Auslauf um ΔT_A, die Ziehspannung um $\Delta\sigma_A$ erhöht. Wir schätzen $\Delta\sigma_A$ und damit ΔT_A nach oben ab, indem wir mit MACLELLAN [*169*] annehmen, daß der Draht im zylindrischen Auslauf noch plastisch sei. Dann können wir Gl. (6.2/17b) zur Berechnung heranziehen, finden mit $D = D_A$, $\alpha = 0$, $\mu = \tan\nu$, $k_f = k_{fA}$ die Ausgangsgleichung

$$\frac{dq}{dx} - 4\frac{\mu}{D_A}q = 4\frac{\mu}{D_A}k_{fA},$$

und haben über (3.2/23), (3.2/24) als Lösung für $-a \leq x < 0$

$$q(x) = -\sigma_A e^{4\mu\frac{x}{D_A}} - k_{fA}\left(1 - e^{4\mu\frac{x}{D_A}}\right), \tag{6.2/57}$$

wobei a gemäß Bild 6.11 die Länge des zylindrischen Auslaufs und σ_A die Ziehspannung beim Ziehen ohne zylindrischen Auslauf ist. Mit

$$\Delta\sigma_A = -q(x = -a) - \sigma_A$$

erhält man sofort die zusätzliche Ziehspannung

$$\Delta\sigma_A = (k_{fA} - \sigma_A)\left(1 - e^{-4\mu\frac{a}{D_A}}\right). \tag{6.2/58a}$$

Reihenentwicklung der Exponentialfunktion [*5*, S. 79] führt auf die Näherung

$$\Delta\sigma_A = (k_{fA} - \sigma_A)\,4\mu\frac{a}{D_A} + \cdots \tag{6.2/58b}$$

(vgl. [*140*]). Versuche über den Einfluß des zylindrischen Auslaufs findet man bereits bei LINICUS und SACHS [*12*], und neuere Untersuchungen von YANG [*170*] zeigen, daß man den zylindrischen Auslauf stets berücksichtigen muß (vgl. Ziff. 6.5.4.1).

6.3 Ziehen von Profilen

In Abschn. 6.2 wurde speziell das Ziehen von Runddraht, also von Kreisquerschnitten abgehandelt. Wir wenden uns jetzt weiteren Querschnittsformen zu.

6.3.1 Bandziehen

Bandziehen, das ebene Analogon zum Drahtziehen, hat kaum praktische Bedeutung, ist jedoch von theoretischem Interesse. Wir behandeln den Fall ebener Düsenbegrenzungen — dies entspricht den konischen Ziehholen beim Drahtziehen — und orientieren uns an Bild 6.12. Dort tritt das senkrecht zur Zeichenebene sehr breite Band (Breite b) mit der Dicke h_E (Querschnittsfläche $F_E = b h_E$) in die Düse ein und verläßt sie mit der Dicke h_A (Querschnittsfläche $F_A = b h_A$). Die Banddicke gehorcht im Umformbereich

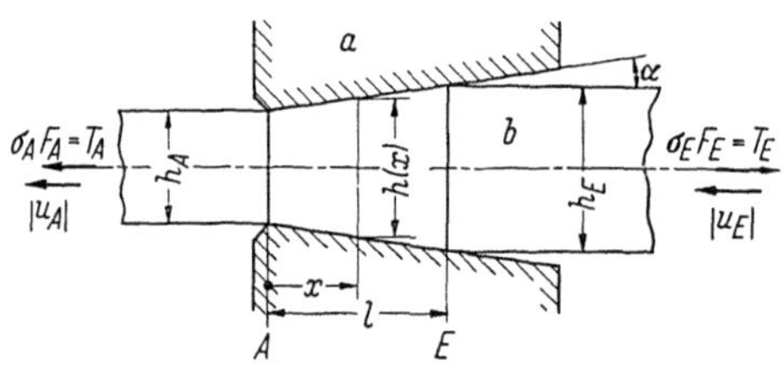

Bild 6.12 Schema des Bandziehens. *a* Ziehdüse; *b* Band; *E* Eintritt; *A* Austritt; $|u_E|$ Eintrittsgeschwindigkeit des Bandes; $|u_A|$ Austrittsgeschwindigkeit des Bandes; T_A Ziehkraft; T_E Gegenzug; σ_A Ziehspannung; σ_E Gegenzugspannung.

$$h(x) = h_A + 2x \tan\alpha \tag{6.3/1}$$

[vgl. (6.2/3)], und entsprechend Ziff. 6.2.1.1 haben wir an der Stelle x

$$|\varepsilon| = \frac{F_E - F}{F_E} = \frac{h_E - h}{h_E}, \tag{6.3/2}$$

$$|\varphi| = \ln\frac{F_E}{F} = \ln\frac{h_E}{h}. \tag{6.3/3}$$

Die statische Grundgleichung entnehmen wir dem Streifenmodell, folgen Ziff. 6.2.2.2 und finden aus (3.2/22)

$$\frac{dq}{dx} - \frac{2}{h}\left[\tan(\nu + \alpha) - \tan\alpha\right] q = \frac{2}{h} k_e \tan(\nu + \alpha),$$

also mit (6.3/1) und $F = bh$

$$\frac{dq}{dF} - \frac{1}{F}\left[\frac{\tan(\nu + \alpha)}{\tan \alpha} - 1\right] q = \frac{1}{F}\, k_e \frac{\tan(\nu + \alpha)}{\tan \alpha}. \tag{6.3/4}$$

Die (6.2/20) entsprechenden Randbedingungen lauten mit Bild 6.12 und (3.3/10)

$$q_E = -\sigma_E - \frac{1}{4}\, k_{eE} \tan \alpha\,, \tag{6.3/5a}$$

$$q_A = -\sigma_A + \frac{1}{4}\, k_{eA} \tan \alpha\,. \tag{6.3/5b}$$

Ersetzt man in Gl. (6.3/4) die Formänderungsfestigkeit k_e bei ebener Formänderung durch diejenige k_f für einachsiges Fließen, so geht (6.3/4) in Gl. (6.2/21) über. Ähnliches gilt für die Gln. (6.3/5) und (6.2/20), wenn man $\frac{1}{4}\, k_e$ durch $\frac{1}{3}\, k_f$ substituiert und $\alpha_E = \alpha_A = \alpha$ beachtet. So folgt schließlich bei linearer Verfestigung

$$k_e(F) = k_{eE}\left(1 + \beta \ln \frac{F_E}{F}\right) \tag{6.3/6}$$

[analog (6.2/22)] die Ziehspannung gemäß (6.2/25) zu

$$\begin{aligned} \sigma_A = {} & \frac{1}{4} \tan \alpha \left[k_{eA} + k_{eE}(1 - |\varepsilon_A|)^{\varkappa}\right] + \\ & + k_{eE} \frac{\varkappa + 1}{\varkappa} \left\{\beta \ln \frac{1}{1 - |\varepsilon_A|} + \left(1 - \frac{\beta}{\varkappa}\right)\left[1 - (1 - |\varepsilon_A|)^{\varkappa}\right]\right\} + \\ & + \sigma_E (1 - |\varepsilon_A|)^{\varkappa}, \end{aligned} \tag{6.3/7}$$

wo $\varkappa$ den in (6.2/24) definierten Parameter darstellt. Die Ziehspannungen beim Band- und Drahtziehen nach Gln. (6.3/7) bzw. (6.2/25) gehen mit den vorerwähnten Substitutionen ineinander über. Sie zeigen also insbesondere vergleichbare Abhängigkeit von der Querschnittsabnahme, der Reibung und dem Düsenwinkel.

6.3.2 Weitere Profile

Drahtziehen und Bandziehen führen nach Abschn. 6.3.1 trotz unterschiedlicher Querschnittsformen zu vergleichbaren Ziehspannungen. Dies berechtigt, auch Querschnitte aufzunehmen, die sich weder dem Scheiben- noch dem Streifenmodell unterordnen, also auch auf keinen der in Abschn. 2.1 besprochenen Grundversuche zurückführen lassen.

So können wir die Grundgleichung (6.2/21) nicht unmittelbar übertragen. Zunächst müßte dort die Formänderungsfestigkeit k_f durch eine solche k_f^* ersetzt werden, die sich auf die jeweils vorliegende spezielle Querschnittsform bezieht. Da k_f^* nicht bekannt ist, wird man $k_f^* = k_f$ für kreisähnliche und $k_f^* = k_e$ für flache Profile verwenden. Ferner ist die Bahngeometrie geeignet zu beschreiben. Die Oberflächennormale schließe mit der (parallel verschobenen) x-Achse den Winkel $90° + \alpha$ ein (Bild 6.13); der Neigungswinkel α ist dann über dem Umfang U veränderlich. Entsprechendes gilt für die Oberflächenkräfte. Da die Ausdrücke $\tan \alpha$, $\tan (\nu + \alpha)$ in (6.2/21) auf Grund ihrer Herleitung den Einfluß der Oberflächenkräfte wiedergeben, wird man sie gegen Mittelwerte $\frac{1}{U} \int^U \tan \alpha \, dU$, $\frac{1}{U} \int^U \tan (\nu + \alpha) \, dU$ austauschen. Dies führt auf

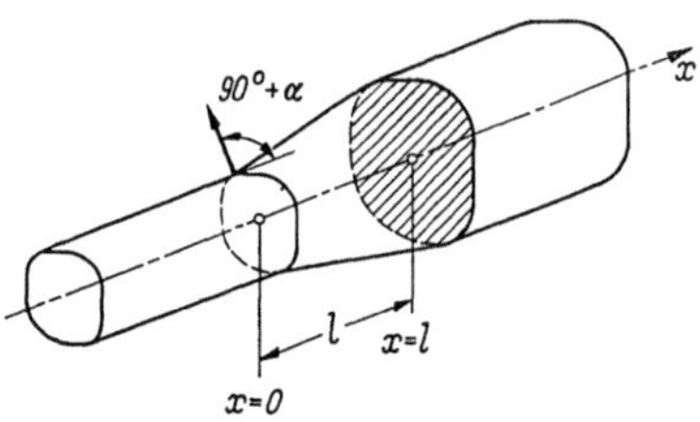

Bild 6.13 Umformung eines Stabes von nichtkreisförmigem Querschnitt.

$$\frac{dq}{dF} - \frac{1}{F} \left[\frac{\int^U \tan (\nu + \alpha) \, dU}{\int^U \tan \alpha \, dU} - 1 \right] q = \frac{1}{F} k_f \frac{\int^U \tan (\nu + \alpha) \, dU}{\int^U \tan \alpha \, dU} . \qquad (6.3/8)$$

Sofern jetzt der sinngemäß statt (6.2/25) eingeführte Parameter

$$\varkappa = \frac{\int^U \tan (\alpha + \nu) \, dU}{\int^U \tan \alpha \, dU} - 1 \approx \frac{\mu U}{\int^U \tan \alpha \, dU} \qquad (6.3/9)$$

konstant ist, können wir die Lösung (6.2/25) des Drahtziehens bzw. für flache Profile diejenige (6.3/7) des Bandziehens übernehmen. Sicherlich ist sie um so ungenauer, je stärker das Profil von den Grenzfällen des Kreisquerschnittes bzw. des flachen Rechteckes abweicht. Man wird dann nur genäherte Aussagen erwarten. Experimente [*171*] liefern abweichende Resultate.

6.4 Rohrziehen

Nahtlos hergestellte Rohre können durch einen oder mehrere anschließende Ziehvorgänge weiterverarbeitet und kalibriert werden. Beim Rohrziehen tritt zur Düse häufig noch ein Innenwerkzeug (Bild 3.4). Ist dieses ein feststehender Stopfen, so spricht man von *Stopfenzug*

(Bild 6.14a, b), handelt es sich hingegen um eine mit dem Rohr bewegte Stange (Bild 6.14c, d), so wird das Ziehverfahren *Stangenzug* genannt. Daneben kennt man das Rohrziehen ohne Innenwerkzeug als *Hohlzug* und schließlich den *Aufweitzug* über einen Stopfen ohne Ziehring. Bei Hohlzug wie Aufweitzug wirkt an der freien Mantelfläche kein Querdruck ($p = 0$), jedoch ein beträchtlicher Querdruck an der Werkzeugfläche. Das statische Scheibenmodell verlangt einen im Querschnitt konstanten Druck; zudem ist die Kinematik beider Verfahren wegen der freien Mantelflächen nicht von vornherein festgelegt. Daher lassen sich Hohlzug und Aufweitzug im Rahmen der elementaren Theorie nicht behandeln.

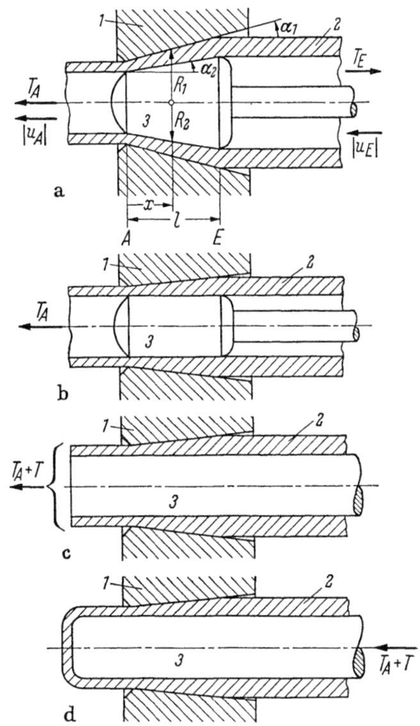

Bild 6.14a–d Rohrziehverfahren (schematisch) nach [*172*].
1 Düse; *2* Rohr; a) Stopfenzug mit konischem Stopfen, b) Stopfenzug mit zylindrischem Stopfen: *3* Stopfen; c) Stangenzug: *3* Stange; d) Stangenzug: *3* Stempel.

Erste Beiträge zur Theorie des Rohrziehens lieferten Siebel und Weber [*173, 174*]. Eine der elementaren Theorie zugeordnete, in sich abgeschlossene Abhandlung stammt von Sachs [*172*]. Neuere Untersuchungen sind vorwiegend experimentell [*175, 176*]. Einige Arbeiten befassen sich nur mit der Umformgeometrie, z. B. [*177*].

6.4.1 Geometrie und Kinematik

Wir betrachten in Bild 6.14a ein Rohr mit Kreisringquerschnitt, konischer Düse und konischem Stopfen. Die Bezeichnungen korrespondieren mit Bild 3.4 und Bild 6.2. Ähnlich (6.2/3) gilt

$$R_1 = R_{1A} + x \tan \alpha_1, \tag{6.4/1a}$$

$$R_2 = R_{2A} + x \tan \alpha_2, \tag{6.4/1b}$$

wo α_1, α_2 konstante Winkel sind. Damit das Scheibenmodell anwendbar ist, muß man gemäß (3.1/11) $R_2/R_1 \approx$ const fordern. Der Rohrquerschnitt gehorcht (3.2/27). Für $|\varepsilon|$, $|\varphi|$ und die Geschwindigkeit $|u|$ gelten entsprechend die Gln. (6.2/6) bis (6.2/8). Die Formänderungsgeschwindigkeit λ lautet gemäß (3.2/31) wegen $\frac{\partial F}{\partial t} = 0$ mit (6.2/8)

$$\lambda = |u_A| \frac{F_A}{F^2} \frac{\partial F}{\partial x}, \tag{6.4/2}$$

also zusammen mit (6.4/1) und (3.2/27)

$$\lambda = 2\pi\, |u_A| \frac{F_A}{F^2} (R_1 \tan\alpha_1 - R_2 \tan\alpha_2). \tag{6.4/3}$$

6.4.2 Grundgleichung, Randbedingungen

Wir beziehen uns auf Gl. (3.2/48) der Scheibentheorie, in der wegen negativer Werkstoffbewegung die Vorzeichen von ν_1, ν_2 zu vertauschen sind, und vernachlässigen die Trägheitskräfte. Dann läßt sich Gl. (3.2/48) mit (6.4/1) und (3.2/27) in

$$\frac{dq}{dF} - \frac{1}{F}\left[\frac{R_1 \tan(\nu_1 + \alpha_1) + R_2 \tan(\nu_2 - \alpha_2)}{R_1 \tan\alpha_1 - R_2 \tan\alpha_2} - 1\right] q =$$

$$= \frac{1}{F}\, k_f \left[\frac{R_1 \tan(\nu_1 + \alpha_1) + R_2 \tan(\nu_2 - \alpha_2)}{R_1 \tan\alpha_1 - R_2 \tan\alpha_2}\right]$$

umformen. Wir setzen abgekürzt

$$\frac{dq}{dF} - \frac{1}{F} \varkappa q = \frac{1}{F} k_f(\varkappa + 1). \tag{6.4/4}$$

Diese Gleichung entspricht im Aufbau (6.2/21), wobei die Faktoren

$$\varkappa = \frac{R_1 \tan(\nu_1 + \alpha_1) + R_2 \tan(\nu_2 - \alpha_2)}{R_1 \tan\alpha_1 - R_2 \tan\alpha_2} - 1 \tag{6.4/5}$$

bzw. $(\varkappa + 1)$ wegen $R_2/R_1 \approx$ const bei konstanten Reibwerten und Winkeln selbst als Konstanten anzusetzen sind.

Die Knickstellen sind wie beim Drahtziehen gesondert zu betrachten. Ähnlich (6.2/18) findet man aus (3.3/14) die Drucksprünge

$$\Delta q_{E,A} = \left[k_f \frac{(2R_1 + R_2) R_2 \tan\alpha_2 + (2R_2 + R_1) R_1 \tan\alpha_1}{3(R_1 + R_2)^2}\right]_{E,A}. \tag{6.4/6}$$

Somit lauten die Randbedingungen für den Längsdruck q [vgl. (6.2/20)]

$$q_E = -\frac{T_E}{F_E} - \Delta q_E = -\sigma_E - \Delta q_E, \tag{6.4/7a}$$

$$q_A = -\frac{T_A}{F_A} + \Delta q_A = -\sigma_A + \Delta q_A. \tag{6.4/7b}$$

T_A ist wie bisher die Ziehkraft. Mit Gegenzug T_E wird praktisch kaum gearbeitet. Er ist nur der Vollständigkeit halber aufgenommen, um einen Übergang zum Einstoßen von Rohren zu haben (Ziff. 6.5.3.2).

6.4.3 Stopfenzug

Für linear verfestigenden Werkstoff gemäß (6.2/22) übernehmen wir die Lösung (6.2/23) und kombinieren sie jetzt mit den Drucksprüngen (6.4/6):

$$\sigma_A = \Delta q_A + k_{fE}\frac{\varkappa+1}{\varkappa}\left\{\beta \ln\frac{1}{1-|\varepsilon_A|} + \left(1-\frac{\beta}{\varkappa}\right)\left[1-(1-|\varepsilon_A|)^{\varkappa}\right]\right\} + \\ + (\sigma_E + \Delta q_E)(1-|\varepsilon_A|)^{\varkappa}. \tag{6.4/8}$$

Die Drahtziehformel (6.2/25) ist als Sonderfall $R_2 = 0$ in (6.4/8) enthalten. Vorgänge, bei denen R_2/R_1 stark von einem konstanten Wert abweicht, muß man wegen (3.1/11) ausschließen.

Es wird vorausgesetzt, daß der Stopfen nur in der Umformzone reibt; in Bild 6.14a, b besitzt er genau deren Länge. Häufig hat der Stopfen — gegebenenfalls auch die Düse — noch einen zylindrischen Auslauf, oder der zylindrische Stopfen ragt über den Umformbereich hinaus. Dann ist eine Korrektur auf dem in Abschn. 6.2.9 gezeigten Wege vorzunehmen.

6.4.4 Stangenzug

Da Stange und gezogenes Teil des Rohres miteinander verklammert sind (Bild 6.14c), wird der Rohrwerkstoff in der Umformzone in positiver x-Richtung über die Stange geschoben (*abgestreckt*). Daher ist das Vorzeichen von ν_2 in (6.4/5) zu vertauschen (vgl. Abschn. 3.2.2); die Reibkräfte an Rohrinnen- und Rohraußenwand sind entgegengesetzt gerichtet und bilden ein Moment, das in den Grundgleichungen der elementaren Theorie vernachlässigt wird (vgl. Ziff. 5.3.4.1: Schleppwalzen). Mit diesem Vorbehalt übernehmen wir die Lösung (6.4/8) und setzen dort nach (6.4/5), (6.4/6)

$$\varkappa = \frac{\tan(\nu_1 + \alpha_1) - \left(\frac{R_2}{R_1}\right)\mu_2}{\tan\alpha_1} - 1; \quad [\Delta q]_{E,A} = \left[\frac{\left(2\frac{R_2}{R_1} + 1\right)\tan\alpha_1}{3\left(\frac{R_2}{R_1} + 1\right)^2} k_f\right]_{E,A}. \tag{6.4/9}$$

Von der Stange nehmen wir an, daß sie vor Erreichen der Umformzone nicht am Rohr reibt. Dann überträgt die Rohrinnenwand in der Umformzone auf die Stange die in x-Richtung wirkende Kraft

$$T = 2\pi R_2 \mu_2 \int_0^l p\, dx, \tag{6.4/10}$$

die ihrerseits aus Gleichgewichtsgründen am Stangenende aufzubringen ist (Bild 6.14c) und jetzt zusammen mit $T_A = \sigma_A F_A$ die eigentliche Ziehkraft bildet. Zur vereinfachten Berechnung setzen wir p im Hinblick auf Bild 6.7 linear über x so an, daß für $x = x_A = 0$, $x = x_E = l$ die Fließbedingung (6.2/27) in der Form $(p + \sigma)_{E,A} \approx (p - q)_{E,A} = k_{fE,A}$ gilt:

$$p(x) = (k_{fA} - \sigma_A) - \frac{(k_{fA} - \sigma_A) - (k_{fE} - \sigma_E)}{l}\, x.$$

Hiermit gibt (6.4/10)

$$T = \pi R_2 l \mu_2 (k_{fA} + k_{fE} - \sigma_A - \sigma_E). \tag{6.4/11}$$

Für das Verfahren nach Bild 6.14d gelten die Ausführungen dieses Abschnittes in gleicher Weise. Die Gesamtkraft $T_A + T$ greift hier am Stempel an; ihr Anteil T_A wird durch den Boden als Zugkraft auf das Rohr übertragen.

Wenn μ_2 erheblich größer ist als μ_1, also nach (6.4/9) $\varkappa < 0$, so ist auch $\sigma_A < 0$ möglich. Im Fall Bild 6.14c baut sich dann im Rohr ein Druck auf [*172*]. Beim Verfahren von Bild 6.14d läßt sich $\sigma_A < 0$ nicht aufbringen, wenn man von den Reibkräften zwischen Stange und dem bereits umgeformten Rohr absieht. In diesem Fall gilt $\sigma_A = 0$. Dann bildet sich für die Bewegung zwischen Stange und Rohr eine Fließscheide aus. Stange und Rohrboden würden sich voneinander entfernen.

6.5 Sonderfragen zum Ziehen

6.5.1 Der Einfluß des Gegenzuges

Dem Gegenzug sind zahlreiche Untersuchungen gewidmet. Wir stellen daher seine wesentlichen Wirkungen auf das Drahtziehen durch konische Düsen gesondert zusammen und unterscheiden hierzu die beim Ziehen ohne Gegenzug ($T_E = 0 = \sigma_E$) auftretenden Größen von denjenigen beim Ziehen mit Gegenzug durch einen Index 0. Dann liefert (6.2/25)

$$\sigma_A = \sigma_{A0} + \sigma_E (1 - |\varepsilon_A|)^{\varkappa}. \tag{6.5/1}$$

Die Ziehspannung steigt erwartungsgemäß durch das Aufbringen von Gegenzug: $\sigma_A > \sigma_{A0}$. Es hat sich eingebürgert, seinen Einfluß durch einen sogenannten *Gegenzugbeiwert* b [1] zu erfassen, den die Gleichung

$$T_A = T_{A0} + (1 - b) T_E \tag{6.5/2}$$

definiert und der die Ziehkräfte beim Ziehen mit und ohne Gegenzug T_A bzw. T_{A0} zum Gegenzug T_E in Beziehung setzt. (6.5/1) liefert mit (6.2/5)

$$T_A = T_{A0} + T_E (1 - |\varepsilon_A|)(1 - |\varepsilon_A|)^{\varkappa},$$

woraus nach Vergleich mit (6.5/2) der theoretische Beiwert

$$b = 1 - (1 - |\varepsilon_A|)^{\varkappa + 1}; \quad 0 < b < 1 \tag{6.5/3}$$

folgt (vgl. auch [*140*]). Nach (6.5/3) ist b eine Funktion der Querschnittsabnahme, des Reibwertes und des Düsenwinkels und damit für gleiche Umformverhältnisse übereinstimmend mit Meßergebnissen konstant [*178*, *179*]. Für glatte Düsen ($\mu = 0$, $\varkappa = 0$) wird der Gegenzugbeiwert unabhängig von der Düsenform gleich der bezogenen Querschnittsabnahme

$$(b)_{\mu=0} = |\varepsilon_A|.$$

Allgemein folgt also aus $\varkappa \geq 0$, da b nach (6.5/3) mit wachsendem $\varkappa$ zunimmt,

$$|\varepsilon_A| \leq b < 1.$$

---

[1] b wird als Symbol für den Gegenzugbeiwert nur in diesem Abschnitt benutzt und hat nichts mit der Beschleunigung zu tun.

Entwickelt man die rechte Seite von (6.5/3) in eine binomische Reihe nach $|\varepsilon_A|$ [*5*, S. 79] und bricht nach dem linearen Glied ab, so erhält man

$$b \approx (\varkappa + 1)\,|\varepsilon_A| \approx (1 + \mu/\tan\alpha)\,|\varepsilon_A| \tag{6.5/4}$$

(vgl. z. B. [*80*, S. 176]).

Gl. (6.5/3) gibt die Verhältnisse beim Drahtziehen nur unvollkommen wieder. Wir zeigen dies anhand von Meßwerten, die Lueg und Pomp [*179*] beim Ziehen von Stahldraht für verschiedene Querschnittsabnahmen und veränderlichen Gegenzug erhalten haben (Bild 6.15). Der

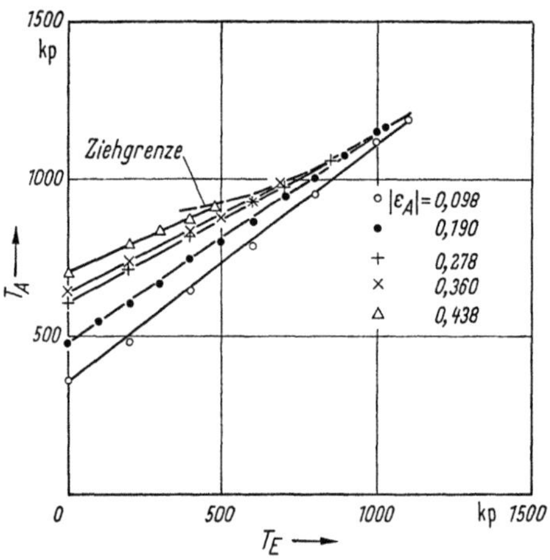

Bild 6.15 Ziehkraft T_A abhängig vom Gegenzug T_E für verschiedene bezogene Querschnittsabnahmen $|\varepsilon_A|$ (nach Lueg und Pomp [*179*]). Patentierter Stahldraht 0,58% C; D_E = 4 mm; α = 5,5°.

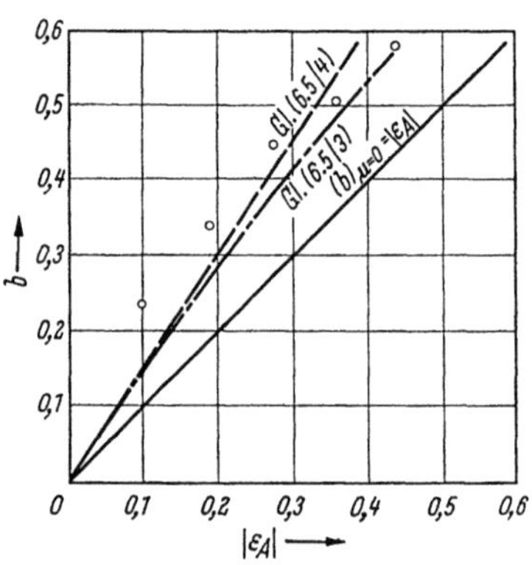

Bild 6.16 Aus Bild 6.15 ermittelte Gegenzugbeiwerte b (○) im Vergleich mit theoretisch berechneten Kurven.

lineare Zusammenhang zwischen T_A, T_E für konstantes $|\varepsilon_A|$ ist gut zu erkennen. Jedoch stimmen die nach (6.5/2) aus Bild 6.15 ermittelten Gegenzugbeiwerte b mit den nach (6.5/3), (6.5/4) berechneten nur mäßig überein (Bild 6.16). Der unbekannte Reibwert μ ist für die Vergleichsrechnung über (6.5/3), (6.2/24) dem Wert $b = 0{,}58$ für $|\varepsilon_A| = 0{,}438$ angepaßt ($\mu = 0{,}05$). Bezieht man sich etwa auf $|\varepsilon_A| = 0{,}19$, so folgt $\mu = 0{,}09$: Reibwerte, wie von MacLellan [*180*] vorgeschlagen, aus Gegenzugmessungen zu ermitteln, scheint problematisch.

Gegenzug entlastet die Ziehdüse. Wir finden über (6.2/23), (6.2/20a) und (6.2/27) eine örtliche Abnahme des Querdruckes um $\sigma_E \left(\frac{F}{F_E}\right)^{\varkappa}$, also gemäß (6.2/15), (6.2/4), (6.2/3) eine Stützkraftänderung (Stützkraft S vgl. Bild 6.4)

$$\Delta S = -\frac{\sigma_E}{D_E^{2\varkappa}} \int_{D_A}^{D_E} \frac{D^{2\varkappa+1}}{2 \tan \alpha} dD = -\frac{\sigma_E F_E}{\pi \tan \alpha (\varkappa + 1)} \left[1 - \left(\frac{F_A}{F_E}\right)^{\varkappa+1}\right].$$

Mit dem Gegenzugbeiwert b nach (6.5/3) läßt sich ΔS über (6.2/5) und $\varkappa \approx \frac{\mu}{\tan \alpha}$ durch

$$\Delta S = -\frac{T_E}{\pi} \frac{b}{\mu + \tan \alpha} \tag{6.5/5}$$

ausdrücken.

(6.5/2) ergibt mit (6.2/26) (s_A = Anstrengungsgrad)

$$T_E = \frac{1}{1-b} [k_{fA} F_A s_A - T_{A0}],$$

wodurch wegen $s_A < 1$ der zulässige Gegenzug begrenzt wird.

Verminderter Wanddruck weitet die Ziehdüse elastisch weniger auf und führt damit zu einem maßhaltigeren Draht (vgl. z. B. [*179*]). Mit dem Wanddruck geht auch die Wandreibung zurück: Es entsteht geringere Reibwärme (vgl. Ziff. 6.5.4.2 und die Messungen von Lueg und Pomp [*179*]), wodurch entweder der Verschleiß herabgesetzt wird [*181*] oder größere Ziehgeschwindigkeiten möglich sind. Jedoch besteht nach neueren systematischen Messungen kein eindeutiger Zusammenhang zwischen Gegenzug und Ziehsteinverschleiß [*182*]. Ähnliches gilt für die Werkstoffeigenschaften des gezogenen Drahtes (vgl. z. B. [*179*]).

Wir betrachten abschließend die durch Gegenzug mögliche Energieersparnis beim (Draht-)Ziehen. Pro Zeiteinheit wird die Arbeit $T_A |u_A| - T_E |u_E|$ geleistet. Sie ist dem dabei austretenden Volum $F_A |u_A|$ zugeordnet und führt so zur Antriebsarbeitsdichte

$$\Phi_a = \frac{T_A |u_A| - T_E |u_E|}{F_A |u_A|}.$$

Nach (6.2/8) folgt

$$\Phi_a = \sigma_A - \sigma_E. \tag{6.5/6a}$$

Dies ist mit der Arbeitsdichte

$$\Phi_{a0} = \sigma_{A0}$$

beim Ziehen ohne Gegenzug zu vergleichen [s. auch (6.2/36)]:

$$\Delta\Phi_a = \Phi_a - \Phi_{a0} = \sigma_A - \sigma_{A0} - \sigma_E = \frac{T_A - T_{A0}}{F_A} - \sigma_E$$

beträgt mit (6.5/2), (6.2/5), (6.5/3)

$$\Delta\Phi_a = \sigma_E \left[\frac{1-b}{1-|\varepsilon_A|} - 1\right] = \sigma_E\left[(1-|\varepsilon_A|)^{\varkappa} - 1\right], \qquad (6.5/6\,\mathrm{b})$$

also nach (6.5/4) wegen $(1-|\varepsilon_A|)^{-1} \approx 1 + |\varepsilon_A|$ für kleine $|\varepsilon_A|$ näherungsweise

$$\Delta\Phi_a = -\varkappa\,|\varepsilon_A|\,\sigma_E \approx -\sigma_E \frac{\mu}{\tan\alpha}\,|\varepsilon_A|\,. \qquad (6.5/6\,\mathrm{c})$$

Das negative Vorzeichen zeigt Energieersparnis an. Sie verschwindet erwartungsgemäß für glatte Düsen ($\mu = 0$). Man nutzt sie nur aus, wenn die Leistung des Gegenzuges $-T_E\,|u_E|$ nicht verlorengeht. Dies bedingt apparativen Aufwand und bringt daher zusätzliche Verluste. Gegenzug bietet so im allgemeinen keine nennenswerten Vorteile, wie insbesondere die unter Fertigungsbedingungen durchgeführten Versuche von WISTREICH [*182*] zeigen. Die Entwicklung ist jedoch nicht abgeschlossen [*183*].

6.5.2 Mehrfachziehen

Die Größe der Querschnittsabnahme des einzelnen Zuges ist begrenzt; denn Ziehspannung und Temperatur dürfen nicht zu hoch werden. Man erzeugt daher größere Reduktionen durch das *Mehrfachziehen*, bei dem mehrere (ortsfeste) Ziehhole vom Ziehgut nacheinander durchlaufen werden (Bild 6.17). Durch die Wandreibung wird die Drahtoberfläche

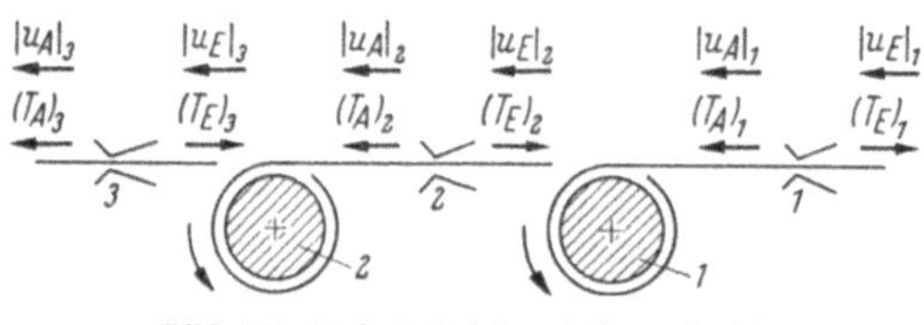

Bild 6.17 Mehrfachziehen (schematisch).
1, 2, 3 Ziehdüsen bzw. angetriebene Zwischentrommeln (Ziehscheiben); $(T_A)_i$ Ziehkraft zu Düse i; $(T_E)_i$ Gegenzug zu Düse i.

gegenüber dem Kern stärker erhitzt (vgl. Ziff. 6.5.4.2). Diese Temperaturdifferenz gleicht sich zwischen den Ziehdüsen weitgehend aus. Dort kann auch das Ziehgut zusätzlich gekühlt werden [*184*]. Zwischen je zwei aufeinanderfolgenden Düsen führen motorisch angetriebene Ziehscheiben äußere Leistung L_a zu. Mit den Bezeichnungen von Bild 6.17 hat man an der Trommel i, der die Düse i vor- und die Düse $i+1$ nachgeschaltet ist,

$$(L_a)_i = (T_A)_i \, |u_A|_i - (T_E)_{i+1} \, |u_E|_{i+1}. \qquad (6.5/7)$$

Im übrigen gelten an jeder Düse die in den vorangegangenen Abschnitten entwickelten Beziehungen. Eine Berechnung der optimalen geometrischen Abstufung, des Kraftbedarfs und anderer Größen beim Mehrfachziehen ist aufwendig und zeitraubend. Daher befassen sich zahlreiche einschlägige Arbeiten mit Rechenhilfen, vornehmlich Nomogrammen, die jedoch zumeist stark vereinfachen und den Nachteil geringer Flexibilität haben [*185...190*].

6.5.3 Stangenherstellung

6.5.3.1 Stabziehen. Beim Stabziehen wird warmgewalzter Stabstahl kalt nachgezogen. Er erhält dadurch eine glatte Oberfläche und genaue Kalibrierung (*Blankstahlziehen*). Die üblichen bezogenen Querschnitts-

Bild 6.18 Zweistangenziehbank (Werksfoto HOESCH AG).

abnahmen sind gering (etwa $|\varepsilon_A| < 0{,}2$), die Querschnitte bzw. Durchmesser jedoch im Gegensatz zum Drahtziehen so groß, daß sich die Stäbe (Stangen) nicht mehr biegen lassen. Man verwendet daher Ziehbänke, auf denen ein Ziehwagen fährt und mit seinem Spannkopf den Stab durch das feststehende Ziehhol zieht. Vielfach arbeitet man heute mit *Mehrstabzug*, bei dem mehrere Stäbe gleichzeitig gezogen werden (Bild 6.18).

Das Stabziehen unterscheidet sich nur in der technischen Durchführung vom Drahtziehen. Je nach Ziehholform können daher die entsprechenden Ergebnisse von Abschn. 6.2 herangezogen werden. Für das Ziehen profilierter Stäbe gilt Abschn. 6.3.

Über Messungen, z. T. im Vergleich mit Theorien, wird u. a. in [*166*, *191*...*196*] berichtet. Als Beispiel übernehmen wir einige Meßwerte von LUEG und TREPTOW [*196*]. Sie stimmen für $\mu = 0{,}15$ gut mit nach Gl. (6.2/25) berechneten Werten überein (Bild 6.19).

LUEG und TREPTOW ermitteln jedoch auch eine Abhängigkeit der Ziehspannung vom Durchmesser, die durch Versuche von PAWELSKI und LUEG [*197*] prinzipiell bestätigt wurde: bei sonst gleichen Verhältnissen sinkt σ_A mit steigendem D_A. Da geometrische Ähnlichkeit gewahrt ist,

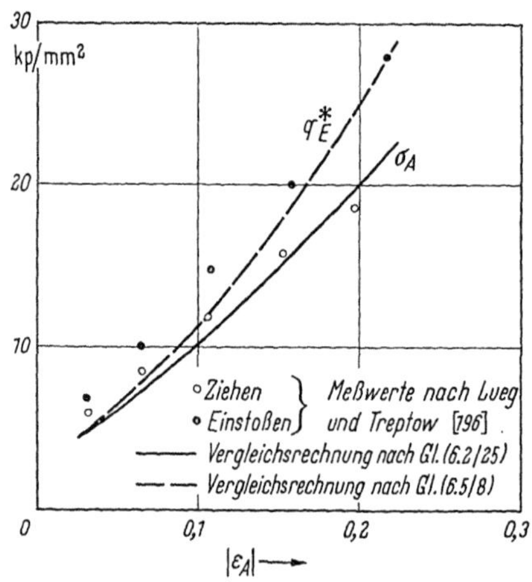

Bild 6.20 Ziehstufen beim Ziehen eines Polschuhprofils nach [*198*].

Bild 6.19 Spannungen beim Ziehen und Einstoßen (konisches Ziehhol). Daten: $\alpha = 9°$; $D_A = 17$ mm; $\sigma_E = 0$; $\mu = 0{,}15$; Werkstoff: SM-Stahl mit 0,08% C, 0,59 Mn, entspricht etwa St 37 nach Bild 2.9a; $k_{fE} = 28$ kpmm^{-2}; $\beta = 3{,}85$ (in Verbindung mit VDI-Arbeitsblatt 5-3200 geschätzt).

läßt sich dies etwa nach Gl. (6.2/25) nur erklären, wenn man die Formänderungsfestigkeit k_f oder den Reibwert μ als vom Durchmesser abhängig ansehen kann — beispielsweise auf dem Umweg über die Temperaturverteilung oder die Relativgeschwindigkeit zwischen Düse und Werkstoff.

Neben dem Blankstahlziehen kennt man auch das Stabziehen von Spezialprofilen. Dabei werden die Querschnitte stufenweise weitergehend verändert; Bild 6.20 zeigt als Beispiel das Ziehen eines Polschuhprofils aus einem Vierkantstab nach [*198*]. Eine Berechnung der Ziehkraft nach Abschn. 6.3.2 scheint bei diesem Beispiel schon problematisch.

6.5.3.2 Einstoßen. Beim Mehrstabzug müssen die Stäbe so gleichmäßig angespitzt werden, daß die Backen der Spannzange des Ziehwagens sie gemeinsam erfassen. Dies erreicht man auf einfache Weise und ohne Werkstoffverlust durch Einstoßen der Stäbe in ein Ziehhol. Mit den neuen Randbedingungen, nämlich mit $T_A = 0 = \sigma_A$ und $-T_E = Q_E^*$ oder $-\sigma_E = q_E^*$, wo Q_E^* die Einstoßkraft bzw. q_E^* die Einstoßspannung darstellt, können wir die Gleichungen des Ziehens unmittelbar auf das Einstoßen übertragen. Das Einstoßen von Rundstahl in ein konisches Ziehhol führt so über Gl. (6.5/1) auf die Einstoßspannung

$$q_E^* = \frac{\sigma_{A0}}{(1 - |\varepsilon_A|)^{\varkappa}}, \tag{6.5/8}$$

wo σ_{A0} nach (6.2/25) mit $\sigma_E = 0$ einzusetzen ist. Bei einem balligen Ziehhol haben wir nach Gl. (6.2/46)

$$q_E^* = \frac{\sigma_{A0}}{1 - \sigma_{A0}/k_{fA}} \frac{k_{fE}}{k_{fA}} \left(1 - \frac{1}{3} \tan \alpha_E\right), \tag{6.5/9a}$$

bzw. mit (6.2/44)

$$q_E^* = \frac{\sigma_{A0}}{1 - \sigma_{A0}/k_{fA}} (1 - |\varepsilon_A|) \left(1 - \frac{1}{3} \tan \alpha_E\right). \tag{6.5/9b}$$

Für $\mu > 0$ liest man vornehmlich aus (6.5/8)

$$q_E^* > \sigma_{A0}$$

ab: Einstoßen ist energetisch aufwendiger als Ziehen.

Experimentelle Untersuchungen des Einstoßens findet man in [*196*]. Von dort ergänzen wir Bild 6.19 durch gemessene Einstoßspannungen und vergleichen mit (6.5/8), wiederum mit $\mu = 0{,}15$ als Reibwert. Die berechneten Einstoßspannungen passen sich den Meßwerten schlechter an als die Ziehspannungen, sie weichen um so mehr ab, je kleiner die Querschnittsabnahme ist. Dies läßt sich quantitativ nicht durch die elastische Aufweitung des Eintrittsquerschnittes (Abschn. 6.2.8) erklären. Jedoch beobachtet man ein *Anstauchen* des Stabes (plastisches Ausbauchen des Werkstoffes vor Eintritt in die Ziehdüse) [*196*], das auch beim Ziehen mit geringen Querschnittsabnahmen bekannt ist [*199*] und durch die elementare Theorie nicht erfaßt wird. Durch das Anstauchen ist die wirkliche Querschnittsabnahme größer als die zugrunde gelegte rechnerische.

6.5.4 Reibung

6.5.4.1 Reibwert. Setzt man in theoretische Ziehkraftformeln, z. B. (6.2/25), gemessene Spannungen σ_A, σ_E ein, kann man aus ihnen rückwärts den Reibwert μ ausrechnen. Dieser beinhaltet dann die Fehler und Vernachlässigungen der jeweiligen Theorie und wird stark streuen [*200 ... 202*]. Jedoch eröffnet sich eine andere Möglichkeit, einen der Wandreibung nach dem Coulombschen Ansatz zugeordneten mittleren

Reibwert μ ohne Kenntnis der Druckverteilung meßtechnisch zu bestimmen. Man benutzt dazu eine längsgeteilte Ziehdüse und mißt gleichzeitig die Haltekraft P und die Stützkraft S (Bild 6.4) [*180*]. Dann liefern die Gln. (6.2/14), (6.2/15) für ein konisches Ziehhol

$$P = S\pi \tan(\nu + \alpha) - \frac{1}{3}[\tan(\nu + \alpha) - \tan\alpha]\,(k_{fE}F_E + k_{fA}F_A). \qquad (6.5/10)$$

Bei Vernachlässigung des Scheranteils erhält man $\nu = -\alpha + \operatorname{arc\,tan}\dfrac{P}{\pi S}$, und damit den Reibwert $\mu = \tan\nu$ zu

$$\mu = \tan\left(-\alpha + \operatorname{arc\,tan}\frac{P}{\pi S}\right) = \frac{P - S\pi\tan\alpha}{P\tan\alpha + S\pi}. \qquad (6.5/11)$$

Besitzt das Ziehhol noch einen zylindrischen Auslauf (Bild 6.11), so kann der Reibwert nicht mehr aus der Kraftmessung allein bestimmt werden. Denn nach (6.2/14), (6.2/15) und Bild 6.11 lauten die Kräfte P und S jetzt (wiederum ohne Scheranteil)

$$P = \mu\int_{-a}^{0} D_A\pi p\,dx + \tan(\nu + \alpha)\int_{0}^{l} D\pi p\,dx,$$

$$S = \int_{-a}^{0} D_A p\,dx + \int_{0}^{l} D p\,dx;$$

ihr Zusammenhang läßt sich durch

$$P = S\pi\tan(\nu + \alpha) - [\tan(\nu + \alpha) - \mu]\int_{-a}^{0} D_A\pi p\,dx \qquad (6.5/12)$$

ausdrücken. Um hieraus μ zu berechnen, muß man die Druckverteilung im zylindrischen Auslauf kennen. Dazu benötigt man wieder eine Theorie und findet über (6.2/57), wenn man dort den Randwert σ_A durch die meßbare Ziehspannung $-q(x = -a) = T_A/F_A$ ausdrückt, über

$$p = q + k_{fA}$$

den Druckverlauf

$$p = \left(k_{fA} - \frac{T_A}{F_A}\right) e^{4\frac{\mu}{D_A}(a+x)}, \quad -a \leq x < 0. \qquad (6.5/13)$$

Das Integral in (6.5/12) führt damit auf

$$\int_{-a}^{0} D_A \pi p \, dx = (F_A k_{fA} - T_A) \frac{1}{\mu} \left(e^{\frac{4\mu a}{D_A}} - 1 \right),$$

so daß der zweite Summand in (6.5/12)

$$K = \left(\frac{\tan(\nu + \alpha)}{\mu} - 1 \right) (F_A k_{fA} - T_A) \left(e^{\frac{4\mu a}{D_A}} - 1 \right) \qquad (6.5/14)$$

lautet. Näherungsweise gilt mit $\tan(\nu + \alpha) \approx \mu + \tan \alpha$ und Reihenentwicklung der Exponentialfunktion [*5*, S. 79]

$$K \approx (F_A k_{fA} - T_A) \, 4 \tan \alpha \, \frac{a}{D_A}. \qquad (6.5/15)$$

Gl. (6.5/12) können wir jetzt durch

$$P + K = S\pi \tan(\nu + \alpha) \qquad (6.5/16)$$

ausdrücken, und Vergleich mit (6.5/10), (6.5/11) führt auf

$$\mu = \tan\left(-\alpha + \operatorname{arc\,tan} \frac{P + K}{\pi S} \right). \qquad (6.5/17)$$

P, S sind darin ebenso wie T_A unmittelbar gemessene Kräfte, während K ein berechneter Wert ist. Somit hängt das Ergebnis μ von der Theorie und ihren Fehlern bzw. Vernachlässigungen ab.

Wistreich [*199*] kam bei Versuchen mit Kupferdraht und Fettseife-Schmierung über Gl. (6.5/11) auf Reibwerte μ von 0,02 bis 0,05; es zeigte sich eine fallende Tendenz mit wachsender Umformung. Tab. 6.2 gibt Meßwerte von Yang [*170*] beim Ziehen von Aluminium durch eine konische, geteilte Düse mit zylindrischem Auslauf und Ölschmierung wieder. Auch sie fallen mit steigendem $|\varepsilon_A|$. Daneben ist μ zum Vergleich nach (6.5/11) berechnet worden, so, als wäre der zylindrische Auslauf nicht vorhanden ($a = 0$). Es treten trotz der sehr kleinen Länge des Auslaufes große Unterschiede auf. Die gemessenen Ziehspannungen stimmen übrigens mit den über (6.2/25), (6.2/58) berechneten gut überein.

Ergebnisse von Yang für Zinkdraht ($0,05 < \mu < 0,09$) zeigen eine andere Tendenz.

Oberflächenbeschaffenheit, Erwärmung sowie die Wahl geeigneter Schmierstoffe spielen eine wichtige Rolle [*203...206*]. Bei Versuchen blieb die Ziehgeschwindigkeit ($|u_A| < 1$ m/s) praktisch ohne Einfluß, doch liegen die Ziehgeschwindigkeiten in der Fertigung erheblich höher.

Beim Ziehen unter Fertigungsbedingungen genügt die Annahme COULOMBscher Reibung vielfach nicht. Verbesserte Schmiermittel, höhere Ziehgeschwindigkeiten sowie geeignet konstruierte Ziehholeinläufe [*207*, *208*] begünstigen das Bilden eines Schmierfilms und führen von der

Tabelle 6.2

Reibwerte beim Ziehen von Aluminium nach Messungen von Yang [*170*]

Versuchsdaten: Konische Stahldüse mit zylindrischem Auslauf. $\alpha = 10{,}1°$; $D_A = 5{,}7$ mm; $a = 0{,}36$ mm. Schmierung: Maschinenöl mit Bleizusatz. Ziehgeschwindigkeit: sehr gering.

$\lvert\varepsilon_A\rvert$	μ nach (6.5/17)	μ nach (6.5/11)
0,041	0,134	0,091
0,081	0,122	0,086
0,141	0,087	0,061
0,188	0,066	0,043

COULOMBschen Reibung über die sogenannte *Mischreibung* zur reinen Flüssigkeitsreibung [*209*], bei der Viskosität und Schergeschwindigkeit des Schmierfilms die Reibkraft bestimmen (vgl. Abschn. 9.2). Man bedient sich mit Erfolg der *hydrodynamischen Schmierschichttheorie* (vgl. z. B. [*210*]); gezielte betriebliche Untersuchungen stecken erst in den Anfängen [*211*, *212*]. Immerhin läßt sich durch Mischreibung der Abfall des Reibwertes in Tab. 6.2 und beim Stabziehen zwanglos erklären: zunehmende Berührungslänge begünstigt die Schmierfilmbildung und senkt den Reibwert. Man rechnet dann konsequent auch mit einem örtlich veränderlichen μ [*213*]. Genauen Untersuchungen bleibt hier ein weites Feld.

6.5.4.2 Erwärmung. Wir treffen zwei Wärmeherde an: Umformung des Werkstoffes und Reibung an der Oberfläche. Insbesondere wegen dieser können bei hohen Ziehgeschwindigkeiten erhebliche Oberflächentemperaturen auftreten [*212*, *214*]. Im Werkstoffinneren fallen Scherarbeit in den Umlenkzonen und die Umformarbeit in der regulären Zone an. Beide werden nahezu vollständig in Wärme umgesetzt (vgl. Abschnitt 2.3.2 und die Messungen in [*213*]).

Wir betrachten als Beispiel den Fall des Drahtziehens. Nach einer Anlaufzeit ist das Temperaturfeld von der Düse her gesehen stationär. Die neu erzeugte Wärme wird dann vom laufenden Draht und durch die Düse abgeführt. Ihr im Werkstoffinneren erzeugter Anteil ist entsprechend den elementaren Modellen nur eine Funktion der Längskoordinate x. Die zugehörige Übertemperatur sei $\vartheta_i = \vartheta_i(x)$. Sie ist ein Maß für die auf dem Wege von $x = l$ bis $x < l$ je Volumeinheit erzeugte Umformwärme. Man findet über (2.3/7) entsprechend (6.5/6)

$$\vartheta_i(x) = c_0 \Phi = c_0\left[\left(\sigma(x)\right)_{\varkappa=0} - \sigma_E\right]. \tag{6.5/18}$$

Hierin müssen wir σ für $\varkappa = 0$ einsetzen, da Oberflächenreibung gesondert untersucht wird, und haben also gemäß (6.2/31), zunächst ohne Sprunganteil am Austritt, die Temperaturverteilung

$$\vartheta_i = c_0 k_{fE}\left[\frac{1}{3}\tan\alpha + \ln\frac{1}{1-|\varepsilon|} + \frac{\beta}{2}\left(\ln\frac{1}{1-|\varepsilon|}\right)^2\right], \quad 0 \leq |\varepsilon| < |\varepsilon_A| \tag{6.5/19}$$

längs der Ziehdüse. Hierin ist

$$c_0 k_{fE}\frac{1}{3}\tan\alpha$$

der Temperatursprung am Düseneintritt infolge des Scherens. Am Austritt kommt noch einmal

$$c_0 k_{fA}\frac{1}{3}\tan\alpha$$

hinzu, so daß

$$\vartheta_{iA} = \vartheta_i(|\varepsilon| = |\varepsilon_A|) = c_0 k_{fE}\left[\frac{1}{3}\tan\alpha\left(1 + \frac{k_{fA}}{k_{fE}}\right) + \ln\frac{1}{1-|\varepsilon_A|} + \right.$$
$$\left. + \frac{\beta}{2}\left(\ln\frac{1}{1-|\varepsilon_A|}\right)^2\right]. \tag{6.5/20}$$

Die Wandreibung erzeugt an der Drahtoberfläche ein zusätzliches Temperaturfeld $\vartheta_a(r, x)$ über das oben berechnete hinaus. Bei hohen Ziehgeschwindigkeiten hat es keine Zeit, tief ins Drahtinnere einzudringen, und wird sich nur nahe dem Umfang auswirken (Bild 6.21b). Dort aber, in genügender Entfernung von der Achse, kann man das Problem näherungsweise als ein ebenes ansehen. Scheiben gehen in Streifen über, die darüber hinaus konstante Höhe D_A besitzen mögen (zylindrische Düse). Wir betrachten einen rechteckigen Teilstreifen der Höhe $\tilde{h} = 2r$ (Koordinate r: vgl. Bild 6.2), den wir uns etwa entsprechend Bild 3.3b vorstellen können. Durch seine obere bzw. untere Begrenzung dringt nur dann Wärme nach innen, wenn die Innentemperatur niedriger als die Außentemperatur, also der radiale Temperaturanstieg $\partial\vartheta_a/\partial r$ positiv ist. Die pro Zeit- und Flächeneinheit einströmende Wärmemenge setzt

man nun erfahrungsgemäß proportional jenem Temperaturanstieg (vgl. [5, S. 492]), also gleich $j\,\partial\vartheta_a/\partial r$, wo $j \approx$ const die *Wärmeleitzahl*[1] darstellt. Für Stahl gilt beispielsweise je nach Legierung (vgl. [5, S. 493]) $j = (10\ldots60)$ kcal/(mh °C) $= (1{,}20\ldots7{,}10)$ kp/(s °C). Da der Temperaturzustand stationär ist, muß die oben und unten in den Streifen pro Zeiteinheit eintretende Wärme $2jb\,dx\,\frac{\partial\vartheta_a}{\partial r}$ (b = Streifenbreite) seitlich wieder austreten. Wenn wir die axiale Wärmeleitung gegen die Drahtbewegung vernachlässigen, kommt nur diese für den Wärmetransport in Betracht: rechts tritt $\gamma\,|u_A|\,b\,c_{sp}\int\limits_{-r}^{r}\vartheta_a(x+dx,r)\,dr$ ein (γ = spez. Gewicht, c_{sp} = spez. Wärme), links $\gamma\,|u_A|\,b\,c_{sp}\int\limits_{-r}^{r}\vartheta_a(x,r)\,dr$ aus, so daß der Streifen insgesamt $\gamma\,|u_A|\,b\,c_{sp}\int\limits_{-r}^{r}[\vartheta_a(x,r)-\vartheta_a(x+dx,r)]\,dr =$
$= -\gamma\,|u_A|\,b\,c_{sp}\,dx\int\limits_{-r}^{r}\frac{\partial\vartheta_a}{\partial x}\,dr$ verliert. Dies ist gleich $2jb\,dx\,\frac{\partial\vartheta_a}{\partial r}$, also nach Differentiation wegen der Symmetrie $\vartheta_a(x,r) = \vartheta_a(x,-r)$

$$j\,\frac{\partial^2\vartheta_a}{\partial r^2} = -\gamma\,c_{sp}\,|u_A|\,\frac{\partial\vartheta_a}{\partial x}. \tag{6.5/21}$$

Wir rechnen im folgenden mit dem dimensionslosen Wandabstand

$$\eta = \frac{D/2 - r}{D_A/2} \tag{6.5/22a}$$

und der dimensionslosen Längskoordinate

$$\xi = 1 - \frac{x}{l}. \tag{6.5/22b}$$

Dann geht (6.5/21) in

$$\frac{\partial^2\vartheta_a}{\partial\eta^2} = \frac{\gamma\,c_{sp}\,D_A^2}{4jl}\,|u_A|\,\frac{\partial\vartheta_a}{\partial\xi} = \frac{1}{c_1^2}\,\frac{\partial\vartheta_a}{\partial\xi} \tag{6.5/23}$$

über. Der bei $\xi = 0$ eintretende Draht ist noch nicht durch Reibung erwärmt:

$$\vartheta_a(\xi = 0, \eta) = 0. \tag{6.5/24a}$$

---

[1] Die in der Literatur übliche Bezeichnung λ wird hier durch j ersetzt, um Verwechslungen mit der Formänderungsgeschwindigkeit auszuschließen.

Ferner wollen wir vereinfacht annehmen, daß der Wärmezufluß $j\, \partial \vartheta_a/\partial r$ pro Zeit- und Flächeneinheit der Drahtoberfläche überall konstant sei und setzen ihn mit einer geeigneten positiven Konstanten Θ gleich $\frac{2j\Theta}{D_A}$, d. h.

$$\frac{\partial \vartheta_a}{\partial \eta}(\xi, \eta = 0) = -\Theta. \tag{6.5/24 b}$$

(6.5/24) sind Randbedingungen zur Lösung von (6.5/23).

Der nach (6.2/25) oder näherungsweise nach (6.2/30) anzusetzende Reibanteil

$$\sigma_R = \sigma_A - (\sigma_A)_{\varkappa=0} \approx \varkappa k_{fE} \ln \frac{1}{1-|\varepsilon_A|} \left[1 - \frac{1-\beta}{2} \ln \frac{1}{1-|\varepsilon_A|} - \right.$$
$$\left. - \frac{\beta}{6}\left(\ln \frac{1}{1-|\varepsilon_A|}\right)^2 - \frac{1}{3}\tan\alpha - \frac{\sigma_E}{k_{fE}}\right] \tag{6.5/25}$$

der Ziehspannung σ_A führt zu der Leistung

$$\sigma_R \frac{D_A^2 \pi}{4} |u_A|,$$

die wir über den Düsenmantel $\frac{\pi}{2}(D_E + D_A)l$ verteilt denken und von der nur der ζ-fache Anteil ($\zeta = \text{const}$; $0 < \zeta \leq 1$)

$$\zeta \frac{\sigma_R \frac{D_A^2 \pi}{4} |u_A|}{\frac{1}{2}(D_E + D_A)\pi l} = \Theta \frac{2}{D_A} j$$

in den Draht tritt:

$$\Theta = \frac{\zeta}{4jl} \cdot \frac{\sigma_R D_A^2 |u_A|}{1 + D_E/D_A}. \tag{6.5/26}$$

Wir setzen ζ vereinfacht als Konstante an, obschon ζ von den Temperaturen der Draht- und Düsenoberfläche abhängt, also auch von Ort zu Ort verschieden ist.

Über die Integration der Wärmeleitungsgleichung (6.5/23) existiert reichhaltige Literatur (z. B. [*215*]). Jedoch liegt für unseren speziellen Fall des Drahtziehens eine Lösung

$$\vartheta_a(\xi, \eta) = c_1 \Theta \left\{\frac{2\sqrt{\xi}}{\sqrt{\pi}} e^{-\frac{\eta^2}{4c_1^2\xi}} - \frac{\eta}{c_1}\left[1 - \Psi\left(\frac{\eta}{2c_1\sqrt{\xi}}\right)\right]\right\}, \qquad 0 \leq \xi \leq 1, \tag{6.5/27}$$

von KORST [*216*] vor[1]. Ψ bezeichnet das GAUSSsche Fehlerintegral [*5*, S. 101 und S. 201]

$$\Psi(z) = \frac{2}{\sqrt{\pi}} \int_0^z e^{-t^2}\,dt; \qquad \lim_{z\to\infty} \Psi(z) = 1\,.$$

Für die Drahtoberfläche $\eta = 0$ ergibt sich die einfache Formel

$$\vartheta_a(\xi, \eta = 0) = c_1 \Theta \frac{2}{\sqrt{\pi}} \sqrt{\xi}\,, \tag{6.5/28}$$

welche nahezu mit einer auf anderem Wege gewonnenen Näherung von SIEBEL und KOBITZSCH [*217*] zusammenfällt. Wir drücken die Koordinate ξ durch $|\varepsilon|$ aus und erhalten über (6.5/22b), (6.2/3), (6.2/5), (6.2/6)

$$\vartheta_a(|\varepsilon|, \eta = 0) = c_1 \Theta \frac{2}{\sqrt{\pi}} \left(\frac{1 - \sqrt{1 - |\varepsilon|}}{1 - \sqrt{1 - |\varepsilon_A|}} \right)^{1/2}. \tag{6.5/29}$$

Zusammen mit ϑ_i folgt so die Übertemperatur ϑ an der Drahtoberfläche zu

$$\vartheta(|\varepsilon|, \eta = 0) = \vartheta_i(|\varepsilon|) + \vartheta_a(|\varepsilon|, \eta = 0)\,. \tag{6.5/30}$$

Von besonderem Interesse ist die Oberflächentemperatur am Austritt. Wir erhalten über (6.5/18), (6.5/29) und (6.5/30) mit c_1 nach (6.5/23) und Θ nach (6.5/26), wenn wir l über (6.2/3) und (6.2/5) eliminieren,

$$\vartheta(|\varepsilon_A|, \eta = 0) = c_0 \left((\sigma_A)_{\varkappa=0} - \sigma_E \right) + \frac{\zeta \sigma_R}{\sqrt{\pi}} \frac{\sqrt{|u_A|\, D_A \frac{2}{j \gamma c_{sp}}}}{1 + D_E/D_A} \times$$

$$\times \left(\tan\alpha \frac{\sqrt{1 - |\varepsilon_A|}}{1 - \sqrt{1 - |\varepsilon_A|}} \right)^{1/2}. \tag{6.5/31}$$

Wie zu erwarten, ist die Oberflächentemperatur um so geringer, je höher Wärmekapazität γc_{sp} und Wärmeleitzahl j sind.

Wir veranschaulichen die gewonnenen Ergebnisse an einigen Zahlenbeispielen, die neben den zugehörigen Daten in Bild 6.21 wiedergegeben sind. Bild 6.21a zeigt den Verlauf der Oberflächentemperatur $\vartheta(|\varepsilon|, \eta = 0)$ für drei verschiedene Ziehgeschwindigkeiten $|u_A|$, deren Einfluß auf den Anteil ϑ_a sich deutlich bemerkbar macht. In Bild 6.21b

[1] Man prüfe die Lösung durch Einsetzen in Gl. (6.5/23) sowie in die Randbedingungen (6.5/24).

ist ein Temperaturverlauf über dem Austrittsquerschnitt aufgetragen. Man erkennt, daß übereinstimmend mit der eingangs getroffenen Annahme nur eine schmale Randzone von der Reibungswärme betroffen ist. In ihr baut sich eine regelrechte Temperaturspitze auf, die erhebliche Eigenspannungen nach sich ziehen kann. Sie verringert sich beim Weiter-

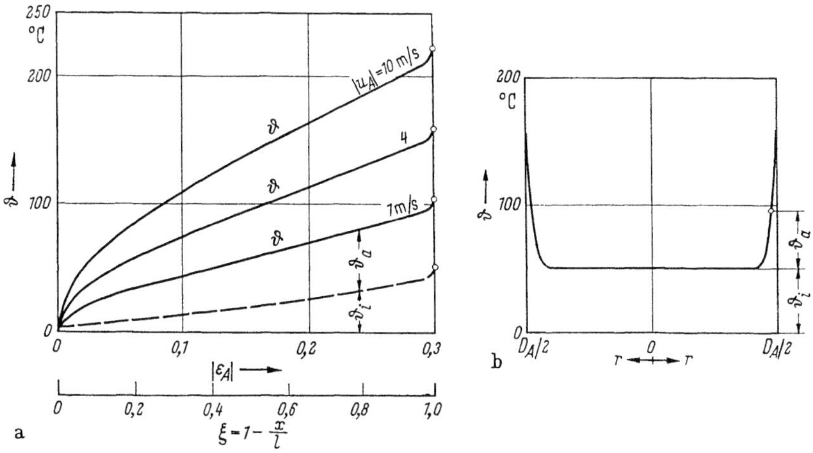

Bild 6.21a u. b Erwärmung beim Drahtziehen unter der Annahme, daß die gesamte Umformarbeit in Wärme umgesetzt wird.
a) Oberflächentemperatur;
b) Temperaturprofil am Austritt ($\xi = 1$ bzw. $|\varepsilon| = |\varepsilon_A|$) bei $|u_A| = 4$ m/s.
Werkstoff: St 37 nach Bild 2.9a; Daten: $k_{fE} = 29$ kp/mm²; $\beta = 2{,}50$; $\gamma = 7{,}86$ kp/dm³; $c_{sp} = 0{,}114 \frac{\text{kcal}}{\text{kp °C}} = 48{,}6 \frac{\text{m}}{\text{°C}}$; $j = 45 \frac{\text{kcal}}{\text{mh °C}} \doteq 5{,}33 \frac{\text{kp}}{\text{s °C}}$; $c_0 = 2{,}62 \frac{\text{°C}}{\text{kp/mm}^2}$; $\alpha = 8°$; $|\varepsilon_A| = 0{,}3$; $\sigma_E = 0$; $\mu = 0{,}05$; $\zeta = 0{,}9$; $D_A = 4{,}0$ mm; $|u_A|$ = Ziehgeschwindigkeit.

laufen des Drahtes schnell durch Wärmeabgabe an die Umgebung und wesentlich durch Wärmeleitung ins Drahtinnere. Als adiabatische, mittlere Temperaturerhöhung ergäbe sich ähnlich (6.5/18)

$$\Delta\vartheta = \frac{1}{\gamma c_{sp}} (\sigma_A - \sigma_E), \qquad (6.5/32)$$

wobei jetzt σ_A auch den Reibanteil beinhaltet. Hier wurde angenommen, daß sich die gesamte Zieharbeit als Wärme im Draht wiederfindet. Für die Beispiele von Bild 6.21 erhält man unabhängig von $|u_A|$

$$\Delta\vartheta = 62{,}5\,°\text{C}.$$

Man kann die beim Ziehen mit hohen Ziehgeschwindigkeiten auftretenden hohen Oberflächentemperaturen des Ziehgutes in Grenzen halten, wenn man die Umformung auf mehrere Stufen aufteilt oder zum

Mehrfachziehen unter Kühlung der Zwischentrommeln übergeht. Dafür muß eine erhöhte Scherarbeit in Kauf genommen werden. Dies stellte LUEG [*218*] auch experimentell beim Ziehen durch sogenannte *Mehrfachdüsen* fest (Bild 6.22).

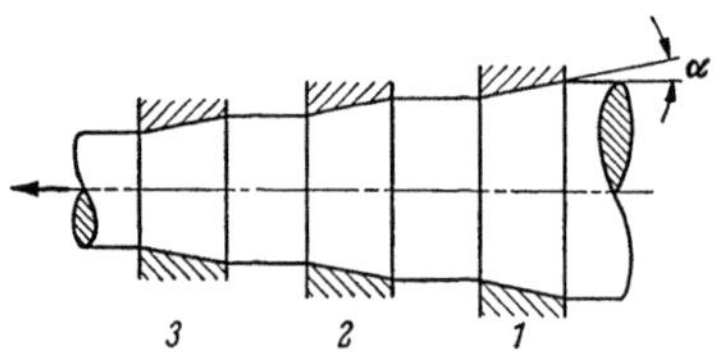

Bild 6.22 Mehrfachdüse (nach LUEG [*218*]). Teildüsen *1*, *2*, *3*.

6.5.5 Einfluß von Trägheitskräften

Das Ziehgut der Dichte ϱ wird im Ziehhol von der Eintrittsgeschwindigkeit $|u_E|$ auf die Austrittsgeschwindigkeit $|u_A|$ beschleunigt, wozu je Volumeinheit die Beschleunigungsarbeit (Differenz der kinetischen Energien)

$$\Phi_b = \frac{\varrho}{2}\,(u_A^2 - u_E^2)$$

oder mit (6.2/8), (6.2/5)

$$\Phi_b = \frac{\varrho}{2}\,u_A^2\,[1 - (1 - |\varepsilon_A|)^2] \tag{6.5/33}$$

erforderlich ist [vgl. auch (5.3/38)]. Für die hohe Ziehgeschwindigkeit $|u_A| = 40$ m/s findet man bei Stahldraht mit $\varrho = 800\ \mathrm{kp\,s^2/m^4}$ und $|\varepsilon_A| = 0{,}3$ nur

$$\Phi_b = 0{,}33\ \mathrm{kp/mm^2}.$$

Verglichen mit Φ_a nach Gl. (6.5/6) spielt Φ_b keine Rolle. Demzufolge werden die Trägheitskräfte auch keinen erkennbaren Einfluß auf die innere Spannungsverteilung haben. Man bestätigt dies durch eine Rechnung in Anlehnung an Abschn. 5.3.5, jetzt über Gl. (3.2/48) der Scheibentheorie.

Ungeachtet dessen können erhebliche Beschleunigungen auftreten. So erhalten wir für konische Düsen aus (3.2/30), von $x^* < 0$ ($b_x^* = b_{0x} = 0$, $u^* = u_A$, $F^* = F_A$) ausgehend, über (6.2/8), (6.2/3), (6.2/4)

$$b_x = -\frac{u^2}{F}\frac{\partial F}{\partial x} = -u_A^2 F_A^2 \pi \tan\alpha\,\frac{D}{F^3}, \tag{6.5/34}$$

also beispielsweise für $|u_A| = 40$ m/s, $F = F_A$, $D_A = 4$ mm und $\tan\alpha = 0{,}1$

$$b_x = -1{,}6\cdot 10^5\ \mathrm{m/s^2}.$$

Da sich das Ziehgut außerhalb des Ziehhols beschleunigungsfrei bewegt, sind damit in den schmalen Übergangszonen am Ein- und Austritt beträchtliche Beschleunigungssprünge möglich.

6.5.6 Numerisches Beispiel

Wir ziehen Runddraht von 5 mm an 3 mm und rechnen mit einem Reibwert $\mu = 0{,}05$; Werkstoff sei wiederum St 37 nach Bild 2.9a. Die Gesamtformänderung gemäß (6.2/7)

$$|\varphi|_{\text{ges}} = 2 \ln \frac{D_E}{D_A} = 1{,}02$$

läßt sich nicht in einer Ziehstufe unterbringen: wir verwenden eine Mehrfachziehanordnung (Bild 6.17) mit der Ziehgeschwindigkeit $|u_A|_n = 10$ m/s hinter der Endstufe und $n = 4$ Düsen. Dann entfällt auf eine Ziehstufe im Mittel

$$|\varphi|_m = 0{,}255, \qquad \text{also nach (6.2/7)} \qquad |\varepsilon_A|_m = 1 - e^{-|\varphi|_m} = 0{,}225.$$

Es stehen konische Ziehhole zur Verfügung. Der optimale Öffnungswinkel kann der Näherung (6.2/47) zu

$$\alpha_{\text{opt}} = 0{,}138 = 7{,}93°$$

entnommen werden. Wir wählen daher alle Ziehdüsen einheitlich mit einem Neigungswinkel von $\alpha = 8°$. Der Parameter $\varkappa$ wird dann gemäß (6.2/24)

$$\varkappa = 0{,}37.$$

Statt die Gesamtformänderung auf die vier Düsen wie oben gleichmäßig zu verteilen, ist es oft günstiger, stets gleichen Spannungsabfall zu verlangen, nach (6.5/6a) also gleiche Antriebsarbeitsdichten $(\Phi_a)_1 = (\Phi_a)_2 = (\Phi_a)_3 = (\Phi_a)_4$. Dies bedeutet bei Vernachlässigung der Reibung, daß alle vier Arbeitsdichten Φ_i denselben Wert haben.

Zu ihrer Bestimmung reichen jedoch die Einzelformänderungen $|\varphi|_i$ mit der Summe $|\varphi|_{\text{ges}} = 1{,}02$ nicht hin, vielmehr müssen modellgemäß in allen Düsen die Scheranteile an Ein- und Austritt beachtet werden. Wir erhalten so über (3.3/16), (3.3/15) die Vergleichsformänderungen

$$\bar{\varphi}_i = |\varphi|_i + \frac{2}{3} \tan \alpha$$

[vgl. (6.2/19b)] mit der Summe

$$\bar{\varphi}_{\text{ges}} = |\varphi|_{\text{ges}} + \frac{8}{3} \tan \alpha = 1{,}39,$$

wozu nach Bild 2.9a[1] (lineare Extrapolation) $\Phi_{\text{ges}} = 75{,}0$ kp/mm^2 gehört. Auf jede Ziehstufe entfällt dann $\Phi_{\text{ges}}/4 = 18{,}75$ kp/mm^2, und Bild 2.9a liefert die zu-

[1] Falls nicht gekühlt wird, rechnet man besser mit der adiabatischen Fließkurve, Bild 2.10.

Tabelle 6.3

Drahtziehen von St 37 (Bild 2.9a) *auf einer vierstufigen Mehrfachziehmaschine, wobei* $(\Phi_a)_i \approx \Phi_i = \text{const}$. Gegenzugspannungen

1	2	3	4	5	6	7	8	9	10
i	Φ	$\bar{\varphi}$	k_{fA}	k_{fE}	$\lvert\varphi\rvert$	$\lvert\varepsilon_A\rvert$	β	D_E	D_A
	kp/mm²		kp/mm²	kp/mm²				mm	mm
1	18,75	0,442	54,0	30,8	0,348	0,294	2,156	5,00	4,20
2	18,75	0,333	58,5	54,0	0,239	0,213	0,348	4,20	3,73
3	18,75	0,308	63,5	58,5	0,214	0,193	0,399	3,73	3,34
4	18,75	0,307	70,0	63,5	0,213	0,192	0,480	3,34	3,00

gehörigen Werte $\bar{\varphi}_i$ sowie $(k_{fA})_i$. Die Festigkeiten $(k_{fE})_i$ erhält man aus $(k_{fA})_{i-1} = (k_{fE})_i$, wenn man $(k_{fE})_1$ entsprechend Abschn. 2.2.2 im Sinne linearer Verfestigung dadurch abschätzt, daß man die wahre Fließkurve (Bild 2.9a) im Bereich $0 \leq \bar{\varphi} \leq \bar{\varphi}_1$ durch eine Gerade ersetzt, welche für $\bar{\varphi} = \bar{\varphi}_1$ den Wert $(k_{fA})_1$ hat und die gleiche Fläche Φ_1 wie der wahre Kurvenverlauf unter sich einschließt:

$$\Phi_1 = \frac{\bar{\varphi}_1}{2}\,[(k_{fE})_1 + (k_{fA})_1], \quad \text{also} \quad (k_{fE})_1 = \frac{2\Phi_1}{\bar{\varphi}_1} - (k_{fA})_1 = 30{,}8\,\frac{\text{kp}}{\text{mm}^2}.$$

Φ_i, $\bar{\varphi}_i$, $(k_{fA})_i$, $(k_{fE})_i$ sind in den Spalten 2 bis 5 von Tab. 6.3 eingetragen. Spalte 6 enthält $|\varphi|_i = \bar{\varphi}_i - \frac{2}{3}\tan\alpha$, Spalte 7 über (6.2/7) $|\varepsilon_A|_i$ und Spalte 8 β_i nach (6.2/22). Die Verfestigungssprünge an den Düsenein- und -austritten (Knickstellen) werden somit linear über die ganze Düsenlänge verteilt und gehen auch in die Spannungsberechnung nach (6.2/25) ein. Von dieser Formel lassen wir zunächst das Gegenzug-Glied weg, tragen also in Spalte 11 nur $\sigma_A - \sigma_E(1 - |\varepsilon_A|)^\varkappa$ ein, nachdem wir zuvor die Spalten 9, 10 über (6.2/5) ausgefüllt haben.

Wir nehmen jetzt an, daß die Reibungsverluste am Ablaufhaspel vor der ersten Düse zu einem Gegenzug $(\sigma_E)_1 = 0{,}5$ kp/mm² führen. Ferner soll für die Düsen $= 2, 3, 4$ die Bedingung

$$(\sigma_E)_i = 0{,}3(\sigma_A)_i$$

Tabelle 6.4

Drahtziehen entsprechend Tab. 6.3, jedoch ohne Gegenzug in den Stufen 2, 3, 4:

$$(\sigma_E)_2 = (\sigma_E)_3 = (\sigma_E)_4 = 0.$$

Hier sind nur die gegen Tab. 6.3 geänderten Spalten wiedergegeben

1	12	13	14	15	19	20
i	σ_E	σ_A	Φ_a	L_a	ϑ_a	σ_R
	kp/mm²	kp/mm²	kp/mm²	kW	°C	kp/mm²
1	0,5	23,3	22,8	16,2	138	4,29
2	0	22,7	22,7	15,8	177	4,11
3	0	22,7	22,7	15,8	197	4,06
4	0	24,8	24,8	17,2	227	4,42

für alle Düsen $\alpha = 8°$, $\varkappa = 0{,}37$. Stufenaufteilung nach gleicher Arbeitsdichte $(\sigma_E)_1 = 0{,}5\ \text{kp/mm}^2$; $(\sigma_E)_i = 0{,}3(\sigma_A)_i$ $(i = 2, 3, 4)$

11	12	13	14	15	16	17	18	19	20
$\sigma_A - \sigma_E(1 - \lvert\varepsilon_A\rvert)^{\varkappa}$	σ_E	σ_A	Φ_a	L_a	$\lvert u_A\rvert$	$\lvert u_E\rvert$	ϑ_i	ϑ_a	σ_R
kp/mm²	kp/mm²	kp/mm²	kp/mm²	kW	m/s	m/s	°C	°C	kp/mm²
22,90	0,5	23,3	22,8	9,6	5,13	3,62	49,1	138	4,29
22,72	9,4	31,3	21,9	15,2	6,52	5,13	49,0	142	3,29
22,73	9,4	31,5	22,0	14,7	8,08	6,52	49,2	161	3,32
24,80	10,3	34,3	24,0	23,8	10,00	8,08	53,6	186	3,62

eingehalten werden. Dann ergeben die Spalten 11 und 7 in Tab. 6.3 sofort die Spalten 12 und 13. Die Antriebsarbeitsdichten $(\Phi_a)_i$ (Spalte 14) berechnet man über (6.5/6a); sie sind auf Grund der Bedingung $\Phi_i = \text{const}$ ebenfalls annähernd konstant. Schließlich interessieren die Antriebsleistungen $(L_a)_i$ der Zwischenscheiben $(i = 1, 2, 3)$ sowie der Endtrommel $(i = 4)$. Mit $\lvert u_E\rvert_{i+1} = \lvert u_A\rvert_i$, $(T_A)_i = (F_A)_i\,(\sigma_A)_i$, $(T_E)_{i+1} = (F_A)_i(\sigma_E)_{i+1}$ sowie (6.5/7) und (6.2/8) folgt

$$(L_a)_i = (F_A)_4\,\lvert u_A\rvert_4\,[(\sigma_A)_i - (\sigma_E)_{i+1}], \qquad (6.5/35)$$

wo formal $(\sigma_E)_5 = 0$ zu setzen ist (Spalte 15). Spalten 16, 17 zeigen die über (6.2/8) mit $\lvert u_A\rvert_i = \lvert u_E\rvert_{i+1}$, $\lvert u_A\rvert_4 = 10\ \text{m/s}$ ermittelten Drahtgeschwindigkeiten $\lvert u_A\rvert_i$, $\lvert u_E\rvert_i$.

Man erkennt, daß die Trommelleistungen $(L_a)_i$ recht unterschiedliche Werte haben. Dies ändert sich, wenn man auf Gegenzug verzichtet. Aus (6.5/35) und (6.2/36) folgt dann nämlich wegen $(\Phi_a)_i \approx \Phi_i = \text{const}$ auch $(L_a)_i \approx \text{const}$; $(\sigma_A)_i$ kann unmittelbar aus Spalte 11 von Tab. 6.3 abgelesen werden. Die dadurch geänderten weiteren Spalten haben wir als Tab. 6.4 neu zusammengestellt. Die Gesamtleistung $(L_a)_{\text{ges}} = \Sigma\,(L_a)_i = 65{,}0\ \text{kW}$ ist gegenüber ihrem Wert 63,3 von Tab. 6.3 geringfügig angestiegen, weil (wie wir bereits früher überlegten) Gegenzug die Reibverluste mindert.

Will man diesen Vorteil mit gleicher Leistungsaufteilung koppeln, also hier $(\sigma_E)_i = 0{,}3\cdot(\sigma_A)_i$ $(i = 2, 3, 4)$ und $(L_a)_i \approx \text{const}$ gleichzeitig fordern, so muß man gegenüber den Tab. 6.3, 6.4 geänderte Abstufungen zugrunde legen. Zunächst finden wir unter Vernachlässigung der Reibung aus $(\Phi_a)_i \approx \Phi_i$ über (6.5/6a), (6.5/35) genähert

$$\Phi_1 = (\sigma_A)_1 - (\sigma_E)_1;\ \Phi_2 = (\sigma_A)_2 - (\sigma_E)_2;\ \Phi_3 = (\sigma_A)_3 - (\sigma_E)_3;\ \Phi_4 = (\sigma_A)_4 - (\sigma_E)_4;$$
$$(\sigma_A)_1 - (\sigma_E)_2 = (\sigma_A)_2 - (\sigma_E)_3 = (\sigma_A)_3 - (\sigma_E)_4 = (\sigma_A)_4$$

mit den Zusatzbedingungen $(\sigma_E)_2 = 0{,}3(\sigma_A)_2$; $(\sigma_E)_3 = 0{,}3(\sigma_A)_3$; $(\sigma_E)_4 = 0{,}3(\sigma_A)_4$ sowie $(\sigma_E)_1 = 0{,}5\ \text{kp/mm}^2$; $\Phi_1 + \Phi_2 + \Phi_3 + \Phi_4 = \Phi_{\text{ges}} = 75{,}0\ \text{kp/mm}^2$.

Diese 12 Gleichungen für 12 Unbekannte lassen sich leicht auflösen und geben insbesondere die in Spalte 2, Tab. 6.5 eingetragenen Werte Φ_i[1]. Über Bild 2.9a füllen wir nunmehr die Spalten 3 bis 5 von Tab. 6.5 aus, deren restliche Spalten bis 17 dann wie oben errechnet werden. Die Leistungen $(L_a)_i$ bleiben tatsächlich in grober Näherung konstant. Dabei wird, wie Spalte 7 zeigt, überwiegend in den ersten beiden Stufen umgeformt, wogegen die letzte lediglich glättet (kalibriert).

[1] Daneben erhält man Werte $(\sigma_A)_i$, $(\sigma_E)_i$, die allerdings nur für $\varkappa = 0$ gelten.

Tabelle 6.5

Drahtziehen entsprechend Tab. 6.3, jedoch Stufenaufteilung nach gleichen $(\sigma_E)_i = 0{,}3 \cdot (\sigma_A)_i$

1	2	3	4	5	6	7	8	9	10
i	Φ	$\bar{\varphi}$	k_{fA}	k_{fE}	$\|\varphi\|$	$\|\varepsilon_A\|$	β	D_E	D_A
	kp/mm²		kp/mm²	kp/mm²				mm	mm
1	26,2	0,576	56,0	35,0	0,482	0,383	1,247	5,00	3,93
2	18,4	0,315	60,5	56,0	0,221	0,199	0,363	3,93	3,52
3	17,2	0,279	65,5	60,5	0,185	0,169	0,446	3,52	3,20
4	13,2	0,221	70,0	65,5	0,127	0,120	0,540	3,20	3,00

Man kann die drei behandelten Fälle, insbesondere die Stufenaufteilungen von Tab. 6.3 bzw. Tab. 6.5 nicht gegeneinander abwägen, ohne die auftretenden Ziehtemperaturen zu kennen. Wir berechnen sie als Übertemperaturen jeder Stufe gegen die vorgeschaltete unter der Annahme, daß die Zieharbeit vollständig in Wärme umgesetzt wird ($c = 1$, d. h. $c_0 = 2{,}62\,°\mathrm{C\,mm^2 kp^{-1}}$; Abschn. 2.3.2) und die Ziehdüsen keine Wandreibungswärme aufnehmen ($\zeta = 1$). Ferner haben wir für Stahl $\gamma = 7{,}86 \cdot 10^3\,\mathrm{kp \cdot m^{-3}}$, $c_{sp} = 48{,}6\,\mathrm{m/°C}$ (Abschn. 2.3.2) und $j = 5{,}33\,\mathrm{kp/(s\,°C)}$ (Bild 6.21). Spalte 18 aller Tabellen enthält jeweils die innere Temperaturerhöhung ϑ_i über (2.3/7), Spalte 19 die Übertemperatur ϑ_a der Drahtoberfläche am Austritt und Spalte 20 die zur Berechnung erforderliche Hilfsgröße σ_R aus (6.5/25).

Tab. 6.4 zeigt, daß fehlender Gegenzug im ganzen zu höheren Oberflächentemperaturen führt. Verläuft der Vorgang ohne Kühlung, so muß man die Abnahme der Formänderungsfestigkeit berücksichtigen. Sie wird für einen engen Temperaturbereich durch Gl. (2.2/4) beschrieben.

7 Weitere Umformverfahren

Als weitere Anwendungen der elementaren Theorie werden abschließend zwei Umformverfahren behandelt, die sich nicht zufriedenstellend den zugehörigen Modellen unterordnen, für die man jedoch in der Literatur elementare Ansätze findet. Sie sind als Beispiele aus einer Reihe ähnlich gelagerter Fälle ausgewählt.

7.1 Rundkneten

7.1.1 Einleitung

Ziehen oder Einstoßen von Rundmaterial (Bild 3.1b) mit zusätzlich radial pulsierender Düse ergäbe einen aus Ziehen (Einstoßen) und Schmieden zusammengesetzten Vorgang, den wir *idealisiertes Rundkneten* nennen. Um ihn technisch mit festen Werkzeugen zu verwirk-

Trommelleistungen $(L_a)_i \approx \text{const}$, *wobei wieder* $(\sigma_E)_1 = 0{,}5\ \text{kp/mm}^2$; $(i = 2, 3, 4)$

11	12	13	14	15	16	17	18	19	20
$\sigma_A - \sigma_E(1 - \lvert\varepsilon_A\rvert)^\varkappa$	σ_E	σ_A	Φ_a	L_a	$\lvert u_A\rvert$	$\lvert u_E\rvert$	ϑ_i	ϑ_a	σ_R
kp/mm²	kp/mm²	kp/mm²	kp/mm²	kW	m/s	m/s	°C	°C	kp/mm²
31,71	0,5	32,1	31,6	15,9	5,86	3,62	68,6	157	5,85
22,22	9,2	30,7	21,5	15,2	7,32	5,86	48,0	150	3,24
21,18	8,8	29,4	20,6	15,3	8,81	7,32	46,0	166	3,09
17,75	7,5	24,9	17,4	17,3	10,00	8,81	39,2	169	2,46

lichen, teilt man die Düse durch Axialschnitte in mehrere Sektoren (*Knetbacken*), die dann über Motor und Getriebe radial gehoben und gleichzeitig mit bestimmter (zeitlich veränderlicher) Geschwindigkeit $U > 0$ nach innen geschlagen werden (*Technisches Rundkneten*). Die Werkzeugbewegung während des damit verbundenen Preßvorganges heißt *Wirkhub* (kurz: Hub). Er hinterläßt unvermeidbare Unrundheiten des Stabes (Bild 7.1a). Eine dennoch annähernd runde Endform erzielt man

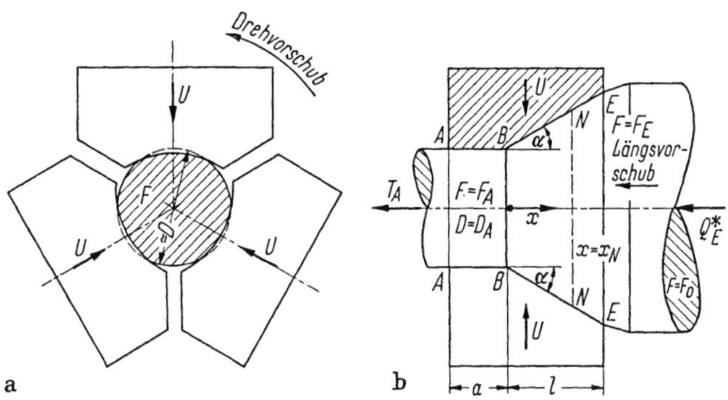

Bild 7.1a u. b Rundkneten von zylindrischen Stäben (Beispiel: dreiteiliges Werkzeug; Hubende). a) Querschnitt; b) Längsschnitt.

T_A Zugkraft (ziehender Längsvorschub); Q_E^* Druckkraft (schiebender Längsvorschub); U Betrag der Hubgeschwindigkeit; F Querschnittsflächen; D Durchmesser; N Fließscheide; a Länge des Kalibrierzylinders; l Länge des Reduzierkegels.

durch eine hohe Schlagfolge[1] bei gleichzeitigem langsamen Drehen des Werkzeugringes oder des Stabes (*Drehvorschub*). Schließlich wird der Stab in Achsrichtung versetzt (*Längsvorschub*), was äußerlich dem Ziehen (*ziehender Vorschub*, Zugkraft T_A am Austritt) bzw. Einstoßen (*schiebender Vorschub*, Druckkraft Q_E^* am Eintritt) gleicht, jetzt aber keineswegs immer zu einem entsprechenden Werkstofffluß nur in Vorschub-

[1] Daher ist für Rundkneten auch die Bezeichnung *Rundhämmern* geläufig. Weitere Namen: *Umlaufpressen* (*-schmieden*), *Rotationsabstrecken*, *Feinschmieden*.

richtung führt. Bei zu großen Werkzeugwinkeln α kann der Stab ohne Umformung sogar starr zurückgeschoben werden. Wenn er jedoch umgeformt wird, muß im allgemeinen Werkstoff am Austritt A nach links fließen. Sofern sich auch dann noch Werkstoff am Eintritt E nach rechts bewegt, entsteht notwendig in der Umformzone eine Fließscheide N (Bild 7.1b). Sie bedingt den Hauptunterschied des Rundknetens gegenüber dem Ziehen bzw. Einstoßen.

Will man wie beschrieben nur Rundmaterial erzeugen, kann man die Knetbacken zwar allein aus konischen Düsensektoren aufbauen (*Reduzierkegel*), doch würde sich dann hinter dem Austritt wegen des Vor-

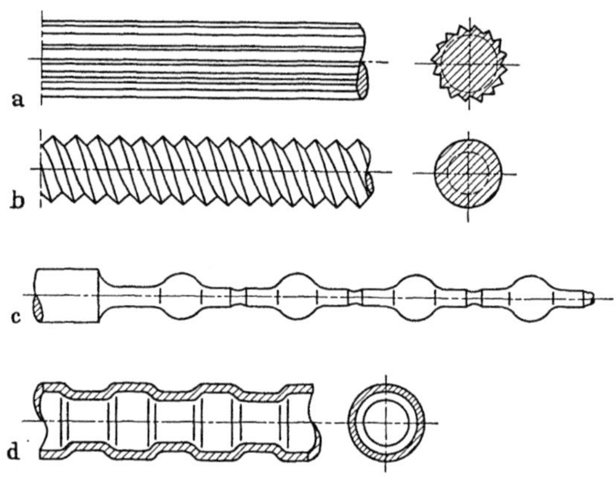

Bild 7.2a–d Durch Rundkneten herstellbare Profile (Auswahl).

schubes zwischen zwei Wirkhüben eine zickzackförmige Stangenoberfläche ergeben. Um sie zu vermeiden, bringt man — wie beim Drahtziehen — einen zylindrischen Auslauf AB an (*Kalibrierzylinder*, Bild 7.1b).

Durch andere Werkzeugformen und richtige Abstimmung zwischen Hub sowie Dreh- und Längsvorschub kann man mannigfache Stabprofile, bei Verwendung eines Innenwerkzeuges (Dorn, Stopfen; vgl. Rohrziehen, Abschn. 6.4) sogar Hohlprofile erzeugen. Beispiele zeigt Bild 7.2. Hier befassen wir uns jedoch nur mit dem einfachsten Fall gekneteter Rundstangen. Selbst für ihn scheint die Anwendung der elementaren Theorie (hier: Scheibentheorie) wegen des prinzipiellen Unterschiedes zwischen idealem und technischem Rundkneten problematisch.

7.1.2 Theorie

7.1.2.1 Vorbetrachtungen. Wir bauen auf einer Darstellung von Uhlig [*219*] auf, der auch weitere technische Einzelheiten zu entnehmen sind. Mäkelt [*220*] (vgl. auch Reuthe [*221*]) betrachtete das Rundkneten theoretisch als dem Ziehen gleichwertig. LJUBVIN [222] erkannte die Existenz der Fließscheide, vernachlässigte jedoch Q_E^* bzw. T_A. Alle genannten Arbeiten beschränken sich in der Rechnung auf Reduzierkegel ohne Kalibrierzylinder und lassen Scheranteile der Druckspannungen an den Knickstellen (Bild 7.1b) weg. Theorien des technischen Rundknetens sind kaum bekannt geworden. KRAUSE [223] zieht zur qualitativen Beschreibung Ergebnisse von LOHMANN [224] über den Spannungszustand in Kreiszylindern heran, die längs Mantellinien belastet werden.

Wir betrachten hier nur idealisiertes Rundkneten, einen Augenblickszustand am Ende des Hubes, und nehmen an, daß Q_E^*, T_A sowie U vorgegeben seien. In den Anwendungen wird dann je nach Maschinenbauart wenigstens eine der beiden Kräfte verschwinden. Es handele sich um statische Kaltumformung; wir setzen lineare Verfestigung sowie eine Ausdehnung der plastischen Zone von A bis E (Bild 7.1b) voraus und vernachlässigen sprunghafte Änderungen von k_f an den Knickstellen A [1], B, E. Dann beschreibt (6.2/22) den Verlauf der Formänderungsfestigkeit $k_f(F)$, wo $F = F(x)$ die variable Querschnittsfläche darstellt. Hierbei ist wegen $F_0 > F_E$ die verfahrensbedingte Vorverfestigung von k_{f0} auf k_{fE} zu beachten. Ferner muß man unterscheiden, ob die Fließscheide im Kalibrierzylinder oder im Reduzierkegel liegt.

7.1.2.2 Fließscheide im Reduzierkegel. Wir verwenden die Bezeichnungen von Bild 7.1, beginnen mit der Kinematik und ermitteln zunächst die Axialgeschwindigkeit u. Aus (6.2/4), also

$$\frac{\partial F}{\partial t} = \frac{\pi}{2} D \frac{\partial D}{\partial t} = -\pi D U = -2 U \sqrt{\pi F}\,, \qquad (7.1/1)$$

sowie mit (6.2/3) folgt für den Reduzierkegel gemäß (3.2/28) ($x^* = x_N$, $u^* = u_N = 0$, $F^* = F_N$)

$$u = \frac{-1}{2F\tan\alpha}\int\limits_{D_N}^{D} \frac{\partial F}{\partial t}\, dD = \frac{\pi U (D^2 - D_N^2)}{4F\tan\alpha} = \frac{U}{\tan\alpha}\left(1 - \frac{F_N}{F}\right). \qquad (7.1/2)$$

Über

$$\frac{\partial F}{\partial x} = \frac{\pi}{2} D \cdot \frac{\partial D}{\partial x} = \pi D \tan\alpha = 2\sqrt{\pi F}\tan\alpha \qquad (7.1/3)$$

liefert dann (3.2/31) die Formänderungsgeschwindigkeit

$$\lambda = 2 U F_N \sqrt{\frac{\pi}{F^3}} = 4 U \frac{D_N^2}{D^3}\,, \qquad (7.1/4)$$

---

[1] Das Ende des zylindrischen Auslaufes stellte beim Drahtziehen durch eine entsprechende Düsenform (Abschn. 6.2.9) keine Knickstelle dar.

und (3.2/36), (3.2/37) ergeben wegen $w = 0$ die Radialgeschwindigkeit

$$v = -\frac{\lambda}{2} r. \tag{7.1/5}$$

Speziell an den Punkten E hat dann der Werkstofffluß den tatsächlichen Neigungswinkel α_V gemäß

$$\tan \alpha_V = \left(\frac{v}{u}\right)_{x=l;\; r=\frac{D_E}{2}} = -\frac{\frac{\lambda_E}{4} D_E}{u_E} = -\tan \alpha \frac{F_N/F_E}{1 - F_N/F_E}. \tag{7.1/6}$$

Für den zylindrischen Auslauf folgt, wenn wir $u^* = u_B$ nach (7.1/2), $F^* = F_B = F_A$, $\frac{\partial F}{\partial t} = -\pi D_A U$ in (3.2/28) einsetzen,

$$u = \frac{1}{F_A} \left\{ u_B F_A + \int_0^x \pi D_A U \, dx \right\} = -U \left\{ \frac{(F_N/F_A) - 1}{\tan \alpha} - \frac{4x}{D_A} \right\}. \tag{7.1/7}$$

Nach (3.2/32) ergibt sich

$$\lambda = \frac{4U}{D_A}. \tag{7.1/8}$$

Nunmehr berechnen wir die Drucksprünge Δq sowie die Einzelkräfte ΔP, $\Delta Q = F \Delta q$ an den Knickstellen A, B, E und vernachlässigen wie bisher Trägheitskräfte. Da die Randschubspannungen τ durch $k_f/2$ beschränkt sind, kann die Bahn keine Schereinzelkräfte übertragen, so daß die Resultierenden normal zum Reduzierkegel stehen. Dies bedeutet zunächst

$$\Delta Q_A = 0, \quad \Delta q_A = 0, \tag{7.1/9a}$$

also über (3.3/8b), (3.3/15) mit $|\Delta \tan \alpha_1| = \left|\frac{v_{k1}}{u_k}\right|_A$

$$\Delta P_A = \frac{k_{fA}}{3} F_A. \tag{7.1/9b}$$

An der Knickstelle E haben wir

$$\Delta Q = \Delta P \tan \alpha, \tag{7.1/10}$$

also über (3.3/8b)

$$\Delta q = \frac{\Delta_{0W} q}{1 + \frac{v_{k1}}{u_k} \cot \alpha}. \tag{7.1/11}$$

Mit $v_{k1} = -U$, $u_k = u_E = U \cot \alpha \left(1 - \frac{F_N}{F_E}\right)$ [vgl. (7.1/2)] und $|\Delta \tan \alpha|_E = |\tan \alpha_V|$ [vgl. (7.1/6)] folgt aus (3.3/15), (7.1/11)

$$\frac{Q_E^*}{F_E} - q_E = \frac{k_{fE}}{3} \tan \alpha , \qquad (7.1/12\,\mathrm{a})$$

wo q_E den Druck unmittelbar links vom Eintritt darstellt. Dort bildet sich also ohne schiebenden Vorschub sogar eine Zugspannung aus. Die vertikale Einzelkraft folgt aus (7.1/10) zu

$$\Delta P_E = \frac{k_{fE}}{3} F_E \qquad (7.1/12\,\mathrm{b})$$

unabhängig vom Winkel und vergleichbar ΔP_A nach (7.1/9b).

Für die Knickstelle B versagt unser Modell, da die Lage der resultierenden Einzelkraft nicht bekannt ist. Immerhin können wir als Grenzfälle eine vertikale Lage (normal zum Kalibrierzylinder) und eine dagegen um α geneigte Lage (normal zum Reduzierkegel) ansetzen. Im ersten Fall erhalten wir wie oben mit $F_B = F_A$

$$q_{BR} - q_{BL} = 0 , \qquad \Delta P_B = \frac{k_{fA}}{3} F_A$$

(q_{BR}, q_{BL} = Längsdrücke unmittelbar rechts bzw. links von B); im zweiten Fall mit (7.1/10), (7.1/11), $|\Delta \tan \alpha| = \tan \alpha$

$$q_{BR} - q_{BL} = \left(1 - \frac{F_A}{F_N}\right) \frac{k_{fA}}{3} \tan \alpha ; \qquad \Delta P_B = \frac{k_{fA}}{3} F_A \left(1 - \frac{F_A}{F_N}\right),$$

so daß wir

$$0 \leq q_{BR} - q_{BL} \leq \left(1 - \frac{F_A}{F_N}\right) \frac{k_{fA}}{3} \tan \alpha ; \qquad (7.1/13\,\mathrm{a})$$

$$\frac{k_{fA}}{3} F_A \geq \Delta P_B \geq \frac{k_{fA}}{3} F_A \left(1 - \frac{F_A}{F_N}\right) \qquad (7.1/13\,\mathrm{b})$$

erwarten.

Wenn wir nunmehr den Drehvorschub vernachlässigen, können die Druckverteilungen des Drahtziehens übernommen werden. Nach (6.5/13) und dem Fließkriterium (6.2/27) folgt mit den Bezeichnungen von Bild 7.1b

$$q = k_{fA} \left[\left(1 - \frac{T_A}{F_A k_{fA}}\right) e^{\frac{4\mu}{D_A}(a+x)} - 1 \right], \qquad -a \leq x \leq 0 \qquad (7.1/14)$$

mit

$$\left.\begin{aligned} q_{BL} &= k_{fA}\left[\left(1-\frac{T_A}{F_A k_{fA}}\right)e^{\frac{4\mu a}{D_A}}-1\right], \\ k_{fB} &= k_{fA} = k_{fE}\left(1+\beta\ln\frac{F_E}{F_A}\right). \end{aligned}\right\} \qquad (7.1/15)$$

q_{BR} schätzt man hieraus über (7.1/13a) ab. Als Druckverteilung im konischen Düsenteil übernehmen wir (6.2/23). Diese Gleichung schreiben wir zunächst für die Knickstelle B, also $F = F_B = F_A$, $q = q_{BR}$ hin und betrachten anstelle des Eintrittes E einen beliebigen Zwischenquerschnitt, ersetzen also q_E durch q, F_E durch F. Nach Auflösen erhalten wir

$$\frac{q}{k_{fE}} = \left(\frac{F}{F_A}\right)^{\varkappa}\left\{\frac{q_{BR}}{k_{fE}} + (\varkappa+1)\frac{\beta}{\varkappa}\ln\frac{F}{F_A}\right\} + \frac{\varkappa+1}{\varkappa}\left(1-\frac{\beta}{\varkappa}\right)\left[\left(\frac{F}{F_A}\right)^{\varkappa}-1\right]. \qquad (7.1/16)$$

$\varkappa$ errechnet sich aus α und dem Reibwinkel ν nach (6.2/24).

Wir bestimmen nun die Druckverteilung vom Eintritt E her. Rechts von der Fließscheide besteht anders als beim Ziehen positive Werkstoffbewegung, und wir müssen in (6.2/24) ν durch $-\nu$, d. h. $\varkappa$ durch

$$\iota = \frac{\tan(\alpha-\nu)}{\tan\alpha} - 1 < 0 \qquad (7.1/17)$$

ersetzen. (6.2/23) gibt dann

$$\frac{q}{k_{fE}} = \frac{q_E}{k_{fE}}\left(\frac{F}{F_E}\right)^{\iota} - \frac{\iota+1}{\iota}\left\{\beta\ln\frac{F_E}{F} + \left(1-\frac{\beta}{\iota}\right)\left[1-\left(\frac{F}{F_E}\right)^{\iota}\right]\right\}. \qquad (7.1/18)$$

Da nun q außer an den Knickstellen überall stetig sein muß, findet man eine Beziehung für x_N bzw. $F = F_N$ durch Gleichsetzen der Drücke q nach (7.1/16) und (7.1/18), wobei (7.1/13a) zu berücksichtigen ist. Sie kann im allgemeinen nur numerisch gelöst werden und ist gültig für $F_N > F_A$. Ergibt sich formal $F_N \leq F_A$, muß die Fließscheide in oder links von der Knickstelle B angenommen werden. Doch bestehen jetzt modifizierte Druckverteilungen (Ziff. 7.1.2.3). Ein formales Ergebnis $F_N \geq F_E$ bedeutet, daß überhaupt keine Fließscheide existiert: der Vorgang entspricht dann insoweit dem Ziehen oder Einstoßen.

7.1.2.3 Fließscheide im Kalibrierzylinder. Wir beginnen mit der Druckverteilung und haben ungeändert (7.1/14), jedoch gültig im Bereich $-a \leq x \leq x_N \leq 0$. Die Ausdrücke (7.1/17), (7.1/18) mit noch offenem Anfangswert q_E beziehen sich jotzt sogar auf den gesamten Bereich $0 \leq x \leq l$ und liefern

$$\frac{q_{BR}}{k_{fE}} = \frac{q_E}{k_{fE}} \left(\frac{F_A}{F_E}\right)^{\iota} - \frac{\iota + 1}{\iota} \left\{\beta \ln \frac{F_E}{F_A} + \left(1 - \frac{\beta}{\iota}\right) \left[1 - \left(\frac{F_A}{F_E}\right)^{\iota}\right]\right\}. \quad (7.1/19)$$

Von q_{BL} ausgehend bildet sich im Kalibrierzylinder eine Druckverteilung bis zur Fließscheide aus, deren Funktionsverlauf (7.1/14) ähnelt. Da jedoch umgekehrter Bewegungssinn vorliegt, ist μ durch $-\mu$ zu ersetzen und die Formel der Randbedingung q_{BL} für $x = 0$ $\left(\text{statt} \quad -\frac{T_A}{F_A} \quad \text{für} \quad x = -a\right)$ anzupassen:

$$q = k_{fA} \left[\left(1 + \frac{q_{BL}}{k_{fA}}\right) e^{-\frac{4\mu}{D_A} x} - 1\right]. \quad (7.1/20)$$

Gleichsetzen mit (7.1/14) gibt als Fließscheidenlage

$$x_N = \frac{D_A}{8\mu} \ln \frac{k_{fA} + q_{BL}}{k_{fA} - T_A/F_A} - \frac{a}{2}. \quad (7.1/21)$$

Im Falle $x_N \leq -a$ wird der Werkstoff insgesamt nach rechts geschoben.

Die noch offenen Randwerte q_{BL}, q_E bestimmen wir wie in Ziff. 7.1.2.1 über die Kinematik. Nach (3.2/28) und (7.1/1) gilt im Kalibrierzylinder

$$u = \frac{-1}{F_A} \int_{x_N}^{x} (-\pi D_A U)\, dx = \frac{\pi D_A}{F_A} U (x - x_N) = \frac{4U}{D_A} (x - x_N); \quad (7.1/22)$$

hieraus erhält man mit (3.2/32) die Beziehung (7.1/8) für λ. Ferner folgt aus (7.1/1), (6.2/3) und (3.2/28), wenn man $u^* = u_B$ nach (7.1/22) für $x^* = 0$ einsetzt, im Reduzierkegel die Geschwindigkeit

$$u = \frac{1}{F} \left\{-4 \frac{F_A U x_N}{D_A} - \int_{D_A}^{D} \frac{-\pi D U}{2 \tan \alpha} dD\right\} = -x_N \frac{4U}{D_A} \frac{F_A}{F} + U \cot \alpha \left(1 - \frac{F_A}{F}\right). \quad (7.1/23)$$

Dann gilt wegen (3.2/32) und (7.1/3)

$$\lambda = 2U \sqrt{\frac{\pi}{F}} \cdot \frac{F_A}{F} \left(1 + \frac{4x_N}{D_A} \tan \alpha\right) = 4 \frac{U}{D} \cdot \frac{F_A}{F} \left(1 + \frac{4x_N}{D_A} \tan \alpha\right). \quad (7.1/24)$$

Wir bestimmen jetzt den Randwert q_E und finden mit $v_{k1} = -U$,

$$u_k = -4x_N \frac{U}{D_A} \frac{F_A}{F_E} + U \cot \alpha \left(1 - \frac{F_A}{F_E}\right) \quad [\text{vgl. } (7.1/23)]$$

über (7.1/11), (3.3/15) $\left(\text{dort } |\Delta \tan \alpha_1| = \left|\frac{v_{k1}}{u_k}\right|_E\right)$

$$\frac{Q_E^*}{F_E} - q_E = \frac{k_{fE}}{3} \frac{F_E/F_A}{1 - \frac{4|x_N|}{D_A}\tan\alpha} \tan\alpha, \qquad (7.1/25\text{a})$$

und nach (7.1/10)

$$\Delta P_E = \frac{k_{fE}}{3} F_E \frac{F_E/F_A}{1 - \frac{4|x_N|}{D_A}\tan\alpha}. \qquad (7.1/25\text{b})$$

Diese Ausdrücke können im Grenzfall unendlich groß werden. $\Delta P_E < 0$ ist sinnlos: dann hört die Berührung zwischen Werkzeug und Werkstoff im Reduzierkegel auf, und es wird nur noch im Kalibrierzylinder umgeformt.

An der Knickstelle B beachten wir jetzt $\operatorname{sgn} u_k = +1$. Dann führt die Annahme eines resultierenden Einzelkraftvektors normal zum Reduzierkegel über $v_{k1} = -U$, $u_k = \frac{4|x_N|}{D_A} U$ [vgl. (7.1/23)], $|\Delta \tan \alpha_1| = \tan\alpha$, (3.3/15) und (7.1/11) auf

$$q_{BR} - q_{BL} = \frac{k_{fA}}{3} \frac{\frac{4|x_N|}{D_A}\tan^2\alpha}{1 - \frac{4|x_N|}{D_A}\tan\alpha}; \qquad \Delta P_B = \frac{k_{fA}}{3} \frac{\frac{4|x_N|}{D_A} F_A \tan\alpha}{1 - \frac{4|x_N|}{D_A}\tan\alpha},$$

während der andere Grenzfall (Resultierende normal zum Kalibrierzylinder) über (3.3/8b)

$$q_{BR} - q_{BL} = 0; \qquad \Delta P_B = \frac{k_{fA}}{3} F_A \cdot \frac{4|x_N|}{D_A} \tan\alpha$$

liefert. Damit gilt ähnlich (7.1/13) die Abschätzung

$$0 \leq q_{BR} - q_{BL} \leq \frac{k_{fA}}{3} \frac{\frac{4|x_N|}{D_A}\tan\alpha}{1 - \frac{4|x_N|}{D_A}\tan\alpha} \cdot \tan\alpha; \qquad (7.1/26\text{a})$$

$$\frac{k_{fA}}{3} F_A \cdot \frac{4|x_N|}{D_A}\tan\alpha \leq \Delta P_B \leq \frac{k_{fA}}{3} F_A \frac{\frac{4|x_N|}{D_A}\tan\alpha}{1 - \frac{4|x_N|}{D_A}\tan\alpha}. \qquad (7.1/26\text{b})$$

7.1.2.4 Umformkräfte, Antriebsleistung. Ist die Verteilung von q bekannt, kann gemäß (6.2/29) $p = q + k_f$ bestimmt und zu einer fiktiven Gesamtkraft P[1] über den Düsenmantel summiert werden. Da p senkrecht zur Achse wirkt, ist als Mantelflächenabschnitt dF_m der zum jeweiligen Durchmesser D gehörige Zylinderring $\pi D\,dx$ zu wählen (Bild 7.3). Mit (6.2/3) und $F = \frac{\pi}{4} D^2$ als Querschnittsfläche folgt

$$P = \int^{F_m} p\,dF_m = \pi \int_{-a}^{l} pD\,dx = \pi D_A \int_{-a}^{0} p\,dx + \cot\alpha \int_{F_A}^{F_E} p\,dF. \qquad (7.1/27)$$

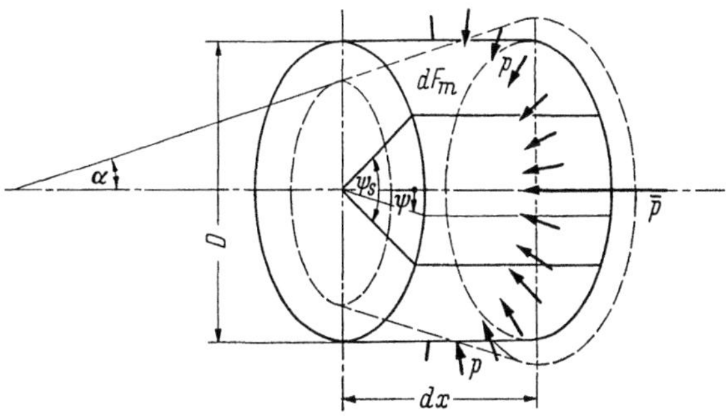

Bild 7.3 Ersatz-Zylinderring (Umfangsfläche dF_m) für einen Abschnitt der Länge dx des Düsenmantels unter radialer Druckbelastung p. $\bar{p}$ = gemittelter Querdruck über einen Ringsektor (Zentriwinkel ψ_s).

Die zugehörige (gedachte) Bezugsfläche wäre mit (6.2/3)

$$F_m = \int^{F_m} dF_m = \pi \int_{-a}^{l} D\,dx = \pi \left[D_A a + \frac{D_E + D_A}{2}\, l\right]. \qquad (7.1/28)$$

Hieraus folgen die Antriebsleistung L_a der Knetbacken und der mittlere Werkzeugdruck p_m zu

$$L_a = P \cdot U; \qquad p_m = \frac{P}{F_m}. \qquad (7.1/29)$$

7.1.2.5 Vereinfachungen, Beispiel. Zur Veranschaulichung betrachten wir abschließend den einfachen Fall idealplastischen Werkstoffes

$$\beta = 0; \qquad k_{fA} = k_{fE} = k_f = \text{const}$$

und sehr weichen Vorschubantriebes, bei dem sich während der kurzzeitigen Einzelhübe keine für die Umformung ins Gewicht fallenden

[1] P hat wie ΔP keine Richtung; die Resultierende aller radialen Druckkräfte muß nämlich wegen der Axialsymmetrie verschwinden.

Vorschubkräfte ausbilden:

$$Q_E^* = T_A = 0 .$$

Schließlich mögen für kleine Winkel α die Drucksprünge an den Knickstellen vernachlässigt werden.

Nehmen wir zunächst an, daß die Fließscheide im Reduzierkegel liegt, so haben wir nach (7.1/15)

$$q_B = k_f \left[e^{\frac{4\mu a}{D_A}} - 1 \right].$$

Die vereinfachten Druckverläufe (7.1/14), (7.1/16), (7.1/18) lauten dann, wenn man für kleine α, ν entsprechend (6.2/24), (7.1/17)

$$\varkappa = -\iota = \mu/\alpha$$

setzt:

$$\left.\begin{aligned} q/k_f &= e^{\frac{4\mu}{D_A}(a+x)} - 1, \qquad -a \leq x \leq 0; \\ q/k_f &= \left(\frac{F}{F_A}\right)^{\mu/\alpha} \left\{ e^{\frac{4\mu a}{D_A}} - 1 \right\} + \left(1 + \frac{\alpha}{\mu}\right) \left\{ \left(\frac{F}{F_A}\right)^{\mu/\alpha} - 1 \right\}, \\ & \qquad 0 \leq x \leq x_N; \\ q/k_f &= \left(1 - \frac{\alpha}{\mu}\right) \left\{ \left(\frac{F_E}{F}\right)^{\mu/\alpha} - 1 \right\}, \qquad x_N \leq x \leq l. \end{aligned}\right\} \quad (7.1/30)$$

Da die ersten beiden Druckverteilungen stets positiv sind, existiert mit der dritten genau dann ein Schnittpunkt, wenn auch diese positiv ist, d. h. wenn die Bedingung

$$\alpha \leq \mu \qquad (7.1/31)$$

gilt.

Allerdings könnte der Schnittpunkt links der Knickstelle B im Kalibrierzylinder liegen. Dann müssen wir von der entsprechend (7.1/14), (7.1/18), (7.1/19), (7.1/20) modifizierten Druckverteilung

$$\left.\begin{aligned} q/k_f &= e^{\frac{4\mu}{D_A}(a+x)} - 1, \qquad -a \leq x \leq x_N; \\ q/k_f &= \left\{ 1 + \left(1 - \frac{\alpha}{\mu}\right) \left[\left(\frac{F_E}{F_A}\right)^{\mu/\alpha} - 1 \right] \right\} e^{-\frac{4\mu}{D_A}x} - 1, \\ & \qquad x_N \leq x \leq 0; \\ q/k_f &= \left(1 - \frac{\alpha}{\mu}\right) \left[\left(\frac{F_E}{F}\right)^{\mu/\alpha} - 1 \right], \qquad 0 \leq x \leq l \end{aligned}\right\} \quad (7.1/32)$$

ausgehen. Auch hier sind unter der Bedingung (7.1/31) sicher alle Kurvenäste positiv, so daß ein Schnittpunkt (bei $x = x_N$) existiert.

(7.1/31) kann sogar abgeschwächt werden. Gleichsetzen der ersten beiden Beziehungen (7.1/32) für $x = x_N$ liefert nämlich

$$\left\{\cdots\right\} e^{\frac{4\mu}{D_A}a} \geq \left\{\cdots\right\} e^{-\frac{4\mu}{D_A}x_N} = e^{\frac{4\mu}{D_A}(a+x_N)} \geq 1,$$

also

$$\left\{1 + \left(1 - \frac{\alpha}{\mu}\right)\left[\left(\frac{F_E}{F_A}\right)^{\mu/\alpha} - 1\right]\right\} e^{\frac{4\mu a}{D_A}} \geq 1. \qquad (7.1/33)$$

Diese Bedingung reicht zur Existenz einer Fließscheide auch hin. Sie verhält sich zu (7.1/31) wie die Durchzieh- zur Greifbedingung beim Walzen [Ziff. 5.2.3.4; Gln. (5.2/64), (5.2/66)] und ist erst recht erfüllt, wenn (7.1/31) gilt.

Wir kehren zum ersten Fall $0 \leq x_N \leq l$ zurück und erhalten nach Gleichsetzen der zweiten und dritten Beziehung (7.1/30)

$$\left(\frac{F_N}{F_A}\right)^{\mu/\alpha}\left[e^{\frac{4\mu a}{D_A}} + \frac{\alpha}{\mu}\right] - 2\,\frac{\alpha}{\mu} - \left(\frac{F_E}{F_A}\right)^{\mu/\alpha}\left(1 - \frac{\alpha}{\mu}\right)\left(\frac{F_A}{F_N}\right)^{\mu/\alpha} = 0 \qquad (7.1/34)$$

mit der Lösung

$$\left(\frac{F_N}{F_A}\right)^{\mu/\alpha} = \frac{1 + \sqrt{1 + \left(\frac{\mu}{\alpha} - 1\right)\left(\frac{F_E}{F_A}\right)^{\mu/\alpha}\left[1 + \frac{\mu}{\alpha}\,e^{\frac{4\mu a}{D_A}}\right]}}{1 + \frac{\mu}{\alpha}\,e^{\frac{4\mu a}{D_A}}} \qquad (7.1/35)$$

als Bestimmungsgleichung für F_N, D_N bzw. x_N. (7.1/27) gibt mit (6.2/27), (7.1/30) und (7.1/34) sowie $\sin\alpha \approx \alpha$

$$\frac{P}{k_f} = \frac{F_A}{\mu(\alpha + \mu)}\left\{\alpha\left[e^{\frac{4\mu a}{D_A}} - 1\right] + 2\mu\,\frac{F_N}{F_A}\left[\left(\frac{F_E}{F_N}\right)^{\mu/\alpha} - 1\right]\right\}. \qquad (7.1/36)$$

Diese Beziehung gilt für $F_N/F_A \geq 1$. Andernfalls liegt die Fließscheide im Kalibrierzylinder, $-a \leq x_N \leq 0$, und ist nach (7.1/19), (7.1/21) durch

$$x_N = \frac{D_A}{8\mu}\ln\left\{1 + \left(1 - \frac{\alpha}{\mu}\right)\left[\left(\frac{F_E}{F_A}\right)^{\mu/\alpha} - 1\right]\right\} - \frac{a}{2} \qquad (7.1/37)$$

bestimmt. (7.1/27) gibt dann mit (6.2/27), (7.1/32) und (7.1/37)

$$\frac{P}{k_f} = \frac{F_A}{\mu}\left\{2\left[e^{\frac{2\mu a}{D_A}}\sqrt{1 + \left[1 - \frac{\alpha}{\mu}\right]\left[\left(\frac{F_E}{F_A}\right)^{\mu/\alpha} - 1\right]} - 1\right] + \frac{\alpha}{\mu}\left[\left(\frac{F_E}{F_A}\right)^{\mu/\alpha} - 1\right]\right\}. \qquad (7.1/38)$$

Wir wenden diese Formeln auf vier Beispiele (Uhlig [*219*]) an, für die zwar Meßwerte, jedoch keine Angaben über den Reibwert und die Vorschubkräfte vorliegen. Die von Uhlig gemessenen mittleren Drücke $\bar{p}_m$ (Tab. 7.1; letzte Spalte) sind wesentlich kleiner als die ebenfalls aus [*219*] übernommenen Mittelwerte der Formänderungsfestigkeit k_f. Uhlig hat allerdings gar nicht P selbst, sondern $4P^*$ gemessen, wo P^* die resultierende Radialkraft auf jede der vier Knetbacken seiner Maschine darstellt, die jeweils nur ein Segment vom Winkel $\psi_s = 90°$ des Werkstückes umschließen. Mittelung von p ähnlich Ziffer 6.2.2.1 führt mit Bild 7.3 auf

$$\bar{p} = \frac{1}{\psi_s} \int\limits_{-\psi_s/2}^{\psi_s/2} p \cdot \cos\psi \, d\psi = \frac{2 \sin \frac{\psi_s}{2}}{\psi_s} \, p .$$

Entsprechend verhält sich der gemessene Mittelwert $\bar{p}_m$ zum wahren p_m gemäß

$$p_m = \frac{\psi_s}{2 \sin \frac{\psi_s}{2}} \, \bar{p}_m > \bar{p}_m .$$

$\psi_s = 90°$ liefert

$$p_m = \frac{\pi}{2\sqrt{2}} \, \bar{p}_m = 1{,}11 \, \bar{p}_m .$$

Dies erklärt zwar noch nicht den großen Unterschied zwischen p_m und $\bar{p}_m$ nach Tab. 7.1, doch muß man zusätzlich beachten, daß die Werkzeuge keineswegs über ihren ganzen Winkel am Werkstück anzuliegen brauchen (Bild 7.1a) — was ja von der Rechnung vorausgesetzt wurde — und daß die kinetische Energie der Backen beim Schlag zusätzliche Arbeit leistet, also das Meßergebnis verfälscht.

Tabelle 7.1

Gemäß (7.1/38), (7.1/29), (7.1/28) ermittelte Werkzeugdrücke p_m für vier Umformbeispiele nach Uhlig [219, Bild 60] *im Vergleich mit dessen Meßwerten $\bar{p}_m$*

$\alpha = 4{,}3° = 0{,}075$; $a = 15{,}3$ mm

Nr. nach [*219*]	D_A / mm	D_E / mm	k_f / kp mm^{-2}	p_m/k_f				$\bar{p}_m/k_f$
				$\mu = 0{,}15$	$\mu = 0{,}1$	$\mu = 0{,}075$ ($\mu = \alpha$)	$\mu = 0{,}05$	gemessen
1	13,2	16,0	57	1,31	1,12	1,02	0,925	0,754
5	13,1	15,0	55	1,31	1,16	1,07	0,985	0,710
8	13,0	14,0	49	1,28	1,14	1,08	1,04	0,608
9	13,0	13,1	41	1,19	1,03	1,10	1,10	0,710

Für unsere Vergleichsrechnung (Tab. 7.1) wählten wir vier Reibwerte μ, die nach Tab. 4.1 vernünftig scheinen, und deren kleinster gerade noch die Durchziehbedingung (7.1/33) erfüllt. In allen Fällen ergibt sich nach (7.1/37) $-a \leq x_N \leq 0$. Man darf also den Kalibrierzylinder in der Rechnung nicht vernachlässigen.

7.2 Strangpressen, Fließpressen

7.2.1 Einleitung

Wenn bei einem Gesenkpreßvorgang (Bild 4.1c) das seitliche Fließen des Werkstoffes durch feste Wände verhindert wird, dafür Ausflußöffnungen nach oben oder unten durch die Gravur existieren, spricht man von einem *Strang-* oder *Fließpreßvorgang*[1]. Der Raum zwischen den Werkzeugen heißt *Aufnehmer*; in ihm wird zu Beginn der Ausgangswerkstoff (*Block*) eingelegt. Endprodukt ist im Gegensatz zum Gesenkpressen nicht der am Ende der Umformung im Aufnehmer verbliebene *Preßrest*, sondern der vor- oder rückwärts als Voll- oder Hohlprofil ausgetretene Werkstoff, ggf. in Verbindung mit dem Preßrest.

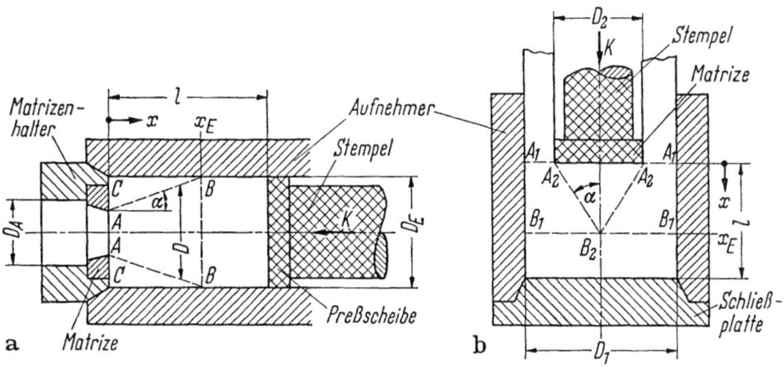

Bild 7.4a u. b Strang- und Fließpressen.
a) Vorwärtsstrangpressen; b) Rückwärtsfließpressen.

Die Aufnehmerform hat für die Fertigteile geringere Bedeutung als die Form der Öffnungen und wird deshalb so gewählt, daß sie geometrisch einfach herstellbare Blöcke umschließt — z. B. zylindrisch. Bild 7.4 zeigt schematisch zwei technisch wichtige Ausführungen. Beim *Vorwärtspressen* nach Bild 7.4a besteht der Aufnehmer aus einem zylindrischen Mantel, den *Matrizenhalter* und *Matrize* abschließen. Der Werkstoff wird im raumfesten Aufnehmer von dem rechts eindringenden *Stempel* vermittels der *Preßscheibe* durch die Matrizenöffnung ausgepreßt. Beim *Rückwärtsfließpressen* begrenzt den Aufnehmer eine ungelochte *Schließplatte*. Dafür hat die jetzt auf den Stempel gesetzte scheibenförmige Matrize eine geringere Querschnittsfläche als der Aufnehmer, so daß der Werkstoff entgegen der Stempelbewegung austreten kann. Mit der Anordnung nach Bild 7.4b wird eine Hohlform (Hülse) erzeugt (*Massiv-Lochen*); zahlreiche weitere Varianten sind möglich

[1] Fließpressen vorwiegend bei der Erzeugung von Einzelstücken.

[*225*]. Dem Fließpressen von Hülsen ist eine umfangreiche experimentelle Untersuchung von DIPPER [*226*] gewidmet.

Man erkennt anhand von Bild 7.4 — und Modellversuche [*227*][1] bestätigen — daß der Werkstofffluß nicht durch elementare Modelle beschrieben werden kann. Ebensowenig läßt sich von vornherein die plastische Zone innerhalb des Aufnehmers abgrenzen. Wir können daher nur unter Vorbehalt eine elementare Theorie skizzieren. Doch werden die Ergebnisse z. T. später in anderem Zusammenhang (Band II) erneut Bedeutung gewinnen (vgl. hierzu auch JOHNSON und KUDO [*228*]).

7.2.2 Theorie

7.2.2.1 Vorwärtspressen. Beim axialsymmetrischen Vorwärtspressen nach Bild 7.4a denke man sich durch den Werkstoff im Aufnehmer eine Kegelfläche AB mit dem (halben) Öffnungswinkel α gelegt und stelle sich vor, daß der Werkstoff außerhalb deren starr bleibt (Tote Zone ABC), innerhalb aber wie beim Drahtziehen durch die gedachte konische Düse AB fließt. Setzt man diese zusätzlich als reibungsfrei voraus, so hat man ein Modell, welches sinngemäß gleichzeitig von SIEBEL und FANGMEIER [*49*], EISBEIN und SACHS [*229*] sowie GUBKIN [*230*] verwendet und von GELEJI [*1*] modifiziert wurde, der einen inneren Reibwert einführte. Wenn wir hier ein entsprechendes Modell verwenden wollen, müssen wir AB als Sprunglinien im Sinne von Abschn. 3.3.2 und AA, BB als Knickstellen entsprechend Abschn. 3.3.1 ansehen [*231*]. Zunächst entnimmt man Bild 7.4a

$$F_E = \frac{\pi}{4} D_E^2; \qquad x_E = \frac{D_E - D_A}{2} \cot\alpha \leq l. \tag{7.2/1}$$

Die Formänderungsfestigkeit k_f sei zur Vereinfachung konstant. Dann erhält man die Längsdrücke q_E unmittelbar links der Knickstelle $x = x_E$ und q_A unmittelbar rechts des Austritts $x = 0$ gemäß (3.3/8b), (3.3/15) analog den entsprechenden Gln. (6.2/20) des Drahtziehens zu

$$q_E = \frac{K}{F_E} - \frac{k_f}{3} \tan\alpha; \qquad q_A = \frac{k_f}{3} \tan\alpha, \tag{7.2/2}$$

und die Verteilung $q = q(x)$ des Längsdruckes genügt der Gl. (3.3/21). Sie lautet, auf den vorliegenden statischen Fall spezialisiert, wegen $F = \frac{\pi}{4} D^2$ (D = variabler Durchmesser, F = variabler Querschnitt der

[1] Allerdings an Wachs, das im Stoffverhalten eher einer zähen Flüssigkeit als einem Metall gleicht.

gedachten konischen Düse)

$$\frac{dq}{dx} = \frac{k_f}{\pi} (1 + 4\pi \tan\alpha + \tan^2\alpha) \cdot \frac{1}{D}$$

und gibt mit (6.2/3)

$$q = q_A + \int_0^x \frac{dq}{dx}\, dx = q_A + \frac{k_f}{2\pi} (\cot\alpha + 4\pi + \tan\alpha) \ln\left(1 + \frac{2x}{D_A} \tan\alpha\right).$$

Für $x = x_E$ erhält man q_E, und nach (7.2/1), (7.2/2) folgt wegen $F_E/F_A = (D_E/D_A)^2$ die dimensionslose, auf Stempelfläche und Formänderungsfestigkeit bezogene Preßkraft $\varkappa_f$ unter Vernachlässigung der Wandreibung im starren Werkstoffbereich zwischen der Knickstelle B und dem Stempel zu

$$\varkappa_f = \frac{K}{F_E \cdot k_f} = \frac{2}{3} \tan\alpha + \left[1 + \frac{1}{4\pi}\left(\tan\alpha + \frac{1}{\tan\alpha}\right)\right] \ln\frac{F_E}{F_A}. \quad (7.2/3)$$

Sie hängt vom noch unbekannten Winkel α ab.

Wegen $K \to \infty$ für $\alpha \to 0$ und $\alpha \to \frac{\pi}{2}$ existiert bei einem bestimmten Winkel $\alpha = \alpha_{\text{opt}}$ ein Minimum K_{Min} von K. Man kann nun dem Werkstoff unterstellen, daß er sich möglichst wirtschaftlich, also mit geringstem Arbeitsverbrauch umformt. Dies muß vorerst Hypothese bleiben, wird aber später (Band II) unter ähnlichen Bedingungen beweisbar sein. Die Forderung $dK/d(\tan\alpha) = 0$ führt mit (7.2/3) auf

$$\tan\alpha = \tan\alpha_{\text{opt}} = \left(1 + \frac{8\pi}{3 \ln \frac{F_E}{F_A}}\right)^{-1/2}. \quad (7.2/4\,\text{a})$$

Wenn α_{opt} geometrisch nicht mehr zulässig ist, weil der Stempel schon zu dicht an der Matrize steht, kommt für ein Minimum der kleinste mögliche Winkel α in Betracht. Er erfüllt nach (7.2/1)[1]

$$\tan\alpha = \frac{D_E - D_A}{2l}. \quad (7.2/4\,\text{b})$$

Der Übergang von (7.2/4a) nach (7.2/4b) erfolgt gerade dann, wenn die aus beiden Gleichungen berechneten Werte $\tan\alpha$ überein-

[1] Dies bedeutet in Bild 7.4a, daß die Scherzone B am Stempel liegt, also — damit sie Scherzone bleibt — daß der Werkstoff am Stempel haftet. Diese Annahme kann modifiziert werden.

stimmen, d. h.

$$\frac{l}{D_E} = \frac{1}{2}\left(1 - \frac{D_A}{D_E}\right)\sqrt{1 + \frac{8\pi}{3 \ln \frac{F_E}{F_A}}} = \frac{1}{2}\left(1 - \sqrt{1 - |\varepsilon_A|}\right) \times$$

$$\times \sqrt{1 + \frac{8\pi}{3 \ln \frac{1}{1 - |\varepsilon_A|}}}, \tag{7.2/5}$$

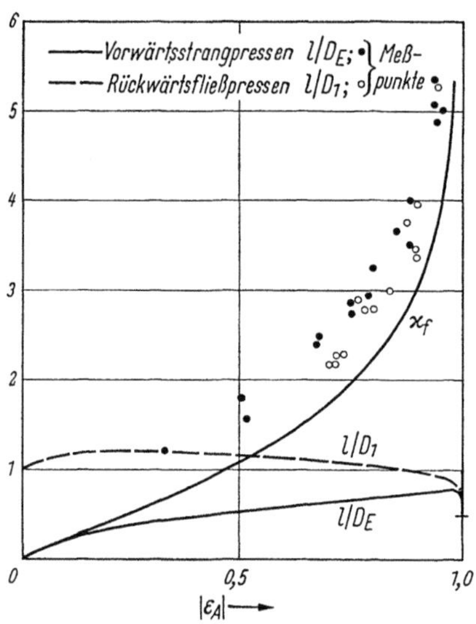

Bild 7.5 Dimensionslose stationäre Preßkraft $\varkappa_f = \frac{K}{F_E k_f}$ im Vergleich mit Meßwerten für Blei, Aluminium, Zinn, Kupfer nebst Legierungen sowie Grenzen l/D_E, l/D_1 zwischen stationärem und instationärem Vorgang als Funktionen des Umformgrades $|\varepsilon_A|$ beim axialsymmetrischen Fließpressen. Die beiden theoretischen Kraftverläufe fallen in der Zeichnung zusammen.

wo analog (6.2/5) der Umformgrad

$$|\varepsilon_A| = \frac{F_E - F_A}{F_E} = 1 - \frac{F_A}{F_E} \tag{7.2/6}$$

eingeführt wurde. In Bild 7.5 ist l/D_E gemäß (7.2/5) über $|\varepsilon_A|$ aufgetragen. Man erkennt $\frac{l}{D_E} < \frac{4}{5}$. Zu Beginn der Umformung gilt bei technischen Prozessen gewöhnlich $\frac{l}{D_E} > \frac{4}{5}$. Setzt man dementsprechend (7.2/4a) in (7.2/3) ein, so gelangt man zu einer vom sich verringernden Stempelabstand l unabhängigen Preßkraft K, die wir *stationär* nennen wollen. Sie ändert sich erst im letzten Moment (*instationärer* Verlauf), wenn die Grenzbedingung (7.2/5) verletzt wird, und steigt dann für $l \to 0$ wegen (7.2/4b), (7.2/3) auf unendlich große Werte an. Bei endlicher Kraft muß die Umformung somit notwendig schon für einen gewissen Wert $l > 0$ beendet sein; es bleibt ein Preßrest übrig, dessen Länge l jedoch weniger als $\frac{4}{5}$ seines Durchmessers beträgt.

Die vorstehenden Deutungen sind natürlich nur soweit richtig, wie unsere Theorie überhaupt zu diskutablen Ergebnissen führt. Der instationäre Kraftanstieg scheint nach Bild 7.4a allein schon von der Anschauung her plausibel. Daneben wurden stationäre Werte der Preßkraft wiederholt gemessen; wir vergleichen in Bild 7.5 experimentelle Ergebnisse verschiedener Autoren (entnommen [*228*]) für Blei und Zinn mit unseren theoretischen Werten gemäß (7.2/3), (7.2/4a) und finden eine bei Würdigung der Voraussetzungen immerhin befriedigende Übereinstimmung. Da Reibung im Aufnehmer experimentell nicht zu vermeiden ist, müssen Meßwerte ohnehin etwas über der für $\mu = 0$ errechneten theoretischen Kurve liegen. Messungen des Reibwertes an Blei mittels schräg in den Aufnehmermantel eingesetzter Fühler ergaben z. T. widersinnige Resultate[1] [*232*], im Durchschnitt jedoch $0{,}1 \leq \mu \leq 0{,}22$, was entsprechenden Angaben von Tab. 4.1 nicht widerspricht.

7.2.2.2 Rückwärtspressen. Wir wenden uns jetzt dem Rückwärtspressen nach Bild 7.4b zu und benutzen die dort in Analogie zu Bild 7.4a eingezeichneten gestrichelten Sprunglinien[2]. Die plastische Werkstoffzone liegt jetzt außen und berührt unmittelbar längs A_1B_1 den Aufnehmermantel. Zur Vereinfachung postulieren wir $\mu = \mu_1 = 0$ (gute Schmierung). Dann wird die Stempelkraft K nur von der Schließplatte des Aufnehmers getragen. Wir können das Problem umkehren, den Stempel als ruhend ansehen und den Aufnehmer nach oben bewegen. Die Ringfläche zwischen Aufnehmer und Matrizenscheibe stellt jetzt die Matrizenöffnung des gedachten Preßvorganges dar mit Werkstoffein- und austrittsflächen der Größen

$$F_E = \frac{\pi}{4} D_1^2; \qquad F_A = \frac{\pi}{4} (D_1^2 - D_2^2).$$

Von der Matrizenfläche ausgehend ragt der starre Kegel $A_2B_2A_2$ in den plastischen Werkstoff hinein. Die Randwerte des Längsdruckes q unmittelbar oberhalb B_1B_2 bzw. unterhalb A_1A_2 betragen gemäß (3.3/8b), (3.3/14) mit $\Delta \tan \alpha_1 = 0$, $|\Delta \tan \alpha_2| = \tan \alpha$

$$q_E = \frac{K}{F_E} - \frac{k_f}{3} \tan \alpha, \qquad q_A = \frac{k_f}{3} \frac{D_2(2D_1 + D_2)}{(D_1 + D_2)^2} \tan \alpha.$$

Beim Aufstellen der Differentialgleichung in der plastischen Zone AB müssen wir gemischte Reibbedingungen beachten:

$$\mu_1 = 0 \quad \text{für} \quad R_1 = \frac{D_1}{2}, \qquad \tan \alpha_1 = 0;$$

---

[1] $\mu < 0$.

[2] Dipper [*226*] vergleicht in Anlehnung an Körber, Eichinger und Pomp [*37*, *42*] das Massiv-Lochen mit dem Stauchen, vernachlässigt Scheranteile, berücksichtigt aber die Reibung.

Scherung für

$$R_2 = \frac{D_2}{2} - x \tan\alpha, \qquad \tan\alpha_2 = -\tan\alpha.$$

Nach den Gln. (3.2/48), (3.3/21) und dem am Ende von Abschn. 3.3.2 Gesagten folgt

$$\frac{dq}{dx} = \frac{k_f \cdot 2R_2}{\frac{D_1^2}{4} - R_2^2}\left[\tan\alpha + \frac{1}{4\pi}\,(1 + \tan^2\alpha)\right],$$

also nach Integration wegen $dx = -\cot\alpha\, dR_2$ unter Berücksichtigung der obigen Randbedingungen

$$\varkappa_f = \frac{K}{F_E k_f} = \frac{2}{3}\left[1 - \frac{1}{2}\left(\frac{D_1}{D_1 + D_2}\right)^2\right]\tan\alpha + \\ + \left[1 + \frac{1}{4\pi}\left(\tan\alpha + \frac{1}{\tan\alpha}\right)\right]\ln\frac{F_E}{F_A}. \tag{7.2/7}$$

Aus $dK/d(\tan\alpha) = 0$ ergibt sich der zum Minimum von K gehörige, den stationären Vorgang beschreibende Winkel α_{opt} gemäß

$$\tan\alpha = \tan\alpha_{\text{opt}} = \left\{1 + \frac{8\pi\left[1 - \frac{1}{2}\left(\frac{D_1}{D_1 + D_2}\right)^2\right]}{3\ln\frac{F_E}{F_A}}\right\}^{-1/2}. \tag{7.2/8a}$$

Diese Beziehung muß, sofern die nach Bild 7.4b erforderliche Bedingung $x_E \leq l$ verletzt ist, durch

$$\tan\alpha = \frac{1}{2}\,\frac{D_2}{l} \tag{7.2/8b}$$

ersetzt werden (instationärer Vorgang). Die Grenze beider Umformphasen erhält man durch Gleichsetzen der Ausdrücke (7.2/8a, b) in der Gestalt

$$\left(\frac{l}{D_1}\right)^2 = \frac{1}{4}\left(\frac{D_2}{D_1}\right)^2\left\{1 + \frac{8\pi\left[1 - \frac{1}{2}\left(\frac{D_1}{D_1 + D_2}\right)^2\right]}{3\ln\frac{F_E}{F_A}}\right\} = \\ = \frac{1}{4}\,|\varepsilon_A|\left\{1 + \frac{8\pi\left[1 - \frac{1}{2}\left(\frac{1}{1 + \sqrt{|\varepsilon_A|}}\right)^2\right]}{3\ln\frac{1}{1 - |\varepsilon_A|}}\right\},$$

wo der Umformgrad $|\varepsilon_A| = \frac{F_E - F_A}{F_E} = \left(\frac{D_2}{D_1}\right)^2$ eingeführt wurde. Jener Grenzverlauf ist in Bild 7.5 gestrichelt eingetragen. Ersichtlich liegt l/D_1 in der Größenordnung um 1; man wird also größere Preßreste als beim Vorwärtspressen erwarten. Wertet man aber die stationären Preßkräfte K nach (7.2/7), (7.2/8a) aus, so fällt ihr Verlauf in Bild 7.5 praktisch mit dem des Vorwärtspressens zusammen. Experimente verschiedener Autoren (zitiert nach [*228*]) für Aluminium und Kupfer bestätigen ihn sogar besser als im ersten Fall. Dies deutet darauf hin, daß die Reibung beim Rückwärtspressen eine geringere Rolle spielt als beim Vorwärtspressen.

8 Grundlagen der Kontinuumsmechanik

Die elementare Plastizitätstheorie erfaßt nur solche Umformvorgänge, bei denen der Werkstofffluß durch das Streifen-, Scheiben- oder Röhrenmodell beschrieben werden kann. Für andere Umformvorgänge oder auch für weitergehende Untersuchungen bereits behandelter Fälle muß man eine beliebige Werkstoffbewegung zulassen. Entsprechend Abschn. 2.1 darf man dabei von der kristallinen Struktur absehen und den Werkstoff als kontinuierlich aufgebaut bzw. als *Kontinuum* betrachten. In diesem Kapitel wird die allgemeine, d. h. vom speziellen — z. B. plastischen — Stoffverhalten unabhängige und u. a. auch für elastische Körper oder Flüssigkeiten gültige Mechanik der Kontinua behandelt. Zu dieser gehören in erster Linie die grundlegenden mathematischen Begriffe, alsdann allgemeine Untersuchungen der Formänderungen und der Spannungsverteilungen. Eine moderne, gut lesbare und weiterführende Darstellung gibt PRAGER [*233*].

8.1 Koordinaten und Invarianten

Koordinaten sind lediglich Hilfsmittel zur numerischen Behandlung geometrischer und physikalischer Gegebenheiten; diese selbst bestehen unabhängig von ihnen. Eine solche Unabhängigkeit vom Koordinatensystem heißt *Invarianz*. Geometrische (physikalische) Größen sind in diesem Sinne *invariant* bzw. *Invarianten*; man nennt sie auch *Objekte* [*234*].

Als Beispiel betrachten wir Bild 8.1. Ein Punkt P im Raum ist geometrisches Objekt. In einem *kartesischen* Koordinatensystem[1] hat er

[1] Das ist ein geradliniges, rechtwinkliges Koordinatensystem mit gleicher linearer Maßeinteilung auf allen Achsen.

entsprechend der bekannten Konstruktion nach Bild 8.1a die Koordinaten x, y, z (vgl. auch Bild 1.1). Es ist vor allem für allgemeine Ableitungen praktischer, die Koordinaten statt dessen mit x_1, x_2, x_3 zu bezeichnen.

Ein *Ortsvektor* $\boldsymbol{r}$ als Pfeil bestimmter Richtung und Länge mit gegebenem Anfangspunkt ist ebenfalls unabhängig von jedem Koordinatensystem, also invariant und geometrisches Objekt. Ihm ordnet man

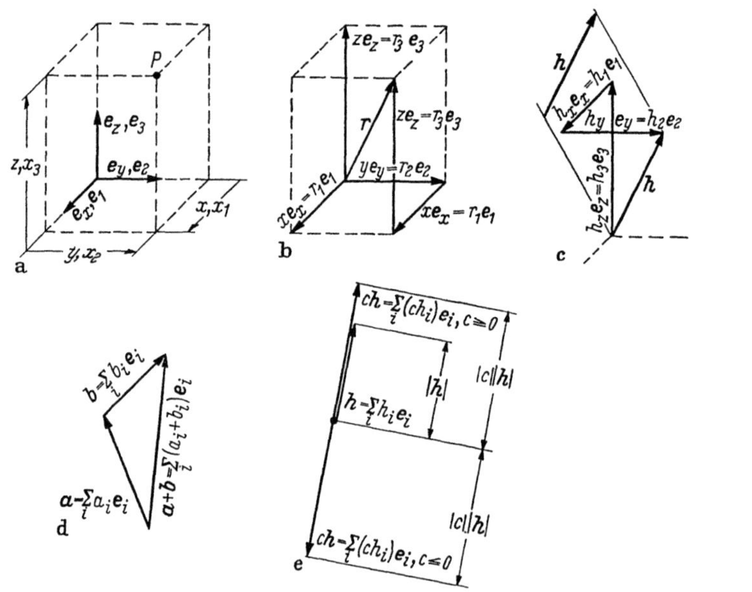

Bild 8.1a–e Vektoren und kartesische Koordinaten.
a) Punkt; b) Ortsvektor; c) Freier Vektor; d) Vektoraddition; e) Multiplikation mit einem Skalar c.

dadurch Koordinaten x, y, z bzw. r_1, r_2, r_3 zu, daß man in seinen Anfangspunkt ein kartesisches Koordinatensystem legt und dann seine Endpunktkoordinaten wie zuvor bei einem Einzelpunkt ermittelt. Dieses Verfahren läßt sich nach den Regeln der Vektorrechnung als Vektorsumme

$$\boldsymbol{r} = x\boldsymbol{e}_x + y\boldsymbol{e}_y + z\boldsymbol{e}_z \qquad (8.1/1\text{a})$$

schreiben (Bild 8.1b): hier sind $\boldsymbol{e}_x$, $\boldsymbol{e}_y$, $\boldsymbol{e}_z$ im Koordinatenursprung befestigte und in die positive Richtung der zugehörigen Koordinaten weisende Vektoren der Längen

$$|\boldsymbol{e}_x| = |\boldsymbol{e}_y| = |\boldsymbol{e}_z| = 1$$

(*Einsvektoren*). $x\boldsymbol{e}_x$, $y\boldsymbol{e}_y$, $z\boldsymbol{e}_z$ beschreiben die Projektionen von $\boldsymbol{r}$ auf die x-, y- bzw. z-Achse, und ihre Vektorsumme (8.1/1a) erhält man, indem man die Einzelvektoren aneinanderreiht und den *resultierenden* Vektor zum Endpunkt des letzten zieht (Bild 8.1b). Im Prinzip dasselbe Verfahren wendet man beim *freien Vektor*

$$\boldsymbol{h} = h_x \boldsymbol{e}_x + h_y \boldsymbol{e}_y + h_z \boldsymbol{e}_z \tag{8.1/1b}$$

an, der im Gegensatz zum Ortsvektor $\boldsymbol{r}$ keinen festen Anfangspunkt hat und frei parallel verschoben werden darf — etwa in den Koordinatenursprung (Bild 8.1c). Im Vergleich mit Bild 8.1b erkennt man übrigens, daß die Reihenfolge der Summanden bei Vektoraddition wie bei der gewöhnlichen Addition beliebig und vertauschbar (*kommutativ*) ist. Die Längen (*Beträge*) $|\boldsymbol{r}|$, $|\boldsymbol{h}|$ von $\boldsymbol{r}$, $\boldsymbol{h}$ ergeben sich aus dem bekannten Satz des PYTHAGORAS zu

$$|\boldsymbol{r}| = [x^2 + y^2 + z^2]^{1/2} \quad \text{bzw.} \quad |\boldsymbol{h}| = [h_x^2 + h_y^2 + h_z^2]^{1/2}. \tag{8.1/1c}$$

$\boldsymbol{e}_x$, $\boldsymbol{e}_y$, $\boldsymbol{e}_z$ sind fest an das Koordinatensystem gebunden und daher keine Invarianten. Man schreibt oft $\boldsymbol{e}_1$, $\boldsymbol{e}_2$, $\boldsymbol{e}_3$ statt $\boldsymbol{e}_x$, $\boldsymbol{e}_y$, $\boldsymbol{e}_z$, also

$$\boldsymbol{r} = r_1 \boldsymbol{e}_1 + r_2 \boldsymbol{e}_2 + r_3 \boldsymbol{e}_3,$$

$$\boldsymbol{h} = h_1 \boldsymbol{e}_1 + h_2 \boldsymbol{e}_2 + h_3 \boldsymbol{e}_3$$

oder abgekürzt

$$\boldsymbol{r} = \sum_i r_i \boldsymbol{e}_i; \qquad \boldsymbol{h} = \sum_i h_i \boldsymbol{e}_i, \tag{8.1/2}$$

wobei $\sum_i a_i = \sum_{i=1}^{N} a_i = a_1 + a_2 + \cdots + a_N$ bedeutet. Sofern nichts anderes vermerkt ist, wählen wir $N = 3$ bei räumlichen und $N = 2$ bei ebenen Objekten.

Man darf den unter dem $\sum$-Zeichen stehenden *Summationsindex* i durch einen beliebigen anderen, z. B. k, ersetzen: $\boldsymbol{h} = \sum_k h_k \boldsymbol{e}_k$.

Werden andere Indizes ausgewechselt, so ändert sich die Bedeutung der Gleichung. Wenn z. B. ein Vektor $\boldsymbol{h}_k$ (etwa als k-ter Vektor von n gegebenen Vektoren $\boldsymbol{h}_1, \ldots, \boldsymbol{h}_n$) die Koordinaten h_{k1}, h_{k2}, h_{k3} besitzt, so darf man

$$\boldsymbol{h}_k = \sum_i h_{ki} \boldsymbol{e}_i = \sum_l h_{kl} \boldsymbol{e}_l \tag{8.1/3}$$

schreiben, aber nicht $\sum_i h_{li} \boldsymbol{e}_i$; denn das würde den Vektor $\boldsymbol{h}_l$ statt $\boldsymbol{h}_k$ darstellen.

Wir betrachten jetzt einige Größen, deren Invarianz sofort einleuchtet.

Kraftvektoren sind hinsichtlich ihrer Wirkung am starren Körper *linienflüchtige* Vektoren, also solche, die zwar keinen festen Anfangspunkt haben, aber nur längs ihrer Richtung (auf ihrer *Wirkungslinie*) verschoben werden dürfen. Entsprechendes gilt für Geschwindigkeitsvektoren. Beides sind physikalische, nicht nur geometrische Objekte.

Die Länge $|\boldsymbol{h}|$ eines Vektors $\boldsymbol{h}$ ist eine Invariante. Invariante Zahlen nennt man *skalare* Größen oder *Skalare*. Einzelne Koordinaten, z. B. x, sind zwar Zahlen, aber unmittelbar vom Koordinatensystem abhängig: damit nicht invariant und nicht skalar.

Die Summe $\boldsymbol{a} + \boldsymbol{b}$ zweier Vektoren sowie das Produkt $c\boldsymbol{h}$ eines Vektors mit einem Skalar c sind invariant und mit ihren Koordinatengleichungen in den Bildern 8.1d, 8.1e dargestellt.

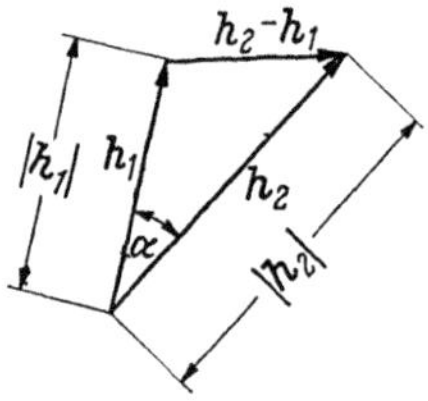

Bild 8.2 Zur Definition des inneren Produktes.

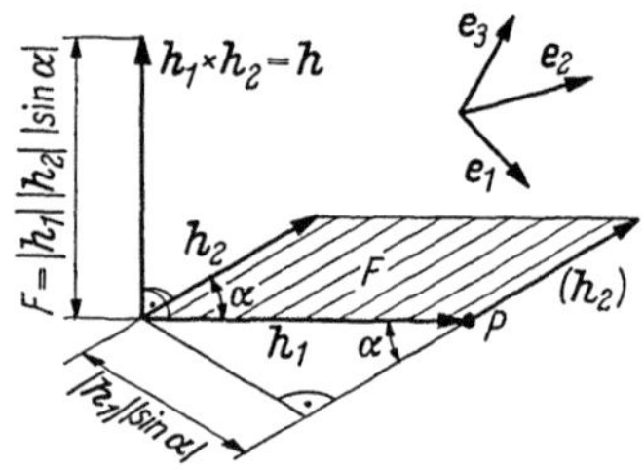

Bild 8.3 Zur Definition des äußeren Produktes.

Der Winkel α zwischen zwei Vektoren $\boldsymbol{h}_1$, $\boldsymbol{h}_2$ ist ein Skalar (Bild 8.2). Damit wird auch das *innere Produkt* von $\boldsymbol{h}_1$, $\boldsymbol{h}_2$, welches man durch $\boldsymbol{h}_1\boldsymbol{h}_2$ bezeichnet, ein Skalar:

$$\boldsymbol{h}_1\boldsymbol{h}_2 = |\boldsymbol{h}_1|\,|\boldsymbol{h}_2|\cos\alpha. \tag{8.1/4}$$

Sind $\boldsymbol{a} = \boldsymbol{h}_1$, $\boldsymbol{b} = \boldsymbol{h}_2$ durch $\boldsymbol{a} = \sum_i a_i\boldsymbol{e}_i$, $\boldsymbol{b} = \sum_i b_i\boldsymbol{e}_i$ gegeben, so folgt mit Bild 8.2 aus dem Cosinussatz der elementaren Geometrie $|\boldsymbol{a} - \boldsymbol{b}|^2 = |\boldsymbol{a}|^2 + |\boldsymbol{b}|^2 - 2|\boldsymbol{a}|\,|\boldsymbol{b}|\cos\alpha$ und (8.1/1c) sofort

$$\boldsymbol{h}_1\boldsymbol{h}_2 = \boldsymbol{a}\boldsymbol{b} = |\boldsymbol{a}|\,|\boldsymbol{b}|\cos\alpha = \frac{1}{2}\left(|\boldsymbol{a}|^2 + |\boldsymbol{b}|^2 - |\boldsymbol{a} - \boldsymbol{b}|^2\right) = \sum_i a_i b_i \tag{8.1/5}$$

(vgl. [*235*]).

Das innere Produkt heißt auch *Skalarprodukt*; seine Bildung die *skalare Multiplikation*.

Unter *Vektorprodukt* oder *äußerem Produkt* $\boldsymbol{h}_1 \times \boldsymbol{h}_2$ der Vektoren $\boldsymbol{h}_1$ und $\boldsymbol{h}_2$ versteht man den in Bild 8.3 gezeichneten, auf $\boldsymbol{h}_1$ und $\boldsymbol{h}_2$ senkrechten Vektor, dessen Länge gleich der durch $\boldsymbol{h}_1$, $\boldsymbol{h}_2$ eingeschlossenen Parallelogrammfläche

$$F = |\boldsymbol{h}_1|\,|\boldsymbol{h}_2|\,|\sin\alpha|$$

ist. Betrachtet man $\boldsymbol{h}_2$ — etwa in der verschobenen Lage $(\boldsymbol{h}_2)$ (Bild 8.3) — als in P angreifenden Kraftvektor, so ist $|\boldsymbol{h}_1|\,|\sin\alpha|$ sein Hebelarm um den Ursprung, folglich F sein Moment um die auf $\boldsymbol{h}_1, \boldsymbol{h}_2$ senkrechte Achse, $\boldsymbol{h} = \boldsymbol{h}_1 \times \boldsymbol{h}_2$ also der zugehörige Momentvektor.

Man erkennt, daß die Richtung senkrecht zu $\boldsymbol{h}_1, \boldsymbol{h}_2$ und die Länge von $\boldsymbol{h}$ geometrisch ohne Bezug auf irgendein Koordinatensystem, also invariant festgelegt sind. Hingegen ist die Pfeilrichtung von $\boldsymbol{h}$ offen. Sie wird im Hinblick auf das vorgegebene Koordinatensystem so gewählt, daß die folgende Eigenschaft erfüllt ist:

Blickt man von der Spitze von $\boldsymbol{h}$ auf die $\boldsymbol{h}_1, \boldsymbol{h}_2$-Ebene, so ist die kürzeste Drehrichtung von $\boldsymbol{h}_1$ nach $\boldsymbol{h}_2$ stets diejenige von $\boldsymbol{e}_1$ nach $\boldsymbol{e}_2$, wenn man von der Spitze des Vektors $\boldsymbol{e}_3$ blickt (Bild 8.3)[1].

Sind die Vektoren $\boldsymbol{a} = \boldsymbol{h}_1$, $\boldsymbol{b} = \boldsymbol{h}_2$ in irgendeinem Koordinatensystem durch $\boldsymbol{a} = \sum_i a_i \boldsymbol{e}_i$, $\boldsymbol{b} = \sum_i b_i \boldsymbol{e}_i$ gegeben, so gilt (vgl. [*235*])

$$\boldsymbol{h} = \boldsymbol{h}_1 \times \boldsymbol{h}_2 = \boldsymbol{a} \times \boldsymbol{b} = (a_2 b_3 - a_3 b_2)\boldsymbol{e}_1 + \\ + (a_3 b_1 - a_1 b_3)\boldsymbol{e}_2 + (a_1 b_2 - a_2 b_1)\boldsymbol{e}_3. \tag{8.1/6}$$

Diese Beziehung genügt der geometrischen Definition des äußeren Produkts. Denn aus (8.1/6), (8.1/5) folgt $\boldsymbol{h}\boldsymbol{a} = \boldsymbol{h}\boldsymbol{b} = 0$, also $\boldsymbol{h}$ normal zu $\boldsymbol{a}$, $\boldsymbol{b}$, und über Bild 8.3 wegen (8.1/4)

$$F = |\boldsymbol{a}|\,|\boldsymbol{b}|\,|\sin\alpha| = |\boldsymbol{a}|\,|\boldsymbol{b}|\left|\sqrt{1-\cos^2\alpha}\right| = \left|\sqrt{|\boldsymbol{a}|^2\,|\boldsymbol{b}|^2 - (\boldsymbol{a}\boldsymbol{b})^2}\right|;$$

dies gibt mit (8.1/6), (8.1/1c) $|\boldsymbol{h}| = F$. Nun ist noch die Pfeilrichtung von $\boldsymbol{h}$ zu kontrollieren: hierzu drehen wir das $\boldsymbol{e}_i$-System so, daß $\boldsymbol{e}_1 = \boldsymbol{a}/|\boldsymbol{a}|$ mit der Richtung von $\boldsymbol{a}$ zusammenfällt und $\boldsymbol{e}_2$ in der $\boldsymbol{a}, \boldsymbol{b}$-Ebene in die gleiche Halbebene wie $\boldsymbol{b}$ weist; dann haben $\boldsymbol{a}$, $\boldsymbol{b}$ die Koordinaten $a_2 = a_3 = b_3 = 0$, $a_1 > 0$, $b_2 \geq 0$, und (8.1/6) weist $\boldsymbol{h} = a_1 b_2 \boldsymbol{e}_3$ die richtige Pfeilrichtung $\boldsymbol{e}_3$ zu. Dreht man jetzt das $\boldsymbol{e}_i$-System in die Ausgangslage zurück, so bleibt die durch (8.1/6) gegebene Pfeilrichtung aus Stetigkeitsgründen unverändert.

Rechnet man nur in Koordinatensystemen desselben Typs (z. B. nur in Rechtshandsystemen), so liegt $\boldsymbol{h}$ unabhängig vom speziellen System fest: $\boldsymbol{h}$ ist in diesem eingeschränkten Sinne invariant. Man nennt solche Vektoren *axiale* Vektoren zur Unterscheidung von uneingeschränkt invarianten sogenannten *polaren* Vektoren. Äußere Produkte von polaren

---

[1] Als Drehrichtungen kommen *links* oder *rechts* in Frage. Im ersten Fall (er entspricht Bild 8.3) nennt man $\boldsymbol{e}_1, \boldsymbol{e}_2, \boldsymbol{e}_3$ ein *Rechtshandsystem*, weil man Daumen, Zeigefinger, Mittelfinger der rechten Hand in dieser Reihenfolge mit $\boldsymbol{e}_1$, $\boldsymbol{e}_2$, $\boldsymbol{e}_3$ zur Deckung bringen kann. Im zweiten Fall liegt ein *Linkshandsystem* vor.

Vektoren sind also axiale Vektoren. Auch der *Winkelgeschwindigkeitsvektor* $\boldsymbol{\omega}$ eines starren Körpers,

$$\boldsymbol{\omega} = \sum_i \omega_i \boldsymbol{e}_i,$$

dessen Länge $|\boldsymbol{\omega}|$ der Betrag ω der Winkelgeschwindigkeit und dessen Richtung diejenige der Drehachse sind (Bild 8.4), ist offenbar nur bis auf das Vorzeichen seiner Richtung invariant festgelegt und somit ein axialer Vektor. Bei raumfester Drehachse ist der Geschwindigkeitsbetrag $|\boldsymbol{v}|$ eines beliebigen Körperpunktes P gleich ωa, wo a den Abstand zwischen P und der Achse beschreibt. Nach Bild 8.4 gilt $a = |\boldsymbol{r}| \sin \alpha$. Hier ist $\boldsymbol{r}$ der Ortsvektor von irgendeinem Punkt der Drehachse nach P. Also entspricht $|\boldsymbol{v}| = |\boldsymbol{r}|\,|\boldsymbol{\omega}| \sin \alpha$ dem Wert F in Bild 8.3. Außerdem steht die Geschwindigkeit $\boldsymbol{v}$ in Umfangsrichtung senkrecht auf $\boldsymbol{r}$, $\boldsymbol{\omega}$. Daraus folgt zunächst

$$\boldsymbol{v} = \pm \boldsymbol{\omega} \times \boldsymbol{r}.$$

Die noch offene Pfeilrichtung von $\boldsymbol{\omega}$ wird nun so festgelegt, daß das obere Vorzeichen gilt:

$$\boldsymbol{v} = \boldsymbol{\omega} \times \boldsymbol{r}. \tag{8.1/7}$$

Diese Vorzeichenvereinbarung läßt sich beispielsweise in einem Rechtshandsystem wie folgt interpretieren: von der Spitze von $\boldsymbol{\omega}$ her gesehen dreht sich der Körper entgegen dem Uhrzeigersinn um seine Achse.

Wir kommen jetzt zu weiteren wichtigen Größen, die mittels Invarianten definiert werden — demnach also selbst Invarianten und geometrische bzw. physikalische Objekte sind —, aber in vielen Fällen keine so unmittelbar anschauliche Deutung zulassen wie die bisher besprochenen. Und zwar handelt es sich um sogenannte *Abbildungen*, das sind Zuordnungsvorschriften.

Als einfachstes Beispiel betrachten wir die Vorschrift

$$\boldsymbol{h} \to (h_1, h_2, h_3).$$

Sie ordnet jedem Vektor $\boldsymbol{h}$ seine Koordinaten h_1, h_2, h_3 zu. Da diese jedoch vom Koordinatensystem abhängen, handelt es sich um keine invariante Abbildung.

Invariant sind dagegen Abbildungen, die jedem Vektor $\boldsymbol{h}$ durch geometrische, koordinatenunabhängige Konstruktion einen Vektor $\boldsymbol{k}$ zuordnen. Bild 8.5 zeigt zwei Beispiele.

In Bild 8.5a wird jeder Vektor $\boldsymbol{h}$ der Ebene E senkrecht auf eine fest vorgegebene andere Ebene E' und von dort wiederum senkrecht zurück auf E projiziert: die *Bildvektoren* heißen $\boldsymbol{k}$. In Bild 8.5 b wird der ganze Raum um einen gegebenen Winkel ψ um eine feste Achse $\overline{AA}$ gedreht: dadurch gehen Vektoren $\boldsymbol{h}$ in Bildvektoren $\boldsymbol{k}$ über.

In beiden Abbildungen kann man $\boldsymbol{h}$, $\boldsymbol{k}$ als freie Vektoren auffassen: Parallelverschiebung von $\boldsymbol{h}$ führt ebenfalls zu einer Parallelverschiebung von $\boldsymbol{k}$. Ferner geht die Beziehung $\boldsymbol{h} = \boldsymbol{h}_1 + \boldsymbol{h}_2$ (Vektoraddition) nach Bild 8.5 in diejenige $\boldsymbol{k} = \boldsymbol{k}_1 + \boldsymbol{k}_2$ über (*Linearität*).

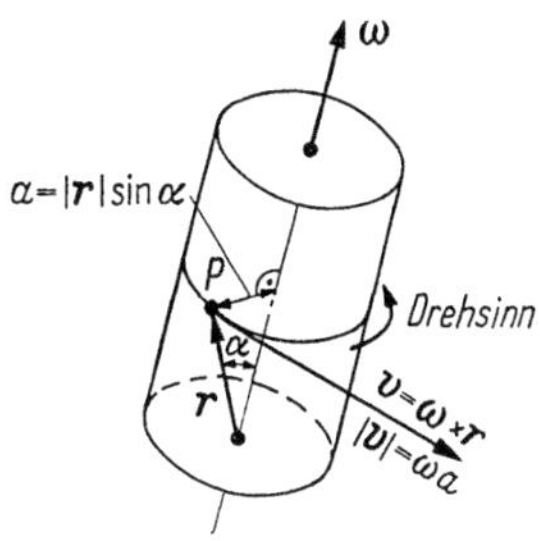

Bild 8.4 Drehung des starren Körpers um eine feste Achse.

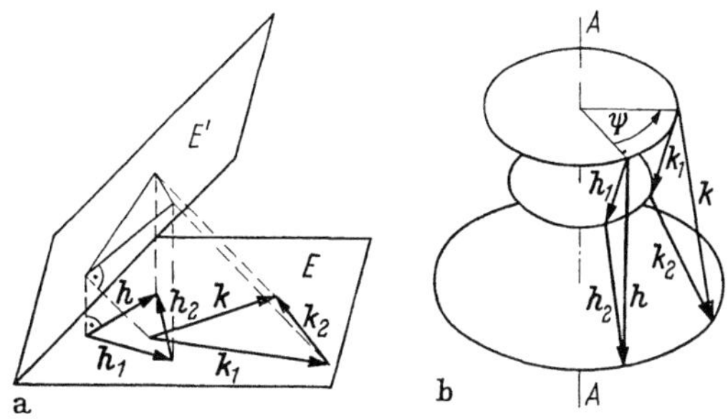

Bild 8.5a u. b Vektorabbildungen. a) Ebene Projektion; b) räumliche Drehung.

Lineare Vektorabbildungen nennt man *Tensoren*. Wenn in einem speziellen kartesischen Koordinatensystem $\boldsymbol{e}_1, \boldsymbol{e}_2, \boldsymbol{e}_3$

$$\boldsymbol{h} = \sum_i h_i \boldsymbol{e}_i, \qquad \boldsymbol{k} = \sum_i k_i \boldsymbol{e}_i$$

gilt, so verlangt die Linearität, daß die Koordinaten k_i des Bildvektors $\boldsymbol{k}$ lineare Funktionen der Koordinaten h_i des Ausgangsvektors $\boldsymbol{h}$ sind. Sie enthalten kein Absolutglied, weil dem Nullvektor $\boldsymbol{h} - \boldsymbol{h} = \boldsymbol{o}$ ebenfalls der Nullvektor $\boldsymbol{k} - \boldsymbol{k} = \boldsymbol{o}$ zugeordnet sein muß:

$$\left.\begin{aligned} k_1 &= \gamma_{11} h_1 + \gamma_{12} h_2 + \gamma_{13} h_3, \\ k_2 &= \gamma_{21} h_1 + \gamma_{22} h_2 + \gamma_{23} h_3, \\ k_3 &= \gamma_{31} h_1 + \gamma_{32} h_2 + \gamma_{33} h_3. \end{aligned}\right\} \tag{8.1/8}$$

Im ebenen Fall bleiben alle Glieder mit dem Index 3 fort.

Die Abbildung wird durch das Zahlenschema

$$\begin{pmatrix} \gamma_{11} & \gamma_{12} & \gamma_{13} \\ \gamma_{21} & \gamma_{22} & \gamma_{23} \\ \gamma_{31} & \gamma_{32} & \gamma_{33} \end{pmatrix} = (\gamma_{ik})$$

festgelegt. Solche Zahlentafeln heißen *Matrizen*[1]. Hierbei sind die *Tensorkoordinaten* γ_{ik} durch die Abbildung und das System $\boldsymbol{e}_1, \boldsymbol{e}_2, \boldsymbol{e}_3$ eindeutig bestimmt: durch die Abbildung sind nämlich insbesondere die zu den Einsvektoren $\boldsymbol{h} = \boldsymbol{e}_l$ gehörigen Bildvektoren $\boldsymbol{k}_l$ bestimmt. $\boldsymbol{e}_j$ mit den Koordinaten $h_j = 1$, $h_i = 0$ für $i \neq j$ hat nach (8.1/8) das Bild

$$\boldsymbol{k}_j = \gamma_{1j}\boldsymbol{e}_1 + \gamma_{2j}\boldsymbol{e}_2 + \gamma_{3j}\boldsymbol{e}_3 .$$

Dann liefert (8.1/5) eindeutig

$$\boldsymbol{e}_i\boldsymbol{k}_j = \gamma_{ij} . \tag{8.1/9}$$

Mit (8.1/4) und Bild 8.2 ist also γ_{ij} die Projektion des zum Einsvektor $\boldsymbol{e}_j$ gehörigen Bildvektors $\boldsymbol{k}_j$ auf den Einsvektor $\boldsymbol{e}_i$.

Da die Koordinaten γ_{ik} zwei Indizes haben, spricht man von Tensoren *zweiter Stufe*. Für sie hat sich das Wort *Dyade* eingebürgert. Einfach indizierte Koordinaten γ_i sind Vektorkoordinaten. Somit werden Vektoren oft als Tensoren *1. Stufe* bezeichnet. Zur formalen Vervollständigung kann man invariante Zahlen, d. h. Skalare, Tensoren *0-ter Stufe* nennen. In diesem Sinne ist der Vektor mit den Koordinaten γ_i über die skalare Multiplikation gemäß (8.1/5)

$$k = \sum_i \gamma_i h_i , \tag{8.1/10}$$

eine lineare Abbildung von Vektoren $\boldsymbol{h} = \sum_i h_i \boldsymbol{e}_i$ auf Skalare k. Das System (8.1/8) stellt nach Definition eine lineare Abbildung von Vektoren $\boldsymbol{h}$ auf Vektoren $\boldsymbol{k}$ mit den Koordinaten

$$k_l = \sum_i \gamma_{li} h_i \tag{8.1/11}$$

dar. In Verallgemeinerung des durch (8.1/10), (8.1/11) gegebenen Schemas haben Tensoren *3. Stufe* dreifach indizierte Koordinaten γ_{lmi} und sind gemäß

$$k_{lm} = \sum_i \gamma_{lmi} h_i$$

lineare Abbildungen der Vektoren $\boldsymbol{h}_i$ auf Tensoren 2. Stufe mit den Koordinaten k_{lm}. Schließlich definiert man Tensoren n-ter Stufe rekursiv als lineare Abbildungen von Vektoren auf Tensoren $(n-1)$-ter Stufe. Sie lassen sich in einem kartesischen Koordinatensystem durch ein

---

[1] Hier genauer *quadratische* Matrizen.

n-fach indiziertes Zahlenschema $\gamma_{i_1 \ldots i_n}$ darstellen. Hier betrachten wir Tensoren höchstens 2. Stufe, also Skalare, Vektoren und Dyaden.

Laut Definition sind alle Tensoren Invarianten, also geometrische bzw. physikalische Objekte. Nach Einführung eines Koordinatensystems $\boldsymbol{e}_1, \boldsymbol{e}_2, \boldsymbol{e}_3$ lassen sie sich durch Zahlenschemata γ (Skalare), γ_i (Vektoren), γ_{ik} (Dyaden) usf. beschreiben. Neben dem System $\boldsymbol{e}_i$ wollen wir nunmehr noch ein beliebiges weiteres $\boldsymbol{e}'_i$ betrachten[1]. In ihm repräsentieren dann γ', γ'_i, γ'_{ik} usw. die betrachteten Objekte. Wir suchen den Zusammenhang zwischen den gestrichenen und den ungestrichenen Koordinaten.

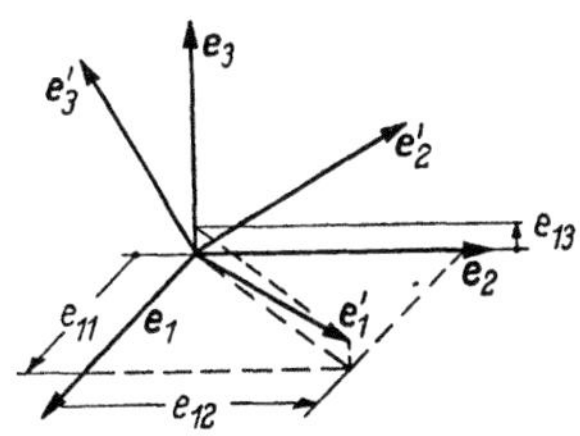

Bild 8.6 Koordinatentransformation.

Bild 8.6 zeigt beide Systeme $\boldsymbol{e}'_i$, $\boldsymbol{e}_i$. Den Vektor $\boldsymbol{e}'_1$ kann man nach den Achsen $\boldsymbol{e}_1$, $\boldsymbol{e}_2$, $\boldsymbol{e}_3$ zerlegen. Er habe die Koordinaten e_{11}, e_{12}, e_{13}, wobei der erste Index gemäß (8.1/3) die Nummer des Vektors $\boldsymbol{e}'_1$, hier also 1 trägt, der zweite dagegen die Koordinatennummer:

$$\boldsymbol{e}'_1 = e_{11}\boldsymbol{e}_1 + e_{12}\boldsymbol{e}_2 + e_{13}\boldsymbol{e}_3 = \sum_j e_{1j}\boldsymbol{e}_j,$$

also allgemein

$$\boldsymbol{e}'_l = \sum_j e_{lj}\boldsymbol{e}_j. \qquad (8.1/12)$$

Hier durchlaufen die Indizes l, j die Werte 1, 2, 3; bei ebenen Problemen nur 1, 2. Die Koeffizienten des Schemas (e_{lj}) sind nach (8.1/12), (8.1/5) durch

$$e_{lj} = \boldsymbol{e}'_l \boldsymbol{e}_j \qquad (8.1/13)$$

eindeutig bestimmt. (e_{lj}) heißt *Transformationsmatrix*. Sie stellt sicher keinen Tensor dar, weil sie in ihrer Bedeutung unmittelbar mit den Koordinatensystemen zusammenhängt. Ferner muß sie gewährleisten, daß die Vektoren $\boldsymbol{e}'_i$ die Längen 1 haben (*Normierung*) und zueinander rechtwinklig sind (*Orthogonalität*). Beide Bedingungen zusammen bezeichnet man als *Orthonormalitäts*-Bedingungen. Sie sollen jetzt formuliert werden.

Nach (8.1/4) gilt $\boldsymbol{e}'_i\boldsymbol{e}'_i = |\boldsymbol{e}'_i|\,|\boldsymbol{e}'_i| \cos 0° = 1$, $\boldsymbol{e}'_i\boldsymbol{e}'_k = |\boldsymbol{e}'_i|\,|\boldsymbol{e}'_k| \cos 90° = 0$ für $i \neq k$, da $|\boldsymbol{e}'_i| = |\boldsymbol{e}'_k| = 1$ gefordert war. Führt man also

[1] Für axiale Vektoren müssen die Systeme $\boldsymbol{e}'_i$, $\boldsymbol{e}_i$ gleich *orientiert*, d. h. beide Rechtshand- oder beide Linkshandsysteme sein.

das Zahlenschema

$$\delta_{ik} = \begin{cases} 1 & \text{für} \quad i = k, \\ 0 & \text{für} \quad i \neq k \end{cases} \tag{8.1/14}$$

(*Kronecker*-Symbol) ein, so lauten die Orthonormalitätsbedingungen für die $\boldsymbol{e}'_i$ und natürlich entsprechend für das Ausgangssystem $\boldsymbol{e}_i$

$$\boldsymbol{e}'_i \boldsymbol{e}'_k = \delta_{ik}; \qquad \boldsymbol{e}_i \boldsymbol{e}_k = \delta_{ik}. \tag{8.1/15}$$

Die δ_{ik} haben für beliebige Zahlenschemata a_i [1] folgende wichtige Eigenschaft:

$$\sum_i a_i \, \delta_{ik} = a_k. \tag{8.1/16}$$

Wir setzen jetzt in die erste Gl. (8.1/15) die Beziehung (8.1/12) ein, müssen diese jedoch, um Verwechslungen zu vermeiden, vorher mit voneinander verschiedenen Summationsindizes versehen:

$$\boldsymbol{e}'_i = \sum_m e_{im} \boldsymbol{e}_m; \qquad \boldsymbol{e}'_k = \sum_n e_{kn} \boldsymbol{e}_n,$$

also

$$\delta_{ik} = \boldsymbol{e}'_i \boldsymbol{e}'_k = \sum_{m,n} e_{im} e_{kn} \boldsymbol{e}_m \boldsymbol{e}_n. \tag{8.1/17}$$

Hier wurde davon Gebrauch gemacht, daß man Produkte von Summen ausmultiplizieren, d. h. als Doppelsumme schreiben kann entsprechend

$$\left(\sum_i a_i\right)\left(\sum_i b_i\right) = (a_1 + a_2 + \ldots)\,(b_1 + b_2 + \ldots) = a_1 b_1 + a_1 b_2 + a_2 b_1 + \ldots,$$

oder kürzer

$$\sum_i a_i \sum_i b_i = \sum_i a_i \sum_k b_k = \sum_{i,k} a_i b_k.$$

Keinesfalls darf man hier auf die Indexänderung verzichten; denn es wäre

$$\sum_i a_i b_i = a_1 b_1 + a_2 b_2 + \ldots$$

nicht mit dem wahren Ergebnis identisch, da die Glieder $a_1 b_2$, $a_2 b_1$ usw. fehlen. Ferner können Summen umgeordnet werden; beispielsweise

---

[1] Natürlich dürfen die Koeffizienten des Schemas weitere, durch die folgende Operation unbeeinflußte Indizes haben, z. B. $a_i = b_{ilm}$ usw.

$$\sum_{i,k} a_{ik} b_k = \sum_i \sum_k a_{ik} b_k = a_{11} b_1 + a_{12} b_2 + \ldots + a_{21} b_1 + a_{22} b_2 + \ldots =$$
$$= b_1(a_{11} + a_{21} + \ldots) + b_2(a_{12} + a_{22} + \ldots) + \ldots = \sum_k b_k \sum_i a_{ik};$$

jedoch natürlich nicht $\sum_i b_k \sum_k a_{ik}$, weil hier ein Summationsindex k vor dem zugehörigen Summationszeichen stünde.

(8.1/17) geht mit der zweiten Gl. (8.1/15) und (8.1/16) in

$$\delta_{ik} = \sum_{m,n} e_{im} e_{kn} \delta_{mn} = \sum_m e_{im} \Big(\sum_n e_{kn} \delta_{mn}\Big) = \sum_m e_{im} e_{km},$$
$$\sum_m e_{im} e_{km} = \delta_{ik} \qquad (8.1/18)$$

über. Die Gln. (8.1/18) heißen Orthonormalitätsbedingung für die Transformationsmatrix (e_{ik}); man nennt diese auch *orthonormal.*

Der bei der Herleitung von (8.1/18) angewandte Formalismus — bestehend aus Indexänderung, Zusammenfassen und Trennen (Ausmultiplizieren, Umordnen) von Summen, Anwendung des Kronecker-Symbols etwa in der Form (8.1/16) — ist für die Tensoralgebra typisch. Wir werden ihn ohne besonderen Hinweis weiter benutzen und sogleich hier die Transformationsbeziehungen (8.1/12) nach den Grundvektoren $\boldsymbol{e}_j$ auflösen oder, wie man sagt, umkehren. Es wird

$$\boldsymbol{e}_l = \sum_j \overset{\mathrm{T}}{e}_{lj} \boldsymbol{e}'_j \quad \text{mit} \quad \overset{\mathrm{T}}{e}_{lj} = e_{jl} \qquad (8.1/19)$$

behauptet. Tatsächlich ergibt das Einsetzen in die rechte Seite von (8.1/12) mit (8.1/18), (8.1/16) nach vorheriger Indexänderung $l \to j$, $j \to k$ in (8.1/19)

$$\sum_{j,k} e_{lj} \overset{\mathrm{T}}{e}_{jk} \boldsymbol{e}'_k = \sum_{j,k} e_{lj} e_{kj} \boldsymbol{e}'_k = \sum_k \delta_{lk} \boldsymbol{e}'_k = \boldsymbol{e}'_l.$$

Die Auflösung (8.1/19) ist eindeutig, weil die Vektorzerlegung der $\boldsymbol{e}_l$ und damit deren Koordinaten $\overset{\mathrm{T}}{e}_{lj}$ im Koordinatensystem $\boldsymbol{e}'_j$ eindeutig sind.

Die Transformationsmatrix $(\overset{\mathrm{T}}{e}_{lj})$ entsteht anschaulich durch *Spiegelung* (*Transposition*) des Koeffizientenschemas (e_{lj}) an der in Tab. 8.1 gestrichelten *Hauptdiagonale* und wird als *transponierte Matrix* $(e_{lj})^{\mathrm{T}} = (\overset{\mathrm{T}}{e}_{lj})$ zu (e_{lj}) bezeichnet. Sie ist hier (bei orthonormalen Matrizen) gleichzeitig *Umkehrmatrix* (*inverse Matrix*)[1] $(e_{lj})^{-1}$ zu (e_{lj}).

---

[1] Eine Matrix (b_{ik}) heißt Umkehrmatrix zu (a_{ik}), wenn für alle Vektoren $\boldsymbol{h}$ aus $h'_i = \sum_k a_{ik} h_k$ stets $h_i = \sum_k b_{ik} h'_k$ folgt. Man schreibt $(b_{ik}) = (a_{ik})^{-1}$.

Es seien die Koordinaten γ, γ_i, γ_{ik} von Skalaren, Vektoren, Dyaden im Ausgangssystem $\boldsymbol{e}_i$ gegeben. Wir wollen die zugehörigen Werte γ', γ'_i, γ'_{ik} im transformierten System $\boldsymbol{e}'_i$ berechnen und beginnen mit dem Skalar γ. Er muß laut Definition koordinatenunabhängig sein, d. h. in jedem zulässigen Koordinatensystem den gleichen Wert besitzen. Die *Transformationsgleichung* lautet dann einfach

$$\gamma' = \gamma. \tag{8.1/20}$$

Tabelle 8.1

Transformationsmatrix

$$(e_{lj}) = \begin{pmatrix} e_{11} & e_{12} & e_{13} \\ e_{21} & e_{22} & e_{23} \\ e_{31} & e_{32} & e_{33} \end{pmatrix};$$

→ (Hauptdiagonale)

Spiegelung an der Hauptdiagonalen gibt die transponierte Matrix

$$(e_{lj})^{\mathrm{T}} = (\overset{\mathrm{T}}{e}_{lj}) = \begin{pmatrix} e_{11} & e_{21} & e_{31} \\ e_{12} & e_{22} & e_{32} \\ e_{13} & e_{23} & e_{33} \end{pmatrix}.$$

→ (Hauptdiagonale)

Sie ist bei orthonormalen Matrizen (e_{lj}) gleich der inversen Matrix $(e_{lj})^{-1}$.

Nunmehr betrachten wir einen Vektor $\boldsymbol{\gamma}$ und zerlegen ihn in Koordinaten nach beiden Systemen:

$$\boldsymbol{\gamma} = \sum_i \gamma'_i \boldsymbol{e}'_i = \sum_i \gamma_i \boldsymbol{e}_i.$$

Einsetzen von $\boldsymbol{e}_i$ nach (8.1/19) gibt

$$\sum_i \gamma'_i \boldsymbol{e}'_i = \sum_{l,j} \gamma_l e_{jl} \boldsymbol{e}'_j = \sum_i \left(\sum_l e_{il} \gamma_l \right) \boldsymbol{e}'_i.$$

Da hierin die Koordinaten γ'_i im System $\boldsymbol{e}'_i$ eindeutig sind, folgt als Transformationsgleichung für Vektorkoordinaten

$$\gamma'_i = \sum_k e_{ik} \gamma_k. \tag{8.1/21 a}$$

$$\gamma_i = \sum_k e_{ki} \gamma'_k \tag{8.1/21 b}$$

ergibt sich aus (8.1/21a), wenn man das gestrichene System als Ausgangs-, das ungestrichene als transformiertes System auffaßt und dementsprechend für (e_{ik}) die inverse, d. h. die transponierte Matrix einsetzt.

Schließlich erhält man die Transformationsgleichung für die Koordinaten von Dyaden aus der Definition (8.1/11), wenn man berücksichtigt, daß darin

a) die Koordinaten k_l, h_i Vektoren repräsentieren, also den Transformationsgleichungen (8.1/21) genügen;

b) der betrachtete Tensor im gestrichenen System die gleiche Vektorabbildung ist wie im ungestrichenen. Es gilt also die Beziehung (8.1/11) sowohl für ungestrichene als auch für gestrichene Koordinaten:

$$k'_l = \sum_i \gamma'_{li} h'_i .$$

Multipliziert man mit e_{lm}, summiert über l und setzt rechts h'_i entsprechend (8.1/21a) ein, so erhält man nach (8.1/21b)

$$k_m = \sum_{i,l,n} \gamma'_{li} e_{lm} e_{in} h_n = \sum_n \left(\sum_{i,l} e_{lm} e_{in} \gamma'_{li} \right) h_n .$$

Ein Vergleich mit (8.1/11) gibt, da dort die Tensor-Koordinaten γ_{mn} eindeutig bestimmt sind, zunächst die zweite der folgenden Gln. (8.1/22), deren erste dann durch Umkehrung des Problems und Einsetzen der inversen (transponierten) Matrix folgt:

$$\gamma'_{ik} = \sum_{m,n} e_{im} e_{kn} \gamma_{mn} , \qquad (8.1/22\,a)$$

$$\gamma_{ik} = \sum_{m,n} e_{mi} e_{nk} \gamma'_{mn} . \qquad (8.1/22\,b)$$

Die Transformationsgleichungen für die Koordinaten von Tensoren N-ter Stufe sind entsprechend (8.1/21), (8.1/22) aufgebaut:

$$\gamma'_{i_1 \ldots i_N} = \sum_{k_1 \ldots k_N} e_{i_1 k_1} \ldots e_{i_N k_N} \gamma_{k_1 \ldots k_N} \qquad (8.1/23\,a)$$

bzw.

$$\gamma_{i_1 \ldots i_N} = \sum_{k_1 \ldots k_N} e_{k_1 i_1} \ldots e_{k_N i_N} \gamma'_{k_1 \ldots k_N} . \qquad (8.1/23\,b)$$

Zum Nachweis der Tensoreigenschaft gewisser für jedes beliebige System $\boldsymbol{e}_j$ vorgegebener Koordinatenschemata $\gamma_{i_1 \ldots i_N}$ bedarf man nun nicht unbedingt mehr einer direkten oder indirekten anschaulichen Deutung, sondern es genügt zu zeigen, daß es die allgemeinen Transformationsgleichungen (8.1/23) bzw. einen ihrer Spezialfälle (8.1/20), (8.1/21), (8.1/22) erfüllt. So erkennt man unmittelbar, daß alle Linearkombinationen

$$\gamma_{i_1\ldots i_n} = \overset{1}{c}\overset{1}{\gamma}_{i_1\ldots i_n} + \overset{2}{c}\overset{2}{\gamma}_{i_1\ldots i_n}$$

zweier Tensoren[1] $\overset{1}{\gamma}_{i_1\ldots i_n}$, $\overset{2}{\gamma}_{i_1\ldots i_n}$ ($\overset{1}{c}, \overset{2}{c}$ = Skalare) ebenfalls Tensoren sind, da die Transformationsgleichung (8.1/23) linear in den Tensorkoordinaten ist.

8.2 Dyaden

8.2.1 Spur und Zerlegung

γ_{ik} repräsentiere eine Dyade. Die Summe ihrer Hauptdiagonalelemente nennt man *Spur*

$$\gamma_s = \sum_i \gamma_{ii} \tag{8.2/1}$$

und erkennt sofort, daß diese invariant und damit ein Skalar ist. Denn mit (8.1/22), (8.1/18) und (8.1/14) folgt

$$\gamma'_s = \sum_i \gamma'_{ii} = \sum_{i,j,k} e_{ij} e_{ik} \gamma_{jk} = \sum_{j,k} \delta_{jk} \gamma_{jk} = \sum_k \gamma_{kk} = \gamma_s,$$

also die Transformationsgleichung (8.1/20).

Alsdann betrachten wir das transponierte Koordinatenschema

$$\overset{\mathrm{T}}{\gamma}_{ik} = \gamma_{ki}, \tag{8.2/2}$$

das aus γ_{ik} entsprechend Tab. 8.1 hervorgeht. Es beschreibt ebenfalls eine Dyade; denn da γ_{ik} der Transformationsgleichung (8.1/22) genügt, folgt mit (8.2/2)

$$\overset{\mathrm{T}}{\gamma'}_{ik} = \gamma'_{ki} = \sum_{m,n} e_{kn} e_{im} \gamma_{nm} = \sum_{m,n} e_{im} e_{kn} \overset{\mathrm{T}}{\gamma}_{mn}.$$

$\overset{\mathrm{T}}{\gamma}_{ik}$ erfüllt also die Transformationsgleichung (8.1/22).

Die Matrizen der folgenden beiden Typen von Dyaden sind besonders einfach aufgebaut:

a) *symmetrische Dyaden*, deren Koordinatenwerte S_{ik} zur Hauptdiagonale (Tab. 8.1) spiegelbildlich sind, und

[1] Im Sprachgebrauch verwendet man die Bezeichnungen Vektor, Dyade, Tensor auch für deren Koordinatenschemata.

b) *antimetrische Dyaden*, deren Koordinatenwerte A_{ik} zur Hauptdiagonale mit Vorzeichenänderung spiegelbildlich sind und deren Hauptdiagonalelemente verschwinden.

Ihre Definitionsgleichungen lauten dann mit Tab. 8.1 und (8.2/2)

$$\left.\begin{aligned} S_{ik} - \overset{\mathrm{T}}{S}_{ik} &= 0, \\ A_{ik} + \overset{\mathrm{T}}{A}_{ik} &= 0\,{}^{1} \end{aligned}\right\} \tag{8.2/3}$$

und sind als Linearkombinationen von Dyaden selbst invariant: Symmetrie und Antimetrie sind ebenfalls invariante Eigenschaften.

Nun läßt sich jede Dyade γ_{ik} eindeutig in einen symmetrischen Anteil S_{ik} und einen antimetrischen Anteil A_{ik} gemäß

$$\gamma_{ik} = A_{ik} + S_{ik} \tag{8.2/4}$$

zerlegen. Zum Beweis transponieren wir (8.2/4)[2] und erhalten mit (8.2/3)

$$\overset{\mathrm{T}}{\gamma}_{ik} = \overset{\mathrm{T}}{A}_{ik} + \overset{\mathrm{T}}{S}_{ik} = -A_{ik} + S_{ik}.$$

Addition und Subtraktion von (8.2/4) liefert dann eindeutig

$$\left.\begin{aligned} S_{ik} &= \frac{1}{2}\left(\gamma_{ik} + \overset{\mathrm{T}}{\gamma}_{ik}\right), \\ A_{ik} &= \frac{1}{2}\left(\gamma_{ik} - \overset{\mathrm{T}}{\gamma}_{ik}\right). \end{aligned}\right\} \tag{8.2/5}$$

Die so definierten Dyaden zerlegen γ_{ik} im gewünschten Sinne: sie erfüllen offenbar (8.2/4), und durch Transposition folgt[3]

$$\overset{\mathrm{T}}{S}_{ik} = \frac{1}{2}\left(\overset{\mathrm{T}}{\gamma}_{ik} + \gamma_{ik}\right) = S_{ik},$$

$$\overset{\mathrm{T}}{A}_{ik} = \frac{1}{2}\left(\overset{\mathrm{T}}{\gamma}_{ik} - \gamma_{ik}\right) = -A_{ik}$$

entsprechend (8.2/3).

Nunmehr sollen die symmetrischen und antimetrischen Anteile für sich untersucht werden.

---

[1] Diese Gleichung beinhaltet wegen $\overset{\mathrm{T}}{A}_{ii} = A_{ii}$ auch $A_{ii} = 0$.

[2] Offenbar $(a_{ik} + b_{ik})^{\mathrm{T}} = \left(\overset{\mathrm{T}}{a}_{ik} + \overset{\mathrm{T}}{b}_{ik}\right)$.

[3] Man beachte, daß die Transponierte von $\overset{\mathrm{T}}{\gamma}_{ik}$ wieder γ_{ik} selbst ist (zweifache Spiegelung an der Hauptdiagonalen).

8.2.2 Antimetrische Dyaden

Die durch antimetrische Dyaden erzeugten Vektorabbildungen sind besonders einfach, weil sie im räumlichen (dreidimensionalen) Fall nur drei, im ebenen (zweidimensionalen) Fall gar nur eine einzige unabhängige Koordinate enthalten; denn die Hauptdiagonalelemente verschwinden. Setzt man abgekürzt

$$\omega_1 = -A_{23}, \qquad \omega_2 = -A_{31}, \qquad \omega_3 = -A_{12}, \tag{8.2/6}$$

so ist die Dyadenmatrix wegen (8.2/3) von der Gestalt

$$(A_{ik}) = \left(\begin{array}{cc|c} 0 & -\omega_3 & \omega_2 \\ \omega_3 & 0 & -\omega_1 \\ \hline -\omega_2 & \omega_1 & 0 \end{array}\right), \tag{8.2/7}$$

wovon im ebenen Fall nur der abgeteilte Bereich auftritt. Durch (8.2/7) wird die Abbildung $\boldsymbol{r} \to \boldsymbol{v}$ mit

$$\boldsymbol{r} = \sum_i r_i \boldsymbol{e}_i$$

als Ausgangsvektor und

$$\boldsymbol{v} = \sum_i v_i \boldsymbol{e}_i$$

als Bildvektor gemäß (8.1/11) vermittelt:

$$v_1 = \omega_2 r_3 - \omega_3 r_2,$$

$$v_2 = \omega_3 r_1 - \omega_1 r_3,$$

$$v_3 = \omega_1 r_2 - \omega_2 r_1.$$

Dies bedeutet wegen (8.1/6) mit dem formal eingeführten Vektor

$$\boldsymbol{\omega} = \omega_1 \boldsymbol{e}_1 + \omega_2 \boldsymbol{e}_2 + \omega_3 \boldsymbol{e}_3 \tag{8.2/8}$$

gerade

$$\boldsymbol{v} = \boldsymbol{\omega} \times \boldsymbol{r}.$$

Die Dyade ordnet also im Sinne von (8.1/7) (vgl. Bild 8.4) den Punkten $\boldsymbol{r}$ eines starren Körpers bei dessen Drehung um eine feste

Achse die Geschwindigkeiten $\boldsymbol{v}$ zu. Der Winkelgeschwindigkeitsvektor ω ist, wie früher festgestellt, nur ein axialer Vektor und damit eingeschränkt invariant.

So kann man entsprechend (8.2/8) jede antimetrische Dyade als axialen Vektor darstellen. Schreibt man umgekehrt irgendeinen axialen Vektor entsprechend (8.2/7) als antimetrische Dyade, so wird er dadurch uneingeschränkt invariant.

8.2.3 Symmetrische Dyaden

Symmetrische Dyaden sind vorerst unmittelbar nur schwer zu veranschaulichende Vektorabbildungen. Stattdessen lassen sie mittelbar eine anschauliche Deutung zu.

Jedem Vektor, insbesondere jedem Ortsvektor

$$\boldsymbol{x} = \sum_i x_i \boldsymbol{e}_i ,$$

wird durch die Dyade S_{ik} invariant sein Bildvektor

$$\boldsymbol{y} = \sum_i y_i \boldsymbol{e}_i$$

zugeordnet. Also ist auch das (für sich invariante) innere Produkt $\boldsymbol{x}\boldsymbol{y}$ eine invariante Funktion des Ausgangsvektors $\boldsymbol{x}$. Sie hat nach (8.1/5), (8.1/11) in irgendeinem $\boldsymbol{e}_1, \boldsymbol{e}_2, \boldsymbol{e}_3$-System die Gestalt

$$f(\boldsymbol{x}) = \boldsymbol{x}\boldsymbol{y} = \sum_{i,k} S_{ik} x_i x_k . \tag{8.2/9}$$

Wir wählen $\boldsymbol{x}$ als Einsvektor, also mit (8.1/1c)

$$|\boldsymbol{x}|^2 = \sum_i x_i^2 = 1 , \tag{8.2/10}$$

und lassen ihn alle Raumrichtungen durchlaufen. Dabei gilt wegen (8.2/10) stets $|x_i| \leq 1$, also nach (8.2/9) [1]

$$|f(\boldsymbol{x})| \leq \sum_{i,k} |S_{ik}|\,|x_i|\,|x_k| \leq \sum_{i,k} |S_{ik}| ; \tag{8.2/11}$$

f ist beschränkt und besitzt infolgedessen für einen bestimmten (nicht notwendig eindeutigen) Einsvektor

$$\boldsymbol{x} = \boldsymbol{e}_{\mathrm{I}} = \sum_i e_{\mathrm{I}i} \boldsymbol{e}_i$$

[1] Beachte $|a + b + c + \cdots| \leq |a| + |b| + |c| + \cdots$.

ein Maximum. Lassen wir jetzt $\boldsymbol{x}$ etwa als Funktion der Zeit t auf beliebige Weise durch die Stellung $\boldsymbol{e}_{\mathrm{I}}$ hindurchwandern, so folgt zunächst aus (8.2/10)

$$\sum_i x_i \frac{dx_i}{dt} = \boldsymbol{x}\dot{\boldsymbol{x}} = 0, \tag{8.2/12}$$

wo

$$\dot{\boldsymbol{x}} = \sum_i \frac{dx_i}{dt} \boldsymbol{e}_i .$$

Andererseits gibt die Extremalbedingung $\left(\frac{d}{dt} f(\boldsymbol{x})\right)_{\boldsymbol{x}=\boldsymbol{e}_I} = 0$ mit (8.2/9) wegen der Symmetrie $S_{ik} = S_{ki}$

$$0 = \sum_{i,k} S_{ik} \frac{dx_i}{dt} x_k + \sum_{i,k} S_{ki} x_i \frac{dx_k}{dt} = 2 \sum_{i,k} S_{ik} x_k \frac{dx_i}{dt},$$

d. h.

$$\boldsymbol{y}\dot{\boldsymbol{x}} = 0, \tag{8.2/13}$$

wo $\boldsymbol{y}$ wie bisher den Bildvektor von $\boldsymbol{x}$ gemäß (8.1/11) darstellt. (8.2/12), (8.2/13) können mit (8.1/4) (vgl. Bild 8.2) wie folgt interpretiert werden:

Die Gesamtheit aller zu $\boldsymbol{x} = \boldsymbol{e}_{\mathrm{I}}$ senkrechten Vektoren $\dot{\boldsymbol{x}}$ steht auch auf $\boldsymbol{y} = \boldsymbol{y}_{\mathrm{I}}$ senkrecht. Dann müssen aber $\boldsymbol{e}_{\mathrm{I}}, \boldsymbol{y}_{\mathrm{I}}$ parallel sein, d. h. mit S_{I} als einer geeigneten skalaren Konstanten

$$\boldsymbol{y}_{\mathrm{I}} = S_{\mathrm{I}} \boldsymbol{e}_{\mathrm{I}} \tag{8.2/14}$$

erfüllen. Hiermit folgt aus (8.2/9), (8.2/10) übrigens

$$f(\boldsymbol{e}_{\mathrm{I}}) = S_{\mathrm{I}}; \tag{8.2/15}$$

S_{I} ist der Maximalwert von $f(\boldsymbol{x})$ unter der Bedingung (8.2/10) und heißt *maximaler Eigenwert*, $\boldsymbol{e}_{\mathrm{I}}$ der zugehörige *Eigenvektor*.

Wir wollen jetzt den Einsvektor $\boldsymbol{x}$ nicht mehr sämtliche Raumrichtungen, sondern nur diejenigen senkrecht zu $\boldsymbol{e}_{\mathrm{I}}$ durchlaufen lassen,

$$\boldsymbol{x}\boldsymbol{e}_{\mathrm{I}} = 0, \tag{8.2/16}$$

und finden, daß dann auch der Bildvektor $\boldsymbol{y}$ in der Ebene E senkrecht zu $\boldsymbol{e}_{\mathrm{I}}$ liegen muß, weil wegen $S_{ik} = S_{ki}$ und (8.2/14)

$$\boldsymbol{e}_{\mathrm{I}}\boldsymbol{y} = \sum_{i,k} S_{ik} e_{\mathrm{I}i} x_k = \sum_k \left(x_k \sum_i S_{ki} e_{\mathrm{I}i}\right) = \boldsymbol{x}\boldsymbol{y}_{\mathrm{I}} = S_{\mathrm{I}} \boldsymbol{x}\boldsymbol{e}_{\mathrm{I}} = 0 .$$

S_{ik} ist also unter der Voraussetzung (8.2/16) eine Abbildung der Ebene E in sich. Wir können dort die obenstehende Extremalbetrachtung wiederholen, finden einen (nicht notwendig eindeutigen) weiteren Eigenvektor $\boldsymbol{e}_{\mathrm{II}}$ und den zugehörigen Eigenwert

$$f(\boldsymbol{e}_{\mathrm{II}}) = S_{\mathrm{II}}, \qquad (8.2/17)$$

der

$$S_{\mathrm{II}} \leq S_{\mathrm{I}} \qquad (8.2/18)$$

erfüllt, weil S_{I} gemäß (8.2/15) das absolute Maximum von f darstellte. Es gilt entsprechend (8.2/14)

$$\boldsymbol{y}_{\mathrm{II}} = S_{\mathrm{II}} \boldsymbol{e}_{\mathrm{II}}. \qquad (8.2/19)$$

Schließlich stellt die letzte noch verbliebene senkrechte Raumrichtung $\boldsymbol{e}_{\mathrm{III}} = \boldsymbol{e}_{\mathrm{I}} \times \boldsymbol{e}_{\mathrm{II}}$ [1] wiederum einen Eigenvektor (Eigenwert S_{III}) dar. Wir haben zusammen mit (8.2/18)[2]

$$S_{\mathrm{I}} \geq S_{\mathrm{II}} \geq S_{\mathrm{III}}, \qquad (8.2/20)$$

und über (8.2/14), (8.2/15), (8.2/17), (8.2/19)

$$S_J = f(\boldsymbol{e}_J); \quad \boldsymbol{y}_J = S_J \boldsymbol{e}_J \quad (J = \mathrm{I}, \mathrm{II}, \mathrm{III}). \qquad (8.2/21)$$

$\boldsymbol{e}_J$ heißt *Hauptachsensystem* zu S_{ik}, die Transformation des Ausgangssystems $\boldsymbol{e}_i$ auf $\boldsymbol{e}_J$ *Hauptachsentransformation*. Ein Vektor

$$\boldsymbol{x} = x_{\mathrm{I}} \boldsymbol{e}_{\mathrm{I}} + x_{\mathrm{II}} \boldsymbol{e}_{\mathrm{II}} + x_{\mathrm{III}} \boldsymbol{e}_{\mathrm{III}}$$

hat auf Grund der Dyade als linearer Abbildung den Bildvektor

$$\boldsymbol{y} = x_{\mathrm{I}} \boldsymbol{y}_{\mathrm{I}} + x_{\mathrm{II}} \boldsymbol{y}_{\mathrm{II}} + x_{\mathrm{III}} \boldsymbol{y}_{\mathrm{III}},$$

also mit (8.2/21)

$$\boldsymbol{y} = S_{\mathrm{I}} x_{\mathrm{I}} \boldsymbol{e}_{\mathrm{I}} + S_{\mathrm{II}} x_{\mathrm{II}} \boldsymbol{e}_{\mathrm{II}} + S_{\mathrm{III}} x_{\mathrm{III}} \boldsymbol{e}_{\mathrm{III}}$$

oder einfach

$$y_J = S_J x_J \qquad (8.2/22)$$

als Sonderfall von (8.1/11). Damit gewinnt jede symmetrische Dyade S_{ik} in ihrem Hauptachsensystem $\boldsymbol{e}_J$ die einfache Diagonalform

$$\begin{pmatrix} S_{\mathrm{I}} & 0 & 0 \\ 0 & S_{\mathrm{II}} & 0 \\ 0 & 0 & S_{\mathrm{III}} \end{pmatrix} \qquad (8.2/23)$$

[1] Man könnte auch $\boldsymbol{e}_{\mathrm{III}} = \boldsymbol{e}_{\mathrm{II}} \times \boldsymbol{e}_{\mathrm{I}}$ wählen; dann wäre jedoch $\boldsymbol{e}_{\mathrm{I}}, \boldsymbol{e}_{\mathrm{II}}, \boldsymbol{e}_{\mathrm{III}}$ anders als das Ausgangssystem $\boldsymbol{e}_i$ orientiert.

[2] Wir werden gelegentlich anders numerieren, z. B. so, daß $S_{\mathrm{I}} \geq S_{\mathrm{III}} \geq S_{\mathrm{II}}$.

Im ebenen Fall gilt nur der abgetrennte Bereich. Die Eigenwerte S_J können wegen (8.2/21), (8.2/11) grob durch

$$|S_J| \leq \sum_{i,k} |S_{ik}| \tag{8.2/24}$$

abgeschätzt werden.

Nunmehr kommen wir zu der geometrischen Veranschaulichung von S_{ik}. Ist c ein konstanter Skalar, so betrachten wir die in x_i quadratische Gleichung

$$f(\boldsymbol{x}) = c\,. \tag{8.2/25}$$

(8.2/25) stellt ein geometrisches Objekt (*Quadrik*) dar, und zwar bekanntlich im Raum eine Fläche zweiter Ordnung (z. B. Ellipsoid, Hyperboloid), in der Ebene eine Kurve zweiter Ordnung (z. B. Ellipse, Hyperbel). Bild 8.7 zeigt als Beispiel ein Ellipsoid. (8.2/25) lautet ausgeschrieben in einem $x = x_1, y = x_2, z = x_3$-System (angepaßte Schreibweise: $S_{xy} = S_{12}$ usw.)

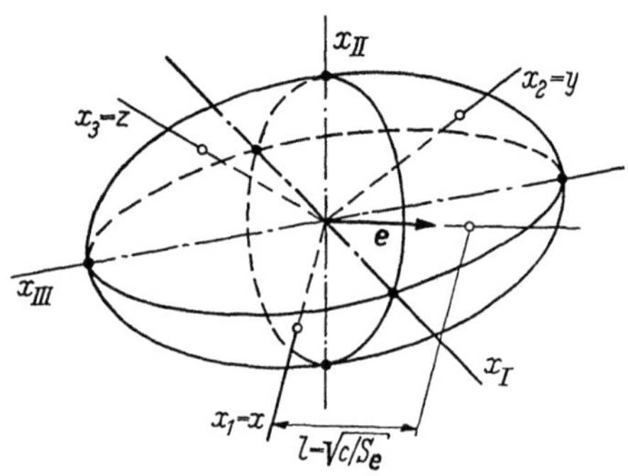

Bild 8.7 Tensorquadrik.

$$S_{xx}x^2 + S_{yy}y^2 + S_{zz}z^2 + \\ + 2S_{xy}xy + \\ + 2S_{yz}yz + 2S_{zx}zx = c\,; \tag{8.2/26}$$

im Hauptachsensystem jedoch einfach

$$S_{\mathrm{I}}x_{\mathrm{I}}^2 + S_{\mathrm{II}}x_{\mathrm{II}}^2 + S_{\mathrm{III}}x_{\mathrm{III}}^2 = c\,. \tag{8.2/27}$$

Hier führen Spiegelungen $x'_J = -x_J$ an den Koordinatenebenen die Gl. (8.2/27) und damit deren Quadrik in sich selbst über: Hauptachsen sind geometrische Symmetrieachsen (Bild 8.7). Da stets drei (in der Ebene zwei) Symmetrieachsen vorhanden sind, scheiden also Paraboloide (Parabeln) als Quadriken von symmetrischen Dyaden aus.

Eine besonders einfache Quadrik ist eine Kugel (Kreis) der Gestalt $x_{\mathrm{I}}^2 + x_{\mathrm{II}}^2 + x_{\mathrm{III}}^2 = c$. Zu ihr gehört nach (8.2/23) eine *Kugeldyade*

$$(S\,\delta_{ik}) = \begin{pmatrix} S & 0 & 0 \\ 0 & S & 0 \\ 0 & 0 & S \end{pmatrix}, \tag{8.2/28}$$

deren Form in jedem Koordinatensystem die gleiche ist, weil bei der Kugel jedes Koordinatensystem ein Hauptachsensystem darstellt. Als Abbildung stellt die Kugeldyade nach (8.2/22) lediglich eine proportionale Änderung aller Strecken um den Faktor S dar, also eine ähnliche Vergrößerung bzw. Verkleinerung des Raumes (reine Volumänderung ohne *Gestaltänderung* oder Drehung), die für $S < 0$ mit einer Spiegelung an einem Punkt verbunden ist.

Bei vielen Anwendungen zerlegt man die symmetrische Dyade S_{ik} in die spezielle Kugeldyade

$$C_{ik} = \frac{1}{3} S_s \delta_{ik}, \tag{8.2/29}$$

wo S_s die nach (8.2/1) gebildete Spur von S_{ik} darstellt, und den *Deviator*

$$D_{ik} = S_{ik} - C_{ik} = S_{ik} - \frac{1}{3} S_s \delta_{ik}, \tag{8.2/30}$$

dessen Spur

$$D_s = \left(\sum_i S_{ii}\right) - S_s = 0$$

verschwindet.

(8.2/26) wird durch $y = z = 0$, $x = \sqrt{c/S_{xx}}$ erfüllt. $|x|$ ist die Länge des von der Quadrik auf der x-Achse herausgeschnittenen Geradenstückes. Da das x, y, z-Koordinatensystem beliebig ist, kann man eine beliebige, durch einen Einsvektor $\boldsymbol{e}$ festgelegte Richtung als x-Richtung vorgeben und mit S_e diejenige Tensorkomponente benennen, die dann gleich S_{xx} wäre. Sie kann im Prinzip nach Bild 8.7 unmittelbar aus der Quadrik abgelesen werden, weil

$$l = \left| \sqrt{c/S_e} \right| \tag{8.2/31}$$

die Länge des Radiusvektors in Richtung $\boldsymbol{e}$ darstellt. $\sqrt{\frac{c}{S_e}}$ darf — etwa beim Hyperboloid — imaginär sein. Dann wählt man besser eine andere Fläche, in welcher c umgekehrtes Vorzeichen hat.

Wir betrachten jetzt speziell den ebenen Fall. Hier ordnen wir den beiden *Hauptkoordinaten* S_{I}, S_{II} ihren Mittelwert S_m und ihre halbe Differenz S_d zu:

$$\left.\begin{aligned} S_m &= \frac{1}{2}(S_{\mathrm{I}} + S_{\mathrm{II}}), \\ S_d &= \frac{1}{2}(S_{\mathrm{I}} - S_{\mathrm{II}}) \geqq 0 \end{aligned}\right\} \tag{8.2/32}$$

[vgl. (8.2/20)], die wie S_{I}, S_{II} invariant, also Skalare sind.

Vom Hauptsystem $\boldsymbol{e}_{\mathrm{I}}$, $\boldsymbol{e}_{\mathrm{II}}$ als Ausgangssystem werde jetzt auf irgendein System $\boldsymbol{e}_x$, $\boldsymbol{e}_y$ gedreht. Bild 8.8 läßt

$$\left.\begin{aligned} \boldsymbol{e}_x &= \cos\alpha\,\boldsymbol{e}_{\mathrm{I}} + \sin\alpha\,\boldsymbol{e}_{\mathrm{II}} \\ \boldsymbol{e}_y &= -\sin\alpha\,\boldsymbol{e}_{\mathrm{I}} + \cos\alpha\,\boldsymbol{e}_{\mathrm{II}} \end{aligned}\right\} \tag{8.2/33}$$

erkennen. Mit (8.1/12) ergibt sich hieraus die Transformationsmatrix (8.1/13) in der Gestalt

$$(e_{lj}) = \begin{pmatrix} \cos\alpha & \sin\alpha \\ -\sin\alpha & \cos\alpha \end{pmatrix}. \tag{8.2/34}$$

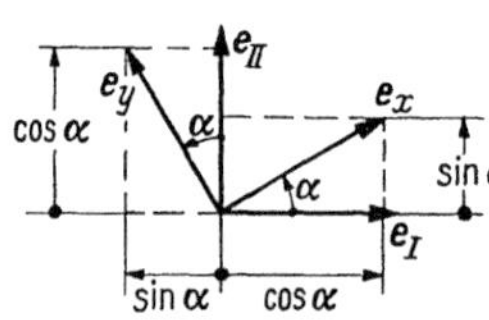

Bild 8.8 Koordinatendrehung in der Ebene.

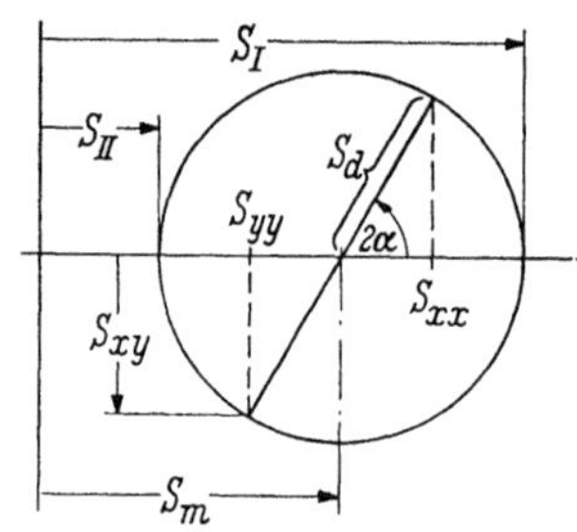

Bild 8.9 MOHRscher Kreis.

Die Transformationsgleichung (8.1/22a) lautet wegen (8.2/23)

$$\begin{aligned} S_{xx} &= \cos^2\alpha\, S_{\mathrm{I}} + \sin^2\alpha\, S_{\mathrm{II}}, \\ S_{yy} &= \sin^2\alpha\, S_{\mathrm{I}} + \cos^2\alpha\, S_{\mathrm{II}}, \\ S_{xy} &= S_{yx} = -\sin\alpha\cos\alpha\, S_{\mathrm{I}} + \sin\alpha\cos\alpha\, S_{\mathrm{II}}. \end{aligned}$$

Beachtet man

$$2\sin\alpha\cos\alpha = \sin 2\alpha; \quad \cos^2\alpha = \frac{1}{2}(1+\cos 2\alpha); \quad \sin^2\alpha = \frac{1}{2}(1-\cos 2\alpha),$$

so findet man mit (8.2/32)

$$\left.\begin{aligned} S_{xx} &= S_m + S_d\cos 2\alpha, \\ S_{yy} &= S_m - S_d\cos 2\alpha, \\ S_{xy} &= S_{yx} = -S_d\sin 2\alpha. \end{aligned}\right\} \tag{8.2/35}$$

Diese nach MOHR benannten Gleichungen sind in Bild 8.9 veranschaulicht. In einem rechtwinkligen Achsenkreuz wird um den Punkt mit den Koordinaten S_m, 0 ein Kreis mit dem Radius S_d (*Mohrscher Kreis*) geschlagen. Ein ursprünglich waagerechter Durchmesser wird um den doppelten Winkel 2α gedreht. Sein rechter Endpunkt bekommt dann die Abszisse S_{xx}, sein linker die Abszisse S_{yy} und die Ordinate S_{xy}.

Man erkennt an Bild 8.9 oder aus den Gln. (8.2/35) sofort

$$\left.\begin{aligned} S_m &= \frac{1}{2}\,(S_{xx} + S_{yy}), \\ S_d &= \frac{1}{2}\left|\sqrt{(S_{xx} - S_{yy})^2 + 4S_{xy}^2}\right|, \end{aligned}\right\} \tag{8.2/36}$$

womit die nach (8.2/32) im Hauptsystem definierten Invarianten durch beliebige kartesische Koordinaten ausgedrückt sind.

8.3 Tensoranalysis

Bisher untersuchten wir Skalare, Vektoren, Dyaden — allgemein Tensoren — hinsichtlich ihrer Transformationseigenschaften. Jetzt sollen analytische Operationen wie Differentiationen und Integrationen behandelt werden. Dies führt zur *Tensoranalysis*.

8.3.1 Differentiation

Wir erinnern zunächst an Gl. (1/3), in welcher die zeitlichen Änderungen einer Funktion $f(x, y, z; t)$, wie sie der bewegte bzw. der ruhende Beobachter sieht, in Beziehung gesetzt werden. Hängt f nicht explizit von t ab, $f = f(x, y, z)$, so gilt $\partial f/\partial t = 0$. Gl. (1/3) erhält nach Multiplikation mit dt die Gestalt

$$df = \frac{\partial f}{\partial x}\,dx + \frac{\partial f}{\partial y}\,dy + \frac{\partial f}{\partial z}\,dz, \tag{8.3/1}$$

wo

$$dx = u\,dt, \qquad dy = v\,dt, \qquad dz = w\,dt \tag{8.3/2}$$

als Wegdifferentiale geometrische Größen darstellen ($u, v, w =$ Geschwindigkeiten). df bezeichnet nunmehr gemäß (8.3/1) eine Änderung der Funktion f abhängig von geometrischen Verschiebungen dx, dy, dz, jedoch unabhängig von der Zeit t. Will man im Unterschied hierzu betonen, daß dx, dy, dz nach (8.3/2) und damit df über (8.3/1) mit einem Zeitzuwachs (*Zeitinkrement*) dt verknüpft sind, so nennt man dx, dy, dz, df selbst ebenfalls *Inkremente*.

Wenn die veränderlichen Koordinaten $x(\beta)$, $y(\beta)$, $z(\beta)$ in Abhängigkeit vom Wegparameter β (z. B. β = Bogenlänge) irgendeine Raumkurve beschreiben, so kann man (8.3/1) durch $d\beta$ dividieren und hat dann als Änderung von f längs der Kurve

$$\frac{df}{d\beta} = \frac{\partial f}{\partial x}\frac{dx}{d\beta} + \frac{\partial f}{\partial y}\frac{dy}{d\beta} + \frac{\partial f}{\partial z}\frac{dz}{d\beta}. \tag{8.3/3}$$

Hängen x, y, z noch von weiteren Parametern, z. B. β' usw., ab, so hebt man dies vorteilhaft durch die Schreibweise $\partial/\partial\beta$ statt $d/d\beta$ hervor. Im übrigen gewinnen (8.3/1), (8.3/3) mit

$$x_1 = x, \qquad x_2 = y, \qquad x_3 = z$$

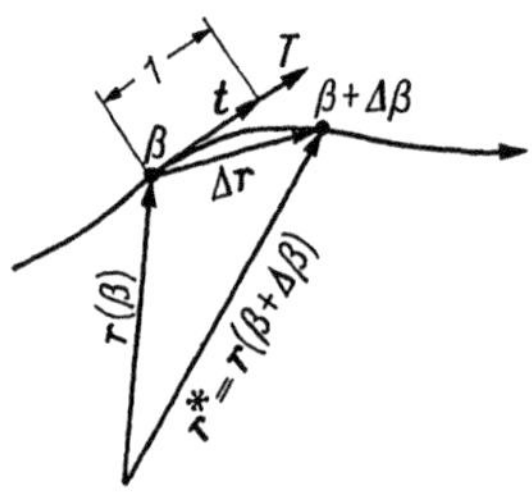

Bild 8.10 Invariante Differentiation eines Ortsvektors.

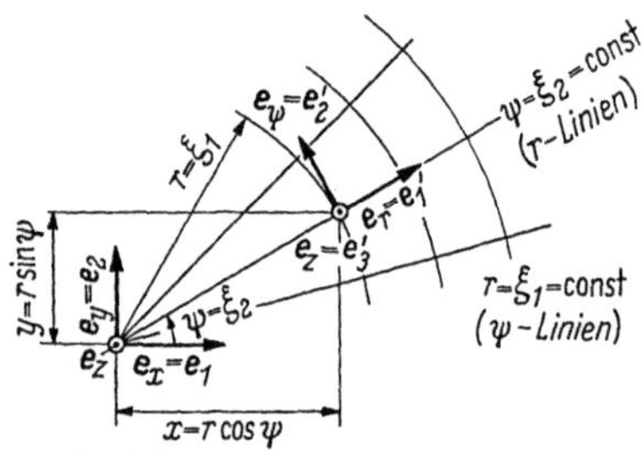

⊙ *Symbol für einen senkrecht nach vorn aus der Zeichenebene herausragenden Vektor*

Bild 8.11 Polarkoordinaten r, ψ und Zylinderkoordinaten r, ψ, z.

die Form

$$df = \sum_i \frac{\partial f}{\partial x_i} dx_i; \quad \frac{df}{d\beta} = \sum_i \frac{\partial f}{\partial x_i}\frac{dx_i}{d\beta} \quad \text{bzw.} \quad \frac{\partial f}{\partial \beta} = \sum_i \frac{\partial f}{\partial x_i}\frac{\partial x_i}{\partial \beta}. \tag{8.3/4}$$

Eine von der speziellen Koordinatenwahl x, y, z unabhängige, also invariante Darstellung einer Kurve erhält man, indem man diese durch einen beliebigen, von dem Parameter β stetig abhängenden Ortsvektor $\boldsymbol{r}(\beta)$ beschreibt (Bild 8.10). Der Differenzvektor $\Delta\boldsymbol{r} = \boldsymbol{r}^* - \boldsymbol{r}$ zweier aufeinanderfolgender Kurvenpunkte $\boldsymbol{r}(\beta)$, $\boldsymbol{r}^* = \boldsymbol{r}(\beta + \Delta\beta)$ nähert die Tangente um so besser an, je kleiner $\Delta\beta$ ist. Man definiert den Grenzwert

$$\boldsymbol{T} = \lim_{\Delta\beta \to 0} \frac{\Delta\boldsymbol{r}}{\Delta\beta} = \frac{d\boldsymbol{r}}{d\beta} \qquad \text{bzw.}^{1} \qquad \boldsymbol{T} = \frac{\partial \boldsymbol{r}}{\partial \beta} \tag{8.3/5}$$

---

[1] Wenn z. B. $\boldsymbol{r}$ noch von weiteren Parametern β' abhängt.

als *Tangentenvektor*, vorausgesetzt, daß er existiert und vom *Nullvektor* $\boldsymbol{O}$ [1] verschieden ist (Bild 8.10).

$$\boldsymbol{t} = \frac{\boldsymbol{T}}{|\boldsymbol{T}|} \tag{8.3/6}$$

liefert dann den *Tangenteneinsvektor*. Bis hierher wurden, wie gesagt, Koordinaten nicht benutzt; $\boldsymbol{T}$ und $\boldsymbol{t}$ sind invariant. Erst jetzt wollen wir zu kartesischen Koordinaten zurückkehren und dabei Indexschreibweise x_1, x_2, x_3 statt x, y, z benutzen:

$$\boldsymbol{r} = \sum_i x_i(\beta)\boldsymbol{e}_i,$$

$$\boldsymbol{r}^* = \sum_i x_i(\beta + \Delta\beta)\boldsymbol{e}_i, \qquad \frac{\Delta \boldsymbol{r}}{\Delta\beta} = \sum_i \frac{x_i(\beta+\Delta\beta) - x_i(\beta)}{\Delta\beta}\boldsymbol{e}_i,$$

$$\boldsymbol{T} = \sum_i \frac{dx_i}{d\beta}\boldsymbol{e}_i \quad \text{bzw.} \quad \boldsymbol{T} = \sum_i \frac{\partial x_i}{\partial\beta}\boldsymbol{e}_i. \tag{8.3/7}$$

Besonderheiten der Tensoranalysis treten eigentlich nur dann auf, wenn man *krummlinige Koordinaten* anstelle von kartesischen benutzt. Bild 8.11 zeigt als Beispiel ein ebenes Polarkoordinatensystem. Es ordnet jedem Punkt $x = x_1$, $y = x_2$ des kartesischen Ausgangssystems mit Ausnahme des Ursprunges — für den der Winkel ψ nicht erklärt ist — genau ein Zahlenpaar $r = \xi_1$, $\psi = \xi_2$ zu. Die Koordinatenlinien $r = \xi_1 = \text{const}$ sind konzentrische Kreise um den Ursprung, längs derer sich nur ψ ändert: sie heißen ψ-Linien. Die Koordinatenlinien $\psi = \xi_2 = \text{const}$ sind radiale Geraden. Auf ihnen ändert sich nur r, man nennt sie r-Linien. Beide Linienscharen schneiden einander rechtwinklig. Sie werden nach Bild 8.11 durch die Gleichungen

$$x = r\cos\psi; \qquad y = r\sin\psi \tag{8.3/8a}$$

definiert, die sich für $x^2 + y^2 \neq 0$, $0 \leq \psi \leq 2\pi$ unter Beachtung der Vorzeichen von x, y sofort eindeutig nach r, ψ auflösen lassen:

$$r = \left|\sqrt{x^2 + y^2}\right|; \qquad \psi = \operatorname{arc\,cos}\frac{x}{r} = \operatorname{arc\,sin}\frac{y}{r}. \tag{8.3/8b}$$

Will man im Punkte r, ψ irgendeinen Vektor oder Tensor untersuchen, so zerlegt man ihn vorteilhaft nicht in Koordinaten nach dem kartesischen $\boldsymbol{e}_x, \boldsymbol{e}_y$-Ausgangssystem; denn dann wäre ja das Polarkoordinatensystem überflüssig. Vielmehr ist es angemessener, neue kartesische Koordinatenachsen im betrachteten Punkt r, ψ einzuführen und so zu

[1] $|\boldsymbol{O}| = 0$; $\boldsymbol{O}$ hat keine Richtung.

legen, daß sie Tangenten an die (gekrümmten) Koordinatenlinien $\psi = \text{const}$, $r = \text{const}$ bzw. $\xi_2 = \text{const}$, $\xi_1 = \text{const}$ sind. Als solche werden sie durch Koordinateneinsvektoren $\boldsymbol{e}_r$, $\boldsymbol{e}_\psi$ bzw. $\boldsymbol{e}'_1$, $\boldsymbol{e}'_2$ (Bild 8.11) beschrieben. Man hat offenbar in jedem Punkt r, ψ ein anderes, also örtlich veränderliches $\boldsymbol{e}'_i$-System.

Um $\boldsymbol{e}_r$ nach Bild 8.11 zu bilden, betrachten wir die r-Linien ($\psi = \text{const}$) als Kurven $\boldsymbol{r}(\beta)$ im früher festgelegten Sinn. Mit (8.3/7) und (8.3/8a) folgt für $\beta = r$ [1]

$$\boldsymbol{T} = \frac{\partial x}{\partial r}\,\boldsymbol{e}_x + \frac{\partial y}{\partial r}\,\boldsymbol{e}_y = \cos\psi\,\boldsymbol{e}_x + \sin\psi\,\boldsymbol{e}_y .$$

Die nach (8.1/1c) gebildete Länge $|\boldsymbol{T}| = \left|\sqrt{\cos^2\psi + \sin^2\psi}\right|$ beträgt ohnehin 1, so daß mit (8.3/6)

$$\boldsymbol{e}'_1 = \boldsymbol{e}_r = \cos\psi\,\boldsymbol{e}_x + \sin\psi\,\boldsymbol{e}_y \tag{8.3/9a}$$

folgt. Zur Bildung von $\boldsymbol{e}_\psi$ setzt man $\beta = \psi$ und hat mit (8.3/7), (8.3/8a)

$$\boldsymbol{T} = \frac{\partial x}{\partial \psi}\,\boldsymbol{e}_x + \frac{\partial y}{\partial \psi}\,\boldsymbol{e}_y = -r\sin\psi\,\boldsymbol{e}_x + r\cos\psi\,\boldsymbol{e}_y ,$$

$$|\boldsymbol{T}| = \left|\sqrt{r^2\sin^2\psi + r^2\cos^2\psi}\right| = r ,$$

also mit (8.3/6)

$$\boldsymbol{e}'_2 = \boldsymbol{e}_\psi = -\sin\psi\,\boldsymbol{e}_x + \cos\psi\,\boldsymbol{e}_y . \tag{8.3/9b}$$

Oft werden die Längen $|\boldsymbol{T}|$ der Tangentenvektoren $\boldsymbol{T}$ mit g bezeichnet. Wir haben also hier

$$g_r = 1, \qquad g_\psi = r . \tag{8.3/10}$$

Faßt man (8.3/9a, b) als Koordinatentransformationsgleichungen (8.1/12) auf, so erkennt man

$$(e_{ik}) = \begin{pmatrix} \cos\psi & \sin\psi \\ -\sin\psi & \cos\psi \end{pmatrix} \tag{8.3/11}$$

entsprechend (8.2/34). Wie dort liegt also eine Koordinatendrehung vor.

Was hier am Beispiel geübt wurde, läßt sich natürlich auch allgemein formulieren. Hierzu seien für ein beliebiges krummliniges Koordinaten-

[1] Partielle Differentialquotienten, weil x, y neben r noch von ψ abhängen.

system ξ_1, ξ_2, ξ_3 (bzw. ξ_1, ξ_2 in der Ebene) die Gln. (8.3/8a, b) in der Form

$$x_i = x_i(\xi_1, \xi_2, \xi_3); \qquad \xi_i = \xi_i(x_1, x_2, x_3) \tag{8.3/12}$$

gegeben.

Ändert man lediglich eine einzige Koordinate $\xi = \xi_k$, läßt also die anderen ξ_j, $j \neq k$, konstant, so beschreiben die Gln. (8.3/12) eine Kurve, die man ξ_k-Koordinatenlinie (kurz: ξ_k- oder k-Linie) nennt. Mit $\beta = \xi_k$ gibt (8.3/7)

$$\boldsymbol{T} = \sum_i \frac{\partial x_i}{\partial \xi_k} \boldsymbol{e}_i .$$

Die Länge $|\boldsymbol{T}|$ setzen wir als von 0 verschieden voraus und nennen sie

$$g_k = \left| \sqrt{\sum_i \left(\frac{\partial x_i}{\partial \xi_k}\right)^2} \right| \neq 0 \tag{8.3/13}$$

[vgl. (8.1/1c)]. Aus (8.3/6) folgt dann

$$\boldsymbol{e}'_k = \sum_i \frac{1}{g_k} \frac{\partial x_i}{\partial \xi_k} \boldsymbol{e}_i \tag{8.3/14}$$

als Gleichung für den Tangenteneinsvektor $\boldsymbol{e}'_k$ an die k-Linie. (8.3/14) stellt die Koordinatentransformation vom System der $\boldsymbol{e}_i$ auf das der $\boldsymbol{e}'_k$ dar. Aus (8.1/12) und (8.3/14) ergibt sich die Transformationsmatrix

$$e_{ki} = \frac{1}{g_k} \frac{\partial x_i}{\partial \xi_k}. \tag{8.3/15a}$$

Wir setzen der Einfachheit halber sich rechtwinklig schneidende, krummlinige Koordinaten voraus. Damit verlangen wir ausdrücklich (und müssen im Zweifelsfalle prüfen), daß die Orthonormalitätsrelationen (8.1/18) gelten.

Zur Bestimmung der Matrix e_{ki} nach (8.3/15a) benötigt man die erste der Relationen (8.3/12). Man kann sie jedoch auch mit Hilfe der zweiten (Umkehr-)Beziehung (8.3/12) ausrechnen. Hierzu folgt aus (8.3/12) mit (8.3/4) und (8.3/15a)

$$dx_i = \sum_j \frac{\partial x_i}{\partial \xi_j} d\xi_j = \sum_j e_{ji} g_j \, d\xi_j .$$

Multiplikation mit e_{ki} und Summation über i führt wegen (8.1/18), (8.1/16) zu

$$\sum_i e_{ki} \, dx_i = \sum_{i,j} e_{ki} e_{ji} g_j \, d\xi_j = \sum_j \delta_{kj} g_j \, d\xi_j = g_k \, d\xi_k ,$$

also $d\xi_k = \sum_i \frac{1}{g_k} e_{ki}\, dx_i$. Andererseits wegen (8.3/4) $d\xi_k = \sum_i \frac{\partial \xi_k}{\partial x_i} dx_i$, und da die Koeffizienten einer Linearform eindeutig sind,

$$e_{ki} = g_k \frac{\partial \xi_k}{\partial x_i}. \tag{8.3/15b}$$

Im Hinblick auf die folgenden Abschnitte werden einige weitere Beziehungen hergeleitet. Zunächst wird die Orthonormalitätsbedingung (8.1/18) nach irgendeiner der ξ-Variablen, etwa ξ_j, differenziert. δ_{ik} ist nach (8.1/14) konstant, also

$$\frac{\partial \delta_{ik}}{\partial \xi_j} = \sum_m e_{im} \frac{\partial e_{km}}{\partial \xi_j} + \sum_m e_{km} \frac{\partial e_{im}}{\partial \xi_j} = 0. \tag{8.3/16}$$

Differentiation von (8.3/15a) nach ξ_j gibt, wenn man im Ergebnis wiederum (8.3/15a) berücksichtigt,

$$\frac{\partial e_{ik}}{\partial \xi_j} = -\frac{1}{g_i^2} \frac{\partial g_i}{\partial \xi_j} \frac{\partial x_k}{\partial \xi_i} + \frac{1}{g_i} \frac{\partial^2 x_k}{\partial \xi_i\, \partial \xi_j} = \frac{1}{g_i} \left\{ \frac{\partial^2 x_k}{\partial \xi_i\, \partial \xi_j} - e_{ik} \frac{\partial g_i}{\partial \xi_j} \right\}. \tag{8.3/17}$$

Wir multiplizieren jetzt (8.3/17) mit $\frac{1}{g_j}$ und gewinnen aus der so erhaltenen Gleichung durch Vertauschen der Indizes i, j eine neue Gleichung. Sie wird von der ersten abgezogen:

$$\frac{1}{g_j} \frac{\partial e_{ik}}{\partial \xi_j} - \frac{1}{g_i} \frac{\partial e_{jk}}{\partial \xi_i} = \frac{1}{g_i g_j} \left\{ e_{jk} \frac{\partial g_j}{\partial \xi_i} - e_{ik} \frac{\partial g_i}{\partial \xi_j} \right\}.$$

Dieser Ausdruck, mit e_{lk} multipliziert und über k summiert, liefert wegen (8.1/18)

$$\frac{1}{g_j} \sum_k e_{lk} \frac{\partial e_{ik}}{\partial \xi_j} - \frac{1}{g_i} \sum_k e_{lk} \frac{\partial e_{jk}}{\partial \xi_i} = \frac{1}{g_i g_j} \left\{ \delta_{lj} \frac{\partial g_j}{\partial \xi_i} - \delta_{li} \frac{\partial g_i}{\partial \xi_j} \right\}.$$

Wiederholt man diese Gleichung mit vertauschten Indizes l, j und addiert, so verschwinden die zweiten Teilsummen der linken Seite wegen (8.3/16), und mit $\delta_{lj} = \delta_{jl}$ bleibt

$$\sum_k \frac{1}{g_j} e_{lk} \frac{\partial e_{ik}}{\partial \xi_j} + \sum_k \frac{1}{g_l} e_{jk} \frac{\partial e_{ik}}{\partial \xi_l} = \frac{1}{g_i} \left\{ \delta_{lj} \left[\frac{1}{g_j} \frac{\partial g_j}{\partial \xi_i} + \frac{1}{g_l} \frac{\partial g_l}{\partial \xi_i} \right] - \right.$$
$$\left. - \frac{\delta_{li}}{g_j} \frac{\partial g_i}{\partial \xi_j} - \frac{\delta_{ji}}{g_l} \frac{\partial g_i}{\partial \xi_l} \right\}. \tag{8.3/18}$$

Das ist die erste der gesuchten Beziehungen.

Die zweite folgt hieraus als Sonderfall $l = j$ nach Multiplikation mit $g_j/2$:

$$\sum_k e_{jk} \frac{\partial e_{ik}}{\partial \xi_j} = \frac{1}{g_i} \left\{ \frac{\partial g_j}{\partial \xi_i} - \delta_{ji} \frac{\partial g_i}{\partial \xi_j} \right\}. \qquad (8.3/19)$$

Wegen (8.1/14) bleibt für $i \neq j$ nur der erste Summand auf der rechten Seite stehen, wogegen für $i = j$ der ganze Ausdruck verschwindet.

8.3.2 Integration

Hier interessiert nicht die zeitliche, sondern die räumliche bzw. Flächen- oder Kurvenintegration. Wir betrachten lediglich kartesische, also rechtwinklig-geradlinige Koordinaten x, y, z bzw. x_1, x_2, x_3. $f(x, y, z)$ sei irgendeine, in einem bestimmten Raumbereich definierte, stetige Funktion mit stetigen ersten Ableitungen, die noch von weiteren Parametern, z. B. der Zeit t, abhängen darf.

Bild 8.12 zeigt ein Teilvolum, das seitlich durch Flächen $x = \text{const}$, $y = \text{const}$ begrenzt wird, oben jedoch durch eine beliebige stetige Fläche

$$z = z_1(x, y),$$

desgleichen unten durch

$$z = z_2(x, y).$$

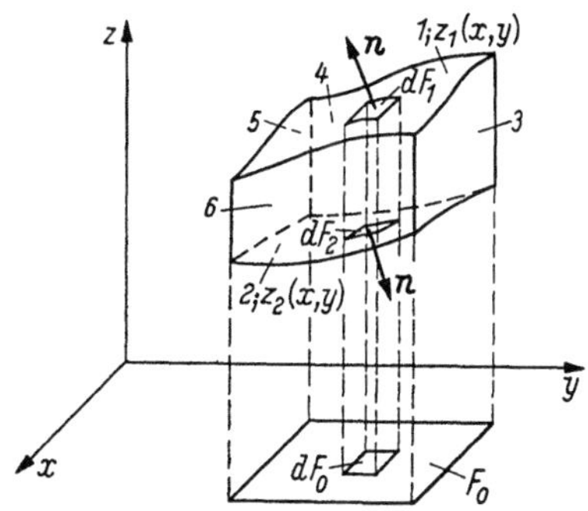

Bild 8.12 Teilvolum.

Die Flächen haben nach Bild 8.12 die Nummern *1* bis *6*, sie bilden zusammen die Oberfläche F des Teilvolums. Überall auf den Teilflächen *1* bis *6*, ggf. mit Ausnahme einzelner Punkte oder Kurvenstücke, sei die zu den Teilflächen senkrechte Richtung (*Normalenrichtung*) definiert. Sie wird durch den nach außen weisenden *Normaleneinsvektor* $\boldsymbol{n}$ eindeutig festgelegt, der also bei den Flächen *3* bis *6* waagerecht liegt. Dann gilt mit (8.1/4)

$$\cos \alpha = \boldsymbol{n e}_z = 0 \quad \text{auf den Flächen } 3, 4, 5, 6, \qquad (8.3/20)$$

wo α den Winkel zwischen $\boldsymbol{n}$ und der positiven z-Achse bedeutet (vgl. Bild 8.13). Betrachtet man dagegen Flächenelemente dF_1 von Fläche *1*, dF_2 von Fläche *2* mit gemeinsamer Projektion dF_0 auf die x, y-Ebene, so hat man offenbar (Bild 8.12)

$$\frac{dF_0}{dF_1} = \cos \alpha_1, \qquad \frac{dF_0}{dF_2} = -\cos \alpha_2, \qquad (8.3/21)$$

weil $\boldsymbol{n}$ auf F_2 nach unten weist, also $\cos\alpha_2$ negativ ist. Wir bilden $\partial f/\partial z$ und integrieren über das Volum V. Mit $dV = dF_0\,dz = dx\,dy\,dz$ finden wir

$$\int^{V} \frac{\partial f}{\partial z}\,dV = \int^{F_0} dF_0 \int_{z_2}^{z_1} \frac{\partial f}{\partial z}\,dz = \int^{F_0} dF_0\,[f(x, y, z_1) - f(x, y, z_2)] =$$

$$= \int^{F_0} f(x, y, z_1)\,dF_0 - \int^{F_0} f(x, y, z_2)\,dF_0.$$

Im ersten Integral der rechten Seite liegt das Argument von f, also der Punkt x, y, z_1, stets auf F_1. Führen wir mittels (8.3/21) dF_1 für dF_0 ein, so ergibt dies ein Oberflächenintegral über F_1; entsprechend wird das zweite Integral ein Oberflächenintegral über F_2:

$$\int^{V} \frac{\partial f}{\partial z}\,dV = \int^{F_1} f\cos\alpha_1\,dF_1 + \int^{F_2} f\cos\alpha_2\,dF_2.$$

Wir addieren noch die wegen (8.3/20) verschwindenden Summanden $\int^{F_i} f\cos\alpha_i\,dF_i$, $i = 3, 4, 5, 6$, und haben dann

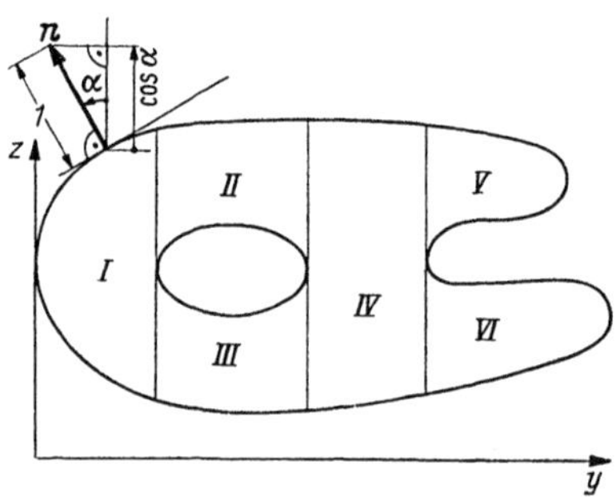

Bild 8.13 Zerlegung eines Kontrollraumes in Teilvolume.

$$\int^{V} \frac{\partial f}{\partial z}\,dV = \int^{F} f\cos\alpha\,dF, \qquad (8.3/22)$$

wo auf der rechten Seite über die Gesamtoberfläche F des Teilvolums V integriert wird und α den Winkel zwischen $\boldsymbol{n}$ und der positiven z-Achse darstellt.

(8.3/22) gilt aber nicht nur für Teilvolume gemäß Bild 8.12, sondern für jedes Raumvolum, das sich in endlich viele der vorher beschriebenen Teilvolume zerlegen läßt. Man nennt solche Volume oft *Kontrollräume*. Bild 8.13 zeigt ein Beispiel. Man schreibt (8.3/22) für jedes der Teilvolume I bis VI hin und addiert alle diese Ausdrücke. Links steht das Integral über das Gesamtvolum, rechts heben sich alle Flächenintegrale über innere Schnittflächen weg, weil diese je zweimal mit umgekehrten Vorzeichen von $\cos\alpha$ auftreten. Also bleiben rechts nur die Integrale über äußere Flächenbegrenzungen stehen.

(8.3/22), in dieser Allgemeinheit, stellt den bekannten Gaussschen Integralsatz dar [*5*, S. 127]. Nach Bild 8.13 kann man $\cos\alpha$ als Projektion von $\boldsymbol{n}$ auf $\boldsymbol{e}_z$, also als z-Koordinate n_z von $\boldsymbol{n}$ auffassen. Beachtet man schließlich, daß (8.3/22) auch in x- und y-Richtung gilt, und wendet wieder Indexschreibweise x_1, x_2, x_3 bzw. n_1, n_2, n_3 an, so hat man

$$\int^{V} \frac{\partial f}{\partial x_i}\, dV = \int^{F} f n_i \, dF. \qquad (8.3/23)$$

Den aus einem ortsabhängigen Skalar $f = f(x_1, x_2, x_3)$ in kartesischen Koordinaten gebildeten Vektor[1] mit den Koordinaten $\frac{\partial f}{\partial x_i}$ bezeichnet man als *Gradient* von f:

$$\mathbf{grad}\, f = \sum_i \frac{\partial f}{\partial x_i}\, \boldsymbol{e}_i. \qquad (8.3/24)$$

Dann kann (8.3/23) auch in der vektoriellen, d. h. invarianten Form

$$\int^{V} \mathbf{grad}\, f \, dV = \int^{F} f \boldsymbol{n}\, dF \qquad (8.3/25)$$

geschrieben werden.

Wir benötigen noch eine dritte Formulierung desselben Gaussschen Satzes. Ist $f = h_i$ die i-te Koordinate eines Vektors $\boldsymbol{h} = \sum_i h_i \boldsymbol{e}_i$, so gibt

$$h_\nu = \boldsymbol{h}\boldsymbol{n} = \sum_i h_i n_i \qquad (8.3/26)$$

die *Normalkoordinate* von $\boldsymbol{h}$, d. i. die Projektion von $\boldsymbol{h}$ auf $\boldsymbol{n}$. $\boldsymbol{h}_\nu = h_\nu \boldsymbol{n}$ heißt *Normalkomponente*. Setzt man nun h_i für f in (8.3/23) ein und summiert, so erhält man

$$\int^{V} \left(\sum_i \frac{\partial h_i}{\partial x_i}\right) dV = \int^{F} h_\nu \, dF. \qquad (8.3/27)$$

Der Integrand der linken Seite ist ein Skalar[2]. Man nennt ihn *Divergenz* von $\boldsymbol{h}$:

$$\operatorname{div} \boldsymbol{h} = \sum_i \frac{\partial h_i}{\partial x_i}. \qquad (8.3/28)$$

---

[1] Die Koordinaten x_i des Ortsvektors transformieren sich gemäß (8.1/21 b); danach gilt $\partial x_i/\partial x'_k = e_{ki}$. Dann folgt nach (8.3/4) mit $\beta = x'_k$

$$\frac{\partial f}{\partial x'_k} = \sum_i \frac{\partial f}{\partial x_i}\frac{\partial x_i}{\partial x'_k} = \sum_i e_{ki}\frac{\partial f}{\partial x_i}: \quad \frac{\partial f}{\partial x_i} \text{ genügt (8.1/21 a) und ist invariant.}$$

[2] Mit $\partial x_i/\partial x'_k = e_{ki}$ (vgl. Fußnote [1] dieser Seite) und (8.1/21 a), (8.1/18) folgt

$$\sum_k \frac{\partial h'_k}{\partial x'_k} = \sum_{i,k} \frac{\partial h'_k}{\partial x_i}\frac{\partial x_i}{\partial x'_k} = \sum_{i,k,m} e_{km}\frac{\partial h_m}{\partial x_i} e_{ki} = \sum_{i,m} \delta_{mi}\frac{\partial h_m}{\partial x_i} = \sum_i \frac{\partial h_i}{\partial x_i}.$$

Wir veranschaulichen den GAUSSschen Satz, indem wir mit seiner Hilfe das Prinzip von der Erhaltung der Masse formulieren. Bild 8.14 zeigt einen Kontrollraum, der im Innern keinen Massenzufluß oder -abfluß (Massen-*Quelle* oder *-Senke*) enthält. v_ν sei die zur Oberfläche senkrechte Abströmgeschwindigkeit. Durch ein Flächenelement dF strömt zeitlich das Volum $v_\nu\, dF$, also die Masse $\varrho v_\nu\, dF$, wo ϱ die Dichte bedeutet. Insgesamt fließt zeitlich die Masse $\int^F \varrho v_\nu\, dF$ aus dem Kontrollraum. Eingeschlossen ist die Masse $m = \int^V \varrho\, dV$, die bei festem Kontrollraum zeitlich um $\partial m/\partial t = \int^V \frac{\partial \varrho}{\partial t}\, dV$ zunimmt. Die Massenbilanz ergibt $\int^F \varrho v_\nu\, dF + \int^V \frac{\partial \varrho}{\partial t}\, dV = 0$. Wendet man auf das erste Integral den GAUSSschen Satz in der Form (8.3/27) für den Vektor $\boldsymbol{h} = \sum_i (\varrho v_i)\boldsymbol{e}_i$ an, wo $\boldsymbol{v} = \sum_i v_i \boldsymbol{e}_i$ den Vektor der Strömungsgeschwindigkeit darstellt, so hat man

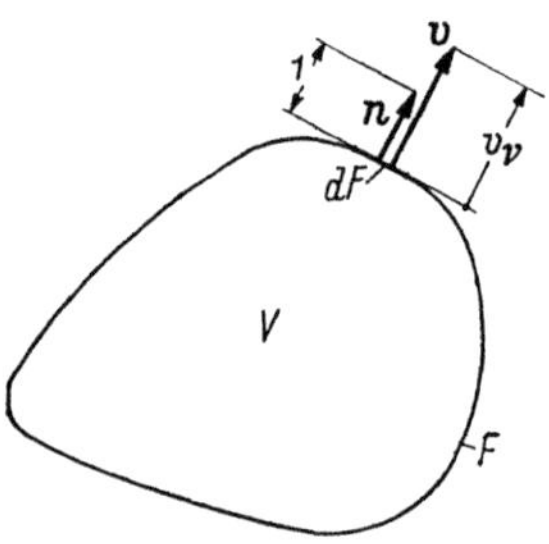

Bild 8.14 Kontrollraum.

$$\int^V \left(\sum_i \frac{\partial(\varrho v_i)}{\partial x_i} + \frac{\partial \varrho}{\partial t} \right) dV = \int^V g\, dV = 0$$

für einen beliebigen Kontrollraum. Dies ist sicher erfüllt, wenn der Integrand g verschwindet. Ist g stetig, so ergibt sich sogar notwendig $g \equiv 0$. Denn man hat nach dem Mittelwertsatz der Integralrechnung $\int^V g\, dV = \bar{g} \cdot V$, wo $\bar{g}$ einen Mittelwert von g über V darstellt. Aus $\bar{g}\, V = 0$ folgt $\bar{g} = 0$, und da V beliebig, $\bar{g} \to g$ für $V \to 0$. So erhält man die *Kontinuitätsgleichung*[1]

$$\frac{\partial \varrho}{\partial t} + \sum_i \frac{\partial(\varrho v_i)}{\partial x_i} = \frac{\partial \varrho}{\partial t} + \operatorname{div}(\varrho \boldsymbol{v}) = 0, \qquad (8.3/29\text{a})$$

die man in

$$\frac{\partial \varrho}{\partial t} + \sum_i \frac{\partial \varrho}{\partial x_i} v_i + \varrho \sum_i \frac{\partial v_i}{\partial x_i} = 0$$

umformen kann. Hier lassen sich die ersten beiden Terme mittels Gl. (1/3) zu $\frac{d\varrho}{dt}$ zusammenfassen. Dann lautet die Kontinuitätsgleichung

$$\frac{d\varrho}{dt} + \varrho \sum_i \frac{\partial v_i}{\partial x_i} = \frac{d\varrho}{dt} + \varrho \operatorname{div} \boldsymbol{v} = 0. \qquad (8.3/29\text{b})$$

[1] Die Herleitung dieser und weiterer Grundgleichungen mittels des GAUSSschen Satzes ist in diesem Zusammenhang unüblich, entspricht jedoch u. a. dem Vorgehen von GERMAIN [*236*].

In der Plastizitätstheorie setzten wir stets konstante Dichte ϱ voraus (*Volumkonstanz* oder *Inkompressibilität*). Die entsprechende *Inkompressibilitätsbedingung* lautet

$$\operatorname{div} \boldsymbol{v} = \sum_i \frac{\partial v_i}{\partial x_i} = \frac{\partial u}{\partial x} + \frac{\partial v}{\partial y} + \frac{\partial w}{\partial z} = 0 \tag{8.3/30}$$

($x = x_1$, $y = x_2$, $z = x_3$; $u = v_1$, $v = v_2$, $w = v_3$). Gl. (8.3/30) bezieht sich, wie alles Voranstehende, nur auf kartesische Koordinaten und verallgemeinert die bereits in der elementaren Plastizitätstheorie benutzte spezielle Beziehung (3.2/4).

8.4 Kinematik

8.4.1 Formänderung

In einem räumlichen kartesischen Koordinatensystem $\boldsymbol{e}_x$, $\boldsymbol{e}_y$, $\boldsymbol{e}_z$ oder $\boldsymbol{e}_i$ ($i = 1, 2, 3$) sei die Geschwindigkeit eines wandernden Werkstoffpunktes $x = X(t)$, $y = Y(t)$, $z = Z(t)$ bzw. $x_i = X_i(t)$ ($i = 1, 2, 3$) durch

$$\boldsymbol{v} = u\boldsymbol{e}_x + v\boldsymbol{e}_y + w\boldsymbol{e}_z \tag{8.4/1a}$$

oder

$$\boldsymbol{v} = \sum_i v_i \boldsymbol{e}_i \tag{8.4/1b}$$

gegeben, wo entsprechend Kap. 1

$$u = \dot{X}, \quad v = \dot{Y}, \quad w = \dot{Z} \qquad \text{oder} \qquad v_i = \dot{X}_i$$

gilt[1]. Es soll jetzt die Formänderungsgeschwindigkeit λ der elementaren Theorie auf den zwei- und dreidimensionalen Fall verallgemeinert werden. Nach Gl. (3.2/4) war

$$\lambda = -\frac{\partial u}{\partial x}\,.$$

Aus Gl. (3.2/5) liest man ab

$$\lambda = \frac{\partial v}{\partial y}\,.$$

---

[1] Zur Vereinfachung wird hier und im folgenden $\cdot$ statt d/dt geschrieben.

Diese Gleichungen stellen in der Form

$$dv = \lambda\, dy\,, \qquad du = -\lambda\, dx\,,$$

eine lineare Zuordnung zwischen den Wegdifferentialen dx, dy und der zugehörigen örtlichen Geschwindigkeitsänderung $d\boldsymbol{v}$ dar, die durch λ vermittelt wird.

Damit liegt die Art der Verallgemeinerung fest. Gehen wir räumlich von einem durch den Ortsvektor $\boldsymbol{r}$ beschriebenen Punkt zu einem benachbarten Punkt $\boldsymbol{r} + d\boldsymbol{r}$ (Bild 8.15) und herrscht in $\boldsymbol{r}$ die Geschwindigkeit $\boldsymbol{v}$, so in $\boldsymbol{r} + d\boldsymbol{r}$ die Geschwindigkeit $\boldsymbol{v} + d\boldsymbol{v}$. Die Vektorabbildung $d\boldsymbol{r} \to d\boldsymbol{v}$, welche nach dem oben Gesagten als Verallgemeinerung der Formänderungsgeschwindigkeit λ gelten kann, ist invariant und, sofern sie sich als linear erweist, nach Abschn. 8.1 eine Dyade.

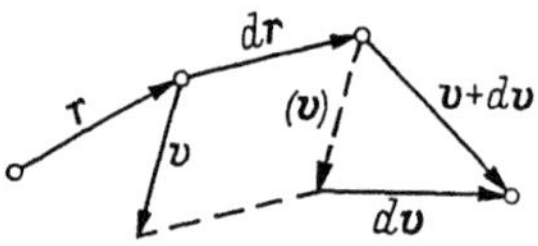

Bild 8.15 Zuordnung $d\boldsymbol{r} \to d\boldsymbol{v}$.

Allerdings wird man eine einfache Drehung, d. h. nach Abschn. 8.2.2 eine antimetrische Dyade, nicht als Formänderung bezeichnen. Sie läßt ja den Werkstoff in sich starr. Doch kann man sie von jeder Dyade eindeutig in Gestalt des antimetrischen Teiles abspalten (Abschn. 8.2.1). Nur der Rest, also der symmetrische Anteil, definiert die eigentliche Formänderung. Damit wird die Formänderungsgeschwindigkeits-Dyade symmetrisch. Alle in Abschn. 8.2.3 gewonnenen Resultate und Veranschaulichungen, insbesondere die Existenz von Haupt-(Formänderungsgeschwindigkeits-)Richtungen und (bei ebenen Problemen) der Mohrsche Kreis, gelten auch hier.

Die zugehörigen Formeln lassen sich jetzt für kartesische Koordinaten leicht hinschreiben. Wir finden aus (8.4/1b)

$$d\boldsymbol{v} = \sum_i dv_i \cdot \boldsymbol{e}_i\,,$$

wobei die Geschwindigkeitsänderung örtlich, nicht zeitlich gemeint ist. Dann folgt für jede der Koordinaten dv_i nach (8.3/4)

$$dv_i = \sum_k \frac{\partial v_i}{\partial x_k}\, dx_k\,.$$

Dies repräsentiert bereits die Abbildung von $d\boldsymbol{r} = \sum_i dx_i \cdot \boldsymbol{e}_i$ auf $d\boldsymbol{v}$, und zwar eine lineare Abbildung.

Entsprechend (8.1/11) sind

$$\gamma_{ik} = \frac{\partial v_i}{\partial x_k} \tag{8.4/2}$$

die zugehörigen Tensorkoordinaten. Deren symmetrische Anteile λ_{ik} bezeichnen wir als Dyade (Tensor) der Formänderungsgeschwindigkeiten und haben entsprechend den Gln. (8.2/5), (8.2/2)

$$\lambda_{ik} = \frac{1}{2}\,(\gamma_{ik} + \gamma_{ki}) = \frac{1}{2}\left(\frac{\partial v_i}{\partial x_k} + \frac{\partial v_k}{\partial x_i}\right). \tag{8.4/3}$$

Als Matrix und mit $x, y, z;\ u, v, w$ statt x_i, v_i geschrieben, sieht dies wie folgt aus:

$$(\lambda_{ik}) = \begin{pmatrix} \dfrac{\partial u}{\partial x} & \dfrac{1}{2}\left(\dfrac{\partial u}{\partial y} + \dfrac{\partial v}{\partial x}\right) & \dfrac{1}{2}\left(\dfrac{\partial u}{\partial z} + \dfrac{\partial w}{\partial x}\right) \\ \dfrac{1}{2}\left(\dfrac{\partial v}{\partial x} + \dfrac{\partial u}{\partial y}\right) & \dfrac{\partial v}{\partial y} & \dfrac{1}{2}\left(\dfrac{\partial v}{\partial z} + \dfrac{\partial w}{\partial y}\right) \\ \dfrac{1}{2}\left(\dfrac{\partial w}{\partial x} + \dfrac{\partial u}{\partial z}\right) & \dfrac{1}{2}\left(\dfrac{\partial w}{\partial y} + \dfrac{\partial v}{\partial z}\right) & \dfrac{\partial w}{\partial z} \end{pmatrix} \tag{8.4/4}$$

Man erkennt die Symmetrie. Für ebene Formänderung genügt der abgegrenzte Teil.

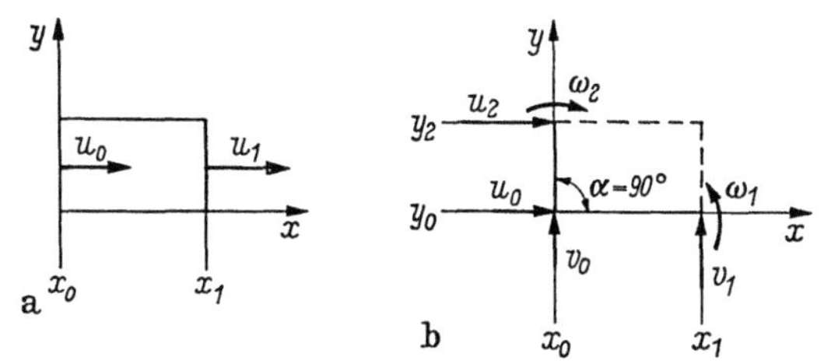

Bild 8.16a u. b Interpretation der Formänderungsgeschwindigkeiten.

Die einzelnen Koordinaten kann man anschaulich an einem kleinen, parallel zu den Achsen herausgeschnittenen *Volumelement* deuten. Bild 8.16a bezieht sich auf $\lambda_{xx} = \dfrac{\partial u}{\partial x}$. Die Dehnungsgeschwindigkeit, also die Differenzgeschwindigkeit $u_1 - u_0$ beider Enden, wird auf die Länge $x_1 - x_0$ bezogen und gibt als Grenzwert

$$\lim_{x_1 \to x_0} = \frac{u_1 - u_0}{x_1 - x_0} = \frac{\partial u}{\partial x} = \lambda_{xx}.$$

Entsprechend interpretiert Bild 8.16b die Koordinaten

$$\lambda_{xy} = \lambda_{yx} = \frac{1}{2}\left(\frac{\partial u}{\partial y} + \frac{\partial v}{\partial x}\right)$$

am Volumelement. Die Winkelgeschwindigkeit ω_1, mit der sich dessen waagerechte Grundlinie entgegen dem Uhrzeiger dreht, beträgt offenbar

$\omega_1 = \frac{v_1 - v_0}{x_1 - x_0}$, im Grenzfall also $\frac{\partial v}{\partial x}$. Entsprechend folgt für die jetzt in Uhrzeigerrichtung gemessene Winkelgeschwindigkeit ω_2 der senkrechten Grundlinie $\omega_2 = \frac{u_2 - u_0}{y_2 - y_0}$, im Grenzfall also $\frac{\partial u}{\partial y}$. Die Änderungsgeschwindigkeit $\dot{\alpha}$ des Winkels $\alpha = 90°$ zwischen beiden Linien (*Schergeschwindigkeit*) ist dann[1]

$$\dot{\alpha} = -(\omega_1 + \omega_2) = -\left(\frac{\partial v}{\partial x} + \frac{\partial u}{\partial y}\right) = -2\lambda_{xy}.$$

Nachdem nun die Veranschaulichung entsprechend Bild 8.16 bekannt ist, könnte man von ihr ausgehen und die Formänderungsgeschwindigkeiten λ_{ik} in beliebigen rechtwinkligen, krummlinigen Koordinaten ausdrücken. Wir wählen jedoch den formalen Weg, weil er die Gefahr durch die Anschauung hervorgerufener Fehlinterpretationen ausschließt, und benutzen die in Abschn. 8.3.1 bereits vorbereiteten Differentiationsbeziehungen.

Transformiert man (8.4/2) mittels (8.1/22a) auf das örtliche, gedrehte System $\boldsymbol{e}'_k$, ersetzt v_m durch v'_l entsprechend (8.1/21b) und die Ableitungen $\partial/\partial x_n$ nach (8 3/4) durch die Ableitungen $\partial/\partial \xi_p$ (man substituiere in (8.3/4) x_n für β und ξ_p für x_i), so erhält man wegen (8.3/15b), (8.1/18) und (8.1/14)

$$\gamma'_{ik} = \sum_{m,n} e_{im} e_{kn} \frac{\partial v_m}{\partial x_n} = \sum_{m,n,p} e_{im} e_{kn} \frac{\partial v_m}{\partial \xi_p} \frac{\partial \xi_p}{\partial x_n} = \sum_{l,m,n,p} e_{im} e_{kn} \frac{\partial (e_{lm} v'_l)}{\partial \xi_p} \frac{e_{pn}}{g_p} =$$
$$= \sum_{l,m,p} e_{im} \frac{\delta_{kp}}{g_p} \left(v'_l \frac{\partial e_{lm}}{\partial \xi_p} + e_{lm} \frac{\partial v'_l}{\partial \xi_p}\right) = \sum_l \left(\sum_m \frac{1}{g_k} e_{im} \frac{\partial e_{lm}}{\partial \xi_k} v'_l + \frac{\delta_{il}}{g_k} \frac{\partial v'_i}{\partial \xi_k}\right) =$$
$$= \sum_l \frac{v'_l}{g_k} \sum_m e_{im} \frac{\partial e_{lm}}{\partial \xi_k} + \frac{1}{g_k} \frac{\partial v'_i}{\partial \xi_k}.$$

Nun ist der Tensor der Formänderungsgeschwindigkeiten λ'_{ik} entsprechend (8.4/3) der symmetrische Anteil von γ'_{ik}. Man vertauscht also in vorstehender Gleichung i mit k, addiert und berücksichtigt Gl. (8.3/18). Dann folgt

$$2\lambda'_{ik} = \sum_l \frac{v'_l}{g_l} \left\{\delta_{ik} \left[\frac{1}{g_k} \frac{\partial g_k}{\partial \xi_l} + \frac{1}{g_i} \frac{\partial g_i}{\partial \xi_l}\right] - \frac{\delta_{il}}{g_k} \frac{\partial g_l}{\partial \xi_k} - \frac{\delta_{kl}}{g_i} \frac{\partial g_l}{\delta \xi_i}\right\} +$$
$$+ \frac{1}{g_k} \frac{\partial v'_i}{\partial \xi_k} + \frac{1}{g_i} \frac{\partial v'_k}{\partial \xi_i}.$$

In dieser Gleichung stehen nur Größen des gedrehten Systems $\boldsymbol{e}'_k$, ξ_k. Deshalb sind keine Verwechslungen mit Größen des Ausgangs-

[1] In einer Reihe von Schriften und Büchern wird $-\dot{\alpha}$ statt λ_{xy} benutzt.

systems e_k, x_k möglich; wir dürfen die Striche weglassen. Vereinfachen wir noch die letzten beiden Glieder der geschweiften Klammer mittels (8.1/14), so erhalten wir als Ergebnis die Formänderungsgeschwindigkeiten λ_{ik} in einem beliebigen rechtwinklig-krummlinigen Koordinatennetz ξ_1, ξ_2, ξ_3, in dem die Geschwindigkeiten v_1, v_2, v_3 parallel den entsprechenden Koordinatenlinien gemessen werden[1]:

$$\lambda_{ik} = \frac{1}{2}\left[\frac{1}{g_i}\frac{\partial v_k}{\partial \xi_i} + \frac{1}{g_k}\frac{\partial v_i}{\partial \xi_k} - \frac{1}{g_i g_k}\left(\frac{\partial g_i}{\partial \xi_k} v_i + \frac{\partial g_k}{\partial \xi_i} v_k\right)\right] + \\ + \frac{1}{2}\delta_{ik}\sum_j \left[\frac{1}{g_k}\frac{\partial g_k}{\partial \xi_j} + \frac{1}{g_i}\frac{\partial g_i}{\partial \xi_j}\right]\frac{v_j}{g_j}. \tag{8.4/5}$$

Als erstes Beispiel seien die Koordinaten λ_{rr}, $\lambda_{\psi\psi}$ und $\lambda_{r\psi}$ der Geschwindigkeitsdyade in ebenen Polarkoordinaten (Bild 8.11) berechnet. Es gilt $\xi_1 = r$, $\xi_2 = \psi$, und nach (8.3/10) $g_r = g_1 = 1$, $g_\psi = g_2 = r$. Daher hat die Matrix $(\partial g_i/\partial \xi_j)$ folgende Gestalt:

$$\left(\frac{\partial g_i}{\partial \xi_j}\right) = \begin{pmatrix} \partial g_r/\partial r & \partial g_r/\partial \psi \\ \partial g_\psi/\partial r & \partial g_\psi/\partial \psi \end{pmatrix} = \begin{pmatrix} 0 & 0 \\ 1 & 0 \end{pmatrix}. \tag{8.4/6}$$

Mit $\delta_{rr} = \delta_{\psi\psi} = 1$, $\delta_{r\psi} = \delta_{\psi r} = 0$ liefert (8.4/5)

$$\left.\begin{aligned} \lambda_{rr} &= \frac{\partial v_r}{\partial r}; \quad \lambda_{\psi\psi} = \frac{1}{r}\left(\frac{\partial v_\psi}{\partial \psi} + v_r\right), \\ \lambda_{r\psi} &= \frac{1}{2}\left(\frac{\partial v_\psi}{\partial r} + \frac{1}{r}\frac{\partial v_r}{\partial \psi} - \frac{v_\psi}{r}\right), \end{aligned}\right\} \tag{8.4/7a}$$

ohne daß hierzu noch eine Veranschaulichung ähnlich Bild 8.16 nötig (wenngleich möglich) wäre. Wir ergänzen nun die r,ψ-Ebene durch die dazu senkrechte Raumrichtung und kennzeichnen diese durch die Koordinate z (Bild 8.11). Dann nennt man r, ψ, z *Zylinderkoordinaten*. Sie sind den kartesischen Koordinaten x, y, z mit Ausnahme der Punkte auf der z-Achse ($r = 0$), für die sich kein Winkel ψ angeben läßt, eindeutig zugeordnet. $g_r = g_1 = 1$, $g_\psi = g_2 = r$ des Polarkoordinatensystems wird entsprechend (8.3/13) durch $g_z = g_3 = 1$ vervollständigt. Dann sind den Gln. (8.4/7a) nach (8.4/5) die folgenden hinzuzufügen:

$$\left.\begin{aligned} \lambda_{rz} &= \frac{1}{2}\left(\frac{\partial v_r}{\partial z} + \frac{\partial v_z}{\partial r}\right); \quad \lambda_{\psi z} = \frac{1}{2}\left(\frac{\partial v_\psi}{\partial z} + \frac{1}{r}\frac{\partial v_z}{\partial \psi}\right); \\ \lambda_{zz} &= \frac{\partial v_z}{\partial z}. \end{aligned}\right\} \tag{8.4/7b}$$

---

[1] Da das letzte Glied ohnehin nur für $i = k$ in Erscheinung tritt, kann es auch zu $\frac{\delta_{ik}}{g_i}\sum_j \frac{v_j}{g_j}\frac{\partial g_i}{\partial \xi_j}$ vereinfacht werden.

Als weiteres Beispiel zeigt Bild 8.17 ein *Kugelkoordinatensystem* mit

$$\xi_1 = r, \quad \xi_2 = \psi, \quad \xi_3 = \vartheta, \tag{8.4/8}$$

wo

$$0 < r, \quad 0 \leq \psi \leq 2\pi, \quad -\frac{\pi}{2} \leq \vartheta \leq \frac{\pi}{2}.$$

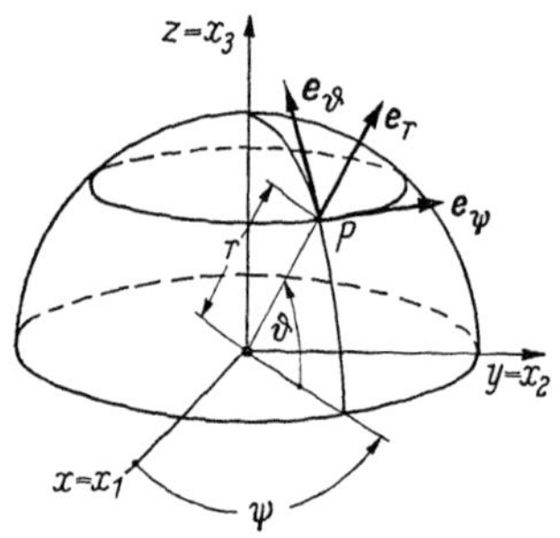

Bild 8.17 Kugelkoordinaten. $\xi_1 = r$, $\xi_2 = \psi$, $\xi_3 = \vartheta$.

Die Projektion des nach irgendeinem Punkt P gezogenen Radiusvektors auf die x,y-Ebene hat die Länge $r \cos \vartheta$, also

$$\left.\begin{aligned} x &= r \cos\vartheta \cos\psi \\ y &= r \cos\vartheta \sin\psi \\ z &= r \sin\vartheta. \end{aligned}\right\} \tag{8.4/9}$$

Mit (8.3/13) folgt

$$\left.\begin{aligned} g_r &= \left|\sqrt{(\cos\vartheta \cos\psi)^2 + (\cos\vartheta \sin\psi)^2 + (\sin\vartheta)^2}\right| = 1, \\ g_\psi &= \left|\sqrt{(-r\cos\vartheta \sin\psi)^2 + (r\cos\vartheta\cos\psi)^2 + 0^2}\right| = r\cos\vartheta, \\ g_\vartheta &= \left|\sqrt{(-r\sin\vartheta\cos\psi)^2 + (-r\sin\vartheta\sin\psi)^2 + (r\cos\vartheta)^2}\right| = r, \end{aligned}\right\} \tag{8.4/10}$$

also

$$\left(\frac{\partial g_i}{\partial \xi_j}\right) = \begin{pmatrix} \partial g_r/\partial r & \partial g_r/\partial \psi & \partial g_r/\partial\vartheta \\ \partial g_\psi/\partial r & \partial g_\psi/\partial\psi & \partial g_\psi/\partial\vartheta \\ \partial g_\vartheta/\partial r & \partial g_\vartheta/\partial\psi & \partial g_\vartheta/\partial\vartheta \end{pmatrix} = \begin{pmatrix} 0 & 0 & 0 \\ \cos\vartheta & 0 & -r\sin\vartheta \\ 1 & 0 & 0 \end{pmatrix}, \tag{8.4/11}$$

und mit (8.4/5)

$$\left.\begin{aligned} \lambda_{rr} &= \frac{\partial v_r}{\partial r}, \quad \lambda_{\psi\psi} = \frac{1}{r\cos\vartheta}\left(\frac{\partial v_\psi}{\partial\psi} + \cos\vartheta\cdot v_r - \sin\vartheta\cdot v_\vartheta\right), \\ \lambda_{\vartheta\vartheta} &= \frac{1}{r}\left(\frac{\partial v_\vartheta}{\partial\vartheta} + v_r\right), \quad \lambda_{r\psi} = \frac{1}{2}\left(\frac{\partial v_\psi}{\partial r} + \frac{1}{r\cos\vartheta}\cdot\frac{\partial v_r}{\partial\psi} - \frac{v_\psi}{r}\right), \\ \lambda_{\psi\vartheta} &= \frac{1}{2r\cos\vartheta}\left(\frac{\partial v_\vartheta}{\partial\psi} + \cos\vartheta\cdot\frac{\partial v_\psi}{\partial\vartheta} + \sin\vartheta\cdot v_\psi\right), \\ \lambda_{\vartheta r} &= \frac{1}{2}\left(\frac{1}{r}\cdot\frac{\partial v_r}{\partial\vartheta} + \frac{\partial v_\vartheta}{\partial r} - \frac{v_\vartheta}{r}\right). \end{aligned}\right\} \tag{8.4/12}$$

Diese Gleichungen sind auf anschaulichem Wege ähnlich Bild 8.16 sehr schwer und nur unter hohem Fehlerrisiko ableitbar.

Es liegt nahe zu fragen, ob sich die Geschwindigkeitsdyade λ_{ik} zu Formänderungen, also etwa einer *Formänderungsdyade* φ_{ik} integrieren läßt, so wie man in der elementaren Theorie von der Formänderungsgeschwindigkeit zur (logarithmischen) Formänderung φ [Gln. (2.1/4), (2.1/5)] gelangte. Dieser Integrationsschritt muß natürlich invariant und für ein wanderndes Teilchen erfolgen. Unter anderem LEHMANN [*237*, *238*] hat sich ausführlich mit den erforderlichen Operationen befaßt. Wir verzichten hier darauf und erinnern daran, daß in der elementaren Theorie eigentlich nicht die Kenntnis von φ, sondern nur von $\overline{\varphi}$ [Vergleichsformänderung, Gln. (2.3/10), (2.3/11)] erforderlich war. Sie wird für isotropen Werkstoff, der darüber hinaus keinen Bauschinger-Effekt aufweist, auch im folgenden genügen. Die Bildung des Skalars $\overline{\varphi}$ hängt vom Werkstoffverhalten ab; wir kommen später darauf zurück.

Eine linearisierte Näherung ε_{ik} für kleine Formänderungen entsprechend der linearen Näherung ε von φ [Gl. (2.1/9)] läßt sich allerdings sehr einfach durch Multiplikation

$$\varepsilon_{ik} = \lambda_{ik} \cdot \Delta t \tag{8.4/13}$$

von λ_{ik} mit einem Zeitintervall $\Delta t \geq 0$ definieren. Wenn dann $s_i = v_i \, \Delta t$ die (angenäherten) Verschiebungen tangential zu den rechtwinklig-krummlinigen Koordinatenrichtungen sind, bleibt Gl. (8.4/5) bzw., speziell bei kartesischen Koordinaten, Gl. (8.4/3) gültig, wenn man dort λ_{ik} durch ε_{ik} und v_i durch s_i ersetzt.

Die Kontinuitätsgleichung (8.3/29b) gewinnt in kartesischen Koordinaten wegen (8.4/4) die Gestalt

$$\frac{d \ln \varrho}{dt} + \lambda_{xx} + \lambda_{yy} + \lambda_{zz} = 0. \tag{8.4/14a}$$

Hierbei ist die Summe λ_s der λ_{ii} als Spur nach Gl. (8.2/1) ein Skalar, also invariant, und man hat in krummlinig-rechtwinkligen Koordinaten sofort

$$\frac{d \ln \varrho}{dt} + \sum_i \lambda_{ii} = 0, \tag{8.4/14b}$$

wo λ_{ii} etwa nach (8.4/5) einzusetzen ist. Integration über ein kleines Zeitintervall $\Delta t = t - t_0$ gibt nach (8.4/13) für kleine Formänderungen die Näherung

$$\ln \frac{\varrho}{\varrho_0} + \sum_i \varepsilon_{ii} = 0, \tag{8.4/15}$$

wobei ϱ_0 die Anfangsdichte und ϱ die Dichte nach der Formänderung ε_{ik} ist.

8.4.2 Geschwindigkeit und Beschleunigung

Ein wandernder Werkstoffpunkt werde in einem kartesischen Ausgangssystem $\boldsymbol{e}_i$ durch die Koordinaten $x_i = X_i(t)$ beschrieben (vgl. Kap. 1). Er hat dann in jenem die Geschwindigkeitskoordinaten $\left(\cdot = \frac{d}{dt}\right)$

$$v_i = \dot{X}_i(t)$$

und die Beschleunigungskoordinaten

$$b_i = \ddot{X}_i\ (t) = \dot{v}_i\ (t).$$

Wird das Problem in krummlinig-rechtwinkligen Koordinaten, etwa ξ_1, ξ_2, ξ_3, beschrieben, so gelte $\xi_i = \Xi_i(t)$ für den wandernden Werkstoffpunkt. Dann besteht nach (8.3/12) der Zusammenhang

$$X_i(t) = x_i(\Xi_1(t), \Xi_2(t), \Xi_3(t)),$$

also nach (8.3/4) und (8.3/15a)

$$v_i = \sum_k \frac{\partial x_i}{\partial \xi_k} \dot{\Xi}_k = \sum_k g_k e_{ki} \dot{\Xi}_k.$$

Nach nochmaliger Differentiation folgt mit (8.3/4)

$$b_i = \sum_k g_k e_{ki} \ddot{\Xi}_k + \sum_{k,l} \left[\frac{\partial g_k}{\partial \xi_l} e_{ki} + g_k \frac{\partial e_{ki}}{\partial \xi_l}\right] \dot{\Xi}_k \dot{\Xi}_l.$$

v_i sind nach wie vor die Geschwindigkeits-, b_i die Beschleunigungskoordinaten im Ausgangssystem $\boldsymbol{e}_i$, jetzt allerdings dargestellt durch krummlinig-rechtwinklige Koordinaten ξ_j. Die parallel den Koordinatenlinien gemessenen Geschwindigkeitskoordinaten v_j' und Beschleunigungskoordinaten b_j' erhält man aus v_i und b_i nach (8.1/21a) durch Multiplikation mit e_{ji} und Summation über i. Mit (8.1/18) und (8.1/16) folgt so

$$v_j' = \sum_i e_{ji} v_i = \sum_{i,k} g_k e_{ji} e_{ki} \dot{\Xi}_k = g_j \dot{\Xi}_j. \tag{8.4/16}$$

Entsprechend findet man

$$b_j' = g_j \ddot{\Xi}_j + \sum_l \frac{\partial g_j}{\partial \xi_l} \dot{\Xi}_j \dot{\Xi}_l + \sum_{i,k,l} g_k e_{ji} \frac{\partial e_{ki}}{\partial \xi_l} \dot{\Xi}_k \dot{\Xi}_l. \tag{8.4/17}$$

Die letzte Summe enthält noch Elemente der Transformationsmatrix (e_{ik}) und wird zunächst mit (8.3/16), dann unter Beachtung von

$\dot{\Xi}_k \dot{\Xi}_l = \frac{1}{2} (\dot{\Xi}_k \dot{\Xi}_l + \dot{\Xi}_l \dot{\Xi}_k)$ und schließlich mit Indexvertauschung umgewandelt in

$$-\sum_{i,k,l} g_k e_{ki} \frac{\partial e_{ji}}{\partial \xi_l} \dot{\Xi}_k \dot{\Xi}_l =$$

$$= -\frac{1}{2}\left\{\sum_{i,k,l} g_k e_{ki} \frac{\partial e_{ji}}{\partial \xi_l} \dot{\Xi}_k \dot{\Xi}_l + \sum_{i,k,l} g_k e_{ki} \frac{\partial e_{ji}}{\partial \xi_l} \dot{\Xi}_l \dot{\Xi}_k\right\} =$$

$$= -\frac{1}{2}\left\{\sum_{i,k,l} g_k e_{ki} \frac{\partial e_{ji}}{\partial \xi_l} \dot{\Xi}_k \dot{\Xi}_l + \sum_{i,l,k} g_l e_{li} \frac{\partial e_{ji}}{\partial \xi_k} \dot{\Xi}_k \dot{\Xi}_l\right\} =$$

$$= -\frac{1}{2} \sum_{k,l} g_k g_l \dot{\Xi}_k \dot{\Xi}_l \left\{\sum_i \frac{1}{g_l} e_{ki} \frac{\partial e_{ji}}{\partial \xi_l} + \sum_i \frac{1}{g_k} e_{li} \frac{\partial e_{ji}}{\partial \xi_k}\right\}.$$

Die geschweifte Klammer läßt sich nach (8.3/18) ersetzen. Summation gibt dann wegen (8.1/14)

$$-\frac{1}{2} \sum_{k,l} g_k g_l \dot{\Xi}_k \dot{\Xi}_l \frac{1}{g_j} \left\{ \delta_{lk} \left[\frac{1}{g_l} \frac{\partial g_l}{\partial \xi_j} + \frac{1}{g_k} \frac{\partial g_k}{\partial \xi_j}\right] - \frac{\delta_{kj}}{g_l} \frac{\partial g_j}{\partial \xi_l} - \frac{\delta_{lj}}{g_k} \frac{\partial g_j}{\partial \xi_k} \right\} =$$

$$= -\frac{1}{g_j} \left\{ \sum_k g_k \frac{\partial g_k}{\partial \xi_j} \dot{\Xi}_k^2 - g_j \dot{\Xi}_j \sum_k \frac{\partial g_j}{\partial \xi_k} \dot{\Xi}_k \right\}.$$

Setzt man dies in (8.4/17) ein und läßt in (8.4/16), (8.4/17) bei v_j', b_j' die Striche fort, da sich jetzt alle Größen nur noch auf ein einziges (nämlich das krummlinig-rechtwinklige) System beziehen, so gewinnt man

$$\left.\begin{aligned} v_j &= g_j \dot{\Xi}_j, \\ b_j &= g_j \ddot{\Xi}_j + 2\sum_k \frac{\partial g_j}{\partial \xi_k} \dot{\Xi}_j \dot{\Xi}_k - \sum_k \frac{g_k}{g_j} \frac{\partial g_k}{\partial \xi_j} \dot{\Xi}_k^2. \end{aligned}\right\} \quad (8.4/18)$$

Diese Formeln ersetzen die einfachen Beziehungen $v_j = \dot{X}_j$, $b_j = \ddot{X}_j$ des kartesischen Systems und gehen für $g_j \equiv 1$ in diese über.

8.5 Kräfte

8.5.1 Definitionen

Man unterscheidet *Oberflächen-* und *Volum-(Massen-)Kräfte.*

Oberflächenkräfte wirken auf Flächen der Körperbegrenzung und auf Schnittflächen (*Schnittkräfte*), und zwar flächenhaft verteilt. In Punkten (*Einzelkräfte*) oder längs Linien (*Streckenlasten*) wirkende Kräfte werden nur an der Körperoberfläche und auch dort höchstens als Grenzfall zugelassen. Bild 8.18 zeigt einen durch einen Schnitt in zwei Teile zerlegten Körper. Man bezeichnet eine der beiden Schnittflächen als *positives*, die andere als *negatives Schnittufer*. $\boldsymbol{n}$ bzw. $\boldsymbol{n}' = -\boldsymbol{n}$ sind ihre nach außen weisenden Normaleneinsvektoren. Auf dem positiven Schnittufer markieren wir eine beliebige, nicht zu große Teilfläche F und stellen die Gesamtkraft $\boldsymbol{K}$ fest, die von der entsprechenden Fläche F' des negativen Schnittufers her auf F übertragen wird. Das Verhältnis $\boldsymbol{K}/F$ hat die Dimension einer Spannung (Tab. 1.1) und wird als mittlere Spannung auf F bezeichnet. Wir lassen nun das Flächenstück F auf einen Punkt P (Bild 8.18) zusammenschrumpfen und nennen

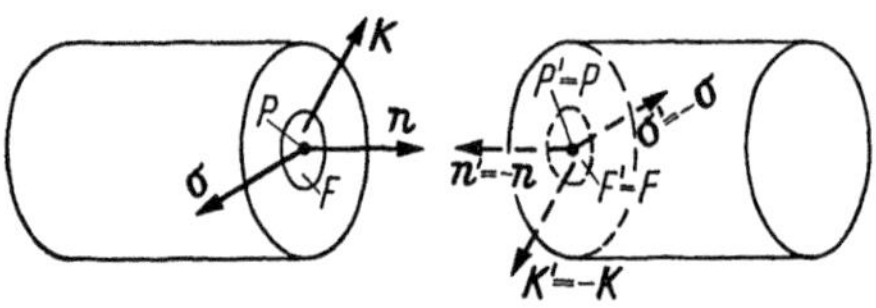

Bild 8.18 Schnittgrößen.

$$\sigma = \lim_{F \to 0} \frac{\boldsymbol{K}}{F} \tag{8.5/1}$$

den zu P und dem positiven Schnittufer gehörigen *Spannungsvektor*. Auf glatten Schnittflächen wird die Existenz des Grenzwertes (8.5/1) — außer für Einzelkräfte oder Streckenlasten — stets vorausgesetzt.

Auf die F entsprechende Schnittfläche F' des negativen Schnittufers wird vom positiven Ufer her die Kraft $\boldsymbol{K}' = -\boldsymbol{K}$ übertragen. Dort wirkt also wegen $F' = F$ die Spannung $\sigma' = -\sigma$ (*Lagrangesches Schnittprinzip*).

Am einfachen Zug- oder Druckversuch (Abschn. 2.1) stellt man fest, daß Körper unter zu hohen Spannungen brechen. Daher muß σ im Körperinnern dem Betrage nach beschränkt sein.

Teilt man jetzt F (Bild 8.18) in kleine Flächenstücke ΔF derart, daß

$$F = \sum \Delta F$$

und bezeichnet mit σ_m den mittleren Spannungsvektor auf ΔF, so wirkt die Kraft $\sigma_m \Delta F$, und es gilt

$$\boldsymbol{K} = \sum \sigma_m \Delta F .$$

Für $\Delta F \to 0$ strebt die rechte Seite gegen ein Flächenintegral[1], und man hat

$$\boldsymbol{K} = \int^{F} \sigma \, dF . \tag{8.5/2}$$

Bereits in der elementaren Plastizitätstheorie waren wir gezwungen, Unstetigkeiten der Drücke p, q zuzulassen: an Bahnknickstellen erhöhten sich diese nämlich sprunghaft um Δp bzw. Δq (Abschn. 3.3.1). Dem-

[1] Ohne Konvergenzbeweis.

entsprechend sind auch jetzt Sprünge $\Delta\sigma$ des Spannungsvektors möglich. Allerdings kann σ (im Gegensatz zur elementaren Theorie) niemals die zugehörige Schnittfläche zur Unstetigkeitsfläche (Sprungfläche) haben. Denn sonst wäre der Spannungsvektor am negativen Schnittufer σ' von $-\sigma$ verschieden und damit das LAGRANGEsche Schnittprinzip verletzt.

Bei Volumkräften $\boldsymbol{P}$ auf einen Körper der Masse m handelt es sich z. B. um das Eigengewicht $\boldsymbol{P} = m\boldsymbol{g}$ ($\boldsymbol{g}$ = Vektor der Fallbeschleunigung) oder die Trägheitskraft $\boldsymbol{P} = -m\boldsymbol{b}$ (Schwerpunktbeschleunigung $\boldsymbol{b}$). Sie sind proportional der Masse m bzw. dem Volum V, und so bildet man statt (8.5/1) den Grenzwert

$$\boldsymbol{p} = \lim_{V \to 0} \frac{\boldsymbol{P}}{V}, \tag{8.5/3}$$

wobei sich V auf irgendeinen Körperpunkt P zusammenzieht. $\boldsymbol{p}$ hängt von P ab, und wir wollen ähnlich oben für die Spannung voraussetzen, daß $\boldsymbol{p}$ außer in Punkten unendlich hoher Beschleunigung (Geschwindigkeitssprünge) überall definiert und beschränkt ist. $\boldsymbol{p}$ heißt *Volumkraft-Dichte*, kurz und weniger präzise auch einfach *Volumkraft* (und dann $\boldsymbol{P}$ *Gesamt-Volumkraft*). Die zum Volum V gehörende Gesamt-Volumkraft $\boldsymbol{P}$ ergibt sich als Summe der auf kleine Teilvolume ΔV wirkenden Volumkräfte $\boldsymbol{p}\,\Delta V$ im Grenzfall $\Delta V \to 0$ zu[1]

$$\boldsymbol{P} = \int^{V} \boldsymbol{p}\, dV. \tag{8.5/4}$$

8.5.2 Gleichgewichtsbedingungen

Ein Körper ist im Gleichgewicht, wenn sich für jedes beliebige herausgeschnittene Teilvolum V (Oberfläche F) die Volum- und Oberflächenkräfte das Kräfte- und Momentengleichgewicht halten. Stellt $\boldsymbol{r} = \overrightarrow{OP}$ den von irgendeinem raumfesten Ursprung O nach P gezogenen Ortsvektor dar, so ist das Vektorprodukt (vgl. S. 258) $\boldsymbol{r} \times d\boldsymbol{P} = \boldsymbol{r} \times \boldsymbol{p}\, dV$ bzw. $\boldsymbol{r} \times d\boldsymbol{K} = \boldsymbol{r} \times \sigma\, dF$ der von einem Volumkraftanteil $d\boldsymbol{P}$ bzw. einem Oberflächenkraftanteil $d\boldsymbol{K}$ herrührende Momentenanteil. Die Gesamtmomente um O sind daher

$$\boldsymbol{M}_K = \int^{F} \boldsymbol{r} \times \sigma\, dF; \qquad \boldsymbol{M}_P = \int^{V} \boldsymbol{r} \times \boldsymbol{p}\, dV \tag{8.5/5}$$

[1] Ohne Konvergenzbeweis.

(vgl. Bild 8.19), und das Gleichgewicht verlangt

$$\boldsymbol{K} + \boldsymbol{P} = \int^{F} \boldsymbol{\sigma}\, dF + \int^{V} \boldsymbol{p}\, dV = 0, \tag{8.5/6}$$

$$\boldsymbol{M}_K + \boldsymbol{M}_P = \int^{F} \boldsymbol{r} \times \boldsymbol{\sigma}\, dF + \int^{V} \boldsymbol{r} \times \boldsymbol{p}\, dV = 0 \tag{8.5/7}$$

für jeden beliebig herausgeschnittenen Teilkörper.

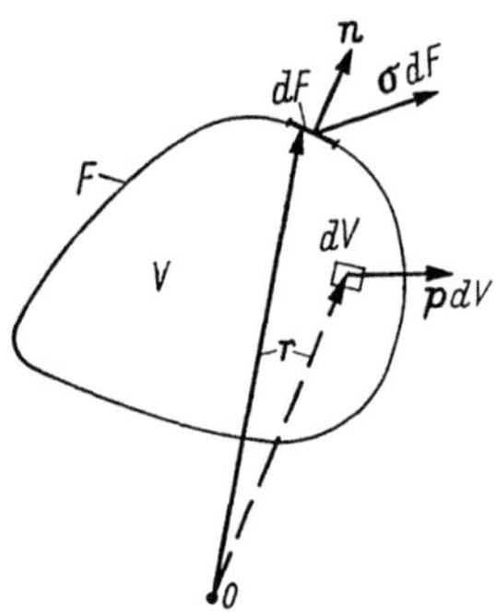

Bild 8.19 Kräfte und Momente an einem Teilvolum.

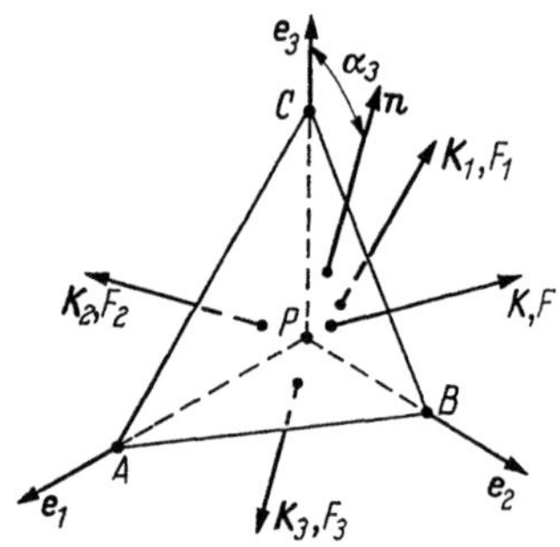

Bild 8.20 Kräfte am Tetraeder.

Hieraus lassen sich sofort einige Schlußfolgerungen ziehen. Bild 8.20 zeigt ein Koordinatendreibein 1, 2, 3 mit dem Ursprung P, auf dessen Achsen eine schräge Ebene (Normaleneinsvektor $\boldsymbol{n}$) die Punkte A, B, C, herausschneidet. Über diese Ebene sei eine glatte Fläche durch A, B, C gelegt. Ihr Flächeninhalt F ist der darunterliegenden ebenen Dreiecksfläche von erster Ordnung gleich[1]. F_i bezeichnen die senkrechten Projektionen der Dreiecksfläche ABC auf die durch ihre Normalen $\boldsymbol{e}_i$ festgelegten Koordinatenebenen. Dann gilt mit (8.1/4) angenähert

$$\frac{F_i}{F} = \cos \alpha_i = \boldsymbol{n}\boldsymbol{e}_i, \tag{8.5/8}$$

wo α_i der Neigungswinkel der schiefen Ebene gegen die entsprechende Koordinatenebene ist. Sind $\boldsymbol{K}_i$ die auf F_i wirkenden Kräfte und $\boldsymbol{\sigma}_i$ die zugehörigen Spannungen, so liefert das Kräftegleichgewicht (8.5/3)

$$\boldsymbol{K} + \sum_i \boldsymbol{K}_i + \boldsymbol{P} = 0,$$

also

$$\frac{\boldsymbol{K}}{F} + \sum_i \frac{F_i}{F} \frac{\boldsymbol{K}_i}{F_i} + \frac{h}{3} \frac{\boldsymbol{P}}{V} = 0,$$

[1] Sofern keiner der Dreieckswinkel zu klein wird (vgl. z. B. [239]).

weil (für gekrümmte Begrenzung F annähernd) $V = \frac{1}{3} F h$ mit h als Abstand der schrägen Ebene vom Ursprung P ist. Wegen der Stetigkeit von σ darf die Schrägfläche in den Ursprung P verschoben werden, wobei sich σ um einen von h abhängigen Wert ändert, der mit h verschwindet. Ist nun P kein Ausnahmepunkt und strebt h gegen 0, d. h. $F \to 0$, $F_i \to 0$, so folgt mit (8.5/1), (8.5/3), (8.5/8), wenn σ_i den Spannungsvektor auf F_i und σ den auf F darstellt,

$$\sigma = -\sum_i \sigma_i (\boldsymbol{n} \boldsymbol{e}_i) = -\sum_i \sigma_i n_i, \qquad (8.5/9)$$

wo $\boldsymbol{n} = \sum_i n_i \boldsymbol{e}_i$. Hieraus erkennt man zunächst, daß σ im Punkte P nur von $\boldsymbol{n}$, also nicht von der Flächenkrümmung abhängt. Um dies deutlicher auszudrücken, schreiben wir σ_ν statt σ. Die Vektorabbildung

$$\boldsymbol{n} \to \sigma_\nu$$

ist nach (8.5/9) linear, also gemäß Abschn. 8.1 ein Tensor. Wir nennen den dazu transponierten[1] Tensor *Spannungstensor* oder *Spannungsdyade*, bezeichnen seine Koordinaten mit σ_{ik},

$$(\sigma_{ik}) = \begin{pmatrix} \sigma_{11} & \sigma_{12} & \sigma_{13} \\ \sigma_{21} & \sigma_{22} & \sigma_{23} \\ \sigma_{31} & \sigma_{32} & \sigma_{33} \end{pmatrix} \quad \text{bzw.} \quad (\sigma_{ik}) = \begin{pmatrix} \sigma_{xx} & \sigma_{xy} & \sigma_{xz} \\ \sigma_{yx} & \sigma_{yy} & \sigma_{yz} \\ \sigma_{zx} & \sigma_{zy} & \sigma_{zz} \end{pmatrix}$$

(wo im ebenen Fall nur der abgegrenzte Bereich von Interesse ist), und haben entsprechend (8.1/11), (8.2/2)

$$\sigma_{\nu i} = \sum_k \sigma_{ki} n_k, \qquad (8.5/10)$$

wo $\sigma_{\nu i}$ die Koordinaten von σ_ν im System $\boldsymbol{e}_i$ sind.

Bild 8.21 zeigt den Spannungsvektor σ_ν im Punkt P auf irgendeine durch den Normalenvektor $\boldsymbol{n}$ gekennzeichnete Fläche. Sein Normalanteil $\sigma_{\nu\nu}$ entsteht durch Projektion auf $\boldsymbol{n}$, wegen $|\boldsymbol{n}| = 1$ also $\sigma_{\nu\nu} = \sigma_\nu \boldsymbol{n}$. $\boldsymbol{t}$ bezeichne eine Tangentenrichtung; $|\boldsymbol{t}| = 1$, $\boldsymbol{t} = \sum_i t_i \boldsymbol{e}_i$. Dann ist $\sigma_{\nu t} = \sigma_\nu \boldsymbol{t}$ der Anteil von σ_ν in Tangentenrichtung $\boldsymbol{t}$. Mit (8.1/5) und (8.5/10) folgt

$$\sigma_{\nu\nu} = \sum_{i,k} \sigma_{ki} n_i n_k; \quad \sigma_{\nu t} = \sum_{i,k} \sigma_{ki} t_i n_k. \qquad (8.5/11)$$

[1] Aus Gründen der Konvention.

$\sigma_{\nu\nu}$ heißt *Normalspannung*, $\sigma_{\nu t}$ *Schub-* oder *Scherspannung* (vgl. Schubspannung τ S. 69 und Bild 3.9).

Die Dyadenkoordinaten σ_{ki} lassen sich anschaulich deuten. Setzt man nämlich $\boldsymbol{n} = \boldsymbol{e}_j$, betrachtet also die Spannung auf die zu $\boldsymbol{e}_j$ senkrechte Koordinatenebene, so gilt wegen (8.1/15) $n_k = \boldsymbol{n}\boldsymbol{e}_k = \boldsymbol{e}_j\boldsymbol{e}_k = \delta_{jk}$. Aus (8.5/10) und (8.1/16) folgt $\sigma_{\nu i} = \sum_k \sigma_{ki}\delta_{jk} = \sigma_{ji}$. Daher stellen $\sigma_{jj} = \sigma_{\nu j}$ die Normalspannungen ($\boldsymbol{n} = \boldsymbol{e}_j$), $\sigma_{jk} = \sigma_{\nu k}$, $k \neq j$, Schubspannungen in Koordinatenrichtungen $\boldsymbol{t} = \boldsymbol{e}_k$ auf die zu $\boldsymbol{e}_j$ senkrechte Koordinatenebene dar. Dies ist in Bild 8.22 veranschaulicht.

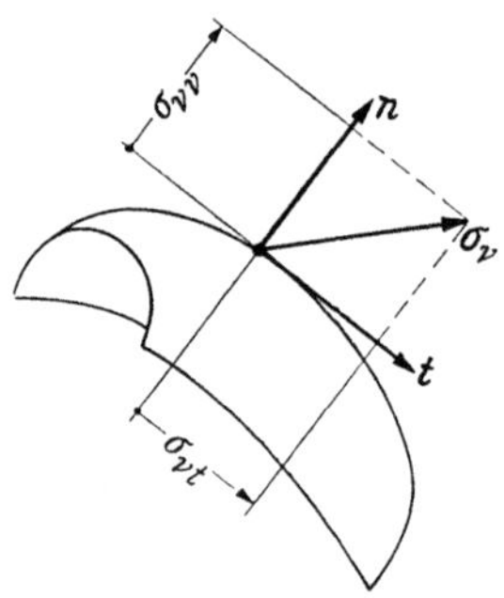

Bild 8.21 Normalspannung $\sigma_{\nu\nu}$; Schubspannung $\sigma_{\nu t}$.

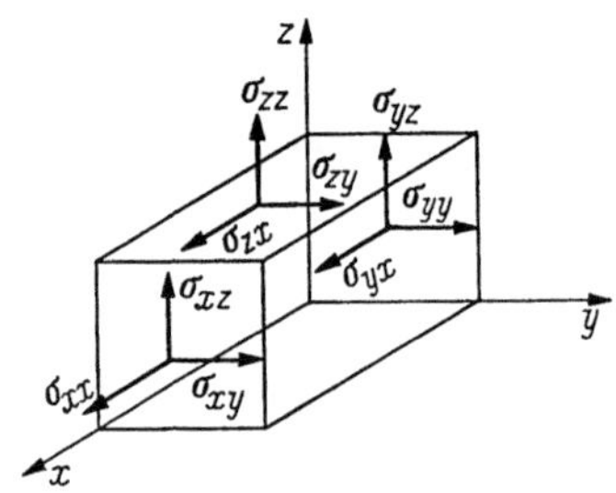

Bild 8.22 Koordinaten der Spannungsdyade.

Bisher wurde nur die erste Gleichgewichtsbedingung, nämlich (8.5/6), und auch diese nur auf den Sonderfall des Tetraeders in Bild 8.21 angewandt. Es müssen jedoch beide Bedingungen (8.5/6), (8.5/7), und zwar für beliebige Teilvolume des betrachteten Körpers erfüllt sein. Sie werden jetzt auf solche bezogen, für die der GAUSSsche Satz gilt, und die man als hinreichend allgemein ansehen kann (*Kontrollräume*). Wir beschränken uns auf räumlich stetige Spannungsdyaden σ_{ki} mit stetiger erster Ableitung und vorerst auf kartesische Koordinaten x_i. Dann folgt mit (8.3/23) und (8.5/10) in Koordinatenrichtung i

$$\int^{F} \sigma_{\nu i}\, dF = \sum_k \int^{F} \sigma_{ki} n_k\, dF = \sum_k \int^{V} \frac{\partial \sigma_{ki}}{\partial x_k}\, dV.$$

Wenn also

$$\boldsymbol{p} = \sum_i p_i \boldsymbol{e}_i \tag{8.5/12}$$

die Koordinatenzerlegung der hier als stetig vorauszusetzenden Volumkraft darstellt, liefert (8.5/6) in Richtung i

$$\int^{V} \left(p_i + \sum_k \frac{\partial \sigma_{ki}}{\partial x_k}\right) dV = 0.$$

Da das Volum V beliebig und der Integrand stetig ist, folgt auf Grund der gleichen Argumentation wie zu Gl. (8.3/29a), daß der Integrand verschwindet:

$$p_i + \sum_k \frac{\partial \sigma_{ki}}{\partial x_k} = 0 \qquad (8.5/13)$$

ist also, wenn man an die Spannungsdyade σ_{ki} und den Volumkraftvektor $\boldsymbol{p}$ die oben erwähnten Anforderungen stellt, ein der Kräftegleichgewichtsbedingung (8.5/6) äquivalentes Gleichungssystem in kartesischen Koordinaten und heißt selbst (*differentielle*) *Gleichgewichtsbedingung*.

Zur Umrechnung der Momentengleichgewichtsbedingung (8.5/7) zerlegt man den Ortsvektor $\boldsymbol{r}$ (Bild 8.19) in Koordinaten

$$\boldsymbol{r} = \sum_i x_i \boldsymbol{e}_i$$

und bildet gemäß (8.1/6)

$$\boldsymbol{r} \times \boldsymbol{\sigma}_\nu = (x_2\sigma_{\nu 3} - x_3\sigma_{\nu 2})\boldsymbol{e}_1 + (x_3\sigma_{\nu 1} - x_1\sigma_{\nu 3})\boldsymbol{e}_2 + (x_1\sigma_{\nu 2} - x_2\sigma_{\nu 1})\boldsymbol{e}_3,$$

$$\boldsymbol{r} \times \boldsymbol{p} = (x_2 p_3 - x_3 p_2)\boldsymbol{e}_1 + (x_3 p_1 - x_1 p_3)\boldsymbol{e}_2 + (x_1 p_2 - x_2 p_1)\boldsymbol{e}_3.$$

Sind jetzt i, j, k drei aufeinanderfolgende Zahlen des Schemas 1, 2, 3, 1, 2, so folgt mit (8.5/10) und (8.3/23)

$$\boldsymbol{e}_i \int^F (\boldsymbol{r} \times \boldsymbol{\sigma}_\nu)\, dF = \int^F (x_j\sigma_{\nu k} - x_k\sigma_{\nu j})\, dF = \sum_l \int^F (x_j\sigma_{lk} - x_k\sigma_{lj})\, n_l\, dF =$$

$$= \sum_l \int^V \frac{\partial(x_j\sigma_{lk} - x_k\sigma_{lj})}{\partial x_l}\, dV = \int^V \left[x_j \sum_l \frac{\partial\sigma_{lk}}{\partial x_l} - x_k \sum_l \frac{\partial\sigma_{lj}}{\partial x_l}\right] dV +$$

$$+ \int^V \sum_l \left(\sigma_{lk}\frac{\partial x_j}{\partial x_l} - \sigma_{lj}\frac{\partial x_k}{\partial x_l}\right) dV.$$

Setzt man für die Summen im vorletzten Integral die entsprechenden Summen (8.5/13) ein und berücksichtigt die Unabhängigkeit der x_i, also $\partial x_j/\partial x_l = \delta_{lj}$, $\partial x_k/\partial x_l = \partial_{lk}$, so ergibt sich mit (8.1/16)

$$\boldsymbol{e}_i \int^F (\boldsymbol{r} \times \boldsymbol{\sigma}_\nu)\, dF = -\int^V (x_j p_k - x_k p_j)\, dV + \int^V (\sigma_{jk} - \sigma_{kj})\, dV.$$

Nach Einsetzen in (8.5/7) findet man wegen $\boldsymbol{e}_i \int^V (\boldsymbol{r} \times \boldsymbol{p})\, dV = \int^V (x_j p_k - x_k p_j)\, dV$

$$\int^V (\sigma_{jk} - \sigma_{kj})\, dV = 0, \qquad j \neq k,$$

für beliebige Volume V und stetigen Integranden: dieser muß verschwinden. So führt das Momentengleichgewicht einfach auf

$$\sigma_{kj} = \sigma_{jk}. \tag{8.5/14}$$

Man bezeichnet (8.5/14) als Satz von der *Gleichheit zugeordneter Schubspannungen*. Er bedeutet wegen (8.2/2), (8.2/3):

Die Spannungsdyade ist symmetrisch.

Damit lassen sich alle in Abschn. 8.2.3 erarbeiteten Ergebnisse über symmetrische Dyaden auf den Spannungstensor anwenden. Dies gilt für die Veranschaulichungen als Quadrik oder MOHRscher Kreis ebenso wie für die MOHRschen Transformationsgleichungen (8.2/35) (ebenes Problem) und die Existenz von Hauptrichtungen (*Hauptspannungsrichtungen*).

Die Gleichgewichtsbedingungen (8.5/13) werden häufig am sogenannten Volumelement interpretiert, einem Würfel entsprechend Bild 8.23, bei dem jetzt allerdings die Ortsveränderlichkeit der Spannungen zu berücksichtigen ist. Wir veranschaulichen dies für die x-Richtung. Es werden also nur die in x-Richtung weisenden Spannungspfeile übernommen und durch die entsprechenden Pfeile an den negativen Schnittufern ergänzt, die dann entsprechend Bild 8.18 anders herum zu zeichnen sind. Über ihre Schnittfläche setzt man alle Spannungen konstant. Daher gibt *Spannung mal Fläche* die Schnittkraft, und als Bedingung des Kräftegleichgewichtes in x-Richtung erhält man

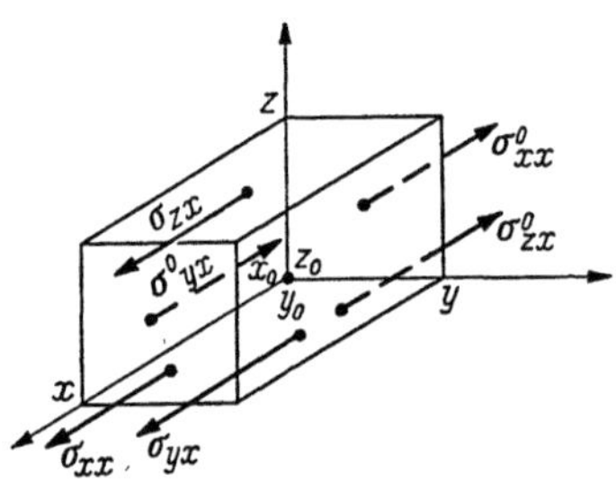

Bild 8.23 Spannungen am Volumelement in x-Richtung.

$$(\sigma_{xx} - \sigma_{xx}^0)(y - y_0)(z - z_0) + (\sigma_{yx} - \sigma_{yx}^0)(x - x_0)(z - z_0) +$$
$$+ (\sigma_{zx} - \sigma_{zx}^0)(x - x_0)(y - y_0) + p_x(x - x_0)(y - y_0)(z - z_0) = 0,$$

wo p_x die x-Koordinate der (nicht eingezeichneten) Volumkraft, also $p_x \cdot V$ die Gesamt-Volumkraft in x-Richtung und $V = (x - x_0) \times (y - y_0)(z - z_0)$ das Würfelvolum darstellt. Division durch V gibt

$$\frac{\sigma_{xx} - \sigma_{xx}^0}{x - x_0} + \frac{\sigma_{yx} - \sigma_{yx}^0}{y - y_0} + \frac{\sigma_{zx} - \sigma_{zx}^0}{z - z_0} + p_x = 0,$$

und der Grenzübergang $x \to x_0$, $y \to y_0$, $z \to z_0$ führt gerade auf (8.5/13).

Entsprechende Betrachtungen bei krummlinigen Koordinaten können unüberschaubar werden. Um die Beziehungen (8.5/13), (8.5/14) auf ein beliebiges krummlinig-rechtwinkliges System ξ_n (örtliche Koordinatenvektoren $\boldsymbol{e}'_n$) zu transformieren, schlagen wir daher wiederum den formalen Weg ein. Die Momentenbedingung (8.5/14) bleibt ungeändert, weil Symmetrie ohnehin eine invariante Eigenschaft ist (Abschn. 8.2.1). Wir transformieren also nur die Gleichgewichtsbedingungen (8.5/13), und zwar über (8.1/21 a), vom Ausgangssystem $\boldsymbol{e}_i$ auf das lokale System $\boldsymbol{e}'_n$ und benutzen die schon in Abschn. 8.3.1 bereitgestellten Formeln.

Zunächst multiplizieren wir (8.5/13) mit e_{ni} und summieren über i, drücken dann σ_{ki} nach (8.1/22 b) durch σ'_{ml} und $\frac{\partial}{\partial x_k}$ über (8.3/4) ($\beta = \xi_j$) durch $\frac{\partial}{\partial \xi_j}$ aus. Es folgt mit p'_n aus p_i nach (8.1/21 a)

$$p'_n + \sum_{i,j,k,l,m} e_{ni} \frac{\partial (e_{mk} e_{li} \sigma'_{ml})}{\partial \xi_j} \frac{\partial \xi_j}{\partial x_k} = 0,$$

und wegen (8.3/15b) nach Ausführen der Differentiation des eingeklammerten Produktes

$$0 = p'_n + \sum_{i,j,k,l,m} \frac{1}{g_j} e_{jk} e_{ni} \left[\frac{\partial e_{li}}{\partial \xi_j} e_{mk} \sigma'_{ml} + \frac{\partial e_{mk}}{\partial \xi_j} e_{li} \sigma'_{ml} + e_{mk} e_{li} \frac{\partial \sigma'_{ml}}{\partial \xi_j}\right].$$

Dies gibt zunächst mit den Orthonormalitätsbedingungen (8.1/18) und (8.1/16)

$$0 = p'_n + \sum_{i,l,m} \frac{1}{g_m} e_{ni} \frac{\partial e_{li}}{\partial \xi_m} \sigma'_{ml} + \sum_{j,k,m} \frac{1}{g_j} e_{jk} \frac{\partial e_{mk}}{\partial \xi_j} \sigma'_{mn} + \sum_m \frac{1}{g_m} \frac{\partial \sigma'_{mn}}{\partial \xi_m}. \quad (8.5/15)$$

Hieraus sollen die Matrixelemente e_{ik} und ihre Ableitungen eliminiert werden. Das erste und das letzte Glied bleiben unverändert. Das vorletzte formt man mit (8.3/19) um in

$$\sum_{j,m} \frac{1}{g_m g_j} \left\{\frac{\partial g_j}{\partial \xi_m} - \delta_{jm} \frac{\partial g_m}{\partial \xi_j}\right\} \sigma'_{mn} = \sum_m \left\{\sum_j \frac{1}{g_j} \frac{\partial g_j}{\partial \xi_m} - \frac{1}{g_m} \frac{\partial g_m}{\partial \xi_m}\right\} \frac{\sigma'_{mn}}{g_m} =$$

$$= \sum_m \sum_{j \neq m} \frac{1}{g_j g_m} \frac{\partial g_j}{\partial \xi_m} \sigma'_{mn} = \sum_{\substack{j,m \\ j \neq m}} \frac{1}{g_j g_m} \frac{\partial g_j}{\partial \xi_m} \sigma'_{mn}.$$

Der Zusatz $j \neq m$ am Summenzeichen bedeutet, daß über alle Indexpaarungen j, m außer $j = m$ zu summieren ist.

Um schließlich das zweite Glied in (8.5/15) umzuformen, benutzen wir (8.3/16), dann die Symmetrie $\sigma'_{lm} = \sigma'_{ml}$, also $\sigma'_{ml} = \frac{1}{2}(\sigma'_{lm} + \sigma'_{ml})$, und erhalten mit Indexvertauschung

$$\sum_{i,l,m} \frac{1}{g_m} e_{ni} \frac{\partial e_{li}}{\partial \xi_m} \sigma'_{ml} = -\sum_{i,l,m} \frac{1}{g_m} e_{li} \frac{\partial e_{ni}}{\partial \xi_m} \sigma'_{ml} = -\frac{1}{2}\left\{\sum_{i,l,m} \frac{1}{g_m} e_{li} \frac{\partial e_{ni}}{\partial \xi_m} \sigma'_{lm} + \right.$$

$$\left. + \sum_{i,l,m} \frac{1}{g_m} e_{li} \frac{\partial e_{ni}}{\partial \xi_m} \sigma'_{ml}\right\} = -\frac{1}{2}\left\{\sum_{i,l,m} \frac{1}{g_m} e_{li} \frac{\partial e_{ni}}{\partial \xi_m} \sigma'_{lm} + \sum_{i,l,m} \frac{1}{g_l} e_{mi} \frac{\partial e_{ni}}{\partial \xi_l} \sigma'_{lm}\right\} =$$

$$= -\frac{1}{2} \sum_{l,m} \sigma'_{lm} \left\{\sum_i \frac{1}{g_m} e_{li} \frac{\partial e_{ni}}{\partial \xi_m} + \sum_i \frac{1}{g_l} e_{mi} \frac{\partial e_{ni}}{\partial \xi_l}\right\}.$$

Dieser Ausdruck läßt sich nach (8.3/18) ersetzen durch

$$-\frac{1}{2} \sum_{l,m} \sigma'_{lm} \frac{1}{g_n} \left\{\delta_{lm}\left[\frac{1}{g_m} \frac{\partial g_m}{\partial \xi_n} + \frac{1}{g_l} \frac{\partial g_l}{\partial \xi_n}\right] - \frac{\delta_{ln}}{g_m} \frac{\partial g_n}{\partial \xi_m} - \frac{\delta_{mn}}{g_l} \frac{\partial g_n}{\partial \xi_l}\right\},$$

also mit (8.1/16) und $\sigma'_{nm} = \sigma'_{mn}$ durch

$$-\frac{1}{g_n}\left\{\sum_m \frac{1}{g_m} \frac{\partial g_m}{\partial \xi_n} \sigma'_{mm} - \sum_m \frac{1}{g_m} \frac{\partial g_n}{\partial \xi_m} \sigma'_{mn}\right\}.$$

Jetzt sind alle Koordinaten σ'_{ik}, p'_i auf das lokale System $\boldsymbol{e}'_n$ bezogen. Wir können daher die Striche weglassen, σ_{ik}, p_i als Koordinaten der Spannung bzw. der Volumkraft in beliebigen rechtwinklig-krummlinigen Koordinaten ξ_1, ξ_2, ξ_3 deuten und erhalten zusammenfassend aus (8.5/15)

$$0 = p_n + \sum_m \frac{1}{g_m} \frac{\partial \sigma_{mn}}{\partial \xi_m} + \sum_{\substack{j,m \\ j \neq m}} \frac{1}{g_m g_j} \frac{\partial g_j}{\partial \xi_m} \sigma_{mn} + \frac{1}{g_n} \sum_m \frac{1}{g_m} \frac{\partial g_n}{\partial \xi_m} \sigma_{mn} -$$

$$- \frac{1}{g_n} \sum_m \frac{1}{g_m} \frac{\partial g_m}{\partial \xi_n} \sigma_{mm}. \tag{8.5/16}$$

Diese Gleichgewichtsbedingungen wenden wir jetzt auf die wichtigen Beispiele Zylinderkoordinaten (ebener Sonderfall: Polarkoordinaten) und Kugelkoordinaten an.

Für Polarkoordinaten $\xi_1 = r$, $\xi_2 = \psi$ (Bild 8.11) gilt nach (8.3/10) $g_r = g_1 = 1$, $g_\psi = g_2 = r$, und die Ableitungen $\partial g_i/\partial \xi_j$ sind in (8.4/6) zusammengestellt. Diese Beziehungen werden bei Zylinderkoordinaten durch $\xi_3 = z$, $g_z = g_3 = 1$ ergänzt. Mit (8.5/16) findet man für $n = r$, dann für $n = \psi$ und schließlich $n = z$

$$\left.\begin{aligned} 0 &= p_r + \frac{\partial \sigma_{rr}}{\partial r} + \frac{1}{r}\left(\frac{\partial \sigma_{\psi r}}{\partial \psi} + \sigma_{rr} - \sigma_{\psi\psi}\right) + \frac{\partial \sigma_{zr}}{\partial z}, \\ 0 &= p_\psi + \frac{\partial \sigma_{r\psi}}{\partial r} + \frac{1}{r}\left(\frac{\partial \sigma_{\psi\psi}}{\partial \psi} + 2\sigma_{r\psi}\right) + \frac{\partial \sigma_{z\psi}}{\partial z}, \\ 0 &= p_z + \frac{\partial \sigma_{rz}}{\partial r} + \frac{1}{r}\left(\frac{\partial \sigma_{\psi z}}{\partial \psi} + \sigma_{rz}\right) + \frac{\partial \sigma_{zz}}{\partial z}, \end{aligned}\right\} \tag{8.5/17}$$

wo p_r, p_ψ, p_z die Koordinaten der Volumkräfte sind. Entsprechend liefert (8.5/16) für Kugelkoordinaten r, ψ, ϑ [Gl. (8.4/8), Bild 8.17] mit g_r, g_ψ, g_ϑ nach (8.4/10), $\partial g_i/\partial \xi_j$ nach (8.4/11) und p_r, p_ψ, p_ϑ als Koordinaten des Volumkraft-Vektors

$$\left.\begin{aligned}
0 &= p_r + \frac{\partial \sigma_{rr}}{\partial r} + \frac{1}{r\cos\vartheta}\frac{\partial \sigma_{\psi r}}{\partial \psi} + \frac{1}{r}\frac{\partial \sigma_{\vartheta r}}{\partial \vartheta} + \frac{1}{r}(2\sigma_{rr} - \sigma_{\psi\psi} - \sigma_{\vartheta\vartheta} - \tan\vartheta \cdot \sigma_{\vartheta r}),\\
0 &= p_\psi + \frac{\partial \sigma_{r\psi}}{\partial r} + \frac{1}{r\cos\vartheta}\frac{\partial \sigma_{\psi\psi}}{\partial \psi} + \frac{1}{r}\frac{\partial \sigma_{\vartheta\psi}}{\partial \vartheta} + \frac{1}{r}(3\sigma_{\psi r} - 2\tan\vartheta \cdot \sigma_{\vartheta\psi}),\\
0 &= p_\vartheta + \frac{\partial \sigma_{r\vartheta}}{\partial r} + \frac{1}{r\cos\vartheta}\frac{\partial \sigma_{\psi\vartheta}}{\partial \psi} + \frac{1}{r}\frac{\partial \sigma_{\vartheta\vartheta}}{\partial \vartheta} + \frac{1}{r}(\sigma_{r\vartheta} + \tan\vartheta \cdot [\sigma_{\psi\psi} - \sigma_{\vartheta\vartheta}]).
\end{aligned}\right\} \tag{8.5/18}$$

Wenn als Volumkräfte nur Trägheitskräfte in Betracht kommen[1], hat man entsprechend (8.5/3) $\boldsymbol{p} = \lim\limits_{V\to 0} \frac{-m\boldsymbol{b}_s}{V}$, wo $\boldsymbol{b}_s$ der Beschleunigungsvektor des Volumschwerpunktes ist. V zieht sich auf einen Punkt P zusammen. Stellt $\varrho = \lim\limits_{V\to 0} \frac{m}{V}$ dort die Dichte und $\boldsymbol{b}$ den Beschleunigungsvektor dar, so geht die letzte Beziehung in

$$\boldsymbol{p} = -\varrho \boldsymbol{b} \tag{8.5/19}$$

über. Die Koordinaten von $\boldsymbol{b}$ entnimmt man den Gln. (8.4/18). In Zylinderkoordinaten erhält man so mit $\Xi_1 = R(t)$, $\Xi_2 = \Psi(t)$, $\Xi_3 = Z(t)$

$$\left.\begin{aligned}
p_r &= -\varrho(\ddot{R} - R\,\dot{\Psi}^2),\\
p_\psi &= -\varrho(R\ddot{\Psi} + 2\dot{R}\dot{\Psi}),\\
p_z &= -\varrho\ddot{Z}.
\end{aligned}\right\} \tag{8.5/20}$$

Kugelkoordinaten führen mit $\Xi_1 = R(t)$, $\Xi_2 = \Psi(t)$, $\Xi_3 = \Theta(t)$ auf

$$\left.\begin{aligned}
p_r &= -\varrho(\ddot{R} - R\cos^2\Theta \cdot \dot{\Psi}^2 - R\dot{\Theta}^2),\\
p_\psi &= -\varrho(R\cos\Theta \cdot \ddot{\Psi} + 2\dot{\Psi}[\cos\Theta \cdot \dot{R} - R\sin\Theta \cdot \dot{\Theta}]),\\
p_\vartheta &= -\varrho(R\ddot{\Theta} + 2\dot{\Theta}\dot{R} + R\sin\Theta\cos\Theta \cdot \dot{\Psi}^2).
\end{aligned}\right\} \tag{8.5/21}$$

---

[1] Das Eigengewicht spielt bei plastischer Umformung von Metallen keine Rolle.

8.6 Formänderungsleistung, Formänderungsarbeit

Die an einem beliebigen Körper angreifenden Kräfte setzen sich aus den Oberflächenspannungen σ_ν und den Volumkräften $\boldsymbol{p}$ zusammen. $\boldsymbol{v} = \sum_i v_i \boldsymbol{e}_i$ sei die Geschwindigkeit seiner Werkstoffteilchen; $\boldsymbol{r} = \sum_i x_i \boldsymbol{e}_i$ bezeichne in kartesischen Koordinaten deren Lage. Die Leistung L entspricht dem Produkt aus Kraft und Geschwindigkeit (Abschn. 2.3.1); es sind also (Bild 8.19) die Anteile $\sigma_\nu\, dF \cdot \boldsymbol{v}$ an der Oberfläche und $\boldsymbol{p}\, dV \cdot \boldsymbol{v}$ im Innern zu summieren. Der früheren einfachen Produktbildung (Abschn. 2.3.1) entspricht hier das Skalarprodukt; denn die Leistung ist eine Zahl (kein Vektor) und nicht vom Koordinatensystem abhängig, also ein Skalar. Dies führt zu der Definition

$$L = \int^{F} \sigma_\nu\, \boldsymbol{v}\, dF + \int^{V} \boldsymbol{p}\boldsymbol{v}\, dV \tag{8.6/1}$$

oder, in kartesischen Koordinaten mit (8.1/5), (8.5/12) und $\sigma_\nu = \sum_i \sigma_{\nu i} \boldsymbol{e}_i$

$$L = \int^{F} \sum_i \sigma_{\nu i} v_i\, dF + \int^{V} \sum_i p_i v_i\, dV. \tag{8.6/2}$$

Das erste Integral in (8.6/2) wird wegen (8.5/10) und dem Gaussschen Satz (8.3/23) zu

$$\sum_{i,k} \int^{F} (\sigma_{ki} v_i)\, n_k\, dF = \sum_{i,k} \int^{V} \frac{\partial(\sigma_{ki} v_i)}{\partial x_k}\, dV =$$

$$= \sum_i \int^{V} v_i \sum_k \frac{\partial \sigma_{ki}}{\partial x_k}\, dV + \int^{V} \sum_{i,k} \sigma_{ki} \frac{\partial v_i}{\partial x_k}\, dV.$$

Hierin ist das vorletzte Glied mit (8.5/13) gerade $-\int^{V} \sum_i p_i v_i\, dV$, so daß wir aus (8.6/2) zunächst

$$L = \int^{V} \sum_{i,k} \sigma_{ki} \frac{\partial v_i}{\partial x_k}\, dV$$

erhalten. Wegen der Symmetrie des Spannungstensors folgt

$$\sigma_{ki} = \frac{1}{2}\,(\sigma_{ik} + \sigma_{ki}),$$

also

$$\sum_{i,k} \sigma_{ki} \frac{\partial v_i}{\partial x_k} = \frac{1}{2}\left[\sum_{i,k} \sigma_{ik} \frac{\partial v_i}{\partial x_k} + \sum_{i,k} \sigma_{ki} \frac{\partial v_i}{\partial x_k}\right] = \frac{1}{2}\left[\sum_{i,k} \sigma_{ik} \frac{\partial v_i}{\partial x_k} + \sum_{k,i} \sigma_{ik} \frac{\partial v_k}{\partial x_i}\right] =$$

$$= \sum_{i,k} \sigma_{ik} \frac{1}{2}\left(\frac{\partial v_i}{\partial x_k} + \frac{\partial v_k}{\partial x_i}\right),$$

und mit (8.4/3) ergibt sich die Leistung zu

$$L = \int^{V} \sum_{i,k} \sigma_{ik} \lambda_{ik}\, dV, \tag{8.6/3}$$

natürlich nur dort, wo der Integrand in dieser Form definiert (und integrierbar) ist. Ist er sogar stetig, gelangt man wie in Abschn. 2.3.1 zur Leistungsdichte Λ, wenn man L auf das Volum V bezieht und V auf einen Punkt P zusammenschrumpfen läßt:

$$\Lambda = \lim_{V\to 0} \frac{L}{V} = \sum_{i,k} \sigma_{ik} \lambda_{ik}; \qquad L = \int^{V} \Lambda\, dV. \tag{8.6/4}$$

Die Formänderungsarbeit A bzw. ihre Dichte Φ entstehen aus L bzw. Λ durch zeitliche Integration über wandernde Werkstoffteilchen, z. B.

$$\Phi = \int_{t_0}^{t} \Lambda\, dt \tag{8.6/5}$$

entsprechend Abschn. 2.3.1, Gl. (2.3/3). Λ und Φ sind u. a. als Parameter für die Formänderungsfestigkeit wichtig (Abschn. 2.3.3).

Sollten (8.6/3), (8.6/4) nicht anwendbar sein, weil z. B. die Geschwindigkeiten nicht differenzierbar oder gar unstetig sind, muß man (8.6/1), (8.6/2) benutzen. Als Beispiel zeigt Bild 8.24 einen Körper, durch den sich eine Geschwindigkeitsunstetigkeit längs einer Fläche F_{12} hindurchzieht. Die Spannung σ_ν sei längs F_{12} definiert, also nach dem LAGRANGEschen Schnittprinzip (Bild 8.18) auf beiden Schnittufern mit umgekehrtem Vorzeichen gleich: $\sigma_{\nu 2} = -\sigma_{\nu 1}$ (Bild 8.24). Dann berechnen wir die Gesamtleistung L, indem wir die äußere Gesamtoberfläche in die (äußeren) Oberflächenanteile F_1, F_2 und das Volum in die Teilvolume

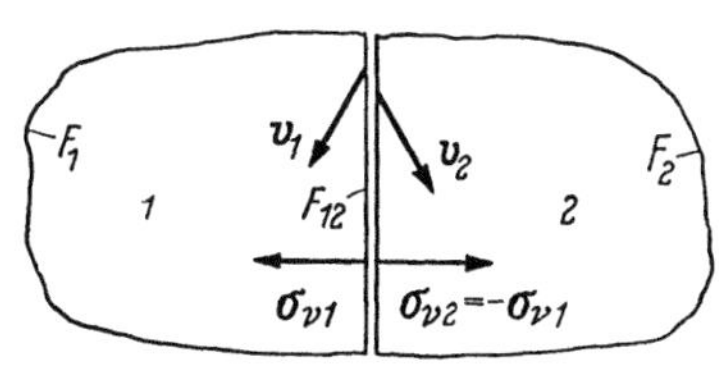

Bild 8.24 Geschwindigkeits-Sprungfläche.

V_1, V_2 zerlegen, nach (8.6/1):

$$L = \int^{F_1} \sigma_\nu \boldsymbol{v}\, dF + \int^{V_1} \boldsymbol{p}\boldsymbol{v}\, dV + \int^{F_2} \sigma_\nu \boldsymbol{v}\, dF + \int^{V_2} \boldsymbol{p}\boldsymbol{v}\, dV =$$

$$= \int^{F_1+F_{12}} \sigma_\nu \boldsymbol{v}\, dF + \int^{V_1} \boldsymbol{p}\boldsymbol{v}\, dV + \int^{F_2+F_{12}} \sigma_\nu \boldsymbol{v}\, dF + \int^{V_2} \boldsymbol{p}\boldsymbol{v}\, dV -$$

$$- \left(\int^{F_{12}} \sigma_{\nu 1} \boldsymbol{v}_1\, dF + \int^{F_{12}} \sigma_{\nu 2} \boldsymbol{v}_2\, dF \right).$$

Hier bezeichnet $\boldsymbol{v}_1$ die Geschwindigkeit längs F_{12} in 1, $\boldsymbol{v}_2$ die Geschwindigkeit längs F_{12} in 2, also $\boldsymbol{v}_2 - \boldsymbol{v}_1$ den Geschwindigkeitssprung über F_{12}. $F_1 + F_{12}$ umschließt V_1; dort habe $\boldsymbol{v}$ überall eine stetige Ableitung. Dasselbe gelte für $F_2 + F_{12}$ und V_2. (8.6/3) ist auf beide Teilkörper getrennt anwendbar. Beachtet man ferner $\sigma_{\nu 1} = -\sigma_{\nu 2}$ (Bild 8.24), so hat man

$$L = \int^{V_1} \sum_{i,k} \sigma_{ik}\, \lambda_{ik}\, dV + \int^{V_2} \sum_{i,k} \sigma_{ik}\, \lambda_{ik}\, dV + \int^{F_{12}} \sigma_{\nu 2} (\boldsymbol{v}_1 - \boldsymbol{v}_2)\, dF. \qquad (8.6/6)$$

Zu der entsprechend (8.6/3) gebildeten Gesamtleistung ist also einfach noch die *Flächenleistung*

$$L_{12} = \int^{F_{12}} \Lambda_{12}\, dF \qquad (8.6/7)$$

hinzuzufügen, wo

$$\Lambda_{12} = \sigma_{\nu 2}(\boldsymbol{v}_1 - \boldsymbol{v}_2) = \sigma_{\nu 1}(\boldsymbol{v}_2 - \boldsymbol{v}_1) \qquad (8.6/8)$$

als *Flächenleistungsdichte* bezeichnet wird.

9 Stoffgesetze der Kontinuumsmechanik

Im vorangegangenen Kapitel wurde die Kontinuumsmechanik unabhängig vom speziellen Stoffverhalten entwickelt. Sie soll jetzt durch Beziehungen ergänzt werden, die das Stoffverhalten isotroper Werkstoffe spezifizieren. Wir behandeln elastische, zähflüssige sowie plastische Körper und berechnen dazu einige einfache Beispiele.

9.1 Elastomechanik

9.1.1 Grundgleichungen

Jede statische Belastung eines elastischen Körpers ruft eindeutig eine bestimmte Verformung hervor, die man als klein voraussetzen darf, weil bei großer Formänderung plastisches Fließen beginnt. Man kann sie also vereinfacht durch die linearisierte Formänderungsdyade ε_{ik} nach Gl. (8.4/13) beschreiben.

Das Stoffgesetz, also den Zusammenhang zwischen den Spannungen σ_{ik} und den Formänderungen ε_{ik}, leiten wir aus dem schon in Abschn. 2.1 (Bild 2.2) beschriebenen einfachen Zug- oder Druckversuch her und finden bei einachsiger Belastung σ für kleine Formänderungen ε [vgl. (2.1/1), (2.1/9)] einen annähernd linearen Zusammenhang, nämlich das bereits in Gl. (2.2/1) benutzte HOOKEsche Gesetz. Es lautet

$$\varepsilon = \frac{\sigma}{E} \tag{9.1/1}$$

und gilt sowohl für Zug wie für Druck, also bei beliebigem Vorzeichen von σ, ε. Der Proportionalitätsfaktor E hängt vom Werkstoff und dessen Temperatur ab; man nennt ihn *Elastizitäts-*, kurz *E-Modul*. Im Gegensatz zur plastischen Formänderung ergeben sich jedoch im allgemeinen elastische Volumänderungen, die man gegenüber der elastischen Gesamtformänderung nicht mehr vernachlässigen kann. Somit ist die Inkompressibilitätsbedingung (2.1/8) $\varepsilon_F/\varepsilon = -1$ verletzt [ε_F = relative Änderung des Drahtquerschnittes entsprechend (2.1/10)]. Doch ergibt der Versuch ein nach wie vor annähernd konstantes Verhältnis

$$\varepsilon_F/\varepsilon = -2\nu, \tag{9.1/2}$$

wo die (ebenfalls temperaturabhängige) Stoffkenngröße ν als *Querkontraktionszahl* (*Querzahl*), ihr Kehrwert $1/\nu$ als POISSONsche Zahl bezeichnet wird. Natürlich hat sie nichts mit dem Reibwinkel ν zu tun, der hier gar nicht auftreten wird. Der Faktor 2 ist konventionell bedingt.

Isotropie (Abschn. 2.1) verlangt zunächst, daß die Hauptachsen der Dyaden ε_{ik}, σ_{ik} aus Symmetriegründen zusammenfallen. Ferner werden in Verallgemeinerung des HOOKEschen Gesetzes auch bei mehrachsiger Formänderung die Koordinaten ε_{ik}, σ_{ik} linear zusammenhängen. Wir schreiben dies zunächst mit unbestimmten Koeffizienten für die Hauptrichtungen[1] I, II, III an (vgl. [*210*]):

$$\begin{aligned}
\varepsilon_{\mathrm{I}} &= a\sigma_{\mathrm{I}} + b\sigma_{\mathrm{II}} + c\sigma_{\mathrm{III}},\\
\varepsilon_{\mathrm{II}} &= a\sigma_{\mathrm{II}} + b\sigma_{\mathrm{III}} + c\sigma_{\mathrm{I}},\\
\varepsilon_{\mathrm{III}} &= a\sigma_{\mathrm{III}} + b\sigma_{\mathrm{I}} + c\sigma_{\mathrm{II}}.
\end{aligned}$$

Dieser Ansatz wurde auf Grund der Isotropie gleich so gewählt, daß die drei Beziehungen durch zyklische Vertauschung ineinander über-

[1] Die Numerierung ist hier beliebig und fällt nicht notwendig mit der durch (8.2/20) festgelegten zusammen.

gehen, da sich σ_{II}, σ_{III}, σ_{I} in dieser Reihenfolge zu $\varepsilon_{\mathrm{II}}$ ebenso verhalten wie σ_{I}, σ_{II}, σ_{III} zu ε_{I} usw. Ebenso müssen σ_{II} und σ_{III} in ihrer Wirkung auf ε_{I} gleichberechtigt sein, d. h. $b = c$, oder

$$\left.\begin{aligned} \varepsilon_{\mathrm{I}} &= (a-b)\,\sigma_{\mathrm{I}} + b(\sigma_{\mathrm{I}} + \sigma_{\mathrm{II}} + \sigma_{\mathrm{III}}), \\ \varepsilon_{\mathrm{II}} &= (a-b)\,\sigma_{\mathrm{II}} + b(\sigma_{\mathrm{I}} + \sigma_{\mathrm{II}} + \sigma_{\mathrm{III}}), \\ \varepsilon_{\mathrm{III}} &= (a-b)\,\sigma_{\mathrm{III}} + b(\sigma_{\mathrm{I}} + \sigma_{\mathrm{II}} + \sigma_{\mathrm{III}}). \end{aligned}\right\} \tag{9.1/3}$$

Hiernach stellt die ε-Dyade eine lineare Kombination der σ-Dyade und einer Kugeldyade (8.2/29) dar, deren Hauptdiagonalelemente gleich der nach Abschn. 8.2.1 invarianten Spur (8.2/1)

$$\sigma_s = \sigma_{\mathrm{I}} + \sigma_{\mathrm{II}} + \sigma_{\mathrm{III}} = \sum_i \sigma_{ii} \tag{9.1/4}$$

sind. Jene Linearkombination ist nach Abschn. 8.1 selbst invariant, gilt also auch in beliebigen rechtwinkligen Koordinaten:

$$\varepsilon_{ik} = (a-b)\,\sigma_{ik} + b\,\delta_{ik}\sigma_s. \tag{9.1/5}$$

Wir wenden jetzt (9.1/3) auf den Grundversuch, also den einachsigen Zug- oder Druckversuch an. Dann ist z. B. $\sigma = \sigma_{\mathrm{I}}$ die einzige von 0 verschiedene Spannungskoordinate, und $\varepsilon = \varepsilon_{\mathrm{I}}$ repräsentiert die zugehörige Dehnung. Also folgt $\varepsilon = a\sigma$ und nach (9.1/1)

$$a = \frac{1}{E}. \tag{9.1/6}$$

Verformt man nun ein genügend kleines[1] Volum V_0 elastisch auf V und beachtet die Massenkonstanz, d. h.

$$\varrho_0 V_0 = \varrho V \qquad \text{oder} \qquad \frac{V}{V_0} = \frac{\varrho_0}{\varrho},$$

so liefert Gl. (2.1/7) für $\varepsilon = \varepsilon_{\mathrm{I}}$

$$\ln\frac{\varrho}{\varrho_0} + \varepsilon_F + \varepsilon = 0.$$

Aus einem Vergleich mit (8.4/15) folgert man hier

$$\varepsilon_F = \varepsilon_{\mathrm{II}} + \varepsilon_{\mathrm{III}}, \tag{9.1/7}$$

[1] so, daß die Dichte örtlich konstant gesetzt werden darf.

also mit (9.1/3)

$$\varepsilon_F = 2b\sigma; \qquad \varepsilon_F/\varepsilon = 2b/a.$$

Dies gibt mit (9.1/2)

$$b = -a\nu = -\frac{\nu}{E}. \tag{9.1/8}$$

So finden wir schließlich aus (9.1/5)

$$\varepsilon_{ik} = \frac{1+\nu}{E}\sigma_{ik} - \frac{\nu}{E}\delta_{ik}\sigma_s = \frac{1+\nu}{E}\left\{\sigma_{ik} - \frac{\nu}{1+\nu}\delta_{ik}\,\sigma_s\right\}. \tag{9.1/9}$$

Diese Gleichungen stellen bereits das gesuchte Stoffgesetz dar; sie lassen sich für $\nu \neq \frac{1}{2}$ auch nach den Spannungen auflösen. Hierzu führen wir zunächst die Spur

$$\varepsilon_s = \varepsilon_{\mathrm{I}} + \varepsilon_{\mathrm{II}} + \varepsilon_{\mathrm{III}} = \sum_i \varepsilon_{ii} \tag{9.1/10}$$

der Formänderungsdyade ein und folgern aus (9.1/3)

$$\varepsilon_s = \frac{1-2\nu}{E}\sigma_s \quad \text{bzw.} \quad \sigma_s = \frac{E}{1-2\nu}\varepsilon_s. \tag{9.1/11}$$

Führt man schließlich nach (8.2/30) den *Formänderungsdeviator* ε'_{ik} sowie den *Spannungsdeviator* σ'_{ik} durch

$$\varepsilon'_{ik} = \varepsilon_{ik} - \delta_{ik}\frac{\varepsilon_s}{3}, \quad \sigma'_{ik} = \sigma_{ik} - \delta_{ik}\frac{\sigma_s}{3} \tag{9.1/12}$$

ein, so erhält man durch Substitution von (9.1/12) in (9.1/9) wegen (9.1/11)

$$\varepsilon'_{ik} = \frac{1+\nu}{E}\sigma'_{ik} \quad \text{bzw.} \quad \sigma'_{ik} = \frac{E}{1+\nu}\varepsilon'_{ik}. \tag{9.1/13}$$

Die ersten Gln. (9.1/11) und (9.1/13) sind zusammen mit (9.1/12) den Gln. (9.1/9) gleichwertig. Entsprechend erhalten wir deren gesuchte Umkehrung, wenn wir in die zweite Gl. (9.1/13) die Gln. (9.1/12) einsetzen und die zweite Gl. (9.1/11) berücksichtigen:

$$\sigma_{ik} = \frac{E}{1+\nu}\varepsilon_{ik} + \frac{\nu E}{(1+\nu)(1-2\nu)}\delta_{ik}\varepsilon_s = \frac{E}{1+\nu}\left\{\varepsilon_{ik} + \frac{\nu}{1-2\nu}\delta_{ik}\,\varepsilon_s\right\}. \tag{9.1/14}$$

Sie ist nur für $\nu \neq \frac{1}{2}$ gültig. Im Falle $\nu = \frac{1}{2}$ kann man zwar nach (9.1/13) σ'_{ik} eindeutig berechnen, doch folgt aus (9.1/11) $\varepsilon_s = 0$, und σ_s bleibt unbestimmt.

E und ν legen das elastische Stoffverhalten vollständig fest. Dennoch betrachtet man gelegentlich andere Kenngrößen, die sich dann durch E, ν ausdrücken lassen. Am bekanntesten ist der *Schub-*, *Scher-*, *Gleit-* oder *Torsionsmodul* G. Wenn anstelle des Zug- oder Druckversuches ein Experiment ausgeführt wird, in welchem statt der Normalspannung nur eine einzige Schubspannung — z. B. σ_{xy} — wirkt, so ergibt sich nach (9.1/9) auch nur eine einzige von Null verschiedene Formänderungskoordinate — nämlich die Scherung ε_{xy}. Man definiert dann G analog dem HOOKEschen Gesetz (9.1/1), jedoch ähnlich (9.1/2) wieder mit einem konventionell bedingten Faktor 2 durch den Ansatz

$$\varepsilon_{xy} = \frac{\sigma_{xy}}{2G} \tag{9.1/15}$$

und folgert aus (9.1/9)

$$G = \frac{E}{2(1+\nu)}. \tag{9.1/16}$$

Hierdurch gewinnen die Proportionalitätsfaktoren in (9.1/13) die einfache Gestalt $\frac{1}{2G}$ bzw. $2G$. Es liegt dann nahe, auch für die Faktoren in (9.1/11) besondere Abkürzungen einzuführen. Tatsächlich nennt man[1]

$$K = \frac{E}{3(1-2\nu)} \tag{9.1/17}$$

den *Kompressionsmodul*. G und die Kombination $\frac{\nu E}{(1+\nu)(1-2\nu)}$ heißen auch *Laméshe Konstanten* und werden häufig mit μ und λ benannt (hier nicht zu verwechseln mit dem Reibwert μ und der Formänderungsgeschwindigkeit λ).

Tab. 9.1 gibt einige gemessene Werte von E und G, die man nach (9.1/16), (9.1/17) auf ν oder K umrechnen kann. Sie hängen sehr stark von der Materialzusammensetzung und bei indirekten Messungen auch der Meßmethode ab, so daß selbst für Experimente bei Raumtemperatur unterschiedliche Resultate zu finden sind. Wir beschränken uns hier auf Durchschnittsangaben und verweisen im übrigen auf die Literatur ([5,

[1] K ist hier ein Materialkennwert und hat natürlich nichts mit *Kraft* zu tun. Der Faktor 3 ist historisch bedingt.

S. 1002—1003]; [*240*, S. 14—15]; [*241*, S. 310]). Soweit möglich, wurde ν hinzugefügt. Wir erkennen

$$0 < \nu < \frac{1}{2};$$

bei Raumtemperatur gilt für Metalle $\nu \approx 0{,}3$.

Ein Vergleich mit den in Abschn. 2.2 zusammengestellten Werten der Formänderungsfestigkeit zeigt $G, E \gg k_e, k_f$ auch bei Warmumformung und großen plastischen Formänderungen. Wegen (9.1/1), $|\sigma| \leq k_f,\ k_e$ bleibt also selbst im plastischen Bereich die überlagerte elastische Formänderung klein und kann wie bisher durch die linearisierte Dyade ε_{ik} ausgedrückt werden.

Wir wollen, analog unserem Vorgehen in Abschn. 2.1, dem einachsigen Zug- oder Druckversuch nach Bild 2.2 einen Zug- oder Druckversuch bei ebener Umformung (Bild 2.3) gegenüberstellen. So wie wir damals neben der Formänderungsfestigkeit k_f die *ebene* Formänderungsfestigkeit k_e definierten, kommen wir jetzt auf Grund des HOOKEschen Ansatzes (9.1/1) zu einem *ebenen Elastizitätsmodul* E^*. Beim Versuch nach Bild 2.3 sei beispielsweise 1 die Zugrichtung, 2 die Richtung der Blechdicke s und 3 die Richtung der Blechbreite b, in der keine Werkstoffbewegung stattfindet ($\varepsilon_{33} = 0$). 1, 2, 3 sind aus Symmetriegründen Hauptrichtungen. (9.1/9) liefert

$$\frac{1+\nu}{E}\,\sigma_{33} - \frac{\nu}{E}\,(\sigma_{11} + \sigma_{22} + \sigma_{33}) = 0,$$

also

$$\sigma_{33} = \nu(\sigma_{11} + \sigma_{22}). \qquad (9.1/18)$$

Tabelle 9.1 *Elastizitätsmodul E, Schubmodul G und Querzahl ν für reine Metalle in Abhängigkeit von der Temperatur*

	Aluminium (geglüht)					Kupfer (geglüht)						Eisen und niedrig- bzw. unlegierter Stahl					
$T/°C$	20	200	400	500	600	20	150	400	600	800	1000	20	200	400	600	800	900
$E\Big/\left(10^3\,\frac{kp}{mm^2}\right)$	7,0	5,7	3,7	2,9	—	11,6	10,5	—	—	—	—	21,0	19,5	17,5	15,5	—	—
$G\Big/\left(10^3\,\frac{kp}{mm^2}\right)$	2,7	2,3	1,6	—	0,7	4,3	4,0	3,2	2,4	1,9	1,5	8,2	7,8	7,3	5,6	3,2	2,4
$10\,\nu$	3,0	2,4	1,6	—	—	3,5	3,1	—	—	—	—	2,8	2,5	2,0	3,8	—	—

Dies gibt mit (9.1/4)

$$\sigma_s = (1 + \nu)(\sigma_{11} + \sigma_{22}), \tag{9.1/19}$$

also mit (9.1/9) für $\sigma = \sigma_{11}$, $\sigma_{22} = 0$, $\sigma_{ik} = 0$ für $i \neq k$ und $\varepsilon = \varepsilon_{11}$

$$\varepsilon = \frac{(1+\nu)(1-\nu)}{E}\sigma = \frac{1-\nu^2}{E}\sigma.$$

Dann gilt entsprechend (9.1/1)

$$\varepsilon = \frac{\sigma}{E^*} \quad \text{mit} \quad E^* = \frac{E}{1-\nu^2}. \tag{9.1/20}$$

Die Querkontraktion beträgt jetzt nach (9.1/9)

$$\varepsilon_{22} = \frac{-\nu(1+\nu)}{E}\sigma. \tag{9.1/21}$$

Beide Beziehungen wurden im Vorgriff bereits in Abschn. 5.3.2 bei der Berechnung der Walzgutelastizität verwendet.

Durch die Beziehungen (9.1/20), (9.1/21) läßt sich der einachsige Zugversuch in den Zugversuch mit ebener Umformung überführen. Ebenso wichtig ist es, die allgemeine ebene Verformung ($\varepsilon_{33} = \varepsilon_{32} = \varepsilon_{31} = 0$) mit der allgemeinen Verformung unter ebenem Spannungszustand ($\sigma_{33} = \sigma_{32} = \sigma_{31} = 0$) zu vergleichen.

Hierzu schreiben wir zunächst das Stoffgesetz (9.1/9) für ebene Verformung, also mit (9.1/19) hin, bezeichnen aber jetzt zur Unterscheidung die Stoffkenngrößen ν, E durch ν_ε, E_ε. Dies gibt

$$\left.\begin{aligned}
\varepsilon_{11} &= \frac{1+\nu_\varepsilon}{E_\varepsilon}\Big[(1-\nu_\varepsilon)\,\sigma_{11} - \nu_\varepsilon\sigma_{22}\Big],\\
\varepsilon_{22} &= \frac{1+\nu_\varepsilon}{E_\varepsilon}\Big[(1-\nu_\varepsilon)\,\sigma_{22} - \nu_\varepsilon\sigma_{11}\Big],\\
\varepsilon_{12} &= \frac{1+\nu_\varepsilon}{E_\varepsilon}\sigma_{12}.
\end{aligned}\right\} \tag{9.1/22}$$

Für den Fall ebenen Spannungszustandes folgt aus (9.1/4) $\sigma_s = \sigma_{11} + \sigma_{22}$, also mit (9.1/9) und ν_σ, E_σ statt ν, E als Stoffkennwerten

$$\left.\begin{aligned}
\varepsilon_{11} &= \frac{1+\nu_\sigma}{E_\sigma}\left[\frac{1}{1+\nu_\sigma}\sigma_{11} - \frac{\nu_\sigma}{1+\nu_\sigma}\sigma_{22}\right],\\
\varepsilon_{22} &= \frac{1+\nu_\sigma}{E_\sigma}\left[\frac{1}{1+\nu_\sigma}\sigma_{22} - \frac{\nu_\sigma}{1+\nu_\sigma}\sigma_{11}\right],\\
\varepsilon_{12} &= \frac{1+\nu_\sigma}{E_\sigma}\sigma_{12},
\end{aligned}\right\} \tag{9.1/23}$$

wobei auch hier $\varepsilon_{32} = \varepsilon_{31} = 0$, jedoch jetzt

$$\varepsilon_{33} = -\frac{\nu_\sigma}{E_\sigma}(\sigma_{11} + \sigma_{22}) \tag{9.1/24}$$

gilt.

Verlangen wir nun, daß in der betrachteten 1,2-Ebene die Verformungen ε_{11}, ε_{22}, ε_{12} und die Spannungen σ_{11}, σ_{22}, σ_{12} für beide Fälle gleich sind, so müssen die Stoffgesetze (9.1/22), (9.1/23) zusammenfallen. Dies geschieht offensichtlich gerade dann, wenn

$$\nu_\varepsilon = \frac{\nu_\sigma}{1+\nu_\sigma}; \qquad E_\varepsilon = \frac{1+2\nu_\sigma}{(1+\nu_\sigma)^2} E_\sigma \tag{9.1/25a}$$

bzw.

$$\nu_\sigma = \frac{\nu_\varepsilon}{1-\nu_\varepsilon}; \qquad E_\sigma = \frac{E_\varepsilon}{1-\nu_\varepsilon^2}. \tag{9.1/25b}$$

Die Bedingungen des Spannungsgleichgewichtes für die 1,2-Ebene sind bei gleichen Volumkräften in beiden Fällen identisch und lauten z. B. für kartesische Koordinaten nach (8.5/13)

$$\left.\begin{aligned} \frac{\partial \sigma_{11}}{\partial x_1} + \frac{\partial \sigma_{21}}{\partial x_2} &= -p_1, \\ \frac{\partial \sigma_{12}}{\partial x_1} + \frac{\partial \sigma_{22}}{\partial x_2} &= -p_2. \end{aligned}\right\} \tag{9.1/26}$$

Somit kann man jede für ebenen elastischen Formänderungszustand gefundene Lösung sofort in eine Lösung für ebenen Spannungszustand überführen (und umgekehrt), indem man formal die Stoffkonstanten ν, E entsprechend (9.1/25a, b) vertauscht.

Wir wollen die Zerlegung (9.1/12) der Spannungs- und Formänderungsdyaden in je einen Deviator und eine Kugeldyade anschaulich deuten und betrachten hierzu die Kontinuitätsgleichung (8.4/15), die wir auf Grund der Massenkonstanz $\varrho V = \varrho_0 V_0$, (9.1/10) und der linearen Näherung $\ln \frac{V}{V_0} = \ln\left[1 + \left(\frac{\Delta V}{V_0}\right)\right] \approx \frac{\Delta V}{V_0}$ ($\Delta V = V - V_0 =$ Volumänderung) durch

$$\varepsilon_s = \frac{\Delta V}{V_0} \tag{9.1/27}$$

ausdrücken. Hingegen gilt für den Deviator mit (9.1/12) und (9.1/10) $\varepsilon_s' = \varepsilon_s - \varepsilon_s = 0$ (vgl. S. 275):

Der Deviator ε_{ik}' stellt keine Volumänderung sondern eine reine Gestaltänderung dar. Die Volumänderung entspricht folglich allein dem Kugeltensor $\delta_{ik}\frac{\varepsilon_s}{3}$, der seinerseits die Gestalt nicht beeinflußt.

Tatsächlich vermittelt $\delta_{ik}\varepsilon_s/3$, wie schon auf S. 275 erläutert, in jeder Raumrichtung die gleiche Dehnung $\varepsilon_s/3$ ohne Scherung. Dadurch wird jeder Körper zu sich selbst ähnlich vergrößert oder verkleinert.

Aus (9.1/11) und (9.1/13) kann man folgern: der Spannungsdeviator σ'_{ik} erzeugt lediglich eine elastische Gestaltänderung bei konstantem Volum. Volumänderung wird höchstens durch die Kugeldyade $\frac{\sigma_s}{3}\,\delta_{ik}$ hervorgerufen. Werkstoff mit der Querzahl $\nu = \frac{1}{2}$ ist inkompressibel. Bei positiver *Volumspannung* σ_s ist die *Volumdehnung* ε_s positiv oder negativ, je nachdem $\nu < \frac{1}{2}$ (Regelfall, vgl. Tab. 9.1) oder $\nu > \frac{1}{2}$.

Wir wollen jetzt die bei elastischer Verformung aufzubringende Arbeit bzw. ihre auf die Volumeinheit bezogene Dichte Φ berechnen und berücksichtigen die linearisierte Näherung (8.4/13) in der Form $\lambda_{ik} = \dot{\varepsilon}_{ik}$. Die Leistungsdichte Λ ergibt sich dann nach (8.6/4) und (9.1/9) zu

$$\Lambda = \sum_{i,k} \sigma_{ik}\dot{\varepsilon}_{ik} = \frac{1+\nu}{E}\left\{\sum_{i,k}\sigma_{ik}\dot{\sigma}_{ik} - \frac{\nu}{1+\nu}\,\dot{\sigma}_s\sum_{i,k}\delta_{ik}\sigma_{ik}\right\} =$$
$$= \frac{1+\nu}{E}\left\{\sum_{i,k}\sigma_{ik}\dot{\sigma}_{ik} - \frac{\nu}{1+\nu}\,\dot{\sigma}_s\,\sigma_s\right\},$$

also nach Integration entsprechend (8.6/5), ausgehend von $(\sigma_{ik})_0$ zur Zeit $t = t_0$,

$$\Phi = \frac{1+\nu}{2E}\left\{\sum_{i,k}[\sigma_{ik}^2 - (\sigma_{ik})_0^2] - \frac{\nu}{1+\nu}\,[\sigma_s^2 - (\sigma_s)_0^2]\right\}. \qquad (9.1/28)$$

Damit hängt Φ lediglich vom Spannungs- bzw. über (9.1/14) vom Formänderungszustand ab und nicht davon, auf welchem Wege man ihn erreicht. Beginnt man bei $t = t_0$ mit $(\varepsilon_{ik})_0$, $(\sigma_{ik})_0$, be- und entlastet mehrfach, kommt aber am Ende wieder zu $(\varepsilon_{ik})_0$ (*geschlossener Verformungsweg*), also wegen (9.1/14) auch zu $(\sigma_{ik})_0$ (*geschlossener Belastungsweg*), so ist in (9.1/28) lediglich dieser Endzustand einzusetzen: $\Phi = 0$. Längs geschlossener Belastungswege (Verformungswege) wird weder Arbeit verloren noch gewonnen. Man sagt: elastische Formänderungen sind *konservativ*. Da nach (9.1/28), (9.1/4) und (9.1/9)

$$\varepsilon_{ik} = \frac{\partial\Phi}{\partial\sigma_{ik}}, \qquad (9.1/29)$$

nennt man Φ auch das *elastische Potential*[1].

---

[1] Hier müssen bei der Differentiation σ_{ik} und σ_{ki} als unabhängige Variable angesehen werden.

Wir wollen die Arbeitsdichte Φ ebenfalls in eine *Volumänderungsarbeit* Φ_s und eine *Gestaltänderungsarbeit* Φ' gemäß

$$\Phi = \Phi' + \Phi_s \tag{9.1/30}$$

zerlegen, beschränken uns hierbei auf $(\sigma_{ik})_0 = 0$ und setzen entsprechend (9.1/12)

$$\sigma_{ik}^2 = \left(\sigma'_{ik} + \frac{\sigma_s}{3}\,\delta_{ik}\right)^2 = \sigma'^2_{ik} + \frac{2}{3}\,\delta_{ik}\sigma'_{ik}\sigma_s + \frac{\sigma_s^2}{9}\,\delta_{ik}$$

in (9.1/28) ein (nach (8.1/14) gilt $\delta_{ik}^2 = \delta_{ik}$) und finden wegen

$\sum_{i,k}\delta_{ik}\sigma'_{ik} = \sum_i \sigma'_{ii} = \sigma'_S = 0, \quad \sum_{i,k}\delta_{ik} = \sum_i \delta_{ii} = 3,$ (9.1/16) und (9.1/17)

$$\left.\begin{aligned}\Phi' &= \frac{1+\nu}{2E}\sum_{i,k}\sigma'^2_{ik} = \frac{1}{4\,G}\sum_{i,k}\sigma'^2_{ik},\\ \Phi_s &= \frac{1-2\nu}{6E}\,\sigma_s^2 = \frac{1}{18\,K}\,\sigma_s^2.\end{aligned}\right\} \tag{9.1/31}$$

Für Φ' sind einige andere Darstellungen bekannt. Benutzt man x, y, z statt 1, 2, 3 und schreibt

$$\sigma_x = \sigma_{xx}, \quad \sigma_y = \sigma_{yy}, \quad \sigma_z = \sigma_{zz}, \quad \tau_{xy} = \sigma_{xy}, \quad \tau_{yz} = \sigma_{yz}, \quad \tau_{zx} = \sigma_{zx}, \tag{9.1/32}$$

so erhält man wegen $\tau_{ik} = \tau_{ki}, \quad \tau'_{ik} = \tau_{ik}$

$$\sum_{i,k}\sigma'^2_{ik} = \sigma'^2_x + \sigma'^2_y + \sigma'^2_z + 2\,\tau^2_{xy} + 2\,\tau^2_{yz} + 2\,\tau^2_{zx}. \tag{9.1/33}$$

Nach (9.1/4) und (9.1/12) folgt $\sigma'_s = \sigma'_x + \sigma'_y + \sigma'_z = 0$, also

$$\sigma'^2_s = \sigma'^2_x + \sigma'^2_y + \sigma'^2_z + 2\sigma'_x\sigma'_y + 2\sigma'_y\sigma'_z + 2\sigma'_z\sigma'_x = 0\,.$$

Subtraktion dieses Ausdruckes von dem Dreifachen der Summe (9.1/33) führt zu

$$\begin{aligned}3\sum_{i,k}\sigma'^2_{ik} &= 2[\sigma'^2_x + \sigma'^2_y + \sigma'^2_z - \sigma'_x\sigma'_y - \sigma'_y\sigma'_z - \sigma'_z\sigma'_x] + 6[\tau^2_{xy} + \tau^2_{yz} + \tau^2_{zx}] =\\ &= (\sigma'_x - \sigma'_y)^2 + (\sigma'_y - \sigma'_z)^2 + (\sigma'_z - \sigma'_x)^2 +\\ &\quad + 6[\tau^2_{xy} + \tau^2_{yz} + \tau^2_{zx}].\end{aligned} \tag{9.1/34}$$

Schließlich liefert (9.1/12) $\sigma'_{ii} - \sigma'_{jj} = \sigma_{ii} - \sigma_{jj}$, also (9.1/31)

$$\begin{aligned}\Phi' = \frac{1}{12G}\Big\{&(\sigma_x - \sigma_y)^2 + (\sigma_y - \sigma_z)^2 + (\sigma_z - \sigma_x)^2 +\\ &+ 6(\tau^2_{xy} + \tau^2_{yz} + \tau^2_{zx})\Big\}.\end{aligned} \tag{9.1/35}$$

Diese Gleichung vereinfacht sich im Hauptachsensystem zu

$$\Phi' = \frac{1}{12G}\left\{(\sigma_{\mathrm{I}} - \sigma_{\mathrm{II}})^2 + (\sigma_{\mathrm{II}} - \sigma_{\mathrm{III}})^2 + (\sigma_{\mathrm{III}} - \sigma_{\mathrm{I}})^2\right\}. \qquad (9.1/36)$$

Mittels (9.1/11) bis (9.1/13) kann man bei Φ', Φ_s in (9.1/31), (9.1/35), (9.1/36) die ε_{ik} an die Stelle der σ_{ik} setzen. Dabei gehen $\frac{1}{4G}$, $\frac{1}{18K}$ mit (9.1/16), (9.1/17) in G bzw. $K/2$ über.

Abschließend wollen wir für ein kartesisches $x = x_1$, $y = x_2$, $z = x_3$-Koordinatensystem und räumlich konstante E, ν (homogener elastischer Körper) die Spannungen eliminieren und ein den elastischen Zustand vollständig beschreibendes Differentialgleichungssystem allein in den elastischen Verschiebungen $s_1 = s_x$, $s_2 = s_y$, $s_3 = s_z$ herleiten. Hierzu substituieren wir die Gleichungen (9.1/14) in die Gleichgewichtsbedingungen (8.5/13) und erhalten mit p_i als Volumkraftkoordinaten über (8.1/14)

$$p_i + \frac{E}{1+\nu}\left\{\sum_k \frac{\partial \varepsilon_{ki}}{\partial x_k} + \frac{\nu}{1-2\nu}\frac{\partial \varepsilon_s}{\partial x_i}\right\} = 0,$$

also mit (9.1/10) und (8.4/3) (ε_{ik} statt λ_{ik}, s_i statt v_i)

$$p_i + \frac{E}{2(1+\nu)}\left\{\sum_k \frac{\partial^2 s_i}{\partial x_k^2} + \sum_k \frac{\partial^2 s_k}{\partial x_i \partial x_k} + \frac{2\nu}{1-2\nu}\sum_k \frac{\partial^2 s_k}{\partial x_i\, \partial x_k}\right\} = 0,$$

oder[1]

$$p_i + \frac{E}{2(1+\nu)}\left\{\sum_k \frac{\partial^2 s_i}{\partial x_k^2} + \frac{1}{1-2\nu}\frac{\partial}{\partial x_i}\left(\sum_k \frac{\partial s_k}{\partial x_k}\right)\right\} = 0. \qquad (9.1/37)$$

Die vorstehend umrissene lineare Elastizitätstheorie kann zu einer nichtlinearen verallgemeinert werden. Hierzu und für ein tieferes Eindringen verweisen wir z. B. auf das Lehrbuch von NOVOZHILOV [*243*]. Elastische Spannungen in Verbindung mit Wärmedehnungen gehören zum Sachgebiet der Thermoelastizität (vgl. [*244*]).

9.1.2 Anwendungsbeispiele

Die im Einzelfall recht schwierige und nur selten systematisch mögliche Lösung von Aufgaben der Elastizitätstheorie wird in zahlreichen Lehrbüchern behandelt. MARGUERRE [*245*] stellt die wichtigsten und bekanntesten Ansätze kritisch zusammen und vergleicht sie unter-

---

[1] Diese Gleichungen werden im Falle $\nu \approx 1/2$ unbrauchbar. Eine allgemeingültige Form für beliebige Querzahlen entwickelten HERRMANN und TOMS [*212*].

einander. Hier begnügen wir uns mit einigen Beispielen, die u. a. zu den bereits benutzten Formeln (5.3/1), (5.3/19), (6.2/51), (6.2/55) führen.

Wir beschränken uns auf ebene Formänderungen und suchen möglichst einfache Lösungen der Grundgleichungen.

9.1.2.1 Blechdehnung und -biegung. Besonders einfache Lösungen liegen sicher dann vor, wenn nur eine einzige Spannungskoordinate der betrachteten Ebene von Null verschieden ist. Bei kartesischen Koordinaten x, y folgt für $\sigma_x = \sigma_{xx} \neq 0$ und $p_i = 0$ aus den Gleichgewichtsbedingungen (9.1/26) $\partial\sigma_x/\partial x = 0$, also $\sigma_x = f(y)$ mit einer beliebigen Funktion $f = f(y)$, die als stetig und hinreichend oft differenzierbar (mit stetigen Ableitungen) vorausgesetzt wird. (9.1/22) liefert

$$\varepsilon_x = \frac{1-\nu^2}{E} f(y), \quad \varepsilon_y = \varepsilon_{yy} = -\frac{\nu(1+\nu)}{E} f(y) \quad \text{und} \quad \varepsilon_{xy} = 0.$$

Jetzt muß noch (8.4/3) (sinngemäß mit s_i statt v_i, ε_{ik} statt λ_{ik}) erfüllt werden. Wir finden

$$\frac{1-\nu^2}{E} f(y) = \frac{\partial s_x}{\partial x}, \quad -\frac{\nu(1+\nu)}{E} f(y) = \frac{\partial s_y}{\partial y}, \quad 0 = \frac{\partial s_x}{\partial y} + \frac{\partial s_y}{\partial x}, \qquad (9.1/38)$$

also aus den ersten beiden dieser Beziehungen

$$\left.\begin{aligned} s_x &= \frac{1-\nu^2}{E} f(y)\, x + g(y), \\ s_y &= \frac{-\nu(1+\nu)}{E} F(y) + h(x), \end{aligned}\right\} \qquad (9.1/39\,\text{a})$$

wo

$$F(y) = \int f(y)\, dy. \qquad (9.1/39\,\text{b})$$

$g(y)$, $h(x)$ sind wie $f(y)$ beliebig. Nach Einsetzen von (9.1/39) in die dritte Gl. (9.1/38) folgt

$$\frac{1-\nu^2}{E} \frac{df(y)}{dy} x + \frac{dg(y)}{dy} + \frac{dh(x)}{dx} = 0.$$

Dies ist nur möglich für $dg(y)/dy = a = \text{const}$, $\dfrac{df(y)}{dy} = n = \text{const}$, also

$$g(y) = ay + a', \qquad f(y) = ny + n',$$

$$h(x) = \frac{-(1-\nu^2)}{2E} n x^2 - ax - c.$$

Hierbei sind die Konstanten a, a', n, n', c noch beliebig.

(9.1/39) gibt die Verschiebungen

$$\left.\begin{aligned} s_x &= \frac{1-\nu^2}{E}\,(ny+n')\,x + ay + a', \\ s_y &= \frac{-\nu(1+\nu)}{E}\left(\frac{n}{2}\,y^2 + n'y\right) - \frac{1-\nu^2}{2E}\,nx^2 - ax - c. \end{aligned}\right\} \qquad (9.1/40)$$

Sie stellen u. a. verschiedene elastische Zustände des einseitig eingespannten Bleches (Bild 9.1) dar. Einspannung bedeutet dort $s_x = s_y = 0$ für $x = y = 0$ und $s_x = 0$ für $x = 0,\ y \neq 0$, also $c = a = a' = 0$. Dann erhalten wir für $n = 0$ reine Dehnung, also am Blechende $x = l$

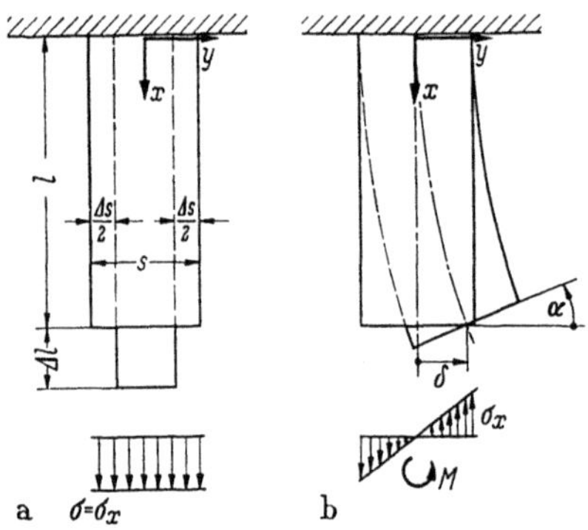

Bild 9.1a u. b Elastische Verformungen des einseitig eingespannten Bleches unter Endbelastung. a) Dehnung; b) Biegung.

$$\Delta l = \frac{1-\nu^2}{E}\,n'l,$$

wobei erwartungsgemäß die Blechstärkenänderung

$$\Delta s = 2\,(s_y)_{y=s/2} = \frac{-\nu(1+\nu)}{E}\,n's$$

von x unabhängig ist. Ferner folgt $\sigma_x = f(y) = n'$, d. h.

$$\frac{\Delta l}{l} = \frac{1-\nu^2}{E}\,\sigma_x$$

entsprechend dem HOOKEschen Gesetz in der Form (9.1/20) (Bild 9.1a).

Einen anderen elastischen Zustand, nämlich reine Biegung, zeigt Bild 9.1b. Hierzu gehört $n' = 0$ statt $n = 0$. Dies führt mit (9.1/40) zu einer Drehung des Endquerschnittes $x = l$ um den Winkel

$$\alpha = \left(\frac{-s_x}{y}\right)_{x=l} = -\,\frac{1-\nu^2}{E}\,nl.$$

Die Dickenänderung $\Delta s = (s_y)_{y=s/2} - (s_y)_{y=-s/2}$ verschwindet jetzt. Wir erhalten eine lineare Endspannungsverteilung

$$\sigma_x = f(y) = ny$$

mit dem auf $y = 0$ bezogenen Biegemoment [Gl. (8.5/5)]

$$M = -b\int\limits_{-s/2}^{s/2} y\,\sigma_x\,dy = -\,b\,\frac{n}{12}\,s^3$$

(b = Blechbreite; vgl. Bild 2.3), also

$$\alpha = \frac{M}{b} \frac{12(1-\nu^2)}{E s^3} l. \qquad (9.1/41)$$

Ebenso ergibt sich die seitliche Auslenkung δ des Blechendes (Bild 9.1 b) zu

$$\delta = (s_y)_{x=l,\, y=0} = -\frac{1-\nu^2}{2E} n l^2 = \frac{6(1-\nu^2)}{E s^3} \frac{M l^2}{b}. \qquad (9.1/42)$$

Beides sind bekannte Formeln für die Blechbiegung unter querkraftfreier Momentenbelastung. Die Blechbiegung unter Querkraftbelastung genügt strenggenommen anderen — komplizierteren — Beziehungen.

9.1.2.2 Hertzsche Pressung; Walzendeformation. Wir wollen eine weitere Lösung mit einer einzigen von Null verschiedenen Spannungskoordinate suchen, jetzt aber in Polarkoordinaten (Bild 8.11), und wählen $\sigma_r = \sigma_{rr} \neq 0$. Dann sind die Flächen $\psi = \text{const}$ (wegen $\sigma_{\psi\psi} = \sigma_{r\psi} = 0$) völlig spannungsfrei. Nimmt man sie als Begrenzung eines Körpers, so kann bestenfalls in dem singulären Punkt $r = 0$ eine Kraft angreifen.

Wir geben gemäß Bild 9.2 die waagerechte Ebene $\psi = \pm \frac{\pi}{2}$ als spannungsfreien Rand vor. Sie begrenzt den darunter liegenden unendlichen *elastischen Halbraum*. Wegen der ebenen Formänderung genügt es, die in Bild 9.2 gezeigte *elastische Halbebene* zu betrachten. Die Spannung σ_r und die Radialverschiebung s_r, nicht die Azimutalverschiebung s_ψ, seien symmetrisch um die Senkrechte $\psi = 0$, so daß die äußere Kraft P senkrecht auf den Halbraum (Breite b) wirken muß. Man kann sie sich durch eine senkrecht zur Zeichenebene erstreckte Schneide aufgebracht denken. Summiert man die vertikalen Anteile $b \cdot \sigma_r \cdot r d\psi \cdot \cos\psi$ aller an einem Kreis $r = \text{const}$ angreifenden Spannungskräfte, so müssen sie gerade $-P$ als Resultierende ergeben (Bild 9.2):

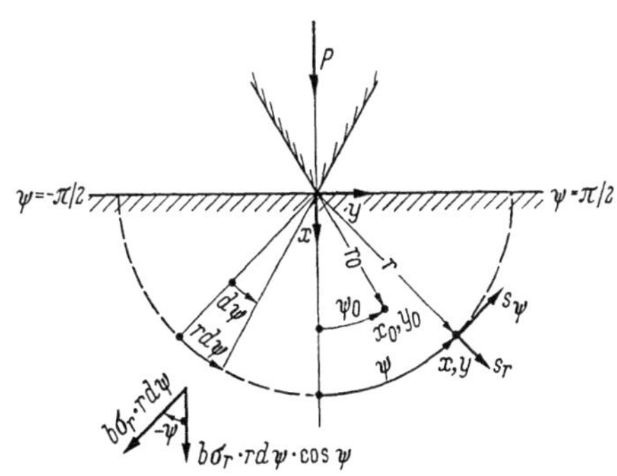

Bild 9.2 Senkrechte Einzelkraft P auf einen elastischen Halbraum bei ebener Formänderung.

$$-P = b \int_{-\pi/2}^{\pi/2} r \sigma_r \cos\psi \, d\psi. \qquad (9.1/43)$$

In waagerechter Richtung ist die Resultierende aus Symmetriegründen Null.

Die Gleichgewichtsbedingungen (8.5/17) reduzieren sich bei statischer Belastung ($p_i = 0$) auf

$$\frac{\partial \sigma_r}{\partial r} + \frac{\sigma_r}{r} = \frac{1}{r}\,\frac{\partial(\sigma_r\, r)}{\partial r} = 0\,,$$

also $\partial\,(r\,\sigma_r)/\partial r = 0$ mit der Lösung

$$\sigma_r = \frac{f(\psi)}{r} \tag{9.1/44}$$

und zunächst beliebiger Funktion $f(\psi)$. (9.1/9) liefert wegen (9.1/19) und (8.4/7a) (sinngemäß mit ε_{ik} statt λ_{ik}; s_i statt v_i)

$$\frac{\partial s_r}{\partial r} = \varepsilon_{rr} = \frac{1-\nu^2}{E}\,\frac{f(\psi)}{r}\,, \tag{9.1/45a}$$

$$\frac{1}{r}\left(\frac{\partial s_\psi}{\partial \psi} + s_r\right) = \varepsilon_{\psi\psi} = -\,\frac{\nu(1+\nu)}{E}\,\frac{f(\psi)}{r}\,, \tag{9.1/45b}$$

$$0 = 2\varepsilon_{r\psi} = \frac{\partial s_\psi}{\partial r} + \frac{1}{r}\,\frac{\partial s_r}{\partial \psi} - \frac{1}{r}\,s_\psi\,. \tag{9.1/45c}$$

(9.1/45a) ergibt integriert

$$s_r = \frac{1-\nu^2}{E}\,f(\psi)\ln r + g(\psi) \tag{9.1/46a}$$

mit beliebiger Funktion $g(\psi)$; hiermit folgt aus (9.1/45b)

$$s_\psi = -\left(\frac{1-\nu^2}{E}\ln r + \frac{\nu(1+\nu)}{E}\right)F(\psi) - G(\psi) - H(r)\,, \tag{9.1/46b}$$

wo $H(r)$ eine weitere beliebige Funktion darstellt und

$$F(\psi) = \int f\,d\psi\,, \qquad G(\psi) = \int g\,d\psi \tag{9.1/46c}$$

nur bis auf jeweils eine Konstante bestimmt sind. Schließlich liefert (9.1/45c) wegen (9.1/46)

$$r\,\frac{dH}{dr} - H = \frac{1-\nu^2}{E}\ln r\left[\frac{d^2F}{d\psi^2} + F\right] + \left[\frac{d^2G}{d\psi^2} + G + \frac{(1+\nu)\,(2\nu-1)}{E}\,F\right].$$

Die linke Seite hängt nur von r ab; also gilt dies auch für die rechte Seite: die eckigen Klammern stellen Konstanten dar. Diese aber dürfen

Null gesetzt worden, da F, G ohnehin nur bis auf je eine Konstante festliegen:

$$\frac{d^2F}{d\psi^2} + F = 0, \tag{9.1/47a}$$

$$\frac{d^2G}{d\psi^2} + G = \frac{(1+\nu)(1-2\nu)}{E} F, \tag{9.1/47b}$$

$$r\frac{dH}{dr} - H = 0. \tag{9.1/47c}$$

(9.1/47a) hat die allgemeine Lösung $F = A \sin\psi + A' \cos\psi$ (vgl. z. B. [*36*]). Berücksichtigt man die Symmetrie von σ_r in ψ, so folgt mit $f = \frac{dF}{d\psi}$ und (9.1/44) $A' = 0$. Dann gilt $F = A \sin\psi$, $f = A \cos\psi$ und wegen (9.1/43), (9.1/44)

$$-P = A\,b \int_{-\pi/2}^{\pi/2} \cos^2\psi\, d\psi = \frac{A}{2}\, b \int_{-\pi/2}^{\pi/2} (1 + \cos 2\psi)\, d\psi = \frac{A\pi}{2}\, b,$$

zusammen also

$$F(\psi) = -\frac{2P}{\pi b}\sin\psi; \qquad f(\psi) = -\frac{2P}{\pi b}\cos\psi; \tag{9.1/48a}$$

$$\sigma_r = -\frac{2P}{\pi b}\frac{\cos\psi}{r}; \quad \sigma_{\psi\psi} = \tau_{r\psi} = 0. \tag{9.1/48b}$$

(9.1/47b) hat mit (9.1/48a) die unter der Annahme symmetrischer Radialverschiebung s_r, d. h. symmetrischer Funktion $g(\psi) = \frac{dG}{d\psi}$ ermittelte allgemeine Lösung[1]

$$G(\psi) = \frac{P}{\pi b}\frac{(1+\nu)(1-2\nu)}{E}\psi\cos\psi + B\sin\psi, \tag{9.1/49a}$$

also

$$g(\psi) = \left[\frac{P}{\pi b}\frac{(1+\nu)(1-2\nu)}{E} + B\right]\cos\psi - \frac{P}{\pi b}\frac{(1+\nu)(1-2\nu)}{E}\psi\sin\psi \tag{9.1/49b}$$

[1] Das allgemeine Integral der inhomogenen Gleichung ($F \neq 0$) setzt sich aus irgendeinem speziellen sowie dem allgemeinen Integral der homogenen Gleichung ($F = 0$) zusammen; vgl. [*36*]. Man prüfe durch Einsetzen!

($B =$ const). Die allgemeine Lösung von (9.1/47 c) lautet einfach

$$H = C \cdot r \tag{9.1/50}$$

($C =$ const). Aus (9.1/48), (9.1/49), (9.1/50) in Verbindung mit (9.1/46) findet man nunmehr die Verschiebungen s_r, s_ψ in Polarkoordinaten abhängig von den beiden noch freien Parametern B, C. Wir wollen diese so bestimmen, daß

$$s_r = s_\psi = 0 \qquad \text{für} \quad r = r_0, \ \psi = \psi_0 \quad \text{bzw.} \quad x = x_0, \ y = y_0.$$

Das heißt, wir unterstützen einen bestimmten Punkt x_0, y_0 des elastischen Halbraumes so, daß er keine Verschiebung erfährt (Bild 9.2). Dies gibt

$$s_r = \frac{P}{\pi b} \frac{1+\nu}{E} \left\{ \left[(1-\nu) \ln \left(\frac{r_0}{r} \right)^2 + (1-2\nu) \psi_0 \tan \psi_0 \right] \cos \psi - \right.$$
$$\left. - (1-2\nu) \psi \sin \psi \right\}, \tag{9.1/51 a}$$

$$s_\psi = \frac{P}{\pi b} \frac{1+\nu}{E} \left\{ \left[(1-\nu) \ln \left(\frac{r}{r_0} \right)^2 + 1 - (1-2\nu) \psi_0 \tan \psi_0 \right] \sin \psi - \right.$$
$$\left. - (1-2\nu) \psi \cos \psi - \left[\sin \psi_0 - (1-2\nu) \frac{\psi_0}{\cos \psi_0} \right] \frac{r}{r_0} \right\}. \tag{9.1/51 b}$$

Beide Verschiebungen werden im Kraftangriffspunkt $r = 0$ singulär. Die Einzelkraft ruft eine unendlich tiefe Einsenkung hervor. Dann würde der Werkstoff plastisch. Außerdem beziehen sich unsere Gleichungen von Anfang an auf kleine Formänderungen. Immerhin darf man auf Grund des DE ST. VENANTschen Prinzips (Abschn. 2.1) annehmen, daß die Gln. (9.1/51) in hinreichender Entfernung vom Kraftangriffspunkt zu brauchbaren Werten führen.

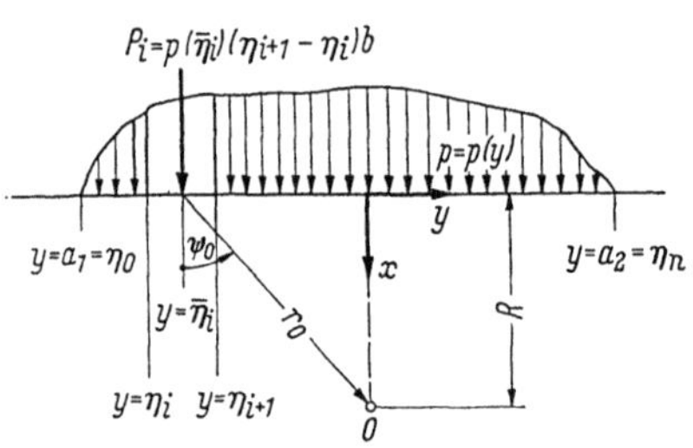

Bild 9.3 Druckverteilung $p(y)$ auf den elastischen Halbraum bzw. auf einen im Mittelpunkt 0 abgestützten Kreiszylinder (Radius $R \gg a_2 - a_1$) bei ebener Formänderung.

In Wirklichkeit hat man es niemals mit einer Einzelkraft, sondern stets mit einer flächenhaft angreifenden Kraft, z. B. der Druckverteilung

$$p = p(y); \qquad a_1 \leq y \leq a_2$$

(Bild 9.3) zu tun. Den zugehörigen Verschiebungszustand kann man jetzt durch Addition (*Superposition*) von Lösungen der Gestalt (9.1/51) berechnen. Tatsächlich sind bei Abwesenheit von Volumkräften die Gleichgewichtsbedingungen (8.5/16), das Stoffgesetz (9.1/5) und die Verknüpfungen (8.4/5) zwischen den Verschiebungen $s_i (= v_i \Delta t)$ und den Formänderungen $\varepsilon_{ik} (= \lambda_{ik} \Delta t)$ in den Unbekannten σ_{ik}, ε_{ik}, s_i linear, so daß jede Linearkombination von Lösungen wieder zu einer solchen führt. Wir interessieren uns hier nur für die Verschiebungen

$$\Delta_x = (s_x)_{x=0}, \qquad \Delta_y = (s_y)_{x=0}$$

der Oberfläche des Halbraumes, haben mit Bild 9.2

$$r = y, \qquad \Delta_x = -s_\psi, \quad \Delta_y = s_r \qquad \text{für} \quad \psi = \frac{\pi}{2};$$

$$r = -y, \qquad \Delta_x = s_\psi, \qquad \Delta_y = -s_r \qquad \text{für} \quad \psi = -\frac{\pi}{2}$$

und finden nach (9.1/51) für die bei $y = 0$ angreifende Kraft P

$$\Delta_x(y) = \frac{1}{b}\, o_x(y) P, \qquad \Delta_y(y) = \frac{1}{b}\, o_y(y) P \tag{9.1/52}$$

mit

$$o_x(y) = -\frac{1+\nu}{\pi E}\left\{(1-\nu)\ln\left(\frac{y}{r_0}\right)^2 + 1 - (1-2\nu)\psi_0 \tan\psi_0 - \right.$$

$$\left. - \left[\sin\psi_0 - (1-2\nu)\frac{\psi_0}{\cos\psi_0}\right]\frac{y}{r_0}\right\}, \tag{9.1/53a}$$

$$o_y(y) = -\frac{(1+\nu)(1-2\nu)}{2E}\,\operatorname{sgn} y. \tag{9.1/53b}$$

Jetzt zerlegen wir die Strecke $a_1 \leq y \leq a_2$ (Bild 9.3) in kurze Abschnitte mit den Grenzen $y = \eta_i$, wo

$$\eta_0 = a_1 < \eta_1 < \eta_2 < \cdots < \eta_n = a_2,$$

und fassen die Drücke in den Intervallen $\eta_i \leq y \leq \eta_{i+1}$ näherungsweise zu Einzelkräften

$$P_i = p(\bar{\eta}_i) \cdot (\eta_{i+1} - \eta_i) \cdot b$$

zusammen. $\bar{\eta}_i$ stellt eine mittlere Koordinate zwischen η_i und η_{i+1} dar. Dieser Ersatz ist nach dem schon mehrfach zitierten DE ST. VENANTschen Prinzip zulässig. P_i an der Stelle $y = \bar{\eta}_i$ ruft nun an einer anderen Stelle y nach (9.1/52) die Verschiebungen

$$\Delta_x = \frac{1}{b}\, o_x(y - \bar{\eta}_i) P_i; \qquad \Delta_y = \frac{1}{b}\, o_y(y - \bar{\eta}_i) P_i$$

hervor, weil jetzt $y - \bar{\eta}_i$ anstatt y den Abstand des betrachteten Oberflächenpunktes y vom Kraftangriffspunkt $\bar{\eta}_i$ darstellt. Wird ein fester Unterstützungspunkt mit den Koordinaten $x_0 = R$, $y_0 = 0$ gewählt, so haben r_0, ψ_0 die in Bild 9.3 gezeigte Bedeutung. Superposition der Verschiebungen führt zu

$$\Delta_{x(y)}(y) = \sum_i o_{x(y)}\,(y - \bar{\eta}_i) \cdot p(\bar{\eta}_i) \cdot (\eta_{i+1} - \eta_i);$$

diese Summen streben im Grenzfall $(\eta_{i+1} - \eta_i) \to 0$ gegen die Integrale

$$\Delta_x = \int_{a_1}^{a_2} o_x(y - \eta)\, p(\eta)\, d\eta; \qquad \Delta_y = \int_{a_1}^{a_2} o_y(y - \eta)\, p(\eta)\, d\eta. \qquad (9.1/54)$$

Die Konvergenz ist gewährleistet, obgleich o_x für $\eta = y$ logarithmisch unendlich wird: durch Logarithmusfunktionen erzeugte Unendlichkeitsstellen geben bei Integration endliche Werte. Δ_x, Δ_y sind also im Gegensatz zu (9.1/51) bei stetiger Druckverteilung $p(y)$ überall endlich.

(9.1/54) zusammen mit (9.1/53) wurde im Rahmen allgemeinerer Untersuchungen über die Berührung elastischer Körper von Hertz (1881, 1882; vgl. [*90*]) entwickelt. Speziell bei der Berührung zweier Zylinder fand er eine elliptische Druckverteilung

$$a_1 = -a_2 = -a; \qquad p(y) = p_0 \left| \sqrt{1 - \left(\frac{y}{a}\right)^2} \right| \qquad (9.1/55)$$

(Bild 9.4). Man kann die zugehörige Rechnung auch bei Prescott [*93*] und Föppl [*91*] [1] nachlesen. Trinks und Hitchcock [*92*] erkannten ihre Bedeutung für die Walzenabplattung (Abschn. 5.3.1) und übernahmen die Verteilung (9.1/55), obschon doch jetzt die bekannte wahre Walzdruckverteilung etwa nach Bild 5.21a einzusetzen wäre. Wenn die Fließscheide beim Walzen in der Austrittshälfte des Walzspaltes liegt — und das ist beim Walzen ohne Bremszug normal —, so führt (9.1/55) zu einem nur geringen Fehler (vgl. [*94, 246*]). Auch die Reibkräfte können hier vernachlässigt werden.

Die Wirkung einer Druckverteilung auf einen Halbraum darf näherungsweise auch auf einen im Mittelpunkt O gestützten[2] Kreiszylinder übertragen werden, wenn dessen Radius R groß gegen den Berührungs-

---

[1] Der bei Föppl angegebene Verschiebungszustand ist fehlerhaft, doch macht sich das numerisch unter den im folgenden benutzten Vernachlässigungen nicht bemerkbar.

[2] Die Lage der Stützstelle wird ohne Einfluß bleiben, so daß die folgenden Überlegungen auch für Quartogerüste gelten.

bogen $l = a_2 - a_1$ ist. Hierfür gilt $\psi_0 \approx 0$, $r_0 \approx R = \text{const}$, und wenn man die Durchsenkungen nur innerhalb oder in der Nähe des Berührungsbogens betrachtet: $y/r_0 \approx y/R \ll 1$. Dies führt über (9.1/53a) auf

$$o_x \approx \frac{1+\nu}{\pi E}\left[(1-\nu)\ln\left(\frac{R}{y}\right)^2 - 1\right],$$

liefert also mit (9.1/54)

$$\Delta_x = \frac{1+\nu}{\pi E}\left\{2(1-\nu)\int_{a_1}^{a_2}\ln\frac{R}{|y-\eta|}\,p(\eta)\,d\eta - \frac{P}{b}\right\}, \qquad (9.1/56)$$

wo

$$P = b\int_{a_1}^{a_2} p\,d\eta \qquad (9.1/57)$$

die Gesamtdruckkraft auf die Berührungsfläche darstellt. Unter Benutzung der Druckverteilung (9.1/55) und des unbestimmten Integrales[1]

$$\int\sqrt{1-\xi^2}\,d\xi = \frac{1}{2}\left\{\xi\sqrt{1-\xi^2} + \arcsin\xi\right\}, \quad |\xi| \leq 1 \qquad (9.1/58)$$

erhalten wir aus (9.1/57)

$$P = p_0 b\int_{-a}^{a}\sqrt{1-\left(\frac{y}{a}\right)^2}\,dy = 2ap_0 b\int_0^1\sqrt{1-\xi^2}\,d\xi = \frac{b}{2}\,ap_0\pi;$$

$$p_0 = \frac{2P}{a\pi b}. \qquad (9.1/59)$$

Dann folgt mit (9.1/56), (9.1/57), (9.1/59) und $\zeta = y/a$ für die Grenzen $a_1 = -a$, $a_2 = a$

$$\Delta_x = \frac{(1+\nu)P}{\pi E b}\left\{\left[2(1-\nu)\ln\frac{R}{a} - 1\right] - \frac{4(1-\nu)}{\pi}\,I(\zeta)\right\}, \qquad (9.1/60)$$

wo

$$I(\zeta) = \int_{-1}^{1}(\ln|\zeta-\xi|)\sqrt{1-\xi^2}\,d\xi, \qquad -1 \leq \zeta \leq 1. \qquad (9.1/61)$$

---

[1] Man prüfe durch Differentiation!

Da das unbestimmte Integral zu (9.1/61) nicht bekannt und zudem der Integrand bei $\xi = \zeta$ unendlich ist, sind wir zu einem Umweg gezwungen und zerlegen $I(\zeta)$ zunächst in drei Anteile

$$I(\zeta) = I_1(\zeta, \delta) + I_2(\zeta, \delta) + I_3(\zeta, \delta), \tag{9.1/62}$$

mit beliebigem, jedoch hinreichend kleinem $\delta > 0$:

$$\left.\begin{aligned} I_1(\zeta, \delta) &= \int\limits_{-1}^{\zeta-\delta} (\ln|\zeta - \xi|) \sqrt{1 - \xi^2}\, d\xi, \\ I_2(\zeta, \delta) &= \int\limits_{\zeta+\delta}^{1} (\ln|\zeta - \xi|) \sqrt{1 - \xi^2}\, d\xi, \\ I_3(\zeta, \delta) &= \int\limits_{\zeta-\delta}^{\zeta+\delta} (\ln|\zeta - \xi|) \sqrt{1 - \xi^2}\, d\xi. \end{aligned}\right\} \tag{9.1/63}$$

Nun strebt das Integral $\int\limits_0^\delta \ln x\, dx = \delta(\ln\delta - 1)$ für $\delta \to 0$ gegen Null, was man durch Anwendung der bekannten l'HOSPITALschen Regel (vgl. [5]) auf den unbestimmten Grenzwert $\delta \ln \delta = \dfrac{\ln\delta}{1/\delta} \approx \dfrac{1/\delta}{-1/\delta^2} =$ $= -\delta \to 0$ sieht. Hieraus folgt, daß auch

$$|I_3| = \left| \int\limits_{-\delta}^{\delta} \ln|x| \sqrt{1 - (\zeta - x)^2}\, dx \right| \leq 2 \left| \int\limits_0^\delta \ln x\, dx \right|$$

für $\delta \to 0$ verschwindet, so daß im folgenden nur noch I_1, I_2 interessieren. Statt deren betrachten wir im ersten Schritt

$$J_1 = \frac{dI_1}{d\zeta}, \qquad J_2 = \frac{dI_2}{d\zeta} \tag{9.1/64}$$

und dürfen auf (9.1/63) Gl. (1/4) anwenden, weil jetzt die Ableitung des Integranden auf dem jeweiligen Integrationsintervall stetig ist:

$$J_1 = \int\limits_{-1}^{\zeta-\delta} \frac{\sqrt{1-\xi^2}}{\zeta - \xi}\, d\xi + \ln\delta \cdot \sqrt{1 - (\zeta - \delta)^2},$$

$$J_2 = \int\limits_{\zeta+\delta}^{1} \frac{\sqrt{1-\xi^2}}{\zeta - \xi}\, d\xi - \ln\delta \cdot \sqrt{1 - (\zeta + \delta)^2}.$$

Diese Ausdrücke werten wir über das unbestimmte Integral

$$J = \int \frac{\sqrt{1-\xi^2}}{\zeta - \xi}\,d\xi = -\sqrt{1-\xi^2} + \zeta \cdot \arcsin \xi +$$

$$+ \sqrt{1-\zeta^2}\ln\left|\frac{1 - \zeta\xi + \sqrt{1-\zeta^2}\sqrt{1-\xi^2}}{\xi - \zeta}\right|$$

aus[1] und erhalten dann mit (9.1/62), (9.1/64) bis auf eine Konstante C^* [2]

$$I = C^* + \lim_{\delta \to 0} \int \{J_1 + J_2\}\,d\zeta =$$

$$= C^* + \lim_{\delta\to 0}\int \Big\{ \pi\zeta - (1 - \ln\delta)\left[\sqrt{1-(\zeta-\delta)^2} - \sqrt{1-(\zeta+\delta)^2}\right] -$$

$$- \zeta[\arcsin(\zeta+\delta) - \arcsin(\zeta-\delta)] -$$

$$- \sqrt{1-\zeta^2}\ln\left|\frac{1-\zeta(\zeta+\delta) + \sqrt{1-\zeta^2}\sqrt{1-(\zeta+\delta)^2}}{1-\zeta(\zeta-\delta)+\sqrt{1-\zeta^2}\sqrt{1-(\zeta-\delta)^2}}\right|\Big\}\,d\zeta.$$

Für $\delta \to 0$ strebt das Argument des letzten Logarithmus gegen 1, also verschwindet er und auch das Integral darüber. Gleiches gilt für die Differenz der arc sin-Funktionen. Ferner haben wir

$$\lim_{\delta\to 0}\int (1 - \ln\delta)\left[\sqrt{1-(\zeta-\delta)^2} - \sqrt{1-(\zeta+\delta)^2}\right]d\zeta = \lim_{\delta\to 0}\int (1-\ln\delta)\times$$

$$\times \frac{\left[\sqrt{1-(\zeta-\delta)^2} - \sqrt{1-(\zeta+\delta)^2}\right]\left[\sqrt{1-(\zeta-\delta)^2} + \sqrt{1-(\zeta+\delta)^2}\right]}{\sqrt{1-(\zeta-\delta)^2} + \sqrt{1-(\zeta+\delta)^2}}\,d\zeta =$$

$$= \int \frac{2\zeta\,d\zeta}{\sqrt{1-\zeta^2}} \lim_{\delta\to 0}(1 - \ln\delta)\,\delta = 0.$$

So bleibt nur

$$I = C^* + \frac{\pi}{2}\zeta^2$$

übrig. Dies gilt zunächst für $-1 \leq \zeta \leq 1$, jedoch auch (wie man sogar einfacher, nämlich ohne die Zerlegung (9.1/62) zeigt) für $|\zeta| > 1$, also für alle Werte ζ. Dann folgt aus (9.1/60) mit $\zeta = y/a$

$$\Delta_x(y) = C - 2\,\frac{(1-\nu^2)P}{\pi E b}\left(\frac{y}{a}\right)^2. \tag{9.1/65}$$

Die neue Konstante C soll nicht weiter interessieren.

---

[1] Man prüfe durch Differenzieren!

[2] Nach (9.1/64) eigentlich $C^*(\xi)$. Da jedoch I gemäß (9.1/61) nicht von ξ abhängt, $C^* = \text{const}$.

TRINKS und HITCHCOCK [92] folgend, wollen wir jetzt die elliptische Druckverteilung (9.1/57) als Ersatz für den wahren Walzdruck nehmen und entsprechend Bild 9.4 auf die Kontur $x = f(y)$ einer Walze vom Radius R einwirken lassen. Sie verformt sich dann und gewinnt die Gestalt $x = g(y)$ [1]. Der Kreis $f(y)$ hat die Bogenlänge $s = R\alpha$; also gilt $\frac{1}{R} = \frac{d\alpha}{ds}$ oder, wegen $\alpha \ll 1$, $\alpha \approx \tan\alpha = \frac{df}{dy}$ sowie $s \approx y$,

$$\frac{1}{R} \approx \frac{d^2 f}{dy^2}. \tag{9.1/66}$$

Wir setzen $g(y) = f(y) + \Delta_x(y)$ (vgl. Bild 9.4 und [96]), differenzieren zweimal und finden mit (9.1/65) sowie $l' = 2a$

$$\frac{d^2 g}{dy^2} = \frac{1}{R} - \frac{16(1-\nu^2)P}{\pi E l'^2 b}:$$

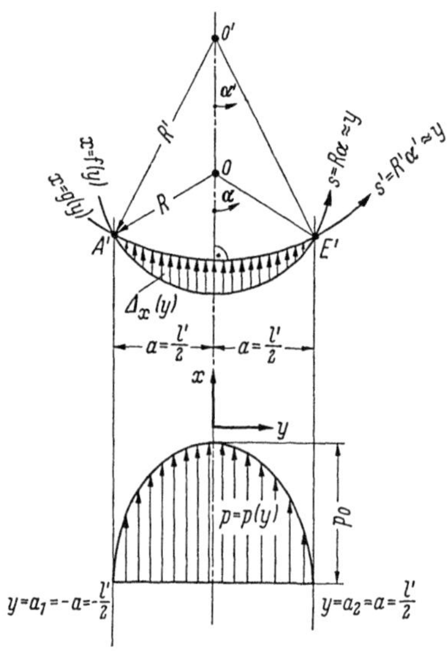

Bild 9.4 Elastische Verformung der Walzenkontur $x = f(y)$ auf die abgeplattete Kontur $x = g(y)$ unter der Wirkung einer elliptischen Druckverteilung $p = p(y)$.

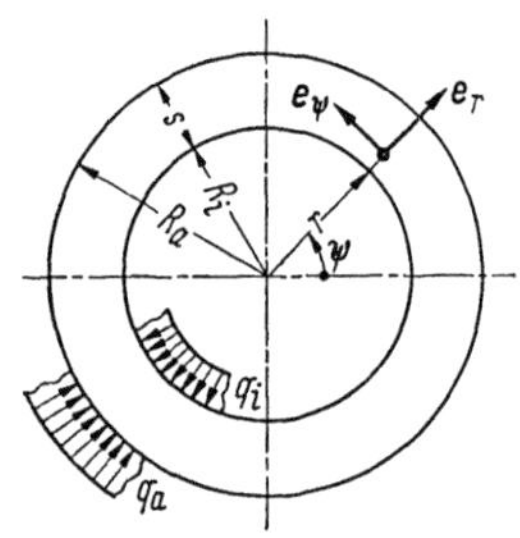

Bild 9.5 Kreisrohr unter Innen- und Außendruck.

$g(y)$ hat wie $f(y)$ eine konstante zweite Ableitung und stellt daher näherungsweise ebenfalls einen Kreis dar, dessen Radius R' ähnlich (9.1/66) aus

$$\frac{1}{R'} = \frac{d^2 g}{dy^2} = \frac{1}{R} - \frac{c}{l'^2}\frac{P}{b} \tag{9.1/67}$$

berechnet werden kann, wo c durch (5.3/1 b) gegeben ist.

[1] Hier und in Bild 9.4 sind die Koordinaten x, y, α anders als in Kap. 5 gewählt.

Wir haben in (9.1/67) das Symbol l' für die Länge der Belastungsfläche eingeführt, weil l' beim Walzen die Länge des Walzspaltes mit abgeplatteter Walze bezeichnet. Entsprechend ist statt P die zur deformierten Walze gehörige Walzkraft P' einzusetzen. So gelangt man über (9.1/67), (5.3/2) zu der bereits in Abschn. 5.3.1 unter (5.3/1a) zitierten HITCHCOCKschen Formel.

Bei der Herleitung wurde die seitliche Verschiebung Δ_y vernachlässigt. Eine genaue Abschätzung mittels der Gln. (9.1/53b), (9.1/54) und der elliptischen Druckverteilung (9.1/55) zeigt: Δ_y liegt in der Größenordnung des Unterschiedes zwischen s und y (Bild 9.4).

9.1.2.3 Elastisches Rohr unter Innen- und Außendruck. Das in Bild 9.5 gezeigte, senkrecht zur Zeichenebene unendliche Rohr (Innenradius R_i, Außenradius R_a, Wandstärke $s = R_a - R_i$) werde durch konstanten Innendruck q_i und konstanten Außendruck q_a belastet. Wegen der Axialsymmetrie sind alle Größen unabhängig von ψ. Die Werkstoffteilchen werden nur radial verschoben, das Rohr behält also auch nach der Verformung seinen Kreisquerschnitt mit geänderten Radien $R_i' = R_i + \Delta_i$, $R_a' = R_a + \Delta_a$ (Δ_i, Δ_a: Radialverschiebung von Innen- bzw. Außenrand) und der neuen Wandstärke $s' = s + \Delta s$ (Δs = Wandstärkenänderung $= \Delta_a - \Delta_i$).

Wir benutzen Zylinderkoordinaten r, ψ, z und dürfen aus Symmetriegründen $\boldsymbol{e}_r$ und $\boldsymbol{e}_\psi$ als Hauptrichtungen annehmen ($\sigma_{r\psi} = 0$). Freilich werden jetzt im allgemeinen sowohl $\sigma_r = \sigma_{rr}$ wie $\sigma_\psi = \sigma_{\psi\psi}$ von Null verschieden sein. Die Gleichgewichtsbedingungen (8.5/17) reduzieren sich bei verschwindenden Volumkräften $p_r = p_\psi = 0$ auf

$$\frac{\partial \sigma_r}{\partial r} = \frac{\sigma_\psi - \sigma_r}{r}. \tag{9.1/68}$$

(9.1/14) mit (9.1/10) und $\varepsilon_{zz} = 0$ (ebene Verformung) verknüpft die Spannungen mit den Formänderungen $\varepsilon_r = \varepsilon_{rr}$, $\varepsilon_\psi = \varepsilon_{\psi\psi}$, $\varepsilon_{r\psi} = 0$:

$$\left.\begin{aligned} \sigma_r &= \frac{E}{(1+\nu)(1-2\nu)} \{(1-\nu)\,\varepsilon_r + \nu\varepsilon_\psi\}, \\ \sigma_\psi &= \frac{E}{(1+\nu)(1-2\nu)} \{(1-\nu)\,\varepsilon_\psi + \nu\varepsilon_r\}. \end{aligned}\right\} \tag{9.1/69}$$

Schließlich drücken wir ε_r, ε_ψ durch die Radialverschiebung s_r mit $s_\psi = 0$ über (8.4/7a) aus (ε_{ik} statt λ_{ik}; s_i statt v_i; die dritte Gleichung ist wegen $\partial s_r/\partial \psi = 0$ automatisch erfüllt):

$$\varepsilon_r = \frac{\partial s_r}{\partial r}; \qquad \varepsilon_\psi = \frac{s_r}{r}. \tag{9.1/70}$$

(9.1/68) liefert mit (9.1/69) und (9.1/70) für $\nu \neq 1$ die Differentialgleichung

$$\frac{\partial^2 s_r}{\partial r^2} + \frac{1}{r}\frac{\partial s_r}{\partial r} - \frac{1}{r^2} s_r = 0 .$$

Man spricht von einer EULERschen Differentialgleichung (vgl. [*36*]), die sich hier auf die Form

$$\frac{d}{dr}\left[\frac{1}{r}\frac{d}{dr}(r s_r)\right] = 0$$

bringen läßt[1]. Es folgt $\frac{1}{r}\frac{d}{dr}(r s_r) = 2A = \text{const}$; $r s_r = A r^2 + B$ ($B = \text{const}$);

$$s_r = A r + \frac{B}{r}. \tag{9.1/71}$$

A und B sind aus den Randbedingungen — hier den Drücken q_i, q_a — zu bestimmen. Aus (9.1/69) erhalten wir mit (9.1/70) und (9.1/71)

$$\left.\begin{aligned} \sigma_r &= \frac{E}{(1+\nu)(1-2\nu)}\left\{A - (1-2\nu)\frac{B}{r^2}\right\}, \\ \sigma_\varphi &= \frac{E}{(1+\nu)(1-2\nu)}\left\{A + (1-2\nu)\frac{B}{r^2}\right\}, \end{aligned}\right\} \tag{9.1/72}$$

also wegen $\sigma_r = -q_i$ bei $r = R_i$; $\sigma_r = -q_a$ bei $r = R_a$

$$\left.\begin{aligned} A &= -\frac{(1+\nu)(1-2\nu)}{E}\cdot\frac{q_a R_a^2 - q_i R_i^2}{R_a^2 - R_i^2}, \\ B &= -\frac{1+\nu}{E}\cdot\frac{(q_a - q_i) R_a^2 R_i^2}{R_a^2 - R_i^2}. \end{aligned}\right\} \tag{9.1/73}$$

(9.1/71), (9.1/72), (9.1/73) stellen die vollständige Lösung des Problems dar. Wir wollen noch speziell $\Delta_i = (s_r)_{r=R_i}$, $\Delta_a = (s_r)_{r=R_a}$ ablesen und finden

$$\left.\begin{aligned} \Delta_a &= \frac{(1+\nu) R_a}{E(R_a^2 - R_i^2)}\left\{(1-2\nu)\left[q_i R_i^2 - q_a R_a^2\right] + (q_i - q_a) R_i^2\right\}, \\ \Delta_i &= \frac{(1+\nu) R_i}{E(R_a^2 - R_i^2)}\left\{(1-2\nu)\left[q_i R_i^2 - q_a R_a^2\right] + (q_i - q_a) R_a^2\right\}, \end{aligned}\right\} \tag{9.1/74}$$

vgl. auch [*247*].

---

[1] $\frac{\partial}{\partial r} = \frac{d}{dr}$, weil alle Größen von ψ unabhängig sind.

9.2 Hydromechanik

9.2.1 Grundgleichungen

Wirkt auf eine Flüssigkeit, z. B. innerhalb eines Rohres, einseitig ein Überdruck q, so stellt sich keineswegs eine bestimmte Verschiebung ein, sondern eine kontinuierliche Strömung mit wohldefinierter Geschwindigkeit. Folglich ruft der Spannungszustand σ_{ik} nicht unmittelbar Verzerrungen ε_{ik}, sondern Verzerrungsgeschwindigkeiten λ_{ik} hervor. Dadurch erübrigt sich die mit der Einführung der ε_{ik} verbundene, hier zudem offensichtlich unzulässige lineare Näherung (8.4/13).

Als Grundexperiment zur Ermittlung des Stoffgesetzes, also des Zusammenhanges zwischen λ_{ik} und σ_{ik}, kann nun allerdings nicht mehr der einachsige Zug- oder Druckversuch entsprechend Bild 2.2 dienen, weil die zugrunde gelegte Probenform schon unter dem Flüssigkeitseigengewicht auseinanderfließt. Stattdessen betrachtet man eine *Couette-Strömung*, das ist eine ebene Strömung zwischen zwei unendlichen geraden Platten bzw. endlichen sehr großer Fläche F, von denen die eine (z. B. die untere; Bild 9.6a) fest liegt und die andere mit konstanter Geschwindigkeit v_0 seitlich verschoben wird. Hierzu sind Kräfte K_ν normal und K_t parallel zu ihr nötig.

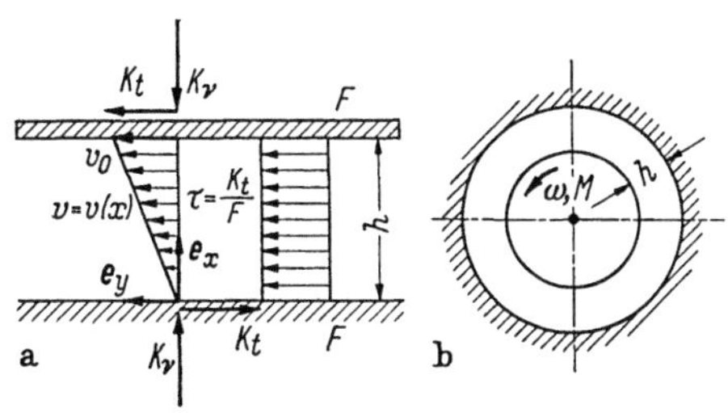

Bild 9.6a u. b Couette-Strömung, a) eigentliche, b) rotationssymmetrische.

Da man die beschriebene, *eigentliche Couette-Strömung* technisch nur schwer realisieren kann, führt man Versuche stattdessen mit einer rotationssymmetrischen Anordnung entsprechend Bild 9.6b (*Rotationsviskosimeter*) durch: die Flüssigkeit befindet sich zwischen zwei senkrecht zur Zeichenebene sehr langen Kreiszylindern, von denen einer (z. B. der innere) mit konstanter Winkelgeschwindigkeit ω rotiert. Ist die Spaltbreite h klein gegen die Zylinderradien, so kann man die rotationssymmetrische Couette-Strömung als Näherung für die eigentliche ansehen. K_t wird über das Drehmoment M des Innenzylinders gemessen, K_ν über den Flüssigkeitsdruck an den Zylinderenden.

Wir diskutieren die Ergebnisse solcher *viskosimetrischer* Messungen vereinfacht an der eigentlichen Couette-Strömung nach Bild 9.6a. Es ergibt sich über der Spaltbreite h eine lineare Verteilung der Horizontalgeschwindigkeit

$$v = v_0 \cdot \frac{x}{h}.$$

Nach Gl. (8.4/4) folgt

$$\lambda_{xy} = \frac{1}{2}\frac{\partial v}{\partial x} = \frac{1}{2}\frac{v_0}{h}$$

als einzige nicht verschwindende Koordinate der Formänderungsgeschwindigkeitsdyade. Dementsprechend betrachtet man die Schubspannung

$$\tau = \sigma_{xy} = \frac{K_t}{F},$$

die man bei unendlich großen Platten als konstant voraussetzen darf. Für die wichtigsten Flüssigkeiten (Wasser, Öle) findet man bei konstanter Temperatur

a) K_t hängt linear von v_0, also τ linear von λ_{xy} ab;
b) K_ν beeinflußt K_t bzw. τ nicht.

Dies führt zu dem auf NEWTON zurückgehenden Ansatz

$$\sigma_{xy} = \tau = \mu \frac{\partial v}{\partial x} = 2\mu\, \lambda_{xy}, \tag{9.2/1}$$

wo der (temperaturabhängige) Materialbeiwert μ als *Zähigkeitskonstante, innere Reibung*[1] oder *Viskosität* bezeichnet wird.

Ferner erkennt man:

c) Bei Veränderung der äußeren Kräfte bleibt das Volum konstant.

Newtonsche Flüssigkeiten heißen nun solche, die den Bedingungen (9.2/1) und c) genügen. Sie dienen als Modell für fast alle Flüssigkeiten im landläufigen Sinne, selbst für Gase unter nicht zu hohen Drücken und mit gegenüber der Schallgeschwindigkeit kleinen Geschwindigkeiten. Genauere Untersuchungen, vor allem in extremen Druck-, Temperatur- und Geschwindigkeitsbereichen ergeben Volumänderungen oder erfordern nichtlineare Zusatzglieder in (9.2/1) (*Nicht-Newtonsche Flüssigkeiten*).

Tab. 9.2 gibt einige Zähigkeitswerte wieder (vgl. [*5*]). Eine zusammenfassende Darstellung aller mit der Hydromechanik zusammenhängenden Fragen findet der Leser in [*248*].

Der lineare NEWTONsche Ansatz (9.2/1) rechtfertigt auch dreidimensional einen linearen Zusammenhang der Tensoren λ_{ik}, σ_{ik}, wie er ausführlich bereits in der Elastomechanik (mit ε_{ik} statt λ_{ik}) untersucht

---

[1] μ hat nichts mit COULOMBscher Reibung zu tun und wird deshalb in der deutschen Literatur oft durch die Bezeichnung η ersetzt.

wurde. So können wir die meisten Folgerungen aus Abschn. 9.1 übertragen. Ein Vergleich von (9.2/1) mit (9.1/15) zeigt, daß die Zähigkeitskonstante μ gerade dem Schubmodul G (also der LAMÉschen Elastizitätskonstanten $\mu = G$, vgl. S. 312) entspricht.

Statt einer weiteren Materialkonstanten, etwa entsprechend der Querzahl ν, haben wir die Inkompressibilitätsbedingung (8.4/14b) mit $\varrho \equiv$ const:

$$\lambda_s = \sum_i \lambda_{ii} = 0. \tag{9.2/2}$$

Dies entspricht nach (9.1/11) einer festen, materialunabhängigen Querzahl $\nu = \frac{1}{2}$. Dann fällt entsprechend (9.1/12) die Dyade der Formänderungsgeschwindigkeit λ_{ik} mit ihrem Deviator λ'_{ik} zusammen, $\lambda'_{ik} = \lambda_{ik}$, und entsprechend (9.1/13) gilt

$$\sigma'_{ik} = 2\mu\lambda_{ik}. \tag{9.2/3}$$

Tabelle 9.2 *Zähigkeitswerte bei Raumtemperatur*

	Wasser	Luft	Quecksilber	Öle
$\frac{10^6\,\mu}{\text{kp}\cdot\text{s/m}^2}$	102	1,85	1551	1500 ··· 10000

(9.2/3) stellt das Stoffgesetz für NEWTONsche Flüssigkeiten dar. Die Leistungsdichte Λ folgt über (9.1/12), (9.2/2) aus (8.6/4) zu

$$\Lambda = \sum_{i,k} \sigma_{ik}\lambda_{ik} = \sum_{i,k} \sigma'_{ik}\lambda_{ik} + \frac{\sigma_s}{3}\sum_{i,k}\delta_{ik}\lambda_{ik} =$$
$$= \sum_{i,k}\sigma'_{ik}\lambda_{ik} + \frac{\sigma_s}{3}\sum_i \lambda_{ii} = \sum_{i,k}\sigma'_{ik}\lambda_{ik};$$

also wegen (9.2/3)

$$\Lambda = 2\mu\sum_{i,k}(\lambda_{ik})^2 = \frac{1}{2\mu}\sum_{i,k}(\sigma'_{ik})^2. \tag{9.2/4}$$

Sie ist als Quadratsumme positiv; dies gilt nach (8.6/5) auch für die Arbeitsdichte Φ: bei zähen Strömungen wird stets Arbeit verbraucht (und in Wärme umgesetzt). Man spricht von einem *dissipativen* System (im Gegensatz zum konservativen System der Elastomechanik) und nennt Λ auch *Dissipationsleistung*.

An die Stelle von (9.1/29) treten jetzt die unmittelbar aus (9.2/4) und (9.2/3) erkennbaren Beziehungen[1]

$$\sigma'_{ik} = \frac{1}{2} \frac{\partial \Lambda}{\partial \lambda_{ik}}; \qquad \lambda_{ik} = \frac{1}{2} \frac{\partial \Lambda}{\partial \sigma'_{ik}}. \tag{9.2/5}$$

Schließlich können wir die in kartesischen Koordinaten gültigen Gln. (9.1/37) hinschreiben, ersetzen jedoch zuvor

$$\frac{1}{1-2\nu} \sum_k \frac{\partial s_k}{\partial x_k} = \frac{1}{1-2\nu} \sum_k \varepsilon_{kk} = \frac{\varepsilon_s}{1-2\nu}$$

nach (9.1/11) durch σ_s/E. Sie lauten dann mit $\nu = \frac{1}{2}$ (Inkompressibilität), weil nach (9.1/16) $E = 2(1+\nu)G = 3G$:

$$p_i + G \sum_k \frac{\partial^2 s_i}{\partial x_k^2} + \frac{\partial(\sigma_s/3)}{\partial x_i} = 0.$$

Wir übertragen dies sinngemäß mit v_i statt s_i, μ statt G und erhalten die bekannten NAVIER-STOKESschen Gleichungen

$$p_i + \mu \sum_k \frac{\partial^2 v_i}{\partial x_k^2} + \frac{\partial(\sigma_s/3)}{\partial x_i} = 0. \tag{9.2/6}$$

Sie beziehen sich im besonderen darauf, daß als Volumkräfte die nach (8.5/19), (1/3) gebildeten Trägheitskräfte

$$p_i = \varrho \frac{dv_i}{dt} = \varrho \left\{ \frac{\partial v_i}{\partial t} + \sum_k \frac{\partial v_i}{\partial x_k} v_k \right\} \tag{9.2/7}$$

eingesetzt werden, sind durch die Inkompressibilitätsbedingung (9.2/2)

$$\sum_i \frac{\partial v_i}{\partial x_i} = 0 \tag{9.2/8}$$

zu ergänzen und stellen dann vier partielle Differentialgleichungen für die vier Unbekannten v_1, v_2, v_3, σ_s in kartesischen Koordinaten dar.

Wie in der Elastomechanik vereinfachen sich alle Gleichungen bei ebener Strömung

$$\lambda_{33} = \lambda_{32} = \lambda_{31} = 0.$$

---

[1] Hier müssen bei der Differentiation λ_{ik} und λ_{ki} bzw. σ'_{ik} und σ'_{ki} jeweils als unabhängige Variable betrachtet werden.

Aus (9.2/3) folgt $\sigma_{32} = \sigma_{31} = 0$ sowie $\sigma'_{33} = \sigma_{33} - \frac{1}{3}(\sigma_{11} + \sigma_{22} + \sigma_{33}) = 0$, also[1]

$$\sigma_{33} = \frac{1}{2}(\sigma_{11} + \sigma_{22}) \tag{9.2/9}$$

entsprechend (9.1/18) mit $\nu = \frac{1}{2}$. σ_{33} ist somit als arithmetisches Mittel von σ_{11}, σ_{22} gleich der Spannungsinvarianten σ_m entsprechend (8.2/36). Analog (9.1/19) folgt mit (9.1/4)

$$\sigma_s = \frac{3}{2}(\sigma_{11} + \sigma_{22}) = 3\sigma_{33}. \tag{9.2/10}$$

9.2.2 Anwendungsbeispiele

Wir erläutern die Grundgleichungen an zwei der Literatur entnommenen Ansätzen zur Beschreibung von Umformvorgängen, in denen Metalle als zähe Flüssigkeiten angesehen werden. Wir wiesen bereits in Abschn. 2.5.1 darauf hin, daß dies unangemessen ist. Insbesondere fehlt bei Flüssigkeiten die Fließgrenze: sehr langsame Umformung wäre ohne äußere Kräfte möglich. Tatsächlich sind jene Untersuchungen inkonsequent, weil ihre Ergebnisse zum Schluß jeweils mit solchen der (elementaren) Plastizitätstheorie verknüpft werden. Wir zitieren sie, wie gesagt, als Beispiele, jedoch auch, weil sie immer wieder Aufmerksamkeit erregen und deshalb eine kritische Würdigung verdienen. Dabei lassen wir die Frage, welche Zähigkeit μ bei Metallen einzusetzen sei, von vornherein offen.

9.2.2.1 Stauchen. Körber, Eichinger und Pomp [*37*, *42*] behandeln im Rahmen anderer Ansätze auch das Pressen einer zähen Flüssigkeit entsprechend Bild 4.1a und setzen hierbei langsame ebene Formänderung, insgesamt bei Vernachlässigung des Eigengewichtes also verschwindende Volumkräfte voraus. In der Hydromechanik nimmt man üblich an, daß die Flüssigkeitsteilchen an Wänden (hier den Preßwerkzeugen) haften:

$$u = 0, \quad v = \mp \frac{U}{2} \quad \text{für} \quad y = \pm \frac{H}{2}, \tag{9.2/11}$$

wo u, v die Geschwindigkeiten in x, y-Richtung darstellen und $U > 0$ den Betrag der Stauchgeschwindigkeit (Relativgeschwindigkeit beider

[1] σ_{33} ist hier natürlich Hauptspannung.

Werkzeuge) bezeichnet (Bild 9.7). v ist an den Werkzeugen unabhängig von x. Die Verfasser [*37, 42*] lassen dies auch im Werkstoffinnern gelten: $v = v(y)$. Aus der Inkompressibilitätsbedingung (9.2/8) folgt dann wegen $u = 0$ für $x = 0$ (Symmetrie)

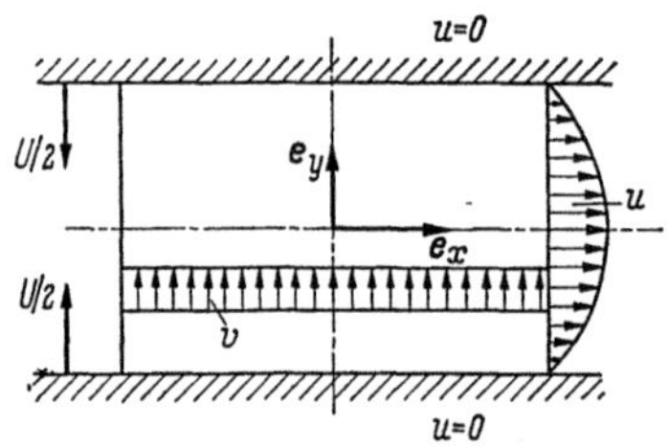

Bild 9.7 Geschwindigkeitsprofile beim ebenen statischen Stauchen einer zähen Flüssigkeit nach KÖRBER, EICHINGER und POMP.

$$u = -\int_0^x \frac{\partial v}{\partial y}\, dx = -x\,\frac{dv}{dy}. \qquad (9.2/12)$$

Ein anfänglich rechteckiger Probenquerschnitt (Bild 4.1a) baucht beim Stauchen seitlich aus, und zwar erfahrungsgemäß in der Mitte $y = 0$ am weitesten. Dies kann man sehr einfach durch ein parabolisches Geschwindigkeitsprofil für u beschreiben (Bild 9.7):

$$-\frac{u}{x} = \frac{dv}{dy} = \text{const} \cdot \left[1 - \left(\frac{y}{H/2}\right)^2\right]$$

erfüllt $u = 0$ an den Werkzeugen. Beachtet man die Randbedingungen (9.2/11) für v, so folgt aus der letzten Gleichung

$$\left.\begin{aligned} u &= \frac{3}{4}\,U \cdot \frac{x}{H/2}\left\{1 - \left(\frac{y}{H/2}\right)^2\right\}, \\ v &= -\frac{3}{4}\,U \cdot \frac{y}{H/2}\left\{1 - \frac{1}{3}\left(\frac{y}{H/2}\right)^2\right\}. \end{aligned}\right\} \qquad (9.2/13)$$

Dieses Feld wurde auf Grund der Symmetrie, der Randbedingungen (9.2/11) sowie der Anschauung erraten und erfüllt zunächst lediglich die Inkompressibilitätsbedingung (9.2/8). Damit es als statisches Strömungsfeld wirklich zulässig ist, muß es daneben den NAVIER-STOKESschen Gleichungen (9.2/6) mit $p_i = 0$ genügen, d. h.

$$\frac{\partial[\sigma_s/(3\mu)]}{\partial x} = \frac{3}{2}\,\frac{U}{(H/2)^2} \cdot \frac{x}{H/2}; \qquad \frac{\partial[\sigma_s/(3\mu)]}{\partial y} = -\frac{3}{2}\,\frac{U}{(H/2)^2} \cdot \frac{y}{H/2}.$$

Aus der ersten Beziehung folgt $\frac{\sigma_s}{3\mu} = \frac{3}{4}\,\frac{U}{H/2}\left(\frac{x}{H/2}\right)^2 + f(y)$, wo die zunächst unbekannte Funktion $f(y)$ aus der zweiten bestimmt wird. Dann findet man

$$\sigma_s = \frac{9}{4}\,\mu\,\frac{U}{H/2}\left\{\left(\frac{x}{H/2}\right)^2 - \left(\frac{y}{H/2}\right)^2 + A\right\} \qquad (9.2/14)$$

mit $A = \text{const}$. Hieraus ergeben sich schließlich über (9.2/3), (8.4/4), (9.2/13) und (9.1/12) die Spannungen $\sigma_x = \sigma_{xx}$, $\sigma_y = \sigma_{yy}$, $\tau = \sigma_{xy}$ zu

$$\left.\begin{aligned} \sigma_x &= \frac{3}{4}\,\mu\,\frac{U}{H/2}\left\{A + 2 + \left(\frac{x}{H/2}\right)^2 - 3\left(\frac{y}{H/2}\right)^2\right\}, \\ \sigma_y &= \frac{3}{4}\,\mu\,\frac{U}{H/2}\left\{A - 2 + \left(\frac{x}{H/2}\right)^2 + \left(\frac{y}{H/2}\right)^2\right\}, \\ \tau &= -\frac{3}{2}\,\mu\,\frac{U}{H/2}\cdot\frac{x}{H/2}\cdot\frac{y}{H/2}. \end{aligned}\right\} \qquad (9.2/15)$$

Sie verletzen allerdings die Bedingung der Spannungsfreiheit an der seitlichen Körperbegrenzung $x = \pm D/2$ zumindest für den im Anfang rechteckigen Querschnitt nach Bild 4.1a. Bestenfalls kann man sehr flache Proben $D/H \gg 1$ zugrunde legen und annehmen, daß die gefundene Lösung im Innern gilt und lediglich nahe den seitlichen Rändern verletzt wird. Dann genügt es, dort ein Verschwinden der horizontalen Gesamtkraft zu fordern, also[1]

$$\int_{-H/2}^{H/2} (\sigma_x)_{x=\pm D/2}\,dy = 0.$$

Man findet mit (9.2/15)

$$A = -\left(1 + \left[\frac{D}{H}\right]^2\right), \qquad (9.2/16)$$

und als Stauchkraft K bzw. Formänderungswiderstand (mittleren Druck) $k_W = K/(bD)$ (b = Probenbreite senkrecht zur Zeichenebene) nach (4.2/12a), (4.2/14)[2]

$$k_W = -\int_0^1 (\sigma_y)_{y=H/2}\,d\left(\frac{x}{D/2}\right) = \frac{3\mu U}{H}\left[1 + \frac{1}{3}\left(\frac{D}{H}\right)^2\right]. \qquad (9.2/17)$$

Die im Rahmen der elementaren Theorie hergeleitete Formel (4.2/18a) liefert im Grenzfall $\frac{D}{H} \to 0$ den Wert $k_W = k_e$. Dementsprechend definieren wir hier durch den gleichen Grenzübergang, der allerdings wegen der Voraussetzung $D \gg H$ problematisch ist, ein Analogon k_e' zur ebenen Formänderungsfestigkeit und erhalten aus (9.2/17)

$$k_e' = \frac{3\mu U}{H} = 3\mu\lambda \qquad (9.2/18)$$

[1] Die entsprechende Bedingung für τ ist nach (9.2/15) automatisch erfüllt.
[2] Negatives Vorzeichen, da σ_y als Zugspannung positiv zählt.

sowie

$$\frac{k_W}{k'_e} = 1 + \frac{1}{3}\left(\frac{D}{H}\right)^2. \tag{9.2/19}$$

Das ist ein völlig anderer als der experimentell bestätigte Verlauf (4.2/18a), zumal k'_e jeder wirklichen Fließkurve widerspricht. Körber, Eichinger und Pomp helfen sich, indem sie neben der Haftzone Gleitzonen zulassen, die nunmehr mit der elementaren Theorie (Kap. 4) behandelt werden und die wahre Formänderungsfestigkeit k_e ins Spiel bringen. Zwischen beiden Zonen sind die Spannungen unstetig; außerdem hat man einen Bruch in der zugrunde gelegten Modellvorstellung.

In der elementaren Theorie ergibt sich $k_W = k_e$ auch beim reibungsfreien Stauchen. Dann baucht der Probenquerschnitt (Bild 4.1a) nicht aus; man hat lineare Geschwindigkeitsprofile

$$u = \frac{U}{H}\, x, \qquad v = -\frac{U}{H}\, y.$$

Die Inkompressibilitätsbedingung (9.2/8) ist erfüllt; die Navier-Stokesschen Gleichungen (9.2/6) liefern $\sigma_s = \text{const}$, und die Spannungen folgen nach (9.2/3), (8.4/4) und (9.1/12) zu

$$\sigma_x = \frac{\sigma_s}{3} + 2\mu\frac{U}{H}; \qquad \sigma_y = \frac{\sigma_s}{3} - 2\mu\frac{U}{H}; \qquad \tau = 0.$$

Der freie Rand $x = \pm D/2$ ist spannungsfrei, also

$$\sigma_x = 0; \qquad \frac{\sigma_s}{3} = -2\mu\frac{U}{H}; \qquad \sigma_y = -4\mu\frac{U}{H}.$$

Die konstante Vertikalspannung $-\sigma_y$ ist definitionsgemäß gleich der Formänderungsfestigkeit, die hiernach der Beziehung

$$k'_e = \frac{4\mu U}{H} = 4\mu\lambda \tag{9.2/20}$$

genügen müßte. Dies steht im Widerspruch zu (9.2/18) und darüber hinaus zur experimentellen Erfahrung.

9.2.2.2 Bandwalzen. Büche [*249*] behandelte das Walzen von Pasten als hydromechanischen Vorgang. Später entwickelte Kneschke [*23, 250, 251*] eine hydrodynamische Theorie des Bandwalzens zwischen zwei Walzen vom gleichen Radius $R_1 = R_2 = R$ (Bild 5.4, Bild 9.8). Er nimmt wie Körber, Eichinger und Pomp an, daß keine Volumkräfte auftreten und das Walzgut an der Walzenoberfläche haftet. Die letzte

Hypothese entspricht den Verhältnissen beim Warmwalzen (Abschn. 5.4), auf welches der Autor seine Ansätze ausdrücklich beschränkt[1]. Während jedoch in der vorangegangenen Ziffer die Grundgleichungen exakt gelöst werden konnten (lediglich Randbedingungen wurden verletzt), empfehlen sich jetzt wegen der komplizierteren Geometrie von vornherein Vereinfachungen.

Da sich die Walzspalthöhe h entsprechend (5.2/14) nur mit α^2 (Bezeichnungen s. Bilder 5.4, 9.8), also wegen $\alpha^2 \ll 1$ sehr langsam längs des Walzspaltes ändert, kann man

$$|v| \ll |u| \tag{9.2/21a}$$

erwarten (v = Vertikal-, u = Horizontalgeschwindigkeit).

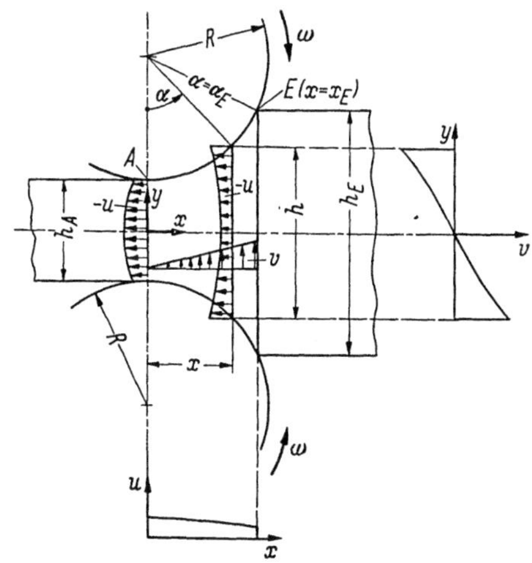

Bild 9.8 Walzen eines zähen Flüssigkeitsbandes nach KNESCHKE mit Geschwindigkeitsprofilen.

u wird ferner wegen des Haftens an den Walzen ein ausgeprägtes Strömungsprofil über y beschreiben (Bild 9.8), wogegen u sich in Walzrichtung vorwiegend mit der Walzspalthöhe h ändert [vgl. (5.2/28)], $\frac{\partial^2 u}{\partial x^2}$ also mit der Krümmung $\frac{\partial^2 h}{\partial x^2} \approx \frac{1}{R}$ [vgl. (9.1/66)] und dem Winkel $\frac{\partial h}{\partial x} \approx 2\alpha$ [vgl. (3.1/2)] Beide Größen werden als klein vorausgesetzt, so daß man unter Beachtung von $|v| = |u| \tan\alpha$ an der Walzenoberfläche (also größenordnungsmäßig überall im Walzspalt)

$$\left|\frac{\partial^2 v}{\partial x^2}\right|, \quad \left|\frac{\partial^2 u}{\partial x^2}\right| \ll \left|\frac{\partial^2 u}{\partial y^2}\right| \tag{9.2/21b}$$

folgert. Schließlich wird eine im Vergleich zur starken Ausbauchung von u nahezu lineare Änderung der Vertikalgeschwindigkeit v über die Walzspalthöhe, also

$$\left|\frac{\partial^2 v}{\partial y^2}\right| \ll \left|\frac{\partial^2 u}{\partial y^2}\right| \tag{9.2/21c}$$

[1] In einer neueren Untersuchung [252] werden unterschiedliche Walzengeschwindigkeiten (z. B. Schleppwalzen) und Relativbewegungen zwischen Walzen und Walzgut (Gleitreibung) zugelassen.

vorausgesetzt. Dann geben die NAVIER-STOKESschen Gleichungen (9.2/6) annähernd

$$\frac{\partial[\sigma_s/(3\mu)]}{\partial x} = -\frac{\partial^2 u}{\partial y^2},$$

$$\frac{\partial[\sigma_s/(3\mu)]}{\partial y} = \left|\frac{\partial^2 v}{\partial y^2} + \frac{\partial^2 v}{\partial x^2}\right| \ll \left|\frac{\partial^2 u}{\partial y^2}\right| = \left|\frac{\partial[\sigma_s/(3\mu)]}{\partial x}\right|.$$

Da man auf Grund der letzten $\frac{\sigma_s}{3\mu}$ nur als Funktion von x anzusehen braucht, läßt sich die erste integrieren:

$$-u = \frac{\partial[\sigma_s/(3\mu)]}{\partial x}\frac{y^2}{2} + Ay + B.$$

$-u$ fällt am Rande $y = \pm\frac{h}{2}$ mit der Walzenumfangsgeschwindigkeit $U = R\omega$ nahezu zusammen [vgl. (5.2/23)]:

$$u = -U\left\{1 - \frac{h^2}{8U}\frac{\partial[\sigma_s/(3\mu)]}{\partial x}\left[1 - \left(\frac{y}{h/2}\right)^2\right]\right\}. \qquad (9.2/22)$$

Wir wenden die Bedingung der Volumkonstanz nun in der Form

$$-\int_{-h/2}^{h/2} u\, dy = \text{const}$$

an [vgl. (3.2/2)]: sie besagt, daß durch jeden Querschnitt $x = \text{const}$ des Walzspaltes die gleiche Walzgutmenge pro Zeit fließen muß, und gibt

$$U\frac{h}{2}\left\{1 - \frac{h^2}{12U}\frac{\partial[\sigma_s/(3\mu)]}{\partial x}\right\} = \text{const},$$

insbesondere auch für eine solche Stelle $x = x_N$, an welcher die Spur σ_s extremal wird:

$$\left(\frac{\partial[\sigma_s/(3\mu)]}{\partial x}\right)_{x=x_N} = 0. \qquad (9.2/23)$$

Mit $h = h_N$ als zugehöriger Walzspalthöhe folgt dann

$$\frac{\partial[\sigma_s/(3\mu)]}{\partial x} = 12U\frac{h - h_N}{h^3}, \qquad (9.2/24)$$

und (9.2/22) liefert

$$u = -U\left\{1 - \frac{3}{2}\left(1 - \frac{h_N}{h}\right)\left[1 - \left(\frac{y}{h/2}\right)^2\right]\right\}. \qquad (9.2/25)$$

Man erkennt $u = -U$ über den ganzen Querschnitt $x = x_N$: dieser entspricht der Fließscheide in der elementaren Theorie. Für $x < x_N$, $h_N > h$ folgt $|u| > U$ im Walzgutinnern $|y| < \frac{h}{2}$: dies entspricht der Voreilzone. Entsprechend gilt $|u| < U$ für $x > x_N$: Nacheilzone. σ_s hat bei $x = x_N$ ein Minimum, weil $\partial[\sigma_s/(3\mu)]/\partial x$ wegen (9.2/24) für $x < x_N$ negativ, für $x > x_N$ positiv wird. Nach (9.2/10) stellt $\frac{\sigma_s}{3}$ die mittlere Spannung, $-\frac{\sigma_s}{3}$ den mittleren Druck dar. Er wird also an der Fließscheide maximal, und das wiederum entspricht den Druckverläufen p, q der elementaren Walztheorie (Bild 5.9). Sie sind an der Fließscheide geknickt, wohingegen σ_s einen abgerundeten Verlauf hat, was den in Abschn. 5.4.3 zitierten Messungen qualitativ sogar näher kommt als die elementar ermittelten Kurven.

x_N, h_N sind noch unbekannt und können wie in der elementaren Theorie (Ziff. 5.2.3.4) nur auf Grund der Spannungsverteilung im Walzspalt bestimmt werden. Hierzu berechnen wir nach (3.1/2), (5.2/11)

$$\frac{dh}{dx} \approx 2\alpha \approx 2\,\frac{x}{R}, \tag{9.2/26}$$

haben also mit Rücksicht auf die Inkompressibilitätsbedingung (9.2/8)

$$-\frac{\partial v}{\partial y} = \frac{\partial u}{\partial x} = \frac{\partial u}{\partial h}\cdot\frac{dh}{dx} = 3\,\frac{U}{h}\cdot\frac{x}{R}\left\{\frac{h_N}{h} + \left(2 - 3\,\frac{h_N}{h}\right)\left(\frac{y}{h/2}\right)^2\right\} \tag{9.2/27}$$

und damit wegen der Antimetrie von v um $y = 0$

$$v = \int_0^y \frac{\partial v}{\partial y}\,dy = -\frac{3}{2}\,U\,\frac{x}{R}\cdot\frac{y}{h/2}\left\{\frac{h_N}{h} + \left(\frac{2}{3} - \frac{h_N}{h}\right)\left(\frac{y}{h/2}\right)^2\right\}. \tag{9.2/28}$$

Dann erfüllt v offenbar wegen (9.2/26) auch die Randbedingung $(v)_{y=\pm h/2} = \mp U\alpha$ an der Walzenoberfläche. Weil nach (9.2/3), (9.2/27) $\sigma'_{xx} = 2\mu\,\frac{\partial u}{\partial x}$ am Walzgutaustritt $x = 0$ verschwindet, dort aber ohne Haspelzug auch $\sigma_{xx} = 0$ gelten muß, folgt nach (9.1/12) $\sigma_s = 0$. KNESCHKE setzt darüber hinaus am Eintritt $x = x_E$ fälschlich $\sigma_s = 0$. Wir lösen uns darum von seinen Herleitungen und berechnen σ_s nach (9.2/24) mit $\sin\alpha = \alpha$, (5.2/11), (5.2/14) zu

$$\frac{\sigma_s}{3\mu} = \int_0^x \frac{12\,U}{R\cdot h_A{}^3}\,(x^2 - x_N^2)\,dx = 12\,\frac{U}{R}\cdot\frac{x\left(\frac{x^2}{3} - x_N^2\right)}{h_A^3}, \tag{9.2/29}$$

woraus $\sigma_x = \sigma_{xx}$, $\sigma_y = \sigma_{yy}$ und $\tau = \sigma_{xy}$ nach (9.2/3), (8.4/4) und (9.2/25), (9.2/27), (9.2/28) sowie (9.1/12) folgen[1]:

$$\left.\begin{aligned}
\sigma_x &= 6\mu \frac{U}{R}\frac{x}{h}\left\{2\frac{h}{h_A}\left[\frac{1}{3}\left(\frac{x}{h_A}\right)^2 - \left(\frac{x_N}{h_A}\right)^2\right] + \left[\frac{h_N}{h} + \left(2 - 3\frac{h_N}{h}\right)\left(\frac{y}{h/2}\right)^2\right]\right\},\\
\sigma_y &= 6\mu \frac{U}{R}\frac{x}{h}\left\{2\frac{h}{h_A}\left[\frac{1}{3}\left(\frac{x}{h_A}\right)^2 - \left(\frac{x_N}{h_A}\right)^2\right] - \left[\frac{h_N}{h} + \left(2 - 3\frac{h_N}{h}\right)\left(\frac{y}{h/2}\right)^2\right]\right\},\\
\tau &\approx \mu\frac{\partial u}{\partial y} = -6\mu\frac{U}{R}\cdot\frac{R}{h}\left(1 - \frac{h_N}{h}\right)\frac{y}{h/2}.
\end{aligned}\right\} \tag{9.2/30}$$

Ohne Bremszug muß der Eintritt $x = x_E$, $h = h_E$ kräftefrei sein. Also verschwinden dort

$$\int_{-h_E/2}^{h_E/2} \tau\, dy, \quad \int_{-h_E/2}^{h_E/2} \sigma_x\, dy.$$

Während die erste Bedingung nach (9.2/30) automatisch erfüllt ist, liefert die zweite eine Bestimmungsgleichung[2]

$$1 + \frac{h_E}{h_A}\left[\left(\frac{x_E}{h_A}\right)^2 - 3\left(\frac{x_N}{h_A}\right)^2\right] = 0$$

für die Fließscheide x_N. Dann können sämtliche Spannungen bestimmt werden. Den Vertikaldruck p erhält man als negative Spannung $-\sigma_y$ an den Walzen $y = \pm\frac{h}{2}$. Daraus folgt die Walzkraft

$$P = b\int_0^{x_E} p\, dx$$

(b = Walzgutbreite) nach (5.2/67) und das Antriebsmoment

$$M = b\int_0^{x_E} px\, dx$$

entsprechend (5.2/76). Wir verzichten auf die Wiedergabe der umständlichen, gegen [23, 250] verschiedenen Formeln. Sie erklären nach

[1] Bei τ wurde gemäß (9.2/21) $\frac{\partial v}{\partial x}$ gegen $\frac{\partial u}{\partial y}$ vernachlässigt.

[2] Es sind Lösungen $x_N > x_E$ möglich.

KNESCHKE immerhin den Wiederanstieg von Walzkraft und Moment für sehr dünne Bänder. Tatsächlich erkennen wir nach (9.2/30)

$$|\sigma_x|, |\sigma_y|, |\tau| \rightarrow \infty \qquad \text{für} \qquad h/R \rightarrow 0 .$$

Andererseits verschwinden alle Spannungen nicht nur für $U \rightarrow 0$, sondern nach (9.2/30) auch für sehr dicke Bänder $h/R \rightarrow \infty$ im Gegensatz zu den experimentell bestätigten Ergebnissen der elementaren Theorie, wonach auch für wachsende Banddicken P und M ansteigen (Abschn. 5.4.2). KNESCHKE überlagert jetzt einfach einen, wie er sagt, statischen Druckanteil, welcher der elementaren Theorie entnommen ist, nachträglich eine Fließgrenze simuliert und so das für sich unzureichende Strömungsmodell verfälscht.

WEBER [*253*] hat Messungen speziell im Hinblick auf die hydrodynamische Walztheorie durchgeführt und glaubte insbesondere jene *statische Fließgrenze* über den beim Anhalten des Walzwerkes ($U = 0$, $M = 0$) verbleibenden Rest der Walzkraft nachzuweisen. Auf Grund von KNESCHKES Formeln gehört aber selbst zu $U = 0$ ein von Null verschiedenes Antriebsmoment $M \neq 0$.

Um die hydrodynamische Walztheorie durch ein in sich geschlossenes Werkstoffmodell zu legalisieren, muß man eine zähe Flüssigkeit mit Fließgrenze (*Bingham-Körper*) zugrunde legen (SCHLÜSSLER [*254*]).

9.3 Plastomechanik

9.3.1 Charakter des Stoffgesetzes

In der Elastomechanik ruft ein Spannungszustand σ_{ik} eindeutig einen Formänderungszustand hervor, der vereinfacht durch die Dyade ε_{ik} beschrieben wurde. Wir nennen eine solche Zuordnung $\sigma \rightarrow \varepsilon$ *finit*.

Dagegen erzeugt σ_{ik} in der Strömungsmechanik eindeutig einen Geschwindigkeitszustand λ_{ik}; Formänderungen spielten keine Rolle. Eine solche Zuordnung $\sigma \rightarrow \lambda$ heißt *differentiell* oder *inkrementell* (vgl. Abschn. 8.3.1), weil man für ein festes Zeitdifferential dt wegen (8.4/13) auch $\sigma \rightarrow \lambda\, dt = d\varepsilon$ schreiben, dadurch die Zeit (scheinbar) eliminieren und σ direkt ein Formänderungsinkrement $d\varepsilon$ zuordnen kann (vgl. S. 9, S. 277).

Auch in der Plastomechanik sehen wir den Spannungszustand σ_{ik} als Ursache für die Formänderung an und wenden uns zunächst der Frage zu, welchen Charakter der Zusammenhang hat.

Bild 9.9 zeigt ein gerades Rohr der Länge l und konstanter Wandstärke $s = R_a - R_i$ (R_a = Außen-, R_i = Innenradius), das durch eine Längskraft K gezogen und durch ein Torsionsmoment M verdreht wird.

Mit $F = \pi(R_a^2 - R_i^2)$ als Querschnittsfläche entsprechen dann

$$\sigma = K/F \tag{9.3/1}$$

der Zugspannung σ_{zz} und

$$\tau = M/(R_m \cdot F) \tag{9.3/2}$$

$\left(R_m = \dfrac{R_a + R_i}{2} = \text{mittlerer Radius}\right)$ überschlägig der Schubspannung $\sigma_{z\psi} = \sigma_{\psi z}$ (Zylinderkoordinaten r, ψ, z). σ erzeugt eine Vertikalverschiebung $Z(t) - l$ und τ eine Verdrehung $\Psi(t)$ des Endquerschnittes $Z(0) = l$. Nimmt man vereinfacht die Dehnungsgeschwindigkeit und die Umfangsgeschwindigkeit linear über die Rohrlänge l verteilt an,

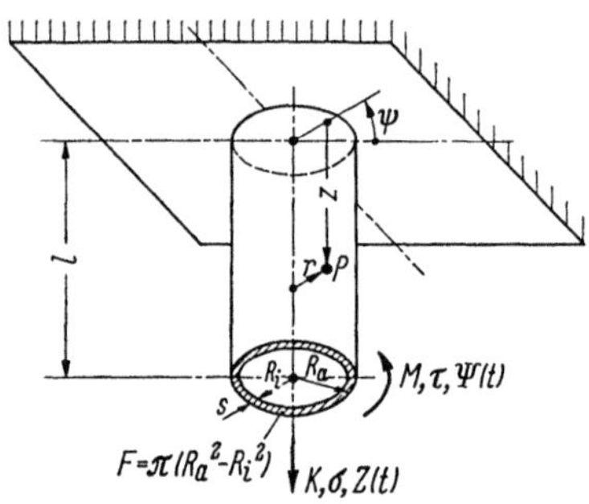

Bild 9.9 Rohr unter Zug- und Torsionsbelastung.

$$v_z = \frac{z}{l}\dot{Z}, \qquad v_\psi = \frac{z}{l}\dot{\Psi} r, \tag{9.3/3}$$

so liefert (8.4/7) die Formänderungsgeschwindigkeiten

$$\lambda = \lambda_{zz} = \frac{\dot{Z}}{l}, \qquad \varkappa = \lambda_{\psi z} = \frac{1}{2}\frac{r}{l}\dot{\Psi}, \tag{9.3/4}$$

also (8.4/13) die als klein vorausgesetzten Formänderungen

$$\varepsilon = \varepsilon_{zz} = \frac{Z - l}{l}, \qquad \gamma = \varepsilon_{\psi z} = \frac{1}{2}\frac{r}{l}\Psi. \tag{9.3/5}$$

Der allgemeine finite Ansatz

$$\varepsilon = \varepsilon(\sigma, \tau), \qquad \gamma = \gamma(\sigma, \tau) \tag{9.3/6}$$

kann nun bei plastischen Formänderungen von vornherein ausgeschlossen werden. Er besagt nämlich, daß ein umgeformter Körper nach Entlastung (Spannungen = 0) wieder seine Ausgangsform (Formänderungen = 0) annehmen müßte. (9.3/6) gilt deshalb bestenfalls eingeschränkt, z. B. nur für Belastungsvorgänge.

Durch Differentiation von (9.3/6) gemäß (8.3/1) erhält man das *infinite* Stoffgesetz

$$d\varepsilon = \frac{\partial \varepsilon}{\partial \sigma}\, d\sigma + \frac{\partial \varepsilon}{\partial \tau}\, d\tau = A(\sigma, \tau) d\sigma + C(\sigma, \tau)\, d\tau,$$

$$d\gamma = \frac{\partial \gamma}{\partial \sigma}\, d\sigma + \frac{\partial \gamma}{\partial \tau}\, d\tau = D(\sigma, \tau)\, d\sigma + B(\sigma, \tau)\, d\tau,$$

worin aus Gründen der Isotropie

$$C = \frac{\partial \varepsilon}{\partial \tau} = 0, \qquad D = \frac{\partial \gamma}{\partial \sigma} = 0 \tag{9.3/7}$$

gesetzt werden kann, weil $d\varepsilon$ unabhängig vom Vorzeichen von $d\tau$ und $d\sigma$ unabhängig vom Vorzeichen von $d\gamma$ ist:

$$d\varepsilon = A(\sigma, \tau)\, d\sigma, \qquad d\gamma = B(\sigma, \tau)\, d\tau. \tag{9.3/8}$$

Wegen (9.3/7) findet man darüber hinaus

$$\varepsilon = \varepsilon(\sigma), \qquad \gamma = \gamma(\tau) \tag{9.3/9}$$

statt (9.3/6), d. h. $A = \frac{\partial \varepsilon}{\partial \sigma} = A(\sigma)$ unabhängig von τ, $B = \frac{\partial \gamma}{\partial \tau} = B(\tau)$ unabhängig von σ. Somit stellt der infinite Ansatz (9.3/8) mit $A = A(\sigma, \tau)$, $B = B(\sigma, \tau)$ eine echte Verallgemeinerung des finiten dar. Wir wollen ihn, also auch den finiten Sonderfall (9.3/9), am plastisch zu verformenden Rohr (Bild 9.9) erläutern und wählen einen Belastungsvorgang, der sich aus einer anfänglichen Dehnung, einer nachfolgenden Torsion und einer abschließenden Dehnung zusammensetzt. Die durchgezogenen Linien in Bild 9.10 stellen den qualitativen Verlauf von ε, γ über σ, τ dar. Man erhält ihn durch nachstehende Betrachtung.

Bei einem auf σ_0 wachsenden Zug steigt auf Grund der Isotropie allein die Dehnung ε, wogegen γ seinen Anfangswert 0 beibehält (Phase *1*). Wir beziehen jetzt (9.3/8) auf $\sigma = \sigma_0$, $\tau = 0$ als Anfangszustand, lassen $\sigma = \sigma_0$ konstant und erhöhen allein τ um $d\tau$ (Phase *2*). Dies läßt nach (9.3/8) ε konstant und ändert γ. Nunmehr wird τ auf seinem Wert $d\tau$ festgehalten und allein σ um $d\sigma$ erhöht (Phase *3*): nach (9.3/8) ändert dies lediglich ε und läßt γ konstant. Der beschriebene infinite Formänderungsverlauf (Bild 9.10) ist also durch

$$\varepsilon = \text{const} \quad \text{über Phase } 2,$$
$$\gamma = \text{const} \quad \text{über Phase } 3$$

gekennzeichnet.

Ein inkrementeller Zusammenhang

$$\dot{\varepsilon} = \lambda(\sigma, \tau), \qquad \dot{\gamma} = \varkappa(\sigma, \tau)$$

würde dagegen zu den gestrichelten Kurven von Bild 9.10 führen. Als erstes darf man ihn nämlich wie oben aus Gründen der Isotropie näherungsweise zu

$$\dot{\varepsilon} = \lambda(\sigma); \qquad \dot{\gamma} = \varkappa(\tau); \qquad \lambda(0) = \varkappa(0) = 0 \tag{9.3/10}$$

vereinfachen. Solange $\tau = 0$, also in der ersten Belastungsphase, gilt $\gamma = 0$, und es wächst allein $d\varepsilon = \lambda\, dt$; ε, γ fallen im Prinzip mit dem oben beschriebenen infiniten Verlauf zusammen.

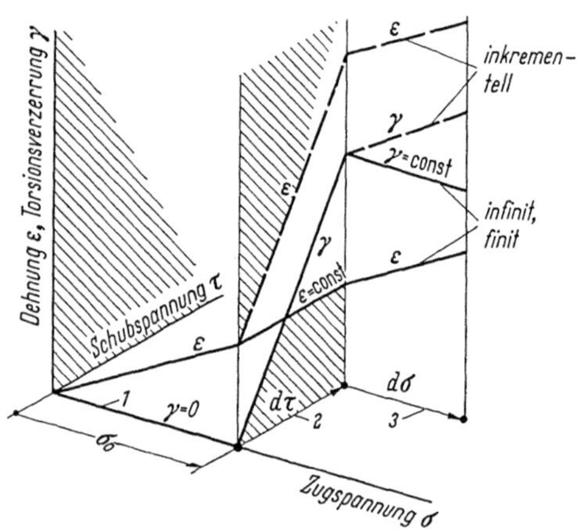

Bild 9.10 Schematischer Verlauf der Formänderungen bei einem kombinierten Zug-Torsions-Versuch am geraden Rohr unter der Annahme eines infiniten bzw. finiten und eines inkrementellen Stoffgesetzes.

Wird jetzt $\sigma = \sigma_0$ festgehalten und τ erhöht, wächst nach (9.3/10) γ entsprechend $d\gamma = \varkappa\, dt$ und gleichartig der infiniten Kurve. Wegen $\sigma = \sigma_0 > 0$ erwartet man jedoch nach (9.3/10) auch $\dot{\varepsilon} = \lambda \neq 0$: ε ändert sich ebenfalls. Dadurch weicht längs *2* die gestrichelte ε-Kurve (Bild 9.10) von der durchgehenden ab. Während der dritten Phase gilt Entsprechendes für den Verlauf von γ, da $\tau = d\tau > 0$ erhalten bleibt und (9.3/10) $\dot{\gamma} = \varkappa > 0$ liefert.

Morrison und Shepherd [*255*] konnten nun anhand des gezeigten Unterschiedes auf Grund von Experimenten das infinite, also erst recht das finite Stoffgesetz sogar für Belastungsvorgänge ausschließen. Allerdings verfälschen Verfestigung, Geschwindigkeitsabhängigkeit der Formänderungsfestigkeit und elastische Anteile (bei kleinen Umformungen) die Prinzipskizze nach Bild 9.10 erheblich (Bild 9.11 als Beispiel). Daher waren sorgfältige Vergleiche mit quantitativ genau durchgerechneten theoretischen Kurven, insbesondere also genauere Annahmen über die Formen der Stoffgesetze zu einer stichhaltigen Analyse erforderlich.

Taylor und Quinney [256] gehen bei ähnlicher Versuchsanordnung, jedoch mit anderem (später zu besprechendem) Ziel, beiläufig vom finiten Stoffgesetz aus und kommen dennoch zu sinnvollen Resultaten. Greenberg, Dorn und Wetherell [257] berechneten Torsionsversuche an Rechteckzylindern auf Grund einer ungewöhnlichen Modellvorstellung und erhielten keine eindeutigen Unterschiede zwischen finitem und inkrementellem Ansatz.

Auf Grund der für sich überzeugenden Ergebnisse von Morrison und Shepherd (Beispiel: Bild 9.11) entscheiden wir uns für den inkrementellen Ansatz. Wir werden also stets Spannungen mit Formänderungsgeschwindigkeiten verknüpfen. Die Formänderung selbst wird nur insoweit benutzt, als sie neben der Geschwindigkeit und der Temperatur die Festigkeiten k_f, k_e des Werkstoffes bestimmt.

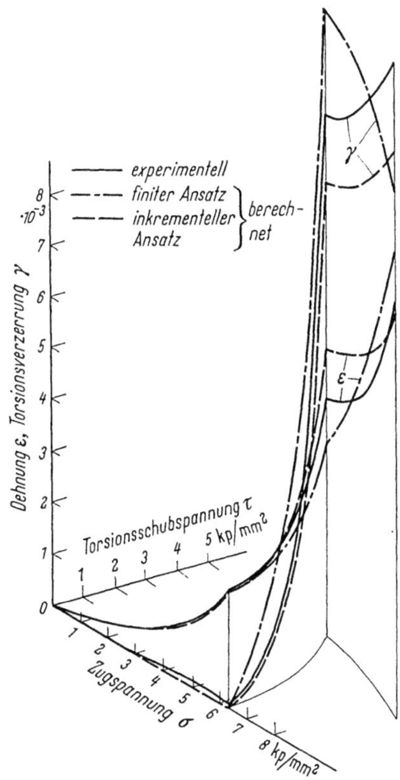

Bild 9.11 Kombinierte Zug-Torsions-Belastung von Aluminiumrohren nach Morrison und Shepherd.

9.3.2 Ebene Formänderungen

9.3.2.1 Stoffgesetz in Hauptkoordinaten. Nachdem der inkrementelle Charakter des plastischen Stoffgesetzes festliegt, kann dieses für den Fall isotroper ebener Formänderung sofort hingeschrieben werden. Isotropie bedeutet nämlich:

A. Die Hauptachsen der Dyaden λ_{ik}, σ_{ik} fallen zusammen.

Ferner gilt auch hier entsprechend Abschn. 2.1 als Grundprinzip:

B. Plastische Formänderungen verlaufen inkompressibel.

Aus Axiom III des elementaren Streifenmodelles (Abschn. 3.1.1) entnehmen wir den dort ausführlich erläuterten und in der elementaren Theorie bewährten Grundsatz:

C. Geometrisch gleiche Körper gleicher Formänderungsfestigkeit verbrauchen bei gleicher Umformkinematik gleiche Leistung.

Er geht sinngemäß wohl auf MISES [*258*] zurück.

B verlangt nach (8.4/14)

$$\lambda_{\mathrm{I}} + \lambda_{\mathrm{II}} = 0 \quad \text{bzw.} \quad \lambda_{\mathrm{I}} = -\lambda_{\mathrm{II}}. \tag{9.3/11}$$

Wir vereinbaren

$$\lambda_{\mathrm{I}} > 0 > \lambda_{\mathrm{II}}. \tag{9.3/12}$$

Im Blechzugversuch (Bild 2.3) wäre also $\lambda = \lambda_{\mathrm{I}}$ die Zug-Formänderungsgeschwindigkeit; sie fällt dort mit der Richtung der Zugspannung $\sigma = \sigma_{\mathrm{I}} > 0$ zusammen, wogegen die Querspannung σ_{II} verschwindet.

Die nach (8.6/4) und Λ berechnete Leistungsdichte $\Lambda = \sigma_{\mathrm{I}}\lambda_{\mathrm{I}} + \sigma_{\mathrm{II}}\lambda_{\mathrm{II}}$ lautet mit (9.3/11) $\Lambda = \lambda_{\mathrm{I}}(\sigma_{\mathrm{I}} - \sigma_{\mathrm{II}})$. Nun formen sich im Hauptsystem Rechtecke in Rechtecke um, weil die Winkelverformung λ_{12} verschwindet. Sie können also kinematisch mit dem Zugversuch in Bild 2.3 für $\lambda = \lambda_{\mathrm{I}} > 0$ verglichen werden. Axiom *C* liefert dann mit (2.3/2)

$$\Lambda = \lambda_{\mathrm{I}}(\sigma_{\mathrm{I}} - \sigma_{\mathrm{II}}) = \lambda_{\mathrm{I}} k_e > 0. \tag{9.3/13}$$

Die Leistungsdichte ist also stets positiv: bei plastischer Formänderung wird wie bei zähen Strömungen Leistung verbraucht (dissipiert); Λ heißt Dissipationsleistung (vgl. S. 335). Ferner erkennt man

$$\sigma_{\mathrm{I}} > \sigma_{\mathrm{II}}; \tag{9.3/14}$$

Hauptspannungen und Hauptformänderungsgeschwindigkeiten besitzen gleiche Größenfolge[1]. Schließlich liefert (9.3/13)

$$\sigma_{\mathrm{I}} - \sigma_{\mathrm{II}} = k_e. \tag{9.3/15}$$

Diese Beziehung entspricht Gl. (3.2/20a) der Streifentheorie und heißt wie dort *Fließkriterium*. Sie gilt in der Form (9.3/15) auch für dynamische Vorgänge. Die bei solchen in Gl. (3.2/20a) erforderlichen Zusatzglieder entfallen, weil Trägheitskräfte im Gegensatz zur elementaren Theorie vollständig in den Bedingungen (8.5/16) des Kräftegleichgewichts berücksichtigt sind.

---

[1] Allerdings keineswegs notwendig gleiches Vorzeichen!

Wir definieren jetzt die Vergleichsformänderungsgeschwindigkeit $\bar{\lambda}$ durch (2.3/13)[1] und erhalten mit (9.3/13), (9.3/11)

$$\bar{\lambda} = \lambda_{\mathrm{I}} = -\lambda_{\mathrm{II}}, \tag{9.3/16}$$

woraus durch Integration bei wanderndem Werkstoffteilchen entsprechend (2.3/11) die Vergleichsformänderung $\bar{\varphi}$ berechnet werden kann. Der Leser beachte, daß $\bar{\lambda}$ koordinatenunabhängig ist und daß $\bar{\varphi}$ allein aus $\bar{\lambda}$ ohne Kenntnis einer wie auch immer zu definierenden Formänderungsdyade φ_{ik} entsteht. $\bar{\lambda}$ und $\bar{\varphi}$ legen (neben der Temperatur) in bekannter Weise, z. B. nach den Schaubildern 2.6 bis 2.10, die Formänderungsfestigkeit k_e fest.

9.3.2.2 Beispiel: Rohr unter Innen- und Außendruck. Ein einfaches Beispiel mag zeigen, daß die Axiome A, B, C und die daraus entwickelten Gleichungen der vorangegangenen Ziffer bereits vollständig das Stoffverhalten bei ebener Umformung bestimmen. Wir betrachten das Kreisrohr unter Innen -und Außendruck (Bild 9.5), lassen aber jetzt den schon in Ziff. 9.1.2.3 behandelten elastischen Anteil fort [er kann entsprechend (2.2/2) überlagert werden] und nehmen an, das Rohr befinde sich bereits voll im plastischen Zustand. Bland [*259*] und Németi [*260*] analysieren es allgemeiner elastisch-plastisch und berücksichtigen Temperatureffekte.

$\boldsymbol{e}_r$, $\boldsymbol{e}_\varphi$ stellen aus Symmetriegründen Hauptrichtungen dar (Bild 9.5). Mit (8.4/7a) gilt

$$\lambda_r = \lambda_{rr} = \frac{\partial u}{\partial r}; \qquad \lambda_\varphi = \lambda_{\varphi\varphi} = \frac{u}{r}, \tag{9.3/17}$$

wo $u = v_r$ die einzige von Null verschiedene Geschwindigkeitskoordinate ist. Über (9.3/11) folgt

$$\frac{\partial u}{\partial r} + \frac{u}{r} = \frac{1}{r}\,\frac{\partial(ur)}{\partial r} = 0,$$

also

$$ur = u_i R_i = u_a R_a \tag{9.3/18}$$

(u_i, u_a = Radialgeschwindigkeiten innen bzw. außen). Wegen (9.3/17), (9.3/12) ergibt sich für $u_i > 0$

$$\lambda_\varphi = \frac{u_i R_i}{r^2} = \lambda_{\mathrm{I}}, \quad \lambda_r = -\,\frac{u_i R_i}{r^2} = \lambda_{\mathrm{II}}, \tag{9.3/19}$$

---

[1] Dort ist für ebene Formänderung k_f durch k_e zu ersetzen.

also nach (9.3/16) die Vergleichsformänderungsgeschwindigkeit

$$\bar{\lambda} = \frac{u_i R_i}{r^2}. \tag{9.3/20}$$

Um sie für ein wanderndes Werkstoffteilchen $r = R(t)$ zu ermitteln, bestimmen wir zunächst diese Funktion R aus den Anfangsbedingungen

$$R_i = R_{i0}, \quad R_a = R_{a0}, \quad r = R_0 \quad \text{für} \quad t = t_0 = 0; \quad R_{i0} \leq R_0 \leq R_{a0}.$$

(9.3/18) gibt wegen $u = \dot{R}$, $u_i = \dot{R}_i$ nach Integration

$$R^2 - R_0^2 = R_i^2 - R_{i0}^2, \tag{9.3/21}$$

daher mit (9.3/20)

$$\bar{\lambda} = \frac{R_i u_i}{R_i^2 + R_0^2 - R_{i0}^2} = \frac{R_i \dot{R}_i}{R_i^2 + R_0^2 - R_{i0}^2}$$

und nach Integration entsprechend (2.3/11) unter Berücksichtigung von (9.3/21)

$$\bar{\varphi} = \int\limits_{t_0=0}^{t} \bar{\lambda}\, dt = \int\limits_{R_{i0}}^{R_i} \frac{R_i\, dR_i}{R_i^2 + R_0^2 - R_{i0}^2} = \frac{1}{2} \ln \left| 1 + \frac{R_i^2 - R_{i0}^2}{R_0^2} \right| =$$

$$= -\frac{1}{2} \ln \left| \left(1 - \frac{R_i^2 - R_{i0}^2}{R^2}\right) \right|. \tag{9.3/22}$$

Damit hat man in jedem Augenblick $\bar{\lambda}, \bar{\varphi}$ als Funktionen von $r = R$, kann also aus den Bildern 2.6 bis 2.10

$$k_e = k_e(\bar{\lambda}, \bar{\varphi}) = k_e(r)$$

als Funktion des Rohrradius ablesen.

Wir wollen die Spannungen ermitteln und finden z. B. für Rohrerweiterung $u > 0$ über (9.3/19)

$$\sigma_{\mathrm{I}} = \sigma_\varphi, \qquad \sigma_{\mathrm{II}} = \sigma_r,$$

also nach Einsetzen des Fließkriteriums (9.3/15) in die statische Gleichgewichtsbeziehung (9.1/68) $\partial \sigma_r / \partial r = k_e / r$. Integration liefert

$$\sigma_r = -q_i + \int\limits_{R_i}^{r} \frac{k_e(r)}{r}\, dr, \quad \text{also} \quad q_a = q_i - \int\limits_{R_i}^{R_a} \frac{k_e(r)}{r}\, dr, \tag{9.3/23}$$

wo q_i, q_a den Innen- bzw. Außendruck bedeuten. Speziell für idealplastischen Werkstoff $k_e = \text{const}$ folgt

$$\sigma_r = -q_i + k_e \ln \frac{r}{R_i}; \qquad q_i - q_a = k_e \ln \frac{R_a}{R_i}, \tag{9.3/24}$$

und wegen (9.3/15)

$$\sigma_\psi = \sigma_r + k_e. \tag{9.3/25}$$

9.3.2.3 Stoffgesetz in beliebigen orthogonalen Koordinaten. Für ein durch $\boldsymbol{e}_1, \boldsymbol{e}_2$ gegebenes ebenes, lokales Koordinatensystem, das um irgendeinen Winkel α gegen die Hauptrichtungen gedreht ist, beschreiben

$$\lambda_1 = \lambda_{11}, \quad \lambda_2 = \lambda_{22}, \quad \varkappa = \lambda_{12}$$

die Formänderungsgeschwindigkeiten und

$$\sigma_1 = \sigma_{11}, \quad \sigma_2 = \sigma_{22}, \quad \tau = \sigma_{12}$$

die zugehörigen Spannungen. Das Isotropie-Axiom A von Ziff. 9.3.2.1 besagt Gleichheit des Winkels α für λ_{ik} und σ_{ik}, nach dem MOHRschen Kreis (Bild 8.9) also

$$\frac{\sigma_1 - \sigma_2}{\tau} = -2 \cot 2\alpha = \frac{\lambda_1 - \lambda_2}{\varkappa}. \tag{9.3/26}$$

Die Inkompressibilitätsbedingung (9.3/11) lautet wegen (8.4/14a)

$$\lambda_1 + \lambda_2 = 0 \quad \text{bzw.} \quad \lambda_1 = -\lambda_2, \tag{9.3/27}$$

und das Fließkriterium (9.3/15), dessen linke Seite gerade der doppelten Invarianten S_d in Gl. (8.2/32) entspricht, nach (8.2/36)

$$\sqrt{(\sigma_1 - \sigma_2)^2 + 4\tau^2} = k_e. \tag{9.3/28}$$

Für die zwei Werkstoffgeschwindigkeiten u, v (in Richtung 1 bzw. 2) und die drei Spannungen σ_1, σ_2, τ, also für insgesamt 5 Unbekannte, liegen nun bei bekannter Formänderungsfestigkeit k_e die drei Gln. (9.3/26), (9.3/27), (9.3/28) sowie zwei der Gleichgewichtsbeziehungen (8.5/16), also zusammen ebenfalls 5 Gleichungen vor. Zur Fixierung von k_e benötigen wir noch die Vergleichsformänderungsgeschwindigkeit $\bar{\lambda}$. Sie läßt sich nach (9.3/16) auch in der Gestalt $\bar{\lambda} = \frac{1}{2}(\lambda_{\text{I}} - \lambda_{\text{II}})$ schreiben, entspricht also S_d in Gl. (8.2/32) und gibt wegen (8.2/36) allgemein

$$\bar{\lambda} = \frac{1}{2}\sqrt{(\lambda_1 - \lambda_2)^2 + 4\varkappa^2}. \tag{9.3/29}$$

Integration bei wanderndem Werkstoffteilchen entsprechend (2.3/11) führt zur Vergleichsformänderung $\overline{\varphi}$.

Für idealplastischen Werkstoff $k_e = \text{const}$ bilden die beiden Gleichgewichtsbedingungen (8.5/16) zusammen mit der Fließbedingung (9.3/28) drei Gleichungen allein für die drei gesuchten Spannungen σ_1, σ_2, τ. Man nennt daher dieses ebene Umformproblem in Anlehnung an einen Begriff aus der Statik auch *statisch bestimmt*. Jedoch ist stets die Verträglichkeit des über (9.3/26), (9.3/27) zugeordneten Geschwindigkeitsfeldes mit den Randbedingungen zu prüfen.

9.3.3 Räumliche Formänderungen

9.3.3.1 Trescasche Deutung und dritte Hauptspannung. Im Gegensatz zur ebenen Formänderung läßt sich für die räumliche ohne wesentliche Zusatzhypothesen noch kein vollständiges Stoffgesetz formulieren[1]. Zwar werden wir die Isotropie- und Inkompressibilitätsforderungen A, B von Ziff. 9.3.2.1 ungeändert übernehmen, doch reichen sie zusammen mit C nicht aus, weil kein der allgemein räumlichen Umformung vergleichbarer Grundversuch vorliegt.

Nun gestatten die Beziehungen (9.3/26) bis (9.3/29) eine anschauliche, verallgemeinerungsfähige Deutung, die auf Versuche von Tresca (1864) [*262*] zurückgeht, welche später von de St. Venant [*263*] für ebene Formänderungen ähnlich Ziff. 9.3.2.3 mathematisch ausgewertet wurden. Wir erwähnten bereits, daß die linke Seite des Fließkriteriums (9.3/28) gleich der doppelten Invarianten S_d entsprechend Gl. (8.2/36) ist, die andererseits nach Bild 8.9 als maximaler Betrag von S_{xy} aufgefaßt werden kann. Mit $\tau_{\max} = \max\limits_{0 \leq \alpha \leq 2\pi} |\sigma_{xy}|$ und

$$k = k_e/2 \tag{9.3/30}$$

lautet (9.3/28) also

$$\tau_{\max} = k \tag{9.3/31}$$

analog einer Formulierung, die wir bereits in der elementaren Theorie bei den Eckenkorrekturen, Gl. (3.3/6), gebrauchten. Wir sprechen speziell vom *Trescaschen Fließkriterium*. Es legt folgende, den kristallphysikalischen Modellvorstellungen, Abschn. 2.5.2, verwandte Interpretation nahe (*Trescasches Modell*):

Plastisches Fließen findet statt, wenn in wenigstens einer Richtung g (*Gleitrichtung*) der Schubspannungsbetrag den kritischen Wert k (*Schub-*

[1] Leipholz [*261*] vertritt eine abweichende Auffassung.

oder *Scherfestigkeit* bzw. *Schub*- oder *Scherfließgrenze*) annimmt. Im Vielkristall stehen mögliche kristallphysikalische Gleitebenen in nahezu jeder Raumrichtung zur Verfügung. Jede vermag höchstens ihre kritische Schubspannung zu tragen — die man also mit k identifizieren kann[1] —, und wenn längs wenigstens einer solchen k erreicht wird [also (9.3/31) erfüllt ist], beginnt sie aktiv zu werden.

Die Beziehungen (9.3/26) bis (9.3/29) besagen nun ferner, daß längs der Gleitrichtung g kinematisch nur eine Gleitung, keine Längs- oder Querdehnung auftritt. Da nämlich nach Bild 8.9 genau zwei zueinander senkrechte Gleitrichtungen g mit

$$\alpha = \pm 45° \tag{9.3/32}$$

existieren, braucht man diesen Wert nur in (9.3/26) einzusetzen und findet $\lambda_1 = \lambda_2$, wegen (9.3/27) also $\lambda_1 = \lambda_2 = 0$: übrig bleibt bestenfalls eine Schergeschwindigkeit $\varkappa$.

Wir vermerken, daß das Trescasche Modell zwar einleuchtend, sicher aber nicht exakt ist: gegenseitige Beeinflussungen der kristallinen Gleitrichtungen, unterschiedliche Verfestigung in ihnen und Korngrenzeneinflüsse bleiben unberücksichtigt. Ein Vorteil ist seine Durchsichtigkeit, die verhältnismäßig einfache mathematische Formulierungen erwarten läßt. Versuche, eine allgemeinere Plastizitätstheorie aus dem kristallphysikalischen Abgleitungsmodell für Vielkristalle herzuleiten, führten bislang nur zu sehr komplizierten und demnach für praktische Anwendungen unbefriedigenden Formulierungen [*264, 265*].

Ehe wir die Trescasche Interpretation auf den dreidimensionalen Raum anwenden, müssen wir uns mit der dritten, bei ebener Formänderung zur betrachteten Fließebene E (I, II- bzw. 1, 2-Ebene) senkrechten Raumrichtung beschäftigen. Sie entspricht der dritten Hauptrichtung III. σ_{III} ist die zugehörige Hauptspannung; die Formänderungsgeschwindigkeit λ_{III} verschwindet bei ebener Formänderung. Bild 9.12 zeigt die Fließebene E (alle dazu parallelen Ebenen sind natürlich ebenfalls Fließebenen) mit eingezeichneten Hauptrichtungen I, II und der dazu senkrechten III. Die Gleitrichtungen g halbieren wegen (9.3/32) die Winkel zwischen I und II; sie gehören natürlich zu zwei vollständigen, zu E senkrechten *Gleitebenen* G (in Bild 9.12 nur eine gezeichnet). Diese enthalten die Hauptachse III. Nun wird ein Werkstoffbereich nahe dem betrachteten Punkt P nur durch die dort wirkenden Spannungen verformt; er besitzt keine zusätzliche Information, welches seine Fließebene sein soll. Daher kann er sein Fließverhalten auf Grund des Trescaschen

---

[1] k ist mit der Schubfließgrenze im Einkristall nicht identisch, weil beim Vielkristall u. a. Korngrenzeneinflüsse wirksam sind.

Modells nur nach den räumlich maximalen Schubspannungen $\tau_{\max}$ ausrichten. Sie müssen bei der betrachteten ebenen Formänderung in der I, II-Ebene E liegen. Hierfür wollen wir Bedingungen aufstellen.

Wir gehen von einer beliebigen Ebene G (Normaleneinsvektor $\boldsymbol{n}$) sowie irgendeiner darin liegenden Richtung g (Einsvektor $\boldsymbol{g}$) aus und führen $\boldsymbol{m}$ als Normaleneinsvektor auf die durch $\boldsymbol{n}$, $\boldsymbol{g}$ definierte Ebene E ein, orientieren uns am Bild 9.12, vergessen aber vorläufig die eingezeichneten Hauptrichtungen I, II, III. Die genannten Ebenen und Richtungen sind nun so zu bestimmen, daß G zur Gleitebene, g zur Gleitrichtung, also E zur Fließebene wird.

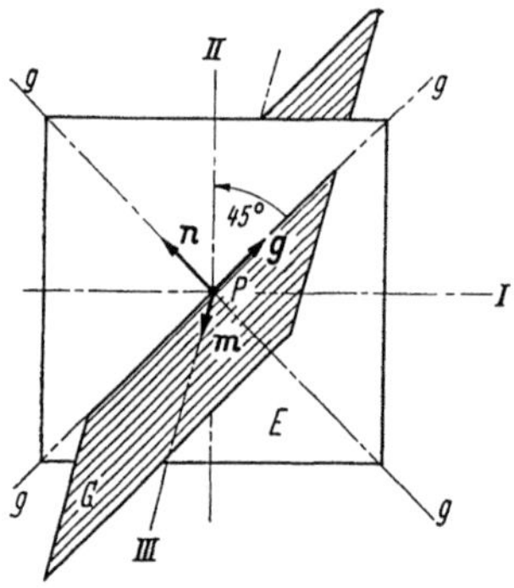

Bild 9.12 Hauptachsen *I*, *II*, *III*, Gleitebene *G*, Gleitrichtungen *g* bei ebener plastischer Formänderung parallel zur Fließebene *E*. Einsvektoren **n**, **g**, **m** längs der Gleitrichtungen und *III*.

Die Schubspannung τ auf G in Richtung g beträgt nach (8.5/11)

$$\tau = \sum_J \sigma_J g_J n_J , \qquad (9.3/33)$$

wo im (irgendwie gelegenen) Hauptsystem $\boldsymbol{e}_J$, $J = \text{I, II, III}$, σ_J die Hauptspannungskoordinaten und g_J, m_J, n_J die Koordinaten der Einsvektoren

$$\boldsymbol{n} = \sum_J n_J \boldsymbol{e}_J , \quad \boldsymbol{m} = \sum_J m_J \boldsymbol{e}_J , \quad \boldsymbol{g} = \sum_J g_J \boldsymbol{e}_J$$

sind. Nach (8.1/4) und Bild 8.3 gelten die Orthonormalitätsbeziehungen

$$\boldsymbol{n}\boldsymbol{n} = 1, \quad \boldsymbol{g}\boldsymbol{g} = 1, \quad \boldsymbol{n}\boldsymbol{g} = 0, \quad \boldsymbol{m} = \boldsymbol{g} \times \boldsymbol{n}. \qquad (9.3/34)$$

Wir drehen jetzt die Richtung g in G um $\boldsymbol{n}$ (Drehwinkel β), lassen also $\boldsymbol{n}$ konstant (Bild 9.12). Differentiation der mittleren beiden Gln. (9.3/34) nach dem Drehwinkel liefert dann

$$\boldsymbol{g} \frac{d\boldsymbol{g}}{d\beta} = 0, \qquad \boldsymbol{n} \frac{d\boldsymbol{g}}{d\beta} = 0.$$

Damit g Gleitrichtung, d. h. τ maximal wird, ist $\frac{d\tau}{d\beta} = 0$ notwendig, also nach (9.3/33)

$$0 = \sum_J \sigma_J n_J \frac{dg_J}{d\beta} .$$

Die letzten drei Beziehungen stellen nun innere Produkte der Vektoren $\boldsymbol{g}$, $\boldsymbol{n}$ und des Spannungsvektors $\sigma_\nu = \sum_J \sigma_J n_J \boldsymbol{e}_J$ auf G [vgl. (8.5/10)] mit einem einzigen Vektor $\frac{d\boldsymbol{g}}{d\beta} \neq 0$ dar. $\boldsymbol{g}$, $\boldsymbol{n}$, σ_ν liegen also sämtlich zu $\frac{d\boldsymbol{g}}{d\beta}$ senkrecht, d. h. in einer einzigen Ebene, die (weil sie $\boldsymbol{n}$, $\boldsymbol{g}$ enthält) nach Bild 9.12 notwendig die Ebene E sein muß. Da $\boldsymbol{m}$ senkrecht auf E steht, ist $\boldsymbol{m}$ auch orthogonal zu σ_ν, und über (8.5/11) folgt

$$0 = \sigma_\nu \boldsymbol{m} = \sum_J \sigma_J m_J n_J = \sigma_{mn}.$$

Dreht man jetzt $\boldsymbol{n}$ um g und läßt dabei $\boldsymbol{g}$ konstant, so folgt wie oben $\sigma_{mg} = 0$: auf E kann überhaupt keine Schubspannung wirken, weil eine solche wenigstens in einer der beiden senkrechten Richtungen $\boldsymbol{n}$, $\boldsymbol{g}$ eine von Null verschiedene Koordinate σ_{mn} oder σ_{mg} haben müßte. Damit wird E zur Hauptebene; $\boldsymbol{m}$ weist in eine Hauptspannungsrichtung.

Falls nun alle Hauptspannungen verschieden sind,

$$\sigma_{\mathrm{I}} \neq \sigma_{\mathrm{II}} \neq \sigma_{\mathrm{III}} \neq \sigma_{\mathrm{I}}, \tag{9.3/35}$$

liegen die Hauptrichtungen an der Spannungsquadrik (Bild 8.7) eindeutig fest: $\boldsymbol{m}$ fällt also mit der I-, der II- oder der III-Richtung zusammen; die Fließebene E also mit der II, III-, der III, I- oder der I, II-Ebene. Im ersten Fall hätten wir analog (8.2/32)

$$(\tau_{\max})_{\mathrm{I}} = \frac{1}{2} |\sigma_{\mathrm{II}} - \sigma_{\mathrm{III}}|,$$

im zweiten bzw. dritten

$$(\tau_{\max})_{\mathrm{II}} = \frac{1}{2} |\sigma_{\mathrm{III}} - \sigma_{\mathrm{I}}|, \qquad (\tau_{\max})_{\mathrm{III}} = \frac{1}{2} |\sigma_{\mathrm{I}} - \sigma_{\mathrm{II}}|.$$

Wir suchten nun eine Bedingung dafür, daß E speziell mit der I, II-Ebene zusammenfällt, also $\tau_{\max} = (\tau_{\max})_{\mathrm{III}}$. Dies bedeutet

$$(\tau_{\max})_{\mathrm{I}} \leq (\tau_{\max})_{\mathrm{III}}, \qquad (\tau_{\max})_{\mathrm{II}} \leq (\tau_{\max})_{\mathrm{III}},$$

mit der Vereinbarung (9.3/14) also [abweichend von der Konvention (8.2/20)]

$$\sigma_{\mathrm{I}} > \sigma_{\mathrm{III}} > \sigma_{\mathrm{II}}. \tag{9.3/36}$$

Wenn somit σ_{III} *mittlere Hauptspannung* ist, bildet sich nach dem TRESCAschen Modell der betrachtete ebene Fließzustand in der I, II-Ebene aus. Jedoch stellt man überrascht fest, daß σ_{III} hierauf innerhalb der Grenzen (9.3/36) völlig ohne Einfluß bleibt, wogegen σ_{III} bei ebener zäher Strömung nach (9.2/9) als arithmetisches Mittel und bei ebener elastischer Formänderung nach (9.1/18) durch eine andere Linearkombination eindeutig mit σ_{I}, σ_{II} verknüpft ist. Läßt man in (9.3/36) Gleichheitszeichen zu, ergeben sich Unstetigkeiten im Fließverhalten.

Während nämlich (9.3/36) bei raumfester Lage der Hauptachse III ebene Formänderung, d. h. hier

$$\lambda_{III} = 0 \tag{9.3/37}$$

charakterisiert, muß man in den Grenzfällen $\sigma_{III} = \sigma_I$, $\sigma_{III} = \sigma_{II}$ statt dessen den übergeordneten Gesichtspunkt der Isotropie beachten und hat[1]

$$\left.\begin{aligned} \lambda_{III} &= \lambda_I \qquad \text{für} \qquad \sigma_{III} = \sigma_I\,, \\ \lambda_{III} &= \lambda_{II} \qquad \text{für} \qquad \sigma_{III} = \sigma_{II}. \end{aligned}\right\} \tag{9.3/38}$$

Dies ist, sofern überhaupt eine Formänderung stattfindet, mit (9.3/37), also ebener Umformung unverträglich.

Wir wenden jetzt das TRESCAsche Modell auf räumliche Formänderung an und lassen dementsprechend beliebige örtlich veränderliche Lagen der Hauptrichtungen I, II, III zu. Dann folgt für jeden Werkstoffpunkt aus (9.3/36) die Beziehung (9.3/37) so, als ob in seiner unmittelbaren Umgebung eine ebene Formänderung mit der I, II-Ebene als Fließebene stattfindet. Räumliche Umformung entsteht dadurch, daß die Fließebene örtlich veränderlich ist. Bei Gleichheit zweier Spannungen gilt (9.3/38). Allgemein bleibt jedoch die mittlere Hauptspannung σ_{III} ohne Einfluß.

Um dies experimentell zu überprüfen, führt man nach LODE [*268*] dimensionslose Kenngrößen[2] μ, ν, ϑ ein. μ sei eine lineare Funktion von σ_{III} mit der Normierung $\mu = \mp 1$ in den Grenzfällen $\sigma_{III} = \sigma_I$ bzw. $\sigma_{III} = \sigma_{II}$, also

$$\mu = \frac{2\sigma_{III} - \sigma_{II} - \sigma_I}{\sigma_{II} - \sigma_I}. \tag{9.3/39}$$

Die entsprechende Bedingung für die Formänderungsgeschwindigkeiten λ_I, λ_{II}, λ_{III} erfüllt

$$\nu = \frac{2\lambda_{III} - \lambda_{II} - \lambda_I}{\lambda_{II} - \lambda_I}. \tag{9.3/40}$$

Schließlich setzt ϑ den Wert $\tau_{max} = \frac{1}{2}(\sigma_I - \sigma_{II})$ der maximalen Schubspannung bei beliebigem σ_{III} in Beziehung zu dem entsprechenden Wert $(\tau_{max})_0$ für den Grenzfall $\sigma_{III} = \sigma_{II}$, also

$$\vartheta = \tau_{max}/(\tau_{max})_0. \tag{9.3/41}$$

---

[1] Diese selbstverständliche Aussage, z. B. sinngemäß schon von TAYLOR und QUINNEY [*256*] formuliert, wird gerade in neueren Arbeiten häufig verletzt [*266, 267*].

[2] μ, ν, ϑ als *Lodesche Variable* kommen nur in diesem Abschnitt vor. Verwechslungen sind daher ausgeschlossen.

Von LODE ausgehend gibt es nun zahlreiche Arbeiten (z. B. [*256*, *269*]), die sich mit der experimentellen Ermittlung des gegenseitigen Verhältnisses dieser drei Kennwerte befassen. Und zwar benutzt man allgemein dünnwandige, einseitig eingespannte Rohre, die am freien Ende gemäß Bild 9.9 entweder durch eine Kraft K gezogen (Dehnungsgeschwindigkeit λ, Dehnung $\varepsilon = \lambda \, \Delta t$), durch ein Moment M tordiert (Schergeschwindigkeit $\varkappa$, $\gamma = \varkappa \cdot \Delta t$) oder bzw. gleichzeitig durch einen in Bild 9.9 nicht gezeichneten Innendruck $q = q_i$ (vgl. Bild 9.5; $q_a = 0$) belastet werden. Bei der Auswertung gewinnt man μ, ν, ϑ im allgemeinen nur auf Grund überschlägig gemittelter Spannungen und Formänderungen [vgl. z. B. (9.3/1) bis (9.3/5)], was nach Angaben von FRAENKEL [*269*] zu großen Streuungen insbesondere von ν führt und z. B. TAYLOR und QUINNEY [*256*] den nach [*255*] klar erkennbaren Unterschied zwischen finitem und inkrementellem Stoffgesetz übersehen ließ. Unter den genannten Einschränkungen ergeben sich die in Bild 9.13 niedergelegten Ergebnisse.

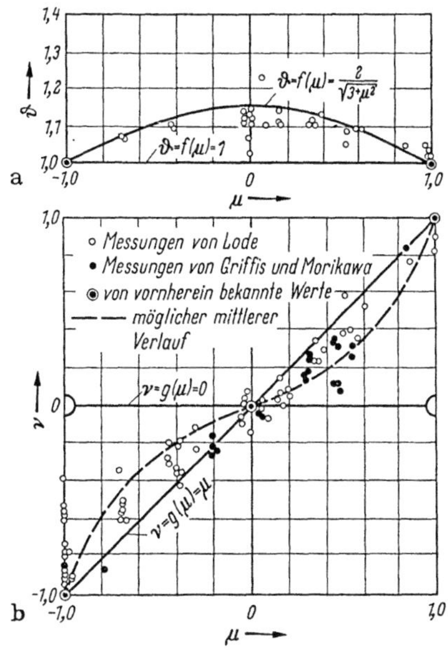

Bild 9.13 a u. b Einfluß der dimensionslosen mittleren Hauptspannung μ auf a) die bezogene maximale Schubspannung ϑ und b) die dimensionslose mittlere Formänderungsgeschwindigkeit ν. $\vartheta = f(\mu)$, $\nu = g(\mu)$ Begrenzungskurven (formelmäßig).

Bild 9.13 a zeigt ϑ über μ. Da das TRESCAsche Fließkriterium (9.3/31) keinen Einfluß der mittleren Hauptspannung beinhaltet, hätten wir

$$\vartheta \equiv 1$$

als die unserem Ansatz entsprechende theoretische Kurve zu erwarten. Alle Meßwerte von LODE [*268*] (ebenfalls andere, nicht eingetragene; z. B. von TAYLOR und QUINNEY [*256*]) liegen jedoch darüber, allerdings höchstens um 15%. Demnach kann das TRESCAsche Fließkriterium im Rahmen der üblichen Genauigkeitsanforderungen zumindest als brauchbare Näherung dienen.

Für weitergehende Untersuchungen scheint es sinnvoll, eine zweite, zunächst in ihrer formelmäßigen Gestalt weitgehend willkürliche Kurve so einzutragen, daß sie durch die von vornherein festliegenden Randpunkte läuft und zwischen sich und der TRESCAschen $\vartheta \equiv 1$ die meisten Meßpunkte einschließt. Dies erfüllt beispielsweise (Bild 9.13a)

$$\vartheta = \frac{2}{\sqrt{3 + \mu^2}}. \tag{9.3/42}$$

In Bild 9.13b wurden Meßwerte ν nach LODE [268] sowie GRIFFIS und MORIKAWA [270] niedergelegt. Die Größe ihrer Streuung erkennt man vor allem nahe den aus Isotropiegründen wegen (9.3/38) ohnehin festliegenden Randpunkten $\mu = \pm 1$, $\nu = \pm 1$ (Bild 9.13b). Der TRESCAsche Ansatz verlangt wegen (9.3/11), (9.3/37), (9.3/40)

$$\nu = 0 \qquad \text{für} \qquad -1 < \mu < 1$$

und stellt daher wiederum eine einseitige Grenzkurve für die Meßwerte dar. Wie oben sucht man nach einer weiteren Begrenzung, welche durch die bekannten Randpunkte sowie den ebenfalls wegen der Isotropie vorgegebenen Mittelpunkt $\nu = \mu = 0$ laufen muß, und findet sie z. B. als Gerade in der einfachen Gestalt

$$\nu = \mu. \tag{9.3/43}$$

LODE [268] deutete an, was FRAENKEL [269] experimentell genauer nachwies:

a) die Lage der Meßwerte hängt stark vom untersuchten Metall ab;

b) sie tendiert für kleine und große Formänderungen mehr nach den TRESCAschen, für mittlere Formänderungen mehr nach den anderen Grenzkurven (9.3/42), (9.3/43).

Wahrscheinlich spielen Ungenauigkeiten der Auswertung eine entscheidende Rolle; sicher ist (vgl. Ziff. 9.3.3.4) auch die gewählte Auftragung unzulänglich. LODE vermutete auf Grund kristallphysikalischer Erwägungen von PRANDTL (vgl. auch unsere Darlegungen auf S. 355) einen mittleren Verlauf entsprechend der gestrichelten Kurve in Bild 9.13b, der übrigens später anhand geeignet modifizierter Ansätze von NAKANISHI und SATO [271] erfaßt werden konnte.

9.3.3.2 Stoffgesetze nach Tresca und Lévy-Huber-Mises. Wir beschränken uns auf die in Bild 9.13 eingezeichneten Grenzkurven und beginnen mit den TRESCAschen. Ihr Stoffgesetz lautet in Hauptkoordinaten:

A. Die Hauptrichtungen I, II, III von Spannungen und Formänderungsgeschwindigkeiten fallen zusammen (Ziff. 9.3.2.1, Axiom A).

B. Werden die Hauptspannungen so numeriert, daß

$$\sigma_{I} \geq \sigma_{III} \geq \sigma_{II}, \tag{9.3/44a}$$

so gilt das Fließkriterium[1]

$$\tau_{\max} = \frac{1}{2}(\sigma_{\mathrm{I}} - \sigma_{\mathrm{II}}) = k = \frac{k_e}{2} \tag{9.3/44b}$$

(vgl. Ziff. 9.3.2.1).

C. Die Hauptformänderungsgeschwindigkeiten erfüllen dann nach (9.3/12) und (9.3/37) bzw. (9.3/38)

$$\lambda_{\mathrm{I}} \geq \lambda_{\mathrm{III}} \geq \lambda_{\mathrm{II}} \tag{9.3/44c}$$

sowie die Inkompressibilitätsbedingung (9.2/2)

$$\lambda_{\mathrm{I}} + \lambda_{\mathrm{II}} + \lambda_{\mathrm{III}} = 0. \tag{9.3/44d}$$

$$\left.\begin{aligned} &\text{D.}\quad \lambda_{\mathrm{III}} = 0, && \text{wenn } \sigma_{\mathrm{I}} \neq \sigma_{\mathrm{III}} \neq \sigma_{\mathrm{II}} \text{ [vgl. (9.3/37)];} \\ &\quad\;\; \lambda_{\mathrm{III}} = \lambda_J, && \text{wenn } \sigma_{\mathrm{III}} = \sigma_J \;\; (J = \mathrm{I, II}) \end{aligned}\right\} \tag{9.3/44e}$$

[vgl. (9.3/38)].

Die Lage eines räumlichen Koordinatensystems ist durch 3 Angaben bestimmt: z. B. durch zwei Winkel, die die Richtung des Einsvektors $\boldsymbol{e}_{\mathrm{I}}$ beschreiben (so, wie in Bild 8.17 die Winkel ϑ, ψ den Einsvektor $\boldsymbol{e}_r$ festlegen) und einen dritten, der dann die Lage von $\boldsymbol{e}_{\mathrm{II}}$, $\boldsymbol{e}_{\mathrm{III}}$ fixiert. Axiom A steht also für drei Gleichungen. Dazu kommen drei weitere (9.3/44b, d, e) und drei Gleichgewichtsbeziehungen (8.5/16), also 9 Gleichungen für insgesamt 9 Unbekannte: 6 [statt 9, wegen der Symmetrie (8.5/14)] unabhängige Spannungskoordinaten σ_{ik} und drei Geschwindigkeiten v_i. Das Stoffgesetz ist vollständig. Wir benötigen lediglich noch die Vergleichsformänderungsgeschwindigkeit $\bar{\lambda}$. Aus (2.3/13) und (8.6/4) folgt hier

$$k_e\bar{\lambda} = \lambda_{\mathrm{I}}\sigma_{\mathrm{I}} + \lambda_{\mathrm{II}}\sigma_{\mathrm{II}} + \lambda_{\mathrm{III}}\sigma_{\mathrm{III}},$$

also mit (9.3/44b, d, e) zunächst für $\sigma_{\mathrm{I}} \neq \sigma_{\mathrm{III}} \neq \sigma_{\mathrm{II}}$

$$k_e\bar{\lambda} = \lambda_{\mathrm{I}}(\sigma_{\mathrm{I}} - \sigma_{\mathrm{II}}) = \lambda_{\mathrm{I}} k_e,$$

d. h.

$$\bar{\lambda} = \lambda_{\mathrm{I}} = -\lambda_{\mathrm{II}}, \qquad \text{wobei} \quad \lambda_{\mathrm{III}} = 0.$$

[1] Da nach TRESCA unter der Bedingung (9.3/35) jede Formänderung lokal als eben gedeutet wird, tritt hier k_e statt k_f auf. Man vergleiche jedoch (9.3/47).

Ebenso ergibt sich für $\sigma_{III} = \sigma_I$ sofort

$$k_e \bar{\lambda} = \lambda_{II}(\sigma_{II} - \sigma_{III}) = -\lambda_{II} k_e,$$

$$\bar{\lambda} = -\lambda_{II} = |\lambda_{II}|, \quad \text{wo} \quad \lambda_I = \lambda_{III} = \frac{1}{2} |\lambda_{II}|.$$

Schließlich findet man auf die gleiche Weise für $\sigma_{III} = \sigma_{II}$ $\bar{\lambda} = \lambda_I$, wo $|\lambda_{II}| = |\lambda_{III}| = \frac{1}{2} \lambda_I$. In allen drei Fällen ist $\bar{\lambda}$ gleich dem größten der Werte $|\lambda_I|$, $|\lambda_{II}|$ oder $|\lambda_{III}|$, also

$$\bar{\lambda} = \max_{J=I,II,III} |\lambda_J|. \tag{9.3/45}$$

Hieraus erhält man die Vergleichsformänderung $\bar{\varphi}$ durch Integration über ein wanderndes Werkstoffteilchen entsprechend (2.3/11).

Wir wenden jetzt das Stoffgesetz (9.3/44) auf den einfachen axialsymmetrischen Zugversuch, Bild 2.2, an. Hier gilt in Zugrichtung $\sigma_I > 0$; quer $\sigma_{II} = \sigma_{III} = 0$ (Draht mit einachsiger Belastung) also $\lambda_I > 0$; $\lambda_{II} = \lambda_{III} = -\frac{1}{2} \lambda_I < 0$. Zusammen wegen (9.3/44b), (9.3/45)

$$\sigma = \sigma_I = k_e; \qquad \bar{\lambda} = \lambda_I = \lambda. \tag{9.3/46}$$

Das entspricht gerade den Definitionen $|\sigma| = k_f$ und $\bar{\lambda} = |\lambda|$ [Gl. (2.3/10)], wenn man

$$k_e = k_f \tag{9.3/47}$$

setzt: in der Trescaschen Theorie sind die Fließgrenzen bei ebener und axialsymmetrischer Formänderung gleich.

Das vorstehend entwickelte Trescasche Stoffgesetz ist im Hauptachsensystem formelmäßig einfach, wenngleich die Fallunterscheidungen $\sigma_{III} \neq \sigma_J$, $\sigma_{III} = \sigma_J$ stören. Doch läßt es sich nur sehr mühsam in allgemeinen orthogonalen Koordinaten formulieren, obgleich dies bei ebener Formänderung noch ohne weiteres möglich war (Ziff. 9.3.2.3).

Wir wenden uns statt dessen einem anderen Stoffgesetz zu, das sich rein rechnerisch aus den geratenen zweiten Begrenzungskurven in den Lodeschen Schaubildern 9.13a, b ergibt. Auf Grund der Inkompressibilitätsbedingung (9.3/44d) ist der Zähler von (9.3/40) gleich $3\lambda_{III}$. Entsprechend gleicht der Zähler von μ, Gl. (9.3/39), wegen (9.1/12), (9.1/4) der dreifachen Deviatorzugspannung $3\sigma'_{III}$, und für den Nenner gilt $\sigma_I - \sigma_{II} = \sigma'_I - \sigma'_{II}$. $\nu = \mu$ als Grenzkurve in Bild 9.13b liefert also

$$\frac{\lambda_{III}}{\lambda_{II} - \lambda_I} = \frac{\sigma'_{III}}{\sigma'_{II} - \sigma'_I}$$

oder, mit einem geeigneten Proportionalitätsfaktor $2\,\Omega$,

$$\lambda_{\mathrm{III}} = 2\,\Omega\,\sigma'_{\mathrm{III}}, \quad \lambda_{\mathrm{II}} - \lambda_{\mathrm{I}} = 2\,\Omega\,(\sigma'_{\mathrm{II}} - \sigma'_{\mathrm{I}}). \tag{9.3/48}$$

Nach (9.1/12) gilt $\sigma'_{\mathrm{I}} + \sigma'_{\mathrm{II}} + \sigma'_{\mathrm{III}} = 0$, also

$$\sigma'_{\mathrm{I}} = -\frac{1}{2}[(\sigma'_{\mathrm{II}} - \sigma'_{\mathrm{I}}) + \sigma'_{\mathrm{III}}], \quad \sigma'_{\mathrm{II}} = \frac{1}{2}[(\sigma'_{\mathrm{II}} - \sigma'_{\mathrm{I}}) - \sigma'_{\mathrm{III}}], \quad \sigma'_{\mathrm{III}} = \sigma'_{\mathrm{III}},$$

und entsprechend wegen der Inkompressibilitätsbedingung (9.3/44d)

$$\lambda_{\mathrm{I}} = -\frac{1}{2}[(\lambda_{\mathrm{II}} - \lambda_{\mathrm{I}}) + \lambda_{\mathrm{III}}], \quad \lambda_{\mathrm{II}} = \frac{1}{2}[(\lambda_{\mathrm{II}} - \lambda_{\mathrm{I}}) - \lambda_{\mathrm{III}}], \quad \lambda_{\mathrm{III}} = \lambda_{\mathrm{III}},$$

so daß aus (9.3/48)

$$\lambda_J = 2\,\Omega\,\sigma'_J \qquad (J = \mathrm{I}, \mathrm{II}, \mathrm{III})$$

folgt. Eine solche Proportionalität zweier Dyaden ist invariant (vgl. S. 268), wir haben

$$\lambda_{ik} = 2\,\Omega\,\sigma'_{ik} \tag{9.3/49}$$

in beliebigen orthogonalen Koordinaten. Diese zuerst von LÉVY [*272*] angegebenen und später von MISES [*258*] wiederentdeckten sowie in allgemeinere Zusammenhänge eingereihten sogenannten *Lévy-Misesschen Gleichungen*[1] sind auf den ersten Blick identisch mit dem NEWTONschen Stoffgesetz (9.2/3) für zähe Strömungen, doch besteht folgender prinzipielle Unterschied: der Skalar Ω ist hier nicht wie dort μ eine Stoffkonstante, sondern eine neue Unbekannte, die mit den Stoffkenngrößen k_e bzw. k_f über ein Fließkriterium zusammenhängen wird. Wir bestimmen zunächst dieses, und zwar aus der Grenzkurve (9.3/42) in Bild 9.13a.

Der Nenner $(\tau_{\max})_0$ von ϑ, Gl. (9.3/41), entspricht laut Definition der maximalen Schubspannung $\frac{1}{2}(\sigma_{\mathrm{I}} - \sigma_{\mathrm{II}})$ im Falle $\sigma_{\mathrm{II}} = \sigma_{\mathrm{III}}$, der z. B. beim einachsigen Drahtzugversuch (Bild 2.2) vorliegt: $\sigma_{\mathrm{I}} = k_f$, $\sigma_{\mathrm{II}} = \sigma_{\mathrm{III}} = 0$, d. h. $(\tau_{\max})_0 = \frac{1}{2}k_f$. Mit $\tau_{\max} = \frac{1}{2}(\sigma_{\mathrm{I}} - \sigma_{\mathrm{II}})$ für allgemeine Belastung folgt so aus (9.3/41)

$$\vartheta = (\sigma_{\mathrm{I}} - \sigma_{\mathrm{II}})/k_f.$$

[1] HENCKY [*273*] veröffentlichte später ein entsprechendes finites Stoffgesetz mit ε_{ik} anstelle der λ_{ik}. Es nähert (9.3/49) für Belastungsfälle bei z. B. kleinen Formänderungen an.

Nach (9.1/12) gilt $\sigma'_{\rm I} + \sigma'_{\rm II} + \sigma'_{\rm III} = 0$ sowie $\sigma_{\rm I} - \sigma_{\rm II} = \sigma'_{\rm I} - \sigma'_{\rm II}$, also gemäß (9.3/39) $\mu = \dfrac{-3\sigma'_{\rm III}}{\sigma'_{\rm I} - \sigma'_{\rm II}}$, und (9.3/42) liefert

$$\frac{4}{3}\,k_f^2 = (\sigma'_{\rm I} - \sigma'_{\rm II})^2 + 3\sigma'^2_{\rm III} = \sigma'^2_{\rm I} + \sigma'^2_{\rm II} + 2\sigma'^2_{\rm III} + [\sigma'^2_{\rm III} - 2\sigma'_{\rm I}\sigma'_{\rm II}].$$

In der eckigen Klammer substituiert man

$$\sigma'_{\rm III} = -(\sigma'_{\rm I} + \sigma'_{\rm II}) \quad \text{und erhält so} \quad \frac{2}{3}\,k_f^2 = \sigma'^2_{\rm I} + \sigma'^2_{\rm II} + \sigma'^2_{\rm III}.$$

Mit G als Schubmodul und $(\Phi^E)'$ als elastischer Gestaltänderungsarbeit folgt so wegen (9.1/31) das *Hubersche Fließkriterium* [*274*]

$$\left|\sqrt{6G(\Phi^E)'}\right| = k_f. \tag{9.3/50}$$

Huber erklärte es 1904 wie folgt: im Metall muß bei Belastung ein bestimmter kritischer Wert an elastischer Gestaltänderungsarbeit gespeichert werden, ehe es seinen plastischen Zustand erreicht. Er nimmt damit nicht auf irgendwelche ausgezeichneten Gleitrichtungen Bezug, koppelt aber vorstellungsmäßig das plastische Werkstoffverhalten an das elastische, obschon dieses für sich anderen Gesetzen gehorcht. So versagt die Deutung offenkundig bei plastisch isotropen, elastisch anisotropen Materialien, weil dann $(\Phi^E)'$ eine andere Gestalt als (9.1/31) hat, die Gestalt des Fließkriteriums aber Isotropie ausdrücken muß. Wir halten daher allein die Experimente, etwa in der Lodeschen Auftragung (Bild 9.13), für ausschlaggebend und könnten dann natürlich bei gleicher Genauigkeit auch eine andere Grenzkurve als (9.3/42) wählen. Mit der speziellen Form (9.3/50) halten wir uns an die historische Entwicklung und begrüßen immerhin das anschauliche Ergebnis, ohne ihm besondere physikalische Bedeutung beizumessen. Es wurde übrigens von Mises [*258*] ohne Kenntnis der Huberschen Arbeit in der für beliebige orthogonale Koordinaten gültigen, aus (9.3/50) und (9.1/35) folgenden Gestalt

$$\left|\sqrt{\frac{1}{2}\{(\sigma_{11}-\sigma_{22})^2 + (\sigma_{22}-\sigma_{33})^2 + (\sigma_{33}-\sigma_{11})^2 + 6(\sigma_{12}^2 + \sigma_{23}^2 + \sigma_{31}^2)\}}\right| = k_f \tag{9.3/51}$$

wiederentdeckt und seitdem Huber-Mises-Kriterium genannt. Freilich halten wir die von ihm angeführten rein mathematischen Argumente, welche die linke Seite als eine der in der linearen Algebra (in völlig anderem Zusammenhang) benutzten drei *Hauptinvarianten*[1] der Matrix σ_{ik} deuten, ebenfalls für physikalisch irrelevant und als Begründung unzureichend. Übrigens gibt es ähnliche Scheinargumente für die Gültigkeit des TRESCAschen Fließkriteriums (9.3/44b): es führt im einfachen Zugversuch unter allen anderen Fließkriterien zu einer minimalen Umformleistung (IVLEV [*275*]). ŠESTERIKOV [*276*] wies sogleich darauf hin, daß es diese Eigenschaft z. B. beim Scherversuch verliert.

Allgemein kann man nahezu jede mögliche Form eines Fließkriteriums durch irgend drei voneinander unabhängige Invarianten darstellen, z. B. die Hauptspannungen σ_{I}, σ_{II}, σ_{III}; denn sie bestimmen die Spannungsquadrik (Bild 8.7) vollständig. Statt σ_{I}, σ_{II}, σ_{III} wählte MISES [*258*] die oben erwähnten Hauptinvarianten. Eine hierauf fußende Zusammenstellung weiterer Fließkriterien findet man bei EDELMAN und DRUCKER [*277*] sowie BENTHEM [*278*].

Das Stoffgesetz, bestehend aus dem HUBERschen Fließkriterium und den Lévy-Mises-Gleichungen, ist vollständig. 6 Gln. (9.3/49), Gl. (9.3/51) und drei Gleichgewichtsbedingungen (8.5/16) bilden nämlich 10 Gleichungen für 10 Unbekannte: 6 Spannungen σ_{ik}, drei Geschwindigkeiten v_i sowie den unbekannten Skalar Ω.

Wir wollen noch die Vergleichsformänderungsgeschwindigkeit $\bar{\lambda}$ ausrechnen und bilden nach (8.6/4), (9.1/12), (9.2/2) und (8.1/16)

$$\Lambda = \sum_{i,k} \sigma_{ik}\,\lambda_{ik} = \sum_{i,k}\left(\sigma'_{ik} + \frac{\delta_{ik}}{3}\,\sigma_s\right)\lambda_{ik} = \sum_{i,k} \sigma'_{ik}\lambda_{ik}, \qquad (9.3/52)$$

also mit (9.3/49)

$$\Lambda = \frac{1}{2\Omega}\sum_{i,k}(\lambda_{ik})^2 \qquad \text{oder} \qquad \Lambda = 2\Omega \sum_{i,k}\sigma'^2_{ik}, \qquad (9.3/53)$$

und als Produkt wegen (9.1/31)

$$\Lambda^2 = 4G(\Phi^E)' \sum_{i,k}\lambda^2_{ik}.$$

Aus (2.3/13), (9.3/50), und weil sich $\sum_{i,k}\lambda^2_{ik}$ ebenso wie $\sum_{i,k}\sigma'^2_{ik}$ über (9.1/34) umformen läßt, findet man

$$\bar{\lambda} = \left|\sqrt{\frac{2}{3}\sum_{i,k}\lambda^2_{ik}}\right| = \\ = \left|\frac{\sqrt{2}}{3}\sqrt{(\lambda_{11}-\lambda_{22})^2 + (\lambda_{22}-\lambda_{33})^2 + (\lambda_{33}-\lambda_{11})^2 + 6(\lambda^2_{12}+\lambda^2_{23}+\lambda^2_{31})}\right|. \qquad (9.3/54)$$

---

[1] Das sind die Spur σ_s, der Radikand von Gl. (9.3/51) sowie ein in den Spannungskoordinaten kubischer Ausdruck, die in Hauptspannungen wie folgt lauten:

$$\sigma_{\mathrm{I}} + \sigma_{\mathrm{II}} + \sigma_{\mathrm{III}}; \quad \sigma^2_{\mathrm{I}} + \sigma^2_{\mathrm{II}} + \sigma^2_{\mathrm{III}}; \quad \sigma_{\mathrm{I}}\sigma_{\mathrm{II}}\sigma_{\mathrm{III}}.$$

Aus diesem Skalar läßt sich die Vergleichsformänderung $\overline{\varphi}$ wie üblich durch Integration über ein wanderndes Werkstoffteilchen entsprechend (2.3/11) ermitteln. Im einachsigen Zugversuch $\lambda = \lambda_{11} = \lambda_{\rm I} > 0$, wo aus Symmetriegründen $\lambda_{\rm II} = \lambda_{\rm III}$, also wegen der Inkompressibilität $\lambda_{\rm II} = \lambda_{\rm III} = -\frac{\lambda}{2}$, folgt natürlich

$$\bar{\lambda} = \lambda .$$

Aus der ersten Gl. (9.3/53) ergibt sich der Skalar Ω über (9.3/54) und (2.3/13) zu

$$\Omega = \frac{3\bar{\lambda}}{4k_f}, \tag{9.3/55}$$

so daß die Vergleichsformänderungsgeschwindigkeit $\bar{\lambda}$ unmittelbarer Bestandteil der LÉVY-MISESschen Gleichungen (9.3/49) wird, die sich dann dimensionslos schreiben lassen:

$$\frac{\lambda_{ik}}{\bar{\lambda}} = \frac{3}{2}\frac{\sigma'_{ik}}{k_f}. \tag{9.3/56}$$

Verwendet man sie zusammen mit (9.3/54), benötigt man das Fließkriterium (9.3/51) nicht mehr. REUSS [*279*] addiert entsprechend (2.2/2) den elastischen Anteil, der sich durch Differentiation von (9.1/9) ergibt, und erhält so das umfassendere Stoffgesetz

$$\lambda_{ik} = \frac{3}{2}\frac{\bar{\lambda}}{k_f}\sigma'_{ik} + \frac{1+\nu}{E}\left\{\dot{\sigma}_{ik} - \frac{\nu}{1+\nu}\delta_{ik}\dot{\sigma}_s\right\} \tag{9.3/57}$$

(*Prandtl-Reusssche Gleichungen*) für den elastisch-plastischen Körper[1]. Problematisch bleibt (bei großen Formänderungen) die Bildung der Zeitableitungen $\dot{\sigma}_{ik}$, $\dot{\sigma}_s$ (vgl. PRAGER [*280*]).

Im ebenen Blechzugversuch, Bild 2.3, haben wir $\lambda = \lambda_{\rm I} > 0$, $\lambda_{\rm III} = 0$ und wegen der Volumkonstanz $\lambda_{\rm II} = -\lambda_{\rm I}$, also mit (9.3/54)

$$\bar{\lambda} = \frac{2}{\sqrt{3}}\lambda \approx 1{,}15\lambda . \tag{9.3/58}$$

(9.3/56) liefert $\sigma'_{\rm III} = \frac{1}{3}(2\sigma_{\rm III} - \sigma_{\rm II} - \sigma_{\rm I}) = 0$,

$$\sigma_{\rm III} = \frac{1}{2}(\sigma_{\rm I} + \sigma_{\rm II}); \quad \sigma_s = \frac{3}{2}(\sigma_{\rm I} + \sigma_{\rm II}) \tag{9.3/59}$$

[1] Hier bedeutet ν wiederum die Querzahl.

wie bei zähen Flüssigkeiten, Gln. (9.2/9), (9.2/10). Aus (9.3/59) und (9.3/51) folgt mit $\sigma_{\mathrm{I}} = k_e$, $\sigma_{\mathrm{II}} = 0$

$$k_e = \frac{2}{\sqrt{3}} k_f \approx 1{,}15 k_f. \qquad (9.3/60)$$

(9.3/58), (9.3/60) widersprechen den Gln. (9.3/46), (9.3/47) nach TRESCA; insbesondere wären jetzt in den Fließkurven, Bilder 2.6 bis 2.10, jeweils Abszissen, Ordinaten und ggf. Kurvenparameter um 15% zu verändern, wenn man sie als ebene Fließkurven deuten will.

Wir fassen abschließend den Inhalt dieser Ziffer wie folgt zusammen.

Es wurden zwei Stoffgesetze für das plastische Werkstoffverhalten entwickelt, die aus je einem Fließkriterium

$$F(\sigma_{ik}) = k_f(\bar{\lambda}, \bar{\varphi}, \vartheta)^1 \qquad (9.3/61)$$

[TRESCA: Gl. (9.3/44b); HUBER-MISES: Gl. (9.3/51)], einer Verknüpfung zwischen den Spannungen und den Formänderungsgeschwindigkeiten [TRESCA: Gln. (9.3/44c, d, e); LÉVY-MISESsche Gleichungen (9.3/49) oder (9.3/56)] sowie einem Bildungsgesetz für die Vergleichsformänderungsgeschwindigkeit $\bar{\lambda}$ [TRESCA: Gl. (9.3/45); HUBER-LÉVY-MISES: Gl. (9.3/54)] bestehen.

Die Stoffgesetze stellen genäherte Beschreibungen von Experimenten (LODE [*268*]) dar; es sind andere Näherungen und somit auch weitere Stoffgesetze möglich. Insbesondere haben wir bei der Herleitung keinen Gebrauch von den elastischen Werkstoffeigenschaften gemacht (vgl. hierzu die Diskussion auf S. 313). Ansätze, die das plastische Verhalten unmittelbar mit dem elastischen verknüpfen, führen z. T. auf das HUBER-MISESsche Fließkriterium (HUBER [*274*]) in Verbindung mit den HENCKYschen Gleichungen[2] (WEGNER [*281*]), z. T. jedoch auf ganz andere Zusammenhänge (z. B. SETH [*282*]).

9.3.3.3 Veranschaulichungen. Es gibt eine Reihe von pseudogeometrischen Veranschaulichungen der Stoffgesetze (vgl. [*283*]). Auf die wichtigste wollen wir im Zusammenhang mit den in der vorangegangenen Ziffer entwickelten Beziehungen eingehen.

Die in einem lokalen Koordinatensystem $\boldsymbol{e}_i$ ausgedrückten Spannungen σ_{ik} bzw. Formänderungsgeschwindigkeiten λ_{ik} deutet man unter Ausnutzung der Symmetrien $\sigma_{ik} = \sigma_{ki}$ bzw. $\lambda_{ik} = \lambda_{ki}$ als Vektoren

$$\tilde{\sigma} = \sigma_{11}\tilde{e}_1 + \sigma_{22}\tilde{e}_2 + \sigma_{33}\tilde{e}_3 + \sigma_{12}\tilde{e}_4 + \sigma_{23}\tilde{e}_5 + \sigma_{31}\tilde{e}_6, \qquad (9.3/62\text{a})$$

$$\tilde{\lambda} = \lambda_{11}\tilde{e}_1 + \lambda_{22}\tilde{e}_2 + \lambda_{33}\tilde{e}_3 + \lambda_{12}\tilde{e}_4 + \lambda_{23}\tilde{e}_5 + \lambda_{31}\tilde{e}_6 \qquad (9.3/62\text{b})$$

---

[1] ϑ bedeutet hier wieder die Temperatur.

[2] Vgl. Fußnote [1] auf S. 363.

in einem sechsdimensionalen *Zustandsraum*[1] mit den orthogonalen Einsvektoren $\tilde{e}_i$ ($i = 1, 2, \ldots, 6$). Faßt man dort $\tilde{\sigma}$, $\tilde{\lambda}$ als Ortsvektoren auf, so entspricht jedem Spannungszustand σ_{ik} und jedem Geschwindigkeitszustand λ_{ik} je ein Punkt und jedem zeitabhängigen Spannungs- bzw. Geschwindigkeitsverlauf je eine Kurve $\tilde{\sigma}(t)$ bzw. $\tilde{\lambda}(t)$. Für feste Werte $\bar{\lambda}$, $\bar{\varphi}$, ϑ stellt das Fließkriterium (9.3/61) eine fünfdimensionale *Fließfläche* dar, die sich mit t ändert. Auch zur Vergleichsformänderungsgeschwindigkeit $\bar{\lambda}$ gehört über (9.3/45) oder (9.3/54) eine zeitlich variable fünfdimensionale Fläche. Auf dieser muß in jedem Augenblick t der Endpunkt des Vektors $\tilde{\lambda}$ liegen, wogegen $\tilde{\sigma}$ für den plastischen Zustand auf der Fließfläche endet. Spannungspunkte innerhalb der Fließfläche ($F < k_f$) bedeuten rein elastischen Zustand; Spannungspunkte außerhalb ($F > k_f$) sind nicht möglich.

Nun übersteigen sechsdimensionale Räume und fünfdimensionale Flächen das anschauliche Vorstellungsvermögen. Deshalb wählt man vorteilhaft solche speziellen Koordinatensysteme $\boldsymbol{e}_i$, für die es genügt, einen höchstens dreidimensionalen Zustandsraum zu betrachten. Beispielsweise sind im Hauptspannungssystem $\boldsymbol{e}_J$ ($J = \mathrm{I}, \mathrm{II}, \mathrm{III}$) nur die drei Hauptspannungen σ_J bzw. die drei zugehörigen Geschwindigkeiten λ_J von Null verschieden, und man hat

$$\tilde{\sigma} = \sum_J \sigma_J \tilde{e}_J , \qquad \tilde{\lambda} = \sum_J \lambda_J \tilde{e}_J . \tag{9.3/63}$$

Hierbei wollen wir die σ_J, λ_J in beliebiger Größenfolge zulassen, also von der Reihenfolge (9.3/44a, c) absehen.

Wir wenden uns jetzt der Gestalt der Fließflächen zu. Sowohl das Trescasche wie das Huber-Misessche Fließkriterium sind wegen $\sigma_J - \sigma_K = \sigma'_J - \sigma'_K$ [vgl. (9.1/12)] nur vom Spannungsdeviator, nicht jedoch von der Spur σ_s abhängig. Wenn also der Ortsvektor $\tilde{\sigma}$ auf der Fließfläche liegt, so auch für beliebige Werte der Variablen σ ($-\infty < \sigma <$ $< \infty$) der Ortsvektor

$$\sum_J (\sigma_J + \sigma) \tilde{e}_J = \tilde{\sigma} + \sigma \tilde{a}, \tag{9.3/64}$$

wobei

$$\tilde{a} = \tilde{e}_{\mathrm{I}} + \tilde{e}_{\mathrm{II}} + \tilde{e}_{\mathrm{III}} . \tag{9.3/65}$$

(9.3/64) beschreibt Geraden in Richtung $\tilde{a}$ durch alle Punkte der Fließfläche, die somit aus eben diesen parallelen Geraden (*Erzeugenden*) gebildet wird und folglich einen unendlich langen Zylinder zunächst unbekannten Querschnittes darstellt.

---

[1] Werden nur die Spannungen veranschaulicht, spricht man vom *Spannungsraum*. Gelegentlich ist es vorteilhaft, die Symmetrie nicht auszunutzen und einen neundimensionalen Zustandsraum zu verwenden.

$\tilde{a}$ steht senkrecht auf der in Bild 9.14 gezeichneten *Oktaederebene* E_0 mit der Gleichung

$$\sigma_{\mathrm{I}} + \sigma_{\mathrm{II}} + \sigma_{\mathrm{III}} = \sigma_s = \text{const.} \tag{9.3/66}$$

Denn jeder Vektor $\Delta\tilde{\sigma}$ der Ebene E_0 kann als Verbindungspfeil zweier durch Ortsvektoren $\tilde{\sigma}_1$, $\tilde{\sigma}_2$ dargestellten Punkte von E_0 aufgefaßt werden:

$$\Delta\tilde{\sigma} = \tilde{\sigma}_1 - \tilde{\sigma}_2 = [(\sigma_1)_{\mathrm{I}} - (\sigma_2)_{\mathrm{I}}]\tilde{e}_{\mathrm{I}} + [(\sigma_1)_{\mathrm{II}} - (\sigma_2)_{\mathrm{II}}]\tilde{e}_{\mathrm{II}} + \\ + [(\sigma_1)_{\mathrm{III}} - (\sigma_2)_{\mathrm{III}}]\tilde{e}_{\mathrm{III}}.$$

Er erfüllt dann mit (9.3/66) die Bedingung

$$\Delta\tilde{\sigma}\tilde{a} = [(\sigma_1)_{\mathrm{I}} + (\sigma_1)_{\mathrm{II}} + (\sigma_1)_{\mathrm{III}}] - [(\sigma_2)_{\mathrm{I}} + (\sigma_2)_{\mathrm{II}} + (\sigma_2)_{\mathrm{III}}] = \\ = \sigma_s - \sigma_s = 0$$

der Orthogonalität zu $\tilde{a}$ [vgl. (8.1/4)].

E_0 schneidet auf allen drei Koordinatenachsen gleiche Abschnitte σ_s heraus. Der Name *Oktaederebene* erklärt sich wie folgt: die drei Koordinatenebenen zerlegen den Raum in acht Teile (*Oktanden*), und zeichnet man für jeden solchen (wie in Bild 9.14 für den ersten) die zugehörige Oktaederebene, so schließen diese ein gleichseitiges Achtflach (*Oktaeder*) ein.

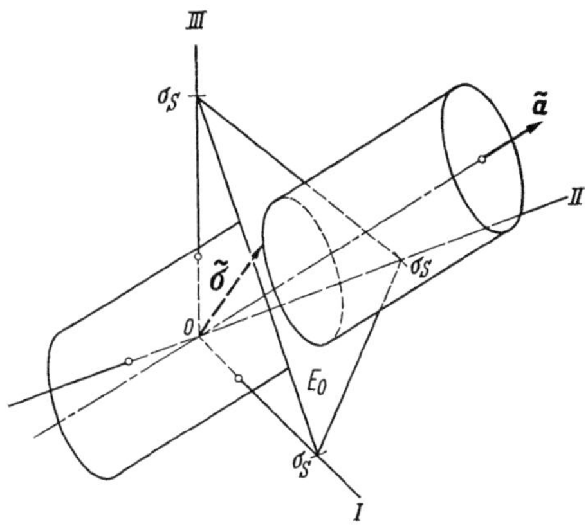

Bild 9.14 Zustandsraum mit Oktaederebene E_0. $\tilde{a}$ Achsrichtung (Richtung der Erzeugenden) der zylindrischen Fließfläche; σ_s Spur des Spannungsvektors $\tilde{\sigma}$.

Um jetzt den Querschnitt der zylindrischen Fließflächen zu ermitteln, bestimmen wir ihre Schnittkurven mit der zu $\sigma_s = 0$ gehörigen speziellen Oktaederebene und beginnen mit dem Huber-Mises-Kriterium (9.3/51) in der Form

$$\sigma_{\mathrm{I}}^2 + \sigma_{\mathrm{II}}^2 + \sigma_{\mathrm{III}}^2 - \sigma_{\mathrm{I}}\sigma_{\mathrm{II}} - \sigma_{\mathrm{II}}\sigma_{\mathrm{III}} - \sigma_{\mathrm{III}}\sigma_{\mathrm{I}} = k_f^2, \tag{9.3/67}$$

addieren das halbe Quadrat von (9.3/66) ($\sigma_s = 0$) und erhalten die Gleichung

$$\sigma_{\mathrm{I}}^2 + \sigma_{\mathrm{II}}^2 + \sigma_{\mathrm{III}}^2 = \frac{2}{3} k_f^2 \tag{9.3/68}$$

einer Kugel vom Radius $\sqrt{\frac{2}{3}}\,k_f$ um den Koordinatenursprung. Sie schneidet aus der ebenfalls durch den Ursprung laufenden, zu $\sigma_s = 0$ gehörigen speziellen Oktaederebene einen Kreis vom Radius $\sqrt{\frac{2}{3}}\,k_f$ heraus (*Huber-Mises-Kreis,* Bild 9.15). Dies ist die gesuchte Schnittkurve. Folglich stellt die zum Huber-Mises-Kriterium gehörige Fließ-

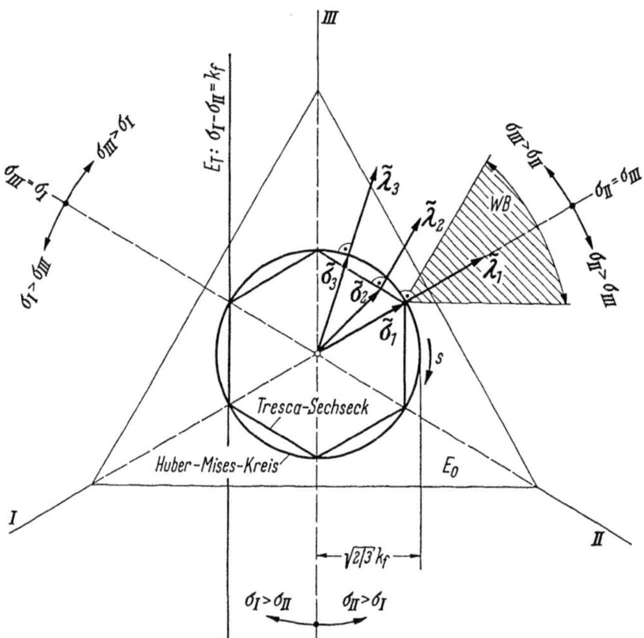

Bild 9.15 Projektion des Zustandsraumes auf eine Oktaederebene E_0.
σ_I, σ_{II}, σ_{III} Hauptspannungen; E_T Spur der zum Tresca-Kriterium für $\sigma_I \geq \sigma_{III} \geq \sigma_{II}$ gehörigen Ebene $\sigma_I - \sigma_{II} = k_f$; s Bogenlänge im Huber-Mises-Kreis oder im Tresca-Sechseck. $\tilde\lambda_i$ Mögliche Lagen des Vektors der Formänderungsgeschwindigkeit, die jeweils zum Spannungszustand $\tilde\sigma_i$ gehören. Und zwar gelten $\tilde\sigma_1$, $\tilde\sigma_2$ bzw. $\tilde\lambda_1$, $\tilde\lambda_2$ für das Tresca-Sechseck, $\tilde\sigma_1$, $\tilde\sigma_3$ bzw. $\tilde\lambda_1$, $\tilde\lambda_3$ für den Huber-Mises-Kreis; WB Winkelbereich, über welchen $\tilde\lambda$ nach TRESCA beim Überschreiten einer Ecke springt.

fläche einen Kreiszylinder vom Radius $\sqrt{\frac{2}{3}}\,k_f$ dar, dessen Achse in Richtung $\tilde a$ und durch den Koordinatenursprung verläuft (*Huber-Mises-Zylinder*, Bild 9.14). Er schneidet z. B. die Ebene $\sigma_{III} = 0$ (ebener Spannungszustand) gemäß (9.3/67) längs der Ellipse

$$\sigma_I^2 - \sigma_I\sigma_{II} + \sigma_{II}^2 = k_f^2 \qquad (9.3/69)$$

(Bild 9.16).

Das TRESCAsche Kriterium (9.3/44b) stellt in dieser Form unter der Bedingung (9.3/44a) eine Ebene E_T im Zustandsraum dar und fällt in den Grenzfällen $\sigma_{III} = \sigma_I$, $\sigma_{III} = \sigma_{II}$ mit dem Huber-Mises-Kriterium (9.3/67) zusammen. Dort schneidet also die Spurgerade von E_T in der Oktaederebene E_0 den Huber-Mises-Kreis (Bild 9.15), und es gelten nur die Geradenpunkte innerhalb des Kreises, weil ja zu der betrachteten Form (9.3/44b) des Tresca-Kriteriums die Einschränkung (9.3/44a) für σ_{III} gehört. Bei beliebiger Größenfolge der σ_J ergeben sich dann die anderen in Bild 9.15 gezeichneten Geradenstücke. So entspricht dem TRESCAschen Kriterium allgemein ein unendlich langer gleichseitiger Sechskantzylinder (Sechskantprisma), welcher dem Huber-Mises-Zylinder einbeschrieben ist. Bild 9.16 zeigt den Schnitt mit der Koordinatenebene $\sigma_{III} = 0$ (ebener Spannungszustand).

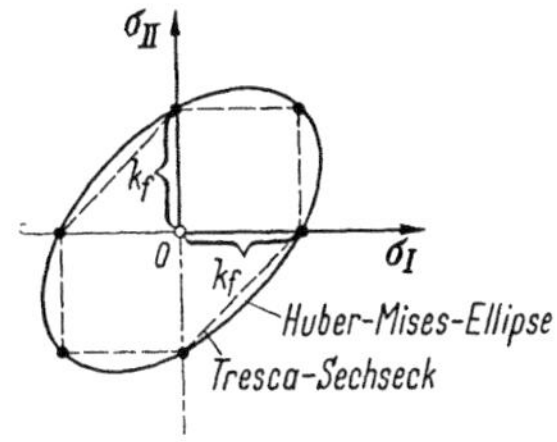

Bild 9.16 Schnitt der Fließflächen im Hauptspannungsraum mit der Ebene $\sigma_{III} = 0$.

Wir betrachten jetzt den Vektor $\tilde{\lambda}$ gemäß (9.3/63). Er liegt auf Grund der Inkompressibilitätsbedingung (9.3/44d) stets in der Oktaederebene $\lambda_I + \lambda_{II} + \lambda_{III} = 0$ durch den Ursprung, welche wie alle E_0 die Fließflächen senkrecht schneidet. Verschiebt man jetzt $\tilde{\lambda}$ wie einen freien Vektor und trägt ihn im Endpunkt des zugehörigen Spannungsvektors $\tilde{\sigma}$ auf der Fließfläche an, so steht er dort senkrecht auf dieser und weist nach außen. Es genügt, den Beweis für die Schnittkurve der Fließfläche mit der Oktaederebene $\sigma_s = 0$ zu führen. Ist s deren Bogenlänge, so $\dfrac{d\tilde{\sigma}}{ds}$ ihr Tangentenvektor, und durch Differentiation nach s des unter der Bedingung $\sigma_s = 0$ umgeformten Huber-Mises-Kriteriums (9.3/68) findet man speziell für $\sigma_s = 0$

$$\sigma_I \frac{d\sigma_I}{ds} + \sigma_{II} \frac{d\sigma_{II}}{ds} + \sigma_{III} \frac{d\sigma_{III}}{ds} = 0.$$

Für $\sigma_s = 0$ gilt aber gemäß (9.1/12) $\sigma'_J = \sigma_J$, und man hat über (9.3/49)

$$\lambda_I \frac{d\sigma_I}{ds} + \lambda_{II} \frac{d\sigma_{II}}{ds} + \lambda_{III} \frac{d\sigma_{III}}{ds} = \tilde{\lambda} \frac{d\tilde{\sigma}}{ds} = 0,$$

d. h. $\tilde{\lambda}$ steht senkrecht auf dem Huber-Mises-Kreis. Entsprechend erfüllt nach TRESCA der etwa für den Abschnitt $\sigma_I > \sigma_{III} > \sigma_{II}$ gebildete Tangentenvektor $d\tilde{\sigma}/ds$ gemäß (9.3/44b)

$$\frac{d\sigma_I}{ds} - \frac{d\sigma_{II}}{ds} = 0.$$

(9.3/44d, e) liefern dann

$$\tilde{\lambda}\,\frac{d\tilde{\sigma}}{ds} = \lambda_{\mathrm{I}}\,\frac{d\sigma_{\mathrm{I}}}{ds} + \lambda_{\mathrm{II}}\,\frac{d\sigma_{\mathrm{II}}}{ds} = (\lambda_{\mathrm{I}} + \lambda_{\mathrm{II}})\,\frac{d\sigma_{\mathrm{I}}}{ds} = 0\,.$$

Nur die Kanten des Prismas, etwa $\sigma_{\mathrm{III}} = \sigma_{\mathrm{II}}$, bilden eine Ausnahme, weil hier die Fließfläche keine definierte Tangente besitzt. Die übergeordnete Isotropiebedingung (9.3/38) liefert jedoch, daß jetzt $\tilde{\lambda}$ den Winkel der aneinandergrenzenden Geradenstücke (Bild 9.15) halbiert und somit gleiche Richtung wie der nach HUBER-LÉVY-MISES gebildete Vektor $\tilde{\lambda}$ besitzt.

Daß $\tilde{\lambda}$ stets ins Äußere der Fließflächen weist, folgt für HUBER-LÉVY-MISES wegen $\bar{\lambda} \geq 0$, $k_f > 0$ aus (9.3/56) bzw. für TRESCA aus der beispielsweise durch (9.3/44a, c) festgelegten Tatsache, daß die Koordinaten λ_J, σ_J gleiche Größenfolge haben.

Kleine Änderungen des Spannungszustandes $\tilde{\sigma}$ führen in der Nähe eines Eckpunktes des Tresca-Sechsecks nach (9.3/44e) zu einer Unstetigkeit des Vektors $\tilde{\lambda}$ der Formänderungsgeschwindigkeit, der dann z. B. in Bild 9.15 um den Winkelbereich „*WB*" springt. Versuche zum Nachweis von Ecken in der Fließfläche brachten bisher teils positive [*284*], teils negative Ergebnisse [*285*]. Dies entspricht der Streuung der Meßwerte in Bild 9.13.

Allerdings können wir nicht dem Vorschlag von KOITER [*286*] und BLAND [*287*] zustimmen, daß bei einem Eckspannungszustand (z. B. $\tilde{\sigma}_1$, Bild 9.15) jeder beliebige Geschwindigkeitsvektor $\tilde{\lambda}$ innerhalb des Winkelbereichs „*WB*" zulässig ist, weil dadurch die Isotropiebedingung (9.3/38) verletzt wird (vgl. auch Fußnote 1, S. 358).

Eine experimentelle Entscheidung zugunsten des Stoffgesetzes von TRESCA bzw. HUBER-LÉVY-MISES steht also noch aus, und wir messen beiden Ansätzen innerhalb der durch Bild 9.13 gegebenen Streubreiten gleiches Gewicht zu. Für ebene Umformung $\lambda_{\mathrm{III}} = 0$ liegt ihr einziger Unterschied ohnehin nur in der Bildung von $\bar{\lambda}$ bzw. k_e, wenn man von der hier im allgemeinen uninteressanten Hauptspannung σ_{III} absieht. Beide Fließkriterien und Stoffgesetze fallen bei ebenen Formänderungen praktisch zusammen.

9.3.3.4 Beispiel: Gezogenes und tordiertes Rohr unter Innendruck. Wir betrachten abschließend als Beispiel ein sehr langes Rohr unter konstanter Zug-, Innendruck- und Torsionsbelastung entsprechend den (kombinierten) Bildern 9.5, 9.9, weil Sonderfälle dieser allgemeinen Beanspruchung in den voranstehenden Ziffern häufig zitiert wurden. Dabei folgen wir einer Darstellung von PANARELLI und HODGE [*288*]. Speziellere Belastungsfälle, teils elastisch-plastisch, teils mit finitem Stoffgesetz, sind in [*289*...*292*] durchgerechnet.

Das Rohr (Anfangslänge l) erfahre im Zylinderkoordinatensystem (Bild 9.9) eine Verlängerung um $Z(t) - l$ $(Z(t_0) = Z(0) = l)$ und eine Verdrehung $\Psi(t)$ $(\Psi(0) = 0)$ seines unteren Endes. Bei sehr langem Rohr dürfen wir annehmen, daß die Radialgeschwindigkeit $u(r, t)$ seiner Werkstoffteilchen nicht von z abhängt (nach dem DE ST. VENANTschen Prinzip, Abschn. 2.1, spielt dann nämlich die Einspann-Behinderung von den Enden her keine Rolle).

Wir setzen

$$u_i = u(R_i, t), \qquad u_a = u(R_a, t)$$

als Radialgeschwindigkeiten an der Innen- bzw. Außenwand. Eine davon, beispielsweise u_a, kann neben $\dot{Z}$, $\dot{\Psi}$ vorgegeben werden. Dann ist die Kinematik eindeutig bestimmt, sofern wir die (bei langen Rohren gerechtfertigten) linearen Ansätze (9.3/3) für die Geschwindigkeiten v_φ, v_z übernehmen:

$$v_r = u(r, t); \qquad v_\varphi = \dot{\Psi} \frac{r}{l} z; \qquad v_z = \frac{\dot{Z}}{l} z.$$

Nach (8.4/7) folgen als einzige, nicht notwendig verschwindende Formänderungsgeschwindigkeiten [vgl. auch (9.3/4)]

$$\left.\begin{aligned} \lambda_r = \lambda_{rr} = \frac{\partial u}{\partial r}; \quad \lambda_\varphi = \lambda_{\varphi\varphi} = \frac{u}{r}; \quad \lambda_z = \lambda_{zz} = \frac{\dot{Z}}{l}; \\ \varkappa = \lambda_{\varphi z} = \frac{1}{2} \dot{\Psi} \frac{r}{l}. \end{aligned}\right\} \tag{9.3/70}$$

Die Inkompressibilitätsbedingung lautet nach (9.2/2)

$$\frac{\partial u}{\partial r} + \frac{u}{r} + \frac{\dot{Z}}{l} = 0 \cdot \quad \text{Es folgt} \quad \frac{\partial (u r)}{\partial r} = -\frac{\dot{Z}}{l} r$$

und damit

$$u r - u_a R_a = -\frac{\dot{Z}}{2 l} (r^2 - R_a^2). \tag{9.3/71}$$

In Anlehnung an [*288*] führen wir dimensionslose Größen

$$\left.\begin{aligned} \alpha = \frac{\dot{Z} R_a}{2 u_a l + \dot{Z} R_a}, \quad \beta = \frac{\dot{\Psi} R_i R_a}{2 u_a l + \dot{Z} R_a}, \quad \lambda = \lambda_z = \frac{\dot{Z}}{l}; \\ \varrho = \left(\frac{R_i}{R_a}\right)^2, \quad \xi = \frac{r}{R_a} \quad \text{mit} \quad \sqrt{\varrho} \le \xi \le 1 \end{aligned}\right\} \tag{9.3/72}$$

ein, beachten $\frac{\partial}{\partial r} = \frac{\partial}{\partial \xi} \cdot \frac{d\xi}{dr} = \frac{1}{R_a} \frac{\partial}{\partial \xi}$ und haben nach (9.3/71), (9.3/70)

$$\left.\begin{aligned} &u = \frac{R_a}{2} \lambda \left[\frac{1}{\alpha\, \xi} - \xi\right]; \quad \lambda_r = -\frac{\lambda}{2}\left[\frac{1}{\alpha\, \xi^2} + 1\right]; \\ &\lambda_z = \lambda; \quad \lambda_\varphi = \frac{\lambda}{2}\left[\frac{1}{\alpha\, \xi^2} - 1\right]; \quad \varkappa = \frac{\lambda}{2\sqrt{\varrho}} \cdot \frac{\beta}{\alpha}\, \xi. \end{aligned}\right\} \quad (9.3/73)$$

Wir wenden uns zunächst der Huber-Lévy-Mises-Theorie zu und finden, wenn wir in (9.3/54) auf Grund der Inkompressibilität $\lambda_z = -\lambda_r - \lambda_\varphi$ substituieren, wegen (9.3/73)

$$\bar{\lambda} = \left|\frac{2}{\sqrt{3}} \sqrt{\lambda_r^2 + \lambda_\varphi^2 + \lambda_r \lambda_\varphi + \varkappa^2}\right| = |\lambda| \sqrt{1 + \frac{1}{3\alpha^2}\left(\frac{1}{\xi^4} + \frac{\beta^2}{\varrho}\, \xi^2\right)}. \quad (9.3/74)$$

Die Spannungen $\sigma_r = \sigma_{rr}$, $\sigma_\varphi = \sigma_{\varphi\varphi}$, $\sigma_z = \sigma_{zz}$, $\tau = \sigma_{z\varphi}$ genügen den Gleichgewichtsbedingungen (8.5/17), von denen bei verschwindenden Volumkräften p_i und einer von z unabhängigen Formänderungsfestigkeit k_f nur die erste in der Gestalt (9.1/68) übrig bleibt. Sie gibt zusammen mit der Lévy-Misesschen Gleichung in der Form (9.3/56), $\sigma'_\varphi - \sigma'_r = \sigma_\varphi - \sigma_r$, sowie $\sigma_r = 0$ für $r = R_a$ (spannungsfreier Außenrand) und (9.3/73)

$$\sigma_r = \frac{2}{3} \int\limits_{R_a}^{r} k_f \frac{\lambda_\varphi - \lambda_r}{r \bar{\lambda}}\, dr = \frac{2}{\sqrt{3}} \operatorname{sgn} \lambda \int\limits_{1}^{\xi} \frac{k_f\, d\xi}{\xi \sqrt{1 + 3\alpha^2 \xi^4 + \frac{\beta^2}{\varrho}\, \xi^6}}. \quad (9.3/75)$$

Dieser Ausdruck läßt sich im allgemeinen nur numerisch auswerten, für idealplastischen Werkstoff $k_f = \text{const}$ jedoch auf elliptische Integrale zurückführen. Die Lévy-Misesschen Gleichungen (9.3/56) geben für die anderen Spannungskoordinaten mit dem jetzt bekannten σ_r

$$\left.\begin{aligned} &\tau = \frac{2}{3} k_f \frac{\varkappa}{\bar{\lambda}}, \\ &\sigma_z = \sigma_r + (\sigma_z - \sigma_r) = \sigma_r + (\sigma'_z - \sigma'_r) = \sigma_r + \frac{2}{3} k_f \frac{\lambda - \lambda_r}{\bar{\lambda}}, \\ &\sigma_\varphi = \sigma_r + (\sigma_\varphi - \sigma_r) = \sigma_r + (\sigma'_\varphi - \sigma'_r) = \sigma_r + \frac{2}{3} k_f \frac{\lambda_\varphi - \lambda_r}{\bar{\lambda}}. \end{aligned}\right\} \quad (9.3/76)$$

Schließlich interessieren wir uns für die äußeren Lasten K (Zugkraft) und M (Torsionsmoment), vgl. Bild 9.9, die als Integrale von σ_z bzw. τr

(r = Hebelarm um die z-Achse) über die Querschnittsfläche F (Ringelement $dF = 2\pi r\,dr$; Bild 4.3) zu bilden sind und mit (9.3/72) die Form

$$K = 2\pi R_a^2 \int_{\sqrt{\varrho}}^{1} \xi\,\sigma_z\,d\xi; \qquad M = 2\pi R_a^3 \int_{\sqrt{\varrho}}^{1} \xi^2\,\tau\,d\xi \tag{9.3/77}$$

haben. Der erforderliche Innendruck

$$q_i = -(\sigma_r)_{r=R_i} = -(\sigma_r)_{\xi=\sqrt{\varrho}} \tag{9.3/78}$$

folgt nach (9.3/75).

Alle Größen lassen sich elementar nur für die Sonderfälle $k_f' = \text{const}$ und $\alpha = 0$ (kein Zug) bzw. $\beta = 0$ (keine Torsion) ausrechnen. Wir betrachten den letzten Fall — er entspricht den LODEschen Versuchen [*268*] — und definieren ähnlich PANARELLI und HODGE [*288*] dimensionslose Parameter

$$\hat{q} = q_i/k_f; \qquad \hat{\sigma} = \frac{K}{\pi(R_a^2 - R_i^2)\,k_f}. \tag{9.3/79}$$

(9.3/75) gibt für $\beta = 0$ und nach Substitution[1] $\xi^2 = x$

$$\frac{\sqrt{3}\,\sigma_r}{k_f} = \operatorname{sgn}\lambda \int_1^{\xi^2} \frac{dx}{x\sqrt{1+3\alpha^2 x^2}} = (\operatorname{sgn}\lambda)\ln\frac{\xi^2\left[1+\sqrt{1+3\alpha^2}\right]}{1+\sqrt{1+3\alpha^2\xi^4}}, \tag{9.3/80}$$

also wegen (9.3/78) und (9.3/79)

$$\sqrt{3}\,\hat{q} = (\operatorname{sgn}\lambda)\ln\frac{1+\sqrt{1+3\alpha^2\varrho^2}}{\varrho\left[1+\sqrt{1+3\alpha^2}\right]}. \tag{9.3/81}$$

Aus (9.3/76), (9.3/77) und (9.3/79) findet man[2], ebenfalls mit $\xi^2 = x$,

$$\hat{\sigma} = \frac{1}{1-\varrho}\int_\varrho^1 \frac{\sigma_z}{k_f}\,dx = \frac{1}{1-\varrho}\,\frac{\operatorname{sgn}\lambda}{\sqrt{3}}\int_\varrho^1 \left\{\ln\frac{x\left[1+\sqrt{1+3\alpha^2}\right]}{1+\sqrt{1+3\alpha^2x^2}} + \frac{1+3\alpha x}{\sqrt{1+3\alpha^2x^2}}\right\}dx;$$

$$\sqrt{3}\,\hat{\sigma} = \frac{1}{1-\varrho}(\operatorname{sgn}\lambda)\left[\varrho q + \frac{1}{\alpha}\left\{\sqrt{1+3\alpha^2} - \sqrt{1+3\alpha^2\varrho^2}\right\}\right]. \tag{9.3/82}$$

---

[1] Der Leser prüft die Integration am schnellsten durch Differentiation und durch die Grenzbedingung $\sigma_r = 0$ am Außenrand $\xi = 1$.

[2] Prüfung der Integration durch Differentiation nach ϱ mit (9.3/81) und $\hat{\sigma} = 0$ für $\varrho = 1$.

Bild 9.17 zeigt nach (9.3/81), (9.3/82) ermittelte sogenannte *Einflußkurven*, in denen $\hat{q}$ über $\hat{\sigma}$ mit verschiedenen Parametern ϱ aufgetragen ist. Längs jeder der Kurven variiert α.

Beachtet man, daß die LODEschen Experimente (Bild 9.13) letztlich ähnliche Einflußkurven ergeben, so wird jetzt nach Bild 9.17 klar, daß je nach der Probengeometrie verschiedene Kurven auftreten. Somit kann

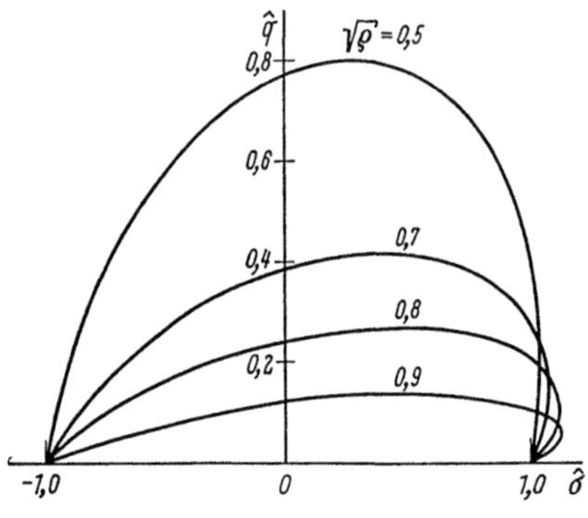

Bild 9.17 Zug-Innendruck-Einflußkurven für lange Rohre (Radien $R_i < R_a$) aus idealplastischem Werkstoff auf Grund der Huber-Lévy-Mises-Theorie nach PANARELLI und HODGE. $\sqrt{\varrho} = R_i/R_a$.

Bild 9.13 nicht mehr ohne weiteres zu diffizileren Entscheidungen (etwa über die Gültigkeit des einen oder anderen Fließkriteriums) herangezogen werden. Dies erhellt auch aus dem TRESCAschen Stoffgesetz. Wir wollen es hier nur für die LODEsche Anordnung ($\varkappa = \beta = 0,\ \tau = 0$) betrachten [*293*].

Zunächst übernehmen wir die Kinematik (9.3/73) und untersuchen die nach (9.3/44e) möglichen Relationen, die jeweils für variable Werte ξ gelten müssen, wenngleich nicht notwendig über den ganzen Querschnitt. Nach (9.3/73) ist $\lambda_r \equiv 0$ oder $\lambda_\varphi \equiv 0$ für $\lambda \neq 0$ ausgeschlossen, ebenso $\lambda_r \equiv \lambda_z$ oder $\lambda_\varphi \equiv \lambda_z$. Es bleibt

$$\lambda = 0 \qquad \text{oder} \qquad \lambda_r \equiv \lambda_\varphi .$$

Im ersten Fall liegt ebene Formänderung vor, die bereits in Ziff. 9.3.2.2 besprochen wurde: das Rohr wird überhaupt nicht gelängt. Im zweiten Fall folgt $\alpha = \infty$, $\lambda_r = \lambda_\varphi = -\dfrac{\lambda}{2} = \text{const}$, also $\sigma_r = \sigma_\varphi$, und nach (9.1/68) $\sigma_r = \text{const}$. Das bedeutet wegen des freien Randes $\sigma_r \equiv 0$, $q_i = 0$: das Rohr steht überhaupt nicht unter Innendruck. Beide Fälle lassen sich nicht kombinieren, weil λ über den ganzen Querschnitt konstant, also entweder 0 oder $\neq 0$ angesetzt wurde. Mit anderen Worten: nach TRESCA ist keine Lösung $\lambda = \text{const}$ bzw. eine solche mit σ_r, σ_φ, σ_z als Hauptspannungen möglich. Hierauf beruhte aber die LODEsche Auswertung, sie ist deshalb für das TRESCAsche Stoffgesetz unangemessen.

Literaturverzeichnis

[1] GELEJI, A.: Bildsame Formung der Metalle in Rechnung und Versuch, Berlin: Akademie-Verlag 1960.

[2] COURANT, R.: Vorlesungen über Differential- und Integralrechnung, Bde. I u. II, 3. Aufl., Berlin/Göttingen/Heidelberg: Springer 1961 u. 1963.

[3] MATSCHINSKI, M.: Beweis des ST. VENANTschen Prinzips. Z. angew. Math. Mech. 39 (1959) 418—419 und 40 (1960) 287.

[4] BRIDGMAN, P. W.: The Compressibility of Thirty Metals. Proc. Amer. Acad. Arts Sci. 58 (1923) 163—242.

[5] HÜTTE, des Ingenieurs Taschenbuch, Bd. I: Theoretische Grundlagen, 28. Aufl., Berlin: Ernst & Sohn 1955.

[6] FARREN, W. S., and G. J. TAYLOR: The Heat Developed During Plastic Extension of Metals. Proc. Roy. Soc., London A 107 (1925) 422—451.

[7] KRAUSE, U.: Vergleich verschiedener Verfahren zur Bestimmung der Formänderungsfestigkeit bei der Kaltumformung. (I) Arch. Eisenhüttenw. 34 (1963) 745—754; (II) Stahl u. Eisen 83 (1963) 1626—1640.

[8] MANJOINE, M. J.: Influence of Rate of Strain and Temperature on Yield Stresses of Mild Steel. J. Appl. Mech. 66 (1944) A 211—218.

[9] ALDER, J. F., and V. A. PHILLIPS: The Effect of Strain Rate and Temperature on the Resistance of Aluminium, Copper, and Steel to Compression. J. Inst. Metals 83 (1954/55) 80—86.

[10] COOK, P. M.: True Stress-Strain Curves for Steel in Compression at High Temperatures and Strain Rates, for Application to the Calculation of Load and Torque in Hot Rolling. Proc. Conf. Properties of Materials at High Rates of Strain, London 30th April—2nd May 1957, London: Inst. Mech. Eng. 1957.

[11] ZURMÜHL, R.: Praktische Mathematik für Ingenieure und Physiker, 4. Aufl., Berlin/Göttingen/Heidelberg: Springer 1963.

[12] LINICUS, W.: Versuche über die Eigenschaften gezogener Drähte und den Kraftbedarf beim Drahtziehen. Z. Metallk. 23 (1931) 205—210; vgl. auch W. LINICUS u. G. SACHS: Versuche über die Eigenschaften gezogener Drähte und den Kraftbedarf beim Drahtziehen. Mitt. dtsch. Mat.-Prüf.-Anst., Sonderheft XVI (1931) 38—67.

[13] LIPPMANN, H., and W. JOHNSON: Temperature Development Based on Technological Analysis: Fast Rolling as an Example. Appl. Sci. Res. A 9 (1960) 345—356.

[14] KRÖNER, E.: A New Concept in the Continuum Theory of Plasticity. J. Math. Phys. 42 (1963) 27—37.

[15] MASING, G., u. W. MAUKSCH: Einfluß der plastischen Dehnung und Stauchung auf die Festigkeitseigenschaften und inneren Spannungen des Messings. Wiss. Veröff. Siemens-Werk 4 (1925) 74—90.

[16] SACHS, G., u. H. SHOJI: Zug-Druckversuche an Messingkristallen (Bauschinger-Effekt). Z. Phys. 45 (1927) 776—796.

[17] BAUSCHINGER, J.: Über die Veränderung der Elastizitätsgrenze und der Festigkeit des Eisens und Stahls durch Strecken und Quetschen, durch Erwärmen und Abkühlen und durch oftmals wiederholte Beanspruchung. Mitt. Mech.-Techn. Lab. K. Techn. Hochsch. München 13 (1886) Spalte 1—116.

[18] KRÖNER, E.: Kontinuumstheorie der Versetzungen und Eigenspannungen. Erg. d. angew. Math. Heft 5, Berlin/Göttingen/Heidelberg: Springer 1958.
[19] BRANDENBERGER, H.: Neue Theorie der Elastizität und Festigkeit, Zürich: Schweizer Druck- & Verlagshaus 1948.
[20] HEYN, E.: Einige weitere Mitteilungen über Eigenspannungen und damit zusammenhängende Fragen. Stahl u. Eisen 37 (1917) 442—448, 474—479 und 497—500.
[21] KÖRBER, F., u. A. EICHINGER: Formänderungswiderstand kaltgereckten Stahles. Mitt. K.-Wilh.-Inst. Eisenforsch. 26 (1943) 37—50.
[22] LEHMANN, TH.: Einige Betrachtungen zu den Grundlagen der Umformtechnik. Ing.-Arch. 29 (1960) 1—21.
[23] KNESCHKE, A.: Hydrodynamische Theorie des Walzvorganges. Z. Bergakademie 6 (1954) 1—11.
[24] RAAZ, F., u. H. TERTSCH: Einführung in die geometrische und physikalische Kristallographie und in deren Arbeitsmethoden, 3. Aufl., Wien: Springer 1958.
[25] MASING, G.: Grundlagen der Metallkunde in anschaulicher Darstellung, 3. Aufl., Berlin/Göttingen/Heidelberg: Springer 1951.
[26] NYE, J. F.: Physical Properties of Crystals, Oxford: Clarendon Press 1957.
[27] SIEBEL, E.: Kräfte und Materialfluß bei der bildsamen Formänderung. Stahl u. Eisen 45 (1925) 1563—1566.
[28] v. KÁRMÁN, TH.: Beitrag zur Theorie des Walzvorganges. Z. angew. Math. Mech. 5 (1925) 139—141.
[29] SACHS, G.: Zur Theorie des Ziehvorganges. Z. angew. Math. Mech. 7 (1927) 235—236.
[30] SIEBEL, E., u. A. POMP: Zur Weiterentwicklung des Druckversuches. Mitt. K.-Wilh.-Inst. Eisenforsch. 10 (1928) 55—62.
[31] SIEBEL, E.: Die Formgebung im bildsamen Zustand, Düsseldorf: Verlag Stahleisen 1932.
[32] LIPPMANN, H.: Elementary Methods for the Analysis of Certain Forging Processes. Int. J. Mech. Sci. 1 (1960) 109—120.
[33] LIPPMANN, H.: Die elementare Plastizitätstheorie der Umformtechnik. Bänder Bleche Rohre (1962) 374—383.
[34] GUBKIN, S. I.: Plastische Verformung der Metalle, Bd. III: Theorie der plastischen Bearbeitung von Metallen [russisch], Moskau: Metallurgizdat 1960.
[35] UNKSOW, E. P.: Ingenieurmethoden zur Berechnung der Kräfte bei der Metallbearbeitung unter Druck [russisch], Moskau: Mašgiz 1955.
[36] COLLATZ, L.: Differentialgleichungen für Ingenieure, 2. Aufl., Stuttgart: Teubner 1960.
[37] KÖRBER, F., u. A. EICHINGER: Die Grundlagen der bildsamen Verformung. Mitt. K.-Wilh.-Inst. Eisenforsch. 22 (1940) 57—80.
[38] LANGE, K.: Gesenkschmieden von Stahl, Berlin/Göttingen/Heidelberg: Springer 1958.
[39] BRUCHANOW, A. N., u. A. W. REBELSKI: Gesenkschmieden und Warmpressen [Übers. a. d. Russ.], Berlin: Verlag Technik 1955.
[40] VAN ROOYEN, G. T., and W. A. BACKOFEN: A Study of Interface Friction in Plastic Compression. Int. J. Mech. Sci. 1 (1960) 1—27.
[41] KOBAYASHI, S., R. HERZOG, J. T. LAPSLEY jr. and E. G. THOMSEN: Theory and Experiment of Press Forging Axisymmetric Parts of Aluminium and Lead. Trans. ASME J. Eng. Ind. 81 (1959) 228—236.
[42] EICHINGER, A., u. A. POMP: Kraftbedarf beim Warmpressen. Arch. Eisenhüttenw. 14 (1940) 1—6.

[43] SCHROEDER, W., and D. A. WEBSTER: Press-Forging Thin Sections: Effect of Friction, Area, and Thickness on Pressures Required. J. Appl. Mech. 16 (1949) 289—294.

[44] HILL, R.: On the Inhomogeneous Deformation of a Plastic Lamina in a Compression Test. Phil. Mag. 41 (1950) 733—744.

[45] BISHOP, J. F. W.: On the Effect of Friction on Compression and Indentation Between Flat Dies. J. Mech. Phys. Solids 6 (1958) 132—144.

[46] KOBAYASHI, S., and E. G. THOMSEN: Approximate Solutions to a Problem of Press Forging. Trans. ASME J. Eng. Ind. 81 (1958) 217—227.

[47] KOBAYASHI, S., A. G. MACDONALD and E. G. THOMSEN: Some Aspects of Press Forging. Int. J. Mech. Sci. 1 (1960) 282—300.

[48] PRANDTL, L.: Anwendungsbeispiele zu einem Henckyschen Satz über das plastische Gleichgewicht. Z. angew. Math. Mech. 3 (1923) 401—406.

[49] SIEBEL, E., u. E. FANGMEIER: Untersuchungen über den Kraftbedarf beim Pressen und Lochen. Mitt. K.-Wilh.-Inst. Eisenforsch. 13 (1931) 29—41.

[50] GELEJI, A.: Kraftbedarf und Fließvorgänge beim Pressen im Gesenk. Freiberger Forschungshefte B 61 (1961) 18—41.

[51] LIPPMANN, H.: Zur Dynamik des Schmiedens. Arch. Eisenhüttenw. 35 (1964) 507—515.

[52] NEUBERGER, F., u. H. LIPPMANN: Zur Wahl der Gesenkfestigkeit. Werkstattstechn. u. Masch.-Bau 47 (1957) 584—588.

[53] KNEIN, M.: Zur Theorie des Druckversuches. Abh. Aerodyn. Inst. Techn. Hochschule Aachen 1927, H. 7, S. 43—62.

[54] ZAJDENBERG, G. J.: Schwingungen des Fundaments eines Schmiedehammers bei zentralem Schlag [russisch]. Stroitelnaja mech. rasč. Sooruž. 5 (1963) H. 6. S. 45—48.

[55] PUPPE, J.: Entwicklungslinien der Walzenstraßen. Stahl u. Eisen 53 (1933) 265—270 und 300—305.

[56] MATTHAEI, H.: Das Walzen und Schmieden von Stahl. Grundlagen der bildsamen Formgebung. Düsseldorf: Stahleisen 1966, S. 269—320.

[57] SCHNEIDER, E.: Grundlagen des Walzens mit Kalibern. Grundlagen der bildsamen Formgebung. Düsseldorf: Stahleisen 1966, S. 321—347.

[58] MILSOM, B. E., and J. M. ALEXANDER: An Experimental Determination of the Detailed Distortion in Hot Rolling. J. Mech. Phys. Solids 9 (1961) 105—113.

[59] BLAND, D. R., and H. FORD: The Calculation of Roll Force and Torque in Cold Strip Rolling with Tensions. Proc. Inst. Mech. Eng. 159 (1948) 144—153.

[60] HESSENBERG, W. C. F., and R. B. SIMS: The Effect of Tension in Cold Strip Rolling. J. Iron Steel Inst. 168 (1951) 155—164.

[61] BLAND, D. R., and R. B. SIMS: A Note on the Theory of Rolling with Tensions. Proc. Inst. Mech. Eng. 167 (1953) 371—373.

[62] LIPPMANN, H., u. O. MAHRENHOLTZ: Zur Theorie des Schleppwalzens bei Raumtemperatur. Arch. Eisenhüttenw. 34 (1963) 419—423.

[63] LANGER, J.: Messung von Walzkraft und Drehmoment beim Warmwalzen in Abhängigkeit von der Temperatur und der Geometrie und Vergleich mit Ergebnissen der Plastizitätstheorie. Diss. T.H. Clausthal 1964.

[64] FINK, C.: Theorie der Walzenarbeit. Z. Berg-, Hütt.- u. Salinenw. 22 (1874) 200—220.

[65] TRINKS, W.: The Mechanics of Cold Rolling. Blast Furnace and Steel Plant 25 (1937) 285—288.

[66] TROOST, A., u. K. HÖLLING: Bemerkungen über einige plastizitätstheoretische Grundlagen des Bandwalzens und eine vereinfachte Berechnung der Fließscheidenlage. Z. Metallk. 52 (1961) 95—100.

[67] PUPPE, J.: Versuche über Walzdrucke an einem Blockwalzwerk. Stahl u. Eisen 30 (1910) 1823—1835 und 1871—1887.

[68] PUPPE, J.: Untersuchungen über Walzdrücke und Kraftbedarf beim Auswalzen von Knüppeln, Winkeln, U- und I-Eisen. Stahl u. Eisen 34 (1914) 12—19 und 53—60.

[69] LUEG, W.: Spannungsverteilung und Werkstofffluß im Walzspalt. Stahl u. Eisen 53 (1933) 346—352. Auszug aus: E. SIEBEL u. W. LUEG: Mitt. K.-Wilh.-Inst. Eisenforsch. 15 (1933) 1—14.

[70] VAN ROOYEN, G. T., and W. A. BACKOFEN: Friction in Cold Rolling. J. Iron Steel Inst. 186 (1957) 235—244; vgl. Stahl u. Eisen 80 (1960) 1969—1971.

[71] SMITH, C. L., F. H. SCOTT and W. SYLWESTROWICZ: Pressure Distribution Between Stock and Rolls in Hot and Cold Flat Rolling. J. Iron Steel Inst.170 (1952) 347—359.

[72] PALME, R. B., and C. W. MACGREGOR: Rolling of Metals. Final Report to ASME Committee on Plastic Flow of Metals (1958). Ferner: Contact Stresses in the Rolling of Metals — 1. J. Appl. Mech. 15 (1948) 297—302.

[73] GROSVAL'D, V. G., u. N. I. SVEDE-ŠVEC: Untersuchung der spezifischen Reibkräfte und des spezifischen Druckes über der gesamten Berührungsfläche der Umformzone beim Walzen [russisch]. Izv. Vysš. Učebn. Zaved. Cern. Metall. 4 (1961) H. 6, S. 75—86.

[74] WEINSTEIN, A. S., C. F. ZOROWSKI and F. J. LOSS: Analytical Investigation of the Cold Rolling of Bar Stock. Iron and Steel Eng. 38 (1961) 135—141.

[75] OROWAN, E.: The Calculation of Roll Pressure in Hot and Cold Flat Rolling. Proc. Inst. Mech. Eng. 150 (1943) 140—167.

[76] FORD, H., F. ELLIS and D. R. BLAND: Cold Rolling with Strip Tension. Part I—A New Approximate Method of Calculation and a Comparison with other Methods. J. Iron Steel Inst. 168 (1951) 57—72.

[77] WALLQUIST, G.: Beräkning av valstryck och energiförbrukning vid varnvalsning. Jernkont. Ann. 138 (1954) 539—570; vgl. Stahl u. Eisen 75 (1955) 1651—1653.

[78] LARKE, E. C.: The Rolling of Metals and Alloys, Part X. Sheet Metal Ind. 33 (1956) 259—264 und 337—342.

[79] MÜLLER, H. G., u. P. FUNKE jr.: Versuchsmäßige und rechnerische Bestimmung von Walzkraft und Drehmoment bei gleichzeitiger Einwirkung von Bandzugspannungen. Stahl u. Eisen 78 (1958) 1564—1574. Siehe auch Forschungsber. d. Land. Nordrh.-Westf. Nr. 840, Köln und Opladen: Westdeutscher Verlag 1960.

[80] HILL, R.: The Mathematical Theory of Plasticity, Oxford: Clarendon Press 1950.

[81] SIMS, R. B.: The Calculation of Roll Force and Torque in Hot Rolling Mills. Proc. Inst. Mech. Eng. 168 (1954) 191—200.

[82] MAHRENHOLTZ, O., u. H. LIPPMANN: A Note on the Torque in Cold Rolling. Int. J. Mech. Sci. 7 (1965) 145—148.

[83] HILL, R.: Relations between Roll Force, Torque, and the Applied Tensions in Strip Rolling. Proc. Inst. Mech. Eng. 163 (1950) 135—145.

[84] HESSENBERG, W. C. F., and R. B. SIMS: The Effect of Tension on Torque and Roll Force in Cold Strip Rolling. J. Iron Steel Inst. 168 (1951) 155—164.

[85] ČEPURKIN, S. S.: Berechnung der Walzendurchbiegung mit FOURIERschen Reihen [russisch]. Izv. Vysš. Učebn. Zaved. Cern. Metall. 3 (1960) H. 9, S. 68—78; vgl. Stahl u. Eisen 82 (1962) 1450—1452.

[86] FAZAN, B.: Étude de la déformation des cylindres de travail sur un laminoir à froid à quatre cylindres. Circ. Inform. Techn. 16 (1959) 1143—1153; vgl. Stahl u. Eisen 81 (1961) 945—946.

[87] FAZAN, B.: Mise en évidence des phénomènes de flexion et d'aplatissement de cylindres sur un laminoir quarto. Rev. Métallurg. 57 (1960) 1003—1018; vgl. Stahl u. Eisen 81 (1961) 1350—1351.

[88] FAZAN, B., et C. ALBERT: Étude expérimentale de l'aplatissement et de la flexion des cylindres dans le laminage a froid des produits plats. Rev. Métallurg. 60 (1963) 49—58.

[89] HUBER, R.: Zur Berechnung von Gleitlagern mit hydrodynamischer Schmierung. Forsch. Ing.-Wes. B 29 (1963) 182—197.

[90] HERTZ, H.: Gesammelte Werke, Bd. 1, Leipzig: Barth 1895.

[91] FÖPPL, L.: Neue Ableitungen der HERTZschen Härteformeln für die Walze. Z. angew. Math. Mech. 16 (1936) 165—170.

[92] TRINKS, W., and J. H. HITCHCOCK: Elastic Deformation of Rolls During Cold-Rolling. Roll Neck Bearings. ASME Research Publication, New York 1935, S. 33—41.

[93] PRESCOTT, J.: Applied Elasticity. London 1924 (Nachdruck, New York: Dover Publ. 1961).

[94] BLAND, D. R.: A Theoretical Investigation of Roll Flattening. Proc. Inst. Mech. Eng. 163 (1950) 141—144.

[95] JORTNER, D., J. F. OSTERLE and C. F. ZOROWSKI: An Analysis of Cold Strip Rolling. Int. J. Mech. Sci. 2 (1960) 179—194.

[96] TROOST A., H. GREFKES u. K. HÖLLING: Die Walzenabplattung bei Umformvorgängen. Stahl u. Eisen 82 (1962) 957—963.

[97] SIMS, R. B.: Calculation of Roll Force and Torque in Cold-Rolling by Graphical and Experimental Methods. J. Iron Steel Inst. 178 (1954) 19—34.

[98] LIANIS, G., and H. FORD: A Graphical Solution of the Cold-Rolling, When Tensions Are Applied to the Strip. J. Inst. Metals 84 (1955/56) 299—305.

[99] BLAND, D. R., and H. FORD: Cold Rolling With Strip Tension. Part III—An Approximate Treatment of the Elastic Compression of the Strip in Cold Rolling. J. Iron Steel Inst. 171 (1952) 245—249.

[100] TROOST, A., und F. W. HOLLMANN: Elastische Verformung des Walzgutes beim Kaltwalzen. Arch. Eisenhüttenwes. 37 (1966) 463—471.

[101] FORD, H., and F. ELLIS: Cold Rolling With Strip Tension. Part II—Comparison of Calculated and Experimental Results. J. Iron Steel Inst. 171 (1952) 239—245.

[102] COOK, M., and R. J. PARKER: The Computation of Loads in Metal Strip Rolling by Methods Involving the Use of Dimensional Analysis. J. Inst. Metals 82 (1953/54) 129—140.

[103] KELLER, J. D.: How Thin Can Strip Be Rolled? Blast Furnace and Steel Plant 25 (1937) 1110—1113.

[104] HILL, R., and I. M. LONGMAN: A Note on the Cold Rolling of Very Thin Strip. Sheet Metal Ind. 28 (1951) 705—706.

[105] STONE, M. D.: Rolling of Thin Strip. Iron Steel Eng. 30 (1953) 61—73.

[106] TONG, K., and G. SACHS: Roll-Separating Force and Minimum Thickness of Cold-Rolled Strips. J. Mech. Phys. Solids 6 (1957) 35—46.

[107] FORD, H., and J. M. ALEXANDER: Rolling Hard Materials in Thin Gauges. J. Inst. Metals 88 (1959/60) 193—199.

[108] AVITZUR, B.: Maximum Reduction in Cold Strip Rolling. Proc. Inst. Mech. Eng. 174 (1960) 865—884.

[109] STRANDELL, P. O.: Kallvalsningsforskning och teoretiska metoder för bestämning av valstryck vid kallvalsning av band. Jernkont. Ann. 143 (1959) 725—766.

[110] STRANDELL, P. O.: Beräkning av valstryck vid kallvalsning av band. Jernkont. Ann. 143 (1959) 810—892.

[111] TROOST, A., u. K. HÖLLING: Berechnung des Kraftbedarfes beim Walzen dünner Bänder und Bestimmung der kleinsten walzbaren Banddicke. Arch. Eisenhüttenw. 33 (1962) 427—439.

[112] TROOST, A., K. HÖLLING u. D. SCHAEFER: Berechnung der kleinsten walzbaren Banddicke unter Berücksichtigung der Bandelastizität. Arch. Eisenhüttenw. 34 (1963) 351—360.

[113] LOSS, F. J., A. S. WEINSTEIN and C. F. ZOROWSKI: Elastic Behaviour in Cold Strip Rolling at the Onset of Plasticity. J. Inst. Metals 92 (1963/64) 104—110.

[114] WEBER, K. H.: Berechnung von Walzkraft und Drehmoment beim Kaltwalzen mit und ohne Bandzug. Freiberger Forschungshefte B 49 (1960).

[115] WHITTON, P. W.: Friction in Cold Rolling and Its Governing Variables. Australasian Eng. 46 (1955) Aug., 81—127.

[116] NÁDAI, A.: The Forces Required for Rolling Steel Strip Under Tension. J. Appl. Mech. 6 (1939) A 54—62.

[117] FORD, H.: The Theory of Rolling. Metallurg. Rev. 2 (1957) 1—28.

[118] HENNIG, H., u. M. WENZEL: Graphische Ermittlung der Walzkraft beim Kaltwalzen. Arch. Eisenhüttenw. 31 (1960) 703—707.

[119] SIEBEL, E.: Zur Theorie des Walzvorganges bei ungleich angetriebenen Walzen. Arch. Eisenhüttenw. 15 (1941) 125—128.

[120] SACHS, G., u. L. J. KLINGLER: The Flow of Metals Through Tools of Circular Contour. J. Appl. Mech. 14 (1947) A 88—98; vgl. Stahl u. Eisen 69 (1949) 129—131.

[121] LUEG, W., u. K. H. TREPTOW: Untersuchungen über das Kalt- und Warmwalzen mit Schleppwalze und die Bestimmung des Walzenschlupfes aus der Voreilung. Stahl u. Eisen 75 (1955) 391—400.

[122] JURETZEK, G.: Walzdrücke und Drehmomente beim Walzen auf Flachbahnen mit Ober- und Unterdruck. Freiberger Forschungshefte B 16 (1957) 58—81.

[123] HOFF, H., u. TH. DAHL: Der Arbeitsaufwand beim Blockwalzen. Stahl u. Eisen 55 (1935) 1182—1186.

[124] SEKULIĆ, M. R., and J. M. ALEXANDER: A Theoretical Discussion of the Automatic Control of Multi-Stand Tandem Cold Strip Mills. Int. J. Mech. Sci. 5 (1963) 149—163.

[125] TROOST, A.: Grundlagen des Bandwalzens. Grundlagen der bildsamen Formgebung. Düsseldorf: Stahleisen 1966, S. 162—238.

[126] DAHL, TH.: Die Ermittlung und Größe der Reibungszahl beim Walzen. Stahl u. Eisen 57 (1937) 205—209.

[127] OROWAN, E., and K. J. PASCOE: A Simple Method of Calculating Roll Pressure and Power Consumption in Hot Flat Rolling. Iron Steel Inst. Special Report Nr. 34 (1946) 124—146.

[128] WIESENTHAL, P.: Warmwalzen von Kupfer (Untersuchung auf dem Analogrechner Telefunken RA 800). Studienarbeit T.H. Hannover 1963.

[129] WEBER, K. H.: Berechnungsunterlagen zur Ermittlung von Walzkraft und Drehmoment beim Warmwalzen (nach R. B. SIMS). Freiberger Forschungshefte B 46 (1959) 7—115.

[130] KREULITSCH, H.: Theoretische und praktische Untersuchungen beim Warmwalzen von Bändern über die Lage der Fließscheide im Walzspalt. Diss. Mont. Hochschule Leoben 1958. Auszug in Stahl u. Eisen 79 (1959) 1498 bis 1501.

[131] STEWARTSON, R.: Measurement and Analysis of Rolling Loads in a Large Hot Plate Mill. Proc. Inst. Mech. Eng. 168 (1954) 201—208.

[132] WEBER, K. H.: Die Brauchbarkeit des SIMSschen Rechenverfahrens für das Warmwalzen und das Verhalten der Formänderungsfestigkeit und des Formänderungswiderstandes beim Warmwalzen. Freiberger Forschungshefte B 48 (1960) 59—88.

[133] DAHL, W., E. WILDSCHÜTZ u. J. LANGER: Messung von Walzkraft und Drehmoment beim Warmwalzen und Berechnung der Formänderungsfestigkeit. Arch. Eisenhüttenw. 32 (1961) 213—219.

[134] WISTREICH, J. G.: Back—Pull Wire Drawing (A Critical Review of Literature). J. Iron Steel Inst. 157 (1947) 417—428.

[135] POMP, A.: Stahldraht, Düsseldorf: Verlag Stahleisen 1952.

[136] AKTINS, E. A.: The Drawing of Steel Wire and Its Relation to Qualities of Steel. J. Iron Steel Inst. 115 (1927) 443—466; vgl. Stahl u. Eisen 47 (1927) 1459—1460.

[137] SIEBEL, E.: Die Verformungsverhältnisse beim Drahtziehen. Mitt. K.-Wilh.-Inst. Eisenforsch. 16 (1934) 211—213.

[138] WISTREICH, J. G.: The Fundamentals of Wire Drawing. Metallurg. Rev. 3 (1958) 97—142.

[139] SACHS, G.: Der Nachweis innerer Spannungen in Stangen und Rohren. Z. Metallk. 19 (1927) 352—357.

[140] LUNT, R. W., and G. D. S. MACLELLAN: An Extension of Wire-Drawing Theory, with Special Reference to the Contributions of K. B. LEWIS. J. Inst. Metals 72 (1946) 65—96.

[141] DAVIS, E. A., and S. J. DOKOS: Theory of Wire Drawing. J. Appl. Mech. 11 (1944) A 193—198.

[142] SIEBEL, E.: Der derzeitige Stand der Erkenntnisse über die mechanischen Vorgänge beim Drahtziehen. Stahl u. Eisen 66/67 (1947) 171—180.

[143] SIEBEL, E.: Über die mechanischen Vorgänge im Ziehkanal beim Ziehen von Drähten. Z. techn. Phys. 7 (1926) 335—337.

[144] BECKER, R.: Über die mechanischen Vorgänge im Ziehhol beim Ziehen von Drähten. Z. techn. Phys. 6 (1925) 298—305.

[145] WEISS, L.: Der Kaltwalz- und Ziehvorgang und sein Leistungsverbrauch. Z. Metallk. 14 (1922) 160—172.

[146] BERNHARD, J. M.: Die Vorgänge beim bildsamen Verformen von Drähten und der Kraftbedarf. Drahtwelt 30 (1937) 495—501, 511—512 und 523—525.

[147] PÖSCHL, TH.: Über das Ziehen zäher Werkstoffe in konvergenten Kegeldüsen. Ing.-Arch. 13 (1942/43) 175—184 und 342—354.

[148] PÖSCHL, TH.: Über die Berechnung der Ziehkräfte und des Spannungszustandes beim Drahtziehen. Metallwirtsch. 22 (1943) 428—434 und 23 (1944) 245—249.

[149] SIEBEL, E.: Bemerkungen zu einem Beitrag von TH. PÖSCHL. Metallwirtsch. 23 (1944) 265.

[150] WHITTON, P. W.: The Calculation of Drawing Force and Die Pressure in Wire Drawing. J. Inst. Metals 86 (1958) 417—421.

[151] MAHRENHOLTZ, O.: Zur Theorie des Drahtziehens. Drahtwelt 47 (1961) 318 bis 324 und 413—418.

[152] HILL, R., and S. J. TUPPER: A New Theory of the Plastic Deformation in Wire-Drawing. J. Iron Steel Inst. 159 (1948) 353—359.

[153] EICKEN, H., u. W. HEIDENHAIN: Einfluß von Ziehgeschwindigkeit, Querschnittsabnahme und Kohlenstoffgehalt auf die mechanischen Eigenschaften gezogener Stahldrähte. Kraftbedarf beim Ziehen. Stahl u. Eisen 44 (1924) 1687—1694.

[154] GIRAUD, R.: Contribution à l'étude de l'etirage à froid de l'acier doux. Rev. Métallurg. 25 (1928) 175—194, 235—246 und 347—354; vgl. Stahl u. Eisen 49 (1929) 192—195.

[155] POMP, A., E. SIEBEL u. E. HOUDREMONT: Über den Kraft- und Arbeitsbedarf beim Kaltziehen von Drähten. Mitt. K.-Wilh.-Inst. Eisenforsch. 11 (1929) 53—72; vgl. E. SIEBEL: Der Wirkungsgrad beim Ziehen und Kaltwalzen. Stahl u. Eisen 49 (1929) 561—566.

[156] POMP, A., u. W. BECKER: Kraftverbrauch und Werkstoffeigenschaften beim Ziehen von Stahldraht mit erhöhter Ziehgeschwindigkeit. Mitt. K.-Wilh.-Inst. Eisenforsch. 12 (1930) 263—284; vgl. Stahl u. Eisen 50 (1930) 1723—1724.

[157] POMP, A., u. H. HECKEL: Einfluß der Ziehdüse, des Schmiermittels und der Ziehgeschwindigkeit auf den Kraftbedarf beim Ziehen von Feindraht aus Stahl, insbesondere auf Mehrfachziehmaschinen. Mitt. K.-Wilh.-Inst. Eisenforsch. 17 (1935) 107—126.

[158] SCHWIER, F.: Einfluß verschiedener Ziehbedingungen auf den Formänderungswirkungsgrad und die Festigkeitseigenschaften beim Ziehen von Stahldraht. Stahl u. Eisen 61 (1941) 577—587.

[159] KRAUTMACHER, H., u. F. GREIS: Ziehversuche an Stahldrähten mit hohem Kohlenstoffgehalt und einem Enddurchmesser von 5,0 mm. Stahl u. Eisen 82 (1962) 1801—1809.

[160] MAHRENHOLTZ, O.: Ermittlung der Ziehholform, die den geringsten Kraftaufwand beim Ziehen von Draht und Stäben mit kreisförmigem Querschnitt erfordert. Arch. Eisenhüttenw. 37 (1966).

[161] SIEBEL, E., N. LUDWIG u. P. MELCHIOR: Die Gestaltung der Ziehwerkzeuge beim Drahtziehen im Hinblick auf die Zieharbeit und auf die Reibungsverhältnisse beim Ziehen. Werkstatt u. Betrieb 81 (1948) 177—180.

[162] HERMANN, O.: Der günstigste Öffnungswinkel der Ziehsteine. Werkstatt u. Betrieb 85 (1952) 291—293.

[163] THOMPSON, F. C.: Factors Involved in Wire Drawing. Metal Ind. 51 (1937) 357—360.

[164] LUEG, W.: Verfahren und Geräte zum Messen der Ziehholform. Stahl u. Eisen 70 (1950) 633—640.

[165] SCHWIER, F.: Düsenöffnungswinkel und Ziehwerkstoff beim Ziehen von Stahldraht. Felten & Guilleaume Rdsch. 1940, Nr. 26, S. 26—30.

[166] MECSEKI, I.: Ermittlung des Kraftbedarfs für das Stangenziehen bei Anwendung konvexer Düsen. Draht 11 (1960) 335—338.

[167] LUEG, W., u. A. POMP: Auffederung und Ziehkräfte beim Stangenziehen. Mitt. K.-Wilh.-Inst. Eisenforsch. 23 (1941) 293—308; vgl. Stahl u. Eisen 61 (1941) 1169—1172.

[168] LUEG, W., u. O. PAWELSKI: Das Auffedern von Stabstahl nach dem Ziehen und Einstoßen. Stahl u. Eisen 80 (1960) 343—350.

[169] MACLELLAN, G. D. S.: Some Friction Effects in Wire Drawing. J. Inst. Metals 81 (1952/53) 1—13.

[170] YANG, C. T.: On the Mechanics of Wire Drawing. Trans. ASME J. Eng. Ind. 83 (1961) 523—528.

[171] YAMANOUCHI, H., and I. HAYASHI: Drawing of the Square Cross Section. Rod. Cast. Res. Lab., Tokyo, Report Nr. 7 (1956) 59—62.

[172] HOFFMANN, O., and G. SACHS: Introduction to the Theory of Plasticity for Engineers, New York: McGraw-Hill 1953.

[*173*] SIEBEL, E., u. E. WEBER: Spannungen und Werkstofffluß beim Rohrziehen. Mitt. K.-Wilh.-Inst. Eisenforsch. 16 (1934) 217—224; vgl. Stahl u. Eisen 55 (1935) 331—334.
[*174*] SIEBEL, E., u. E. WEBER: Spannungen und Werkstofffluß beim Rohrziehen. Arch. Eisenhüttenw. 14 (1941) 363—368.
[*175*] BLAZYNSKI, T. Z., and I. M. COLE: An Investigation of the Plug Drawing Process. Proc. Inst. Mech. Eng. 174 (1960) 797—804.
[*176*] BLAZYNSKI, T. Z.: Tube Drawing Through Straight-Tapered and Curved Dies. Engineer 217 (1964) 222—224; vgl. Stahl u. Eisen 85 (1965) 270—272.
[*177*] TRANIER, J.: Application of Logarithmic Strain Ratios to Tube Drawing. Met. Treatm. Drop Forg. 17 (1950) 11—14.
[*178*] THOMPSON, F. C.: A Note on the Effect of Backward Pull Upon the Tension Required to Draw Wire. J. Iron Steel Inst. 128 (1933) 369—373.
[*179*] LUEG, W., u. A. POMP: Der Einfluß des Gegenzuges beim Ziehen von Stahldraht. Stahl u. Eisen 63 (1943) 229—236.
[*180*] MACLELLAN, G. D. S.: A Critical Survey of Wire-Drawing Theory. J. Iron Steel Inst. 158 (1948) 347—356.
[*181*] LUEG, W.: Das Ziehen mit Gegenzug. Stahl u. Eisen 62 (1942) 432—439.
[*182*] WISTREICH, J. G.: An Investigation of Back-Pull Wire Drawing as an Industrial Technique. J. Iron Steel Inst. 163 (1949) 316—330.
[*183*] MARTIN, M., H. KOCH u. F. FISCHER: Einfluß des Gegenzuges beim Ziehen von Stahldraht auf den Ziehvorgang und die Eigenschaften des gezogenen Drahtes. Stahl u. Eisen 81 (1961) 349—356.
[*184*] STURGEON, G. M., and V. H. GUY: The Cooling of Wire During Drawing. J. Iron Steel Inst. 201 (1963) 437—444; vgl. auch G. M. STURGEON: Drahtkühlen beim Ziehen. Draht-Welt 49 (1963) 431—438.
[*185*] BAAY, E. L.: Diagrammatic Calculation of Die Sizes. Multiple Machine Sets. Wire Ind. 16 (1949) 735—738; vgl. Stahl u. Eisen 72 (1952) 516.
[*186*] KUNDA, B.: Graphical Method for the Determination of Parameters for Steel Wire Drawing. Wire Ind. 25 (1958) 1139 und 1141—1142.
[*187*] MOHRNHEIM, A. F., u. F. LIEKMEIER: Ziehkräfte und Antriebsleistung beim Mehrfachdrahtziehen. Draht 12 (1961) 45—50.
[*188*] MOHRNHEIM, A. F.: Netztafeln und Normzahlen zur graphischen Darstellung von Drahtziehvariablen und zur Überschlagsberechnung des Leistungsbedarfs beim Mehrfachdrahtziehen. Draht-Welt 48 (1962) 330—334; vgl. auch A. F. MOHRNHEIM: Square-Ruled Charts and Preferred Numbers for Plotting and Evaluating Wire Drawing Variables. Wire W. Prod. 37 (1962) 193—196, 198, 266 und 347—352.
[*189*] MANKHER, G., u. L. MANKHER: Einfluß monoton abnehmender Querschnittsverminderungen beim Mehrfachziehen auf die Güte des Stahldrahtes. Draht-Welt 49 (1963) 425—430.
[*190*] MEYER AUF DER HEYDE, H.: Mehrfachdrahtzüge; Umschaubericht in Stahl u. Eisen 53 (1933) 1064—1065.
[*191*] BOEHM, F.: Leistungssteigerung in der Stabzieherei durch Mehrstangenzug. Stahl u. Eisen 63 (1943) 469—476 und 495—497.
[*192*] BOEHM, F.: Ermittlung des Leistungsbedarfs beim Ziehen von Stabstahl. Stahl u. Eisen 69 (1949) 931—938.
[*193*] BOEHM, F.: Der Antriebswirkungsgrad beim Mehrstangenzug. Stahl u. Eisen 71 (1951) 817—826.
[*194*] MACKERT, A.: Ziehleistungen und Leistungsbedarf beim Zweistangenzug. Stahl u. Eisen 71 (1951) 1156—1160.
[*195*] LUEG, W., u. A. POMP: Ermittlung der Ziehkraft beim Ziehen von Blankstahl. Stahl u. Eisen 63 (1943) 373—380.

[196] Lueg, W., u. K. H. Treptow: Neue Untersuchungen über das Ziehen und Einstoßen von Stabstahl. Stahl u. Eisen 75 (1955) 162—169 und 769—779.
[197] Pawelski, O., u. W. Lueg: Versuche und Berechnungen über das Ziehen und Einstoßen von Rundstäben. Stahl u. Eisen 81 (1961) 1729—1739.
[198] Boehm, F.: Umformung und Kraftbedarf beim Stabziehen. BBC-Nachr. 42 (1960) 382—388.
[199] Wistreich, J. G.: Investigation of the Mechanics of Wire Drawing. Proc. Inst. Mech. Eng. 169 (1955) 654—665.
[200] Baron, H. G., and F. C. Thompson: Friction in Wire Drawing. J. Inst. Metals 78 (1950/51) 415—462.
[201] Pomp, A., u. A. Koch: Über den Einfluß des Schmiermittels auf den Kraftbedarf beim Ziehen von Flußstahldraht mit Widia-Ziehsteinen. Mitt. K.-Wilh.-Inst. Eisenforsch. 13 (1931) 261—271; vgl. Stahl u. Eisen 52 (1932) 244—245.
[202] Thompson, F. C.: Lubrication in Wire Drawing. Metal Ind. 51 (1937) 409 bis 411.
[203] Lueg, W., u. A. Pomp: Ziehversuche an legierten Stahldrähten unter verschiedenen Arbeitsbedingungen. Stahl u. Eisen 70 (1950) 977—984.
[204] Lueg, W., u. K. H. Treptow: Schmierstoffe und Schmierstoffträger beim Ziehen von Stahldraht. Stahl u. Eisen 72 (1952) 399—412.
[205] Lueg, W., u. K. H. Treptow: Der Schmierstoffträger beim Ziehen von Stahldrähten mit geringem und hohem Kohlenstoffgehalt. Stahl u. Eisen 72 (1952) 1207—1212.
[206] Lueg, W., u. K. H. Treptow: Der Einfluß der Schmierstoffe auf die Ziehkraft beim Ziehen von Stabstahl. Stahl u. Eisen 74 (1954) 1334—1342.
[207] Christopherson, D. G., H. Naylor and J. Wells: Some Observation on Conditions of Lubrication in Wire-Drawing Dies. J. Inst. Petrol. 40 (1954) 295—298.
[208] Christopherson, D. G., and H. Naylor: Promotion of Fluid Lubrication in Wire Drawing. Proc. Inst. Mech. Eng. 169 (1955) 643—653; vgl. Stahl u. Eisen 76 (1956) 1709—1710.
[209] Papsdorf, W.: Verschleiß und Schmierung beim Drahtziehen. Stahl u. Eisen 72 (1952) 393—399.
[210] Sommerfeld, A.: Vorlesungen über Theoretische Physik, Bd. II, Leipzig: Akad. Verl.-Ges. 1945.
[211] Wistreich, J. G.: Lubrication in Wire Drawing. Wire Ind. 24 (1957) 954 bis 958, 1027—1029 und 1046.
[212] Wistreich, J. G.: ABC of Better Lubrication and Cooling in Steel Wire Drawing. Wire W. Prod. 34 (1959) 1486—1489 und 1550; vgl. Stahl u. Eisen 80 (1960) 949—950.
[213] Eichinger, A., u. W. Lueg: Erwärmung von Draht und Düse beim Kaltziehen. Mitt. K.-Wilh.-Inst. Eisenforsch. 23 (1941) 21—30; vgl. Stahl u. Eisen 61 (1941) 275.
[214] Lueg, W., u. K. H. Treptow: Temperaturmessungen beim Ziehen von Stahldraht. Stahl u. Eisen 76 (1956) 1690—1698 und 77 (1957) 931—933.
[215] Sommerfeld, A.: Vorlesungen über Theoretische Physik, Bd. VI, Leipzig: Akad. Verl.-Ges. 1947.
[216] Korst, H.: Temperaturverteilung im Ziehgut beim Drahtziehen. Öst. Ing.-Arch. 2 (1947/48) 132—137.
[217] Siebel, E., u. R. Kobitzsch: Die Erwärmung des Ziehgutes beim Drahtziehen. Stahl u. Eisen 63 (1943) 110—113.
[218] Lueg, W.: Temperatur- und Kraftverhältnisse beim Ziehen durch Mehrfachdüsen. Stahl u. Eisen 63 (1943) 113—114.

[219] UHLIG, A.: Zur Berechnung und Messung der Werkzeugkräfte beim Rundkneten. Bänder Bleche Rohre 6 (1965) 87—92. Näherungsweise Berechnung der Rundknetkraft aus der Fläche und dem mittleren Druck. Bänder Bleche Rohre 6 (1965) 200—206. Umformarbeit und Werkzeugkräfte bei einem idealisierten Rundknetvorgang. Metall 19 (1965) 322—328.

[220] MÄKELT, H.: Arbeitsweise und Leistung von Umlaufpressen. Werkstattstechn. u. Masch.-Bau 45 (1955) 381—383.

[221] REUTHE, W.: Der Arbeits- und Leistungsbedarf von Rundknetmaschinen. Werkstattstechn. u. Masch.-Bau 53 (1963) 69—74 und 315—324.

[222] LJUBVIN, V. I.: Die Bearbeitung von Werkstücken durch eine Umlaufpresse [russisch], Moskau: Mašgiz 1959.

[223] KRAUSE, A.: Rundkneten. Fertigungstechnik u. Betrieb 13 (1963) 452 bis 456.

[224] LOHMANN, W.: Spannungszustand und Verformungseffekt massiver Rundblöcke im Schrägwalzprozeß. Beitrag in P. GRUNER: Walzen von Hohlkörpern und das Kalibrieren von Werkzeugen zur Herstellung nahtloser Rohre, Berlin/Göttingen/Heidelberg: Springer 1959.

[225] FELDMANN, H. D.: Fließpressen von Stahl, Berlin/Göttingen/Heidelberg: Springer 1959.

[226] DIPPER, M.: Das Fließpressen von Hülsen in Rechnung und Versuch. Arch. Eisenhüttenw. 20 (1949) 275—286.

[227] HEUER, P.-J.: Modellverfahren für die Umformtechnik. VDI-Forschungsheft 493 (1962).

[228] JOHNSON, W., and H. KUDO: The Mechanics of Metal Extrusion, Manchester: University Press 1962.

[229] EISBEIN, W., u. G. SACHS: Kraftbedarf und Fließvorgänge beim Strangpressen. Mitt. dtsch. Mat.-Prüf.-Anst., Sonderheft XVI (1931) 67—96.

[230] GUBKIN, S. J.: Einführung in die Mechanik plastisch deformierbarer Körper [russisch]. Moskau: Izd. In—Ta Stali (Forsch. Inst. Maschinenb. Metallbearb.) 1931.

[231] LIPPMANN, H.: Theorie der Einstoß- und Strangpreßvorgänge. Bänder Bleche Rohre (1963) 223—225.

[232] EL-BEHERY, A. M., J. H. LAMBLE and W. JOHNSON: The Measurement of Container Wall Pressure and Friction Coefficient in Axi-Symmetric Extrusion. Proc. 4th Int. Machine Tool Design and Research Conf. held at Manchester, 1963, Oxford: Pergamon Press 1964, S. 319—335.

[233] PRAGER, W.: Einführung in die Kontinuumsmechanik, Basel und Stuttgart: Birkhäuser 1961.

[234] SCHOUTEN, J. A.: Ricci-Calculus, 2nd Ed., Berlin/Göttingen/Heidelberg: Springer 1954.

[235] BLASCHKE, W.: Analytische Geometrie, Wolfenbüttel und Hannover: Wolfenbütteler Verlagsanst. 1948.

[236] GERMAIN, P.: Mécanique des milieux continus, Paris: Masson 1962.

[237] LEHMANN, TH.: Einige Betrachtungen zur Beschreibung von Vorgängen in der klassischen Kontinuumsmechanik. Ing.-Arch. 29 (1960) 316—330.

[238] LEHMANN, TH.: Einige ergänzende Bemerkungen zur Beschreibung von Vorgängen in der klassischen Kontinuumsmechanik. Ing.-Arch. 31 (1962) 371 bis 384.

[239] v. MANGOLDT, H. (Hrsg. K. KNOPP): Einführung in die höhere Mathematik, Bd. 3, 10. Aufl., Stuttgart: Hirzel 1958.

[240] LANDOLT, H., u. R. BÖRNSTEIN: Zahlenwerte und Funktionen aus Physik, Chemie, Astronomie, Geophysik, Technik. 5. Aufl., 1. Erg.-Bd., Berlin: Springer 1927.

[241] LANDOLT, H., u. R. BÖRNSTEIN: Zahlenwerte und Funktionen aus Physik, Chemie, Astronomie, Geophysik, Technik. 6. Aufl., Bd. IV, 2. Teil, Bandteil a; Berlin/Göttingen/Heidelberg: Springer 1963.

[242] HERRMANN, L. R., and R. M. TOMS: A Reformulation of the Elastic Field Equation, in Terms of Displacements, Valid for All Admissible Values of Poisson's Ratio. Trans. ASME J. Appl. Mech. 31 (1964) 38—42.

[243] NOVOZHILOV, V. V.: Theory of Elasticity [Übers. a. d. Russ.], Oxford/London/New York/Paris: Pergamon Press 1961.

[244] NOWACKI, H.: Modern Developments in Thermo-Elasticity [polnisch]. Rozprawy Inż. 10 (1962) 411—430.

[245] MARGUERRE, K.: Ansätze zur Lösung der Grundgleichungen der Elastizitätstheorie. Z. angew. Math. Mech. 35 (1955) 242—263.

[246] TROOST, A., H. GREFKES u. K. HÖLLING: Die Walzenabplattung bei Umformvorgängen, II. Teil. Vortrag v. d. Arbeitskreis „Grundlagen der bildsamen Formgebung" im VDEh am 26. 10. 1962 in Düsseldorf.

[247] SZABÓ, I.: Höhere technische Mechanik, 2. Aufl., Berlin/Göttingen/Heidelberg: Springer 1964.

[248] FLÜGGE, S. (Hrsg.): Handbuch der Physik, Bde. VIII/1, VIII/2 (Strömungsmechanik I, II), Berlin/Göttingen/Heidelberg: Springer 1959/1963.

[249] BÜCHE, W.: Der Zerkleinerungsvorgang auf Reibwalzstühlen. Z. Ver. dtsch. Chem. 1934, Beiheft 7.

[250] KNESCHKE, A.: Zur hydrodynamischen Theorie des Warmwalzens. Freiberger Forschungshefte B 16 (1957) 5—34.

[251] KNESCHKE, A.: Zur hydrodynamischen Theorie des Warmwalzens. Arch. Eisenhüttenw. 29 (1958) 11—22.

[252] KNESCHKE, A., u. H. BANDEMER: Eindimensionale Theorie des Walzvorganges. Freiberger Forschungshefte B 94 (1964) 9—75.

[253] WEBER, K.: Erfassung der walztechnischen Kenngrößen nach Gesichtspunkten der hydrodynamischen Walztheorie beim Walzen von Flachquerschnitten. Freiberger Forschungshefte B 91 (1963).

[254] SCHLÜSSLER, K.-H.: Zweidimensionale Theorie des Walzvorganges. Freiberger Forschungshefte B 94 (1964) 77—111.

[255] MORRISON, J. L. M., and W. M. SHEPHERD: An Experimental Investigation of Plastic Stress-Strain Relations. Proc. Inst. Mech. Eng. 163 (1950) 1—9; Discussion 10—17.

[256] TAYLOR, G. I., and H. QUINNEY: The Plastic Distortion of Metals. Phil. Trans. Roy. Soc., London, A 230 (1932) 323—362.

[257] GREENBERG, H. J., W. S. DORN and E. H. WETHERELL: A Comparison of Flow and Deformation Theories in Plastic Torsion of a Square Cylinder. Plasticity: Proc. 2nd Symp. Nav. Struct. Mech., Brown Univ., April 5—7, 1960; Oxford: Pergamon Press 1960, S. 279—296.

[258] MISES, R. v.: Mechanik der festen Körper im plastisch deformablen Zustand. Nachr. Königl. Ges. Wiss. Göttingen, math. phys. Kl. 1913, S. 582—592.

[259] BLAND, D. R.: Elastoplastic Thick-Walled Tubes of Work-Hardening Material Subject to Internal and External Pressures and to Temperature Gradients. J. Mech. Phys. Solids 4 (1956) 209—229.

[260] NÉMETI, L.: Über den beginnenden plastischen Zustand bei unter innerem Überdruck stehenden Rohren. Z. angew. Math. Mech. 40 (1960) 551—557.

[261] LEIPHOLZ, H.: Über den Zusammenhang zwischen Fließgesetz und Fließbedingung. Ing.-Arch. 34 (1965) 194—197.

[262] TRESCA, H.: Mémoire sur l'écoulement des corps solides soumis à de fortes pressions. C. R. Acad. Sci., Paris, 59 (1864) 754—758.

[263] St. Venant, B. de: Sur l'établissement des équations des mouvements intérieurs opérés dans les corps solides ductiles au delà des limites òu l'élasticité pourrait les ramener à leur premier état. C. R. Acad. Sci., Paris, 70 (1870) 473—480.

[264] Batdorf, J. B., and B. A. Budiansky: A Mathematical Theory of Plasticity Based on the Concept of Slip. NACA TN 1871, April 1949. Polyaxial Stress-Strain Relations of a Strain-Hardening Metal. Trans. ASME J. Appl. Mech. 21 (1954) 323—326.

[265] Lippmann, H.: Begründung einer auf Kristallplastizität beruhenden mathematischen Plastizitätstheorie. Ing.-Arch. 26 (1958) 187—197.

[266] Shield, R. T.: On the Plastic Flow of Metals under Conditions of Axial Symmetry. Proc. Roy. Soc., London, A 233 (1955) 267—287.

[267] Cox, A. D., G. Eason and H. G. Hopkins: Axially Symmetric Plastic Deformation in Soils. Proc. Roy. Soc., London, A 254 (1961) 1—45.

[268] Lode, W.: Versuche über den Einfluß der mittleren Hauptspannung auf die Fließgrenze. Z. angew. Math. Mech. 5 (1925) 142—144. Versuche über den Einfluß der mittleren Hauptspannung auf das Fließen der Metalle Eisen, Kupfer und Nickel. Z. Phys. 36 (1926) 913—939. Der Einfluß der mittleren Hauptspannung auf das Fließen der Metalle. Forsch.-Arb. Ing.-Wes. 1928, H. 303.

[269] Fraenkel, S. J.: Experimental Studies of Biaxially Stressed Mild Steel in the Plastic Range. Trans. ASME J. Appl. Mech. 15 (1948) 193—200.

[270] Griffis, L., and G. K. Morikawa: Behavior of Steel under Conditions of Multiaxial Stress and the Effect on this Behavior of Metallographic Structure and Chemical Composition. Rep. on NDRC Res. Proj. NRC 77, OSRD No. 6593, zitiert nach [269] (ohne Jahresangabe).

[271] Nakanishi, F., and Y. Sato: Strain Ratio Relationship in Plastic Deformation. Bull. JSME 4 (1961) 437—443.

[272] Lévy, M.: Mémoire sur les équations générales des mouvements intérieurs des corps solides ductiles au delà des limites òu l'élasticité pourrait les ramener à leur premier état. C. R. Acad. Sci., Paris, 70 (1870) 1323—1325.

[273] Hencky, H.: Zur Theorie plastischer Deformationen und der hierdurch im Material hervorgerufenen Nachspannungen. Z. angew. Math. Mech. 4 (1924) 323—334.

[274] Huber, M. T.: Właściwa praca odkształcenia jako miara wytężenia materyału. Czasopismo Techniczne (Lwów) 22 (1904) 38—40, 49—50, 61—62 und 80—81.

[275] Ivlev, D. D.: On the Development of a Theory of Ideal Plasticity. J. Appl. Math. Mech. 22 (1958) 1221—1230 [Übers. a. d. Russ.]. On Extremum Properties of Plasticity Conditions. J. Appl. Math. Mech. 24 (1960) 1439 bis 1446 [Übers. a. d. Russ.].

[276] Šesterikov, S. A.: On the Construction of a Theory for an Ideally Plastic Body. J. Appl. Math. Mech. 24 (1960) 604—608 [Übers. a. d. Russ.].

[277] Edelman, F., and D. C. Drucker: Some Extensions of Elementary Plasticity Theory. J. Franklin Inst. 251 (1951) 581—605.

[278] Benthem, J. P.: On the Stress-Strain Relations of Plastic Deformation. Nat. Luchtvaartlab. Amsterdam, Rep. S. 398 (1951).

[279] Reuss, A.: Berücksichtigung der elastischen Formänderung in der Plastizitätslehre. Z. angew. Math. Mech. 10 (1930) 266—274.

[280] Prager, W.: An Elementary Discussion of Definitions of Stress Rate. Quart. Appl. Math. 18 (1960/61) 403—407.

[281] Wegner, U.: Allgemeine Elastizitätsgesetze. Stahlbau 29 (1960) 265—268 und 30 (1961) 321—328.

[282] SETH, B.R.: Plastic Transition in Torsion. Z. angew. Math. Mech. 44 (1964) 229—233.

[283] NÁDAI, A.: Theory of Flow and Fracture of Solids, Vol. 1, 2nd Ed., New York: McGraw-Hill 1950.

[284] PHILLIPS, A.: Pointed Vertices in Plasticity. Plasticity: Proc. 2nd Symp. Nav. Struct. Mech., Brown Univ., April 5—7, 1960; Oxford 1960, S. 202—214.

[285] PARKER, J., and M. B. BASSETT: Plastic Stress-Strain Relationships — Some Experiments to Derive a Subsequent Yield Surface. Trans. ASME J. Appl. Mech. 31 (1964) 676—682.

[286] KOITER, W.: Stress-Strain Relations, Uniqueness and Variational Theorems for Elastic Plastic Materials With a Singular Yield Surface. Quart. Appl. Math. 11 (1953) 350—354.

[287] BLAND, D. R.: The Associated Flow Rule of Plasticity. J. Mech. Phys. Solids 6 (1957) 71—78.

[288] PANARELLI, J. E., and P. G. HODGE jr.: Interaction of Pressure, End Load, and Twisting Moment for a Rigid—Plastic Circular Tube. Trans. ASME J. Appl. Mech. 30 (1963) 396—400.

[289] HILL, R., E. H. LEE and S. J. TUPPER: The Theory of Combined Plastic and Elastic Deformation With Particular Reference to a Thick Tube Under Internal Pressure. Proc. Roy. Soc., London, A 191 (1947) 278—303.

[290] GAYDON, F. A.: On the Combined Torsion and Tension of a Partly Plastic Circular Cylinder. Quart. J. Mech. Appl. Math. 5 (1952) 29—41.

[291] JUNG, H.: Über die Spannungen in dickwandigen Rohren bei elastisch-plastischer Beanspruchung. Wiss. Z. Hochsch. Schwermaschinenbau Magdeburg 2 (1958) 251—256.

[292] RŽANICYN, A. R.: Plastische Formänderungen eines Rohres bei axialsymmetrischer Belastung [russisch]. Izv. Akad. Nauk SSSR. Otd. Techn. Nauk 1958, No. 9, S. 60—65.

[293] LIPPMANN, H.: Statics and Dynamics of Axially-Symmetric Plastic Flow. J. Mech. Phys. Solids 13 (1965) 29—39.

[294] ROTH, W.: Über eine zweckmäßige Walzenform für das Auswalzen dünner Folien. Ing.-Arch. 26 (1958) 333—337.

[295] TROOST, A., u. F. W. HOLLMANN: Ermittlung des Drehmomentes beim Bandwalzen unter Berücksichtigung der Walzenabplattung. Stahl u. Eisen 86 (1966) 278—284.

[296] PRAGER, W.: Probleme der Plastizitätstheorie, Basel und Stuttgart: Birkhäuser 1955.

[297] PRAGER, W., u. P. G. HODGE jr.: Theorie ideal plastischer Körper (Deutsch von F. CHMELKA), Wien: Springer 1954.

[298] THOMSEN, E. G., D. T. YANG, u. S. KOBAYASHI: Mechanics of Plastic Deformation in Metal Processing, New York: McMillan 1965.

Namenverzeichnis

Die in eckigen Klammern stehenden Zahlen beziehen sich auf das Literaturverzeichnis (s. S. 377ff.)

Sachverzeichnis

721/42/66

GPSR Compliance

The European Union's (EU) General Product Safety Regulation (GPSR) is a set of rules that requires consumer products to be safe and our obligations to ensure this.

If you have any concerns about our products, you can contact us on ProductSafety@springernature.com

In case Publisher is established outside the EU, the EU authorized representative is:

Springer Nature Customer Service Center GmbH
Europaplatz 3
69115 Heidelberg, Germany

Batch number: 10704711

Printed by Printforce, the Netherlands